[阿联酋] J. H. Abou–Kassem
[加] M. Rafiqul Islam 著
[美] S.M. Farouq Ali

吴 桐 赵秀娟 左松林 杨文武 刘 唱 等译

油藏数值模拟基础原理（第二版）

PETROLEUM RESERVOIR SIMULATION
THE ENGINEERING APPROACH
SECOND EDITION

石油工业出版社

内 容 提 要

本书通过对油藏中单相流体流动和多相流动进行建模，介绍了油藏模拟中建模原则方法和油藏模拟的基础知识，重点介绍了基本原理。通过工程实例，阐明了列写控制方程背后的原理。本书采用对工程方法大量使用了数学知识，为油藏模拟中用到的微分方程和边界条件注入了工程方面的意义。

本书可供油藏模拟开发人员阅读，也可供高等院校相关专业师生参考阅读。

图书在版编目（CIP）数据

油藏数值模拟基础原理：第二版／（阿联酋）阿布－卡西姆（J. H. Abou－Kassem），（加）拉菲克·伊斯兰（M. Rafiqul Islam），（美）法鲁克·阿里（S. M. Farouq Ali）著；吴桐等译. — 北京：石油工业出版社，2021. 12

书名原文：Petroleum Reservoir Simulation：The Engineering Approach, 2nd Edition

ISBN 978－7－5183－4918－0

Ⅰ. ①油… Ⅱ. ①阿… ②拉… ③法… ④吴… Ⅲ. ①油藏数值模拟 Ⅳ. ①TE319

中国版本图书馆 CIP 数据核字（2021）第 248974 号

Petroleum Reservoir Simulation：The Engineering Approach, Second Edition
J. H. Abou－Kassem, M. Rafiqul Islam and S. M. Farouq Ali
ISBN：9780128191507
Copyright © 2020 Elsevier Inc. All rights reserved.
Authorized Chinese translation published by Petroleum Industry Press.
《油藏数值模拟基础原理（第二版）》（吴桐、赵秀娟、左松林、杨文武、刘唱 等译）
ISBN：9787518349180
Copyright © Elsevier Inc. and Petroleum Industry Press. All rights reserved.
No part of this publication may be reproduced or transmitted in any form or by any means, electronic or mechanical, including photocopying, recording, or any information storage and retrieval system, without permission in writing from Elsevier（Singapore）Pte Ltd. Details on how to seek permission, further information about the Elsevier's permissions policies and arrangements with organizations such as the Copyright Clearance Center and the Copyright Licensing Agency, can be found at our website: www. elsevier. com/permissions.
This book and the individual contributions contained in it are protected under copyright by Elsevier Inc. and Petroleum Industry Press（other than as may be noted herein）.
This edition of Petroleum Reservoir Simulation: The Engineering Approach, Second Edition is published by Petroleum Industry Press under arrangement with ELSEVIER INC.
This edition is authorized for sale in China only, excluding Hong Kong, Macau and Taiwan. Unauthorized export of this edition is a violation of the Copyright Act. Violation of this Law is subject to Civil and Criminal Penalties.

本版由 ELSEVIER INC. 授权石油工业出版社有限公司在中国大陆地区（不包括香港、澳门以及台湾地区）出版发行。
本版仅限在中国大陆地区（不包括香港、澳门以及台湾地区）出版及标价销售。未经许可之出口，视为违反著作权法，将受民事及刑事法律之制裁。
本书封底贴有 Elsevier 防伪标签，无标签者不得销售。

北京市版权局著作权合同登记号：01－2021－7013

出版发行：石油工业出版社
　　　　　（北京安定门外安华里 2 区 1 号楼　100011）
　　　　　网　　址：www. petropub. com
　　　　　编辑部：（010）64523537　图书营销中心：（010）64523633
经　销：全国新华书店
印　刷：北京中石油彩色印刷有限责任公司

2021 年 12 月第 1 版　2021 年 12 月第 1 次印刷
787×1092 毫米　开本：1/16　印张：26. 25
字数：650 千字
定价：180. 00 元
（如发现印装质量问题，我社图书营销中心负责调换）
版权所有，翻印必究

原 书 序

"信息时代"确保了透明度的无限扩大、生产力的无限提高，还切实地为人们提供了获取知识的途径。与技能（knowhow）截然不同，知识（knowledge）是需要人们进行一番思考过后才能获得的，这一过程也叫作想象——这是人类特有的属性。对于任何人来说，要想以科学为基础来做出决定，想象力是必不可少的。想象过程的第一步一定是产生视觉——所谓"产生视觉"，其实就是"模拟"的另一种叫法。当然，如果没有客观事实作后盾，主观上的想象也就毫无意义。事实上，人们在主观真理上的认识与客观事实无关，而与主体认知时所采用的理论有关。在客观事实（数据）的收集上，石油工业所作出的贡献比其他任何一个领域都要大，因此，建模者要担负起责任，必须让自己的认知或想象尽可能地靠近客观事实。这也正是本书最大的贡献所在。本书消除那些多余的、复杂的和可能产生误导的思考步骤，从而保持整体认知的通透与客观。

通常情况下，我们在做出任何决定之前都会对其进行模拟，即先将不足之处抽象出来，然后着手填补这些缺陷，油藏模拟也不例外。仿真模拟中最不能忽视的两点就是科学性和多解性。科学性是知识所具有的本质，而承认问题的多解性又是科学具有的本质。之所以如此，是因为如今的数学无法对非线性方程产生唯一的解。而另一方面，科学又只限于掌管着通常由一系列简单假设形成的"规律"。不过，科学也不受"每一个问题只有唯一解"这种观念的限制，而是必须遵循基于知识的认知。多解性是问题不确定性的一种表现形式。多解性并没有产生新的科学，也没有产生全新的知识，而是创建了许多可以产生"独特"解的模型，这些独特解符合决策者的预先要求。本书重新建立了这些本质特征在原始表现形式上的真实现象，并将其应用于油藏工程问题。这种方法与旧的（或者说久经考验的）知识观念重新建立联系，在这个信息时代会给人耳目一新的感觉。

众所周知，石油工业是所有使用计算机模型的用户中最重要的行业。尽管用于空间研究和天气预报的模型很强大，经常被贴上"模拟之母"的标签，但是空间探测装置和气象气球都可以升空，而可达油藏深处的探测工具却并不存在，这样一来，在油藏中利用模型解决问题比在其他任何领域中都更为重要。事实上，自计算机技术出现以来，石油工业率先使用计算机模拟进行决策管理。这种革命性的方法既需要投入大量资金进行长期的研究，也需要科学的不断进步。在当时，石油工业是世界能源的提供者；在那时的工程科学领域中，石油工业又等同于"最激进的投资者"。然而近些年来，石油工业在商业意义上已步入"中年"，无法在工程领域和长期研究中维持其最大赞助商的地位。美国能源部最近的一项调查显示，在过去 10 年取得的十大突破性石油技术中，没有一项是来自于石油经营公司的。照此下去，预计在未来的 20 年中，石油工业的重大突破将在信息技术领域和材料科学领域当中产生。在油藏模拟器方面，石油工业近来将重点过多地放在了模拟器中网格的使用数量、图形、计算机速度等建模问题中"摸得着"的地方。例如，在短短几年内，油藏模型中网格的使用数量就从数千块增长到了数百万块。还可以举出其他的例子，例如图形中用到的流场可视化已经从二维、三维飞速地发展到了四维；再比如说，现在的计算机处理速度之快，已经可以对油藏中的活动进行实时模拟。这些进步尽管在表面上产生了非常深刻的影响，但由于缺少科学上的支撑，或者从本质上讲，缺少了工程实例的支撑，使得现在的计算机革命失去了原有的意义，甚至很有可能误入歧途。在过去的10 年间，大部分投资都用于研发可视化软件和计算机图形学软件，而用于物理研究或数学研究的投资寥寥无几。现在的工程师们几乎不了解在商用油藏模拟器生成各种丰富多彩的图形时，物理学和数学为此提供了怎样的精准框架。当各家公司都在竭力处理由于安然公司倒闭引发的丑闻时，很少有人注意到工程教育中缺少了这样的讨论：什么才是科学的基本特征？由于缺少了这种讨论，导致在油藏模拟方面，特别是在物理和数学领域——即油藏工程的核心内容方面，为促进创新所做的工作少之又少。

本书提供了了解油藏模拟中建模原则的方法。本书的重点放在了基本原理上，因为要想开发出精确度更高、更先进的模型，理解这些基本原理是前提。一旦理解了基本原理，进一步开发出用途更大的模拟器就只是时间问题了。本书通过工程实例，阐明了列出控制方程背后的原理。与填鸭式教学中教人按部就班地操纵黑匣子相比，这种方法因洞察与领悟卓尔不群。汉明码的发明者 R. W. 汉明曾针对模拟计算提出过告诫，大意是：模拟计算的目的一定要在领悟上，而不仅仅是关心那些数字。传统的方法只注重将知识打包后传授，而不注重领悟的过程，这就让模拟过程变得晦涩难懂而非清晰明了。列出控制方程之后还要对边界条件做细致的处理。这方面通常是留给工程师自己去"琢磨"的，但不幸的是，这却为少数几个拥有现有商业模拟器的企业创造了越来越大的商机。从事过油藏模拟器开发的人都清楚，这种靠自己琢磨的过程会令人非常困惑。为了保持同样严谨的处理态度，本书介绍了块中心网格和点分布式网格的离散方法。本书也阐明了井和边界条件之间的区别，同时对单井模拟中的径向网格进行了细致的处理，由于油藏模拟器越来越多地用在了分析试油结果以及处理油井伪函数的方面，这种特殊应用就变得非常重要，这方面对于油藏工程中的任何研究都是相当重要的。本书还对油藏模拟的其他领域进行了深入的探讨，例如本书明确地讨论了边界条件对物料平衡校验方程的影响等问题，这是其他教材所无法比拟的。

本书的内容很基础，涉及的知识都是经过时间检验的，因此很难对本书进行大范围改版。那么，为什么还要出第二版呢？原因在于现有的同类书籍都没有涉及建模的几个关键方面。自从第一版于2006年出版后，有很多相关的研究文章公开发表，对我们在书中介绍的工程方法表示称赞。在第一版教材出版13年后，我们觉得，现在到了需要对传统的数学方法和书中介绍的工程方法进行全面比较，并向读者展示比较结果的时候了。这会让读者们体会到与数学方法相比，工程方法具备更多优点，使用起来更加容易，同时求得的解还保持着原来的精度。书后又增加了一个术语表，以帮助读者快速查找自己不熟悉或可能产生误解的术语。

本书尽管主要是为油藏模拟开发人员编写的，但是采用了一种前所未有的工程方法。书中的主题是围绕科学和数学而非图形表达进行讨论的，这一特点让本书适合每一位从事建模和模拟工作的工程师和科学家去阅读，事实上，本书对于这些人来说也是必备之选。即使是那些只想让自己从事现场应用工作的工程师，也会从本书中受益匪浅，阅读本书必将使他们自己更好地适应这个信息时代。第二版中增加的内容很合时宜，又很全面。

J. H. Abou – Kassem

M. R. Islam

S. M. Farouq Ali

原 书 前 言

本书采用工程方法，通过对油藏中单相流体流动和多相流动进行建模，介绍了油藏模拟的基础知识。本书是为石油工程专业的本科四年级学生和硕士一年级学生编写的。编写此书的目的是还原工程和物理对这门学科的意义。这样一来，那些将目光过多地投入到数学中的错误思想，即过去在油藏模拟书籍中占主导地位的思想，就受到了挑战。本书采用的工程方法虽然大量使用了数学知识，但是为油藏模拟中用到的微分方程和边界条件注入了工程方面的意义。这种方法在建模时无须处理一系列的微分方程，而且这种方法还将边界条件描述为可在油藏边界传递流体的虚拟井。书中的内容可分为前后连贯的两门课程进行讲授。第一门课程可在本科四年级时开设，内容包括在处理单相流动模拟的问题时，在直角坐标系中使用块中心网格的知识。其内容分布在第2、第3、第4、第6、第7、第9章中。第二门课程在研究生期间开设，内容包括在柱坐标系中使用块中心网格，在直角坐标系和柱坐标系中使用点分布式网格，以及对油藏中的多相流动进行模拟的知识。相关内容分布在书中第5、第8、第10、第11章，以及第2、第4、第6、第7章的个别章节（第2.7节、第4.5节、第6.2.2节、第7.3.2节和第7.3.3节）。

第1章对油藏模拟做出了概述，并阐述了传统模拟书中提出的数学方法与本书提出的工程方法之间的关系。第2章介绍了在直角坐标系和柱坐标系中推导单相多维流动方程的方法。第3章介绍了控制体积有限差分（CVFD）方法的术语，及以此列写具有紧凑形式的多维流动方程的方法。然后，分别利用第4章的块中心网格和第5章的点分布式网格，写出包含（真实）井和边界条件的一般流动方程，并介绍了将边界条件看作虚拟井的相应处理方法，以及在实际油藏模拟中使用对称性解决问题的方法。

第6章处理单层完井和多层完井的问题，并介绍了不同油井作业条件下的流体流速方程。第7章介绍了用于单相流动方程、微可压缩流动方程和可压缩流动方程的显式方法、隐式方法以及 Crank - Nicolson 方法，并介绍了增量形式和累积形式的物料平衡方程，其目的是用作内部检查方法，监测生成解的精度。第8章介绍了对单相流动问题中遇到的非线性项进行空间处理和时间处理的方法。第

9 章介绍了油藏模拟中解线性代数方程用到的基本方法——直接法和迭代法。第 10 章介绍了工程方法与数学方法在推导、处理井和边界条件以及线性化这三个方面的差异。第 11 章介绍了油藏中的多相流动问题及其模拟方法。本书最后的附录 A 提供了单相模拟器的用户手册，其中提到的文件夹可在网站 www. emertec. ca 中下载，其中包括一个用 FORTRAN 95 编写的单相模拟器，一个编译版本，以及四个已解决问题的数据和输出文件。该单相模拟器为用户提供了单相流动问题的中间结果和求解过程，这样就可以检查用户的求解过程，发现并纠正其中的错误。教育工作者还可利用该模拟器编写新的问题，并对其求解。

目　　录

第 1 章 绪 论

1.1 背景

在石油工业领域，油藏数值模拟技术是目前解决油藏开发问题的标准通用方法。现有的油藏数值模拟器已经能够模拟各种不同的油藏开发方式，并不断地更新以适应新的油藏开发方式模拟要求。油藏数值模拟是一种用于预测在不同开发策略下的油藏生产动态的工具，是一门结合物理、数学、油藏工程和计算机编程技术的艺术。开发油藏数值模拟器的主要步骤包括：模型建立、离散化、井处理、线性化、求解和验证（图 1.1；Odeh，1982）。在这一流程中，步骤一，建立基础模型，首先将模拟器要求的基本假设条件罗列出来，接着用精准的数学公式进行表述，最后将上述条件应用于油藏空间，最终得到一系列耦合的偏微分方程组，用来描述油藏流体的流动。

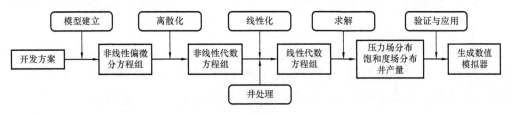

图 1.1　开发油藏数值模拟器的主要步骤（Odeh，1982）

这些偏微分方程组均是空间和时间的连续函数，如果采用解析法求解，可以得到连续的储层压力、流体饱和度和井流量。但是，由于偏微分方程的高度非线性特征，现有的解析方法不能求解，因此只能采用数值方法。与解析解相比，数值解只能给出油藏中离散点和离散时刻的压力和流体饱和度。步骤二，离散化，将偏微分方程转化为可计算的代数方程。有几种数值方法可以用来离散偏微分方程，目前最常用的方法是有限差分法。有限差分方法是建立在泰勒级数展开的基础上，忽略了步长很小时计算值很小的项。这种方法最终得到一组代数方程。第二种常用方法是有限元法。有限元方法用不同的方程表示控制方程中的变量，通过求解误差方程的最小值，找到控制方程的解。有限元方法基于某一空间位置处具体时间节点的偏微分方程。时间节点的选择方法有显式（上一时间节点）、隐式（当前时间节点）和半隐式方法（Crank - Nicolson 方法，上一时间节点与当前时间节点的平均值）。有限元方法最终产生一个非线性代数方程组。这些方程一般不能直接用线性方程求解器求解，必须先将方程组线性化，再进行求解。步骤三，井处理，把生产井和注入井参数写入非线性代数方程组中。步骤四，线性化，将时间非线性项和空间非线性项进行近似处理（包括流体传导率、注入量、生产量以及累计项中的未知系数），得到一组线性代数方程组。步骤五，求解，在现有的线性方程求解器中选取一种进行求解，得到油藏任意位置处压力和饱和度分布、生产井和注入井参数。结果验证是开发油藏数值模拟器的最后一个步骤。与数学模型需要实验来验证不同，油藏数值模拟器的验证只需要测试代码正确性。这一步非常关键，确保计算程序和操作步骤中没有错误且偏差在可接受范围之后，该模拟器才可以应用于实际的油田现场实例运算。

目前偏微分方程的离散方法有三种，分别是：泰勒级数展开、积分法和变分法（Aziz and Settari，1979）。前两种方法在油藏数值模拟上均属于有限差分法。这里提到的"数学方法"是指通过推导和离散偏微分方程得到非线性代数方程的方法。油藏数值模拟器的开发十分依赖于数学方法，只有通过数学方法得到非线性代数方程或者有限差分方程，数值模拟器才能进一步求解。Abou - Kassem（2006）提出了一种新的求解方法，该方法不要求偏微分方程的严格性，也不需要离散化，而是用虚拟井来表示边界条件。这种新策略被称为"工程方法"。由于它更接近于工程师的思维方式，考虑了流体流动方程中各参数的物理意义，因此更为简单、通用、严格。工程方法中边界条件的精度与数学方法中的二阶近似相同。它将所有油藏开发方式用同一个有限差分方程组描述，空间上采用中心差分法离散，时间上着重强调不同时间节点的假设条件。

1.2　工程方法的里程碑

这些年来，工程方法的基础一直被忽视。按照常规方法，油藏数值模拟器开发首先选择合适的控制体（或单元体）推导流体流动方程，例如图 1.2 所示的一维流动单元体和图 1.3 所示的三维流动单元体。注意，图 1.2 中点 x 和图 1.3 中的点 (x, y, z) 位于单元体的边缘。得到的流动方程是一组偏微分方程。早期的工程师们向数学家们寻求偏微分方程组的解决方法。首先将储层划分成有限网格块的集合，由位于网格中心的点（或网格角点）表示，然后将偏微分方程组和边界条件改写为离散的代数方程组并求解。模拟器的开发人员一直忙于寻找偏微分方程求解方法，却忽视了他们需要解决的是一个工程问题。而工程方法的思路，就是将任意网格的离散流动方程中的各项与网格本身及其所有相邻网格联系起来。

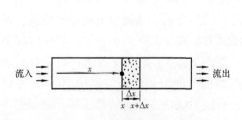

图 1.2　一维流动单元体示意图

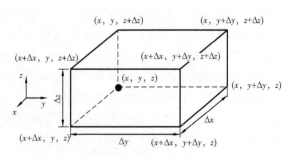

图 1.3　三维流动单元体示意图（Bear，1988）

仔细观察黑油模型中某一给定网格的某一流体（油、水或气）的控制方程，就可以发现，流动项是在标准条件下，用达西方程描述的该网格与其相邻网格之间流体体积流量；累积项是在标准条件下，两个不同时间点之间单元体内所含流体的体积之差。

Farouq Ali（1986）发现，离散形式控制方程中的流动项不过是用达西定律描述任意两个相邻网格之间的体积流量。利用这一发现，通过选择不同时间节点的网格参数，他提出了向前中心差分法和向后中心差分法。Ertekin 等人（2001）首先提出了块中心网格的概念，采用网格中心点来表示单元体，如图 1.4 所示的一维流动单元体和图 1.5 所示的三维流动单元体。这种油藏网格表示方法进一步体现了工程师思维。

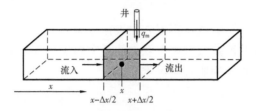

图 1.4　一维流动单元体示意图

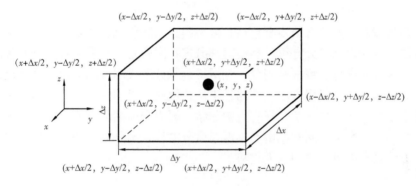

图 1.5　三维流动单元体示意图

Farouq Ali 在 1970 年代初提出的方法和 Ertekin 等人提出的单元体表述方法，对工程方法的发展做出了重大贡献，被认为是工程方法发展过程中的两座里程碑。

忽视工程方法的使用，使早期的油藏数值模拟与偏微分方程紧密联系在一起。而从数学家的角度来看，不失为一件好事。因为它促使油藏工程学者提出更加先进的非线性偏微分方程的求解方法，为这一重要数学领域作出了巨大贡献。具体成果如下：

（1）时间和空间非线性项处理方法（Settari and Aziz，1975；Coats et al.，1977；Saad，1989；Gupta，1990）；

（2）非线性偏微分方程组求解方法，如 IMPES 法（Breitenbach et al.，1969），SEQ 法（Spillette et al.，1973；Coats，1978），全隐式法（Sheffield，1969）和自适应隐式法（Thomas and Thurnau，1983）；

（3）线性代数方程的高级迭代方法，如网格迭代法（Behie and Vinsome，1982）、嵌套分解法（Appleyard and Cheshire，1983）和 Orthomin 方法（Vinsome，1976）。

1.3　工程方法和数学方法的重要性

工程方法的重要性在于更为接近工程师的思维模式，能够轻松地推导出离散线性流动方程，而无须推导偏微分方程，也无须离散化。实际上，油藏数值模拟器的开发可以摒弃数学方法，因为数值模拟的目的就在于得到离散线性方程并求解。此外，工程方法在空间上采用中心差分近似法，具有二阶精度，在时间上提供了向前、向后和中心差分三种近似方法，具有一阶精度。

数学方法的重要性在于，对数值模拟方法进行截断误差分析，判断方法的一致性、收敛性和稳定性。绝大多数商业油藏数值模拟软件的开发都没有考虑这些项目。在油藏数值模拟中，工程方法和数学方法相辅相成，同等重要。

1.4　小结

油藏数值模拟器开发的常规步骤包括：模型建立、离散化、井处理、线性化、求解和验证。数学方法是首先建立微分方程，然后对油藏进行网格划分，最终将微分方程改写为离散形式。工程方法首先进行油藏网格划分，然后得到积分形式的流动方程，最终近似得到离散的流动方程。数学方法和工程方法虽然路径不同，但最终得到的流动方程形式是相同的。工程方法的种子很早以前就存在了，却一直被忽略，因为先前油藏数值模拟一直被认为是一个数学问题，而不是一个工程问题。由于不涉及微分方程、微分方程的离散化或边界条件的离散化，工程方法具有简单快速的巨大优势。

1.5　练习题

1.1　说明使用数学方法开发油藏数值模拟器的主要步骤。

1.2　说明练习 1.1 中每个主要步骤的输入项和输出项。

1.3　在开发油藏数值模拟器时，工程方法与数学方法有何不同？

1.4　说明使用工程方法开发油藏数值模拟器的主要步骤。

1.5　说明练习 1.4 中每个主要步骤的输入项和输出项。

1.6　参照图 1.1，绘制使用工程方法开发油藏数值模拟器的示意图。

1.7　用你自己的话来说明工程方法在油藏数值模拟中的重要性。

第2章　多维空间单相流体流动方程

2.1　引言

　　流体流动方程的建立，需要充分掌握流体在多孔介质中流动时的物理学特征，流体性质、岩石性质和流体—岩石性质，储层网格划分方法，以及基本工程概念的使用。在前一章中已经了解，工程方法的引入，省去了将方程转化为差分方程这一步骤，使过程大大简化，有效节省了工作时间。本章将以单相流为例，验证工程方法的有效性。关于涉及多相流动模拟的流体—岩石性质的讨论，相关内容将在第11章中详细介绍。采用工程方法推导流体流动方程，包括三个步骤：（1）将目标储层划分成离散的网格；（2）基于物质平衡法、储层体积系数和达西定律等基本概念，建立油藏中一般网格的渗流方程；（3）对第（2）步推导出的渗流方程进行时间积分的近似求解。虽然油藏是三维的，但是流体可以沿一个方向（一维流动）、两个方向（二维流动）或三个方向（三维流动）流动。本章首先推导了一维油藏单相流体渗流方程，然后延伸出二维和三维单相渗流方程；此外，本章还给出了三维柱坐标系中一口单井下的渗流方程。

2.2　单相流体的性质

　　模拟单相流体流动所需的流体性质包括密度 ρ、体积系数 B 和黏度 μ。其中，密度用于估算流体重度 γ，可用式（2.1）计算：

$$\gamma = \gamma_c \rho g \tag{2.1}$$

式中　γ_c——重度转换系数；

　　　　g——重力加速度。

　　一般认为，流体性质是压力的函数。可用式（2.2）至式（2.4）表示：

$$\rho = f(p) \tag{2.2}$$

$$B = f(p) \tag{2.3}$$

$$\mu = f(p) \tag{2.4}$$

　　本章推导只需要流体性质与压力关系函数的一般形式，参照方程（2.2）至方程（2.4）。本书第7章详细介绍了不同类型流体的流体性质与压力关系函数的不同形式。

2.3 多孔介质的性质

储层中的单相流体流动模拟需要了解储层岩石基本性质，如孔隙度和渗透率，更准确地说，有效孔隙度和绝对渗透率。其他岩石性质还包括储层厚度和储层深度。有效孔隙度是岩石样品中相互连通的孔隙体积与岩石样品总体积的比值。油藏岩石通常具有非均质性，即孔隙度随所处储层岩石中的位置的变化而变化。如果孔隙度不随位置改变，则称该油藏为均质油藏。由于储层岩石具有压缩性，孔隙度与储层压力呈正相关，随着储层压力（岩石孔隙内的流体压力）的增加而增加，反之亦然。这种关系可以表示为：

$$\phi = \phi^\circ [1 + c_\phi (p - p^\circ)] \tag{2.5}$$

式中　ϕ°——参考压力 p° 下的孔隙度；

　　　c_ϕ——孔隙压缩系数。

渗透率是指当相同的流体充满所有相互连通的孔隙时，岩石允许该流体通过连通的孔隙传输的能力。渗透率具有方向性。如果储层坐标与渗透率的主方向相吻合，则各个方向的渗透率可以表示为 K_x、K_y 和 K_z。如果各个方向的渗透率相等，$K_x = K_y = K_z$，则称该储层渗透率具有各向同性；反之，各个方向的渗透率不相等，则储层渗透率具有各向异性。通常情况下，由于沉积环境的影响，$K_x = K_y = K_H$，$K_z = K_V$，$K_V < K_H$。

2.4 油藏离散化

油藏离散化是指用一组网格块（或网格点）来描述油藏，包括油藏性质、尺寸、边界条件以及油藏中的位置。本书中第 4 章使用了块中心网格划分储层，第 5 章讨论了点中心网格法。如图 2.1 所示，储层在 x 方向上，以 i 网格为中心进行网格划分。

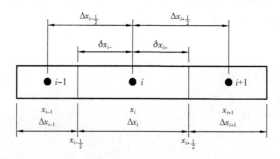

图 2.1　一维流动中单元体 i 和相邻网格的关系示意图

在图 2.1 中，一共有三个网格，网格 i 和它的相邻网格 $i-1$ 和 $i+1$。三个网格的尺寸分别为 Δx_i，Δx_{i-1}，Δx_{i+1}。网格 i 的边界点为 $x_{i-\frac{1}{2}}$，$x_{i+\frac{1}{2}}$，网格中心点与网格边界间的距离为 δx_{i-}，δx_{i+}。三个网格中心点之间的距离为 $\Delta x_{i-\frac{1}{2}}$，$\Delta x_{i+\frac{1}{2}}$。针对 x 方向的一维流动，图 2.1 中使

用的标记方法，既适用于点中心网格，也适用于块中心网格。也可利用相同的方法，对油藏 y 和 z 方向进行离散划分。完成网格划分之后，为每个网格块（或网格点）赋上储层深度值、孔隙度值和 x，y，z 方向的渗透率值。油藏中的流体交换仅发生在单个网格和其相邻网格之间。当整个油藏离散化之后，每个网格被一组相邻网格所包围。如图 2.2a 所示，一维流动中，在 x 轴方向，每个网格具有两个相邻网格；如图 2.2b 所示，二维流动中，$x-y$ 平面上，每个网格具有四个相邻网格；如图 2.2c 所示出，三维流动中，在 $x-y-z$ 空间内，每个网格具有六个相邻网格。

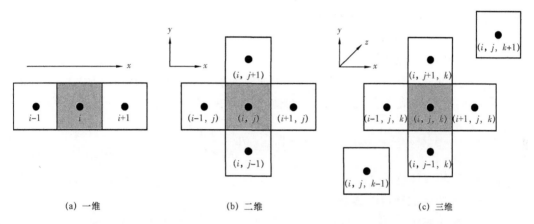

(a) 一维　　　　　　(b) 二维　　　　　　(c) 三维

图 2.2　以工程标记法表示一维、二维和三维空间中网格和相邻网格

通过对油藏的网格划分，并给每个网格赋上岩石性质等参数，在渗流方程建立时将空间变量及与空间相关的函数转化为常量，通过相邻网格的参数进行求解。更为详细的说明请参阅 2.6.2 节。

2.5　基本工程概念

基本的工程概念包括质量守恒方程、状态方程和本构方程。质量守恒原理指出，流体进入单元体（单位体积储层）（如图 2.3 中的网格 i）的总质量减去离开单元体的流体质量，必须等于单元体中流体质量的净增加量，即：

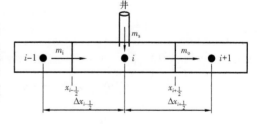

图 2.3　一维流动中的储层单元体 i 网格

$$m_i - m_o + m_s = m_a \tag{2.6}$$

式中　m_i——从相邻单元体流入单元体 i 的流体质量；

　　　m_o——从单元体 i 中流出，进入其他单元体的流体质量；

　　　m_s——通过井流入或流出单元体的流体质量；

　　　m_a——单元体 i 在一定时间间隔内存储或排除的流体质量。

状态方程是描述流体的密度随压力和温度产生变化的函数。对于单相流体，如对于油相或水相：

$$B = \frac{\rho_{sc}}{\rho} \tag{2.7a}$$

对于气相：

$$B_g = \frac{\rho_{gsc}}{\alpha_c \rho_g} \tag{2.7b}$$

式中　ρ，ρ_g——油藏状态下的流体密度；

　　　ρ_{sc}，ρ_{gsc}——标准条件下的流体密度；

　　　α_c——体积转换系数。

　　本构方程是描述流体进入或流出单元体的速率的函数。在油藏数值模拟中，多采用达西方程表示流体速度与势能梯度的关系，一维倾斜油藏中，达西方程的微分形式如下：

$$u_x = q_x / A_x = -\beta \frac{K_x}{\mu} \frac{\partial \Phi}{\partial x} \tag{2.8}$$

式中　β——传导率转换系数；

　　　K_x——x 方向的绝对渗透率；

　　　μ——流体黏度；

　　　Φ——流体势能；

　　　u_x——体积（或面积）流量，可以表示为流量 q_x 除以垂直于流动方向的面积 A_x。

　　势能与压力的关系可用式（2.9）计算：

$$\Phi - \Phi_{ref} = (p - p_{ref}) - \gamma (Z - Z_{ref}) \tag{2.9}$$

式中　Z——距离参考面的高度，取方向向下为正。

　　因此有：

$$\frac{\partial \Phi}{\partial x} = \left(\frac{\partial p}{\partial x} - \gamma \frac{\partial Z}{\partial x} \right) \tag{2.10}$$

单元体 i 和相邻单元体 $i+1$、$i-1$ 之间的势能差：

$$\Phi_{i-1} - \Phi_i = (p_{i-1} - p_i) - \gamma_{i-\frac{1}{2}} (Z_{i-1} - Z_i) \tag{2.11a}$$

$$\Phi_{i+1} - \Phi_i = (p_{i+1} - p_i) - \gamma_{i+\frac{1}{2}} (Z_{i+1} - Z_i) \tag{2.11b}$$

2.6　直角坐标系下的多维流动

2.6.1　网格识别和排列

　　在推导一维、二维或三维油藏的流动方程之前，必须对离散化油藏中的网格进行识别和排序。储层中的任何网格都可以通过工程标记或者通过给定排序方案来标识。工程标记法将网格表示为 (i, j, k)，其中 i，j 和 k 分别表示该网格在 x，y 和 z 方向的次序。工程标记法是输入油藏参数和输出模拟结果最为简洁的方法。图 2.4 给出了二维油藏中 4×5 网格的工程标记方法。网格排序不单单将油藏中的网格表示出来，而且可以使得求解线性方程组的矩阵计算最小化。

(1, 5)	(2, 5)	(3, 5)	(4, 5)
(1, 4)	(2, 4)	(3, 4)	(4, 4)
(1, 3)	(2, 3)	(3, 3)	(4, 3)
(1, 2)	(2, 2)	(3, 2)	(4, 2)
(1, 1)	(2, 1)	(3, 1)	(4, 1)

图 2.4　4×5 网格的工程标记

　　目前的网格排序方法有很多，包括自然排序、Zebra 排序、对角（D2）排序、交替对角（D4）排序、循环排序和循环—2 排序。如果储层在其外部边界内有无效网格，则将跳过这些网格，只对活动网格进行排序（Abou – Kassem and Ertekin，1992）。对于多维油藏，自然排序是最简单的编程方法，但在求解线性方程组时效率最低；交替对角（D4）排序编程复杂，但在网格数量较多时求解效率最高；当网格数量非常庞大时，Zebra 排序的计算效率是交替对角（D4）排序的两倍。图 2.5 给出了图 2.4 所示的二维油藏网格的各种网格排序方案。对于给定网格的工程标记，网格排序可以在模拟器内部进行。如果先沿着最短的方向排序，其次是中间的方向，最后是最长的方向，那么任何排序格式的计算效率都会提高（Abou – Kassem and Ertekin，1992）。各种排序方案和对应的线性方程组的求解效率，本书中没有进一步讨论，但可以参考其他文献（Woo et al.，1973；Price and Coats，1974；McDonald and Trimble，1977）。本书中均采用自然排序法，因为它生成的方程组既可以使用手持计算器计算，也便于计算机编程计算。下面的三个例子演示了如何使用工程标记法和自然顺序法来识别多维空间中的网格。

17	18	19	20
13	14	15	16
9	10	11	12
5	6	7	8
1	2	3	4

(a) 自然排序

9	10	11	12
17	18	19	20
5	6	7	8
13	14	15	16
1	2	3	4

(b) Zebra 排序

14	17	19	20
10	13	16	18
6	9	12	15
3	5	8	11
1	2	4	7

(c) 对角（D2）排序

8	19	10	20
16	7	18	9
4	15	6	17
12	3	14	5
1	11	2	13

(d) 交替对角（D4）排序

11	10	9	8
12	19	18	7
13	20	17	6
14	15	16	5
1	2	3	4

(e) 循环排序

9	19	10	20
17	7	18	8
5	15	6	16
13	3	14	4
1	11	2	12

(f) 循环—2 排序

图 2.5　油藏网格排序方法

例2.1 如图2.6a所示，该一维储层在 x 方向划分为四个网格。利用自然排序法对该储层中的网格进行排序。

求解方法

首先选择一个边角网格（比如最左边的网格），把它命名为网格1，然后沿着给定的方向移动，一次移动一个网格，当前网格的顺序是上一个网格的顺序加1，移动到该方向的最后一个网格后停止。该储层的自然排序如图2.6b所示。

例2.2 如图2.7a所示，该二维储层在 $x-y$ 平面上划分为 4×3 共12个网格，分别用以下方法标记图中网格：

（1）工程标记法；

（2）自然排序法。

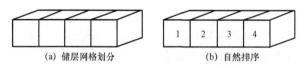

(a) 储层网格划分　　　　　(b) 自然排序

图2.6　示例2.1中的一维储层

求解方法

（1）工程标记法结果如图2.7b所示

（2）首先选择油藏中的一个边角网格，在这个例子中，随机选取左下角的网格，即网格（1，1），将其编号为1。然后，按照行继续编号。第一行（ $j=1$ ）中的其余网格，按照例2.1中的方法进行编号。在第2行（ $j=2$ ）第1列（ $i=1$ ）的网格（1，2）被编号为5，这一行的剩余网格继续按照例2.1中的方法进行编号。重复直到所有网格都被编号。该储层的自然排序结果如图2.7c所示。

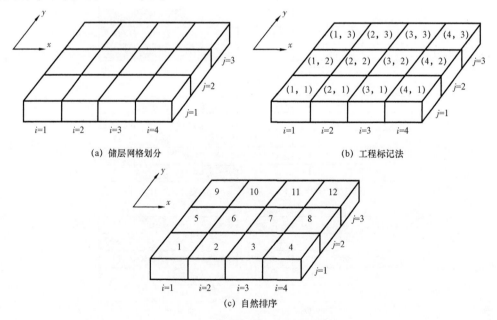

(a) 储层网格划分　　　　　(b) 工程标记法

(c) 自然排序

图2.7　示例2.2中的二维储层

例2.3　如图2.8a所示，该三维储层在 $x-y-z$ 平面上划分为 $4 \times 3 \times 3$ 共36个网格，分别用以下方法标记图中网格：

（1）工程标记法；

（2）自然排序法。

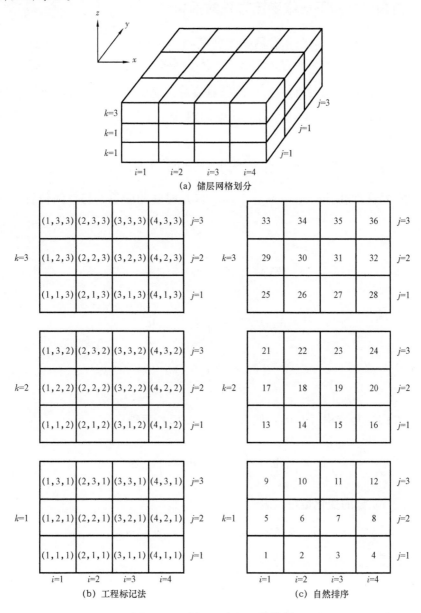

图2.8　示例2.3中的三维储层

求解方法

（1）工程标记法结果如图2.8b所示。

（2）首先，随机选择左下角的网格 $(1,1,1)$，将其编号为1。然后，按照从下到上的顺序，对每一层内的网格进行排列。第一层（$k=1$）按照例2.2中的方法进行编号；然后第二层（$k=2$）第一个网格（1，1，2）编号为 13，剩余网格按照例 2.2 中的方法进行编号；第三层（$k=3$）第一个网格（1，1，3）编号为 25，剩余网格按照例 2.2 中的方法进行编号。该储层的自然排序结果如图 2.8c 所示。

2.6.2　直角坐标系下一维渗流方程的推导

如图 2.3 所示，在 x 方向上，有网格 i 和其相邻网格 $i+1$、$i-1$。任意时刻，流体以 $w_x|_{x_{i-\frac{1}{2}}}$ 的质量流量从 $i-1$ 网格经过 $x_{i-\frac{1}{2}}$ 端面流入 i 网格；以 $w_x|_{x_{i+\frac{1}{2}}}$ 的质量流量从 i 网格经过 $x_{i+\frac{1}{2}}$ 端面流入 $i+1$ 网格。同时流体以 q_{m} 的质量流量，通过井进入网格 i。网格 i 中，单位体积岩石所含流体的质量为 m_v。因此，在一定时间内 $\Delta t = t^{n+1} - t^n$，网格 i 的质量守恒方程可以改写为：

$$m_i|_{x_{i-\frac{1}{2}}} - m_o|_{x_{i+\frac{1}{2}}} + m_{s_i} = m_{a_i} \tag{2.12}$$

由于油藏已经离散化，$w_x|_{x_{i-\frac{1}{2}}}$，$w_x|_{x_{i+\frac{1}{2}}}$，q_{m} 仅是时间的函数，与空间位置无关（见 2.4 节），因此：

$$m_i|_{x_{i-\frac{1}{2}}} = \int_{t^n}^{t^{n-1}} w_x|_{x_{i-\frac{1}{2}}} \mathrm{d}t \tag{2.13}$$

$$m_o|_{x_{i+\frac{1}{2}}} = \int_{t^n}^{t^{n+1}} w_x|_{x_{i+\frac{1}{2}}} \mathrm{d}t \tag{2.14}$$

$$m_{s_i} = \int_{t^n}^{t^{n+1}} q_{m_i} \mathrm{d}t \tag{2.15}$$

将方程（2.13）至方程（2.15）代入方程（2.12）可得：

$$\int_{t^n}^{t^{n+1}} w_x|_{x_{i-\frac{1}{2}}} \mathrm{d}t - \int_{t^n}^{t^{n+1}} w_x|_{x_{i+\frac{1}{2}}} \mathrm{d}t + \int_{t^n}^{t^{n+1}} q_{m_i} \mathrm{d}t = m_{a_i} \tag{2.16}$$

网格 i 内流体质量的变化量可以表示为：

$$m_{a_i} = \Delta_t (V_b m_v)_i = V_{b_i}(m_{v_i}^{n+1} - m_{v_i}^n) \tag{2.17}$$

质量流量和质量流速的关系如下：

$$w_x = \dot{m}_x A_x \tag{2.18}$$

质量流速可用流体密度和体积流速表示：

$$\dot{m}_x = \alpha_c \rho u_x \tag{2.19}$$

单位体积岩石所含流体的质量 m_v 可用流体密度和孔隙度表示：

$$m_v = \phi\rho \tag{2.20}$$

生产或注入量 q_m 可用油井体积流量 q 和流体密度表示：

$$q_m = \alpha_c \rho q \tag{2.21}$$

将方程（2.17），方程（2.18）代入方程（2.16）可得：

$$\int_{t^n}^{t^{n+1}} (\dot{m}_x A_x)\big|_{x_{i-\frac{1}{2}}} dt - \int_{t^n}^{t^{n+1}} (\dot{m}_x A_x)\big|_{x_{i+\frac{1}{2}}} dt + \int_{t^n}^{t^{n+1}} q_{mi} dt = V_{b_i}(m_{v_i}^{n+1} - m_{v_i}^n) \tag{2.22}$$

将方程（2.19）至方程（2.21）代入方程（2.22）：

$$\int_{t^n}^{t^{n+1}} (\alpha_c \rho u_x A_x)\big|_{x_{i-\frac{1}{2}}} dt - \int_{t^n}^{t^{n+1}} (\alpha_c \rho u_x A_x)\big|_{x_{i+\frac{1}{2}}} dt + \int_{t^n}^{t^{n+1}} (\alpha_c \rho q)_i dt = V_{b_i}[(\phi\rho)_i^{n+1} - (\phi\rho)_i^n]$$

$$\tag{2.23}$$

将方程（2.7a）代入方程（2.23），根据 $q/B = q_{sc}$，可得：

$$\int_{t^n}^{t^{n+1}} \left(\frac{u_x A_x}{B}\right)\bigg|_{x_{i-\frac{1}{2}}} dt - \int_{t^n}^{t^{n+1}} \left(\frac{u_x A_x}{B}\right)\bigg|_{x_{i+\frac{1}{2}}} dt + \int_{t^n}^{t^{n+1}} q_{sc_i} dt = \frac{V_{b_i}}{\alpha_c}\left[\left(\frac{\phi}{B}\right)_i^{n+1} - \left(\frac{\phi}{B}\right)_i^n\right] \tag{2.24}$$

任意时刻 t 时，从网格 $i-1$ 流入网格 i 的体积流速（单位横截面积上的流量）可用式（2.25a）模拟计算得出：

$$u_x\big|_{x_{i-\frac{1}{2}}} = \beta_c \frac{K_x\big|_{x_{i-\frac{1}{2}}}}{\mu\big|_{x_{i-\frac{1}{2}}}}\left(\frac{\Phi_{i-1} - \Phi_i}{\Delta x_{i-\frac{1}{2}}}\right) \tag{2.25a}$$

式中　$K_x\big|_{x_{i-\frac{1}{2}}}$ ——相距 $\Delta x_{i-\frac{1}{2}}$ 的网格 $i-1$ 和 i 之间的岩石渗透率；

　　　　Φ_{i-1}, Φ_i ——分别为网格 $i-1$ 和网格 i 的势能；

　　　　$\mu_x\big|_{x_{i-\frac{1}{2}}}$ ——网格 $i-1$ 和 i 之间的流体黏度。

类似地，从网格 i 流入网格 $i+1$ 的体积流速可表示为：

$$u_x\big|_{x_{i+\frac{1}{2}}} = \beta_c \frac{K_x\big|_{x_{i+\frac{1}{2}}}}{\mu\big|_{x_{i+\frac{1}{2}}}}\left(\frac{\Phi_i - \Phi_{i+1}}{\Delta x_{i+\frac{1}{2}}}\right) \tag{2.25b}$$

将方程（2.25）代入方程（2.24）可得：

$$\int_{t^n}^{t^{n+1}} \left[\left(\beta_c \frac{K_x A_x}{\mu B \Delta_x}\right)\bigg|_{x_{i-\frac{1}{2}}} (\Phi_{i-1} - \Phi_i)\right] dt - \int_{t^n}^{t^{n+1}} \left[\left(\beta_c \frac{K_x A_x}{\mu B \Delta_x}\right)\bigg|_{x_{i+\frac{1}{2}}} (\Phi_i - \Phi_{i+1})\right] dt$$

$$+ \int_{t^n}^{t^{n+1}} q_{sc_i} dt = \frac{V_{b_i}}{\alpha_c}\left[\left(\frac{\phi}{B}\right)_i^{n+1} - \left(\frac{\phi}{B}\right)_i^n\right] \tag{2.26}$$

或

$$\int_{t^n}^{t^{n+1}} \left[T_{x_{i-\frac{1}{2}}}(\Phi_{i-1} - \Phi_i) \right] dt + \int_{t^n}^{t^{n+1}} \left[T_{x_{i+\frac{1}{2}}}(\Phi_{i+1} - \Phi_i) \right] dt + \int_{t^n}^{t^{n+1}} q_{sc_i} dt = \frac{V_{b_i}}{\alpha_c} \left[\left(\frac{\phi}{B}\right)_i^{n+1} - \left(\frac{\phi}{B}\right)_i^n \right]$$

$$(2.27)$$

其中

$$T_{x_{i \mp \frac{1}{2}}} = \left(\beta_c \frac{K_x A_x}{\mu B \Delta x} \right) \bigg|_{x_{i \mp \frac{1}{2}}}$$

$$(2.28)$$

$T_{x_{i \mp \frac{1}{2}}}$ 为网格 i 和相邻网格 $i \mp 1$ 在 x 方向上的传导率。方程（2.27）的推导是严格依据达西定律进行的，该方程的假设条件只有方程（2.25），即应用达西定律来描述网格 i 和网格 $i \mp 1$ 之间的流体交换。如果将达西定律替换为其他方程（如 Brinkman 方程等），也可以进行上述推导（Islam, 1992；Mustafiz et al., 2005a, b）。针对各向异性油藏和不规则网格（网格尺寸不相等），$T_{x_{i \mp \frac{1}{2}}}$ 中 $\left(\beta_c \frac{K_x A_x}{\Delta x} \right) \bigg|_{x_{i \mp \frac{1}{2}}}$ 的推导见第 4 章（采用块中心网格）和第 5 章（采用角点网格）。将油藏离散处理后，每个网格具有固定的尺寸和渗透率，因此 $\left(\beta_c \frac{K_x A_x}{\Delta x} \right) \bigg|_{x_{i \mp \frac{1}{2}}}$ 为定值，与时间和空间无关。另外，传到率中与压力相关的 $(\mu B)|_{x_{i \mp \frac{1}{2}}}$ 项，处理方法一般用网格 i 和相邻网格 $i \mp 1$ 流体的平均黏度和平均地层体积系数表示，或某一时间的加权平均（上游加权或平均加权），由于网格压力随时间变化，因此该项不是空间的函数而仅为时间的函数。总之，传导率 $T_{x_{i \mp \frac{1}{2}}}$ 仅是时间的函数，与空间无关。

方程（2.27）中累积项可用网格 i 的压力差表示：

$$\int_{t^n}^{t^{n+1}} \left[T_{x_{i-\frac{1}{2}}}(\Phi_{i-1} - \Phi_i) \right] dt + \int_{t^n}^{t^{n+1}} \left[T_{x_{i+\frac{1}{2}}}(\Phi_{i+1} - \Phi_i) \right] dt + \int_{t^n}^{t^{n+1}} q_{sc_i} dt$$

$$= \frac{V_{b_i}}{\alpha_c} \frac{d}{dp} \left(\frac{\phi}{B}\right)_i (p_i^{n+1} - p_i^n)$$

$$(2.29a)$$

代入方程（2.11）得：

$$\int_{t^n}^{n+1} \left\{ T_{x_{i-\frac{1}{2}}} \left[(p_{i-1} - p_i) - \gamma_{i-\frac{1}{2}}(Z_{i-1} - Z_i) \right] \right\} dt$$

$$+ \int_{t^n}^{t^{n+1}} \left\{ T_{x_{i+\frac{1}{2}}} \left[(p_{i+1} - p_i) - \gamma_{i+\frac{1}{2}}(Z_{i+1} - Z_i) \right] \right\} dt$$

$$+ \int_{t^n}^{t^{n+1}} q_{sc_i} dt = \frac{V_{b_i}}{\alpha_c} \frac{d}{dp} \left(\frac{\phi}{B}\right)_i (p_i^{n+1} - p_i^n)$$

$$(2.29b)$$

式中，$\frac{d}{dp}\left(\frac{\phi}{B}\right)_i$ 的物理意义为函数 $\left(\frac{\phi}{B}\right)_i$ 在 p_i^{n+1} 和 p_i^n 之间的弦斜率。

2.6.3　时间积分的近似求解

如果被积分函数是时间的显函数，则可以用解析方法求积分。而方程（2.27）和方程（2.29）左侧，并不满足上述条件。根据方程（2.29b），对每一个网格 $i = 1$，2，3，$\cdots$，n_x，都写出一个方程，这时积分可以用 ODE 方法求解，例如欧拉法、修正欧拉法、显式 Runge – Kutta 法、隐式 Runge – Kutta 法（Aziz and Settari，1979）。然而，ODE 方法并不能有效地解决数值模拟问题。因此，求解积分必须做出下列假设。

求解积分 $\int_{t^n}^{t^{n+1}} F(t)\,\mathrm{d}t$。如图 2.9 所示，这个积分的值等于曲线 $F(t)$ 与 x 轴在 $t^n \leqslant t \leqslant t^{n+1}$ 的区间围成的面积。如图 2.10 所示，这个面积也等于长为 $F(t^m)$，宽为 Δt 的矩形的面积，其中 $\Delta t = t^{n+1} - t^n$，$F(t^m)$ 由 t^m 求得。则有：

$$\int_{t^n}^{n+1} F(t)\,\mathrm{d}t = \int_{t^n}^{t^{n+1}} F(t^m)\,\mathrm{d}t = \int_{t^n}^{t^{n+1}} F^m \mathrm{d}t = F^m \int_{t^n}^{t^{n+1}} \mathrm{d}t = F^m \times t \big|_{t^n}^{t^{n+1}}$$

$$= F^m \times (t^{n+1} - t^n) = F^m \times \Delta t \tag{2.30}$$

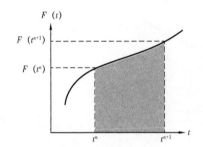

图 2.9　用曲线包围面积表示积分函数　　　图 2.10　用方程 $F(t^m) \times \Delta t$ 表示积分函数

如果 $F(t^m)$ 或 F^m 已知，则可用方程（2.30）计算积分 $\int_{t^n}^{t^{n+1}} F(t)\,\mathrm{d}t$。实际上，无法求得 F^m 的精确值，只能用近似方法表示。图 2.9 中蓝色区域的面积可用以下四种方法估算：（1）$F(t^n) \times \Delta t$（图 2.11a）；（2）$F(t^{n+1}) \times \Delta t$（图 2.11b）；（3）$\frac{1}{2}[F(t^n) + F(t^{n+1})] \times \Delta t$（图 2.11c）；（4）数值积分。方程（2.30）中 $\left[T_{x_{i-\frac{1}{2}}}(\Phi_{i-1} - \Phi_i)\right]$ 项和 $\left[T_{x_{i+\frac{1}{2}}}(\Phi_{i+1} - \Phi_i)\right]$ 项，以及方程（2.27）左侧的 q_{sc_i} 项，都可以用上述方法近似表示。

方程（2.27）可以近似为：

$$\left[T_{x_{i-\frac{1}{2}}}^m (\Phi_{i-1}^m - \Phi_i^m)\right]\Delta t + \left[T_{x_{i+\frac{1}{2}}}^m (\Phi_{i+1}^m - \Phi_i^m)\right]\Delta t + q_{\mathrm{sc}_i}^m \Delta t$$

$$= \frac{V_{\mathrm{b}_i}}{\alpha_{\mathrm{c}}}\left[\left(\frac{\phi}{B}\right)_i^{n+1} - \left(\frac{\phi}{B}\right)_i^n\right] \tag{2.31}$$

式（2.31）两边同除以 Δt，可得：

$$T^m_{x_{i-\frac{1}{2}}}(\Phi^m_{i-1} - \Phi^m_i) + T^m_{x_{i+\frac{1}{2}}}(\Phi^m_{i+1} - \Phi^m_i) + q^m_{sc_i} = \frac{V_{b_i}}{\alpha_c \Delta t}\left[\left(\frac{\phi}{B}\right)^{n+1}_i - \left(\frac{\phi}{B}\right)^n_i\right] \qquad (2.32)$$

将方程（2.11）代入方程（2.32），便得到了网格 i 的流动方程：

$$T^m_{x_{i-\frac{1}{2}}}\left[(p^m_{i-1} - p^m_i) - \gamma^m_{i-\frac{1}{2}}(Z_{i-1} - Z_i)\right] + T^m_{x_{i+\frac{1}{2}}}\left[(p^m_{i+1} - p^m_i) - \gamma^m_{i+\frac{1}{2}}(Z_{i+1} - Z_i)\right]$$

$$+ q^m_{sc_i} = \frac{V_{b_i}}{\alpha_c \Delta t}\left[\left(\frac{\phi}{B}\right)^{n+1}_i - \left(\frac{\phi}{B}\right)^n_i\right] \qquad (2.33)$$

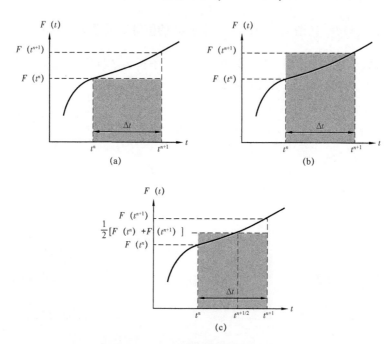

图 2.11　积分函数近似求解方法

方程（2.33）右边项称为流体汇聚项，模拟不可压缩流体（$c=0$）在不可压缩多孔介质（$c_\phi = 0$）中的流动时，流体累积项变为 0，体积系数 B 和孔隙度 ϕ 变为常数，在这类流动问题中，压力与时间无关。示例 2.4 给出了方程（2.33）在一维油藏规则内部网格的应用形式。本书第 7 章详细探讨了时间 t^m 分别取 t^n、t^{n+1} 和 $t^{n+\frac{1}{2}}$ 时，方程（2.33）的差异，即前文中提到的前三种近似方法。第四种近似方法需要结合常微分方程的 Runge – Kutta 解法。表 2.1 给出了流动方程推导中出现的所有参数及其单位。

表 2.1　不同单位制的流动方程参数

参数	符号	单位制		
		惯用单位	SPE 公制单位	实验室单位
长度	x,y,z,r,Z	ft	m	cm
面积	$A,A_x,A_y,A_z,A_r,A_\theta$	ft^2	m^2	cm^2
渗透率	$K,K_x,K_y,K_z,K_r,K_\theta$	mD	μm^2	D

续表

参数	符号	单位制		
		惯用单位	SPE 公制单位	实验室单位
相黏度	μ,μ_o,μ_w,μ_g	mPa·s	mPa·s	mPa·s
气体体积系数	B,B_g	bbl/ft^3	m^3/m^3	cm^3/cm^3
液体体积系数	B,B_o,B_w	bbl/bbl	m^3/m^3	cm^3/cm^3
气油比	R_s	ft^3/bbl	m^3/m^3	cm^3/cm^3
相压力	p,p_o,p_w,p_g	psia	kPa	atm
相势能	$\Phi,\Phi_o,\Phi_w,\Phi_g$	psia	kPa	atm
相重度	$\gamma,\gamma_o,\gamma_w,\gamma_g$	psi/ft	kPa/m	atm/cm
气体流速	q_{sc},q_{gsc}	ft^3/d	m^3/d	cm^3/s
油流速	q_{sc},q_{osc}	bbl/d	m^3/d	cm^3/s
水流速	q_{sc},q_{wsc}	bbl/d	m^3/d	cm^3/s
体积速度	u	bbl/(d·ft²)	m/d	cm/s
相密度	$\rho,\rho_o,\rho_w,\rho_g$	lb/ft^3	kg/m^3	g/cm^3
网格体积	V_b	ft^3	m^3	cm^3
压缩系数	c,c_o,c_ϕ	psi^{-1}	kPa^{-1}	atm^{-1}
压缩因子	Z	无量纲	无量纲	无量纲
温度	T	°R	K	K
孔隙度	ϕ			
相饱和度	S,S_o,S_w,S_g			
相对渗透率	K_{ro},K_{rw},K_{rg}			
重力加速度	g	$32.174ft/s^2$	$9.806635m/s^2$	$980.6635cm/s^2$
时间	$t,\Delta t$	d	d	s
角度	θ	rad	rad	rad
传导率转换系数	β_c	0.001127	0.0864	1
重力转换系数	γ_c	0.21584×10^{-3}	0.001	0.986923×10^{-6}
体积转换系数	α_c	5.614583	1	1

例 2.4 考虑一维水平油藏中的单相流体流动。如图 2.12 所示，在 x 方向上使用四个块将油藏离散化。网格 3 中的一口井以 400bbl/d 的速率采油。所有网格基本参数均为 $\Delta x = 250ft$，$w = 900ft$，$h = 100ft$ 以及 $K_x = 270mD$。流体的地层体积系数和黏度分别为 1.0bll/bbl 和 2mPa·s。识别该油藏的内部和边界网格。写出网格 3 的流动方程，并给出方程中每一项的物理意义。

求解方法

网格 2 和网格 3 是内部网格，而网格 1 和网格 4 是边界网格。对于 $i = 3$，可根据方程 (2.33) 得到网格 3 的流动方程，即：

$$T_{x_{3-\frac{1}{2}}}^m \left[(p_2^m - p_3^m) - \gamma_{3-\frac{1}{2}}^m (Z_2 - Z_3) \right] + T_{x_{3+\frac{1}{2}}}^m \left[(p_4^m - p_3^m) - \gamma_{3+\frac{1}{2}}^m (Z_4 - Z_3) \right]$$

$$+ q_{sc_3}^m = \frac{V_{b_3}}{\alpha_c \Delta t} \left[\left(\frac{\phi}{B} \right)_3^{n+1} - \left(\frac{\phi}{B} \right)_3^n \right] \tag{2.34}$$

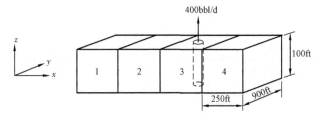

图 2.12　示例 2.4 中的一维油藏

对于网格 3，水平油藏中 $Z_2 = Z_3 = Z_4$，并且 $q_{sc_3}^m = -400 \text{bbl/d}$。

因为 $\Delta x_{3\mp\frac{1}{2}} = \Delta x$ 且 μ 和 B 为常数，则有：

$$T_{x_{3-\frac{1}{2}}}^m T_{x_{3+\frac{1}{2}}}^m = \beta_c \frac{K_x A_x}{\mu B \Delta x} = 0.001127 \times \frac{270 \times (900 \times 100)}{2 \times 1 \times 250}$$

$$= 54.7722 \text{bbl/(d} \cdot \text{psi)} \tag{2.35}$$

将方程（2.35）代入方程（2.34），得到：

$$(54.7722)(p_2^m - p_3^m) + (54.7722)(p_4^m - p_3^m) - 400 = \frac{V_{b_3}}{\alpha_c \Delta t} \left[\left(\frac{\phi}{B} \right)_3^{n+1} - \left(\frac{\phi}{B} \right)_3^n \right] \tag{2.36}$$

方程（2.36）的左边项包括三项。第一项表示从网格 2 到网格 3 的流体流动速率，第二项表示从网格 4 到网格 3 的流体流动速率，第三项表示网格 3 中油井的采出速度。方程（2.36）中的右边项表示网格 3 中的流体汇聚速率。所有项的单位均为 bbl/d。

2.6.4　使用工程标记法表示的多维流动方程

仔细观察用方程（2.33）表示的流动方程可以发现，该方程涉及三个不同的项：x 方向上网格 i 与其相邻两网格的网格间流动项 $\{T_{x_{i-\frac{1}{2}}}^m [(p_{i-1}^m - p_i^m) - \gamma_{i-\frac{1}{2}}^m (Z_{i-1} - Z_i)]\}$ 和 $\{T_{x_{i+\frac{1}{2}}}^m [(p_{i+1}^m - p_i^m) - \gamma_{i+\frac{1}{2}}^m (Z_{i+1} - Z_i)]\}$，由注入或生产引起的源项（$q_{sc_i}^m$），以及汇聚项 $\left\{ \frac{V_{b_i}}{a_c \Delta t} \left[\left(\frac{\phi}{B} \right)_i^{n+1} - \left(\frac{\phi}{B} \right)_i^n \right] \right\}$。油藏中的任意网格都具有一个源项和一个汇聚项，但网格间流动项的个数等于相邻网格的个数。具体来说，任何网格在一维流动中最多具有 2 个相邻块（图 2.2a），在二维流动中最多具有 4 个相邻块（图 2.2b），在三维流动中最多具有 6 个相邻块（图 2.2c）。因此，对于二维流动，$x - y$ 平面中网格 (i, j) 的流动方程为：

$$T_{y_{i,j-\frac{1}{2}}}^m \left[(p_{i,j-1}^m - p_{i,j}^m) - \gamma_{i,j-\frac{1}{2}}^m (Z_{i,j-1} - Z_{i,j}) \right]$$

$$+ T_{x_{i-\frac{1}{2},j}}^m \left[(p_{i-1,j}^m - p_{i,j}^m) - \gamma_{i-\frac{1}{2},j}^m (Z_{i-1,j} - Z_{i,j}) \right]$$

$$+ T^m_{x_{i+\frac{1}{2},j}}\big[\,(p^m_{i+1,j} - p^m_{i,j}) - \gamma^m_{i+\frac{1}{2}}(Z_{i+1,j} - Z_{i,j})\,\big]$$

$$+ T^m_{y_{i,j+\frac{1}{2}}}\big[\,(p^m_{i,j+1} - p^m_{i,j}) - \gamma^m_{i,j+\frac{1}{2}}(Z_{i,j+1} - Z_{i,j})\,\big]$$

$$+ q^m_{\mathrm{sc}_{i,j}} = \frac{V_{\mathrm{b}_{i,j}}}{\alpha_{\mathrm{c}}\Delta t}\Big[\Big(\frac{\phi}{B}\Big)^{n+1}_{i,j} - \Big(\frac{\phi}{B}\Big)^{n}_{i,j}\Big] \tag{2.37}$$

对于三维流动，$x-y-z$ 空间中网格 (i,j,k) 的流动方程为：

$$T^m_{z_{i,j,k-\frac{1}{2}}}\big[\,(p^m_{i,j,k-1} - p^m_{i,j,k}) - \gamma^m_{i,j,k-\frac{1}{2}}(Z_{i,j,k-1} - Z_{i,j,k})\,\big]$$

$$+ T^m_{y_{i,j-\frac{1}{2},k}}\big[\,(p^m_{i,j-1,k} - p^m_{i,j,k}) - \gamma^m_{i,j-\frac{1}{2},k}(Z_{i,j-1,k} - Z_{i,j,k})\,\big]$$

$$+ T^m_{x_{i-\frac{1}{2},j,k}}\big[\,(p^m_{i-1,j,k} - p^m_{i,j,k}) - \gamma^m_{i-\frac{1}{2},j,k}(Z_{i-1,j,k} - Z_{i,j,k})\,\big]$$

$$+ T^m_{x_{i+\frac{1}{2},j,k}}\big[\,(p^m_{i+1,j,k} - p^m_{i,j,k}) - \gamma^m_{i+\frac{1}{2},j,k}(Z_{i+1,j,k} - Z_{i,j,k})\,\big]$$

$$+ T^m_{y_{i,j+\frac{1}{2},k}}\big[\,(p^m_{i,j+1,k} - p^m_{i,j,k}) - \gamma^m_{i,j+\frac{1}{2},k}(Z_{i,j+1,k} - Z_{i,j,k})\,\big]$$

$$+ T^m_{z_{i,j,k+\frac{1}{2}}}\big[\,(p^m_{i,j,k+1} - p^m_{i,j,k}) - \gamma^m_{i,j,k+\frac{1}{2}}(Z_{i,j,k+1} - Z_{i,j,k})\,\big]$$

$$+ q^m_{\mathrm{sc}_{i,j,k}} = \frac{V_{\mathrm{b}_{i,j,k}}}{\alpha_{\mathrm{c}}\Delta t}\Big[\Big(\frac{\phi}{B}\Big)^{n+1}_{i,j,k} - \Big(\frac{\phi}{B}\Big)^{n}_{i,j,k}\Big] \tag{2.38}$$

其中：

$$T_{x_{i\mp\frac{1}{2},j,k}} = \Big(\beta_{\mathrm{c}}\frac{K_x A_x}{\mu B \Delta x}\Big)\Big|_{x_{i\mp\frac{1}{2},j,k}} = \Big(\beta_{\mathrm{c}}\frac{K_x A_x}{\Delta x}\Big)_{x_{i\mp\frac{1}{2},j,k}}\Big(\frac{1}{\mu B}\Big)_{x_{i\mp\frac{1}{2},j,k}} = G_{x_{i\mp\frac{1}{2},j,k}}\Big(\frac{1}{\mu B}\Big)_{x_{i\mp\frac{1}{2},j,k}}$$

$$\tag{2.39a}$$

$$T_{y_{i,j\mp\frac{1}{2},k}} = \Big(\beta_{\mathrm{c}}\frac{K_y A_y}{\mu B \Delta y}\Big)\Big|_{y_{i,j\mp\frac{1}{2},k}} = \Big(\beta_{\mathrm{c}}\frac{K_y A_y}{\Delta y}\Big)_{y_{i,j\mp\frac{1}{2},k}}\Big(\frac{1}{\mu B}\Big)_{y_{i,j\mp\frac{1}{2},k}} = G_{y_{i,j\mp\frac{1}{2},k}}\Big(\frac{1}{\mu B}\Big)_{y_{i,j\mp\frac{1}{2},k}}$$

$$\tag{2.39b}$$

$$T_{z_{i,j,k\mp\frac{1}{2}}} = \Big(\beta_{\mathrm{c}}\frac{K_z A_z}{\mu B \Delta z}\Big)\Big|_{z_{i,j,k\mp\frac{1}{2}}} = \Big(\beta_{\mathrm{c}}\frac{K_z A_z}{\Delta z}\Big)_{z_{i,j,k\mp\frac{1}{2}}}\Big(\frac{1}{\mu B}\Big)_{z_{i,j,k\mp\frac{1}{2}}} = G_{z_{i,j,k\mp\frac{1}{2}}}\Big(\frac{1}{\mu B}\Big)_{z_{i,j,k\mp\frac{1}{2}}}$$

$$\tag{2.39c}$$

非均质油藏中不规则网格的几何因子 G 的表达式见第 4 章和第 5 章。需要提及的是，对于相邻网格，一维［方程（2.33）］、二维［方程（2.37）］或者三维［方程（2.38）］问题的内部网格流动项如图 2.13 所示。由于整个油藏中存在未知向量，因此，图 2.13 中相邻块的顺序导出了带有未知量流动方程，详见第 9 章。

以下两个示例演示了方程（2.37）和方程（2.38）在多维各向异性规则网格化油藏中

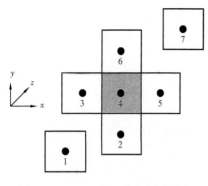

图 2.13　$\psi_{i,j,k}$ 或 ψ_n 相邻网格排序

的内部网格的应用。

例 2.5　考虑二维水平油藏中的单相流体流动。如图 2.14 所示，对油藏进行 4×3 的离散化处理。位于网格（3，2）的油井采油速度为 400bbl/d。所有网格基本参数均为 $\Delta x = 250\mathrm{ft}$，$\Delta y = 300\mathrm{ft}$，$h = 100\mathrm{ft}$，$K_x = 270\mathrm{mD}$ 以及 $K_y = 220\mathrm{mD}$。流体的地层体积系数和黏度分别为 $1.0\mathrm{bbl/bbl}$ 和 $2\mathrm{mPa \cdot s}$。确定该油藏中的内部和边界网格。给出网格（3，2）的流动方程，并定义流动方程中各项的物理含义。给出块（2，2）的流动方程。

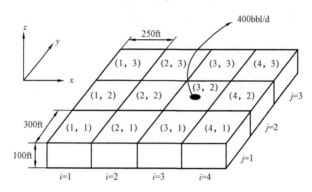

图 2.14　示例 2.5 中的二维油藏

求解方法

该油藏中的内部网格包括位于第二行的第二列和第三列中的油藏网格。其他储层网格是边界网格。明确地说，网格（2，2）和（3，2）是内部网格，而网格（1，1）、（2，1）、（3，1）、（4，1）、（1，2）、（4，2）、（1，3）、（2，3）、（3，3）和（4，3）是边界网格。

对于 $i=3$ 和 $j=2$ 的情况，可从方程（2.37）中获得网格（3，2）的流动方程，即：

$$T_{y_{3,2-\frac{1}{2}}}^m \left[\left(p_{3,1}^m - p_{3,2}^m \right) - \gamma_{3,2-\frac{1}{2}}^m \left(Z_{3,1} - Z_{3,2} \right) \right]$$

$$+ T_{x_{3-\frac{1}{2},2}}^m \left[\left(p_{2,2}^m - p_{3,2}^m \right) - \gamma_{3-\frac{1}{2},2}^m \left(Z_{2,2} - Z_{3,2} \right) \right]$$

$$+ T_{x_{3+\frac{1}{2},2}}^m \left[\left(p_{4,2}^m - p_{3,2}^m \right) - \gamma_{3+\frac{1}{2},2}^m \left(Z_{4,2} - Z_{3,2} \right) \right]$$

$$+ T_{y_{3,2+\frac{1}{2}}}^m \left[\left(p_{3,3}^m - p_{3,2}^m \right) - \gamma_{3,2+\frac{1}{2}}^m \left(Z_{3,3} - Z_{3,2} \right) \right]$$

$$+ q_{\mathrm{sc}_{3,2}}^m = \frac{V_{\mathrm{b}_{3,2}}}{\alpha_c \Delta t} \left[\left(\frac{\phi}{B} \right)_{3,2}^{n+1} - \left(\frac{\phi}{B} \right)_{3,2}^n \right] \tag{2.40}$$

对于网格（3，2），$Z_{3,1} = Z_{2,2} = Z_{3,2} = Z_{4,2} = Z_{3,3}$ 并且 $q_{\mathrm{sc}_{3,2}}^m = -400\mathrm{bbl/d}$。因为 $\Delta x_{3\mp\frac{1}{2},2} = \Delta x = 250\mathrm{ft}$，$\Delta y_{3,2\mp\frac{1}{2}} = \Delta y = 300\mathrm{ft}$，并且 μ 和 B 为常数。

$$T_{x_3-\frac{1}{2},2}^m = T_{x_3+\frac{1}{2},2}^m = \beta_c \frac{K_x A_x}{\mu B \Delta x} = 0.001127 \times \frac{270 \times (300 \times 100)}{2 \times 1 \times 250}$$

$$= 18.2574 \text{bbl/(d} \cdot \text{psi)} \tag{2.41a}$$

并且

$$T_{y_3,2-\frac{1}{2}}^m = T_{y_3,2+\frac{1}{2}}^m = \beta_c \frac{K_y A_y}{\mu B \Delta y} = 0.001127 \times \frac{220 \times (250 \times 100)}{2 \times 1 \times 300}$$

$$= 10.3308 \text{bbl/(d} \cdot \text{psi)} \tag{2.41b}$$

代入方程 (2.40) 得出:

$$(10.3308)(p_{3,1}^m - p_{3,2}^m) + (18.2574)(p_{2,2}^m - p_{3,2}^m) + (18.2574)(p_{4,2}^m - p_{3,2}^m)$$

$$+ (10.3308)(p_{3,3}^m - p_{3,2}^m) - 400 = \frac{V_{b3,2}}{\alpha_c \Delta t}\left[\left(\frac{\phi}{B}\right)_{3,2}^{n+1} - \left(\frac{\phi}{B}\right)_{3,2}^n\right] \tag{2.42}$$

方程 (2.42) 的左边项包括五项。第一项至第四项分别表示从网格 (3, 1) 到网格 (3, 2)、从网格 (2, 2) 到网格 (3, 2)、从网格 (4, 2) 到网格 (3, 2)、从网格 (3, 3) 到网格 (3, 2) 的流体流动速率。最后,第五项表示在网格 (3, 2) 中井的采出速度。方程 (2.42) 中的右边项表示网格 (3, 2) 中的流体汇聚速率。所有项的单位都是 bbl/d。

对于 $i = 2$ 和 $j = 2$,根据方程 (2.37) 可以得出网格 (2, 2) 的流动方程,即:

$$T_{y_2,2-\frac{1}{2}}^m\left[(p_{2,1}^m - p_{2,2}^m) - \gamma_{2,2-\frac{1}{2}}^m(Z_{2,1} - Z_{2,2})\right]$$

$$+ T_{x_2-\frac{1}{2},2}^m\left[(p_{1,2}^m - p_{2,2}^m) - \gamma_{2-\frac{1}{2},2}^m(Z_{1,2} - Z_{2,2})\right]$$

$$+ T_{x_2+\frac{1}{2},2}^m\left[(p_{3,2}^m - p_{2,2}^m) - \gamma_{2+\frac{1}{2},2}^m(Z_{3,2} - Z_{2,2})\right]$$

$$+ T_{y_2,2+\frac{1}{2}}^m\left[(p_{2,3}^m - p_{2,2}^m) - \gamma_{2,2+\frac{1}{2}}^m(Z_{2,3} - Z_{2,2})\right]$$

$$+ q_{sc2,2}^m = \frac{V_{b2,2}}{\alpha_c \Delta t}\left[\left(\frac{\phi}{B}\right)_{2,2}^{n+1} - \left(\frac{\phi}{B}\right)_{2,2}^n\right] \tag{2.43}$$

对于网格 (2, 2),水平油藏中 $Z_{2,2} = Z_{2,1} = Z_{1,2} = Z_{2,2} = Z_{2,3}$,因为网格 (2, 2) 中无油井,因此 $q_{sc2,2}^m = 0 \text{bbl/d}$, $T_{x_2-\frac{1}{2},2}^m = T_{x_2+\frac{1}{2},2}^m = 18.2574 \text{bbl/(d} \cdot \text{psi)}$,并且 $T_{y_2,2-\frac{1}{2}}^m = T_{y_2,2+\frac{1}{2}}^m = 10.3308 \text{bbl/(d} \cdot \text{psi)}$。

代入方程 (2.43) 得出:

$$(10.3308)(p_{2,1}^m - p_{2,2}^m) + (18.2574)(p_{1,2}^m - p_{2,2}^m) + (18.2574)(p_{3,2}^m - p_{2,2}^m)$$

$$+ (10.3308)(p_{2,3}^m - p_{2,2}^m) = \frac{V_{b2,2}}{\alpha_c \Delta t}\left[\left(\frac{\phi}{B}\right)_{2,2}^{n+1} - \left(\frac{\phi}{B}\right)_{2,2}^n\right] \tag{2.44}$$

例 2.6 考虑三维水平油藏中的单相流体流动。如图 2.15a 所示,对该油藏进行 $4 \times 3 \times 3$ 的离散化处理。网格 (3, 2, 2) 内有一口采油速度为 133.3bbl/d 的井。所有网格块均具有

$\Delta x = 250\text{ft}$，$\Delta y = 300\text{ft}$，$\Delta z = 33.333\text{ft}$，$K_x = 270\text{mD}$ 以及 $K_y = 220\text{mD}$ 的基本性质。流体的地层体积系数、密度和黏度分别为 1.0bbl/bbl、55lb/ft^3 和 $2\text{mPa}\cdot\text{s}$。确定该油藏中的内部网格和边界网格。写出网格（3，2，2）的流动方程。

求解方法

如图 2.15b 所示，内部网格包括位于第二行第二列和第三列的油藏网格，即网格 (2，2，2)和网格（3，2，2）。所有其他油藏网格均为边界网格。

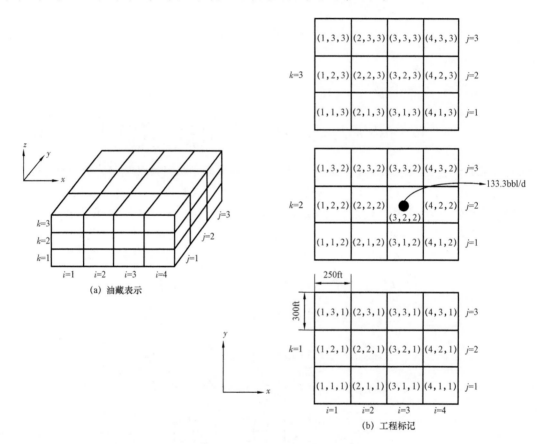

图 2.15　示例 2.6 中的三维油藏表示

对于 $i = 3$、$j = 2$ 和 $k = 2$，根据方程（2.38）可以得到网格（3，2，2）的流动方程，即，

$$T^m_{z_{3,2,2-\frac{1}{2}}}\left[\left(p^m_{3,2,1} - p^m_{3,2,2}\right) - \gamma^m_{3,2,2-\frac{1}{2}}\left(Z_{3,2,1} - Z_{3,2,2}\right)\right]$$

$$+ T^m_{y_{3,2-\frac{1}{2},2}}\left[\left(p^m_{3,1,2} - p^m_{3,2,2}\right) - \gamma^m_{3,2-\frac{1}{2},2}\left(Z_{3,1,2} - Z_{3,2,2}\right)\right]$$

$$+ T^m_{x_{3-\frac{1}{2},2,2}}\left[\left(p^m_{2,2,2} - p^m_{3,2,2}\right) - \gamma^m_{3-\frac{1}{2},2,2}\left(Z_{2,2,2} - Z_{3,2,2}\right)\right]$$

$$+ T^m_{x_{3+\frac{1}{2},2,2}}\left[\left(p^m_{4,2,2} - p^m_{3,2,2}\right) - \gamma^m_{3+\frac{1}{2},2,2}\left(Z_{4,2,2} - Z_{3,2,2}\right)\right]$$

$$+ T^m_{y_{3,2+\frac{1}{2},2}}\left[\left(p^m_{3,3,2} - p^m_{3,2,2}\right) - \gamma^m_{3,2+\frac{1}{2},2}\left(Z_{3,3,2} - Z_{3,2,2}\right)\right]$$

$$+ T^m_{z_{3,2,2+\frac{1}{2}}} \big[(p^m_{3,2,3} - p^m_{3,2,2}) - \gamma^m_{3,2,2+\frac{1}{2}} (Z_{3,2,3} - Z_{3,2,2}) \big]$$

$$+ q^m_{sc_{3,2,2}} = \frac{V_{b_{3,2,2}}}{\alpha_c \Delta t} \Big[\Big(\frac{\phi}{B} \Big)^{n+1}_{3,2,2} - \Big(\frac{\phi}{B} \Big)^{n}_{3,2,2} \Big] \tag{2.45}$$

对于 (3, 2, 2)，$Z_{3,1,2} = Z_{2,2,2} = Z_{3,2,2} = Z_{4,2,2} = Z_{3,3,2}$，$Z_{3,2,1} - Z_{3,2,2} = 33.333\text{ft}$，$Z_{3,2,3} - Z_{3,2,2} = 33.333\text{ft}$，并且 $q^m_{sc_{3,2,2}} = -133\text{bbl/d}$。因为 $\Delta x_{3 \mp \frac{1}{2},2,2} = \Delta x = 250\text{ft}$，$\Delta y_{3,2 \mp \frac{1}{2},2} = \Delta y = 300\text{ft}$，$\Delta z_{3,2,2 \mp \frac{1}{2}} = \Delta z = 33.333\text{ft}$ 并且 μ、ρ 和 B 为常数。$\gamma^m_{3,2,2-\frac{1}{2}} = \gamma^m_{3,2,2+\frac{1}{2}} = \gamma_{cpg} = 0.21584 \times 10^{-3} \times 5532.174 = 0.3819\text{psi/ft}$，有：

$$T^m_{x_{3 \mp \frac{1}{2},2,2}} = \beta_c \frac{K_x A_x}{\mu B \Delta x} = 0.001127 \times \frac{270 \times (300 \times 33.333)}{2 \times 1 \times 250} = 6.0857\text{bbl/(d·psi)} \tag{2.46a}$$

$$T^m_{y_{3,2 \mp \frac{1}{2},2}} = \beta_c \frac{K_y A_y}{\mu B \Delta y} = 0.001127 \times \frac{220 \times (250 \times 33.333)}{2 \times 1 \times 300} = 3.4436\text{bbl/(d·psi)} \tag{2.46b}$$

$$T^m_{z_{3,2,2 \mp \frac{1}{2}}} = \beta_c \frac{K_z A_z}{\mu B \Delta z} = 0.001127 \times \frac{50 \times (250 \times 300)}{2 \times 1 \times 33.333} = 63.3944\text{bbl/(d·psi)} \tag{2.46c}$$

代入方程 (2.45) 得到：

$$(63.3944) \big[(p^m_{3,2,1} - p^m_{3,2,2}) - 12.7287 \big] + (3.4436)(p^m_{3,1,2} - p^m_{3,2,2})$$

$$+ (6.0857)(p^m_{2,2,2} - p^m_{3,2,2}) + (6.0857)(p^m_{4,2,2} - p^m_{3,2,2}) + (3.4436)(p^m_{3,3,2} - p^m_{3,2,2})$$

$$+ (63.3944) \big[(p^m_{3,2,3} - p^m_{3,2,2}) + 12.7287 \big] - 133.3 = \frac{V_{b_{3,2,2}}}{\alpha_c \Delta t} \Big[\Big(\frac{\phi}{B} \Big)^{n+1}_{3,2,2} - \Big(\frac{\phi}{B} \Big)^{n}_{3,2,2} \Big] \tag{2.47}$$

2.7　柱坐标系下的多维流动

2.7.1　单井模拟油藏离散化

单井模拟可以使用柱坐标系。如图 2.16 所示，空间点在柱坐标系中定义为点 (r, θ, z)。井与纵轴重合的圆柱体代表单井模拟中的油藏。油藏离散化包括将圆柱划分为 n_r 个井穿过中心的同心径向段。中心线将径向部分分成 n_θ 个蛋糕状切片。垂直于纵轴的平面将蛋糕状切片分成 n_z 段。

离散化油藏中的油藏网格定义为网格 (i, j, k)，其中 i，j 和 k 分别是 r、θ 和 z 方向上的顺序，其中 $1 \leq i \leq n_r$，$1 \leq j \leq n_\theta$，$1 \leq k \leq n_z$。网格具有如图 2.17 所示的形状。

图 2.18a 展示了网格 (i,j,k) 在 r 方向上被网格 $(i-1,j,k)$ 和 $(i+1,j,k)$ 围绕，在 θ 方向上被网格 $(i,j-1,k)$ 和 $(i,j+1,k)$ 围绕。此外，图 2.18a 展示了网格 (i,j,k) 及其相邻网格之间的边界：网格边界 $(i-\frac{1}{2},j,k)$、$(i+\frac{1}{2},j,k)$、$(i,j-\frac{1}{2},k)$。图 2.18b 展示了网格 (i,j,k) 在 z 方向上被网格 $(i,j,k-1)$ 和 $(i,j,k+1)$ 围绕。图 2.18b 还显示了网格边界 $(i,j,k-\frac{1}{2})$ 和 $(i,j,k+\frac{1}{2})$。以下两个示例将演示单井模拟中的网格识别和排序。在 θ 方向没有流体流动的情况下，径向和直角坐标中的网格排序和识别是相同的。

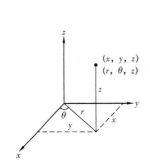

图 2.16　在直角坐标系和柱坐标系中绘制点

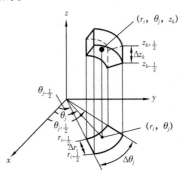

图 2.17　单井模拟中的网格 (i, j, k)

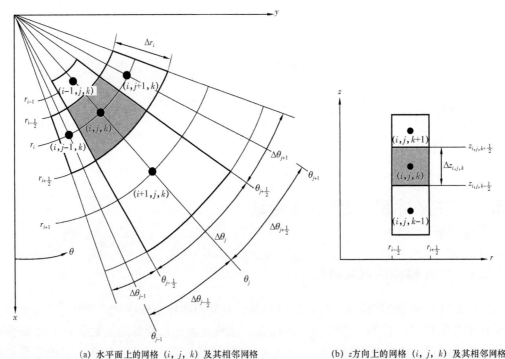

(a) 水平面上的网格 (i, j, k) 及其相邻网格　　　　(b) z 方向上的网格 (i, j, k) 及其相邻网格

图 2.18　单井模拟中网格 (i, j, k) 及其相邻网格

例 2.7　如图 2.19a 所示，在单井模拟中，在 r 方向上将油藏离散成四个同心圆柱形网格。使用自然排序对该油藏中的网格进行排序。

求解方法

将封闭井最里面的网格确定为网格 1。然后向半径增加的方向移动到其他网格，一次一个网格。通过前一个网格的顺序增加 1 来获得下一个网格的顺序。继续网格排序（或编号）过程，直到最外面的网格被编号。该油藏网格的最终排序如图 2.19b 所示。

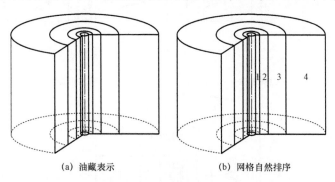

(a) 油藏表示　　　　　　　　(b) 网格自然排序

图 2.19　例 2.7 中表示的一维径向圆柱油藏

例 2.8　如图 2.20a 所示，将示例 2.7 中的油藏分成三层。

使用以下方法识别该油藏中的网格：

（1）工程标记；

（2）自然排序。

求解方法

（1）该油藏网格识别的工程标记如图 2.20b 所示。

（2）任意选择沿行对每一层中的网格进行排序。第一层（$k=1$）的网格按照例 2.7 中的说明进行编号。第一列（$i=1$）和第二层（$k=2$）中的网格（1，2）接下来按照网格 5 编号，并且网格编号按照例 2.7 继续进行。网格编号继续（逐层）进行，直到所有的网格都被编号。该油藏网格的最终排序如图 2.20c 所示。

2.7.2　柱坐标系下多维渗流方程的推导

为了在时间步长 $\Delta t = t^{n+1} - t^n$ 上写出图 2.18 中网格（i，j，k）的物质平衡方程，假设来自相邻网格的流体通过网格边界（$i-\frac{1}{2}$，j，k）、（i，$j-\frac{1}{2}$，k）和（i，j，$k-\frac{1}{2}$）流入网格（i，j，k），并且通过网格边界（$i+\frac{1}{2}$，j，k）、（i，$j+\frac{1}{2}$，k）和（i，j，$k+\frac{1}{2}$）流出。应用流动方程（2.6）可得：

$$\left(m_{\mathrm{i}} \big|_{r_{i-\frac{1}{2},j,k}} - m_{\mathrm{o}} \big|_{r_{i+\frac{1}{2},j,k}} \right) + \left(m_{\mathrm{i}} \big|_{\theta_{i,j-\frac{1}{2},k}} - m_{\mathrm{o}} \big|_{\theta_{i,j+\frac{1}{2},k}} \right) + \left(m_{\mathrm{i}} \big|_{z_{i,j,k-\frac{1}{2}}} - m_{\mathrm{o}} \big|_{z_{i,j,k+\frac{1}{2}}} \right)$$

$$+ m_{\mathrm{s}_{i,j,k}} = m_{\mathrm{a}_{i,j,k}} \tag{2.48}$$

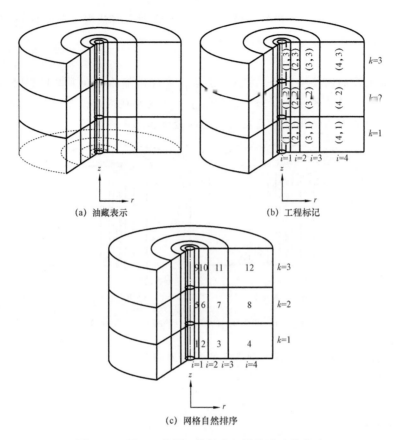

图 2.20　例 2.8 中的二维径向—圆柱形油藏表示

质量流量 $w_r \mid_{r_{i-\frac{1}{2},j,k}}$、$w_\theta \mid_{\theta_{i,j-\frac{1}{2},k}}$、$w_z \mid_{z_{i,j,k-\frac{1}{2}}}$、$w_r \mid_{r_{i+\frac{1}{2},j,k}}$、$w_\theta \mid_{\theta_{i,j+\frac{1}{2},k}}$、$w_z \mid_{z_{i,j,k+\frac{1}{2}}}$、井质量流量 $q_{m_{i,j,k}}$ 仅是时间的函数（见第 2.6.2 节中的说明）。因此：

$$m_i \mid_{r_{i-\frac{1}{2},j,k}} = \int_{t^n}^{t^{n+1}} w_r \mid_{r_{i-\frac{1}{2},j,k}} \mathrm{d}t \qquad (2.49a)$$

$$m_i \mid_{\theta_{i,j-\frac{1}{2},k}} = \int_{t^n}^{t^{n+1}} w_\theta \mid_{\theta_{i,j-\frac{1}{2},k}} \mathrm{d}t \qquad (2.49b)$$

$$m_i \mid_{z_{i,j,k-\frac{1}{2}}} = \int_{t^n}^{t^{n+1}} w_z \mid_{z_{i,j,k-\frac{1}{2}}} \mathrm{d}t \qquad (2.49c)$$

$$m_o \mid_{r_{i+\frac{1}{2},j,k}} = \int_{t^n}^{t^{n+1}} w_r \mid_{r_{i+\frac{1}{2},j,k}} \mathrm{d}t \qquad (2.50a)$$

$$m_o \mid_{\theta_{i,j+\frac{1}{2},k}} = \int_{t^n}^{t^{n+1}} w_\theta \mid_{\theta_{i,j+\frac{1}{2},k}} \mathrm{d}t \qquad (2.50b)$$

$$m_o \mid_{z_{i,j,k+\frac{1}{2}}} = \int_{t^n}^{t^{n+1}} w_z \mid_{z_{i,j,k+\frac{1}{2}}} \mathrm{d}t \qquad (2.50c)$$

$$m_{s_{i,j,k}} = \int_{t^n}^{t^{n+1}} q_{m_{i,j,k}} \mathrm{d}t \tag{2.51}$$

另外，质量累积定义为：

$$m_{a_{i,j,k}} = \Delta_t (V_b m_v)_{i,j,k} = V_{b_{i,j,k}} (m_{v_{i,j,k}}^{n+1} - m_{v_{i,j,k}}^n) \tag{2.52}$$

质量流量和质量流速的关系如下：

$$w_r \big|_r = \dot{m}_r A_r \tag{2.53a}$$

$$w_\theta \big|_\theta = \dot{m}_\theta A_\theta \tag{2.53b}$$

$$w_z \big|_z = \dot{m}_z A_z \tag{2.53c}$$

质量流速可以用流体密度和体积速度来表示：

$$\dot{m}_r = \alpha_c \rho u_r \tag{2.54a}$$

$$\dot{m}_\theta = \alpha_c \rho u_\theta \tag{2.54b}$$

$$\dot{m}_z = \alpha_c \rho u_z \tag{2.54c}$$

m_v 可以用流体密度和孔隙度来表示：

$$m_{v_{i,j,k}} = (\phi\rho)_{i,j,k} \tag{2.55}$$

同样，井质量流量可以用井体积速度和流体密度来表示：

$$q_{m_{i,j,k}} = (\alpha_c \rho q)_{i,j,k} \tag{2.56}$$

将方程（2.54）代入方程（2.53）得：

$$w_r \big|_r = \alpha_c \rho u_r A_r \tag{2.57a}$$

$$w_\theta \big|_\theta = \alpha_c \rho u_\theta A_\theta \tag{2.57b}$$

$$w_z \big|_z = \alpha_c \rho u_z A_z \tag{2.57c}$$

将方程（2.57）代入方程（2.49）和方程（2.50）得：

$$m_i \big|_{r_{i-\frac{1}{2}, j, k}} = \int_{t^n}^{t^{n+1}} \alpha_c (\rho u_r A_r) \bigg|_{r_{i-\frac{1}{2}, j, k}} \mathrm{d}t \tag{2.58a}$$

$$m_i \big|_{\theta_{i, j-\frac{1}{2}, k}} = \int_{t^n}^{t^{n+1}} \alpha_c (\rho u_\theta A_\theta) \bigg|_{\theta_{i, j-\frac{1}{2}, k}} \mathrm{d}t \tag{2.58b}$$

$$m_i \big|_{z_{i, j, k-\frac{1}{2}}} = \int_{t^n}^{t^{n+1}} \alpha_c (\rho u_z A_z) \bigg|_{z_{i, j, k-\frac{1}{2}}} \mathrm{d}t \tag{2.58c}$$

$$m_o \big|_{r_{i+\frac{1}{2}, j, k}} = \int_{t^n}^{t^{n+1}} \alpha_c (\rho u_r A_r) \bigg|_{r_{i+\frac{1}{2}, j, k}} \mathrm{d}t \tag{2.59a}$$

$$m_{\mathrm{o}}\big|_{\theta_{i,j+\frac{1}{2},k}} = \int_{t^n}^{t^{n+1}} \alpha_{\mathrm{c}}(\rho u_\theta A_\theta)\bigg|_{\theta_{i,j+\frac{1}{2},k}} \mathrm{d}t \tag{2.59b}$$

$$m_{\mathrm{o}}\big|_{z_{i,j,k+\frac{1}{2}}} = \int_{t^n}^{t^{n+1}} \alpha_{\mathrm{c}}(\rho u_z A_z)\bigg|_{z_{i,j,k+\frac{1}{2}}} \mathrm{d}t \tag{2.59c}$$

将方程（2.56）代入方程（2.51）得：

$$m_{\mathrm{s}_{i,j,k}} = \int_{t^n}^{t^{n+1}} (\alpha_{\mathrm{c}}\rho q)_{i,j,k}\mathrm{d}t \tag{2.60}$$

将方程（2.55）代入方程（2.52）得：

$$m_{\mathrm{a}_{i,j,k}} = V_{\mathrm{b}_{i,j,k}}\big[(\phi\rho)_{i,j,k}^{n+1} - (\phi\rho)_{i,j,k}^{n}\big] \tag{2.61}$$

将方程（2.58）至方程（2.61）代入方程（2.48）得：

$$\int_{t^n}^{t^{n+1}} \alpha_{\mathrm{c}}(\rho u_r A_r)\bigg|_{r_{i-\frac{1}{2},j,k}} \mathrm{d}t - \int_{t^n}^{t^{n+1}} \alpha_{\mathrm{c}}(\rho u_r A_r)\bigg|_{r_{i+\frac{1}{2},j,k}} \mathrm{d}t + \int_{t^n}^{t^{n+1}} \alpha_{\mathrm{c}}(\rho u_\theta A_\theta)\bigg|_{\theta_{i,j-\frac{1}{2},k}} \mathrm{d}t$$

$$- \int_{t^n}^{t^{n+1}} \alpha_{\mathrm{c}}(\rho u_\theta A_\theta)\bigg|_{\theta_{i,j+\frac{1}{2},k}} \mathrm{d}t + \int_{t^n}^{t^{n+1}} \alpha_{\mathrm{c}}(\rho u_z A_z)\bigg|_{z_{i,j,k-\frac{1}{2}}} \mathrm{d}t - \int_{t^n}^{t^{n+1}} \alpha_{\mathrm{c}}(\rho u_z A_z)\bigg|_{z_{i,j,k+\frac{1}{2}}} \mathrm{d}t$$

$$+ \int_{t^n}^{t^{n+1}} (\alpha_{\mathrm{c}}\rho q)_{i,j,k}\mathrm{d}t = V_{\mathrm{b}_{i,j,k}}\big[(\phi\rho)_{i,j,k}^{n+1} - (\phi\rho)_{i,j,k}^{n}\big] \tag{2.62}$$

将方程（2.7a）代入方程（2.62），除以 $\alpha_{\mathrm{c}}\rho_{\mathrm{sc}}$，其中 $q_{\mathrm{sc}} = q/B$，得到：

$$\int_{t^n}^{t^{n+1}} \left(\frac{u_r A_r}{B}\right)\bigg|_{r_{i-\frac{1}{2},j,k}} \mathrm{d}t - \int_{t^n}^{t^{n+1}} \left(\frac{u_r A_r}{B}\right)\bigg|_{r_{i+\frac{1}{2},j,k}} \mathrm{d}t + \int_{t^n}^{t^{n+1}} \left(\frac{u_\theta A_\theta}{B}\right)\bigg|_{\theta_{i,j-\frac{1}{2},k}} \mathrm{d}t$$

$$- \int_{t^n}^{t^{n+1}} \left(\frac{u_\theta A_\theta}{B}\right)\bigg|_{\theta_{i,j+\frac{1}{2},k}} \mathrm{d}t + \int_{t^n}^{t^{n+1}} \left(\frac{u_z A_z}{B}\right)\bigg|_{z_{i,j,k-\frac{1}{2}}} \mathrm{d}t - \int_{t^n}^{t^{n+1}} \left(\frac{u_z A_z}{B}\right)\bigg|_{z_{i,j,k+\frac{1}{2}}} \mathrm{d}t$$

$$+ \int_{t^n}^{t^{n+1}} q_{\mathrm{sc}_{i,j,k}}\mathrm{d}t = \frac{V_{\mathrm{b}_{i,j,k}}}{\alpha_{\mathrm{c}}}\left[\left(\frac{\phi}{B}\right)_{i,j,k}^{n+1} - \left(\frac{\phi}{B}\right)_{i,j,k}^{n}\right] \tag{2.63}$$

r、θ 和 z 方向的流体体积速度由方程（2.8）的代数近似方程给出，即：

$$u_r\big|_{r_{i-\frac{1}{2},j,k}} = \beta_{\mathrm{c}}\frac{K_r\big|_{r_{i-\frac{1}{2},j,k}}}{\mu\big|_{r_{i-\frac{1}{2},j,k}}}\left[\frac{(\Phi_{i-1,j,k} - \Phi_{i,j,k})}{\Delta r_{i-\frac{1}{2},j,k}}\right] \tag{2.64a}$$

$$u_r\big|_{r_{i+\frac{1}{2},j,k}} = \beta_{\mathrm{c}}\frac{K_r\big|_{r_{i+\frac{1}{2},j,k}}}{\mu\big|_{r_{i+\frac{1}{2},j,k}}}\left[\frac{(\Phi_{i,j,k} - \Phi_{i+1,j,k})}{\Delta r_{i+\frac{1}{2},j,k}}\right] \tag{2.64b}$$

同样,

$$u_z\big|_{z_{i,j,k-\frac{1}{2}}} = \beta_c \frac{K_z\big|_{z_{i,j,k-\frac{1}{2}}}}{\mu\big|_{z_{i,j,k-\frac{1}{2}}}}\left[\frac{(\Phi_{i,j,k-1} - \Phi_{i,j,k})}{\Delta z_{i,j,k-\frac{1}{2}}}\right] \tag{2.65a}$$

$$u_z\big|_{z_{i,j,k+\frac{1}{2}}} = \beta_c \frac{K_z\big|_{z_{i,j,k+\frac{1}{2}}}}{\mu\big|_{z_{i,j,k+\frac{1}{2}}}}\left[\frac{(\Phi_{i,j,k} - \Phi_{i,j,k+1})}{\Delta z_{i,j,k+\frac{1}{2}}}\right] \tag{2.65b}$$

类似地,

$$u_\theta\big|_{\theta_{i,j-\frac{1}{2},k}} = \beta_c \frac{K_\theta\big|_{\theta_{i,j-\frac{1}{2},k}}}{\mu\big|_{\theta_{i,j-\frac{1}{2},k}}}\left[\frac{(\Phi_{i,j-1,k} - \Phi_{i,j,k})}{r_{i,j,k}\Delta\theta_{i,j-\frac{1}{2},k}}\right] \tag{2.66a}$$

$$u_\theta\big|_{\theta_{i,j+\frac{1}{2},k}} = \beta_c \frac{K_\theta\big|_{\theta_{i,j+\frac{1}{2},k}}}{\mu\big|_{\theta_{i,j+\frac{1}{2},k}}}\left[\frac{(\Phi_{i,j,k} - \Phi_{i,j+1,k})}{r_{i,j,k}\Delta\theta_{i,j+\frac{1}{2},k}}\right] \tag{2.66b}$$

将方程(2.64)至方程(2.66)代入方程(2.63),合并后得到:

$$\int_{t^n}^{t^{n+1}}\left[\left(\beta_c \frac{K_r A_r}{\mu B \Delta r}\right)\bigg|_{r_{i-\frac{1}{2},j,k}}(\Phi_{i-1,j,k} - \Phi_{i,j,k})\right]\mathrm{d}t$$

$$+ \int_{t^n}^{t^{n+1}}\left[\left(\beta_c \frac{K_r A_r}{\mu B \Delta r}\right)\bigg|_{r_{i+\frac{1}{2},j,k}}(\Phi_{i+1,j,k} - \Phi_{i,j,k})\right]\mathrm{d}t$$

$$+ \int_{t^n}^{t^{n+1}}\left[\frac{1}{r_{i,j,k}}\left(\beta_c \frac{K_\theta A_\theta}{\mu B \Delta\theta}\right)\bigg|_{\theta_{i,j-\frac{1}{2},k}}(\Phi_{i,j-1,k} - \Phi_{i,j,k})\right]\mathrm{d}t$$

$$+ \int_{t^n}^{t^{n+1}}\left[\frac{1}{r_{i,j,k}}\left(\beta_c \frac{K_\theta A_\theta}{\mu B \Delta\theta}\right)\bigg|_{\theta_{i,j+\frac{1}{2},k}}(\Phi_{i,j+1,k} - \Phi_{i,j,k})\right]\mathrm{d}t + \int_{t^n}^{t^{n+1}}\left[\left(\beta_c \frac{K_z A_z}{\mu B \Delta z}\right)\bigg|_{z_{i,j,k-\frac{1}{2}}}(\Phi_{i,j,k-1} - \Phi_{i,j,k})\right]\mathrm{d}t$$

$$+ \int_{t^n}^{t^{n+1}}\left[\left(\beta_c \frac{K_z A_z}{\mu B \Delta z}\right)\bigg|_{z_{i,j,k+\frac{1}{2}}}(\Phi_{i,j,k+1} - \Phi_{i,j,k})\right]\mathrm{d}t$$

$$+ \int_{t^n}^{t^{n+1}} q_{sc_{i,j,k}}\mathrm{d}t = \frac{V_{b_{i,j,k}}}{\alpha_c}\left[\left(\frac{\phi}{B}\right)_{i,j,k}^{n+1} - \left(\frac{\phi}{B}\right)_{i,j,k}^{n}\right] \tag{2.67}$$

方程(2.67)可以改写为:

$$\int_{t^n}^{t^{n+1}}\left[T_{z_{i,j,k-\frac{1}{2}}}(\Phi_{i,j,k-1} - \Phi_{i,j,k})\right]\mathrm{d}t + \int_{t^n}^{t^{n+1}}\left[T_{\theta_{i,j-\frac{1}{2},k}}(\Phi_{i,j-1,k} - \Phi_{i,j,k})\right]\mathrm{d}t$$

$$+ \int_{t^n}^{t^{n+1}}\left[T_{r_{i-\frac{1}{2},j,k}}(\Phi_{i-1,j,k} - \Phi_{i,j,k})\right]\mathrm{d}t + \int_{t^n}^{t^{n+1}}\left[T_{r_{i+\frac{1}{2},j,k}}(\Phi_{i+1,j,k} - \Phi_{i,j,k})\right]\mathrm{d}t$$

$$+ \int_{t^n}^{t^{n+1}} \left[T_{\theta_{i,j+\frac{1}{2},k}} (\Phi_{i,j+1,k} - \Phi_{i,j,k}) \right] \mathrm{d}t + \int_{t^n}^{t^{n+1}} \left[T_{z_{i,j,k+\frac{1}{2}}} (\Phi_{i,j,k+1} - \Phi_{i,j,k}) \right] \mathrm{d}t$$

$$+ \int_{t^n}^{t^{n+1}} q_{sc_{i,j,k}} \mathrm{d}t = \frac{V_{b_{i,j,k}}}{\alpha_c} \left[\left(\frac{\phi}{B} \right)_{i,j,k}^{n+1} - \left(\frac{\phi}{B} \right)_{i,j,k}^{n} \right] \tag{2.68}$$

其中

$$T_{r_{i\mp\frac{1}{2},j,k}} = \left(\beta_c \frac{K_r A_r}{\mu B \Delta r} \right) \Big|_{r_{i\mp\frac{1}{2},j,k}} = \left(\beta_c \frac{K_r A_r}{\Delta r} \right)_{r_{i\mp\frac{1}{2},j,k}} \left(\frac{1}{\mu B} \right)_{r_{i\mp\frac{1}{2},j,k}}$$

$$= G_{r_{i\mp\frac{1}{2},j,k}} \left(\frac{1}{\mu B} \right)_{r_{i\mp\frac{1}{2},j,k}} \tag{2.69a}$$

$$T_{\theta_{i,j\mp\frac{1}{2},k}} = \frac{1}{r_{i,j,k}} \left(\beta_c \frac{K_\theta A_\theta}{\mu B \Delta \theta} \right) \Big|_{\theta_{i,j\mp\frac{1}{2},k}} = \left(\beta_c \frac{K_\theta A_\theta}{r_{i,j,k} \Delta \theta} \right)_{\theta_{i,j\mp\frac{1}{2},k}} \left(\frac{1}{\mu B} \right)_{\theta_{i,j\mp\frac{1}{2},k}}$$

$$= G_{\theta_{i,j\mp\frac{1}{2},k}} \left(\frac{1}{\mu B} \right)_{\theta_{i,j\mp\frac{1}{2},k}} \tag{2.69b}$$

$$T_{z_{i,j,K\mp\frac{1}{2}}} = \left(\beta_c \frac{K_z A_z}{\mu B \Delta z} \right) \Big|_{z_{i,j,k\mp\frac{1}{2}}} = \left(\beta_c \frac{K_z A_z}{\Delta z} \right)_{z_{i,j,k\mp\frac{1}{2}}} \left(\frac{1}{\mu B} \right)_{z_{i,j,k\mp\frac{1}{2}}} = G_{z_{i,j,k\mp\frac{1}{2}}} \left(\frac{1}{\mu B} \right)_{z_{i,j,k\mp\frac{1}{2}}}$$

$$\tag{2.69c}$$

非均质油藏中不规则网格的几何因子 G 的表达式将在第 4 章和第 5 章给出。

2.7.3 时间积分的近似求解

用方程（2.30）来近似求解方程（2.68），除以 Δt，柱坐标系中的流动方程变为：

$$T_{z_{i,j,k-\frac{1}{2}}}^m \left[(\Phi_{i,j,k-1}^m - \Phi_{i,j,k}^m) \right] + T_{\theta_{i,j-\frac{1}{2},k}}^m \left[(\Phi_{i,j-1,k}^m - \Phi_{i,j,k}^m) \right]$$

$$+ T_{r_{i-\frac{1}{2},j,k}}^m \left[(\Phi_{i-1,j,k}^m - \Phi_{i,j,k}^m) \right] + T_{r_{i+\frac{1}{2},j,k}}^m \left[(\Phi_{i+1,j,k}^m - \Phi_{i,j,k}^m) \right]$$

$$+ T_{\theta_{i,j+\frac{1}{2},k}}^m \left[(\Phi_{i,j+1,k}^m - \Phi_{i,j,k}^m) \right] + T_{z_{i,j,k+\frac{1}{2}}}^m \left[(\Phi_{i,j,k+1}^m - \Phi_{i,j,k}^m) \right]$$

$$+ q_{sc_{i,j,k}}^m = \frac{V_{b_{i,j,k}}}{\alpha_c \Delta t} \left[\left(\frac{\phi}{B} \right)_{i,j,k}^{n+1} - \left(\frac{\phi}{B} \right)_{i,j,k}^{n} \right] \tag{2.70}$$

基于势能差的定义，方程（2.70）变为：

$$T_{z_{i,j,k-\frac{1}{2}}}^m \left[(p_{i,j,k-1}^m - p_{i,j,k}^m) - \gamma_{i,j,k-\frac{1}{2}}^m (Z_{i,j,k-1} - Z_{i,j,k}) \right]$$

$$+ T_{\theta_{i,j-\frac{1}{2},k}}^m \left[(p_{i,j-1,k}^m - p_{i,j,k}^m) - \gamma_{i,j-\frac{1}{2},k}^m (Z_{i,j-1,k} - Z_{i,j,k}) \right]$$

$$+ T_{r_{i-\frac{1}{2},j,k}}^m \left[(p_{i-1,j,k}^m - p_{i,j,k}^m) - \gamma_{i-\frac{1}{2},j,k}^m (Z_{i-1,j,k} - Z_{i,j,k}) \right]$$

$$+ T_{r_{i+\frac{1}{2},j,k}}^{m} \big[p_{i+1,j,k}^{m} - p_{i,j,k}^{m} \big) - \gamma_{i+\frac{1}{2},j,k}^{m} (Z_{i+1,j,k} - Z_{i,j,k}) \big]$$

$$+ T_{\theta_{i,j+\frac{1}{2},k}}^{m} \big[(p_{i,j+1,k}^{m} - p_{i,j,k}^{m}) - \gamma_{i,j+\frac{1}{2},k}^{m} (Z_{i,j+1,k} - Z_{i,j,k}) \big]$$

$$+ T_{z_{i,j,k+\frac{1}{2}}}^{m} \big[(p_{i,j,k+1}^{m} - p_{i,j,k}^{m}) - \gamma_{i,j,k+\frac{1}{2}}^{m} (Z_{i,j,k+1} - Z_{i,j,k}) \big]$$

$$+ q_{sc_{i,j,k}}^{m} = \frac{V_{b_{i,j,k}}}{\alpha_{c} \Delta t} \Big[\Big(\frac{\phi}{B} \Big)_{i,j,k}^{n+1} - \Big(\frac{\phi}{B} \Big)_{i,j,k}^{n} \Big] \tag{2.71}$$

直角坐标系（$x - y - z$）中的流动方程（2.38）用于现场模拟，而柱坐标系（$r - \theta - z$）中的流动方程方程（2.71）用于单井模拟。这两个方程形式相似。两个方程的右边项代表网格（i, j, k）的流体汇聚。左边项中，两个方程都有一个由生产井或注入井表示的源汇项和六个流动项，表示网格（i, j, k）和其六个相邻网格之间的块间流动：在 x 方向（或 r 方向）上的网格 $(i - 1, j, k)$ 和 $(i + 1, j, k)$，在 y 方向（或 θ 方向）上的网格 $(i, j - 1, k)$ 和 $(i, j + 1, k)$，以及在 z 方向上的网格 $(i, j, k - 1)$ 和 $(i, j, k + 1)$。势能差系数是 $x - y - z$ 空间中的传导率 T_x、T_y 和 T_z，以及 $r - \theta - z$ 空间中的传导率 T_r、T_θ 和 T_z。方程（2.39）和方程（2.69）定义了这些传导率。这些方程中的几何因子在第 4 章和第 5 章中给出。

2.8　小结

本章回顾了控制方程转化为代数方程所涉及的各种工程步骤。涉及岩石和流体性质的控制方程都是离散的，没有传统的有限差分或有限元近似的偏微分方程。一般而言，密度、体积系数和黏度等流体性质是压力的函数。储层孔隙度取决于压力，具有非均质性分布的特征，储层渗透率通常是各向异性的。物质平衡、地层体积系数、势能差和达西定律的基本知识是推导油藏流动方程所必需的。直角坐标系和径向坐标系是空间上描述油藏的两种方式。虽然使用直角坐标系研究油藏很常见，但也有一些应用需要使用柱坐标系。利用工程方法，单相流方程可以在任何坐标系中表示出来。该方法中，油藏首先被离散成网格，使用工程标记或任意网格排序方法来识别。第二步包括在时间间隔 $t_n \le t \le t_{n+1}$ 内的多维油藏中，编写一般油藏网格的流体物质平衡方程，并将其与达西定律和地层体积因子相结合。第三步提供了在第二步中获得的流动方程中时间积分的评估方法。得到的结果是所有函数在 t^m 时刻的代数形式的流动方程，其中 $t^n \le t^m \le t^{n+1}$。第 7 章中，演示了选择时间 t^m 作为初始时刻 t^n、结束时刻 t^{n+1} 或中间时刻 $t^{n+\frac{1}{2}}$ 如何产生流动方程的显式公式、隐式公式或克兰克—尼科尔森公式。

2.9　练习题

2.1　列出推导单相流动方程所需的岩石和流体物性参数。

2.2　列举流动方程推导中使用的三个基本工程概念或方程。

2.3 方程（2.33）有四个主要项，三个为左边项，一个为右边项。每个主要项的物理意义是什么？三个单位制中每个主要项的单位是什么？陈述方程（2.33）中出现的每个变量或函数的惯用单位。

2.4 比较方程（2.33）和方程（2.37），即识别出方程（2.37）中相似的主要项和额外的主要项。这些额外项的物理意义是什么，它们属于哪个方向？

2.5 比较方程（2.33）和方程（2.38），即在方程（2.38）中识别相似的主要项和额外的主要项。这些额外项的物理意义是什么？根据附加项所属的方向将其分组。

2.6 比较方程（2.38）直角坐标系（$x-y-z$）下的三维流动方程和方程（2.71）柱坐标系（$r-\theta-z$）下的三维流动方程。阐述这两个方程的相似点和不同点。注意几何因子的定义不同。

2.7 考虑图2.21所示的二维油藏。如图2.21所示，该油藏离散化为55个网格，但其边界不规则。

使用以下方案来识别和排序该油藏中的网格：

（1）工程标记；

（2）按行自然排序；

（3）按列自然排序；

（4）对角线（D2）排序；

（5）交替对角（D4）排序；

（6）Zebra排序；

（7）循环排序；

（8）循环-2排序。

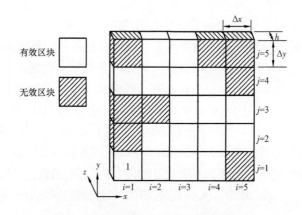

图2.21 练习题2.7中的二维油藏表示

2.8 考虑一维倾斜油藏中的单相流动。该油藏网格i的流动方程表示为方程方程（2.33）。

（1）假设$t^m = t^n$，写出网格i的方程（2.33）。得到的方程是网格i流动方程的显式公式。

（2）假设$t^m = t^{n+1}$，写出网格i的方程（2.33）。得到的方程是网格i流动方程的隐式公式。

（3）假设 $t^m = t^{n+\frac{1}{2}}$，写出网格 i 的方程（2.33）。得到的方程是网格 i 流动方程的克兰克—尼科尔森公式。

2.9　考虑一维水平油藏中油的单相流动。如图 2.22 所示，油藏离散化处理为六个网格。位于 4 号网格的一口井的采油速度为 600bbl/d。所有网格 $\Delta x = 220\text{ft}$，$\Delta y = 1000\text{ft}$，$h = 90\text{ft}$，$K_x = 120\text{mD}$。油的地层体积系数、黏度和压缩系数分别为 1.0bbl/bbl、3.5mPa·s 和 $1.5 \times 10^{-5}\text{psi}^{-1}$。

（1）确定该油藏的内部网格和边界网格。

（2）写出每个内部网格的流动方程。保留流动方程的右边项，不进行数值替换。

（3）假设为不可压缩流体和多孔介质，写出每个内部网格的流动方程。

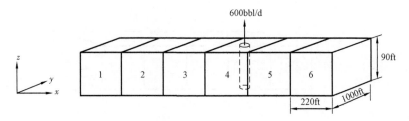

图 2.22　练习题 2.9 中的一维油藏表示

2.10　考虑二维水平油藏中的单相流动。如图 2.23 所示，油藏离散化处理为 44 个网格。两口井位于网格（2，2）和（3，3），每口井的生产速率为 200bbl/d。所有网格 $\Delta x = 200\text{ft}$，$\Delta y = 200\text{ft}$，$h = 50\text{ft}$，$K_x = K_y = 180\text{mD}$。油的地层体积系数、黏度和压缩系数分别为 1.0bbl/bbl、0.5mPa·s 和 $1 \times 10^{-6}\text{psi}^{-1}$。

（1）确定该油藏的内部网格和边界网格。

（2）写出每个内部网格的流动方程。保留流动方程的右边项，不进行数值替换。

（3）假设为不可压缩流体和多孔介质，写出每个内部网格的流动方程。

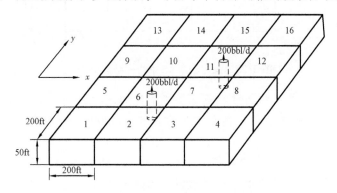

图 2.23　练习题 2.10 中的二维油藏表示

2.11　考虑图 2.21 所示的二维水平油藏。所有网格都具有相同的尺寸（$\Delta x = 300\text{ft}$、$\Delta y = 300\text{ft}$，$h = 20\text{ft}$）和岩石性质（$K_x = 140\text{mD}$，$K_y = 140\text{mD}$，$\phi = 0.13$）。油的地层体积系数和黏度分别为 1.0bbl/bbl 和 3mPa·s。假设为不可压缩流体在不可压缩多孔介质中流动，写出

该油藏内部网格的流动方程。使用沿行自然排序对网格进行排序。

2.12 考虑图2.19所示的一维径向油藏。写出该油藏内部网格的流动方程。不要估算网格间径向传导率。保留流动方程的右边项。

2.13 考虑图2.20b所示的二维径向油藏。写出该油藏内部网格的流动方程。不要估算网格间径向或垂直传导率。保留流动方程的右边项。

2.14 如图2.24所示，单相油藏划分为五个相等的网格。油藏是水平的，具有均质和各向同性的岩石特性，$K = 210\text{mD}$，$\phi = 0.21$。网格尺寸为$\Delta x = 375\text{ft}$，$\Delta y = 450\text{ft}$，$h = 55\text{ft}$。油的性质为$B = 1\text{bbl/bbl}$，$\mu = 1.5\text{mPa} \cdot \text{s}$。网格1和网格5的压力分别为3725psia和1200psia。4号网格处有一口油井，采油速度为600bbl/d。假设储层岩石和原油不可压缩，求油藏中的压力分布。估算5号网格右边界和1号网格左边界的原油流出速率和流入速率。

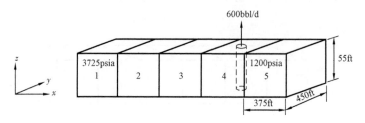

图2.24 练习题2.14中的一维油藏表示

2.15 如图2.25所示，单相含水储层划分为五个相等的网格。储层是水平的，$K = 178\text{mD}$，$\phi = 0.17$。网格尺寸为$\Delta x = 275\text{ft}$，$\Delta y = 650\text{ft}$，$h = 30\text{ft}$。水的性质为$B = 1\text{bbl/bbl}$，$\mu = 0.7\text{mPa} \cdot \text{s}$。网格1和网格5的压力分别保持在3000psia和1000psia。网格3处有一口井，以240bbl/d的速度产水。假设水层和岩石不可压缩，计算储层中的压力分布。

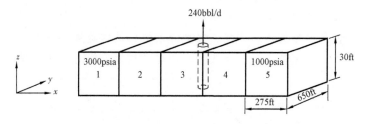

图2.25 练习题2.15中的一维储层表示

2.16 考虑图2.14所示的油藏和例2.5中描述的流动问题。假设储层流体和岩石都是不可压缩的，强含水层将所有边界网格的压力保持在3200psia，估算网格（2，2）和网格（3，2）的压力。

2.17 考虑二维水平油藏中的单相水流动。如图2.26所示，使用44个相等的网格将油藏离散化。网格7处有一口日产500bbl水的井。所有网格$\Delta x = \Delta y = 230\text{ft}$、$h = 80\text{ft}$，$K_x = K_y = 65\text{mD}$。水层地层体积系数和黏度分别为1.0bbl/bbl和0.5mPa·s。储层边界网格的压力设定为$p_2 = p_3 = p_4 = p_8 = p_{12} = 2500\text{psia}$，$p_1 = p_5 = p_9 = p_{13} = 4000\text{psia}$，$p_{14} = p_{15} = p_{16} = 3500\text{psia}$。假设储层水和岩石不可压缩，计算网格6、7、10和11的压力。

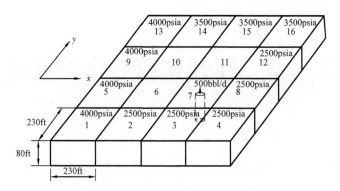

图 2.26　练习题 2.17 中的二维油藏表示

第3章 控制体积有限差分法

3.1 引言

控制体积有限差分（CVFD）方法的重要性体现在：一维、二维和三维流动问题中能够使用相同形式的流动方程，而不需要考虑网格的排序方案。同样的思想也适用于解决非等温能量平衡方程（Liu et al. , 2013）。一维、二维和三维流动方程之间的唯一区别是相邻网格元素的界定。CVFD 方法主要用于编写紧凑的流动方程，与流动的维数、所用的坐标系统及网格排序方案无关。本章介绍了 CVFD 方法中使用的术语，以及该方法与第 2 章介绍的有限差分方程传统编写方法之间的关系。

3.2 控制体积有限差分流动方程

在石油工业界，Aziz（1993）首次提出 CVFD 方法。然而，该方法先前已经由他人开发和使用，但并没有明确命名（Abou – Kassem，1981；Lutchmansingh，1987；Abou – Kassem and Farouq Ali，1987）。本节中的术语是基于 Ertekin、Abou – Kassem 和 King 于 2001 年发布的文章。使用该术语，可以基于直角坐标系或柱坐标系写出简洁形式的一维、二维和三维流动方程。对于三维直角坐标空间中的流动方程，将 ψ_{x_n}、ψ_{y_n} 和 ψ_{z_n} 分别定义为网格 n 的相邻网格在 x 轴、y 轴和 z 轴方向上的集合。然后，将 ψ_n 定义为包含相邻网格所有流向的集合，也就是：

$$\psi_n = \psi_{x_n} \cup \psi_{y_n} \cup \psi_{z_n} \tag{3.1a}$$

如果在给定的方向上没有流动，那么该方向的集合就是空集 $\{\}$。对于柱坐标空间中的流动方程，对应于方程（3.1a）是：

$$\psi_n = \psi_{r_n} \cup \psi_{\theta_n} \cup \psi_{z_n} \tag{3.1b}$$

其中 ψ_{r_n}、ψ_{θ_n} 和 ψ_{z_n} 分别是相邻网格 r 方向、θ 方向和 z 轴的集合。

以下各节给出的流动方程是基于工程标记或自然排序方案确定的。

3.2.1 基于 CVFD 和工程标记的流动方程

对于 x 轴一维流动，如图 3.1a 所示，网格 n 在工程标记中称为网格 i（即 $n \equiv i$）。此时：

$$\psi_{x_n} = \{(i-1),(i+1)\} \tag{3.2a}$$

$$\psi_{y_n} = \{\} \tag{3.2b}$$

$$\psi_{z_n} = \{\} \tag{3.2c}$$

将方程（3.1a）代入方程（3.2）得：

$$\psi_n = \psi_i = \{(i-1),(i+1)\} \cup \{\} \cup \{\} = \{(i-1),(i+1)\} \tag{3.3}$$

方程（2.33）表示了网格 i 在一维油藏中的流动：

$$T^m_{x_{i-\frac{1}{2}}}\big[(p^m_{i-1}-p^m_i)-\gamma^m_{i-\frac{1}{2}}(Z_{i-1}-Z_i)\big] + T^m_{x_{i+\frac{1}{2}}}\big[(p^m_{i+1}-p^m_i)-\gamma^m_{i+\frac{1}{2}}(Z_{i+1}-Z_i)\big]$$

$$+ q^m_{sc_i} = \frac{V_{b_i}}{\alpha_c \Delta t}\Big[\Big(\frac{\phi}{B}\Big)^{n+1}_i - \Big(\frac{\phi}{B}\Big)^n_i\Big] \tag{3.4a}$$

以 CVFD 格式改写为：

$$\sum_{l\in\psi_i} T^m_{l,i}\big[(p^m_l-p^m_i)-\gamma^m_{l,i}(Z_l-Z_i)\big] + q^m_{sc_i} = \frac{V_{b_i}}{\alpha_c \Delta t}\Big[\Big(\frac{\phi}{B}\Big)^{n+1}_i - \Big(\frac{\phi}{B}\Big)^n_i\Big] \tag{3.4b}$$

其中，

$$T^m_{i\mp1,i} = T^m_{i,i\mp1} \equiv T^m_{x_{i\mp\frac{1}{2}}} \tag{3.5}$$

传导率 $T^m_{x_{i\mp\frac{1}{2}}}$ 由方程（2.39a）确定。另外：

$$\gamma^m_{i\mp1,i} = \gamma^m_{i,i\mp1} \equiv \gamma^m_{i\mp\frac{1}{2}} \tag{3.6}$$

在 $x-y$ 平面的二维流动，网格 n 在工程标记中定义为网格 (i,j)，也就是图 3.1b 中的 $n\equiv(i,j)$。此时：

$$\psi_{x_n} = \{(i-1,j),(i+1,j)\} \tag{3.7a}$$

$$\psi_{y_n} = \{(i,j-1),(i,j+1)\} \tag{3.7b}$$

$$\psi_{z_n} = \{\} \tag{3.7c}$$

将方程（3.7）代入方程（3.1a）得到：

$$\psi_n = \psi_{i,j} = \{(i-1,j),(i+1,j)\} \cup \{(i,j-1),(i,j+1)\} \cup \{\}$$

$$= \{(i,j-1),(i-1,j),(i+1,j),(i,j+1)\} \tag{3.8}$$

方程（2.37）将网格 (i,j) 的流动方程表示为：

$$T^m_{y_{i,j-\frac{1}{2}}}\big[(p^m_{i,j-1}-p^m_{i,j})-\gamma^m_{i,j-\frac{1}{2}}(Z_{i,j-1}-Z_{i,j})\big]$$

$$+ T^m_{x_{i-\frac{1}{2},j}}\big[(p^m_{i-1,j}-p^m_{i,j})-\gamma^m_{i-\frac{1}{2},j}(Z_{i-1,j}-Z_{i,j})\big]$$

$$+ T^m_{x_{i+\frac{1}{2},j}}\big[(p^m_{i+1,j}-p^m_{i,j})-\gamma^m_{i+\frac{1}{2},j}(Z_{i+1,j}-Z_{i,j})\big]$$

$$+ T_{y_{i,j+\frac{1}{2}}}^{m} \left[\left(p_{i,j+1}^{m} - p_{i,j}^{m} \right) - \gamma_{i,j+\frac{1}{2}}^{m} \left(Z_{i,j+1} - Z_{i,j} \right) \right] + q_{\mathrm{sc}_{i,j}}^{m} = \frac{V_{\mathrm{b}_{i,j}}}{\alpha_{\mathrm{c}} \Delta t} \left[\left(\frac{\phi}{B} \right)_{i,j}^{n+1} - \left(\frac{\phi}{B} \right)_{i,j}^{n} \right] \quad (3.9\mathrm{a})$$

以 CVFD 格式改写为：

$$\sum_{l \in \psi_{i,j}} T_{l,(i,j)}^{m} \left[\left(p_{l}^{m} - p_{i,j}^{m} \right) - \gamma_{l,(i,j)}^{m} \left(Z_{l} - Z_{i,j} \right) \right] + q_{\mathrm{sc}_{i,j}}^{m} = \frac{V_{\mathrm{b}_{i,j}}}{\alpha_{\mathrm{c}} \Delta t} \left[\left(\frac{\phi}{B} \right)_{i,j}^{n+1} - \left(\frac{\phi}{B} \right)_{i,j}^{n} \right] \quad (3.9\mathrm{b})$$

其中，

$$T_{(i\mp1,j),(i,j)}^{m} = T_{(i,j),(i\mp1,j)}^{m} \equiv T_{x_{i\mp\frac{1}{2},j}}^{m} \quad (3.10\mathrm{a})$$

$$T_{(i,j\mp1),(i,j)}^{m} = T_{(i,j),(i,j\mp1)}^{m} \equiv T_{y_{i,j\mp\frac{1}{2}}}^{m} \quad (3.10\mathrm{b})$$

方程（2.39a）和方程（2.39b）已经分别确定了传导率 $T_{x_{i\mp\frac{1}{2},j}}^{m}$ 和 $T_{y_{i,j\mp\frac{1}{2}}}^{m}$。另外：

$$\gamma_{(i\mp1,j),(i,j)}^{m} = \gamma_{(i,j),(i\mp1,j)}^{m} \equiv \gamma_{i\mp\frac{1}{2},j}^{m} \quad (3.11\mathrm{a})$$

$$\gamma_{(i,j\mp1),(i,j)}^{m} = \gamma_{(i,j),(i,j\mp1)}^{m} \equiv \gamma_{i,j\mp\frac{1}{2}}^{m} \quad (3.11\mathrm{b})$$

对于 x-y-z 空间的三维流动，网格 n 用工程标记表示为网格 (i, j, k)，也就是图 3.1c 所示的 $n \equiv (i, j, k)$。此时：

$$\psi_{x_n} = \{(i-1,j,k),(i+1,j,k)\} \quad (3.12\mathrm{a})$$

$$\psi_{y_n} = \{(i,j-1,k),(i,j+1,k)\} \quad (3.12\mathrm{b})$$

$$\psi_{z_n} = \{(i,j,k-1),(i,j,k+1)\} \quad (3.12\mathrm{c})$$

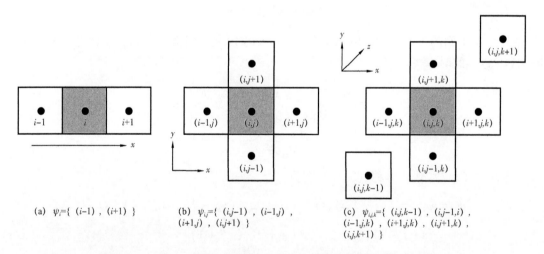

(a) $\psi_i = \{(i-1),(i+1)\}$

(b) $\psi_{ij} = \{(i,j-1),(i-1,j),(i+1,j),(i,j+1)\}$

(c) $\psi_{i,j,k} = \{(i,j,k-1),(i,j-1,i),(i-1,j,k),(i+1,j,k),(i,j+1,k),(i,j,k+1)\}$

图 3.1　一维、二维和三维流动中基于工程标记的网格及相邻网格

将方程（3.12）代入方程（3.1a）得到：

$$\psi_n = \psi_{i,j,k}$$

$$= \{(i-1,j,k),(i+1,j,k)\} \cup \{(i,j-1,k),(i,j+1,k)\} \cup \{(i,j,k-1),(i,j,k+1)\}$$

$$= \left\{ (i,j,k-1),(i,j-1,k),(i-1,j,k),(i+1,j,k),(i,j+1,k),(i,j,k+1) \right\} \quad (3.13)$$

三维流动油藏中网格 $(i,\ j,\ k)$ 的流动方程表示为方程（2.38）：

$$T^m_{z_{i,j,k-\frac{1}{2}}} \left[\left(p^m_{i,j,k-1} - p^m_{i,j,k} \right) - \gamma^m_{i,j,k-\frac{1}{2}} \left(Z_{i,j,k-1} - Z_{i,j,k} \right) \right]$$

$$+ T^m_{y_{i,j-\frac{1}{2},k}} \left[\left(p^m_{i,j-1,k} - p^m_{i,j,k} \right) - \gamma^m_{i,j-\frac{1}{2},k} \left(Z_{i,j-1,k} - Z_{i,j,k} \right) \right]$$

$$+ T^m_{x_{i-\frac{1}{2},j,k}} \left[\left(p^m_{i-1,j,k} - p^m_{i,j,k} \right) - \gamma^m_{i-\frac{1}{2},j,k} \left(Z_{i-1,j,k} - Z_{i,j,k} \right) \right]$$

$$+ T^m_{x_{i+\frac{1}{2},j,k}} \left[\left(p^m_{i+1,j,k} - p^m_{i,j,k} \right) - \gamma^m_{i+\frac{1}{2},j,k} \left(Z_{i+1,j,k} - Z_{i,j,k} \right) \right]$$

$$+ T^m_{y_{i,j+\frac{1}{2},k}} \left[\left(p^m_{i,j+1,k} - p^m_{i,j,k} \right) - \gamma^m_{i,j+\frac{1}{2},k} \left(Z_{i,j+1,k} - Z_{i,j,k} \right) \right]$$

$$+ T^m_{z_{i,j,k+\frac{1}{2}}} \left[\left(p^m_{i,j,k+1} - p^m_{i,j,k} \right) - \gamma^m_{i,j,k+\frac{1}{2}} \left(Z_{i,j,k+1} - Z_{i,j,k} \right) \right]$$

$$+ q^m_{sc_{i,j,k}} = \frac{V_{b_{i,j,k}}}{\alpha_c \Delta t} \left[\left(\frac{\phi}{B} \right)^{n+1}_{i,j,k} - \left(\frac{\phi}{B} \right)^{n}_{i,j,k} \right] \quad (3.14a)$$

以 CVFD 格式改写为：

$$\sum_{l \in \psi_{i,j,k}} T^m_{l,(i,j,k)} \left[\left(p^m_l - p^m_{i,j,k} \right) - \gamma^m_{l,(i,j,k)} \left(Z_l - Z_{i,j,k} \right) \right] + q^m_{sc_{i,j,k}}$$

$$= \frac{V_{b_{i,j,k}}}{\alpha_c \Delta t} \left[\left(\frac{\phi}{B} \right)^{n+1}_{i,j,k} - \left(\frac{\phi}{B} \right)^{n}_{i,j,k} \right] \quad (3.14b)$$

其中，

$$T^m_{(i\mp 1,j,k),(i,j,k)} = T^m_{(i,j,k),(i\mp 1,j,k)} \equiv T^m_{x_{i\mp\frac{1}{2},j,k}} \quad (3.15a)$$

$$T^m_{(i,j\mp 1,k),(i,j,k)} = T^m_{(i,j,k),(i,j\mp 1,k)} \equiv T^m_{y_{i,j\mp\frac{1}{2},k}} \quad (3.15b)$$

$$T^m_{(i,j,k\mp 1),(i,j,k)} = T^m_{(i,j,k),(i,j,k\mp 1)} \equiv T^m_{z_{i,j,k\mp\frac{1}{2}}} \quad (3.15c)$$

正如前文所提，在方程（2.39）中已经定义了传导率 $T^m_{x_{i\mp\frac{1}{2},j,k}}$、$T^m_{y_{i,j\mp\frac{1}{2},k}}$ 和 $T^m_{z_{i,j,k\mp\frac{1}{2}}}$。同样：

$$\gamma^m_{(i\mp 1,j,k),(i,j,k)} = \gamma^m_{(i,j,k),(i\mp 1,j,k)} \equiv \gamma^m_{i\mp\frac{1}{2},j,k} \quad (3.16a)$$

$$\gamma^m_{(i,j\mp 1,k),(i,j,k)} = \gamma^m_{(i,j,k),(i,j\mp 1,k)} \equiv \gamma^m_{i,j\mp\frac{1}{2},k} \quad (3.16b)$$

$$\gamma^m_{(i,j,k\mp 1),(i,j,k)} = \gamma^m_{(i,j,k),(i,j,k\mp 1)} \equiv \gamma^m_{i,j,k\mp\frac{1}{2}} \quad (3.16c)$$

可将一维流动方程（3.4b）、二维流动方程（3.9b）和三维流动方程（3.14b）简化为：

$$\sum_{l \in \psi_n} T^m_{l,n} \left[\left(p^m_l - p^m_n \right) - \gamma^m_{l,n} \left(Z_l - Z_n \right) \right] + q^m_{sc_n} = \frac{V_{b_n}}{\alpha_c \Delta t} \left[\left(\frac{\phi}{B} \right)^{n+1}_n - \left(\frac{\phi}{B} \right)^{n}_n \right] \quad (3.17)$$

其中，正如前文所述，一维流动中 $n \equiv i$，二维流动中 $n \equiv (i,j)$，三维流动中 $n \equiv (i,j,k)$，ψ_n 根据方程（3.3）、方程（3.8）或方程（3.13）界定。

需要注意的是，相邻网格由方程（3.3）、方程（3.8）和方程（3.13）分别给出一维、二维和三维流动方程，包括相邻网格的所有集合，如图3.2所示。下面的示例演示了如何使用 CVFD 术语编写一维和二维油藏中由工程标记法确定内部网格的流动方程。

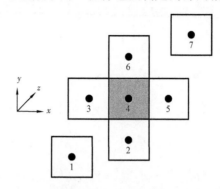

图 3.2　相邻网格在 $\psi_{i,j,k}$ 或 ψ_n 集合中的次序

例3.1　考虑例 2.4 中描述的油藏，基于 CFVD 术语编写内部网格 3 的流动方程。

求解方法

图 2.12 给出了该油藏的网格表示。对于网格 3，$\psi_{x_3} = \{2, 4\}$，$\psi_{y_3} = \{3\}$，$\psi_{z_3} = \{4\}$。代入方程（3.1a）得 $\psi_3 = \{2, 4\} \cup \{\} \cup \{\} = \{2, 4\}$。$n \equiv 3$ 时利用方程（3.17）可得。

$$\sum_{l \in \psi_3} T_{l,3}^m \big[(p_l^m - p_3^m) - \gamma_{l,3}^m (Z_l - Z_3) \big] + q_{sc_3}^m = \frac{V_{b_3}}{\alpha_c \Delta t} \bigg[\Big(\frac{\phi}{B} \Big)_3^{n+1} - \Big(\frac{\phi}{B} \Big)_3^n \bigg] \tag{3.18}$$

进一步扩展为：

$$T_{2,3}^m \big[(p_2^m - p_3^m) - \gamma_{2,3}^m (Z_2 - Z_3) \big] + T_{4,3}^m \big[(p_4^m - p_3^m) - \gamma_{4,3}^m (Z_4 - Z_3) \big]$$

$$+ q_{sc_3}^m = \frac{V_{b_3}}{\alpha_c \Delta t} \bigg[\Big(\frac{\phi}{B} \Big)_3^{n+1} - \Big(\frac{\phi}{B} \Big)_3^n \bigg] \tag{3.19}$$

对于流动问题：

$$T_{2,3}^m = T_{4,3}^m = \beta_c \frac{K_x A_x}{\mu B \Delta x} = 0.001127 \times \frac{270 \times (900 \times 100)}{2 \times 1 \times 250}$$

$$= 54.7722 \text{bbl}/(\text{d} \cdot \text{psi}) \tag{3.20}$$

对于水平油藏，$Z_2 = Z_3 = Z_4$，$q_{sc_3}^m = -400 \text{bbl}/\text{d}$。

代入方程（3.19）得到：

$$(54.7722)(p_2^m - p_3^m) + (54.7722)(p_4^m - p_3^m) - 400 = \frac{V_{b_3}}{\alpha_c \Delta t} \bigg[\Big(\frac{\phi}{B} \Big)_3^{n+1} - \Big(\frac{\phi}{B} \Big)_3^n \bigg] \tag{3.21}$$

方程（3.21）与例 2.4 中的方程（2.36）相同。

例3.2　考虑例 2.5 中描述的油藏，基于 CFVD 术语编写内部网格（3，2）的流动方程。

求解方法

图 2.14 给出了油藏网格表示。对于网格 $(3, 2)$，$\psi_{x_{3,2}} = \{ (2, 2), (4, 2) \}$，$\psi_{y_{3,2}} = \{ (3, 1), (3, 3) \}$，$\psi_{z_{3,2}} = \{ \}$。代入方程 (3.1a) 得出，$\psi_{3,2} = \{ (2, 2), (4, 2) \} \cup \{ (3, 1), (3, 3) \} \cup \{ \} = \{ (3, 1), (2, 2), (4, 2), (3, 3) \}$。将方程 (3.17) 用于 $n \equiv (3, 2)$ 得到：

$$\sum_{l \in \psi_{3,2}} T^m_{l,(3,2)} \big[(p^m_l - p^m_{3,2}) - \gamma^m_{l,(3,2)} (Z_l - Z_{3,2}) \big] + q^m_{sc_{3,2}}$$

$$= \frac{V_{b_{3,2}}}{\alpha_c \Delta t} \Big[\Big(\frac{\phi}{B} \Big)^{n+1}_{3,2} - \Big(\frac{\phi}{B} \Big)^n_{3,2} \Big] \tag{3.22}$$

扩展得到：

$$T^m_{(3,1),(3,2)} \big[(p^m_{3,1} - p^m_{3,2}) - \gamma^m_{(3,1),(3,2)} (Z_{3,1} - Z_{3,2}) \big]$$

$$+ T^m_{(2,2),(3,2)} \big[(p^m_{2,2} - p^m_{3,2}) - \gamma^m_{(2,2),(3,2)} (Z_{2,2} - Z_{3,2}) \big]$$

$$+ T^m_{(4,2),(3,2)} \big[(p^m_{4,2} - p^m_{3,2}) - \gamma^m_{(4,2),(3,2)} (Z_{4,2} - Z_{3,2}) \big]$$

$$+ T^m_{(3,3),(3,2)} \big[(p^m_{3,3} - p^m_{3,2}) - \gamma^m_{(3,3),(3,2)} (Z_{3,3} - Z_{3,2}) \big]$$

$$+ q^m_{sc_{3,2}} = \frac{V_{b_{3,2}}}{\alpha_c \Delta t} \Big[\Big(\frac{\phi}{B} \Big)^{n+1}_{3,2} - \Big(\frac{\phi}{B} \Big)^n_{3,2} \Big] \tag{3.23}$$

对于流动问题：

$$T^m_{(2,2),(3,2)} = T^m_{(4,2),(3,2)} = \beta_c \frac{K_x A_x}{\mu B \Delta x} = 0.001127 \times \frac{270 \times (300 \times 100)}{2 \times 1 \times 250}$$

$$= 18.2574 \, \text{bbl}/(\text{d} \cdot \text{psi}) \tag{3.24}$$

$$T^m_{(3,1),(3,2)} = T^m_{(3,3),(3,2)} = \beta_c \frac{K_y A_y}{\mu B \Delta y} = 0.001127 \times \frac{220 \times (250 \times 100)}{2 \times 1 \times 300}$$

$$= 10.3308 \, \text{bbl}/(\text{d} \cdot \text{psi}) \tag{3.25}$$

对于水平油藏，$Z_{3,1} = Z_{2,2} = Z_{3,2} = Z_{4,2} = Z_{3,3}$，$q^m_{sc_{3,2}} = -400 \text{bbl/d}$。

代入方程 (3.23) 得到：

$$(10.3308)(p^m_{3,1} - p^m_{3,2}) + (18.2574)(p^m_{2,2} - p^m_{3,2}) + (18.2574)(p^m_{4,2} - p^m_{3,2})$$

$$+ (10.3308)(p^m_{3,3} - p^m_{3,2}) - 400 = \frac{V_{b_{3,2}}}{\alpha_c \Delta t} \Big[\Big(\frac{\phi}{B} \Big)^{n+1}_{3,2} - \Big(\frac{\phi}{B} \Big)^n_{3,2} \Big] \tag{3.26}$$

方程 (3.26) 与例 2.5 中得到的方程 (2.42) 相同。

3.2.2 基于 CVFD 和自然排序的流动方程

在这种情况下，流动方程由方程 (3.17) 给出广义形式，对应于一维、二维或三维流

动的 ψ_n。自然排序的网格可以按行或按列排序。本书中，采用按行自然排序（行平行于 x 轴），简称为自然排序。从此开始，所有相关的讨论将只使用自然排序。

图 3.3a 为网格 n 在 x 轴方向上的一维流动。此时：

$$\psi_{x_n} = \{(n-1),(n+1)\} \tag{3.27a}$$

$$\psi_{y_n} = \{\} \tag{3.27b}$$

$$\psi_{z_n} = \{\} \tag{3.27c}$$

将方程（3.27）代入方程（3.1a）得到：

$$\psi_n = \{(n-1),(n+1)\} \cup \{\} \cup \{\} = \{(n-1),(n+1)\} \tag{3.28}$$

图 3.3b 为网格 n 在 $x-y$ 平面上的二维流动。此时：

$$\psi_{x_n} = \{(n-1),(n+1)\} \tag{3.29a}$$

$$\psi_{y_n} = \{(n-n_x),(n+n_x)\} \tag{3.29b}$$

$$\psi_{z_n} = \{\} \tag{3.29c}$$

将方程（3.29）代入方程（3.1a）得到：

$$\psi_n = \{(n-1),(n+1)\} \cup \{(n-n_x),(n+n_x)\} \cup \{\}$$
$$= \{(n-n_x),(n-1),(n+1),(n+n_x)\} \tag{3.30}$$

图 3.3c 为网格 n 在 $x-y-z$ 空间上的三维流动。此时：

$$\psi_{x_n} = \{(n-1),(n+1)\} \tag{3.31a}$$

$$\psi_{y_n} = \{(n-n_x),(n+n_x)\} \tag{3.31b}$$

$$\psi_{z_n} = \{(n-n_xn_y),(n+n_xn_y)\} \tag{3.31c}$$

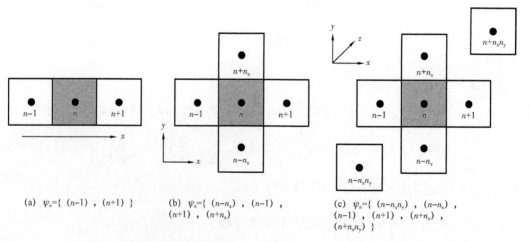

(a) $\psi_n=\{(n-1),(n+1)\}$ (b) $\psi_n=\{(n-n_x),(n-1),(n+1),(n+n_x)\}$ (c) $\psi_n=\{(n-n_xn_y),(n-n_x),(n-1),(n+1),(n+n_x),(n+n_xn_y)\}$

图 3.3 在一维、二维、三维流动中使用自然排序的网格及其相邻网格

将方程（3.31）代入方程（3.1a）得到：

$$\psi_n = \{(n-1),(n+1)\} \cup \{(n-n_x),(n+n_x)\} \cup \{(n-n_x n_y),(n+n_x n_y)\}$$

$$= \{(n-n_x n_y),(n-n_x),(n-1),(n+1),(n+n_x),(n+n_x n_y)\} \tag{3.32}$$

需要注意的是，一维、二维、三维方程（3.28）、方程（3.30）和方程（3.32）中包含相邻网格的元素顺序，如图 3.2 所示。网格 n 的一维、二维、三维流动方程以 CVFD 的形式改写为方程（3.17）：

$$\sum_{l\in\psi_n} T_{l,n}^m \big[(p_l^m - p_n^m) - \gamma_{l,n}^m (Z_l - Z_n) \big] + q_{sc_n}^m = \frac{V_{b_n}}{\alpha_c \Delta t}\Big[\Big(\frac{\phi}{B}\Big)_n^{n+1} - \Big(\frac{\phi}{B}\Big)_n^n \Big] \tag{3.17}$$

其中传导率 $T_{l,n}^m$ 定义为：

$$T_{n\mp1,n}^m = T_{n,n\mp1}^m \equiv T_{x_{i\mp\frac{1}{2},j,k}}^m \tag{3.33a}$$

$$T_{n\mp n_x,n}^m = T_{n,n\mp n_x}^m \equiv T_{y_{i,j\mp\frac{1}{2},k}}^m \tag{3.33b}$$

$$T_{n\mp n_x n_y,n}^m = T_{n,n\mp n_x n_y}^m \equiv T_{z_{i,j,k\mp\frac{1}{2}}}^m \tag{3.33c}$$

另外，流体重度 $\gamma_{l,n}^m$ 定义为：

$$\gamma_{n,n\mp1}^m = \gamma_{n\mp1,n}^m \equiv \gamma_{i\mp\frac{1}{2},j,k}^m \tag{3.34a}$$

$$\gamma_{n,n\mp n_x}^m = \gamma_{n\mp n_x,n}^m \equiv \gamma_{i,j\mp\frac{1}{2},k}^m \tag{3.34b}$$

$$\gamma_{n,n\mp n_x n_y}^m = \gamma_{n\mp n_x n_y,n}^m \equiv \gamma_{i,j,k\mp\frac{1}{2}}^m \tag{3.34c}$$

在此需要说明，本书中使用下标 n 来表示网格顺序，而上标 n 和 $n+1$ 分别表示初始和相邻时间节点。以下示例演示了如何使用 CVFD 术语来编写二维和三维油藏中通过自然排序确定的内部网格的流动方程。

例 3.3　正如例 2.5 中所做的那样，使用 CVFD 术语编写内部网格（3，2）的流动方程，但是这一次，使用如图 3.4 所示的网格自然排序。

求解方法

图 2.14 中的网格（3，2）对应图 3.4 中的网格 7。因此，$n = 7$。此时，$\psi_{x_7} = \{6,8\}$，$\psi_{y_7} = \{3,11\}$，$\psi_{z_7} = \{\}$。代入方程（3.1a）得到 $\psi_7 = \{6, 8\} \cup \{3, 11\} \cup \{\} = \{3, 6, 8, 11\}$。

利用方程（3.17）得到：

$$\sum_{l\in\psi_7} T_{l,7}^m \big[(p_l^m - p_7^m) - \gamma_{l,7}^m (Z_l - Z_7) \big] + q_{sc_7}^m = \frac{V_{b_7}}{\alpha_c \Delta t}\Big[\Big(\frac{\phi}{B}\Big)_7^{n+1} - \Big(\frac{\phi}{B}\Big)_7^n \Big] \tag{3.35}$$

扩展得到：

$$T_{3,7}^m \big[(p_3^m - p_7^m) - \gamma_{3,7}^m (Z_3 - Z_7) \big] + T_{6,7}^m \big[(p_6^m - p_7^m) - \gamma_{6,7}^m (Z_6 - Z_7) \big]$$

$$+ T_{8,7}^m \big[(p_8^m - p_7^m) - \gamma_{8,7}^m (Z_8 - Z_7) \big] + T_{11,7}^m \big[(p_{11}^m - p_7^m) - \gamma_{11,7}^m (Z_{11} - Z_7) \big]$$

$$+ q_{sc_7}^m = \frac{V_{b_7}}{\alpha_c \Delta t} \left[\left(\frac{\phi}{B} \right)_7^{n+1} - \left(\frac{\phi}{B} \right)_7^n \right] \tag{3.36}$$

进而

$$T_{6,7}^m = T_{8,7}^m = \beta_c \frac{K_x A_x}{\mu B \Delta x} = 0.001127 \times \frac{270 \times (300 \times 100)}{2 \times 1 \times 250}$$

$$= 18.2574 \text{bbl}/(\text{d} \cdot \text{psi}) \tag{3.37}$$

$$T_{3,7}^m = T_{11,7}^m = \beta_c \frac{K_y A_y}{\mu B \Delta y} = 0.001127 \times \frac{220 \times (250 \times 100)}{2 \times 1 \times 300}$$

$$= 10.3308 \text{bbl}/(\text{d} \cdot \text{psi}) \tag{3.38}$$

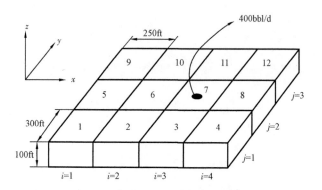

图3.4　例3.3中的二维油藏描述

水平油藏中 $Z_3 = Z_6 = Z_7 = Z_8 = Z_{11}, q_{sc_7}^m = -400 \text{bbl}/\text{d}$。

代入方程（3.36）得：

$$(10.3308)(p_3^m - p_7^m) + (18.2574)(p_6^m - p_7^m) + (18.2574)(p_8^m - p_7^m)$$

$$+ (10.3308)(p_{11}^m - p_7^m) - 400 = \frac{V_{b_7}}{\alpha_c \Delta t} \left[\left(\frac{\phi}{B} \right)_7^{n+1} - \left(\frac{\phi}{B} \right)_7^n \right] \tag{3.39}$$

方程（3.39）与例2.5中的使用工程标记的方程（2.42）一致。

例3.4 考虑例2.6中三维水平油藏中的单相流体流动，使用如图3.5所示的网格自然排序，使用CVFD术语写出内部网格（3，2，2）的流动方程。

求解方法

图2.15中的网格（3，2，2）是图3.5中的网格19。因此，$n = 19$。此时，$\psi_{x_{19}} = \{18, 20\}, \psi_{y_{19}} = \{15, 23\}, \psi_{z_{19}} = \{7, 31\}$。代入方程（3.1a）得到 $\psi_{19} = \{18, 20\} \cup \{15, 23\} \cup \{7, 31\} = \{7, 15, 18, 20, 23, 31\}$。利用方程（3.17）得到：

$$\sum_{l \in \psi_{19}} T_{l,19}^m \left[(p_l^m - p_{19}^m) - \gamma_{l,19}^m (Z_l - Z_{19}) \right] + q_{sc_{19}}^m = \frac{V_{b_{19}}}{\alpha_c \Delta t} \left[\left(\frac{\phi}{B} \right)_{19}^{n+1} - \left(\frac{\phi}{B} \right)_{19}^n \right] \tag{3.40}$$

方程可扩展为：

$$T_{7,19}^m \left[(p_7^m - p_{19}^m) - \gamma_{7,19}^m (Z_7 - Z_{19}) \right] + T_{15,19}^m \left[(p_{15}^m - p_{19}^m) - \gamma_{15,19}^m (Z_{15} - Z_{19}) \right]$$

$$+ T_{18,19}^m \left[(p_{18}^m - p_{19}^m) - \gamma_{18,19}^m (Z_{18} - Z_{19}) \right] + T_{20,19}^m \left[(p_{20}^m - p_{19}^m) - \gamma_{20,19}^m (Z_{20} - Z_{19}) \right]$$

$$+ T_{23,19}^m \left[(p_{23}^m - p_{19}^m) - \gamma_{23,19}^m (Z_{23} - Z_{19}) \right] + T_{31,19}^m \left[(p_{31}^m - p_{19}^m) - \gamma_{31,19}^m (Z_{31} - Z_{19}) \right]$$

$$+ q_{sc_{19}}^m = \frac{V_{b_{19}}}{\alpha_c \Delta t} \left[\left(\frac{\phi}{B} \right)_{19}^{n+1} - \left(\frac{\phi}{B} \right)_{19}^n \right] \tag{3.41}$$

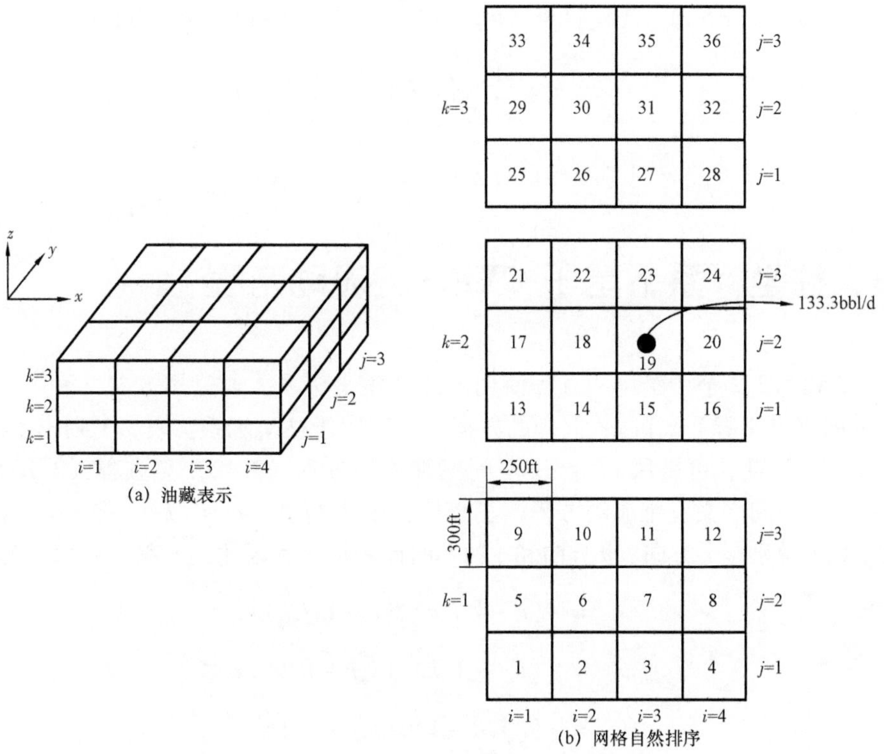

图 3.5　例 3.4 中的三维油藏描述

对于网格 19 而言，$Z_1 = Z_{15} = Z_{18} = Z_{19} = Z_{20} = Z_{23}, Z_7 - Z_{19} = 33.33\text{ft}, Z_{31} - Z_{19} = -33.33\text{ft}, q_{sc_{19}}^m = -133.3\text{bbl/d}$。由于 $\Delta x_{18,19} = \Delta x_{20,19} = \Delta x = 250\text{ft}$，$\Delta y_{15,19} = \Delta y_{23,19} = \Delta y = 300\text{ft}$，$\Delta z_{7,19} = \Delta z_{31,19} = \Delta z = 33.33\text{ft}, \mu, \rho$ 和 B 为常数，所以 $\gamma_{7,19}^m = \gamma_{31,19}^m = \gamma_c \rho g = 0.21584 \times 10^{-3} \times 55 \times 32.174 = 0.3819\text{psi/ft}$。

$$T_{18,19}^m = T_{20,19}^m = \beta_c \frac{K_x A_x}{\mu B \Delta x} = 0.001127 \times \frac{270 \times (300 \times 33.33)}{2 \times 1 \times 250}$$

$$= 6.0857\text{bbl/(d} \cdot \text{psi)} \tag{3.42}$$

$$T_{15,19}^m = T_{23,19}^m = \beta_c \frac{K_y A_y}{\mu B \Delta y} = 0.001127 \times \frac{220 \times (250 \times 33.33)}{2 \times 1 \times 300}$$

$$= 3.4436\text{bbl/(d} \cdot \text{psi)} \tag{3.43}$$

$$T_{7,19}^m = T_{31,19}^m = \beta_c \frac{K_z A_z}{\mu B \Delta z} = 0.001127 \times \frac{50 \times (250 \times 300)}{2 \times 1 \times 33.33}$$

$$= 63.3944 \text{bbl/(d} \cdot \text{psi)} \qquad (3.44)$$

代入方程（3.41）得：

$$(63.3944)[(p_7^m - p_{19}^m) - 12.7287] + (3.4436)(p_{15}^m - p_{19}^m) + (6.0857)(p_{18}^m - p_{19}^m)$$

$$+ (6.0857)(p_{20}^m - p_{19}^m) + (3.4436)(p_{23}^m - p_{19}^m) + (63.3944)[(p_{31}^m - p_{19}^m) + 12.7287]$$

$$- 133.3 = \frac{V_{b_{19}}}{\alpha_c \Delta t}\left[\left(\frac{\phi}{B}\right)_{19}^{n+1} - \left(\frac{\phi}{B}\right)_{19}^{n}\right] \qquad (3.45)$$

方程（3.45）与例 2.6 中使用工程标记的方程（2.47）一致。

3.3 柱坐标系下基于 CVFD 的流动方程

3.2.1 节和 3.2.2 节中给出的方程使用的是直角坐标系。通过用方向（和下标）r 和 θ 分别替换方向（和下标）x 和 y，同样的方程可以应用于柱坐标系。表 3.1 列出了两个坐标系的对应功能。因此，可以从 $x - y - z$ 空间三维流动方程（3.12）至方程（3.16）得到网格 n 的 $r - \theta - z$ 空间广义三维流动方程，工程标记中为网格 (i, j, k)，即 $n \equiv (i, j, k)$。注意，i、j 和 k 分别是 r 方向、θ 方向和 z 轴上的计算指标。因此，方程（3.12）变为：

$$\psi_{r_n} = \{(i-1,j,k),(i+1,j,k)\} \qquad (3.46a)$$

$$\psi_{\theta_n} = \{(i,j-1,k),(i,j+1,k)\} \qquad (3.46b)$$

$$\psi_{z_n} = \{(i,j,k-1),(i,j,k+1)\} \qquad (3.46c)$$

将方程（3.46）代入方程（3.1b）得：

$$\psi_n = \psi_{i,j,k}$$

$$= \{(i-1,j,k),(i+1,j,k)\}] \cup \{(i,j-1,k),(i,j+1,k)\} \cup \{(i,j,k-1),(i,j,k+1)\}$$

$$= \{(i,j,k-1),(i,j-1,k),(i-1,j,k),(i+1,j,k),(i,j+1,k),(i,j,k+1)\} \qquad (3.47)$$

方程（3.47）与方程（3.13）完全相同。

表 3.1 直角坐标系和柱坐标系中的函数

参　　数	直角坐标系中的函数	柱坐标系中的函数
	x	r
坐标	y	θ
	z	z

参　　数	直角坐标系中的函数	柱坐标系中的函数
传导率	T_x	T_r
	T_y	T_θ
	T_z	T_z
沿着一个方向的相邻网格的集合	ψ_x	ψ_r
	ψ_y	ψ_θ
	ψ_z	ψ_z
一个方向上的网格数	n_x	n_r
	n_y	n_θ
	n_z	n_z

方程（3.14a）表示的网格（i，j，k）流动方程变为：

$$T_{z_{i,j,k-\frac{1}{2}}}^m \big[(p_{i,j,k-1}^m - p_{i,j,k}^m) - \gamma_{i,j,k-\frac{1}{2}}^m (Z_{i,j,k-1} - Z_{i,j,k}) \big]$$

$$+ T_{\theta_{i,j-\frac{1}{2},k}}^m \big[(p_{i,j-1,k}^m - p_{i,j,k}^m) - \gamma_{i,j-\frac{1}{2},k}^m (Z_{i,j-1,k} - Z_{i,j,k}) \big]$$

$$+ T_{r_{i-\frac{1}{2},j,k}}^m \big[(p_{i-1,j,k}^m - p_{i,j,k}^m) - \gamma_{i-\frac{1}{2},j,k}^m (Z_{i-1,j,k} - Z_{i,j,k}) \big]$$

$$+ T_{r_{i+\frac{1}{2},j,k}}^m \big[(p_{i+1,j,k}^m - p_{i,j,k}^m) - \gamma_{i+\frac{1}{2},j,k}^m (Z_{i+1,j,k} - Z_{i,j,k}) \big]$$

$$+ T_{\theta_{i,j+\frac{1}{2},k}}^m \big[(p_{i,j+1,k}^m - p_{i,j,k}^m) - \gamma_{i,j+\frac{1}{2},k}^m (Z_{i,j+1,k} - Z_{i,j,k}) \big]$$

$$+ T_{z_{i,j,k+\frac{1}{2}}}^m \big[(p_{i,j,k+1}^m - p_{i,j,k}^m) - \gamma_{i,j,k+\frac{1}{2}}^m (Z_{i,j,k+1} - Z_{i,j,k}) \big]$$

$$+ q_{\mathrm{sc}_{i,j,k}}^m = \frac{V_{\mathrm{b}_{i,j,k}}}{\alpha_\mathrm{c} \Delta t} \Big[\Big(\frac{\phi}{B} \Big)_{i,j,k}^{n+1} - \Big(\frac{\phi}{B} \Big)_{i,j,k}^{n} \Big] \tag{3.48a}$$

CVFD 术语中的流动方程（3.14b）保留其形式：

$$\sum_{l \in \psi_{i,j,k}} T_{l,(i,j,k)}^m \big[(p_l^m - p_{i,j,k}^m) - \gamma_{l,(i,j,k)}^m (Z_l - Z_{i,j,k}) \big] + q_{\mathrm{sc}_{i,j,k}}^m$$

$$= \frac{V_{\mathrm{b}_{i,j,k}}}{\alpha_\mathrm{c} \Delta t} \Big[\Big(\frac{\phi}{B} \Big)_{i,j,k}^{n+1} - \Big(\frac{\phi}{B} \Big)_{i,j,k}^{n} \Big] \tag{3.48b}$$

确定传导率的方程（3.15）变为：

$$T_{(i\mp1,j,k),(i,j,k)}^m = T_{(i,j,k),(i\mp1,j,k)}^m \equiv T_{r_{i\mp\frac{1}{2},j,k}}^m \tag{3.49a}$$

$$T_{(i,j\mp1,k),(i,j,k)}^m = T_{(i,j,k),(i,j\mp1,k)}^m \equiv T_{\theta_{i,j\mp\frac{1}{2},k}}^m \tag{3.49b}$$

$$T_{(i,j,k\mp1),(i,j,k)}^m = T_{(i,j,k),(i,j,k\mp1)}^m \equiv T_{z_{i,j,k\mp\frac{1}{2}}}^m \tag{3.49c}$$

方程（2.69）确定柱坐标系中的传导率 $T_{r_{i\mp\frac{1}{2},j,k}}^m$、$T_{\theta_{i,j\mp\frac{1}{2},k}}^m$ 和 $T_{z_{i,j,k\mp\frac{1}{2}}}^m$。需要注意的是，方程

（3.16）中描述的重度项在两个坐标系中保持不变：

$$\gamma^m_{(i\mp1,j,k),(i,j,k)} = \gamma^m_{(i,j,k),(i\mp1,j,k)} \equiv \gamma^m_{i\mp\frac{1}{2},j,k} \tag{3.50a}$$

$$\gamma^m_{(i,j\mp1,k),(i,j,k)} = \gamma^m_{(i,j,k),(i,j\mp1,k)} \equiv \gamma^m_{i,j\mp\frac{1}{2},k} \tag{3.50b}$$

$$\gamma^m_{(i,j,k\mp1),(i,j,k)} = \gamma^m_{(i,j,k),(i,j,k\mp1)} \equiv \gamma^m_{i,j,k\mp\frac{1}{2}} \tag{3.50c}$$

对于 $r-\theta-z$ 空间中的三维流动，用 CVFD 术语表示的自然排序的网格 n 的流动方程，必须借助表 3.1 编写对应于方程（3.31）到方程（3.34）的方程，然后使用方程（3.17）。编写的方程结果如下：

$$\psi_{r_n} = \{(n-1),(n+1)\} \tag{3.51a}$$

$$\psi_{\theta_n} = \{(n-n_r),(n+n_r)\} \tag{3.51b}$$

$$\psi_{z_n} = \{(n-n_rn_\theta),(n+n_rn_\theta)\} \tag{3.51c}$$

将方程（3.51）代入方程（3.1b）得到：

$$\psi_n = \{(n-1),(n+1)\} \cup \{(n-n_r),(n+n_r)\} \cup \{(n-n_rn_\theta),(n+n_rn_\theta)\}$$

$$= \{(n-n_rn_\theta),(n-n_r),(n-1),(n+1),(n+n_r),(n+n_rn_\theta)\} \tag{3.52}$$

网格 n 的三维流动方程可以改写为方程（3.17）。

其中传导率 $T^m_{l,n}$ 定义为：

$$T^m_{n\mp1,n} = T^m_{n,n\mp1} \equiv T^m_{r_{i\mp\frac{1}{2},j,k}} \tag{3.53a}$$

$$T^m_{n\mp n_r,n} = T^m_{n,n\mp n_r} \equiv T^m_{\theta_{i,j\mp\frac{1}{2},k}} \tag{3.53b}$$

$$T^m_{n\mp n_rn_\theta,n} = T^m_{n,n\mp n_rn_\theta} \equiv T^m_{z_{i,j,k\mp\frac{1}{2}}} \tag{3.53c}$$

另外，流体重度 $\gamma^m_{l,n}$ 定义为：

$$\gamma^m_{n,n\mp1} = \gamma^m_{n\mp1,n} \equiv \gamma^m_{i\mp\frac{1}{2},j,k} \tag{3.54a}$$

$$\gamma^m_{n,n\mp n_r} = \gamma^m_{n\mp n_r,n} \equiv \gamma^m_{i,j\mp\frac{1}{2},k} \tag{3.54b}$$

$$\gamma^m_{n,n\mp n_rn_\theta} = \gamma^m_{n\mp n_rn_\theta,n} \equiv \gamma^m_{i,j,k\mp\frac{1}{2}} \tag{3.54c}$$

然而，直角坐标系（$x-y-z$）和柱坐标系（$r-\theta-z$）的流动方程之间有两个明显的差异。首先，在 y 轴 $j=1$ 和 $j=n_y$ 处存在油藏外部边界，但是由于在 θ 方向上的网格形成了一个圈，所以在 θ 方向上没有外部边界，即网格 $(i,1,k)$ 之前是网格 (i,n_θ,k)，网格 (i,n_θ,k) 之后是网格 $(i,1,k)$。其次，直角坐标系中的任何网格都有可能主导（或参与）一口井，然而柱坐标系中，只有一口井穿过平行于 z 方向的网格内圈，只有网格 $(1,j,k)$ 对井而言是有效网格。

3.4 任意网格排列下基于 CVFD 的流动方程

在任何网格排序方案中，使用 CFVD 术语的网格 n 的流动方程由方程（3.17）给出，其中 ψ_n 由方程（3.1）表示。集合 ψ_{x_n}、ψ_{y_n} 和 ψ_{z_n} 中包含的元素分别是直角坐标系的网格 n 沿 x 轴、y 轴和 z 轴的相邻网格，集合 ψ_{r_n}、ψ_{θ_n} 和 ψ_{z_n} 中包含的元素分别是柱坐标系的网格 n 沿 r 方向、θ 方向和 z 轴的相邻网格。两种不同排序方案的唯一区别在于，每种方案中的网格具有不同的顺序。一旦油藏网格被排序，就为油藏中的每个网格定义了相邻网格，可以写出任何油藏网格的流动方程。这与在给定油藏中编写流动方程有关，然而，求解最终方程组的方法则需要另行讨论（见第 9 章）。

3.5 小结

不管流动问题的维数或坐标系如何，CVFD 术语表示下的流动方程具有相同的形式。因此，CVFD 术语的目的只是写简洁形式的流动方程。在 CVFD 术语中，网格 n 的流动方程可以通过定义一组适当的相邻网格（ψ_n）来描述一维、二维或三维油藏中的流动。在直角坐标系中，方程（3.3）、方程（3.8）和方程（3.13）分别定义了一维、二维和三维油藏的 ψ_n 元素。方程（3.17）给出了流动方程，传导率和重度由方程（3.15）和方程（3.16）确定。如果用下标 r 代替下标 x，用下标 θ 代替下标 y，就可以写出柱坐标系的等价方程。

3.6 练习题

3.1 0 与 {} 相同？如果不同，有何不同？

3.2 写下 2 + 3 与 {2} ∪ {3} 的结果。

3.3 用自己的话，给出方程（3.2a）和方程（3.2b）所传达的物理含义。

3.4 考虑图 2.6b 表示的一维油藏，找到 ψ_1、ψ_2、ψ_3 和 ψ_4。

3.5 考虑图 3.4 表示的二维油藏，找到 $\psi_n (n = 1, 2, 3, \cdots, 12)$。

3.6 考虑图 2.8c 表示的三维油藏，找到 $\psi_n (n = 1, 2, 3, \cdots, 36)$。

3.7 考虑图 2.8b 表示的三维油藏，找到 $\psi_{(1,1,1)}$、$\psi_{(2,2,1)}$、$\psi_{(3,2,2)}$、$\psi_{(4,3,2)}$、$\psi_{(4,1,3)}$、$\psi_{(3,2,3)}$ 和 $\psi_{(1,3,3)}$。

3.8 利用 ψ_n、ψ_{x_n}、ψ_{y_n} 和 ψ_{z_n}，参考图 3.3c，证明 $\psi_n = \psi_{x_n} \cup \psi_{y_n} \cup \psi_{z_n}$。

3.9 考虑一维水平油藏中沿 x 轴的流体流动。油藏左右边界对流体流动封闭。油藏由三个块组成，如图 3.6 所示。

（1）写出该油藏中的通用块 n 的流动方程。

（2）通过找到 ψ_1，写出网格 1 的流动方程，然后用它来扩展（1）中的方程。

（3）通过找到 ψ_2，写出网格 2 的流动方程，然后用它来扩展（1）中的方程。

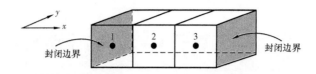

图 3.6　练习题 3.9 中的一维油藏表示

（4）通过找到 ψ_3，写出网格 3 的流动方程，然后用它来扩展（1）中的方程。

3.10　考虑二维水平封闭油藏中的流体流动。如图 3.7 所示，油藏由 9 个网格组成。

（1）写出该油藏通用块 n 的流动方程。

（2）通过找到 ψ_1，写出网格 1 的流动方程，然后用它来扩展（1）中的方程。

（3）通过找到 ψ_2，写出网格 2 的流动方程，然后用它来扩展（1）中的方程。

（4）通过找到 ψ_4，写出网格 4 的流动方程，然后用它来扩展（1）中的方程。

（5）通过找到 ψ_5，写出网格 5 的流动方程，然后用它来扩展（1）中的方程。

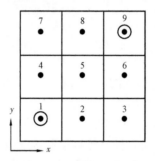

图 3.7　练习题 3.10 中的二维油藏

3.11　将二维油藏离散化处理为 4×4 的网格。

（1）使用自然排序方案对该油藏中的网格进行排序，让网格 1 位于左下角网格。

（2）写出该油藏每个内部网格的流动方程。

3.12　将二维油藏离散化处理为 4×4 的网格。

（1）使用 D4 排序方案对该油藏中的网格进行排序，让网格 1 位于左下角网格。

（2）写出该油藏每个内部网格的流动方程。

3.13　如图 3.8 所示，单相油藏由四个相等的网格表示。储层是水平的，具有均质和各向同性的岩石特性，$K = 150\text{mD}$，$\phi = 0.21$。网格尺寸为 $\Delta x = 400\text{ft}$，$\Delta y = 600\text{ft}$，$h = 25\text{ft}$。石油性质为 $B = 1\text{bbl/bbl}$，$\mu = 5\text{mPa} \cdot \text{s}$。网格 1 和网格 4 的压力分别为 2200psia 和 900psia。3 号网格有一口油井，采油速度为 100bbl/d。假设储层岩石和原油不可压缩，描述油藏中的压力分布。

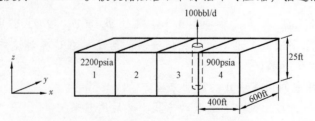

图 3.8　练习题 3.13 中的一维油藏表示

3.14　如图 3.9 所示，单相油藏由五个相等的网格表示。储层为水平储层，$K = 90\text{mD}$，$\phi = 0.17$。网格尺寸为 $\Delta x = 500\text{ft}$，$\Delta y = 900\text{ft}$，$h = 45\text{ft}$。石油性质为 $B = 1\text{bbl/bbl}$，$\mu = 3\text{mPa} \cdot \text{s}$。网格 1 和网格 5 的压力分别保持在 2700psia 和 1200psia。网格 4 是一口油井，采油速度为 325bbl/d。假设原油和岩石不可压缩，描述油藏中的压力分布。

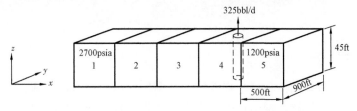

图 3.9　练习题 3.14 中的一维油藏表示

3.15　考虑二维水平油藏中原油的单相流动。如图 3.10 所示，使用 44 个相等的网格将油藏离散化。网格（2，3）处的井日产油 500bbl。所有网格 $\Delta x = \Delta y = 300\text{ft}$，$h = 50\text{ft}$，$K_x = K_y = 210\text{mD}$。原油地层体积系数和黏度分别为 1bbl/bbl 和 $2\text{mPa} \cdot \text{s}$。图 3.10 给出了油藏边界网格的压力。假设原油和岩石不可压缩，计算网格（2，2）、（3，2）、（2，3）和（3，3）的压力。

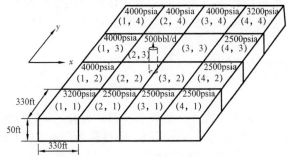

图 3.10　练习题 3.15 中的二维油藏表示

3.16　考虑二维水平油藏中原油的单相流动。如图 3.11 所示，采用 4×4 相等的网格将油藏离散化。6 号和 11 号网格各有一口油井，其采油速度如图 3.11 所示。所有网格的 $\Delta x = 200\text{ft}$，$\Delta y = 250\text{ft}$，$h = 60\text{ft}$，$K_x = 80\text{mD}$，$K_y = 65\text{mD}$。原油地层体积系数和黏度分别为 1bbl/bbl 和 $2\text{mPa} \cdot \text{s}$。图 3.11 给出了油藏边界网格的压力。假设原油和岩石不可压缩，计算网格 6、7、10 和 11 的压力。

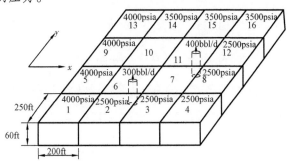

图 3.11　练习题 3.16 中的二维油藏表

第4章 块中心网格模拟

4.1 引言

本章介绍了在直角坐标系和柱坐标系统中，利用块中心网格对一维、二维和三维油藏的离散化。顾名思义，首先选择网格块的大小，然后将点置于网格块的中心位置。在此处，块体边界之间的距离是空间上定义的变量。与此相反，在点分布式网格中，首先选择网格点（或节点），这在第5章中进行讨论。第2章介绍了油藏离散化分块的术语。该章节描述了一个以块体为中心的油藏网格的构造，以及块体大小、块体边界和代表块体的点之间距离的关系。生成的网格块可分为内部网格块和边界网格块。第2章还推导了内部网格块的流动方程。但是，边界网格块受边界条件的约束，因此需要特殊处理。本章介绍了各种边界条件的处理方法，并介绍了一个适用于内部块体和边界块体的通用流动方程。本章还介绍了直角坐标系和柱坐标系的方向传递方程，并讨论了对称性在油藏数值模拟坐标系中的应用。

4.2 油藏离散化

油藏离散化是指用一组属性、大小、边界和位置有明确定义的网格块来描述油藏。图4.1表示沿 x 轴方向的一维油藏的以块为中心的网格。通过选择在 x 方向上横跨整个油藏长度的 n_x 个网格块来构建网格。这些网格块被预先设定为一定的大小（ Δx_i ， $i = 1，2，3，\cdots，n_x$ ），网格块大小不必相同。然后，代表每个网格块的点随后置于该网格块的中心。图4.2着重于 x 方向的网格块 i 及其相邻的网格块，该图表示网格块之间的相互关系、网格块尺寸（ Δx_{i-1} ， Δx_i ， Δx_{i+1} ）、网格块边界（ $\Delta x_{i-\frac{1}{2}}$ ， $\Delta x_{i+\frac{1}{2}}$ ），表示网格块和网格块边界的点之间的距离（ $\delta x_{i-}, \delta x_{i+}$ ），以及表示这些网格块（ $\Delta x_{i-\frac{1}{2}}$ ， $\Delta x_{i+\frac{1}{2}}$ ）的点之间的距离。

网格块的大小、边界和位置满足以下关系：

$$
\begin{cases}
\sum_{i=1}^{n_x} \Delta x_i = L_x \\
\delta x_{i-} = \delta x_{i+} = \dfrac{1}{2}\Delta x_i, i = 1,2,3,\cdots,n_x \\
\Delta x_{i-\frac{1}{2}} = \delta x_{i-} + \delta x_{i-1+} = \dfrac{1}{2}(\Delta x_i + \Delta x_{i-1}), i = 2,3,\cdots,n_x \\
\Delta x_{i+\frac{1}{2}} = \delta x_{i+} + \delta x_{i+1}^- = \dfrac{1}{2}(\Delta x_i + \Delta x_{i+1}), i = 1,2,3,\cdots,n_x - 1 \\
x_{i+1} = x_i + \Delta x_{i+\frac{1}{2}}, i = 1,2,3,\cdots,n_x - 1, x_1 = \dfrac{1}{2}\Delta x_1 \\
x_{i-\frac{1}{2}} = x_i - \delta x_{i-} = x_i - \dfrac{1}{2}\Delta x_i, i = 1,2,3,\cdots,n_x \\
x_{i+\frac{1}{2}} = x_i + \delta x_{i+} = x_i + \dfrac{1}{2}\Delta x_i, i = 1,2,3,\cdots,n_x
\end{cases}
\tag{4.1}
$$

图 4.3 表示将二维油藏离散为 5×4 不规则网格的过程。不规则网格意味着 x 轴（Δx_i）和 y 轴（Δy_j）方向的块大小既不相等也不恒定。使用规则网格进行离散化意味着 x 和 y 方向的网格块大小是常量，但不一定相等。x 轴方向上的离散化使用了刚才提到的过程和在方程方程（4.1）中的关系。y 方向的离散化使用了与 x 方向的相似的过程和关系，对于三维油藏，z 方向也是如此。图 4.1 和图 4.3 的验证显示，代表网格块的点位于该网格块的中心，并且所有代表网格块的点都在油藏边界内。

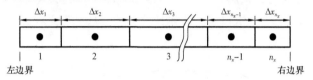

图 4.1　利用块中心网格的一维油藏的离散化

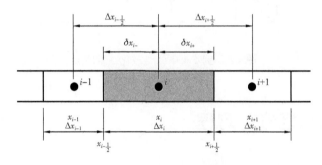

图 4.2　x 轴方向的网格块 i 及其邻近网格块

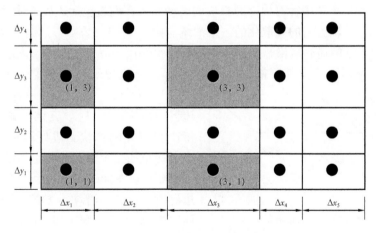

图 4.3　利用块中心网格的二维油藏的离散化

例 4.1　$5000\text{ft} \times 1200\text{ft} \times 75\text{ft}$ 的水平油藏含有沿其延伸方向流动的石油。储层岩石孔隙度和渗透率分别为 0.18 和 15mD。原油的地层体积系数和黏度分别为 1bbl/bbl 和 10mPa·s。离油藏左边界 3500ft 的位置有一口井，该井采油速度为 150bbl/d。使用以块为中心的网格将该油藏分成五个相等的网格，并为组成该油藏的网格赋属性值。

求解方法

利用以块为中心的网格，将储层沿其延伸方向划分为五个相等的块。每个块由其中心的一个点表示。因此，$n_x = 5$，$\Delta x = L_x / n_x = 5000/5 = 1000$ft。如图4.4所示，网格块的编号从1到5。现在，通过对5个网格块赋属性值来表征该油藏（$i = 1$，2，3，4，5）。因为油藏是水平的，所以所有网格块（或代表它们的点）具有相同的高度。每个网格块的大小为 $\Delta x = 1000$ft，$\Delta y = 1200$ft，$\Delta z = 75$ft，渗透率和孔隙度分别为 $K_x = 15$mD 和 $\phi = 0.18$。代表网格块的点等间距分布，也就是说 $\Delta x_{i \mp \frac{1}{2}} = \Delta x = 1000$ft 和 $A_{x_{i \mp \frac{1}{2}}} = \Delta y \times \Delta x = 1200$ft $\times 75$ft $= 90000$ ft^2。网格块1落在储层左边界上，网格块5落在储层右边界上。网格块2、3和4是内部网格块。此外，网格块4内井 $q_{sc_4} = -150$bbl/d。流体性质为 $B = 1$bbl/bbl 和 $\mu = 10$mPa·s。

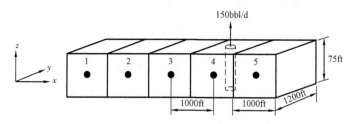

图 4.4　例 4.1 中的离散化一维储层

4.3　边界网格流动方程

本节提出了一种适用于内部网格块和边界网格块的流动方程。这意味着所提出的流动方程简化为第2章和第3章中针对内部网格块的流动方程，但也包括边界条件对边界块体的影响。图4.1表示沿 x 轴方向的离散化的一维油藏。网格2、3、$\cdots$、n_{x-1} 是内部网格，而网格1和 n_x 是油藏边界处的边界网格，每个网格落在一个储层边界上。图4.3表示离散化的二维油藏，该图突出显示一个内部网格块（3，3）；两个分别位于一个油藏边界的边界网格块（1，3）和（3，1）；以及一个落在两个油藏边界网格块（1，1）。三维油藏中存在内部网格块和边界网格块。边界网格块可能位于一个、两个或三个油藏边界上。图4.5表示本书中在 x 轴、y 轴和 z 轴的正反两个方向上的油藏边界所涉及的术语。沿 x 轴的油藏边界称为油藏西边界（b_W）和油藏东边界（b_E），沿 y 轴的油藏边界称为油藏南边界（b_S）和油藏北边界（b_N）。

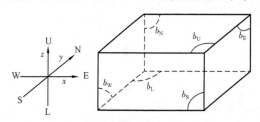

图 4.5　三维油藏中油藏边界的定义

沿 z 轴的油藏边界称为油藏下边界（b_L）和油藏上边界（b_U）。

在处理空间变量方面，内部网格和边界网格块体差分方程的特征形式不同，即流动项不同。对于内部网格块体和边界网格块体，生产（注入）项和累积项是相同的。工程方法是用封闭边界加上一个流速为 $q^m_{sc_{b,bB}}$ 的特殊井代替边界条件，该流速反映了油藏边界本身（b）与边界块（bB）之间的流体传输。换言之，用流速为 $q^m_{sc_{b,bB}}$ 的虚拟井代替了流动项，该流量项代表了流体通过边界网格与油藏外部网格之间的传输。内部网格块流动方程中流动项的个数等于相邻网格块的数量（一维、二维和三维油藏分别为两个、四个和六个）。对于边界网格块的流动方程，流动项的数量等于油藏中现有相邻网格块的个数，虚拟井的数量等于与边界网格相邻的油藏边界的个数。

在直角坐标系和径向柱面坐标系下，一维、二维或三维流动的边界网格块和内部网格块的流动方程的一般形式可以用 CVFD 术语来表示。在 CVFD 术语中使用求和使其灵活，并适用于描述与油藏没有共享边界或共享任意个数边界的任意网格块方程中的流动项。网格块 n 的一般形式可以写为：

$$\sum_{l \in \psi_n} T_{l,n}^m \big[(p_l^m - p_n^m) - \gamma_{l,n}^m (Z_l - Z_n) \big] + \sum_{l \in \xi_n} q_{sc_{l,n}}^m + q_{sc_n}^m$$

$$= \frac{V_{b_n}}{\alpha_c \Delta t} \Big[\Big(\frac{\phi}{B} \Big)_n^{n+1} - \Big(\frac{\phi}{B} \Big)_n^n \Big] \tag{4.2a}$$

或用势能表示为：

$$\sum_{l \in \psi_n} T_{l,n}^m (\Phi_l^m - \Phi_n^m) + \sum_{l \in \xi_n} q_{sc_{l,n}}^m + q_{sc_n}^m = \frac{V_{b_n}}{\alpha_c \Delta t} \Big[\Big(\frac{\phi}{B} \Big)_n^{n+1} - \Big(\frac{\phi}{B} \Big)_n^n \Big] \tag{4.2b}$$

其中 ψ_n 为油藏中存在的相邻网格块的集合中的元素，ξ_n 为元素是油藏边界（b_L，b_S，b_W，b_E，b_N，b_U）的集合，由网格块 n 共享，$q_{sc_{l,n}}^m$ 为虚拟井的流速，代表边界条件约束下油藏边界 l 和网格块 n 之间的流体传输。对于三维油藏，ξ_n 要么是内部网格块的空集，要么是位于一个油藏边界上的网格块的一个单元、位于两个油藏边界上的网格块的两个单元、位于三个油藏边界上的网格块的三个单元的集合。空集意味着网格块不会位于上面任何油藏边界，换言之，网格块 n 是一个内部网格块，因此 $\sum_{l \in \xi_n} q_{sc_{l,n}}^m = 0$。在工程表示法中，$n \equiv (i, j, k)$，方程（4.2a）变为：

$$\sum_{l \in \psi_{i,j,k}} T_{l,(i,j,k)}^m \big[(p_l^m - p_{i,j,k}^m) - \gamma_{l,(i,j,k)}^m (Z_l - Z_{i,j,k}) \big] + \sum_{l \in \xi_{i,j,k}} q_{sc_{l,(i,j,k)}}^m + q_{sc_{i,j,k}}^m$$

$$= \frac{V_{b_{i,j,k}}}{\alpha_c \Delta t} \Big[\Big(\frac{\phi}{B} \Big)_{i,j,k}^{n+1} - \Big(\frac{\phi}{B} \Big)_{i,j,k}^n \Big] \tag{4.2c}$$

必须指出的是，无论流体流动是一维、二维还是三维，油藏网格都是三维形态的。与三维流动情况一样，现有相邻网格块体数目和油藏网格块体共享的油藏边界数目加起来等于 6。现有的相邻网格块有助于流向或流出网格块，而油藏边界可能有助于流动，也可能无助于流动，这取决于流动的维数和主要的边界条件。流动的维度隐含地定义了那些根本不影响流动的油藏边界。在一维流动问题中，所有的油藏网格块都有四个不影响流动的油藏边界。在 x 方向的一维流动中，油藏的南、北、下、上部边界不会影响任何油藏网格块（包括边界网格块）的流动。这四个油藏边界（b_L、b_S、b_N、b_U）被认为不存在。因此，一个内部的储层网格块有两个相邻的网格块但没有油藏边界，而边界网格块有一个相邻的网格块和一个油藏边界。在二维流动问题中，所有的油藏网格都有两个完全不影响流动的油藏边界。例如，在 $x-y$ 平面的二维流动中，上、下边界不会对任何油藏网格块（包括边界网格块）产生流动影响。其中两个油藏边界（b_L，b_U）可以当作不存在。因此，一个油藏内部网格块有四个相邻的网格块，并且没有油藏边界；位于一个油藏边界上的网格块有三个相邻的网格块和一个油藏边界；位于两个油藏边界上的油藏网格块有两个相邻的网格块和两个油藏边界。在三维流动问题中，取决于特定的边界条件，六个油藏边界中的任何一个都可能影响流动。内部网格块有六个相邻的网格块，并且不与任何油藏边界共享边界。边界网格块可能位于一个、两个或三个油藏边界上。因此，位于一个、两个或三个油藏边界上的边界网格块分别有五个、四个或三个相邻网格块。前面的讨论得出了与 ψ 集合和 ξ 集合所含元素个数有关的一些结论。

（1）对于一个内部的油藏网格块，集合 ψ 分别包含两个、四个或六个元素，集合 ξ 不包含元素，换言之，ξ 集是空的。

（2）对于边界油藏网格块，一维、二维和三维流动问题中集合 ψ 包含少于 2 个、4 个或 6 个元素，ξ 集合不是空集。

（3）任意油藏网格网格集合 ψ 和 ξ 中元素个数之和是一个取决于流动维数的常数。对于一维、二维或三维流动问题，该和分别是 2、4 或 6。

对于一维油藏，内部网格块 i 的流动方程由方程（2.32）或方程（2.33）给出：

$$T_{x_{i-\frac{1}{2}}}^m(\Phi_{i-1}^m - \Phi_i^m) + T_{x_{i+\frac{1}{2}}}^m(\Phi_{i+1}^m - \Phi_i^m) + q_{sc_i}^m = \frac{V_{b_i}}{\alpha_c \Delta t}\Big[\Big(\frac{\phi}{B}\Big)_i^{n+1} - \Big(\frac{\phi}{B}\Big)_i^n\Big] \tag{4.3}$$

对于 $n = i, \psi_i = \{i-1, i+1\}, \xi_i = \{\}$，通过观察到内部网格存在 $\sum_{l \in \xi_i} q_{sc_{l,i}}^m = 0$ 以及 $T_{i \mp 1, i}^m = T_{x_{i \mp \frac{1}{2}}}^m$，上述流动方程（4.3）可由方程（4.2b）得出。

图 4.6 中位于油藏西边界的边界网格块 1 的流动方程可以写成：

$$T_{x_{1-\frac{1}{2}}}^m(\Phi_0^m - \Phi_1^m) + T_{x_{1+\frac{1}{2}}}^m(\Phi_2^m - \Phi_1^m) + q_{sc_1}^m = \frac{V_{b_1}}{\alpha_c \Delta t}\Big[\Big(\frac{\phi}{B}\Big)_1^{n+1} - \Big(\frac{\phi}{B}\Big)_1^n\Big] \tag{4.4a}$$

方程（4.4a）中左边项上的第一项代表流经油藏西边界（b_W）的流体流速。这个术语可以用虚拟井的流速（$q_{sc_{b_W},1}^m$）代替，该值为流体穿过油藏西边界运移至网格块 1。

$$q_{sc_{b_W},1}^m = T_{x_{1-\frac{1}{2}}}^m(\Phi_0^m - \Phi_1^m) \tag{4.5a}$$

将方程（4.5a）代入方程（4.4a）得到：

$$q_{sc_{b_W},1}^m + T_{x_{1+\frac{1}{2}}}^m(\Phi_2^m - \Phi_1^m) + q_{sc_1}^m = \frac{V_{b_1}}{\alpha_c \Delta t}\Big[\Big(\frac{\phi}{B}\Big)_1^{n+1} - \Big(\frac{\phi}{B}\Big)_1^n\Big] \tag{4.4b}$$

对于 $n = 1$，$\psi_i = \{2\}$，$\xi_i = \{b_W\}$，通过观察到内部网格存在 $\sum_{l \in \xi_i} q_{sc_{l,1}}^m = q_{sc_{b_W},1}^m$ 以及 $T_{2,1}^m = T_{x_{1+\frac{1}{2}}}^m$，上述流动方程（4.46）可由方程（4.2b）得出。

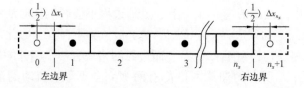

图 4.6　一维油藏左右边界的边界网格块（虚线代表虚构的反射块）

位于图 4.6 的油藏东边界上边界网格 n_x 的流动方程，可以写成：

$$T^m_{x_{n_x - \frac{1}{2}}}(\varPhi^m_{n_x-1} - \varPhi^m_{n_x}) + T^m_{x_{n_x + \frac{1}{2}}}(\varPhi^m_{n_x+1} - \varPhi^m_{n_x}) + q^m_{sc_{n_x}}$$

$$= \frac{V_{b_{n_x}}}{\alpha_c \Delta t}\Big[\Big(\frac{\phi}{B}\Big)^{n+1}_{n_x} - \Big(\frac{\phi}{B}\Big)^{n}_{n_x}\Big] \tag{4.6a}$$

方程 (4.6a) 左边项的第二项表示流体流过油藏东边界的速率。这个术语可以用一个虚拟井的流速 ($q^m_{sc_{b_E,n_x}}$) 代替，代表流体穿过储层东边界输送到网格块 n_x，即：

$$q^m_{sc_{b_E,n_x}} = T^m_{x_{n_x + \frac{1}{2}}}(\varPhi^m_{n_x+1} - \varPhi^m_{n_x}) \tag{4.7a}$$

将方程 (4.7a) 代入方程 (4.6) 得到：

$$T^m_{x_{n_x - \frac{1}{2}}}(\varPhi^m_{n_x-1} - \varPhi^m_{n_x}) + q^m_{sc_{b_E,n_x}} + q^m_{sc_{n_x}} = \frac{V_{b_{n_x}}}{\alpha_c \Delta t}\Big[\Big(\frac{\phi}{B}\Big)^{n+1}_{n_x} - \Big(\frac{\phi}{B}\Big)^{n}_{n_x}\Big] \tag{4.6b}$$

对于 $n_x = 1$，$\psi_{n_x} = \{n_x - 1\}$，$\xi_{n_x} = \{b_E\}$，通过观察到内部网格存在 $\sum_{l \in \xi_x} q^m_{sc_{l,n_x}} = q^m_{sc_{b_E,n_x}}$ 以及 $T^m_{n_x-1,n_x} = T^m_{x_{n_x+\frac{1}{2}}}$，上述流动方程 (4.6b) 可由方程 (4.2b) 得出。

对于二维油藏，内部网格 (i, j) 的流动方程如方程 (4.8) 所示：

$$T^m_{y_{i,j-\frac{1}{2}}}(\varPhi^m_{i,j-1} - \varPhi^m_{i,j}) + T^m_{x_{i-\frac{1}{2},j}}(\varPhi^m_{i-1,j} - \varPhi^m_{i,j}) + T^m_{x_{i+\frac{1}{2},j}}(\varPhi^m_{i+1,j} - \varPhi^m_{i,j})$$

$$+ T^m_{y_{i,j+\frac{1}{2}}}(\varPhi^m_{i,j+1} - \varPhi^m_{i,j}) + q^m_{sc_{i,j}} = \frac{V_{b_{i,j}}}{\alpha_c \Delta t}\Big[\Big(\frac{\phi}{B}\Big)^{n+1}_{i,j} - \Big(\frac{\phi}{B}\Big)^{n}_{i,j}\Big] \tag{4.8}$$

对于 $n = (i,j)$，$\psi_{i,j} = \{(i,j-1),(i-1),(i+1,j),(i,j+1)\}$，$\xi_{i,j} = \{\}$，通过观察到内部网格存在 $\sum q^m_{sc_{l,(i,j)}} = 0$ 以及 $T^m_{(i,j)\mp 1,(i,j)} = T^m_{y_{i,j}\mp\frac{1}{2}}$，上述流动方程 (4.8) 可由方程 (4.2b) 得出。

对于位于一个油藏边界上的网格块，如图 4.3 中位于油藏南边界上的网格块 (3，1)，流动方程可以写成：

$$T^m_{y_{3,1-\frac{1}{2}}}(\varPhi^m_{3,0} - \varPhi^m_{3,1}) + T^m_{x_{3-\frac{1}{2},1}}(\varPhi^m_{2,1} - \varPhi^m_{3,1}) + T^m_{x_{3+\frac{1}{2},1}}(\varPhi^m_{4,1} - \varPhi^m_{3,1})$$

$$+ T^m_{y_{3,1+\frac{1}{2}}}(\varPhi^m_{3,2} - \varPhi^m_{3,1}) + q^m_{sc_{3,1}} = \frac{V_{b_{3,1}}}{\alpha_c \Delta t}\Big[\Big(\frac{\phi}{B}\Big)^{n+1}_{3,1} - \Big(\frac{\phi}{B}\Big)^{n}_{3,1}\Big] \tag{4.9a}$$

方程 (4.9a) 左边项中的第一项表示穿过油藏南边界 (b_S) 的流体流速。这一项可以用一个虚拟井的流速 ($q^m_{sc_{b_S,(3,1)}}$) 来代替，该流速为流体穿过油藏南边界运移到网格块 (3，1)，也就是：

$$q^m_{sc_{b_S,(3,1)}} = T^m_{y_{3,1-\frac{1}{2}}}(\varPhi^m_{3,0} - \varPhi^m_{3,1}) \tag{4.10}$$

将方程 (4.10) 代入方程 (4.9a) 得到：

$$q^m_{sc_{b_S,(3,1)}} + T^m_{x_{3-\frac{1}{2}},1}(\varPhi^m_{2,1} - \varPhi^m_{3,1}) + T^m_{x_{3+\frac{1}{2}},1}(\varPhi^m_{4,1} - \varPhi^m_{3,1})$$

$$+ T^m_{y_{3,1+\frac{1}{2}}}(\varPhi^m_{3,2} - \varPhi^m_{3,1}) + q^m_{sc_{3,1}} = \frac{V_{b_{3,1}}}{\alpha_n \Delta t}\left[\left(\frac{\phi}{B}\right)^{n+1}_{3,1} - \left(\frac{\phi}{B}\right)^n_{3,1}\right] \tag{4.9b}$$

对于 $n = (3, 1)$，$\psi_{3,1} = \{(2,1), (4,1), (3,2)\}$，$\xi_{3,1} = \{b_S\}$，通过观察到内部网格存在 $\sum\limits_{l \in \xi_{3,1}} q^m_{sc_{l,(3,1)}} = q^m_{sc_{b_S,(3,1)}}$ 以及 $T^m_{(2,1),(3,1)} = T^m_{x_{3-\frac{1}{2}},1}$ 和 $T^m_{(4,1),(3,1)} = T^m_{x_{3+\frac{1}{2}},1}$，上述流动方程（4.9.6）可由方程（4.2b）得出。

对于位于两个油藏边界上的网格块，如图4.3中位于油藏南边界和西边界上的边界网格块（1，1），流动方程可以写成：

$$T^m_{y_{1,1-\frac{1}{2}}}(\varPhi^m_{1,0} - \varPhi^m_{1,1}) + T^m_{x_{1-\frac{1}{2}},1}(\varPhi^m_{0,1} - \varPhi^m_{1,1}) + T^m_{x_{1+\frac{1}{2}},1}(\varPhi^m_{2,1} - \varPhi^m_{1,1})$$

$$+ T^m_{y_{1,1+\frac{1}{2}}}(\varPhi^m_{1,2} - \varPhi^m_{1,1}) + q^m_{sc_{1,1}} = \frac{V_{b_{1,1}}}{\alpha_c \Delta t}\left[\left(\frac{\phi}{B}\right)^{n+1}_{1,1} - \left(\frac{\phi}{B}\right)^n_{1,1}\right] \tag{4.11a}$$

方程（4.11a）左边项上的第一项代表流经油藏南边界的流体流速。该项可以用一个虚拟井的流速来代替，该流速为流体穿过油藏南边界运移到网格块（1，1），即：

$$q^m_{sc_{b_S(1,1)}} = T^m_{y_{1,1-\frac{1}{2}}}(\varPhi^m_{1,0} - \varPhi^m_{1,1}) \tag{4.12}$$

方程（4.11a）左边项的第二项代表流体流经油藏西边界（b_W）的流速。该项也可以用另一个虚拟井（$q^m_{sc_{b_W,(1,1)}}$）的流速来代替，该流速为流体穿越储层边界运移至网格块（1，1），即：

$$q^m_{sc_{b_W(1,1)}} = T^m_{x_{1-\frac{1}{2}},1}(\varPhi^m_{0,1} - \varPhi^m_{1,1}) \tag{4.13}$$

将方程（4.12）和方程（4.13）代入方程（4.11a）得到：

$$q^m_{sc_{b_S,(1,1)}} + q^m_{sc_{b_W,(1,1)}} + T^m_{x_{1+\frac{1}{2}},1}(\varPhi^m_{2,1} - \varPhi^m_{1,1})$$

$$+ T^m_{y_{1,1+\frac{1}{2}}}(\varPhi^m_{1,2} - \varPhi^m_{1,1}) + q^m_{sc_{1,1}} = \frac{V_{b_{1,1}}}{\alpha_c \Delta t}\left[\left(\frac{\phi}{B}\right)^{n+1}_{1,1} - \left(\frac{\phi}{B}\right)^n_{1,1}\right] \tag{4.11b}$$

对于 $n = (1, 1)$，$\psi_{1,1} = \{(2,1), (1,2)\}$，$\xi_{1,1} = \{b_S, b_W\}$，通过观察到内部网格存在 $\sum\limits_{l \in \xi_{1,1}} q^m_{sc_{l,(1,1)}} = q^m_{sc_{b_S,(1,1)}} + q^m_{sc_{b_W,(1,1)}}$，$T^m_{(2,1),(1,1)} = T^m_{x_{1+\frac{1}{2}},1}$，$T^m_{(1,2),(1,1)} = T^m_{y_{1,1+\frac{1}{2}}}$，上述流动方程（4.11b）可由方程（4.2b）得出。

下面的示例演示了如何利用一般方程（4.2a）建立一维油藏内部网格块体的流动方程。

例4.2 对于例4.1中描述的一维油藏，编写内部网格块2、3和4的流动方程。

求解方法

在忽略重力的情况下，得到了一维水平油藏中网格 n 的流动方程（4.2a），即：

$$\sum_{l \in \psi_n} T^m_{l,n}(p^m_l - p^m_n) + \sum_{l \in \xi_n} q^m_{sc_{l,n}} + q^m_{sc_n} = \frac{V_{b_n}}{\alpha_c \Delta t}\left[\left(\frac{\phi}{B}\right)^{n+1}_n - \left(\frac{\phi}{B}\right)^n_n\right] \tag{4.14}$$

对于内部网格块 n，$\psi_n = \{n-1, n+1\}$ 以及 $\xi_n = \{\}$。因此，$\sum_{l \in \xi_n} q_{sc_{l,n}}^m = 0$。该问题中的网格块是等间距分布的。因此 $T_{l,n}^m = T_{x_n \mp \frac{1}{2}}^m = T_x^m$，此处：

$$T_x^m = \beta_c \frac{K_x A_x}{\mu B \Delta x} = 0.001127 \times \frac{15 \times (1200 \times 75)}{10 \times 1 \times 1000} = 0.1521 \mathrm{bbl}/(\mathrm{d \cdot psi}) \quad (4.15)$$

对于内部网格块 2，$n = 2$，$\psi_2 = \{1, 3\}$ 以及 $\xi_2 = \{\}$，$\sum_{l \in \xi_2} q_{sc_{l,2}}^m = 0$。因此，方程 (4.14) 变为：

$$(0.1521)(p_1^m - p_2^m) + (0.1521)(p_3^m - p_2^m) = \frac{V_{b_2}}{\alpha_c \Delta t}\left[\left(\frac{\phi}{B}\right)_2^{n+1} - \left(\frac{\phi}{B}\right)_2^n\right] \quad (4.16)$$

对于内部网格块 3，$n = 3$，$\psi_3 = \{2, 4\}$ 以及 $\xi_3 = \{\}$，$\sum_{l \in \xi_3} q_{sc_{l,3}}^m = 0$，并且 $q_{sc_3}^m = 0$。因此，方程 (4.14) 变为：

$$(0.1521)(p_2^m - p_3^m) + (0.1521)(p_4^m - p_3^m) = \frac{V_{b_3}}{\alpha_c \Delta t}\left[\left(\frac{\phi}{B}\right)_3^{n+1} - \left(\frac{\phi}{B}\right)_3^n\right] \quad (4.17)$$

对于内部网格块 4，$n = 4$，$\psi_4 = \{3, 5\}$ 以及 $\xi_4 = \{\}$，$\sum_{l \in \xi_4} q_{sc_{l,4}}^m = 0$，并且 $q_{sc_2}^m = -150$bll/d。因此，方程 (4.14) 变为：

$$(0.1521)(p_3^m - p_4^m) + (0.1521)(p_5^m - p_4^m) - 150 = \frac{V_{b_4}}{\alpha_c \Delta t}\left[\left(\frac{\phi}{B}\right)_4^{n+1} - \left(\frac{\phi}{B}\right)_4^n\right] \quad (4.18)$$

4.4　边界条件的处理

油藏边界受以下四个条件之一约束：（1）封闭边界，（2）恒流边界，（3）定压力梯度边界，（4）定压边界。实际上，前三个边界条件都可以归结为定压力梯度边界条件（Neumann 边界条件），第四个边界条件是 Dirichlet 边界条件（恒定压力值）。本节首先详细介绍了 x 方向一维流动边界条件的处理方法，然后总结了多维油藏边界条件处理方法。在本节中，把油藏边界分成左边界和右边界；在三维油藏中，下边界、南边界、西边界可以认为是左边界，而东边界、北边界、上边界可以认为是右边界。虚拟井的流速（$q_{sc_{b,bB}}^m$）反映了边界网格（bB）（例如图 4.1 中位于油藏左边界的网格 1 和位于油藏右边界的网格 n_x）与油藏边界本身（b）之间的流动，或者边界网格与位于油藏外面，与油藏边界相邻网格之间的流动（bB^{**}）（例如图 4.6 中位于油藏左边界的网格 0 和位于油藏右边界的网格 $n_x + 1$。方程（4.4b）给出了油藏左边界网格 1 的流动方程，方程（4.6b）给出了油藏右边界网格 n_x 的流动方程。

对于位于油藏左边界上的边界网格 1，虚拟井的流速可用方程（4.5a）表示。

由于含水层和油藏以外其他区域都没有地质条件约束，因此通常对所研究油藏附近的区域也赋予岩石属性。如图4.6所示，利用镜像反映原理，在油藏的左边界外侧建立虚拟网格0，取其传导率与网格1相同（$T^m_{0,b_W} = T^m_{b_W,1}$），估算网格0与油藏的左边界 b_W 之间，网格1与油藏的左边界 b_W 之间的传导率 $T^m_{x_{1-\frac{1}{2}}}$，结果为：

$$T^m_{x_{\frac{1}{2}}} = \left[\beta_c \frac{K_x A_x}{\mu B \Delta x}\right]^m_{\frac{1}{2}} = \left[\beta_c \frac{K_x A_x}{\mu B \Delta x_1}\right]^m_1 = \frac{1}{2}\left[\beta_c \frac{K_x A_x}{\mu B (\Delta x_{\frac{1}{2}})}\right]^m_1 = \frac{1}{2}T^m_{b_W,1}$$

$$= \frac{1}{2}T^m_{0,b_W} \tag{4.19a}$$

或者

$$T^m_{0,b_W} = T^m_{b_W,1} = 2T^m_{x_{\frac{1}{2}}} \tag{4.19b}$$

将方程（4.19b）代入方程（4.5a），得到：

$$q^m_{sc_{b_W,1}} = \frac{1}{2}T^m_{b_W,1}(\Phi^m_0 - \Phi^m_1) \tag{4.5b}$$

同样地，对于位于油藏右边界上的边界网格 n_x：

$$q^m_{sc_{b_E,n_x}} = T^m_{x_{n_x+\frac{1}{2}}}(\Phi^m_{n_x+1} - \Phi^m_{n_x}) \tag{4.7a}$$

$$q^m_{sc_{b_E,n_x}} = \frac{1}{2}T^m_{b_E,n_x}(\Phi^m_{n_x+1} - \Phi^m_{n_x}) \tag{4.7b}$$

换言之，边界网格和边界外侧的网格之间的流动项可由流速为 $q^m_{sc_{b,bB}}$ 的虚拟井代替。$q^m_{sc_{b,bB}}$ 的一般形式为：

$$q^m_{sc_{b,bB}} = T^m_{bB,bB^{**}}(\Phi^m_{bB^{**}} - \Phi^m_{bB}) \tag{4.20a}$$

或者

$$q^m_{sc_{b,bB}} = \frac{1}{2}T^m_{b,bB}(\Phi^m_{bB^{**}} - \Phi^m_{bB}) \tag{4.20b}$$

式（4.20）中，如图4.7所示，此处 $q^m_{sc_{b,bB}}$ 为虚拟井的流量，相当于边界网格（bB）和边界外侧网格（bB^{**}）在边界（b）上的流体交换量，$T^m_{b,bB^{**}}$ 为网格 bB 和网格 bB^{**} 之间的传导率，$T^m_{b,bB}$ 为油藏边界 b 和网格 bB 之间的传导率。

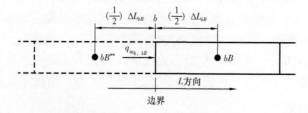

图4.7　方程（4.20）中术语的定义

在接下来的章节中，推导了各种边界条件下直角坐标系内块中心网格系统中虚拟井流量 $q_{sc_{b,bB}}^m$ 的表达式。需要强调的是，该流量必须产生与特定边界条件相同的效果。在直角坐标系中，真实井为径向流，而虚拟井为线性流，而在柱坐标下一口单井模拟中，实际井和虚拟井都为径向流。因此，在单井模拟中，（1）对于径向流动的边界条件，虚拟井的流量可采用 6.2.2 节和 6.3.2 节推导的真实井动量方程计算；（2）由于 z 方向的流动是线性的，虚拟井在 z 方向的流量可采用接下来给出的方程计算；（3）在 θ 方向上没有油藏边界，因此没有虚拟井。油藏边界有流体流入，则虚拟井流量取正值；油藏边界有流体流出，则虚拟井的流量取负值。

4.4.1 定压力梯度边界条件

对于图 4.8 所示的边界网格 1，该网格位于油藏的左边界处。方程（4.20a）可以简化改写为方程（4.5a），过程如下：

$$q_{sc_{b_W},1}^m = T_{x\frac{1}{2}}^m (\Phi_0^m - \Phi_1^m) = \left[\beta_c \frac{K_x A_x}{\mu B \Delta x}\right]_{\frac{1}{2}}^m (\Phi_0^m - \Phi_1^m) = \left[\beta_c \frac{K_x A_x}{\mu B}\right]_{\frac{1}{2}}^m \frac{(\Phi_0^m - \Phi_1^m)}{\Delta x_{\frac{1}{2}}}$$

$$\cong \left[\beta_c \frac{K_x A_x}{\mu B}\right]_{\frac{1}{2}}^m \left[-\frac{\partial \Phi}{\partial x}\Big|_{b_W}^m\right] = -\left[\beta_c \frac{K_x A_x}{\mu B}\right]_{\frac{1}{2}}^m \frac{\partial \Phi}{\partial x}\Big|_{b_W}^m = -\left[\beta_c \frac{K_x A_x}{\mu B}\right]_1^m \frac{\partial \Phi}{\partial x}\Big|_{b_W}^m \quad (4.21)$$

为了得到方程（4.21），传导率用图 4.6 所示的镜像反映原理计算，并将势能的一阶导数用中心差分近似代替。

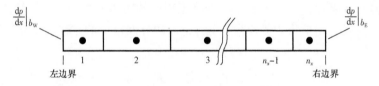

图 4.8 块中心网格油藏中定压力梯度边界条件示意图

同样，对于位于油藏右边界上的网格 n_x。方程（4.20a）可以简化改写为方程（4.7a），过程如下：

$$q_{sc_{b_E},n_x}^m = T_{x_{n_x+\frac{1}{2}}}^m (\Phi_{n_x+1}^m - \Phi_{n_x}^m) = \left[\beta_c \frac{K_x A_x}{\mu B \Delta x}\right]_{n_x+\frac{1}{2}}^m (\Phi_{n_x+1}^m - \Phi_{n_x}^m)$$

$$= \left[\beta_c \frac{K_x A_x}{\mu B}\right]_{n_x+\frac{1}{2}}^m \frac{(\Phi_{n_x+1}^m - \Phi_{n_x}^m)}{\Delta x_{n_x+\frac{1}{2}}} \cong \left[\beta_c \frac{K_x A_x}{\mu B}\right]_{n_x+\frac{1}{2}}^m \left[\frac{\partial \Phi}{\partial x}\Big|_{b_E}^m\right]$$

$$= \left[\beta_c \frac{K_x A_x}{\mu B}\right]_{n_x+\frac{1}{2}}^m \frac{\partial \Phi}{\partial x}\Big|_{b_E}^m = \left[\beta_c \frac{K_x A_x}{\mu B}\right]_{n_x}^m \frac{\partial \Phi}{\partial x}\Big|_{b_E}^m \quad (4.22)$$

同样的，传导率用图 4.6 所示的镜像反映原理计算，并将势能的一阶导数用中心差分近似代替。

通常情况下，定压力梯度边界条件，在油藏左边界（下边界、南边界或西边界）

处，有

$$q_{\mathrm{sc}_{b,bB}}^m \cong -\left[\beta_{\mathrm{c}}\frac{K_l A_l}{\mu B}\right]_{bB}^m \frac{\partial \Phi}{\partial l}\bigg|_b^m \tag{4.23a}$$

与方程（2.10）结合可得：

$$q_{\mathrm{sc}_{b,bB}}^m \cong -\left[\beta_{\mathrm{c}}\frac{K_l A_l}{\mu B}\right]_{bB}^m \left[\frac{\partial p}{\partial l}\bigg|_b^m - \gamma_{bB}^m \frac{\partial Z}{\partial l}\bigg|_b\right] \tag{4.23b}$$

在油藏右边界（东边界、北边界或上边界），

$$q_{\mathrm{sc}_{b,bB}}^m \cong \left[\beta_{\mathrm{c}}\frac{K_l A_l}{\mu B}\right]_{bB}^m \frac{\partial \Phi}{\partial l}\bigg|_b^m \tag{4.24a}$$

或与方程（2.10）结合可得：

$$q_{\mathrm{sc}_{b,bB}}^m \cong \left[\beta_{\mathrm{c}}\frac{K_l A_l}{\mu B}\right]_{bB}^m \left[\frac{\partial p}{\partial l}\bigg|_b^m - \gamma_{bB}^m \frac{\partial Z}{\partial l}\bigg|_b\right] \tag{4.24b}$$

其中 l 指垂直于边界的方向。

4.4.2　定流量边界条件

当边界附近的油藏比邻近的油藏或含水层具有更高或更低的势能时，就会产生定流量边界条件，即油藏边界有流体流入或流出。油藏工程中的物质平衡法和水侵量计算等方法都可以用来计算边界流量。这里将边界流量设为 q_{spsc}。边界网格 1 的方程（4.5a）可以写成下列形式：

$$q_{\mathrm{sc}_{b_{\mathrm{W}},1}}^m = T_{x\frac{1}{2}}^m(\Phi_0^m - \Phi_1^m) = q_{\mathrm{spsc}} \tag{4.25}$$

边界网格 n_x 的方程（4.7a）变为：

$$q_{\mathrm{sc}_{b_{\mathrm{E}},n_x}}^m = T_{x_{n_x+\frac{1}{2}}}^m(\Phi_{n_x+1}^m - \Phi_{n_x}^m) = q_{\mathrm{spsc}} \tag{4.26}$$

通常，在定流量边界条件下，方程（4.20a）变为：

$$q_{\mathrm{sc}_{b,bB}}^m = q_{\mathrm{spsc}} \tag{4.27}$$

在多维流动模拟中，若整个油藏边界的流量值为 q_{spsc}，单个边界网格的流量 $q_{\mathrm{sc}_{b,bB}}^m$ 等于 q_{spsc} 按一定比例分配给所有边界网格，即：

$$q_{\mathrm{sc}_{b,bB}}^m = \frac{T_{b,bB}^m}{\sum_{l\in\psi_b} T_{b,l}^m} q_{\mathrm{spsc}} \tag{4.28}$$

式中　ψ_b——包含所有边界网格块的集合；

$\quad\quad T_{b,l}$——油藏边界和边界网格 l 之间的传导率；

$\quad\quad l$——ψ_b 集合的一个元素。

$T_{b,bB}^m$ 被定义为:

$$T_{b,bB}^m = \left[\beta_c \frac{K_l A_l}{\mu B(\Delta l/2)} \right]_{bB}^m \tag{4.29}$$

方程（4.29）中的长度 l 和下标 l 用边界块的边界面 x、y 或 z 取代。另外，方程（4.28）需要补充一个假设条件，即：对于所有的边界网格，其边界上的势能差是相同的。

4.4.3 封闭边界条件

封闭边界条件即油藏边界的渗透率为 0（例如，对于网格块 1 的左边界，有 $T_{x\frac{1}{2}}^m = 0$，对于网格块 n_x 的右边界，有 $T_{x_{n_x}+\frac{1}{2}}^m = 0$）；或者说，油藏边界上势能相等（例如，网格 1 的 $\Phi_0^m = \Phi_1^m$，网格 n_x 的 $\Phi_{n_x}^m = \Phi_{n_x+1}^m$）。代入以上表达式，式（4.5a）可简化为:

$$q_{sc_{b_W},1}^m = T_{x\frac{1}{2}}^m (\Phi_0^m - \Phi_1^m) = 0(\Phi_0^m - \Phi_1^m) = T_{\frac{1}{2}}^m(0) = 0 \tag{4.30}$$

边界网格块 n_x 的方程（4.7a）简化为:

$$q_{sc_{b_E},n_x}^m = T_{x_{n_x}+\frac{1}{2}}^m (\Phi_{n_x+1}^m - \Phi_{n_x}^m) = 0(\Phi_{n_x+1}^m - \Phi_{n_x}^m) = T_{x_{n_x}+\frac{1}{2}}^m(0) = 0 \tag{4.31}$$

通常，在封闭边界条件下，方程（4.20a）变为:

$$q_{sc_{b,bB}}^m = 0 \tag{4.32}$$

在多维流动模拟中，每个边界网格的 x，y 和 z 方向，均满足式（4.32）。

4.4.4 定压边界条件

当油藏边界的水层能量充足，或边界上有注入井及时补充地层压力时，油藏边界压力（p_b）保持恒定，即为定压边界条件。图 4.9 为块中心网格油藏左边界和右边界均为定压边界时的示意图。

边界网格 1 的方程（4.5a）可以改写为:

$$q_{sc_{b_W},1}^m = T_{x\frac{1}{2}}^m (\Phi_0^m - \Phi_1^m) = T_{x\frac{1}{2}}^m [\Phi_0^m - \Phi_{b_W} + \Phi_{b_W} - \Phi_1^m]$$

$$= T_{x\frac{1}{2}}^m [(\Phi_0^m - \Phi_{b_W}) + (\Phi_{b_W} - \Phi_1^m)] = T_{x\frac{1}{2}}^m (\Phi_0^m - \Phi_{b_W}) + T_{x\frac{1}{2}}^m (\Phi_{b_W} - \Phi_1^m) \tag{4.33}$$

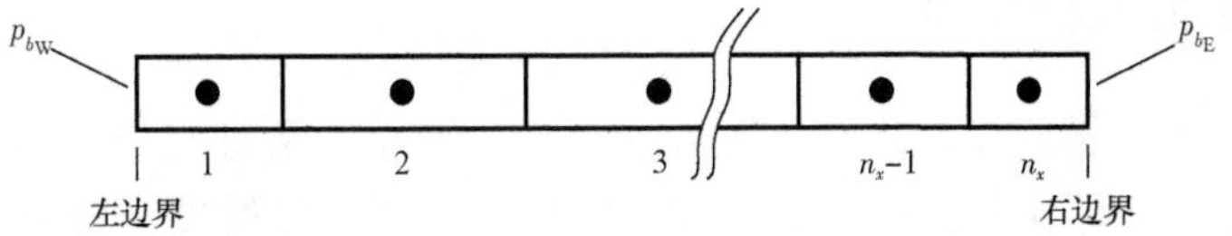

图 4.9 块中心网格油藏定压边界条件示意图

将式（4.33）与式（4.19b）联立可得:

$$q^m_{{\rm sc}_{b_{\rm W}},1} \;=\; \frac{1}{2}T^m_{0,b_{\rm W}}(\varPhi^m_0 - \varPhi_{b_{\rm W}}) + \frac{1}{2}T^m_{b_{\rm W},1}(\varPhi_{b_{\rm W}} - \varPhi^m_1) \tag{4.34}$$

如图 4.6 所示，为了保持网格块 1 左边界的势能不变，从油藏边界一侧流出的流体（点 1）必须等于从另一侧进入油藏边界的流体（点 0）。也就是：

$$T^m_{0,b_{\rm W}}(\varPhi^m_0 - \varPhi_{b_{\rm W}}) \;=\; T^m_{b_{\rm W},1}(\varPhi_{b_{\rm W}} - \varPhi^m_1) \tag{4.35}$$

将方程（4.35）代入方程（4.34），并利用方程（4.19b）得出：

$$q^m_{{\rm sc}_{b_{\rm W}},1} \;=\; T^m_{b_{\rm W},1}(\varPhi_{b_{\rm W}} - \varPhi^m_1) \tag{4.36}$$

根据式（2.11）可知，势能与压力的差值为常数，因此任意位置势能相等则压力也相等。

通常，在定压边界条件下，方程（4.20a）变为：

$$q^m_{{\rm sc}_{b},bB} \;=\; T^m_{b,bB}(\varPhi_b - \varPhi^m_{bB}) \tag{4.37a}$$

将方程（4.37a）改成压力的表达式：

$$q^m_{{\rm sc}_{b},bB} \;=\; T^m_{b,bB}\big[(p_b - p^m_{bB}) - \gamma^m_{b,bB}(Z_b - Z_{bB})\big] \tag{4.37b}$$

式中 $\gamma^m_{b,bB}$ ——边界网格 bB 中流体的重力；

$T^m_{b,bB}$ ——油藏边界与代表边界网格的点之间的传导率。

$T^m_{b,bB}$ 可用方程（4.29）计算：

$$T^m_{b,bB} \;=\; \Big[\beta_{\rm c}\frac{K_l A_l}{\mu B(\Delta l/2)}\Big]^m_{bB} \tag{4.29}$$

联立方程（4.29）和方程（4.37b）可得：

$$q^m_{{\rm sc}_{b},bB} \;=\; \Big[\beta_{\rm c}\frac{K_l A_l}{\mu B(\Delta l/2)}\Big]^m_{bB}\big[(p_b - p^m_{bB}) - \gamma^m_{b,bB}(Z_b - Z_{bB})\big] \tag{4.37c}$$

将方程（4.37c）代入边界网格 bB 的流动方程，使用有限差分法求解时，具有二阶精度（见练习 4.7）。Abou–Kassem 等人（2007）证明了这种边界条件的处理具有二阶精度。在多维流动模拟中，若边界网格任意 x，y 或 z 方向的边界压力恒定，要计算 $q^m_{{\rm sc}_b,bB}$，只需将方程（4.37c）中的 l 替换为对应的 x，y 或 z。

4.4.5　定边界网格压力

如果做这样一个数学假设，将边界压力移动半个网格，恰好与边界网格块的中心重合，那么就有 $p_1 \cong p_{b_{\rm W}}$ 或者 $p_{n_x} \cong p_{b_{\rm E}}$。这种近似处理只有一阶精度，计算准确度不如方程（4.37c）。然而现有的油藏数值模拟书中，都使用这种方法来处理定压边界条件。如第 7 章的例 7.2 所示，按照这种方法，问题就简化为求解油藏区域内其他网格块的压力。

下面的示例，根据方程（4.2a）和 $q^m_{{\rm sc}_b,bB}$ 的表达式，推导了一维和二维油藏在不同边界条件下，边界网格的流动方程。

例 4.3　在例 4.1 所述的一维油藏中，油藏左边界保持在 5000psia 的恒定压力下，而油藏右边界则为图 4.10 所示的封闭边界。写出边界网格 1 和边界网格 5 的流动方程。

求解方法

忽略方程（4.2a）中的重力项，一维水平油藏网格 n 的流动方程可以写为：

$$\sum_{l \in \psi_n} T_{l,n}^m (p_l^m - p_n^m) + \sum_{l \in \xi_n} q_{\mathrm{sc}_{l,n}}^m + q_{\mathrm{sc}_n}^m = \frac{V_{b_n}}{\alpha_c \Delta t}\left[\left(\frac{\phi}{B}\right)_n^{n+1} - \left(\frac{\phi}{B}\right)_n^n\right] \quad (4.14)$$

对于例 4.2，$T_{l,n}^m = T_x^m = 0.1521\mathrm{bbl}/(\mathrm{d} \cdot \mathrm{psi})$。

对于边界网格 1，$n = 1$，$\psi_1 = \{2\}$，$\xi_1 = \{b_\mathrm{W}\}$，$\sum_{l \in \xi_{l,1}} q_{\mathrm{sc}_{l,1}}^m = q_{\mathrm{sc}_{b_\mathrm{W},1}}^m$，并且 $q_{\mathrm{sc}_1}^m = 0$。

因此，方程（4.14）变为：

$$0.1521(p_2^m - p_1^m) + q_{\mathrm{sc}_{b_\mathrm{W},1}}^m = \frac{V_{b_1}}{\alpha_c \Delta t}\left[\left(\frac{\phi}{B}\right)_1^{n+1} - \left(\frac{\phi}{B}\right)_1^n\right] \quad (4.38)$$

式（4.38）中，油藏左边界的流量用方程（4.37c）计算：

$$q_{\mathrm{sc}_{b_\mathrm{W},1}}^m = \left[\beta_c \frac{K_x A_x}{\mu B(\Delta x/2)}\right]_1^m \left[(p_{b_\mathrm{W}} - p_1^m) - \gamma_{b_\mathrm{W},1}(Z_{b_\mathrm{W}} - Z_1)\right]$$

$$= 0.001127 \times \frac{15 \times (1200 \times 75)}{10 \times 1 \times (1000/2)}\left[(5000 - p_1^m) - \gamma_{b_\mathrm{W},1} \times 0\right] \quad (4.39)$$

或者

$$q_{\mathrm{sc}_{b_\mathrm{W},1}}^m = (0.3043)(5000 - p_1^m) \quad (4.40)$$

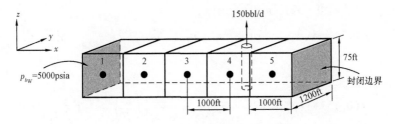

图 4.10　例 4.3 中离散化的一维油藏

将方程（4.40）代入方程（4.38），得出边界网格 1 的流动方程：

$$(0.1521)(p_2^m - p_1^m) + (0.3043)(5000 - p_1^m) = \frac{V_{b_1}}{\alpha_c \Delta t}\left[\left(\frac{\phi}{B}\right)_1^{n+1} - \left(\frac{\phi}{B}\right)_1^n\right] \quad (4.41)$$

对于边界网格 5，$n = 5$，$\psi_5 = \{4\}$，$\xi_5 = \{b_\mathrm{W}\}$，$\sum_{l \in \xi_{l,5}} q_{\mathrm{sc}_{l,5}}^m = q_{\mathrm{sc}_{b_\mathrm{E},5}}^m$，并且 $q_{\mathrm{sc}_5}^m = 0$。因此，方程（4.14）变为：

$$(0.1521)(p_4^m - p_5^m) + q_{\mathrm{sc}_{b_\mathrm{E},5}}^m = \frac{V_{b_5}}{\alpha_c \Delta t}\left[\left(\frac{\phi}{B}\right)_5^{n+1} - \left(\frac{\phi}{B}\right)_5^n\right] \quad (4.42)$$

油藏右边界的流量用方程（4.32）计算。对于油藏的右边界，$b \equiv b_{\mathrm{E}}$，$bB \equiv 5$，并且：

$$q_{\mathrm{sc}_{b_{\mathrm{E}}},5}^{m} = 0 \tag{4.43}$$

代入方程（4.42）得到边界网格5的流动方程：

$$(0.1521)(p_4^m - p_5^m) = \frac{V_{b_5}}{\alpha_c \Delta t}\left[\left(\frac{\phi}{B}\right)_5^{n+1} - \left(\frac{\phi}{B}\right)_5^n \right] \tag{4.44}$$

例4.4 在例4.1所述的一维油藏中，油藏左边界保持在0.1psi/ft的恒定压力梯度，而油藏右边界则如图4.11所示有流体以恒定速度汇入，速度为50bbl/d。写出边界网格1和边界网格5的流动方程。

求解方法

忽略方程（4.2a）中的重力项，一维水平油藏网格n的流动方程可以写为：

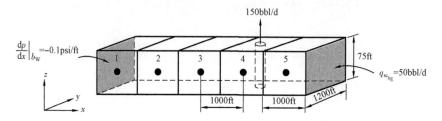

图4.11　例4.4中离散化的一维油藏

$$\sum_{l \in \psi_n} T_{l,n}^m (p_l^m - p_n^m) + \sum_{l \in \xi_n} q_{\mathrm{sc}_{i,n}}^m + q_{\mathrm{sc}_n}^m = \frac{V_{b_n}}{\alpha_c \Delta t}\left[\left(\frac{\phi}{B}\right)_n^{n+1} - \left(\frac{\phi}{B}\right)_n^n \right] \tag{4.14}$$

对于例4.2，$T_{l,n}^m = T_x^m = 0.1521\mathrm{bbl/(d \cdot psi)}$。

对于边界网格1，$n = 1$，$\psi_1 = \{2\}$，$\xi_1 = \{b_{\mathrm{W}}\}$，$\sum_{l \in \xi_{l,1}} q_{\mathrm{sc}_{l,1}}^m = q_{\mathrm{sc}_{b_{\mathrm{W}}},1}^m$，并且$q_{\mathrm{sc}_1}^m = 0$。因此，方程（4.14）变为：

$$(0.1521)(p_2^m - p_1^m) + q_{\mathrm{sc}_{b_{\mathrm{W}}},1}^m = \frac{V_{b_1}}{\alpha_c \Delta t}\left[\left(\frac{\phi}{B}\right)_1^{n+1} - \left(\frac{\phi}{B}\right)_1^n \right] \tag{4.38}$$

用方程（4.23b）计算油藏左边界外虚拟井的流量：

$$q_{\mathrm{sc}_{b_{\mathrm{W}}},1}^m = -\left[\beta_c \frac{K_x A_x}{\mu B} \right]_1^m \left[\frac{\partial p}{\partial x}\bigg|_{b_{\mathrm{W}}} - \gamma_1^m \frac{\partial Z}{\partial x}\bigg|_{b_{\mathrm{W}}} \right]$$

$$= -\left[0.001127 \times \frac{15 \times (1200 \times 75)}{10 \times 1} \right][-0.1 - 0] = -152.145 \times (-0.1) \tag{4.45}$$

或者

$$q_{\mathrm{sc}_{b_{\mathrm{W}}},1}^m = 15.2145 \tag{4.46}$$

将方程（4.46）代入方程（4.38），得到边界网格1的流动方程：

$$(0.1521)(p_2^m - p_1^m) + 15.2145 = \frac{V_{b_1}}{\alpha_c \Delta t}\left[\left(\frac{\phi}{B}\right)_1^{n+1} - \left(\frac{\phi}{B}\right)_1^n\right] \tag{4.47}$$

对于边界网格 5，$n = 5$，$\psi_5 = \{4\}$，$\xi_5 = \{b_E\}$，$\sum\limits_{l \in \xi_{l,5}} q_{sc_{l,5}}^m = q_{sc_{b_W},5}^m$，并且 $q_{sc_5}^m = 0$。因此，方程（4.14）变为：

$$(0.1521)(p_4^m - p_5^m) + q_{sc_{b_E},5}^m = \frac{V_{b_5}}{\alpha_c \Delta t}\left(\frac{\phi}{B}\right)_5^{n+1} - \left(\frac{\phi}{B}\right)_5^n \tag{4.42}$$

其中，用方程（4.27）计算油藏右边界外虚拟井的流量，即：

$$q_{sc_{b_E},5}^m = 50\text{bbl/d} \tag{4.48}$$

将方程（4.48）代入方程（4.42），得到边界网格 5 的流动方程：

$$(0.1521)(p_4^m - p_5^m) + 50 = \frac{V_{b_5}}{\alpha_c \Delta t}\left[\left(\frac{\phi}{B}\right)_5^{n+1} - \left(\frac{\phi}{B}\right)_5^n\right] \tag{4.49}$$

例 4.5 二维水平油藏单相流体流动模拟，油藏网格如图 4.12 所示，网格 7 设有一口生产井，日产量 4000bll。网格参数 $\Delta x = 250\text{ft}$，$\Delta y = 300\text{ft}$，$h = 100\text{ft}$，$K_x = 270\text{mD}$，$K_y = 220\text{mD}$。流体的体积系数和黏度分别为 1.0bbl/bbl 和 2mPa·s。油藏南边界压力恒定，为 3000psia，油藏西边界为不渗透边界，油藏东边界压力梯度恒定，为 0.1psi/ft，油藏北边界有流体流出，流速 500bbl/d，写出边界网格 2，5，8 和 11 的流动方程。

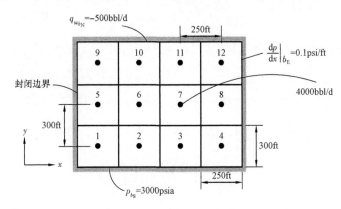

图 4.12 例 4.5 和例 4.6 中离散化的二维油藏

求解方法

忽略方程（4.2a）中的重力项，二维水平油藏网格 n 的流动方程如下：

$$\sum_{l \in \psi_n} T_{l,n}^m(p_l^m - p_n^m) + \sum_{l \in \xi_n} q_{sc_{l,n}}^m + q_{sc_n}^m = \frac{V_{b_n}}{\alpha_c \Delta t}\left[\left(\frac{\phi}{B}\right)_n^{n+1} - \left(\frac{\phi}{B}\right)_n^n\right] \tag{4.14}$$

需要注意的是，$\Delta x = 250\text{ft}$，$\Delta y = 300\text{ft}$，K_x, K_y, μ，和 B 是常数。因此：

$$T_x^m = \beta_c \frac{K_x A_x}{\mu B \Delta x} = 0.001127 \times \frac{270 \times (300 \times 100)}{2 \times 1 \times 250} = 18.2574\text{bbl}/(\text{d} \cdot \text{psi}) \quad (4.50)$$

以及

$$T_y^m = \beta_c \frac{K_y A_y}{\mu B \Delta y} = 0.001127 \times \frac{220 \times (250 \times 100)}{2 \times 1 \times 300} = 10.3308\text{bbl}/(\text{d} \cdot \text{psi}) \quad (4.51)$$

对于边界网格 2，$n = 2, \psi_2 = \{1,3,6\}, \xi_2 = \{b_S\}$，且 $q_{\text{sc}_2}^m = 0$，$\sum_{l \in \xi_{l,2}} q_{\text{sc}_{l,2}}^m = q_{\text{sc}_{b_{\text{E}},2}}^m$。其中，$q_{\text{sc}_{b_{\text{E}},2}}^m$ 通过方程（4.37c）得出，忽略重力，可得：

$$q_{\text{sc}_{b_S},2}^m = \left[\beta_c \frac{K_y A_y}{\mu B (\Delta y/2)}\right]_2^m (p_{b_S} - p_2^m) = \left[0.001127 \times \frac{220 \times (250 \times 100)}{2 \times 1 \times (300/2)}\right](3000 - p_2^m)$$

$$(4.52)$$

或者

$$q_{\text{sc}_{b_S},2}^m = (20.6617)(3000 - p_2^m) \quad (4.53)$$

代入方程（4.14）得到边界网格块 2 的流动方程：

$$(18.2574)(p_1^m - p_2^m) + (18.2574)(p_3^m - p_2^m) + (10.3308)(p_6^m - p_2^m)$$

$$+ (20.6617)(3000 - p_2^m) = \frac{V_{b_2}}{\alpha_c \Delta t}\left[\left(\frac{\phi}{B}\right)_2^{n+1} - \left(\frac{\phi}{B}\right)_2^n\right] \quad (4.54)$$

对于边界网格 5，$n = 5, \psi_5 = \{1,6,9\}, \xi_5 = \{b_W\}$，且 $q_{\text{sc}_5=0}^m$，$\sum_{l \in \xi_{l,5}} q_{\text{sc}_{l,5}}^m = q_{\text{sc}_{b_W,5}}^m$。其中，$q_{\text{sc}_{b_W,5}}^m$ 根据方程（4.32）得出，即 $q_{\text{sc}_{b_W,5}}^m = 0$。

代入方程（4.14），可得边界网格 5 的流动方程为：

$$(10.3308)(p_1^m - p_5^m) + (18.2574)(p_6^m - p_5^m) + (10.3308)(p_9^m - p_5^m) + 0$$

$$= \frac{V_{b_5}}{\alpha_c \Delta t}\left[\left(\frac{\phi}{B}\right)_5^{n+1} - \left(\frac{\phi}{B}\right)_5^n\right] \quad (4.55)$$

对于边界网格 8，$n = 8, \psi_8 = \{4, 7, 12\}, \xi_8 = \{b_E\}$，且 $q_{\text{sc}_8}^m = 0$，$\sum_{l \in \xi_{l,8}} q_{\text{sc}_{l,8}}^m = q_{\text{sc}_{b_E,8}}^m$。$q_{\text{sc}_{b_E,8}}^m$ 可通过方程（4.24b）计算：

$$q_{\text{sc}_{b_E,8}}^m = \left[\beta_c \frac{K_x A_x}{\mu B}\right]_8^m \left[\left.\frac{\partial p}{\partial x}\right|_{b_E}^m - \gamma_8^m \left.\frac{\partial Z}{\partial x}\right|_{b_E}\right] = \left[0.001127 \times \frac{270 \times (300 \times 100)}{2 \times 1}\right][0.1 - 0]$$

$$= 4564.35 \times (0.1) = 456.435\text{bbl}/\text{d} \quad (4.56)$$

代入方程（4.14），可得边界网格 8 的流动方程为：

$$(10.3308)(p_4^m - p_8^m) + (18.2574)(p_7^m - p_8^m) + (10.3308)(p_{12}^m - p_8^m)$$

$$+ 456.435 = \frac{V_{b_8}}{\alpha_c \Delta t}\left[\left(\frac{\phi}{B}\right)_8^{n+1} - \left(\frac{\phi}{B}\right)_8^n\right] \tag{4.57}$$

对于边界网格 11，$n = 11$，$\psi_{11} = \{7, 10, 12\}$，$\xi_{11} = \{b_N\}$，且 $q_{sc_{11}}^m = 0$，$\sum\limits_{l \in \xi_{l,11}} q_{sc_{l,11}}^m = q_{sc_{b_N,11}}^m$。因为整个油藏北边界的 $q_{spsc} = 500\text{bbl/d}$，代入方程（4.28），可得：

$$q_{sc_{b_N,11}}^m = \frac{T_{b_N,11}^m}{\sum\limits_{l \in \psi_{b_N}} T_{b_N,l}^m} q_{spsc} \tag{4.58}$$

其中，$\psi_{b_N} = \{9, 10, 11, 12\}$。

根据方程（4.29）可得：

$$T_{b_N,l}^m = T_{b_N,11}^m = \left[\beta_c \frac{K_y A_y}{\mu B(\Delta y/2)}\right]_{11}^m = \left[0.001127 \times \frac{220 \times (250 \times 100)}{2 \times 1 \times (300/2)}\right] = 20.6616$$

$$\tag{4.59}$$

对于所有属于集合 ψ_{b_N} 的网格 l 均成立。

将方程（4.59）代入方程（4.58）得到：

$$q_{sc_{b_N,11}}^m = \frac{20.6616}{4 \times 20.6616} \times (-500) = -125\text{bbl/d} \tag{4.60}$$

代入方程（4.14），可得边界网格 11 的流动方程为：

$$(10.3308)(p_7^m - p_{11}^m) + (18.2574)(p_{10}^m - p_{11}^m) + (18.2574)(p_{12}^m - p_{11}^m)$$

$$- 125 = \frac{V_{b_{11}}}{\alpha_c \Delta t}\left[\left(\frac{\phi}{B}\right)_{11}^{n+1} - \left(\frac{\phi}{B}\right)_{11}^n\right] \tag{4.61}$$

例 4.6　二维水平油藏中的单相流体流动，油藏网格系统和边界条件与例 4.5 相同。写出网格 1、4、9 和 12 的流动方程，这四个网格均位于油藏边界上。

求解方法

忽略方程（4.2a）中的重力项，得到二维水平油藏的一般流动方程，即方程（4.14）：

$$\sum_{l \in \psi_n} T_{l,n}^m(p_l^m - p_n^m) + \sum_{l \in \xi_n} q_{sc_{l,n}}^m + q_{sc_n}^m = \frac{V_{b_n}}{\alpha_c \Delta t}\left[\left(\frac{\phi}{B}\right)_n^{n+1} - \left(\frac{\phi}{B}\right)_n^n\right] \tag{4.14}$$

在例 4.5 中计算了任何边界网格的流动方程所需的数据。总结如下：

$$T_x^m = 18.2574\text{bbl/(d · psi)}$$

$$T_y^m = 10.3308\text{bbl/(d · psi)}$$

$$q_{sc_{b_S,bB}}^m = (20.6617)(3000 - p_{bB}^m)\text{bbl/(d · psi)}, bB = 1,2,3,4$$

$$q_{sc_{b_W,bB}}^m = 0\text{bbl/(d · psi)}, bB = 1,5,9$$

$$q_{sc_{b_E,bB}}^{m} = 456.435 \text{bbl}/(\text{d} \cdot \text{psi}), bB = 4,8,12$$

$$q_{sc_{b_N,bB}}^{m} = -125 \text{bbl}/(\text{d} \cdot \text{psi}), bB = 9,10,11,12 \tag{4.62}$$

对于边界网格 1，$n = 1$，$\psi_1 = \{2, 5\}$，$\xi_1 = \{b_N, b_W\}$，$q_{sc_1}^m = 0$，并且：

$$\sum_{l \in \xi_1} q_{sc_{l,1}}^m = q_{sc_{b_S,1}}^m + q_{sc_{b_W,1}}^m = (20.6617)(3000 - p_1^m) + 0 = (20.6617)(3000 - p_1^m) \text{bbl}/\text{d}$$

代入方程（4.14）得出边界网格 1 的流动方程：

$$(18.2574)(p_2^m - p_1^m) + (10.3308)(p_5^m - p_1^m) + (20.6617)(3000 - p_1^m)$$

$$= \frac{V_{b_1}}{\alpha_c \Delta t} \left[\left(\frac{\phi}{B} \right)_1^{n+1} - \left(\frac{\phi}{B} \right)_1^n \right] \tag{4.63}$$

对于边界网格 4，$n = 4$，$\psi_4 = \{3,8\}$，$\xi_4 = \{b_S, b_E\}$，$q_{sc_4}^m = 0$，并且：

$$\sum_{l \in \xi_4} q_{sc_{l,4}}^m = q_{sc_{b_S,4}}^m + q_{sc_{b_E,4}}^m = (20.6617)(3000 - p_4^m) + 456.435 \text{bbl}/\text{d}$$

代入方程（4.14）得出边界网格 4 的流动方程：

$$(18.2574)(p_3^m - p_4^m) + (10.3308)(p_8^m - p_4^m) + (20.6617)(3000 - p_4^m) + 456.435$$

$$= \frac{V_{b_4}}{\alpha_c \Delta t} \left[\left(\frac{\phi}{B} \right)_4^{n+1} - \left(\frac{\phi}{B} \right)_4^n \right] \tag{4.64}$$

对于边界网格 9，$n = 9$，$\psi_9 = \{5,10\}$，$\xi_9 = \{b_N, b_W\}$，$q_{sc_9}^m = 0$，并且：

$$\sum_{l \in \xi_9} q_{sc_{l,9}}^m = q_{sc_{b_W,9}}^m + q_{sc_{b_N,9}}^m = 0 - 125 = -125 \text{bbl}/\text{d}$$

代入方程（4.14）得出边界网格 9 的流动方程：

$$(10.3308)(p_5^m - p_9^m) + (18.2574)(p_{10}^m - p_9^m) - 125 = \frac{V_{b_9}}{\alpha_c \Delta t} \left[\left(\frac{\phi}{B} \right)_9^{n+1} - \left(\frac{\phi}{B} \right)_9^n \right] \tag{4.65}$$

对于边界网格 12，$n = 12$，$\psi_{12} = \{8,11\}$，$\xi_{11} = \{b_E, b_N\}$，$q_{sc_{12}}^m = 0$，并且：

$$\sum_{l \in \xi_{12}} q_{sc_{l,12}}^m = q_{sc_{b_E,12}}^m + q_{sc_{b_N}}^m = 456.435 - 125 = 331.435 \text{bbl}/\text{d}$$

代入方程（4.14）得出边界网格 12 的流动方程：

$$(10.3308)(p_8^m - p_{12}^m) + (18.2574)(p_{11}^m - p_{12}^m) + 331.435$$

$$= \frac{V_{b_{12}}}{\alpha_c \Delta t} \left[\left(\frac{\phi}{B} \right)_{12}^{n+1} - \left(\frac{\phi}{B} \right)_{12}^n \right] \tag{4.66}$$

4.5 传导率的计算

在第 2 章中，方程（2.39）定义了直角坐标系下流动方程的传导率。传导率在 x、y 和 z

方向上的定义如下：

$$T_{x_{i\mp\frac{1}{2},j,k}} = G_{x_{i\mp\frac{1}{2},j,k}} \left(\frac{1}{\mu B}\right)_{x_{i\mp\frac{1}{2},j,k}} \tag{4.67a}$$

$$T_{y_{i,j\mp\frac{1}{2},k}} = G_{y_{i,j\mp\frac{1}{2},k}} \left(\frac{1}{\mu B}\right)_{y_{i,j\mp\frac{1}{2},k}} \tag{4.67b}$$

以及

$$T_{z_{i,j,k\mp\frac{1}{2}}} = G_{z_{i,j,k\mp\frac{1}{2}}} \left(\frac{1}{\mu B}\right)_{z_{i,j,k\mp\frac{1}{2}}} \tag{4.67c}$$

表 4.1 列出了各向异性多孔介质和不规则网格块分布的形状因子 G（Ertekin et al.，2001）。方程（4.67）中压力相关项（μB）的处理方法在第 8 章（8.4.1 节）中进行了详细讨论。

表 4.1　直角网格中的几何因子（Ertekin et al.，2001）

方向	几何因子
x	$G_{x_{i\mp\frac{1}{2},j,k}} = \dfrac{2\beta_c}{\Delta x_{i,j,k}/(A_{x_{i,j,k}}K_{x_{i,j,k}}) + \Delta x_{i\mp1,j,k}/(A_{x_{i\mp1,j,k}}K_{x_{i\mp1,j,k}})}$
y	$G_{y_{i,j\mp\frac{1}{2},k}} = \dfrac{2\beta_c}{\Delta y_{i,j,k}/(A_{y_{i,j,k}}K_{y_{i,j,k}}) + \Delta y_{i,j\mp1,k}/(A_{y_{i,j\mp1,k}}K_{y_{i,j\mp1,k}})}$
z	$G_{z_{i,j,k\mp\frac{1}{2}}} = \dfrac{2\beta_c}{\Delta z_{i,j,k}/(A_{z_{i,j,k}}K_{z_{i,j,k}}) + \Delta z_{i,j,k\mp1}/(A_{z_{i,j,k\mp1}}K_{z_{i,j,k\mp1}})}$

例 4.7　用以下两种方法，推导一维流动中 x 方向网格块 i 和 $i+1$ 之间传导率的几何因子的计算公式：

（1）表 4.1；

（2）达西定律。

求解方法

（1）x 方向传导率的几何因子为：

$$G_{x_{i+\frac{1}{2},j,k}} = \frac{2\beta_c}{\Delta x_{i,j,k}/(A_{x_{i,j,k}}K_{x_{i,j,k}}) + \Delta x_{i\mp1,j,k}/(A_{x_{i\mp1,j,k}}K_{x_{i+1,j,k}})} \tag{4.68}$$

对于一维油藏而言，$j=1$ 并且 $k=1$。去掉方程（4.68）中求取几何因子的下标和负号：

$$G_{x_{i+\frac{1}{2}}} = \frac{2\beta_c}{\Delta x_i/(A_{x_i}K_{x_i}) + \Delta x_{i+1}/(A_{x_{i+1}}K_{x_{i+1}})} \tag{4.69}$$

（2）考虑不可压缩流体（$B=1$ 和 $\mu=$ 常数）在不可压缩多孔介质网格块 i 和 $i+1$ 之间的稳态流。网格块 i 的横截面积和渗透率分别为 A_{x_i} 和 K_{x_i}，网格块 $i+1$ 的横截面积和渗透率分别为 $A_{x_{i+1}}$ 和 $K_{x_{i+1}}$。如图 4.13 所示，两个网格之间的边界 $i+\frac{1}{2}$ 离点 i 的距离为 $\delta_{x_{i+}}$，离点 i

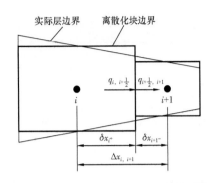

图 4.13　两个相邻网格块之间的传递性

+1 的距离为 $\delta_{x_{i+1-}}$。流体从网格块 i 流向边界 $i+\dfrac{1}{2}$，然后从边界 $i+\dfrac{1}{2}$ 流向网格块 $i+1$。

根据达西定律，流体从网格块 i 中心到边界 $i+\dfrac{1}{2}$ 的流量为：

$$q_{i,i+\frac{1}{2}} = \frac{\beta_c K_{x_i} A_{x_i}}{B\mu \delta x_{i+}}(p_i - p_{i+\frac{1}{2}}) \tag{4.70}$$

类似地，根据达西定律，流体从块边界 $i+\dfrac{1}{2}$ 到网格块 $i+1$ 中心的流量为：

$$q_{i+\frac{1}{2},i+1} = \frac{\beta_c K_{x_{i+1}} A_{x_{i+1}}}{B\mu \delta x_{i+1-}}(p_{i+\frac{1}{2}} - p_{i+1}) \tag{4.71}$$

在这个流动系统中，既不存在流体聚集，也不存在流体耗竭。因此，流体离开网格块 i（$q_{i,i+\frac{1}{2}}$）的流速必须等于流体进入网格块 $i+1$（$q_{i+\frac{1}{2},i+1}$）的流速，即：

$$q_{i,i+\frac{1}{2}} = q_{i+\frac{1}{2},i+1} = q_{i,i+1} \tag{4.72}$$

根据达西定律，得出网格 i 和 $i+1$ 中心之间的流体流动速率为：

$$q_{i,i+1} = \frac{G_{x_{i+1/2}}}{B\mu}(p_i - p_{i+1}) \tag{4.73}$$

网格块 i 中心点和 $i+1$ 中心点之间的压降等于网格中心与边界的压降之和，即：

$$(p_i - p_{i+1}) = (p_i - p_{i+\frac{1}{2}}) + (p_{i+\frac{1}{2}} - p_{i+1}) \tag{4.74}$$

用方程（4.70）、方程（4.71）和方程（4.73）的代替方程（4.74）中的压降，得到：

$$\frac{q_{i,i+1}B\mu}{G_{x_{i+\frac{1}{2}}}} = \frac{q_{i,i+\frac{1}{2}}B\mu \delta x_{i+}}{\beta_c K_{x_i} A_{x_i}} + \frac{q_{i+\frac{1}{2},i+1}B\mu \delta x_{i+1-}}{\beta_c K_{x_{i+1}} A_{x_{i+1}}} \tag{4.75}$$

结合方程（4.75）和方程（4.72），除以流量、地层体积系数和黏度，得到：

$$\frac{1}{G_{x_{i+\frac{1}{2}}}} = \frac{\delta x_{i+}}{\beta_c K_{x_i} A_{x_i}} + \frac{\delta x_{i+1-}}{\beta_c K_{x_{i+1}} A_{x_{i+1}}} \tag{4.76}$$

方程（4.76）可以求解 $G_{x_{i+\frac{1}{2}}}$，得到方程如下：

$$G_{x_{i+\frac{1}{2}}} = \frac{\beta_c}{\delta x_{i+}/(A_{x_i} K_{x_i}) + \delta x_{i+1-}/(A_{x_{i+1}} K_{x_{i+1}})} \tag{4.77}$$

对于块中心网格，有 $\delta x_{i+} = \dfrac{1}{2}\Delta x_i$，$\delta x_{i+1-} = \dfrac{1}{2}\Delta x_{i+1}$，方程（4.77）变为

$$G_{x_{i+\frac{1}{2}}} = \frac{2\beta_c}{\Delta x_i / (A_{x_i} K_{x_i}) + \Delta x_{i+1} / (A_{x_{i+1}} K_{x_{i+1}})} \tag{4.78}$$

方程（4.69）和方程（4.78）是相同的。

在第 2 章中，方程（2.69）定义了柱坐标系下流动方程的传导率。在 r 方向、θ 方向和 z 方向上，传导率的定义如下：

$$T_{r_{i\mp\frac{1}{2},j,k}} = G_{r_{i\mp\frac{1}{2},j,k}} \left(\frac{1}{\mu B}\right)_{r_{i\mp\frac{1}{2},j,k}} \tag{4.79a}$$

$$T_{\theta_{i,j\mp\frac{1}{2},k}} = G_{\theta_{i,j\mp\frac{1}{2},k}} \left(\frac{1}{\mu B}\right)_{\theta_{i,j\mp\frac{1}{2},k}} \tag{4.79b}$$

以及

$$T_{z_{i,j,k\mp\frac{1}{2}}} = G_{z_{i,j,k\mp\frac{1}{2}}} \left(\frac{1}{\mu B}\right)_{z_{i,j,k\mp\frac{1}{2}}} \tag{4.79c}$$

其中，各向异性多孔介质和不规则网格块分布的几何因子 G 见表 4.2（Farouq Ali，1986）。需要注意的是，在表 4.2 中，只有当 $j = 1,2,3,\cdots,n_\theta$ 和 $k = 1,2,3,\cdots,n_z$ 时，下标 i 决定了 r_i 和 $r_{i\mp\frac{1}{2}}$；只有当 $j = 1,2,3,\cdots,n_r$ 和 $k = 1,2,3,\cdots,n_z$ 时，下标 j 决定了 $\Delta\theta_j$ 和 $\Delta\theta_{j\mp\frac{1}{2}}$；只有当 $j = 1, 2, 3, \cdots, n_r$ 和 $k = 1, 2, 3, \cdots, n_\theta$ 时，下标 j 决定了 Δz_k 和 $\Delta z_{k\mp\frac{1}{2}}$。方程（4.79）中压力相关项（$\mu B$）的处理在第 8 章（8.4.1 节）中进行了详细讨论。

表 4.2　圆柱网格中的几何因子（Farouq Ali, 1986）

方向	几何因子
r	$G_{r_{i-\frac{1}{2},j,k}} = \dfrac{\beta_c \Delta\theta_j}{\ln(r_i/r_{i-\frac{1}{2}}^L)/(\Delta z_{i,j,k} K_{r_{i,j,k}}) + \ln(r_{i-\frac{1}{2}}^L/r_{i-1})/(\Delta z_{i-1,j,k} K_{r_{i-1,j,k}})}$
	$G_{r_{i+\frac{1}{2},j,k}} = \dfrac{\beta_c \Delta\theta_j}{\ln(r_{i+\frac{1}{2}}^L/r_i)/(\Delta z_{i,j,k} K_{r_{i,j,k}}) + \ln(r_{i+1}/r_{i+\frac{1}{2}}^L)/(\Delta z_{i+1,j,k} K_{r_{i+1,j,k}})}$
θ	$G_{\theta_{i,j\mp\frac{1}{2},k}} = \dfrac{2\beta_c \ln(r_{i+\frac{1}{2}}^L/r_{i-\frac{1}{2}}^L)}{\Delta\theta_j/(\Delta z_{i,j,k} K_{\theta_{i,j,k}}) + \Delta\theta_{j\mp1}/(\Delta z_{i,j\mp1,k} K_{\theta_{i,j\mp1,k}})}$
z	$G_{z_{i,j,k\mp\frac{1}{2}}} = \dfrac{2\beta_c(\frac{1}{2}\Delta\theta_j)(r_{i+\frac{1}{2}}^2 - r_{i-\frac{1}{2}}^2)}{\Delta z_{i,j,k}/K_{z_{i,j,k}} + \Delta z_{i,j,k\mp1}/K_{z_{i,j,k\mp1}}}$

表 4.2 使用了通过方程（4.1）中 z 代替 x 定义出的 z 方向网格块尺寸和块边界。利用同样的方法定义出 θ 方向上的元素。具体来说：

$$\sum_{j=1}^{n_\theta} \Delta\theta_j = 2\pi$$

$$\Delta\theta_{j+\frac{1}{2}} = \frac{1}{2}(\Delta\theta_{j+1} + \Delta\theta_j), j = 1,2,3,\cdots,n_\theta - 1$$

$$\theta_{j+1} = \theta_j + \Delta\theta_{j+\frac{1}{2}}, j = 1,2,3,\cdots,n_\theta - 1, \theta_1 = \frac{1}{2}\Delta\theta_1 \tag{4.80}$$

以及

$$\theta_{j\mp\frac{1}{2}} = \theta_j \mp \frac{1}{2}\Delta\theta_j, i = 1,2,3,\cdots,n_\theta$$

但是，在 r 方向，网格块的点之间的距离使得相邻点之间的压降相等（见例 4.8）。用于传导率计算的块边界在 r 中是以对数间隔的，以此保证使用达西定律的完整连续和离散形式时，相邻点之间的径向流量是相等的（见例 4.9）。体积计算的块体在 r^2 中是以对数间隔的，以保证网格的实际体积和离散体积相等。因此，压力点半径（$r_{i\mp1}$）、传导率计算（$r_{i\mp\frac{1}{2}}^L$）和体积计算（$r_{i\mp\frac{1}{2}}$）如下（Aziz and Settari，1979；Ertekin et al.，2001）：

$$r_{i+1} = \alpha_{\lg}r_i, i = 1,2,3,\cdots,n_r - 1 \tag{4.81}$$

$$r_{i+\frac{1}{2}}^L = \frac{r_{i+1} - r_i}{\ln(r_{i+1}/r_i)}, i = 1,2,3,\cdots,n_r - 1 \tag{4.82a}$$

$$r_{i-\frac{1}{2}}^L = \frac{r_i - r_{i-1}}{\ln(r_i/r_{i-1})}, i = 2,3,\cdots,n_r \tag{4.83a}$$

$$r_{i+\frac{1}{2}}^2 = \frac{r_{i+1}^2 - r_i^2}{\ln(r_{i+1}^2/r_i^2)}, i = 1,2,3,\cdots,n_r - 1 \tag{4.84a}$$

$$r_{i-\frac{1}{2}}^2 = \frac{r_i^2 - r_{i-1}^2}{\ln(r_i^2/r_{i-1}^2)}, i = 2,3,\cdots,n_r \tag{4.85a}$$

其中

$$\alpha_{\lg} = \left(\frac{r_e}{r_w}\right)^{1/n_r} \tag{4.86}$$

以及

$$r_1 = \left[\alpha_{\lg}\ln(\alpha_{\lg})/(\alpha_{\lg} - 1)\right]r_w \tag{4.87}$$

需要注意的是，流体可以进入、离开的油藏内部边界（r_w）和油藏外边界（r_e）分别为用于传导率计算的网格块 1 的内边界和网格块 n_r 的外边界。换言之，基于块中心网格的定义，$r_{\frac{1}{2}}^L = r_w$ 并且 $r_{n_r+\frac{1}{2}}^L = r_e$。

网格块 (i, j, k) 的体积计算如下：

$$V_{b_{i,j,k}} = (r_{i+\frac{1}{2}}^2 - r_{i-\frac{1}{2}}^2)(\frac{1}{2}\Delta\theta_j)\Delta z_{i,j,k} \tag{4.88a}$$

其中 $i = 1,2,3,\cdots,n_{r-1}, j = 1,2,3,\cdots,n_\theta, k = 1,2,3,\cdots,n_z$；以及

$$V_{b_{n_r,j,k}} = (r_e^2 - r_{n_r-\frac{1}{2}}^2)(\frac{1}{2}\Delta\theta_j)\Delta z_{n_r,j,k} \tag{4.88c}$$

$j = 1,2,3,\cdots,n_\theta, k = 1,2,3,\cdots,n_z$。

例 4.8 证明方程（4.81）和方程（4.86）定义的径向方向的网格间距满足不可压缩流体稳态径向流动中连续点间压降恒定和相等的条件。

求解方法

根据达西定律，在外半径为 r_e 的水平油藏中，不可压缩流体流向半径为 r_w 的井的稳态流为：

$$q = \frac{-2\pi\beta_c K_H h}{B\mu\ln\left(\dfrac{r_e}{r_w}\right)}(p_e - p_w) \tag{4.89}$$

根据方程（4.89）求出油藏的压降为：

$$(p_e - p_w) = \frac{-qB\mu\ln\left(\dfrac{r_e}{r_w}\right)}{2\pi\beta_c K_H h} \tag{4.90}$$

把油藏分为 n_r 个径向段，由位于 $r_1, r_2, r_3, \cdots r_{i-1}, r_i, r_{i+1}, \cdots, r_{n_r}$ 处的点由 $i = 1,2,3,\cdots,n_r$ 表示。这些点的位置之后再确定［方程（4.81）］。对于点 $i+1$ 和 i 之间的稳态径向流：

$$q = \frac{-2\pi\beta_c K_H h}{B\mu\ln\left(\dfrac{r_{i+1}}{r_i}\right)}(p_{i+1} - p_i) \tag{4.91}$$

由方程（4.91）可以得出点 $i+1$ 和点 i 之间的压降为：

$$(p_{i+1} - p_i) = \frac{-qB\mu\ln\left(\dfrac{r_{i+1}}{r_i}\right)}{2\pi\beta_c K_H h} \tag{4.92}$$

如果将 $i = 1,2,3,\cdots,n_r - 1$ 的每个径向距离 $(r_{i+1} - r_i)$ 上的压降设为恒定且相等，则：

$$(p_{i+1} - p_i) = \frac{(p_e - p_w)}{n_r} \tag{4.93}$$

其中 $i = 1, 2, 3, \cdots, n_r - 1$。

将方程（4.90）和方程（4.92）代入方程（4.93）得到：

$$\ln\left(\frac{r_{i+1}}{r_i}\right) = \frac{1}{n_r}\ln\left(\frac{r_e}{r_w}\right) \tag{4.94}$$

或者

$$\left(\frac{r_{i+1}}{r_i}\right) = \left(\frac{r_e}{r_w}\right)^{1/n_r} \tag{4.95a}$$

其中 $i = 1, 2, 3, \cdots, n_r - 1$。

为了便于操作，定义见式（4.86）。

则方程（4.95a）变为：

$$\left(\frac{r_{i+1}}{r_i}\right) = \alpha_{\lg} \tag{4.95b}$$

或者见式 (4.81)。

方程 (4.81) 定义了 r 方向上各点的位置，这些点中任意两个连续点之间的压降相等。

例 4.8 证明由方程 (4.82a) 定义的块边界确保了穿过块边界上的流速与达西定律所得到的流速相同。

求解方法

根据例 4.8，对于点 $i+1$ 和 i 之间不可压缩流体的稳态径向流见式 (4.91)。

跨块边界的稳态流体流量也用块边界 $r_{i+\frac{1}{2}}^L$ 处的达西定律的微分形式表示：

$$q_{r_{i+\frac{1}{2}}^L} = \frac{-2\pi\beta_c K_H h r_{i+\frac{1}{2}}^L}{B\mu} \frac{dp}{dr}\bigg|_{r_{i+\frac{1}{2}}^L} \tag{4.96}$$

块体边界处的压力梯度可用中心差分近似，如下所示：

$$\frac{dp}{dr}\bigg|_{r_{i+\frac{1}{2}}^L} \cong \frac{p_{i+1} - p_i}{r_{i+1} - r_i} \tag{4.97}$$

将方程 (4.97) 代入方程 (4.96) 得出：

$$qr_{i+\frac{1}{2}}^L = \frac{-2\pi\beta_c K_H h r_{i+\frac{1}{2}}^L}{B\mu} \frac{(p_{i+1} - p_i)}{r_{i+1} - r_i} \tag{4.98}$$

如果根据达西定律 [方程 (4.91)] 计算得到的流量等于根据离散达西定律 [方程 (4.98)] 计算得到的流量，则：

$$\frac{-2\pi\beta_c K_H h}{B\mu\ln\left(\frac{r_{i+1}}{r_i}\right)}(p_{i+1} - p_i) = \frac{-2\pi\beta_c K_H h r_{i+\frac{1}{2}}^L}{B\mu} \frac{(p_{i+1} - p_i)}{r_{i+1} - r_i} \tag{4.99}$$

如此一来就简化为：

$$r_{i+\frac{1}{2}}^L = \frac{r_{i+1} - r_i}{\ln\left(\frac{r_{i+1}}{r_i}\right)} \tag{4.82a}$$

根据方程 (4.82a)、方程 (4.83a)、方程 (4.84a)、方程 (4.85a)、方程 (4.88a) 和方程 (4.88c) 可以用 r_i 和 $\alpha_{\lg}$ 表示为：

$$r_{i+\frac{1}{2}}^L = \{(\alpha_{\lg} - 1)/[\ln(\alpha_{\lg})]\}r_i \tag{4.82b}$$

其中，$i = 1, 2, 3, \cdots, n_r - 1$。

$$r_{i-\frac{1}{2}}^L = \{(\alpha_{\lg} - 1)/[\alpha_{\lg}\ln(\alpha_{\lg})]\}r_i = (1/\alpha_{\lg})r_{i+\frac{1}{2}}^L \tag{4.83b}$$

其中，$i = 2, 3, \cdots, n_r$。

$$r_{i+\frac{1}{2}}^{2} = \left\{ (\alpha_{lg}^{2} - 1) / \left[\ln(\alpha_{lg}^{2}) \right] \right\} r_{i}^{2} \tag{4.84b}$$

其中，$i = 1, 2, 3, \cdots, n_{r} - 1$。

$$r_{i-\frac{1}{2}}^{2} = \left\{ (\alpha_{lg}^{2} - 1) / \left[\alpha_{lg}^{2} \ln(\alpha_{lg}^{2}) \right] \right\} r_{i}^{2} = (1 / \alpha_{lg}^{2}) r_{i+\frac{1}{2}}^{2} \tag{4.85b}$$

其中，$i = 2, 3, \cdots, n_{r}$。

$$V_{b_{i,j,k}} = \left\{ (\alpha_{lg}^{2} - 1)^{2} / \left[\alpha_{lg}^{2} \ln(\alpha_{lg}^{2}) \right] \right\} r_{i}^{2} (\frac{1}{2} \Delta\theta_{j}) \Delta z_{i,j,k} \tag{4.88b}$$

其中，$i = 1, 2, 3, \cdots, n_{r} - 1$；以及

$$V_{b_{n_{r},j,k}} = \left\{ 1 - \left[\ln(\alpha_{lg}) / (\alpha_{lg} - 1) \right]^{2} (\alpha_{lg}^{2} - 1) / \left[\alpha_{lg}^{2} \ln(\alpha_{lg}^{2}) \right] \right\}$$

$$r_{e}^{2} (\frac{1}{2} \Delta\theta_{j}) \Delta z_{n_{r},j,k} \tag{4.88d}$$

其中，$i = n_{r}$。

例 4.10　证明方程（4.82b）、方程（4.83b）、方程（4.84b）、方程（4.85b）和方程（4.88b）分别等价于方程（4.82a）、方程（4.83a）、方程（4.84a）、方程（4.85a）和方程（4.88a）。此外，用 α_{lg} 表示表 4.2 中出现的对数项和网格块体积的参数。

求解方法

利用方程（4.81），可以得到：

$$r_{i+1} - r_{i} = \alpha_{lg} r_{i} - r_{i} = (\alpha_{lg} - 1) r_{i} \tag{4.100}$$

以及

$$r_{i+1} / r_{i} = \alpha_{lg} \tag{4.101}$$

将方程（4.100）和方程（4.101）代入方程（4.82 a）可以得到：

$$r_{i+\frac{1}{2}}^{L} = \frac{r_{i+1} - r_{i}}{\ln(r_{i+1}/r_{i})} = \frac{(\alpha_{lg} - 1) r_{i}}{\ln (\alpha_{lg})_{i}} = \left\{ (\alpha_{lg} - 1) / \ln(\alpha_{lg}) \right\} r_{i} \tag{4.102}$$

方程（4.102）可以重新改写为：

$$r_{i+\frac{1}{2}}^{L} / r_{i} = (\alpha_{lg} - 1) / \ln(\alpha_{lg}) \tag{4.103}$$

方程（4.103）两边同取对数可得：

$$\ln(r_{i+\frac{1}{2}}^{L} / r_{i}) = \ln\left[(\alpha_{lg} - 1) / \ln(\alpha_{lg}) \right] \tag{4.104}$$

通过消除方程（4.101）和方程（4.102）的 r_{i}，可以得出：

$$r_{i+\frac{1}{2}}^{L} = \frac{1}{\ln(\alpha_{lg})} (\alpha_{lg} - 1) (r_{i+1} / \alpha_{lg}) = \left\{ (\alpha_{lg} - 1) / \left[\alpha_{lg} \ln(\alpha_{lg}) \right] \right\} r_{i+1} \tag{4.105}$$

方程（4.105）可以重新改写为：

$$r_{i+1}/r_{i+\frac{1}{2}}^L = [\alpha_{lg}\ln(\alpha_{lg})]/(\alpha_{lg} - 1) \tag{4.106}$$

利用方程 (4.81)，并用 $i-1$ 替换下标 i，可以得到：

$$r_i = \alpha_{lg}r_{i-1} \tag{4.108}$$

以及

$$r_i/r_{i-1} = \alpha_{lg} \tag{4.109}$$

将方程 (4.108) 和方程 (4.109) 代入方程 (4.83a) 可以得到：

$$r_{i-\frac{1}{2}}^L = \frac{r_i - r_{i-1}}{\ln(r_i/r_{i-1})} = \frac{r_i - r_i/\alpha_{lg}}{\ln(\alpha_{lg})} = \{(\alpha_{lg} - 1)/[\alpha_{lg}\ln(\alpha_{lg})]\}r_i \tag{4.110}$$

方程 (4.110) 可以重新改写为：

$$r_i/r_{i-\frac{1}{2}}^L = [\alpha_{lg}\ln(\alpha_{lg})]/(\alpha_{lg} - 1) \tag{4.111}$$

方程 (4.111) 两边同取对数可得：

$$\ln(r_i/r_{i-\frac{1}{2}}^L) = \ln\{[\alpha_{lg}\ln(\alpha_{lg})]/(\alpha_{lg} - 1)\} \tag{4.112}$$

通过消除方程 (4.108) 和方程 (4.110) 的 r_i，可以得出：

$$r_{i-\frac{1}{2}}^L = \frac{1}{\ln(\alpha_{lg})}[(\alpha_{lg} - 1)/\alpha_{lg}](\alpha_{lg}r_{i-1}) = [(\alpha_{lg} - 1)/\ln(\alpha_{lg})]r_{i-1} \tag{4.113}$$

方程 (4.113) 可以重新改写为：

$$r_{i-\frac{1}{2}}^L/r_{i-1} = (\alpha_{lg} - 1)/\ln(\alpha_{lg}) \tag{4.114}$$

方程 (4.114) 两边同取对数可得：

$$\ln(r_{i-\frac{1}{2}}^L/r_{i-1}) = \ln[(\alpha_{lg} - 1)/\ln(\alpha_{lg})] \tag{4.115}$$

结合方程 (4.102) 和方程 (4.110) 可以得到：

$$r_{i+\frac{1}{2}}^L/r_{i-\frac{1}{2}}^L = \frac{\{(\alpha_{lg} - 1)/\ln(\alpha_{lg})\}r_i}{\{(\alpha_{lg} - 1)/[\alpha_{lg}\ln(\alpha_{lg})]\}r_i} = \alpha_{lg} \tag{4.116}$$

方程 (4.116) 两边同取对数可得：

$$\ln(r_{i+\frac{1}{2}}^L/r_{i-\frac{1}{2}}^L) = \ln(\alpha_{lg}) \tag{4.117}$$

将方程 (4.81) 和方程 (4.101) 代入方程 (4.84a) 可以得到：

$$r_{i+\frac{1}{2}}^2 = \frac{r_{i+1}^2 - r_i^2}{\ln(r_{i+1}^2/r_i^2)} = \frac{(\alpha_{lg}^2 - 1)r_i^2}{\ln(\alpha_{lg}^2)} = [(\alpha_{lg}^2 - 1)/\ln(\alpha_{lg}^2)]r_i^2 \tag{4.118}$$

将方程 (4.108) 和方程 (4.109) 代入方程 (4.85a) 可以得到：

$$r_{i-\frac{1}{2}}^2 = \frac{r_i^2 - r_{i-1}^2}{\ln(r_i^2/r_{i-1}^2)} = \frac{(1 - 1/\alpha_{lg}^2)r_i^2}{\ln(\alpha_{lg}^2)} = \{(\alpha_{lg}^2 - 1)/[\alpha_{lg}^2\ln(\alpha_{lg}^2)]\}r_i^2 \tag{4.119}$$

方程（4.118）减去方程（4.119）得到：

$$r_{i+\frac{1}{2}}^2 - r_{i-\frac{1}{2}}^2 = \frac{(\alpha_{\lg}^2 - 1)}{\ln(\alpha_{\lg}^2)} r_i^2 - \frac{\left[(\alpha_{\lg}^2 - 1)/\alpha_{\lg}^2\right]}{\ln(\alpha_{\lg}^2)} r_i^2$$

$$= \frac{(\alpha_{\lg}^2 - 1)(1 - 1/\alpha_{\lg}^2)}{\ln(\alpha_{\lg}^2)} r_i^2 = \left\{(\alpha_{\lg}^2 - 1)^2/\left[\alpha_{\lg}^2\ln(\alpha_{\lg}^2)\right]\right\} r_i^2 \qquad (4.120)$$

结合方程（4.102）和方程（4.110）可以得到：

$$V_{b_{i,j,k}} = \left\{(\alpha_{\lg}^2 - 1)^2/\left[\alpha_{\lg}^2\ln(\alpha_{\lg}^2)\right]\right\} r_i^2 \left(\frac{1}{2}\Delta\theta_j\right)\Delta z_{i,j,k} \qquad (4.121)$$

除了 r 方向上位于油藏外边界的网格块，其余网格块的体积都可以利用方程（4.121）来计算。对于 $i = n_r$ 的网格块，可以利用方程（4.88d）计算，证明过程作为习题（习题 4.13）。

例 4.10 证明 $r_i/r_{i-\frac{1}{2}}^L$、$r_{i-\frac{1}{2}}^L/r_{i-1}$、$r_{i+\frac{1}{2}}^L/r_i$、$r_{i+1}/r_{i+\frac{1}{2}}^L$、$r_{i+\frac{1}{2}}^L/r_{i-\frac{1}{2}}^L$ 的商仅为对数间距常数 $\alpha_{\lg}$ 的函数，表达式如下所示：

$$r_i/r_{i-\frac{1}{2}}^L = \left[\alpha_{\lg}\ln(\alpha_{\lg})\right]/(\alpha_{\lg} - 1) \qquad (4.111)$$

$$r_{i-\frac{1}{2}}^L/r_{i-1} = (\alpha_{\lg} - 1)/\ln(\alpha_{\lg}) \qquad (4.114)$$

$$r_{i+\frac{1}{2}}^L/r_i = (\alpha_{\lg} - 1)/\ln(\alpha_{\lg}) \qquad (4.103)$$

$$r_{i+1}/r_{i+\frac{1}{2}}^L = \left[\alpha_{\lg}\ln(\alpha_{\lg})\right]/(\alpha_{\lg} - 1) \qquad (4.106)$$

$$r_{i+\frac{1}{2}}^L/r_{i-\frac{1}{2}}^L = \alpha_{\lg} \qquad (4.116)$$

求解方法

通过将以上五个方程式代入表 4.2 中的方程式，可以得出 $\left(\frac{1}{2}\theta_j\right)\left(r_{i+\frac{1}{2}}^2 - r_{i-\frac{1}{2}}^2\right) = V_{i,j,k}/\Delta z_{i,j,k}$，利用方程（4.88a）可以得出表 4.3。

表 4.3 圆柱网格中的几何因子

方向	几何因子
r	$G_{r_{i-\frac{1}{2},j,k}} = \dfrac{\beta_{\rm c}\Delta\theta_j}{\{\ln\left[\alpha_{\lg}\ln(\alpha_{\lg})/(\alpha_{\lg} - 1)\right]/(\Delta z_{i,j,k}K_{r_{i,j,k}}) + \ln\left[(\alpha_{\lg} - 1)/\ln(\alpha_{\lg})\right]/(\Delta z_{i-1,j,k}K_{r_{i-1,j,k}})\}}$
	$G_{r_{i+\frac{1}{2},j,k}} = \dfrac{\beta_{\rm c}\Delta\theta_j}{\{\ln\left[(\alpha_{\lg} - 1)/\ln(\alpha_{\lg})\right]/(\Delta z_{i,j,k}K_{r_{i,j,k}}) + \ln\left[\alpha_{\lg}\ln(\alpha_{\lg})/(\alpha_{\lg} - 1)\right]/(\Delta z_{i+1,j,k}K_{r_{i+1,j,k}})\}}$

方向	几何因子
θ	$G_{\theta_{i,j\mp\frac{1}{2},k}} = \dfrac{2\beta_c \ln(\alpha_{lg})}{\Delta\theta_{j'}/(\Delta u_{i,j,k}K_{\theta_{i,j,k}}) + \Lambda\theta_{j\mp1}/(\Delta z_{i,j\mp1,k}K_{\theta_{i,j\mp1,k}})}$
z	$G_{z_{i,j,k\mp\frac{1}{2}}} = \dfrac{2\beta_c(V_{b_{i,j,k}}/\Delta z_{i,j,k})}{\Delta z_{i,j,k}/K_{z_{i,j,k}} + \Delta z_{i,j,k\mp1}/K_{z_{i,j,k\mp1}}}$

现在，利用以下算法可以简化几何因子和孔隙体积的计算。

（1）定义。

$$\alpha_{lg} = \left(\frac{r_e}{r_w}\right)^{1/n_r} \tag{4.86}$$

（2）假设。

$$r_1 = [\alpha_{lg}\ln(\alpha_{lg})/(\alpha_{lg}-1)]r_w \tag{4.87}$$

（3）合并。

$$r_i = \alpha_{lg}^{i-1}r_1 \tag{4.122}$$

其中，$i = 1,2,3,\cdots,n_r$。

（4）对于 $j = 1,2,3,\cdots,n_\theta$ 以及 $k = 1,2,3,\cdots,n_z$ 集合：

$$V_{b_{i,j,k}} = \{(\alpha_{lg}^2-1)^2/[\alpha_{lg}^2\ln(\alpha_{lg}^2)]\}r_i^2(\frac{1}{2}\Delta\theta_j)\Delta z_{i,j,k} \tag{4.88b}$$

其中 $i = 1,2,3,\cdots,n_r-1$。

$$V_{b_{n_r,j,k}} = \{1-[\ln(\alpha_{lg})/(\alpha_{lg}-1)]^2(\alpha_{lg}^2-1)/[\alpha_{lg}^2\ln(\alpha_{lg}^2)]\}$$

$$r_c^2(\frac{1}{2}\Delta\theta_j)\Delta z_{n_r,j,k} \tag{4.88d}$$

其中 $i = n_r$。

（5）使用表 4.3 中的方程式估算几何因子。需要注意的是，在 $G_{r_{\frac{1}{2},j,k}}$、$G_{r_{n_r+\frac{1}{2},j,k}}$、$G_{z_{i,j,\frac{1}{2}}}$、$G_{z_{i,j,n_z+\frac{1}{2}}}$ 的计算过程中，应舍弃位于油藏以外网格块的属性项。

例 4.11 和例 4.12 表明，可以用生成表 4.3 的先前文献中的传统方程式［方程（4.81）］、方程（4.82a）、方程（4.83a）、方程（4.84a）、方程（4.85a）、方程（4.86）、方程（4.87）、方程（4.88a）和方程（4.88c）］或者本书中的方程式［方程（4.81）、方程（4.82b）、方程（4.83b）、方程（4.84b）、方程（4.85b）、方程（4.86）、方程（4.87）、方程（4.88b）和方程（4.88d）］来实现油藏的径向离散化。但是，由于仅使用 r_i 和 α_{lg}，本书中的方程式更加通俗易懂并且不容易混淆。

例 4.13 为如何利用方程（4.2a）和 $q_{sc_{b,bB}}^m$ 的适当表达式以及表 4.3，来得出二维单井模拟问题中边界网格块和内部网格块的流动方程。

例 4.11 考虑 40acre 间距的单井模拟。井眼直径为 0.5ft。油藏厚度为 100ft。可以使用在径向上离散为五个网格块的单层来模拟油藏。

（1）找到 r 方向上的网格块间距。

（2）找出 r 方向上的网格块边界，以便用于计算传导率。

（3）计算表 4.2 中 ln 项的参数。

（4）找到 r 方向上用于体积计算的网格块边界，并计算体积。

求解方法

（1）可以根据井距估算油藏的外半径 $r_e = \sqrt{43560 \times 40/\pi} = 744.73\text{ft}$，井径为 $r_w = 0.25\text{ft}$。

首先，使用方程（4.86）估算 α_{lg}：

$$\alpha_{lg} = \left(\frac{r_e}{r_w}\right)^{1/n_r} = \left(\frac{744.73}{0.25}\right)^{\frac{1}{5}} = 4.9524$$

然后，根据方程（4.87），假设 $r_1 = \left[\,(4.9524)\ \ln\,(4.9524)\ /\ (4.9524-1)\right]\,(0.25) = 0.5012\text{ft}$。最后，用方程（4.122）计算 r 方向上网格的位置，$r_i = \alpha_{lg}^{i-1} r_1$。例如，对于 $i=2$，$r_2 = (4.9524)^{2-1} \times 0.5012 = 2.4819\text{ft}$。表 4.4 显示了沿 r 方向的其他网格块的位置。

（2）利用方程（4.82a）和方程（4.83a）估算块边界（$r_{i-\frac{1}{2}}^l , r_{i+\frac{1}{2}}^l$）的传导率。

对于 $i=2$：

$$r_{2+\frac{1}{2}}^L = \frac{r_3 - r_2}{\ln(r_3/r_2)} = \frac{12.2914 - 2.4819}{\ln(12.2914/2.4819)} = 6.1315\text{ft} \tag{4.123}$$

以及

$$r_{2-\frac{1}{2}}^L = \frac{r_2 - r_1}{\ln(r_2/r_1)} = \frac{2.4819 - 0.5012}{\ln(2.4819/0.5012)} = 1.2381\text{ft} \tag{4.124}$$

表 4.4 为其他网格块传导率计算的边界。

（3）表 4.4 为 $r_i/r_{i-\frac{1}{2}}^L$、$r_{i-\frac{1}{2}}^L/r_{i-1}$、$r_{i+\frac{1}{2}}^L/r_i$、$r_{i+1}/r_{i+\frac{1}{2}}^L$、$r_{i+\frac{1}{2}}^L/r_{i-\frac{1}{2}}^L$ 的计算值，其中的 ln 项的论证见表 4.2。

（4）用方程（4.84a）和方程（4.85a）计算网格块边界（$r_{i-\frac{1}{2}} , r_{i+\frac{1}{2}}$）的体积。

表 4.4　例 4.11 表 4.2 中 r_i、$r_{i\mp\frac{1}{2}}^L$ 和 ln 项参数

i	r_i	$r_{i-\frac{1}{2}}^L$	$r_{i\mp\frac{1}{2}}^L$	$r_i/r_{i-\frac{1}{2}}^L$	$r_{i+1}/r_{i+\frac{1}{2}}^L$	$r_{i-\frac{1}{2}}^L/r_{i-1}$	$r_{i+\frac{1}{2}}^L/r_i$	$r_{i+\frac{1}{2}}^L / r_{i-\frac{1}{2}}^L$
1	0.5012	0.2500①	1.2381	2.005	2.005	2.47	2.47	4.9528
2	2.4819	1.2381	6.1315	2.005	2.005	2.47	2.47	4.9524
3	12.2914	6.1315	30.3651	2.005	2.005	2.47	2.47	4.9524
4	60.8715	30.3651	150.3790	2.005	2.005	2.47	2.47	4.9524
5	301.457	150.379	744.7300②	2.005	2.005	2.47	2.47	—

注：① $r_{1-\frac{1}{2}}^L = r_w = 0.25$；

　　② $r_{5+\frac{1}{2}}^L = r_e = 744.73$。

对于 $i = 2$ 的情况：

$$r_{2+\frac{1}{2}}^2 = \frac{r_3^2 - r_2^2}{\ln(r_3^2/r_2^2)} = \frac{(12.2914)^2 - (2.4819)^2}{\ln\left[(12.2914)^2/(2.4819)^2\right]} = 45.2906 \, \text{ft}^2 \qquad (4.125)$$

以及

$$r_{2-\frac{1}{2}}^2 = \frac{r_2^2 - r_1^2}{\ln(r_2^2/r_1^2)} = \frac{(2.4819)^2 - (0.5012)^2}{\ln\left[(2.4819)^2/(0.5012)^2\right]} = 1.8467 \, \text{ft}^2 \qquad (4.126)$$

因此，用于体积计算的网格块边界为：

$$r_{2+\frac{1}{2}} = \sqrt{45.2906} = 6.7298 \text{ft}$$

以及

$$r_{2-\frac{1}{2}} = \sqrt{1.8467} = 1.3589 \text{ft}$$

可以使用方程（4.88a）和方程（4.88c）计算网格块的体积。

对于 $i = 2$ 的情况：

$$V_{b_2} = (r_{2+\frac{1}{2}}^2 - r_{2-\frac{1}{2}}^2)\left(\frac{1}{2}\Delta\theta\right)\Delta z_2 = \left[(6.7299)^2 - (1.3589)^2\right]\left(\frac{1}{2} \times 2\pi\right) \times 100$$

$$= 13648.47 \text{ft}^3 \qquad (4.127)$$

对于 $i = 5$ 的情况：

$$V_{b_5} = (r_e^2 - r_{5-\frac{1}{2}}^2)\left(\frac{1}{2}\Delta\theta\right)\Delta z_5 = \left[(744.73)^2 - (165.056)^2\right]\left(\frac{1}{2} \times 2\pi\right) \times 100$$

$$= 165.68114 \times 10^6 \text{ft}^3 \qquad (4.128)$$

表4.5为其他网格块的边界和体积。

表4.5 例4.11中网格块的边界和体积

i	r_i	$r_{i-\frac{1}{2}}$	$r_{i+\frac{1}{2}}$	V_{b_i}
1	0.5012	0.2744	1.3589	556.49
2	2.4819	1.3589	6.7299	13648.47
3	12.2914	6.7299	33.3287	334739.90
4	60.8715	33.3287	165.0560	8209770.00
5	301.4573	165.0560	744.7300[①]	165681140.00

注：① $r_{5+\frac{1}{2}} = r_e = 744.73$。

例4.12利用方程（4.82b）、方程（4.83b）、方程（4.84b）、方程（4.85b）和方程（4.88d）对例4.11的问题再次求解，该求解过程中用到了 r_i 和 $\alpha_{\lg}$。

求解方法

（1）对于例4.11，$r_e = 744.73 \text{ft}$、$r_w = 0.25 \text{ft}$、$r_1 = 0.5012 \text{ft}$ 和 $\alpha_{\lg} = 4.9524$。此外，表4.4

列出了利用方程（4.122）计算的代表网格块（r_i）的点的半径。

（2）方程（4.82b）和方程（4.83b）可以用于网格边界传导率（$r_{i-\frac{1}{2}}^L,r_{i+\frac{1}{2}}^L$）的计算，即：

$$r_{i+\frac{1}{2}}^L = \{(\alpha_{lg} - 1)/\{\ln(\alpha_{lg})\}\}r_i = \{(4.9524 - 1)/[\ln(4.9524)]\}r_i = 2.47045r_i$$

$$\text{(4.129)}$$

以及

$$r_{i-\frac{1}{2}}^L = \{(\alpha_{lg} - 1)/[\alpha_{lg}\ln(\alpha_{lg})]\}r_i = \{(4.9524 - 1)/[4.9524\ln(4.9524)]\}r_i = 0.49884r_i$$

$$\text{(4.130)}$$

将 r_i 的值代入方程（4.129）和方程（4.130）可以得出表4.4中的结果。

（3）$r_i/r_{i-\frac{1}{2}}^L,r_{i+1}/r_{i+\frac{1}{2}}^L,r_{i-\frac{1}{2}}^L/r_{i-1},r_{i+\frac{1}{2}}^L/r_i,r_{i+\frac{1}{2}}^L/r_{i-\frac{1}{2}}^L$ 的比值为 α_{lg} 的函数，可由方程（4.111）、方程（4.106）、方程（4.114）、方程（4.103）和方程（4.116）推导得出。将 $\alpha_{lg} = 4.9524$ 代入上述各式可以得到：

$$r_i/r_{i-\frac{1}{2}}^L = [\alpha_{lg}\ln(\alpha_{lg})]/(\alpha_{lg} - 1) = [4.9524\ln(4.9524)]/(4.9524 - 1) = 2.005$$

$$\text{(4.131)}$$

$$r_{i+1}/r_{i+\frac{1}{2}}^L = [\alpha_{lg}\ln(\alpha_{lg})]/(\alpha_{lg} - 1) = 2.005 \tag{4.132}$$

$$r_{i-\frac{1}{2}}^L/r_{i-1} = (\alpha_{lg} - 1)/\ln(\alpha_{lg}) = (4.9524 - 1)/\ln(4.9524) = 2.470 \tag{4.133}$$

$$r_{i+\frac{1}{2}}^L/r_i = (\alpha_{lg} - 1)/\ln(\alpha_{lg}) = 2.470 \tag{4.134}$$

$$r_{i+\frac{1}{2}}^L/r_{i-\frac{1}{2}}^L = \alpha_{lg} = 4.9524 \tag{4.135}$$

需要注意的是，上述比值与表4.4中结果一致。

（4）方程（4.84b）和方程（4.85b）可以用于网格块体积（$r_{i-\frac{1}{2}}^L,r_{i+\frac{1}{2}}^L$）的计算，即：

$$r_{i+\frac{1}{2}}^2 = \{(\alpha_{lg}^2 - 1)/[\ln(\alpha_{lg}^2)]\}r_i^2 = \{((4.9524)^2 - 1)/[\ln((4.9524)^2)]\}r_i^2 = (7.3525)r_i^2$$

$$\text{(4.136)}$$

以及

$$r_{i-\frac{1}{2}}^2 = \{(\alpha_{lg}^2 - 1)/[\alpha_{lg}^2\ln(\alpha_{lg}^2)]\}r_i^2 = \{7.3525/(4.9524)^2\}r_i^2 = (0.29978)r_i^2 \tag{4.137}$$

可以使用式（4.88b）和式（4.88d）计算与每个网格块相关联的体积。

对于 $i = 1,2,3,4$ 的情况：

$$V_{b_i} = \{(\alpha_{lg}^2 - 1)^2/[\alpha_{lg}^2\ln(\alpha_{lg}^2)]\}r_i^2[\frac{1}{2}(2\pi)]\Delta z$$

$$= \{[(4.9524)^2 - 1]^2/[(4.9524)^2\ln(4.9524)^2]\}r_i^2[\frac{1}{2}(2\pi)] \times 100$$

$$= 2215.7 r_i^2 \tag{4.140}$$

对于 $i = 5$ 的情况：

$$V_{b_5} = \{1 - [\ln(4.9524)/(4.9524 - 1)]^2 \times [(4.9524)^2 - 1]/$$

$$[(4.9524)^2 \times \ln((4.9524)^2)]\} \times (744.73)^2 (\frac{1}{2} \times 2\pi) \times 100$$

$$= 165.681284 \times 10^6 \text{ft}^3 \tag{4.141}$$

需要注意的是，由于各个计算阶段的近似值会产生舍入误差，因此估算的体积与表 4.5 中数值略有不同。

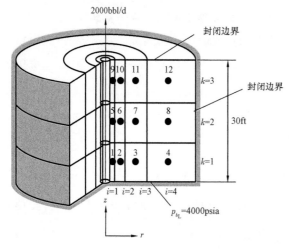

图 4.14　例 4.13 中的离散化二维径向圆柱形油藏

例 4.13　直径为 0.5ft 的水井以 20 英亩间距排列。油藏厚度、水平渗透率和孔隙度分别 30ft、150mD 和 0.23。根据岩心数据，估算该油藏 K_V/K_H 的值为 0.3，流体的密度、地层体积系数和黏度分别为 62.4lb/ft³、1bbl/bbl 和 0.5mPa·s。径向上油藏边界为封闭边界，仅在顶部 20ft 处有产量为 2000bbl/d 的一口井。油藏底部易发生涌入，因此边界压力保持在 4000psia，油藏顶部不渗透。如图 4.14 所示，假设可以使用垂直方向上 3 个相等网格块和径向上 4 个网格块来模拟油藏，编写网格块 1、3、5、7 和 11 的流动方程。

求解方法

如图 4.14 所示，为了编写流动方程，除了使用工程符号沿径向（$i = 1, 2, 3, 4$）和垂直方向（$k = 1、2、3$）进行区别外，首先使用自然顺序（$n = 1, 2, 3, \cdots, 10, 11, 12$）对网格块进行排序。然后，估算油藏岩石和流体性质数据，确定径向上代表网格块的点的位置，并计算垂直方向上的网格块大小和高程。接下来，计算了 r 和 z 方向上的体积和传导率，并估算网格块的井流速和储层边界条件对虚拟流速的影响。

油藏岩石和流体性质重述如下，$h = 30\text{ft}$、$\phi = 0.23$、$K_r = K_H = 150\text{mD}$、$K_z = K_H = 150 \times 0.30 = 45\text{mD}$、$B = 1\text{bbl/bbl}$、$\mu = 0.5\text{mPa·s}$、$\gamma = \gamma_c \rho g = 0.21584 \times 10^{-3} \times 62.4 \times 32.174 = 0.4333\text{psi/ft}$，$r_w = 0.25\text{ft}$。并且，根据井距估算油藏外半径 $r_e = (20 \times 43560/\pi)^{\frac{1}{2}} = 526.60\text{ft}$。油藏东部（外部）和上部（顶部）边界为封闭边界，下部（底部）边界为 $p_{b_L} = 4000\text{psia}$，为了反映生产井的影响，油藏西部（内部）边界为 $q_{spsc} = 2000\text{bbl/d}$（即，该井被视为边界条件）。

对于图 4.14 所示的块中心网格，$n_r = 4$，$n_z = 3$，并且对于 $k = 1, 2, 3$，$\Delta z_k = h/n_z = 30/3 = 10\text{ft}$；因此，对于 $n = 1, 2, 3, 4, 5, 6, 7, 8, 9, 10, 11, 12$，$\Delta z_n = 10\text{ft}$，并且对

于 $k=1$，2，$\Delta z_{k+\frac{1}{2}}=10\text{ft}$。假设油藏顶部作为高程基准面，对于 $n=9$，10，11，12，$Z_n=5\text{ft}$；$n=5$，6，7，8，$Z_n=15\text{ft}$；对于 $n=1$，2，3，4，$Z_n=25\text{ft}$；并且 $Z_{b_L}=30\text{ft}$。

使用式（4.86）、式（4.87）和式（4.122）可计算出网格块在径向上的位置，即：

$$\alpha_{\lg} = (526.60/0.25)^{\frac{1}{4}} = 6.7746$$

$$r_1 = \left[(6.7746)\ln(6.7746)/(6.7746-1)\right] \times 0.25 = 0.56112\text{ft}$$

以及

$$r_i = (6.7746)^{(i-1)}(0.56112)$$

其中 $i=2$、3、4 时 $r_2=3.8014\text{ft}$，$r_3=25.753\text{ft}$，$r_4=174.46\text{ft}$。

用式（4.88b）计算 $i=1$，2，3 的网格块的体积：

$$V_{b_{i,k}} = \left\{(\alpha_{\lg}^2-1)^2/\left[\alpha_{\lg}^2\ln(\alpha_{\lg}^2)\right]\right\}r_i^2\left(\frac{1}{2}\Delta\theta\right)\Delta z_{i,k}$$

$$= \left\{\left[(6.7746)^2-1\right]^2/\left[(6.7746)^2\ln((6.7746)^2)\right]\right\}r_i^2\left(\frac{1}{2}\times 2\pi\right)\Delta z_k$$

$$= (36.0576)r_i^2\Delta z_k$$

用式（4.88d）计算 $i=n_r=4$ 的网格块的体积：

$$V_{b_{n_r,k}} = \left\{1-\left[\ln(\alpha_{\lg})/(\alpha_{\lg}-1)\right]^2(\alpha_{\lg}^2-1)/\left[\alpha_{\lg}^2\ln(\alpha_{\lg}^2)\right]\right\}r_e^2\left(\frac{1}{2}\Delta\theta_j\right)\Delta z_{n_r,k}$$

$$= \left\{1-\left[\ln(6.7746)/(6.7746-1)\right]^2\left[(6.7746)^2-1\right]/\right.$$

$$\left.\left[(6.7746)^2\ln((6.7746)^2)\right]\right\} \times (526.60)^2\left(\frac{1}{2}\times 2\pi\right)\Delta z_k$$

$$= (0.846740\times 10^6)\Delta z_k$$

式（4.79c）定义了垂直方向上的传导率，可以得出：

$$T_{z_{i,k\mp\frac{1}{2}}} = G_{z_{i,k\mp\frac{1}{2}}}\left(\frac{1}{\mu B}\right) = G_{z_{i,k\mp\frac{1}{2}}}\left(\frac{1}{0.5\times 1}\right) = (2)G_{z_{i,k\mp\frac{1}{2}}} \tag{4.142}$$

其中 $G_{z_{i,j\mp\frac{1}{2}}}$ 见表4.3中的定义：

$$G_{z_{i,k\mp\frac{1}{2}}} = \frac{2\beta_c(V_{b_{i,k}}/\Delta z_k)}{\Delta z_k/k_{z_{i,k}} + \Delta z_{k\mp 1}/k_{z_{i,k\mp 1}}} \tag{4.143}$$

对于这个问题，网格块间距、厚度和垂直方向渗透率是常数。因此，方程（4.143）简化为：

$$G_{z_{i,k\mp\frac{1}{2}}} = \frac{\beta_c k_z(V_{b_{i,k}}/\Delta z_k)}{\Delta z_k}$$

或者在替换成值后变为：

$$G_{z_{i,k\mp\frac{1}{2}}} = \frac{(1.127 \times 10^{-3})(45)(36.0576 \times r_i^2)}{10} = (0.182866)r_i^2 \qquad (4.144a)$$

其中 $i = 1$、2、3 并且 $k = 1$、2、3。

$$G_{z_{i,k\mp\frac{1}{2}}} = \frac{(1.127 \times 10^{-3})(45)(0.846740 \times 10^6)}{10} = 4294.242 \qquad (4.144b)$$

其中 $i = 4$ 并且 $k = 1$、2、3。

将式（4.144）代入式（4.142）得到：

$$T_{z_{i,k\mp\frac{1}{2}}} = 2(0.182866)r_i^2 = (0.365732)r_i^2 \qquad (4.145a)$$

其中 $i = 1$、2、3 并且 $k = 1$、2、3，以及

$$T_{z_{i,k\mp\frac{1}{2}}} = 2(4294.242) = 8588.484 \qquad (4.145b)$$

其中 $i = 4$ 并且 $k = 1$、2、3。

式（4.79a）定义了 r 方向的传导率，即：

$$T_{r_{i\mp\frac{1}{2},k}} = G_{r_{i\mp\frac{1}{2},k}}\left(\frac{1}{\mu B}\right) = G_{r_{i\mp\frac{1}{2},k}}\left(\frac{1}{0.5 \times 1}\right) = (2)G_{r_{i\mp\frac{1}{2},k}} \qquad (4.146)$$

其中 $G_{z_{i,j\mp\frac{1}{2}}}$ 见表4.3中的定义，在 $\Delta\theta = 2\pi$ 和径向渗透率不变的情况下，几何因子的方程简化为：

$$G_{r_{i\mp\frac{1}{2},k}} = \frac{2\pi\beta_c K_r \Delta z_k}{\ln\{[\alpha_{lg}\ln(\alpha_{lg})/(\alpha_{lg}-1)] \times [(\alpha_{lg}-1)/\ln(\alpha_{lg})]\}}$$

$$= \frac{2\pi\beta_c K_r \Delta z_k}{\ln(\alpha_{lg})} = \frac{2\pi(0.001127)(150)\Delta z_k}{\ln(6.7746)} = (0.5551868)\Delta z_k \qquad (4.147)$$

因此，可以通过将式（4.147）代入式（4.146）来估计径向的传导率：

$$T_{r_{i\mp\frac{1}{2},k}} = (2)G_{r_{i\mp\frac{1}{2},k}} = (2)(0.5551868)\Delta z_k = (1.1103736)\Delta z_k \qquad (4.148)$$

表4.6列出了径向和垂直方向的传导率以及体积的估算值。在编写流量方程之前，必须使用式（4.28）将油井产量（油藏西边界的规定产量）按比例分配给网格块5和9：

$$q^m_{sc_{b,bB}} = \frac{T^m_{b,bB}}{\sum\limits_{l \in \psi_b} T^m_{b,l}} q_{spsc} \qquad (4.28)$$

其中 $T^m_{b,bB}$ 为油藏边界 b 和网格 bB 之间的径向传导率，并位于储层内边界和 $\psi_r = \psi_w = \{5, 9\}$。需要注意的是，网格块1具有封闭边界，因为未被井穿透，即 $q^m_{sc_{b_W,1}} = 0$。

将表4.3中针对 $i = 1$、$j = 1$、$k = 2$、3（即 $n = 5$、9）的情况，应用 $G_{z_{i,j-\frac{1}{2}}}$ 的方程可以得到：

$$G_{r_{i-\frac{1}{2}},1,k} = \frac{2\pi\beta_c K_r \Delta z_k}{\ln\left\{\left[\alpha_{lg}\ln(\alpha_{lg})/(\alpha_{lg}-1)\right]\right\}}$$

$$= \frac{2\pi(0.001127)(150)\times\Delta z_k}{\ln\left[6.7746\times\ln 6.7746/(6.7746-1)\right]} = 1.3138\times\Delta z_k$$

$$T_{b_W,5}^m = \frac{G_{r_{\frac{1}{2}},1,2}}{\mu B} = \frac{1.3138\times 10}{0.5\times 1} = 26.276 \text{bbl/}(\text{d}\cdot\text{psi})$$

以及

$$T_{b_W,9}^m = \frac{G_{r_{\frac{1}{2}},1,3}}{\mu B} = \frac{1.3138\times 10}{0.5\times 1} = 26.276 \text{bbl/}(\text{d}\cdot\text{psi})$$

表 4.6　例 4.13 中网格块的位置、总体积以及径向和垂向传导率

n	i	k	r_i (ft)	Δz_n (ft)	Z_n (ft)	V_{b_n} (ft^3)	$T_{r_{i\pm\frac{1}{2}},k}$ [bbl/(d·psi)]	$T_{z_{i,k\pm\frac{1}{2}}}$ [bbl/(d·psi)]
1	1	1	0.56112	10	25	113.5318	11.10374	0.115155
2	2	1	3.80140	10	25	5210.5830	11.10374	5.285098
3	3	1	25.75300	10	25	239123.0000	11.10374	242.542600
4	4	1	174.46000	10	25	8467440.0000	11.10374	8588.532000
5	1	2	0.56112	10	15	113.5318	11.10374	0.115155
6	2	2	3.80140	10	15	5210.5830	11.10374	5.285098
7	3	2	25.75300	10	15	239123.0000	11.10374	242.542600
8	4	2	174.46000	10	15	8467440.0000	11.10374	8588.532000
9	1	3	0.56112	10	5	113.5318	11.10374	0.115155
10	2	3	3.80140	10	5	5210.5830	11.10374	5.285098
11	3	3	25.75300	10	5	239123.0000	11.10374	242.542600
12	4	3	174.46000	10	5	8467440.0000	11.10374	8588.532000

应用式（4.28）可以得到：

$$q_{sc_{b_W},5}^m = \frac{26.276}{26.276+26.276}\times(-2000) = -1000 \text{bbl/d}$$

以及

$$q_{sc_{b_W},9}^m = \frac{26.276}{26.276+26.276}\times(-2000) = -1000 \text{bbl/d}$$

需要注意的是，穿透网格块 5 和 9 的井为虚拟井。

对于油藏下边界，$p_{b_L} = 4000\text{psia}$。使用方程（4.37c）估算网格块 1、2、3 和 4 中虚拟井的流速，可以得到：

$$q_{sc_{b_L,n}}^m = T_{b_L,n}^m \left[(4000 - p_n) - (0.4333)(30 - 25) \right] \tag{4.149}$$

其中，利用方程（4.29）计算出 $T_{b_L,n}^n$，并且 $A_{z_n} = V_{b_n}/\Delta z_n$：

$$T_{b_L,n}^m = \beta_c \frac{K_{z_n} A_{z_n}}{\mu B(\Delta z_n/2)} = 0.001127 \times \frac{45 \times (V_{b_n}/\Delta z_n)}{0.5 \times 1 \times (10/2)}$$

$$= (0.0020286) V_{b_n} \tag{4.150}$$

对于油藏东部和上部（封闭）边界，对于 $n = 4$、8、12 的情况，$q_{sc_{b_E,n}}^m = 0$，并且对于 $n = 9$、10、11、12 的情况，$q_{sc_{b_U,n}}^m = 0$。表4.7总结了网格块对井流速和虚拟井流速的影响。

$$\sum_{l \in \psi_n} T_{l,n}^m \left[(p_l^m - p_n^m) - \gamma_{l,n}^m (Z_l - Z_n) \right] + \sum_{l \in \xi_n} q_{sc_{l,n}}^m + q_{sc_n}^m$$

$$= \frac{V_{b_n}}{\alpha_c \Delta t} \left[\left(\frac{\phi}{B} \right)_n^{n+1} - \left(\frac{\phi}{B} \right)_n^n \right] \tag{4.2a}$$

对于网格块1，$n = 1$，$i = 1$，$k = 1$，$\psi_1 = \{2, 5\}$，$\xi_1 = \{b_L, b_W\}$，并且 $\sum_{l \in \xi_1} q_{sc_{l,1}}^m = q_{sc_{b_L,1}}^m + q_{sc_{b_W,1}}^m$，其中从表4.7中可以得出：$q_{sc_{b_L,1}}^m = (0.23031) \left[(4000 - p_1^m) - (0.4333)(30 - 25) \right]$，并且 $q_{sc_{b_W,1}}^m = 0$ 以及 $q_{sc_1}^m = 0$。因此，代入式（4.2a）得到：

$$(11.10374) \left[(p_2^m - p_1^m) - (0.4333)(25 - 25) \right]$$

$$+ (0.115155) \left[(p_5^m - p_1^m) - (0.4333)(15 - 25) \right]$$

$$+ (0.23031) \left[(4000 - p_1^m) - (0.4333)(30 - 25) \right] + 0 + 0$$

$$= \frac{113.5318}{\alpha_c \Delta t} \left[\left(\frac{\phi}{B} \right)_1^{n+1} - \left(\frac{\phi}{B} \right)_1^n \right] \tag{4.151}$$

表4.7 网格块对井流速和虚拟井流速的影响

n	i	k	$q_{sc_n}^m$ (bbl/d)	$q_{sc_{b_L,n}}^m$ (bbl/d)	$q_{sc_{b_W,n}}^m$ (bbl/d)	$q_{sc_{b_E,n}}^m$ (bbl/d)	$q_{sc_{b_U,n}}^m$ (bbl/d)
1	1	1	0	(0.23031) $\left[(4000 - p_1^m) - (0.4333)(30 - 25) \right]$	0		
2	2	1	0	(10.5702) $\left[(4000 - p_2^m) - (0.4333)(30 - 25) \right]$			
3	3	1	0	(485.085) $\left[(4000 - p_3^m) - (0.4333)(30 - 25) \right]$			
4	4	1	0	(17177.1) $\left[(4000 - p_4^m) - (0.4333)(30 - 25) \right]$			
5	1	2	0		-1000		
6	2	2	0				

n	i	k	$q_{sc_n}^m$ (bbl/d)	$q_{sc_{b_L,n}}^m$ (bbl/d)	$q_{sc_{b_W,n}}^m$ (bbl/d)	$q_{sc_{b_E,n}}^m$ (bbl/d)	$q_{sc_{b_U,n}}^m$ (bbl/d)
7	3	2	0				
8	4	2	0			0	
9	1	3	0		-1000		0
10	2	3	0				0
11	3	3	0				0
12	4	3	0			0	0

对于网格块 3，$n=3, i=3, k=1, \psi_3 = \{2,4,7\}, \xi_3 = \{b_L\}$，并且 $\sum\limits_{l \in \xi_3} q_{sc_{l,3}}^m = q_{sc_{b_L,3}}^m$，其中从表 4.7 中可以得出：$q_{sc_{b_L,3}}^m = (485.085)\left[(4000 - p_3^m) - (0.4333)(30 - 25)\right]$，并且 $q_{sc_3}^m = 0$（无井）。因此，代入式（4.2a）得到：

$$(11.10374)\left[(p_2^m - p_3^m) - (0.4333)(25 - 25)\right]$$

$$+ (11.10374)\left[(p_4^m - p_3^m) - (0.4333)(25 - 25)\right]$$

$$+ (242.5426)\left[(p_7^m - p_3^m) - (0.4333)(15 - 25)\right] + (485.0852)$$

$$\left[(4000 - p_3^m) - (0.4333)(30 - 25)\right] + 0 = \frac{239123.0}{\alpha_c \Delta t}\left[\left(\frac{\phi}{B}\right)_3^{n+1} - \left(\frac{\phi}{B}\right)_3^n\right] \quad (4.152)$$

对于网格块 5，$n=5, i=1, k=2, \psi_5 = \{1,6,9\}, \xi_5 = \{b_W\}$，并且 $\sum\limits_{l \in \xi_5} q_{sc_{l,5}}^m = q_{sc_{b_W,5}}^m$，其中从表 4.7 中可以得出：$q_{sc_{b_W,5}}^m = -1000 \text{bbl/d}$ 以及 $q_{sc_5}^m = 0$。因此，代入式（4.2a）得到：

$$(242.5426)\left[(p_3^m - p_7^m) - (0.4333)(25 - 15)\right]$$

$$+ (11.10374)\left[(p_6^m - p_7^m) - (0.4333)(15 - 15)\right]$$

$$+ (11.10374)\left[(p_8^m - p_7^m) - (0.4333)(15 - 15)\right]$$

$$+ (242.5426)\left[(p_{11}^m - p_7^m) - (0.4333)(5 - 15)\right] + 0 + 0 = \frac{239123.0}{\alpha_c \Delta t}\left[\left(\frac{\phi}{B}\right)_7^{n+1} - \left(\frac{\phi}{B}\right)_7^n\right]$$

$$(4.154)$$

对于网格块 7，$n=7, i=3, k=2, \psi_7 = \{3,6,8,11\}, \xi_7 = \{\}$，并且 $\sum\limits_{l \in \xi_7} q_{sc_{l,7}}^m = 0$（内部网格块），并且 $q_{sc_7}^m = 0$。因此，代入式（4.2a）得到：

$$(242.5426)\left[(p_3^m - p_7^m) - (0.4333)(25 - 15)\right]$$

$$+ (11.10374)\left[(p_6^m - p_7^m) - (0.4333)(15 - 15)\right]$$

$$+ (11.10374) \left[(p_8^m - p_7^m) - (0.4333)(15 - 15) \right]$$

$$+ (242.5426) \left[(p_{11}^m - p_7^m) - (0.4333)(5 - 15) \right] + 0 + 0 = \frac{239123.0}{\alpha_c \Delta t} \left[\left(\frac{\phi}{B} \right)_7^{n+1} - \left(\frac{\phi}{B} \right)_7^n \right]$$

$$(4.154)$$

对于网格块 11，$n = 11, i = 3, k = 3, \psi_{11} = \{7, 10, 12\}, \xi_{11} = \{b_U\}$，并且 $\sum_{l \in \xi_{11}} q_{sc_{l,11}}^m = q_{sc_{b_U,11}}^m, q_{sc_{b_W,5}}^m = 0$（封闭边界）以及 $q_{sc_{11}}^m = 0$（无井）。因此，代入式（4.2a）得到：

$$(242.5426) \left[(p_7^m - p_{11}^m) - (0.4333)(15 - 5) \right]$$

$$+ (11.10374) \left[(p_{10}^m - p_{11}^m) - (0.4333)(5 - 5) \right]$$

$$+ (11.10374) \left[(p_{12}^m - p_{11}^m) - (0.4333)(5 - 5) \right] + 0 + 0$$

$$= \frac{239123.0}{\alpha_c \Delta t} \left[\left(\frac{\phi}{B} \right)_{11}^{n+1} - \left(\frac{\phi}{B} \right)_{11}^n \right] \qquad (4.155)$$

4.6　对称性及其在解决实际问题中的应用

油藏岩石性质是非均质的，并且同一油藏中不同区域的油藏流体和流体岩石特性各不相同。换言之，很少发现具有恒定属性的油气藏。但是，文献中有很多研究案例，均是对均质油藏进行建模来研究注采井网，例如五点法和九点法。在油藏模拟教学中，该领域的教育工作者和教材大多采用均质油藏。如果油藏性质在空间上发生变化，则可能存在对称性。通过解决油藏中一个对称元素（通常是最小的对称元素）的修正问题，对称性的使用可以减少解决问题的工作量（Abou - Kassem et al.，1991）。最小的对称性元素是油藏的一部分，它是其余油藏片段的镜像。但是，在解决一个对称性元素的修正问题之前，必须先建立对称性。为了使平面周围存在对称性，必须具有以下方面的对称性：（1）网格块的数量和网格块的尺寸；（2）油藏岩石特性；（3）实钻井；（4）油藏边界；（5）初始情况。网格块尺寸涉及网格块大小（Δx，Δy 和 Δz）和网格块高程（Z）。油藏岩石性质涉及网格块孔隙度（ϕ）和不同方向的渗透率（K_x, K_y 和 K_z）。井信息涉及井的位置、井的类型（注水井或采油井）以及井的运行状况。油藏边界涉及边界的几何形状和边界条件。初始条件涉及油藏中的初始压力和流体饱和度分布。对于前面提到的任何项，如果不能满足对称性，则表示该平面不对称。针对最小对称元素的修正问题的制订，包括用封闭边界代替每个对称平面，并为那些与它们共享边界的网格块确定新的块几何因子、体积、井眼速率和井眼几何因子。为了详细说明这一点，下文列出了一些可能的情况。在下面的讨论中，使用粗体数字标识那些需要确定对称元素中的体积、井眼速率、井眼几何因数和块几何因数新值的网格块。

前两个示例表示与网格块之间的边界重合的对称平面。图 4.15a 提出了一维流动问题，其中与流动方向（x 方向）垂直并且与网格块 3 和网格块 4 的边界重合的对称面 AA 将油藏分成两个对称元素。因此，$p_1 = p_6, p_2 = p_5, p_3 = p_4$。图 4.15b 中对称元素代表修正后的问题，其中用封闭边界代替对称平面。

图 4.16a 代表一个带有两个垂直对称平面 A－A 和 B－B 的二维水平油藏。对称平面 A－A 垂直于 x 方向，并且与一侧的网格块 2、6、10 和 14 和另一侧的网格块 3、7、11 和 15 之间的边界重合。对称平面 B－B 垂直于 y 方向，并且与一侧的网格块 5、6、7 和 8 和另一侧的网格块 9、10、11 和 12 之间的边界重合。两个对称平面将油藏分成四个对称元素。因此，$p_1 = p_4 = p_{13} = p_{16}, p_2 = p_3 = p_{14} = p_{15}, p_5 = p_8 = p_9 = p_{12}$，以及 $p_6 = p_7 = p_{10} = p_{11}$。图 4.16b 所示的最小对称元素表示修正后的问题，其中用封闭边界代替每个对称平面。

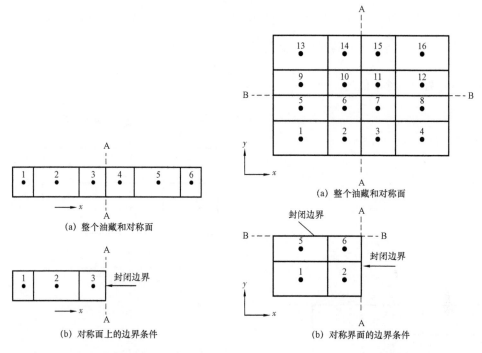

(a) 整个油藏和对称面

图 4.15　具有垂向对称平面、
偶数网格块的油藏

(a) 整个油藏和对称面

(b) 对称面上的边界条件

(b) 对称界面的边界条件

图 4.16　在 x 和 y 方向上具有两个垂直对称平面、
偶数网格块的油藏

后两个示例表示穿过网格块中心的对称平面。图 4.17a 提出了一维流动问题，其中对称平面 A－A 垂直于流动方向（x 方向）并穿过网格块 3 的中心，并将油藏分成两个对称单元。因此，$p_1 = p_5, p_2 = p_4$。图 4.17b 所示的最小对称元素表示修正后的问题，其中用封闭边界代替每个对称平面。该对称面平分了图 4.17a 中网格块 3 的网格块体积、井区率和井区几何因子。因此，对于图 4.17b 中的网格块 3，$V_{b_3} = \dfrac{1}{2} V_{b_3}, q_{sc_3} = \dfrac{1}{2} q_{sc_3}, G_{w_3} = \dfrac{1}{2} G_{w_3}$。注意，垂直于对称面（$G_{x_{2,3}}$）方向上的块间几何因子不受影响。

图 4.18a 表示具有两个垂直对称平面 A－A 和 B－B 的二维水平油藏。平面 A－A 是平行于 y－z 平面（垂直于 x 方向）并穿过网格块 2、5 和 8 中心的垂直对称平面。需要注意的是，网格块 1、4 和 7 是网格块 3、6 和 9 的镜像。平面 B－B 是一个垂直对称平面，平行于 x－z 平面（垂直于 y 方向），并穿过网格块 4、5 和 6 的中心。需要注意的是，网格块 1、2

和 3 是网格块 7、8 和 9 的镜像。两个对称面将油藏分成 4 个对称单元。因此，$p_1 = p_3 = p_7 = p_9$，$p_4 = p_6$ 和 $p_2 = p_8$。图 4.18b 所示的最小对称单元表示修正后的问题，用封闭边界代替每个对称平面。每个对称平面平分块体体积、井区率和它所经过的网格块的井区几何因子，并在平行于对称平面的方向上平分块间几何因子。因此，$V_{b_2} = \frac{1}{2}V_{b_2}$，$q_{sc_2} = \frac{1}{2}q_{sc_2}$，$G_{w_2} - \frac{1}{2}G_{w_2}$，$V_{b_4} = \frac{1}{2}V_{b_4}$，$q_{sc_4} = \frac{1}{2}q_{sc_4}$；$G_{w_4} = \frac{1}{2}G_{w_4}$；$V_{b_5} = \frac{1}{2}V_{b_5}$，以及 $q_{sc_5} = \frac{1}{2}q_{sc_5}$；$G_{w_5} = \frac{1}{2}G_{w_5}$；$G_{y_{2,5}} = \frac{1}{2}G_{y_{2,5}}$；$G_{x_{4,5}} = \frac{1}{2}G_{x_{4,5}}$。由于网格 2、4 和 5 落在对称元素的边界上，因此可以将其视为第 5 章中的网格点，计算的体积、井区速度、井区几何因子和块间几何因子与前面的相同。另外需要注意的是，穿过网格块中心的对称平面的系数为 $\frac{1}{2}$，如网格块 2 和 4。像网格块 5 这样穿过网格中心的两个对称平面的系数为 $\frac{1}{2} \times \frac{1}{2} = \frac{1}{4}$。

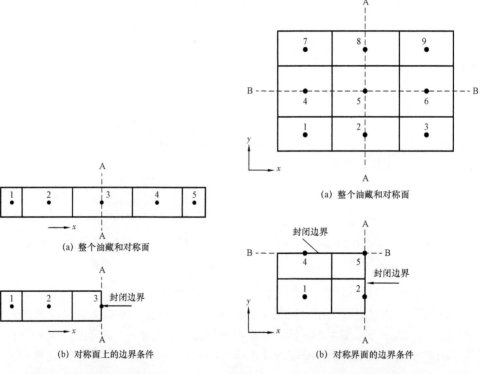

(a) 整个油藏和对称面

(b) 对称面上的边界条件

图 4.17 具有垂直对称平面、奇数网格块的油藏

(a) 整个油藏和对称面

(b) 对称界面的边界条件

图 4.18 在 x 和 y 方向上具有两个垂直对称平面、奇数网格块的油藏

第三个例子展示了两个对称平面，一个与网格块之间的边界重合，另一个穿过网格块的中心。图 4.19a 显示了一个二维水平油藏，该油藏具有两个对称的垂直面 A – A 和 B – B。平面 A – A 是一个垂直对称平面，平行于 $y - z$ 平面（垂直于 x 方向），并穿过网格块 2、5、8 和 11 的中心。需要注意的是，网格块 1、4、7 和 10 是网格块 3、6、9 和 12 的镜像。平面

B－B 是平行于 $x-z$ 平面（垂直于 y 方向）的垂直对称面，与一侧的网格块 4、5 和 6 以及另一侧的网格块 7、8 和 9 之间的边界重合。需要注意的是，网格块 1、2 和 3 是网格块 10、11 和 12 的镜像。另外，网格块 4、5 和 6 是网格块 7、8 和 9 的镜像。两个对称面将油藏分成 4 个对称单元。因此，$p_1 = p_3 = p_{10} = p_{12}$、$p_4 = p_6 = p_7 = p_9$、$p_2 = p_{11}$ 和 $p_5 = p_8$。图 4.19b 所示的最小对称单元表示修正后的问题，用封闭边界代替每个对称平面。对称面 A－A 平分块体体积、井区速度和所通过网格块的井区几何因子，并沿平行于对称面的方向（本例中为 y 方向）平分块几何因子。因此，$V_{b_2} = \frac{1}{2}V_{b_2}, q_{sc_2} = \frac{1}{2}q_{sc_2}, G_{w_2} = \frac{1}{2}G_{w_2}; V_{b_5} = \frac{1}{2}V_{b_5}, q_{sc_5} = \frac{1}{2}q_{sc_5}; G_{w_5} = \frac{1}{2}G_{w_5}; V_{b_8} = \frac{1}{2}V_{b_8}, q_{sc_8} = \frac{1}{2}q_{sc_8}, G_{w_8} = \frac{1}{2}G_{w_8}; V_{b_{11}} = \frac{1}{2}V_{b_{11}}, q_{sc_{11}} = \frac{1}{2}q_{sc_{11}}, G_{w_{11}} = \frac{1}{2}G_{w_{11}}; G_{y2,5} = \frac{1}{2}G_{y2,5}; G_{y5,8} = \frac{1}{2}G_{y5,8}; G_{y8,11} = \frac{1}{2}G_{y8,11}$。由于网格块 2、5、8 和 11 位于对称元素的边界上，因此可以将其视为第 5 章中的网格点，并将计算与先前例子相同的体积、井区速度、井区几何因子和块间几何因子。如图 4.19a 中的网格 2、5、8 和 11 所示，还要注意，穿过网格中心的对称平面的系数为 $\frac{1}{2}$。

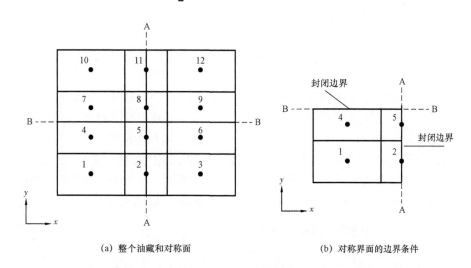

(a) 整个油藏和对称面　　　　　(b) 对称界面的边界条件

图 4.19　具有两个垂直对称平面、y 方向偶数网格块和 x 方向奇数网格块的油藏

第四组示例展示了对称的斜面。图 4.20a 所示油藏与图 4.16a 所示油藏相似，但这个油藏有两个额外的对称面 C－C 和 D－D。如图 4.20b 所示，4 个对称平面将油藏分成 8 个对称单元，每个单元呈三角形。因此，$p_1 = p_4 = p_{13} = p_{16}$、$p_6 = p_7 = p_{10} = p_{11}$ 和 $p_2 = p_3 = p_{14} = p_{15} = p_5 = p_8 = p_9 = p_{12}$。图 4.20b 所示的最小对称单元表示修正后的问题，用封闭边界代替每个对称平面。

图 4.21a 所示油藏与图 4.18a 所示油藏相似，但现有油藏具有两个额外的对称平面 C－C 和 D－D。4 个对称平面将油藏分成 8 个对称单元，每个单元呈三角形，如图 4.21b 所示。

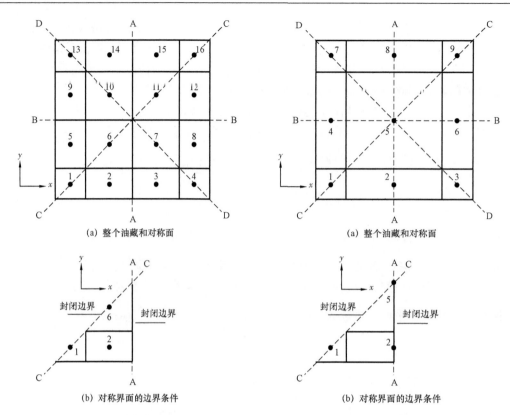

(a) 整个油藏和对称面　　　　　　　　　　(a) 整个油藏和对称面

(b) 对称界面的边界条件　　　　　　　　　(b) 对称界面的边界条件

图4.20　具有四个垂直对称平面、在 x 和 y 方向上　　图4.21　具有四个垂直对称平面、在 x 和 y 方向上
　　　　具有均匀网格块的油藏　　　　　　　　　　　　　具有奇数网格块的油藏

因此，$p_1 = p_3 = p_7 = p_9$ 和 $p_4 = p_6 = p_2 = p_8$。图4.21b 所示的最小对称单元表示修正后的问题，用封闭边界代替每个对称平面。如图4.20a 和图4.21a 所示，穿过网格中心但既不平行于 x 轴也不平行于 y 轴（斜面）的对称垂直面 C – C 或 D – D，平分网格块体积、井区率和它通过的网格块的井区几何因子。斜面不影响 x 轴或 y 轴上的块间几何因素。参考图4.20b 和图4.21b 中的网格块 1、6 和 5，$V_{b_1} = \frac{1}{2}V_{b_1}$，$q_{sc_1} = \frac{1}{2}q_{sc_1}$，$G_{w_6} = \frac{1}{2}G_{w_6}$；$V_{b_6} = \frac{1}{2}V_{b_6}$，$q_{sc_6} = \frac{1}{2}q_{sc_6}$；$G_{w_6} = \frac{1}{2}G_{w_6}$；$V_{b_5} = \frac{1}{8}V_{b_5}$，$q_{sc_5} = \frac{1}{8}q_{sc_5}$，$G_{w_5} = \frac{1}{8}G_{w_5}$；$G_{y_{2,5}} = \frac{1}{2}G_{y_{2,5}}$；$G_{x_{2,6}} = \frac{1}{2}G_{x_{2,6}}$。需要注意的是，穿过图4.21a 中网格块 5 中心的 4 个对称平面（A – A、B – B、C – C 和 D – D）的系数为 $\frac{1}{4} \times \frac{1}{2} = \frac{1}{8}$，用于计算图4.21b 中网格块 5 的实际体积、井区速度和井区几何系数。也就是说，修正因子等于 $\frac{1}{n_{vsp}} \times \frac{1}{2}$，其中 n_{vsp} 是穿过网格中心的垂直对称面数目。

值得一提的是，在修正后的问题中，网格块的 ξ_n 可能包括反映倾斜边界（如平面 C – C 或 D – D）的新元素，如 b_{SW}、b_{NW}、b_{SE}、b_{NE}。穿过这些边界的流速（$q^m_{sc_{l,n}}$）设置为零，因为这些边界不代表流动边界。

4.7　小结

本章介绍了在笛卡儿坐标系和径向柱坐标系下，利用块中心网格进行的油藏离散。对于笛卡儿坐标系，以等式（4.1）为代表的等式定义了网格块位置以及网格块大小、网格块边界和代表 x、y 和 z 方向网格块的点之间距离的关系，表 4.1 列出了计算三个方向上传导率几何因子的方程式。对于用于单井模拟的径向柱坐标系，方程（4.81）至方程（4.88）、方程（4.80）以及与类似于方程（4.1）的方程分别定义了 r 方向上、θ 方向上以及 z 方向上的区块位置的方程，以及网格块大小、网格块边界代表区块的点之间距离的关系。表 4.2 或表 4.3 中的方程式可用于计算 r、θ 和 z 方向上的传导率几何因子。式（4.2）表示了适用于笛卡儿和径向柱坐标系下的一维、二维或三维流动的边界网格和内部网格流动方程的一般形式。任何网格块的流动方程都具有以下特征：流动项等于现有相邻网格块数目，以及虚拟井等于边界条件数目。每个虚拟井代表一个边界条件。方程（4.24b）、方程（4.27）、方程（4.32）或方程（4.37b）分别为定压力梯度、定流速、封闭或定压力边界条件下虚拟井的流速。如果油藏存在对称性，可以利用对称性来定义最小的对称元素。对称平面可以沿网格块边界或穿过网格块中心。为了模拟最小对称单元，用封闭边界代替对称面，并在模拟之前计算新的内部网格块几何因子、体积、井区率和井区几何因子。

4.8　练习题

4.1　将油藏离散化为网格块的意义是什么？

4.2　用你自己的话，描述如何用 n 个网格块沿着 x 方向离散一个长度为 L_x 的油藏。

4.3　图 4.5 表示具有规则边界的油藏。

（1）该油藏沿 x 方向有多少边界？确定并命名这些边界。

（2）该油藏沿 y 方向有多少边界？确定并命名这些边界。

（3）该油藏沿 z 方向有多少边界？确定并命名这些边界。

（4）该油藏在各个方向有多少边界？

4.4　如图 4.12 所示，思考例 4.5 中描述的二维油藏。

（1）识别油藏内部和边界网格块。

（2）写出油藏中的每个网格块的相邻网格块集（ψ_n）。

（3）写出油藏中的每个网格块的边界集（ξ_n）。

（4）每个边界网格块有多少个边界条件？每个边界网格块有多少虚拟井？写下每个虚拟井流速的术语。

（5）每个边界网格块有多少个流动项？

（6）添加每个边界网格块的流量项数和虚拟井数。每个边界网格块加起来有四个吗？

（7）每个内部网格块有多少个流动项？

（8）你能从前面（6）和（7）的结果得出什么结论？

4.5　思考图 4.22 所示的一维水平油藏中的流体流动。

（1）编写该油藏中的网格块 n 适当的流量方程。

（2）通过求 ψ_1 和 ξ_1 写出网格 1 的流动方程，然后用它们展开（1）中的方程。

（3）通过求 ψ_2 和 ξ_2 写出网格 2 的流动方程，然后用它们展开（1）中的方程。

（4）通过求 ψ_3 和 ξ_3 写出网格 3 的流动方程，然后用它们展开（1）中的方程。

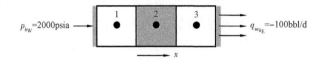

图 4.22　习题 4.5 中的一维油藏

4.6　思考图 4.23 所示的二维水平油藏中的流体流动。

（1）编写该油藏中的网格块 n 适当的流量方程。

（2）通过求 ψ_1 和 ξ_1 写出网格 1 的流动方程，然后用它们展开（1）中的方程。

（3）通过求 ψ_3 和 ξ_3 写出网格 3 的流动方程，然后用它们展开（1）中的方程。

（4）通过求 ψ_5 和 ξ_5 写出网格 3 的流动方程，然后用它们展开（1）中的方程。

（5）通过求 ψ_9 和 ξ_9 写出网格 3 的流动方程，然后用它们展开（1）中的方程。

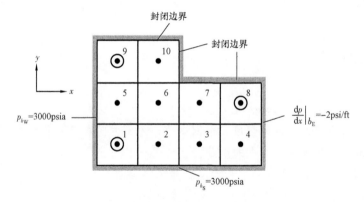

图 4.23　习题 4.6 的二维油藏

4.7　思考均质一维油藏中的单相流动，油藏左边界为特定压力。使用规则网格对油藏进行离散化。编写网格块 1 的流量方程，该网格与油藏共享其左边界，并证明 $p_b = \dfrac{1}{2}(3p_1 - p_2)$。Aziz 和 Settari（1979）声称，早期的方程代表了边界压力的二阶修正逼近。

4.8　如图 4.24 所示，单相油藏用四个相等的网格表示。油藏是水平的，并且 $K = 25\mathrm{mD}$。网格尺寸为 $\Delta x = 500\mathrm{ft}$、$\Delta y = 700\mathrm{ft}$ 和 $h = 60\mathrm{ft}$。原油性质为 $B = 1\mathrm{bbl/bbl}$ 和 $\mu = 0.5\mathrm{mPa \cdot s}$。油藏左边界保持 2500psia 的恒定压力，油藏右边界为封闭边界。3 号网格块内有一口日产油 80bbl 的井。假设油藏岩石和原油不可压缩，计算油藏中的压力分布。

4.9　图 4.25 所示的一维水平油藏由四个相等的网格块组成。油藏区块 $K = 90\mathrm{mD}$、$\Delta x = 300\mathrm{ft}$、$\Delta y = 250\mathrm{ft}$ 和 $h = 45\mathrm{ft}$。原油的地层体积系数和黏度分别为 1bbl/bbl 和 2mPa·s。油藏

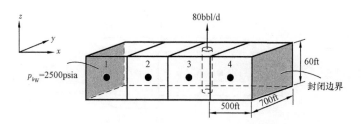

图 4.24　习题 4.8 中离散的一维油藏

左边界保持 2000psia 的恒定压力，油藏右边界以 80bbl/d 的速度持续注入石油。网格块 3 中有一口日产油 175bbl 的井。假设油藏岩石和油不可压缩，计算油藏中的压力分布。

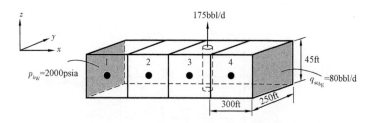

图 4.25　习题 4.9 中离散化一维油藏

4.10　图 4.26 所示的一维水平油藏由四个相等的网格块组成。油藏块 $K = 120\text{mD}$，$\Delta x = 500\text{ft}$，$\Delta y = 450\text{ft}$，以及 $h = 30\text{ft}$。原油的地层体积系数和黏度分别为 1bbl/bbl 和 3.7mPa·s。油藏左边界具有 0.2psi/ft 的恒定压力梯度，油藏右边界为封闭边界。网格区 3 中的一口井保持一定的产油速率，以确保网格区 3 的压力保持在 1500psia。假设油藏岩石和原油不可压缩，计算油藏中的压力分布。然后，估计油井产量。

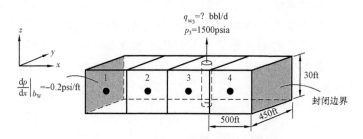

图 4.26　习题 4.10 中离散化的一维油藏

4.11　图 4.27 所示的一维水平油藏由四个相等的网格块组成。油藏块的 $K = 70\text{mD}$、$\Delta x = 400\text{ft}$、$\Delta y = 660\text{ft}$ 和 $h = 10\text{ft}$。原油的地层体积系数和黏度分别为 1bbl/bbl 和 1.5mPa·s。油藏左边界保持 2700psia 恒定压力，而油藏右边界的边界条件未知，网格块 4 的压力保持在 1900psia。网格块 3 中的一口井日产油量为 150bbl/d。假设油藏岩石和原油不可压缩，计算油藏中的压力分布。估计穿过油藏右边界的油量。

4.12　考虑图 4.28 所示的二维水平油藏。用规则网格描述储层。油藏网格块 $x = 350\text{ft}$、$\Delta y = 300\text{ft}$、$h = 35\text{ft}$、$K_x = 160\text{mD}$ 以及 $K_y = 190\text{mD}$。原油的地层体积系数和黏度分别为 1bbl/bbl

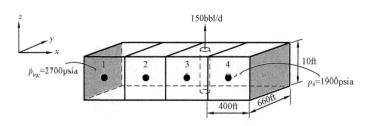

图 4.27　习题 4.11 中离散化的一维油藏

和 4.0mPa·s。边界条件如图 4.28 所示。网格块 5 中有一口采油速度为 2000bbl/d 的井。假设油藏岩石和原油是不可压缩的，写出所有网格块的流动方程。不要解方程。

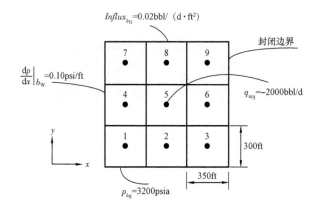

图 4.28　习题 4.12 中离散化的二维油藏

4.13　从方程（4.88c）开始，用 r_e 和 $r_{n_r-\frac{1}{2}}$ 表示网格块（n_r,j,k）的体积，导出方程（4.88d），用 α_{lg} 和 r_e 表示体积。

4.14　一个 6in、采油速度为 500bbl/d 垂直井占地 16acre。油藏厚度 30feet，水平渗透率 50mD，原油地层体积系数和黏度分别为 1bbl/bbl 和 3.5mPa·s。油藏外部边界为封闭边界。如图 4.29 所示，在径向使用四个网格块模拟储层。写出所有网格块的流动方程。不要用方程的右上角的值代替。

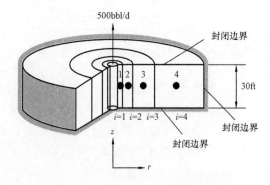

图 4.29　习题 4.14 中的离散化油藏

4.15 一口 9⅝in 的垂直井占地 12acre。油藏厚度为 50ft，油藏水平渗透率为 70mD，垂向渗透率为 40mD。流动流体的密度、地层体积系数和黏度分别为 62.4lb/ft³、1bbl/bbl 和 0.7mPa·s。径向上的油藏外部边界为封闭边界，油井仅在顶部 20feet 处完井，采油速度为 1000bbl/d。油藏底部边界受注入的影响，边界压力保持在 3000psia。油藏顶界为封闭边界。如图 4.30 所示，假设可以使用垂直方向上的 2 个网格块和径向方向上的 4 个网格块来模拟油藏，编写油藏中所有网格块的流量方程。

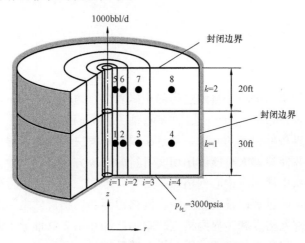

图 4.30 习题 4.15 中离散化的二维径向圆柱形油藏

第5章　点中心网格模拟

5.1　引言

　　油藏离散化随之而来的挑战是自然过程的正确表征。边界造成了不连续性，加剧了该问题——自然条件下的荒谬状况。历史上，许多石油工程师们已经发现了这些问题，并试图去解决油藏离散化和边界条件引起的问题，并且必须单独解决。然而，很少有人认识到工程方法可以使过程透明，并使建模人员能够用切实可行的解决方案进行补救。本章首先介绍了在直角坐标系和柱坐标系中使用点中心网格对一维、二维和三维油藏进行离散化的方法，然后介绍了点中心网格的构建过程以及网格间距、网格边界和网格尺寸之间的关系。离散化生成的网格点可以分为内部网格点和边界网格点，本书已经在第2章推导了内部网格点的流动方程，但边界网格点受边界条件的影响，因此需要单独推导。之后本章给出了各种边界条件的处理方法，并总结出适用于内部网格点和边界网格点的通用流动方程。本章最后还分别推导了直角坐标系和柱坐标系中方向传导率的求解方程，并讨论了对称性在油藏数值模拟中的应用。

　　块中心网格和点中心网格的区别有以下三点：（1）点中心网格的边界网格点恰好落在油藏边界上，而块中心网格的边界网格块设置在油藏边界以内；（2）若边界网格点位于一个、两个和三个油藏边界上，那么它的实际体积和实际井产量就等于整个边界网格的 $\frac{1}{2}$、$\frac{1}{4}$ 和 $\frac{1}{8}$；（3）边界网格点平行于油藏边界方向的传导率等于整个边界网格传导率的 $\frac{1}{2}$。在后续推导点中心网格的通用流动方程时，必须充分考虑以上三点区别。

5.2　油藏离散化

　　油藏离散化是指用一组属性、大小、边界和位置有明确定义的网格点来描述油藏。图 5.1 表示沿 x 轴方向的一维油藏，以点为中心划分的网格系统。首先，沿着 x 轴方向，将第一个点放在一侧的油藏边界上，最后一个点放在另一侧的油藏边界上，在油藏长度上一共放置 n_x 个点。然后将点与点之间的距离设定为 $\Delta x_{i+\frac{1}{2}}, i = 1, 2, 3, \cdots, n_x - 1, \Delta x_{i+\frac{1}{2}}, i = 1, 2, 3, \cdots, n_x - 1$ 不需要相等。最后，将每个点与其相邻的点的中心作为网格边界，得到以点为中心划分的网格系统。

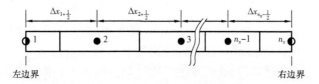

图 5.1　一维油藏点中心网格离散化

图 5.2 表示网格点 i 和其相邻的网格点的相互关系。图 5.2 中，Δx_{i-1}，Δx_i，Δx_{i+1} 为网格尺寸，$x_{i-\frac{1}{2}}$，$x_{i+\frac{1}{2}}$ 为网格边界点，δx_{i-}，δx_{i+} 为网格点 i 与网格边界点之间的距离，$\Delta x_{i-\frac{1}{2}}$，$\Delta x_{i+\frac{1}{2}}$ 为网格点 i 与其相邻网格点之间的距离。网格尺寸、网格边界点和网格点位置满足以下关系：

$$
\begin{cases}
x_1 = 0, x_{n_x} = L_x, (x_{n_3} - x_1 = L_x) \\[2mm]
\delta x_{i-} = \dfrac{1}{2}\Delta x_{i-\frac{1}{2}}, i = 2,3,\cdots,n_x \\[2mm]
\delta x_{i+} = \dfrac{1}{2}\Delta x_{i+\frac{1}{2}}, i = 1,2,3,\cdots,n_x - 1 \\[2mm]
x_{i+1} = x_i + \Delta x_{i+\frac{1}{2}}, i = 1,2,3,\cdots,n_x - 1 \\[2mm]
x_{i-\frac{1}{2}} = x_i - \delta x_{i-} = x_i - \dfrac{1}{2}\Delta x_{i-\frac{1}{2}}, i = 2,3,\cdots,n_x \\[2mm]
x_{i+\frac{1}{2}} = x_i + \delta x_{i+} = x_i + \dfrac{1}{2}\Delta x_{i+\frac{1}{2}}, i = 1,2,3,\cdots,n_x - 1 \\[2mm]
\Delta x_i = \delta x_{i-} + \delta x_{i+} = \dfrac{1}{2}(\Delta x_{i-\frac{1}{2}} + \Delta x_{i+\frac{1}{2}}), i = 1,2,3,\cdots,n_x - 1 \\[2mm]
\Delta x_1 = \delta x_{1+} = \dfrac{1}{2}\Delta x_{1+\frac{1}{2}} \\[2mm]
\Delta x_{n_x} = \delta x_{n_x} = \dfrac{1}{2}\Delta x_{n_x-\frac{1}{2}}
\end{cases}
\tag{5.1}
$$

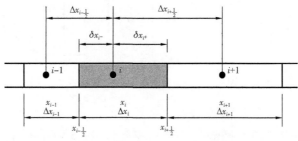

图 5.2　x 轴方向的网格点 i 及其邻近网格点

图 5.3 为二维油藏离散为 5×4 不规则网格的情形。不规则网格，即 x 方向上网格点之间的距离 $\Delta x_{i\mp\frac{1}{2}}$ 和 y 方向上网格点之间的距离 $\Delta y_{i\mp\frac{1}{2}}$ 既不相等也不恒定。而规则网格的网格

点之间的距离 $\Delta x_{i\mp\frac{1}{2}}$、$\Delta y_{i\mp\frac{1}{2}}$ 均为常量，但二者不一定相等。首先对 x 方向进行离散化，离散过程与一维油藏离散化相同，网格尺寸、网格边界点和网格点位置之间的关系同样满足式（5.1）。然后，采用类似的方法对 y 方向进行离散化，得到类似式（5.1）的关系；对于三维油藏中的 z 方向，也采用相同的处理方法。通过观察图 5.1 和图 5.3 可以发现，边界网格点恰好落在油藏边界上，因此边界网格不是完全封闭的。

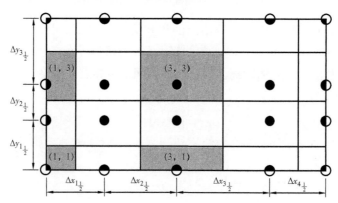

图 5.3　二维油藏点中心网格离散化

例 5.1　一个水平油藏，其尺寸为 5000ft × 1200ft × 75ft。油藏岩石孔隙度为 0.18，渗透率为 15mD；原油的体积系数为 1bbl/bbl，黏度为 10mPa·s；距油藏左边界 4000ft 处有一口生产井，产量为 150bbl/d。应用点中心网格法将该油藏划分成六个等距网格点，并根据油藏参数给每个网格赋值。

求解方法

首先，应用点中心网格法，将该油藏沿长度方向划分成六个等距网格点，网格点 1 和网格点 6 分别位于油藏的左边界和右边界上。将点与点的中心作为网格边界，每个点即代表对应的网格。网格点 1 到 6 分布如图 5.4 所示。

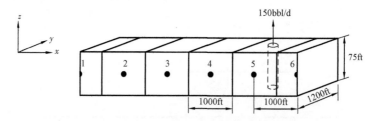

图 5.4　例 5.1 中离散化一维油藏

网格点数 $n_x = 6$，各网格点间距 $\Delta x_{i\mp\frac{1}{2}} = L_x/(n_x - 1) = 5000/5 = 1000\text{ft}$。

然后，根据油藏参数为 6 个网格点（$i = 1, 2, 3, 4, 5, 6$）赋值。因为该油藏为水平油藏，6 个网格点的深度相同。

网格尺寸 $\Delta y = 1200\text{ft}$，$\Delta z = 75\text{ft}$，网格点 2，3，4，5 在 x 方向的尺寸为 $\Delta x = 1000\text{ft}$，边界网格 1 和 6 在 x 方向的尺寸为 $\Delta x = 500\text{ft}$。

网格渗透率 $K_x = 15\text{mD}$，网格孔隙度 $\phi = 0.18$。

各网格点之间的距离相等，为 $\Delta x_{i\mp\frac{1}{2}} = 1000\mathrm{ft}$。

垂直于 x 方向的渗流面积 $\Delta A_{i\mp\frac{1}{2}} = A_x = \Delta y \times \Delta z = 1200 \times 75 = 90000\mathrm{ft}^2$

网格点 1 位于油藏的西边界，网格点 6 位于油藏的东边界，剩余网格点 2，3，4，5 为油藏内部网格点。

网格点 5 所在网格内含有一口生产井，产量为 $q_{\mathrm{sc}_5} = -150\mathrm{bbl/d}$。

各网格内流体性质相同，原油体积系数 $B = 1\mathrm{bbl/bbl}$，原油黏度 $\mu = 10\mathrm{mPa \cdot s}$。

5.3　边界网格点流动方程

本节提出了一种适用于油藏内部网格点和边界网格点的流动方程，即在第 2 章和第 3 章中提出的油藏内部网格点的流动方程的基础上，考虑了油藏边界条件对边界网格点的影响。图 5.1 为沿 x 轴方向的离散化的一维油藏，图中网格点 2，3，…，$n_x - 1$ 是油藏内部网格点，网格点 1 和 n_x 是油藏边界网格点。图 5.3 为离散化的二维油藏，图中一共标记了四个点，分别是一个油藏内部网格点（3，3）；两个油藏边界网格点（1，3）和（3，1）；两个油藏边界的交点（1，1）。由图 5.3 可以看出，并不是所有网格点都位于油藏边界内，边界上的网格点不是完全封闭的。如第 4 章所述，油藏网格点可分为内部网格点和边界网格点，其中边界网格点有可能位于一个、两个或三个油藏边界上。如图 5.5 所示，采用与第 4 章相同的命名方法，对三维油藏各边界进行命名：x 轴方向的油藏边界称为油藏西边界（b_{W}）和油藏东边界（b_{E}）；y 轴方向的油藏边界称为油藏南边界（b_{S}）和油藏北边界（b_{N}）；z 轴方向的油藏边界称为油藏下边界（b_{L}）和油藏上边界（b_{U}）。

油藏内部网格点和边界网格点的流动方程都含有一个生产（注入）项和一个累积项。采用工程方法处理边界条件，过程如下：将边界条件转换为一条不渗透边界和一口虚拟井，把油藏外部网格点和油藏边界（b）或者边界网格点（bP）之间的流体交换等效成虚拟井的产量 $q_{\mathrm{sc}_{b,bP}}$。油藏内部网格点的流动方程中流动项的个数等于相邻网格点的个数（一维油藏为 2

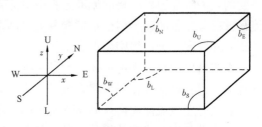

图 5.5　三维油藏中边界的命名

个，二维油藏为 4 个，三维油藏为 6 个），而边界网格点的流动方程中流动项的个数等于相邻网格点个数和网格点所在边界个数，即虚拟井个数相加之和。

无论是直角坐标系还是柱坐标系中的一维、二维或三维流动问题，控制体积有限差分法是写出网格点的流动方程的最佳方法。有限差分法中的求和算子能够更加灵活地表征任一网格点的流动项。网格点 n 的流动方程可以写成如下形式：

$$\sum_{l \in \psi_n} T_{l,n}^m \left[\left(p_l^m - p_n^m \right) - \gamma_{l,n}^m (Z_l - Z_n) \right] + \sum_{l \in \xi_n} q_{\mathrm{sc}_{l,n}}^m$$

$$+ q_{\mathrm{sc}_n}^m = \frac{V_{\mathrm{b}_n}}{\alpha_c \Delta t} \Big[\Big(\frac{\phi}{B} \Big)_n^{n+1} - \Big(\frac{\phi}{B} \Big)_n^n \Big] \tag{5.2a}$$

或用势能表示为：

$$\sum_{l \in \psi_n} T_{l,n}^m \big(\Phi_l^m - \Phi_n^m \big) + \sum_{l \in \xi_n} q_{\mathrm{sc}_{l,n}}^m + q_{\mathrm{sc}_n}^m = \frac{V_{\mathrm{b}_n}}{\alpha_c \Delta t} \Big[\Big(\frac{\phi}{B} \Big)_n^{n+1} - \Big(\frac{\phi}{B} \Big)_n^n \Big] \tag{5.2b}$$

其中 ψ_n 为网格 n 的相邻网格点的集合；ξ_n 为网格 n 所占油藏边界（b_{L}，b_{S}，b_{W}，b_{E}，b_{N}，b_{U}）的集合；$q_{\mathrm{sc}_{l,n}}^m$ 为虚拟井的流速，等于油藏边界 l 和网格点 n 之间的流体交换量。对于三维油藏而言，如果网格 n 为内部网格点，则 ξ_n 为空集；如果网格 n 位于单个油藏边界上，则集合 ξ_n 仅有一个元素；如果 n 位于两个油藏边界上，则 ξ_n 包含两个元素；如果 n 位于三个油藏边界上，则 ξ_n 包含三个元素。同理，ξ_n 为空集，代表网格点 n 不在任意一条油藏边界上，即网格点 n 为内部网格点，且 $\sum_{l \in \xi_n} q_{\mathrm{sc}_{l,n}}^m = 0$。在工程表示法中，$n \equiv (i,j,k)$，方程（5.2a）变为：

$$\sum_{l \in \psi_{i,j,k}} T_{l,(i,j,k)}^m \big[\big(p_l^m - p_{i,j,k}^m \big) - \gamma_{l,(i,j,k)}^m \big(Z_l - Z_{i,j,k} \big) \big] + \sum_{l \in \xi_{i,j,k}} q_{\mathrm{sc}_{l,(i,j,k)}}^m + q_{\mathrm{sc}_{i,j,k}}^m$$

$$= \frac{V_{\mathrm{b}_{i,j,k}}}{\alpha_c \Delta t} \Big[\Big(\frac{\phi}{B} \Big)_{i,j,k}^{n+1} - \Big(\frac{\phi}{B} \Big)_{i,j,k}^n \Big] \tag{5.2c}$$

因为内部网格都是完整网格，所以无论是块中心网格法还是点中心网格法，其内部网格的流动方程是完全相同的。由于两种方法构造边界网格的方式不同，因此边界网格的流动方程是不同的。为了在边界网格的流动方程中更为合理地引入边界条件，必须写出完整边界网格的流动方程。完整的边界网格是指含有边界网格点的封闭网格，它与实际边界网格的各项参数一致，并用同一个边界网格点表示。

需要指出的是，无论流体流动是一维、二维还是三维，油藏网格都是三维的。三维流动条件下，边界网格的相邻网格点数目和所在的油藏边界数目之和为6。边界网格点与其相邻网格点之间发生流体交换；而与其所在的油藏边界是否发生流体交换，取决于流动的维数和主要的边界条件。流动的维数实际上隐含地定义了油藏的封闭边界。例如，在一维流动问题中，所有的油藏网格点都有四个不流动边界。若一维流动沿着 x 方向，那么油藏的南、北、上、下四个边界与任意油藏网格点，包括边界网格点，都没有流体交换。这四个油藏边界（b_{L}、b_{S}、b_{N}、b_{U}）往往被省略，因此，在一维流动问题中，任一油藏内部网格点具有两个相邻网格点，任意边界网格点具有一个相邻网格点和一个油藏边界。在二维流动问题中，所有的油藏网格点都有两个封闭边界。例如，在 $x - y$ 平面的二维流动中，油藏上下边界与任意油藏网格点，包括边界网格点，都没有流体交换。这两个油藏边界（b_{L}，b_{U}）一般被省略，因此，对于二维流动问题而言，位于油藏内部网格点有四个相邻的网格点，并且没有油藏边界；位于单个油藏边界上的网格点有三个相邻点和一个油藏边界；位于两个油藏边界上的网格点有两个相邻点和两个油藏边界。在三维流动问题中，六个油藏边界都有可能与边界网格产生流体交换，具体情况取决于具体的边界条件。任一内部网格点都有六个相邻点，且不与任何油藏边界接触。边界网格点可能位于一个、两个或三个油藏边界上。因此，位于一个、两个或三个油藏边界上的边界网格点分别有五个、四个或三个相邻网格点。前面的讨论得出了与 ψ 集合和 ξ 集合所含元素个数有关的一些结论。

（1）对于一个油藏内部的网格点，一维、二维或三维流动问题中，集合 ψ 分别包含 2 个、4 个或 6 个元素；集合 ξ 不包含元素，换言之，ξ 集是空集。

（2）对于油藏边界网格点，一维、二维或三维流动问题中，集合 ψ 分别包含少于 2 个、4 个或 6 个元素；集合 ξ 不是空集。

（3）任意油藏网格的集合 ψ 和 ξ 中元素个数之和是一个常数，它只与流动的维数有关，对于一维、二维和三维流动问题，分别是 2、4 和 6。

如图 5.6 所示，一维油藏内部网格点 i 的流动方程可由方程（2.32）给出：

$$T_{x_{i-\frac{1}{2}}}^{m}\left(\varPhi_{i-1}^{m}-\varPhi_{i}^{m}\right)+T_{x_{i+\frac{1}{2}}}^{m}\left(\varPhi_{i+1}^{m}-\varPhi_{i}^{m}\right)+q_{sc_{i}}^{m}=\frac{V_{b_{i}}}{\alpha_{c}\Delta t}\left[\left(\frac{\phi}{B}\right)_{i}^{n+1}-\left(\frac{\phi}{B}\right)_{i}^{n}\right] \tag{5.3}$$

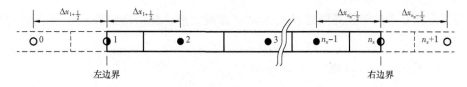

图 5.6 一维油藏左边界网格点和右边界网格点

对于内部网格点，有 $n=i$，$\varPsi_{i}=\{i-1,i+1\}$，$\xi_{i}=\{\ \}$，$\sum\limits_{l\in\xi_{i}}q_{sc_{l,i}}^{m}=0$ 以及 $T_{i\mp1,i}^{m}=T_{x_{i\mp\frac{1}{2}}}^{m}$，上述流动方程（5.3）也可由方程（5.2b）得出。

在写出图 5.6 中的左边界网格点 1 的流动方程之前，先写出边界点 1 所在的完整网格的流动方程，如下：

$$T_{x_{1-\frac{1}{2}}}^{m}\left(\varPhi_{0}^{m}-\varPhi_{1}^{m}\right)+T_{x_{1+\frac{1}{2}}}^{m}\left(\varPhi_{2}^{m}-\varPhi_{1}^{m}\right)+2q_{sc_{1}}^{m}=\frac{2V_{b_{1}}}{\alpha_{c}\Delta t}\left[\left(\frac{\phi}{B}\right)_{1}^{n+1}-\left(\frac{\phi}{B}\right)_{1}^{n}\right] \tag{5.4}$$

需要说明的是，式（5.4）中用到的参数均为实际边界网格点 1 的参数，即 $V_{b}=2V_{b_{1}}q_{sc}=2q_{sc_{1}}$，对式（5.4）左侧 $T_{x_{1+\frac{1}{2}}}^{m}\left(\varPhi_{2}^{m}-\varPhi_{1}^{m}\right)$ 项进行如下变换：

$$T_{x_{1-\frac{1}{2}}}^{m}\left(\varPhi_{0}^{m}-\varPhi_{1}^{m}\right)-T_{x_{1+\frac{1}{2}}}^{m}\left(\varPhi_{2}^{m}-\varPhi_{1}^{m}\right)+2T_{x_{1+\frac{1}{2}}}^{m}\left(\varPhi_{2}^{m}-\varPhi_{1}^{m}\right)+2q_{sc_{1}}^{m}$$

$$=\frac{2V_{b_{1}}}{\alpha_{c}\Delta t}\left[\left(\frac{\phi}{B}\right)_{1}^{n+1}-\left(\frac{\phi}{B}\right)_{1}^{n}\right] \tag{5.5}$$

对方程（5.5）两侧同乘 $\frac{1}{2}$，便得到实际边界网格 1 的流动方程：

$$\frac{1}{2}\left[T_{x_{1-\frac{1}{2}}}^{m}\left(\varPhi_{0}^{m}-\varPhi_{1}^{m}\right)-T_{x_{1+\frac{1}{2}}}^{m}\left(\varPhi_{2}^{m}-\varPhi_{1}^{m}\right)\right]+T_{x_{1+\frac{1}{2}}}^{m}\left(\varPhi_{2}^{m}-\varPhi_{1}^{m}\right)+q_{sc_{1}}^{m}$$

$$= \frac{V_{b_1}}{\alpha_c \Delta t}\Big[\Big(\frac{\phi}{B}\Big)_1^{n+1} - \Big(\frac{\phi}{B}\Big)_1^n\Big] \tag{5.6a}$$

方程（5.6a）左侧第一项表示油藏西边界 b_W 与边界网格点 1 之间的流体交换量，这一项可以用虚拟井的产量 $q_{sc_{b_W,1}}^m$ 替换，得到：

$$q_{sc_{b_W,1}}^m = \frac{1}{2}\big[T_{x_{1-\frac{1}{2}}}^m(\Phi_0^m - \Phi_1^m) - T_{x_{1+\frac{1}{2}}}^m(\Phi_2^m - \Phi_1^m)\big] \tag{5.7}$$

将方程（5.7）代入方程（5.6a）得到：

$$q_{sc_{b_W,1}}^m + T_{x_{1+\frac{1}{2}}}^m(\Phi_2^m - \Phi_1^m) + q_{sc_1}^m = \frac{V_{b_1}}{\alpha_c \Delta t}\Big[\Big(\frac{\phi}{B}\Big)_1^{n+1} - \Big(\frac{\phi}{B}\Big)_1^n\Big] \tag{5.6b}$$

当 $n=1$ 时，有 $\psi_1 = \{2\}$，$\xi_1 = \{b_W\}$，且 $\sum_{l\in\xi_i} q_{sc_{l,i}}^m = q_{sc_{b_W,1}}^m$，$T_{2,i}^m = T_{x_{1\mp\frac{1}{2}}}^m$，代入方程（5.2b）也可得到式（5.7）。

在写出图 5.6 中的右边界网格点 n_x 的流动方程之前，先写出边界点 n_x 所在的完整网格的流动方程，如下：

$$T_{x_{n_x-\frac{1}{2}}}^m(\Phi_{n_x-1}^m - \Phi_{n_x}^m) + T_{x_{n_x+\frac{1}{2}}}^m(\Phi_{n_x+1}^m - \Phi_{n_x}^m) + 2q_{sc_{n_x}}^m$$

$$= \frac{2V_{b_{n_x}}}{\alpha_c \Delta t}\Big[\Big(\frac{\phi}{B}\Big)_{n_x}^{n+1} - \Big(\frac{\phi}{B}\Big)_{n_x}^n\Big] \tag{5.8}$$

同样地，式（5.8）中用到的参数均为实际边界网格点 n_x 的参数，即 $V_b = 2V_{b_{n_x}}$，$q_{sc} = 2q_{sc_{n_x}}$。采用与网格点 1 相同的方法处理式（5.8），即得到实际边界网格点 n_x 的流动方程：

$$T_{x_{n_x-\frac{1}{2}}}^m(\Phi_{n_x-1}^m - \Phi_{n_x}^m) + \frac{1}{2}\big[T_{x_{n_x+\frac{1}{2}}}^m(\Phi_{n_x+1}^m - \Phi_{n_x}^m) - T_{x_{n_x-\frac{1}{2}}}^m(\Phi_{n_x-1}^m - \Phi_{n_x}^m)\big]$$

$$+ q_{sc_{n_x}}^m = \frac{V_{b_{n_x}}}{\alpha_c \Delta t}\Big[\Big(\frac{\phi}{B}\Big)_{n_x}^{n+1} - \Big(\frac{\phi}{B}\Big)_{n_x}^n\Big] \tag{5.9a}$$

方程（5.9a）左侧第一项表示油藏东边界 b_E 与边界网格点 n_x 之间的流体交换量，这一项可以用虚拟井的产量 $q_{sc_{b_E,n_x}}^m$ 替换，得到：

$$q_{sc_{b_E,n_x}}^m = \frac{1}{2}\big[T_{x_{n_x+\frac{1}{2}}}^m(\Phi_{n_x+1}^m - \Phi_{n_x}^m) - T_{x_{n_x-\frac{1}{2}}}^m(\Phi_{n_x-1}^m - \Phi_{n_x}^m)\big] \tag{5.9b}$$

将方程（5.9b）代入方程（5.9a）得到：

$$T_{x_{n_x-\frac{1}{2}}}^m(\Phi_{n_x-1}^m - \Phi_{n_x}^m) + q_{sc_{b_E,n_x}}^m + q_{sc_{n_x}}^m = \frac{V_{b_{n_x}}}{\alpha_c \Delta t}\Big[\Big(\frac{\phi}{B}\Big)_{n_x}^{n+1} - \Big(\frac{\phi}{B}\Big)_{n_x}^n\Big] \tag{5.10}$$

当 $n=n_x$ 时，有 $\psi_{n_x} = \{n_x-1\}$，$\xi_{n_x} = \{b_E\}$，且 $\sum_{l\in\xi_i} q_{sc_{l,n_x}}^m = q_{sc_{b_E,n_x}}^m$，$T_{n_x-1,n_x}^m = T_{x_{n_x-\frac{1}{2}}}^m$，代入方程（5.2b）也可得到式（5.10）。

二维油藏内部网格点 (i,j) 的流动方程可由方程（2.37）给出：

$$T^m_{y_{i,j-\frac{1}{2}}}\left(\Phi^m_{i,j-1}-\Phi^m_{i,j}\right)+T^m_{x_{i-\frac{1}{2},j}}\left(\Phi^m_{i-1,j}-\Phi^m_{i,j}\right)+T^m_{x_{i+\frac{1}{2},j}}\left(\Phi^m_{i+1,j}-\Phi^m_{i,j}\right)$$

$$+T^m_{y_{i,j+\frac{1}{2}}}\left(\Phi^m_{i,j+1}-\Phi^m_{i,j}\right)+q^m_{\mathrm{sc}_{i,j}}=\frac{V_{\mathrm{b}_{i,j}}}{\alpha_c\Delta t}\left[\left(\frac{\phi}{B}\right)^{n+1}_{i,j}-\left(\frac{\phi}{B}\right)^{n}_{i,j}\right]\tag{5.11}$$

当 $n\equiv(i,j)$ 时，有 $\psi_{i,j}=\{(i,j-1),(i-1,j),(i+1,j),(i,j+1)\}$，$\xi_{i,j}=\{\}$，且 $\sum\limits_{l\in\xi_{i,j}}q^m_{\mathrm{sc}_{l,(i,j)}}=0$，$T^m_{(i,j\mp1),(i,j)}=T^m_{y_{i,j\mp\frac{1}{2}}}$，$T^m_{(i\mp1,j),(i,j)}=T^m_{x_{i\mp\frac{1}{2},j}}$，代入方程（5.2b）也可得到式（5.11）。

如图 5.3 所示，位于单一油藏边界上的网格点，例如边界网格点（3，1），其代表的实际边界网格的体积、井流量和 x 方向的传导率，都是完整网格的 $\frac{1}{2}$，而 y 方向的传导率与完整网格相同。完整网格的流动方程如下：

$$T^m_{y_{3,1-\frac{1}{2}}}\left(\Phi^m_{3,0}-\Phi^m_{3,1}\right)+2T^m_{x_{3-\frac{1}{2},1}}\left(\Phi^m_{2,1}-\Phi^m_{3,1}\right)+2T^m_{x_{3+\frac{1}{2},1}}\left(\Phi^m_{4,1}-\Phi^m_{3,1}\right)$$

$$+T^m_{y_{3,1+\frac{1}{2}}}\left(\Phi^m_{3,2}-\Phi^m_{3,1}\right)+2q^m_{\mathrm{sc}_{3,1}}=\frac{2V_{\mathrm{b}_{3,1}}}{\alpha_c\Delta t}\left[\left(\frac{\phi}{B}\right)^{n+1}_{3,1}-\left(\frac{\phi}{B}\right)^{n}_{3,1}\right]\tag{5.12}$$

对式（5.12）左侧 $T^m_{y_{3,1+\frac{1}{2}}}\left(\Phi^m_{3,2}-\Phi^m_{3,1}\right)$ 项进行如下变换：

$$T^m_{y_{3,1-\frac{1}{2}}}\left(\Phi^m_{3,0}-\Phi^m_{3,1}\right)-T^m_{y_{3,1+\frac{1}{2}}}\left(\Phi^m_{3,2}-\Phi^m_{3,1}\right)]+2T^m_{x_{3-\frac{1}{2},1}}\left(\Phi^m_{2,1}-\Phi^m_{3,1}\right)$$

$$+2T^m_{x_{3+\frac{1}{2},1}}\left(\Phi^m_{4,1}-\Phi^m_{3,1}\right)+2T^m_{y_{3,1+\frac{1}{2}}}\left(\Phi^m_{3,2}-\Phi^m_{3,1}\right)+2q^m_{\mathrm{sc}_{3,1}}$$

$$=\frac{2V_{\mathrm{b}_{3,1}}}{\alpha_c\Delta t}\left[\left(\frac{\phi}{B}\right)^{n+1}_{3,1}-\left(\frac{\phi}{B}\right)^{n}_{3,1}\right]\tag{5.13}$$

对方程（5.13）两侧同乘 $\frac{1}{2}$，便得到网格点（3，1）所在的实际边界网格的流动方程：

$$\frac{1}{2}\left[T^m_{y_{3,1-\frac{1}{2}}}\left(\Phi^m_{3,0}-\Phi^m_{3,1}\right)-T^m_{y_{3,1+\frac{1}{2}}}\left(\Phi^m_{3,2}-\Phi^m_{3,1}\right)\right]$$

$$+T^m_{x_{3-\frac{1}{2},1}}\left(\Phi^m_{2,1}-\Phi^m_{3,1}\right)+T^m_{x_{3+\frac{1}{2},1}}\left(\Phi^m_{4,1}-\Phi^m_{3,1}\right)$$

$$+T^m_{y_{3,1+\frac{1}{2}}}\left(\Phi^m_{3,2}-\Phi^m_{3,1}\right)+q^m_{\mathrm{sc}_{3,1}}=\frac{V_{\mathrm{b}_{3,1}}}{\alpha_c\Delta t}\left[\left(\frac{\phi}{B}\right)^{n+1}_{3,1}-\left(\frac{\phi}{B}\right)^{n}_{3,1}\right]\tag{5.14a}$$

方程（5.14a）左侧第一项表示油藏南边界 b_{S} 与边界网格点（3，1）之间的流体交换量，这一项可以用虚拟井的产量 $q^m_{\mathrm{sc}_{b_{\mathrm{S}},(3,1)}}$ 替换，得到：

$$q_{\mathrm{sc}_{b_{\mathrm{S}}},(3,1)}=\frac{1}{2}\left[T^m_{y_{3,1-\frac{1}{2}}}\left(\Phi^m_{3,0}-\Phi^m_{3,1}\right)-T^m_{y_{3,1+\frac{1}{2}}}\left(\Phi^m_{3,2}-\Phi^m_{3,1}\right)\right]\tag{5.14b}$$

将方程（5.14b）代入方程（5.14a）得到：

$$q_{sc_{b_S},(3,1)}^m + T_{x_{3-\frac{1}{2}},1}^m(\Phi_{2,1}^m - \Phi_{3,1}^m) + T_{x_{3+\frac{1}{2}},1}^m(\Phi_{4,1}^m - \Phi_{3,1}^m)$$

$$+ T_{y_{3,1+\frac{1}{2}}}^m(\Phi_{3,2}^m - \Phi_{3,1}^m) + q_{sc_{3,1}}^m = \frac{V_{b_{3,1}}}{\alpha_c \Delta t}\left[\left(\frac{\phi}{B}\right)_{3,1}^{n+1} - \left(\frac{\phi}{B}\right)_{3,1}^n\right] \tag{5.15}$$

当 $n \equiv (3,1)$ 时，有 $\psi_{3,1} = \{(2,1),(4,1),(3,2)\}, \xi_{3,1} = \{b_S\}$，且 $\sum\limits_{l \in \xi_{3,1}} q_{sc_{l,(3,1)}}^m = q_{sc_{b_S},(3,1)}^m$，$T_{(2,1),(3,1)}^m = T_{x_{3-\frac{1}{2}},1}^m, T_{(4,1),(3,1)}^m = T_{x_{3+\frac{1}{2}},1}^m, T_{(3,2),(3,1)}^m = T_{y_{3,1+\frac{1}{2}}}^m$，代入方程（5.2）也可得到式（5.15）。

另一例子是图 5.3 中位于油藏西边界上的网格点（1, 3）。其代表的实际边界网格的体积、井流量和 y 方向的传导率，都是完整网格的 $\frac{1}{2}$，而 x 方向的传导率与完整网格相同。应用上述方法，可得网格点（1, 3）所在的实际边界网格的流动方程：

$$T_{y_{1,3-\frac{1}{2}}}^m(\Phi_{1,2}^m - \Phi_{1,3}^m) + q_{sc_{b_W},(1,3)}^m + T_{x_{1+\frac{1}{2}},3}^m(\Phi_{2,3}^m - \Phi_{1,3}^m)$$

$$+ T_{y_{1,3+\frac{1}{2}}}^m(\Phi_{1,4}^m - \Phi_{1,3}^m) + q_{sc_{1,3}}^m = \frac{V_{b_{1,3}}}{\alpha_c \Delta t}\left[\left(\frac{\phi}{B}\right)_{1,3}^{n+1} - \left(\frac{\phi}{B}\right)_{1,3}^n\right] \tag{5.16}$$

其中

$$q_{sc_{b_W},(1,3)}^m = \frac{1}{2}\left[T_{x_{1-\frac{1}{2}},3}^m(\Phi_{0,3}^m - \Phi_{1,3}^m) - T_{x_{1+\frac{1}{2}},3}^m(\Phi_{2,3}^m - \Phi_{1,3}^m)\right] \tag{5.17}$$

当 $n \equiv (1,3)$ 时，有 $\psi_{1,3} = \{(1,2),(1,4),(2,3)\}, \xi_{1,3} = \{b_W\}$，且 $\sum\limits_{l \in \xi_{1,3}} q_{sc_{l,(1,3)}}^m = q_{sc_{b_W},(1,3)}^m, T_{(1,2),(1,3)}^m = T_{y_{1,3-\frac{1}{2}}}^m, T_{(1,4),(1,3)}^m = T_{y_{1,3+\frac{1}{2}}}^m, T_{(2,3),(1,3)}^m = T_{x_{1+\frac{1}{2}},3}^m$，代入方程（5.2）也可得到式（5.17）。

如图 5.3 所示，位于两个油藏边界上的网格点，例如边界网格点（1, 1），其代表的实际边界网格的体积和井流量都是完整网格的 $\frac{1}{4}$，x 方向和 y 的传导率是完整网格的 $\frac{1}{2}$。完整网格的流动方程如下：

$$2T_{y_{1,1-\frac{1}{2}}}^m(\Phi_{1,0}^m - \Phi_{1,1}^m) + 2T_{x_{1-\frac{1}{2}},1}^m(\Phi_{0,1}^m - \Phi_{1,1}^m)$$

$$+ 2T_{x_{1+\frac{1}{2}},1}^m(\Phi_{2,1}^m - \Phi_{1,1}^m) + 2T_{y_{1,1+\frac{1}{2}}}^m(\Phi_{1,2}^m - \Phi_{1,1}^m) + 4q_{sc_{1,1}}^m = \frac{4V_{b_{1,1}}}{\alpha_c \Delta t}\left[\left(\frac{\phi}{B}\right)_{1,1}^{n+1} - \left(\frac{\phi}{B}\right)_{1,1}^n\right]$$

$$\tag{5.18}$$

对式（5.18）左侧 $2T_{x_{1+\frac{1}{2}},1}^m(\Phi_{2,1}^m - \Phi_{1,1}^m) + 2T_{y_{1,1+\frac{1}{2}}}^m(\Phi_{1,2}^m - \Phi_{1,1}^m)$ 项进行如下变换：

$$2\left[T_{y_{1,1-\frac{1}{2}}}^m(\Phi_{1,0}^m - \Phi_{1,1}^m) - T_{y_{1,1+\frac{1}{2}}}^m(\Phi_{1,2}^m - \Phi_{1,1}^m)\right]$$

$$+ 2\left[T_{x_{1-\frac{1}{2}},1}^m(\Phi_{0,1}^m - \Phi_{1,1}^m) - T_{x_{1+\frac{1}{2}},1}^m(\Phi_{2,1}^m - \Phi_{1,1}^m)\right]$$

$$+ 4 T_{x_{1+\frac{1}{2}},1}^{m} (\Phi_{2,1}^{m} - \Phi_{1,1}^{m}) + 4 T_{y_{1,1+\frac{1}{2}}}^{m} (\Phi_{1,2}^{m} - \Phi_{1,1}^{m})$$

$$+ 4 q_{\mathrm{sc}_{1,1}}^{m} = \frac{4 V_{\mathrm{b}_{1,1}}}{\alpha_{\mathrm{c}} \Delta t} \Big[\Big(\frac{\phi}{B} \Big)_{1,1}^{n+1} - \Big(\frac{\phi}{B} \Big)_{1,1}^{n} \Big] \tag{5.19}$$

对方程（5.19）两侧同乘 $\frac{1}{4}$，便得到网格点（1，1）所在的实际边界网格的流动方程：

$$\frac{1}{2} \big[T_{y_{1,1-\frac{1}{2}}}^{m} (\Phi_{1,0}^{m} - \Phi_{1,1}^{m}) - T_{y_{1,1+\frac{1}{2}}}^{m} (\Phi_{1,2}^{m} - \Phi_{1,1}^{m}) \big]$$

$$+ \frac{1}{2} \big[T_{x_{1-\frac{1}{2}},1}^{m} (\Phi_{0,1}^{m} - \Phi_{1,1}^{m}) - T_{x_{1+\frac{1}{2}},1}^{m} (\Phi_{2,1}^{m} - \Phi_{1,1}^{m}) \big]$$

$$+ T_{x_{1+\frac{1}{2}},1}^{m} (\Phi_{2,1}^{m} - \Phi_{1,1}^{m}) + T_{y_{1,1+\frac{1}{2}}}^{m} (\Phi_{1,2}^{m} - \Phi_{1,1}^{m}) + q_{\mathrm{sc}_{1,1}}^{m} = \frac{V_{\mathrm{b}_{1,1}}}{\alpha_{\mathrm{c}} \Delta t} \Big[\Big(\frac{\phi}{B} \Big)_{1,1}^{n+1} - \Big(\frac{\phi}{B} \Big)_{1,1}^{n} \Big]$$

$$\tag{5.20a}$$

式（5.20a）可以改写成如下形式：

$$q_{\mathrm{sc}_{b_{\mathrm{S}}},(1,1)}^{m} + q_{\mathrm{sc}_{b_{\mathrm{W}}},(1,1)}^{m} + T_{x_{1+\frac{1}{2}},1}^{m} (\Phi_{2,1}^{m} - \Phi_{1,1}^{m}) + T_{y_{1,1+\frac{1}{2}}}^{m} (\Phi_{1,2}^{m} - \Phi_{1,1}^{m}) + q_{\mathrm{sc}_{1,1}}^{m}$$

$$= \frac{V_{\mathrm{b}_{1,1}}}{\alpha_{\mathrm{c}} \Delta t} \Big[\Big(\frac{\phi}{B} \Big)_{1,1}^{n+1} - \Big(\frac{\phi}{B} \Big)_{1,1}^{n} \Big] \tag{5.20b}$$

其中

$$q_{\mathrm{sc}_{b_{\mathrm{S}}},(1,1)} = \frac{1}{2} \big[T_{y_{1,1-\frac{1}{2}}}^{m} (\Phi_{1,0}^{m} - \Phi_{1,1}^{m}) - T_{y_{1,1+\frac{1}{2}}}^{m} (\Phi_{1,2}^{m} - \Phi_{1,1}^{m}) \big] \tag{5.21}$$

$$q_{\mathrm{sc}_{b_{\mathrm{W}}},(1,1)} = \frac{1}{2} \big[T_{x_{1-\frac{1}{2}},1}^{m} (\Phi_{0,1}^{m} - \Phi_{1,1}^{m}) - T_{x_{1+\frac{1}{2}},1}^{m} (\Phi_{2,1}^{m} - \Phi_{1,1}^{m}) \big] \tag{5.22}$$

当 $n \equiv (1,1)$ 时，有 $\psi_{1,1} = \{(2,1),(1,2)\}$，$\xi_{1,1} = \{b_{\mathrm{S}}, b_{\mathrm{W}}\}$ 且 $\sum_{l \in \xi_{1,1}} q_{\mathrm{sc}_{l},(1,1)}^{m} = q_{\mathrm{sc}_{b_{\mathrm{S}}},(1,1)}^{m} +$ $q_{\mathrm{sc}_{b_{\mathrm{W}}},(1,1)}^{m}$，$T_{(2,1),(1,1)}^{m} = T_{x_{1+\frac{1}{2}},1}^{m}$，$T_{(1,2),(1,1)}^{m} = T_{y_{1,1+\frac{1}{2}}}^{m}$，代入方程（5.2）也可得到式（5.22）。

下面的示例演示了如何利用方程（5.2a）建立一维油藏内部网格点的流动方程。

例 5.2　针对例 5.1 中描述的一维油藏，请写出内部网格点 2、3、4 和 5 的流动方程。
求解方法

忽略方程（5.2a）的重力项，一维水平油藏中网格 n 的流动方程如下：

$$\sum_{l \in \psi_{n}} T_{l,n}^{m} (p_{l}^{m} - p_{n}^{m}) + \sum_{l \in \xi_{n}} q_{\mathrm{sc}_{l},n}^{m} + q_{\mathrm{sc}_{n}}^{m} = \frac{V_{\mathrm{b}_{n}}}{\alpha_{\mathrm{c}} \Delta t} \Big[\Big(\frac{\phi}{B} \Big)_{n}^{n+1} - \Big(\frac{\phi}{B} \Big)_{n}^{n} \Big] \tag{5.23}$$

因为 n 为油藏内部网格，有 $\psi_{n} = \{n-1, n+1\}$，$\xi_{n} = \{\}$，$\sum_{l \in \xi_{n}} q_{\mathrm{sc}_{l},n}^{m} = 0$。

例 5.1 中的网格点间距相等，$\Delta x_{i \mp \frac{1}{2}} = 1000\mathrm{ft}$；垂直于流动方向的渗流面积也相等，$\Delta y \times h = 1200 \times 75\mathrm{ft}^{2}$；网格渗透率 $K_{x} = 15\mathrm{mD}$；各网格内流体性质相同，原油体积系数 $B = 1\mathrm{bbl/bbl}$，

原油黏度 $\mu = 10\text{mPa} \cdot \text{s}$。将上述参数代入传导率计算式，可得 $T_x^m = \beta_c \dfrac{K_x A_x}{\mu B \Delta x} = 0.001127 \times$

$\dfrac{15 \times (1200 \times 75)}{10 \times 1 \times 1000}$ 0.1521 bbl/（d·psi）。网格点之间的传导率相等，为 $T_{1,2}^m = T_{2,3}^m = T_{3,4}^m = T_{4,5}^m = T_{5,6}^m = T_x^m = 0.1521$ bbl/（d·psi）。

对于网格点 2，有 $n = 2, \psi_2 = \{1,3\}, \xi_2 = \{\}$，则 $\sum\limits_{l \in \xi_2} q_{scl,2}^m = 0, q_{sc2}^m = 0$。代入方程 (5.23) 可得网格点 2 的流动方程：

$$(0.1521)(p_1^m - p_2^m) + (0.1521)(p_3^m - p_2^m) = \frac{V_{b_2}}{\alpha_c \Delta t}\left[\left(\frac{\phi}{B}\right)_2^{n+1} - \left(\frac{\phi}{B}\right)_2^n\right] \qquad (5.24)$$

对于网格点 3，有 $n = 3, \psi_3 = \{2,4\}, \xi_3 = \{\}$，则 $\sum\limits_{l \in \xi_3} q_{scl,3}^m = 0, q_{sc3}^m = 0$。代入方程 (5.23) 可得网格点 3 的流动方程：

$$(0.1521)(p_2^m - p_3^m) + (0.1521)(p_4^m - p_3^m) = \frac{V_{b_3}}{\alpha_c \Delta t}\left[\left(\frac{\phi}{B}\right)_3^{n+1} - \left(\frac{\phi}{B}\right)_3^n\right] \qquad (5.25)$$

对于网格点 4，有 $n = 4, \psi_4 = \{3,5\}, \xi_4 = \{\}$，则 $\sum\limits_{l \in \xi_4} q_{scl,4}^m = 0, q_{sc4}^m = 0$。代入方程 (5.23) 可得网格点 4 的流动方程：

$$(0.1521)(p_3^m - p_4^m) + (0.1521)(p_5^m - p_4^m) = \frac{V_{b_4}}{\alpha_c \Delta t}\left[\left(\frac{\phi}{B}\right)_4^{n+1} - \left(\frac{\phi}{B}\right)_4^n\right] \qquad (5.26)$$

对于网格点 5，有 $n = 5, \psi_5 = \{4,6\}, \xi_5 = \{\}$，则 $\sum\limits_{l \in \xi_5} q_{scl,5}^m = 0, q_{sc5}^m = 0$。代入方程 (5.23) 可得网格点 5 的流动方程：

$$(0.1521)(p_4^m - p_5^m) + (0.1521)(p_6^m - p_5^m) - 150 = \frac{V_{b_5}}{\alpha_c \Delta t}\left[\left(\frac{\phi}{B}\right)_5^{n+1} - \left(\frac{\phi}{B}\right)_5^n\right] \qquad (5.27)$$

5.4　边界条件的处理

油藏边界条件可以分为四类：（1）封闭边界，（2）恒流边界，（3）定压力梯度边界，（4）定压边界。四类边界条件在第 4 章都已介绍过。点中心网格和块中心网格是目前油藏数值模拟中最常用的两种网格系统。在点中心网格中，边界节点恰好位于边界上，而在块中心网格中，边界节点位于边界网格的中心，与边界仍有半个边界网格的距离。因此，点中心网格能够更加准确地表述定压边界条件。而在块中心网格系统中，定压边界条件的处理，则是通过假设边界压力向边界内位移半个网格，与边界节点重合的方法，将边界压力值赋给边界网格。这种方法是一阶近似处理。也曾有学者建议使用二阶近似处理，但这种处理给每个边界网格的每个边界都增加了一个额外的方程，并且额外添加的方程与原有流动方程的形式不相同，因此该方法未被采用。Abou Kassem 和 Osman（2008）提出了一种新的工程方法，用来处理块中心网格系统的恒定压力边界条件。新方法在每个边界网格的流动方程中都增加了一个虚拟井的产量项。虚拟井的产量等于边界网格和相邻边界外网格之间的流体交换量。新方法在直角坐标系和柱坐标系中都是有效的。在直角坐标系中，虚拟井的流动方向是线性的，在柱坐标系中则是径向的。通过新方法的处理，块中心网格和点中心网格在定压边界条件下，得到的压降剖面具有相同的精度。换句话说，在恒定压力边界条件下，与块中心网格相比，使用点中心网格不具备任何优势。

总结方程（5.7）、方程（5.10）、方程（5.15）、方程（5.17）、方程（5.21）和方程（5.22），可得虚拟井产量计算式的一般形式如下：

$$q_{sc_{b,bp}}^m = \frac{1}{2}\left[T_{b,bP**}^m(\Phi_{bP**}^m - \Phi_{bP}^m) - T_{b,bP*}^m(\Phi_{bP*}^m - \Phi_{bP}^m)\right] \tag{5.28a}$$

式中　$q_{sc_{b,bP}}^m$——油藏边界 b 和油藏边界点 bP 所在的实际油藏网格之间的流量交换；

　　　$T_{b,bP**}^m$——油藏边界 b（或边界点 bP）与边界网格外部相邻网格点 $bP**$ 之间的传导率；

　　　$T_{b,bP*}^m$——油藏边界 b（或边界点 bP）与边界网格内部相邻网格点 $bP**$ 之间的传导率。

由于油藏以外其他区域都没有地质条件约束，因此通常对所研究油藏附近的区域也赋予岩石属性。如图 5.7 所示，这里与第 4 章相同，应用镜像反映法，在油藏的左边界外侧建立虚拟网格 0，取其传导率与网格 1 相同（$T_{b,bP**}^m = T_{b,bP*}^m$）：

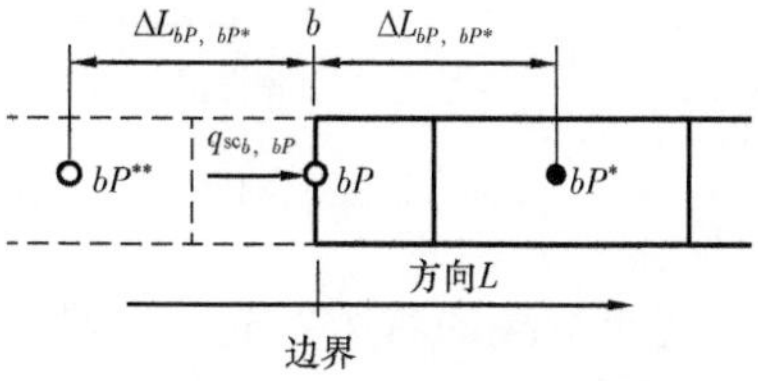

图 5.7　方程（5.28）中各项的定义

$$T_{b,bP**}^m = \left[\beta_c\frac{K_lA_l}{\mu B\Delta l}\right]_{bP,bP**}^m = \left[\beta_c\frac{K_lA_l}{\mu B\Delta l}\right]_{bP,bP*}^m = T_{b,bP*}^m \tag{5.29a}$$

式中　l——垂直于油藏边界 b 的方向。

将方程（5.29b）代入方程（5.28a），得到：

$$q_{sc_{b,bP}}^m = \frac{1}{2}T_{b,bP*}^m(\Phi_{bP**}^m - \Phi_{bP*}^m) \tag{5.28b}$$

在接下来的内容中，推导了不同边界条件下，直角坐标系内点中心网格系统中虚拟井流量 $q_{sc_{b,bP}}^m$ 的表达式。需要强调的是，该流量必须产生与特定边界条件相同的效果。在直角坐标系中，真实井为径向流，而虚拟井为线性流，而在柱坐标下一口单井模拟中，实际井和虚拟井都为径向流。因此，在单井模拟中：（1）对于径向流动的边界条件，虚拟井的流量只能用 6.2.2 节和 6.3.2 节推导的真实井动量方程计算；（2）由于 z 方向的流动是线性的，虚拟井在 z 方向的流量可采用接下来给出的方程计算；（3）在 θ 方向上没有油藏边界，因此没有虚拟井。油藏边界有流体流入时，虚拟井流量取正值；油藏边界有流体流出时，虚拟井的流量取负值。

5.4.1　定压力梯度边界条件

对于油藏的左边界或下边界、南边界、西边界，例如图 5.8 中的边界网格点 1，方程

（5.28a）可以改写为：

$$q_{sc_{b_W,1}}^m = \frac{1}{2} \left[T_{x_{1+\frac{1}{2}}}^m (\Phi_0^m - \Phi_2^m) \right] = \frac{1}{2} \left[\left(\beta_c \frac{K_x A_x}{\mu B \Delta x} \right)_{1+\frac{1}{2}}^m (\Phi_0^m - \Phi_2^m) \right]$$

$$= \left[\beta_c \frac{K_x A_x}{\mu B} \right]_{1+\frac{1}{2}}^m \frac{(\Phi_0^m - \Phi_2^m)}{2\Delta x_{1+\frac{1}{2}}} = -\left[\beta_c \frac{K_x A_x}{\mu B} \right]_{1+\frac{1}{2}}^m \left. \frac{\partial \Phi}{\partial x} \right|_{b_W}^m = -\left[\beta_c \frac{K_x A_x}{\mu B} \right]_{1,2}^m \left. \frac{\partial \Phi}{\partial x} \right|_{b_W}^m \quad (5.30)$$

为了得到方程（5.30），将势能的一阶导数用中心差分近似代替，$-\left. \frac{\partial \Phi}{\partial x} \right|_{b_W}^m \cong$

$\frac{(\Phi_0^m - \Phi_2^m)}{2\Delta x_{1+\frac{1}{2}}}$，如图5.6所示。将方程（2.10）代入方程（5.30）可得：

$$q_{sc_{b_W,1}}^m = -\left[\beta_c \frac{K_x A_x}{\mu B} \right]_{1,2}^m \left. \frac{\partial \Phi}{\partial x} \right|_{b_W}^m = -\left[\beta_c \frac{K_x A_x}{\mu B} \right]_{1,2}^m \left[\left. \frac{\partial p}{\partial x} \right|_{b_W}^m - \gamma_{1,2}^m \left. \frac{\partial Z}{\partial x} \right|_{b_W} \right] \quad (5.31)$$

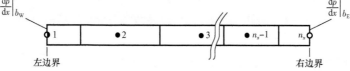

图5.8　点中心网格系统中定压力梯度边界条件示意图

对于油藏的右边界或上边界、北边界、东边界，例如图5.8中的边界网格点 n_x，采用以上方法，方程（5.28a）可以改写为：

$$q_{sc_{b_E,n_x}}^m = \left[\beta_c \frac{K_x A_x}{\mu B} \right]_{n_x,n_x-1}^m \left. \frac{\partial \Phi}{\partial x} \right|_{b_E}^m = \left[\beta_c \frac{K_x A_x}{\mu B} \right]_{n_x,n_x-1}^m \left[\left. \frac{\partial p}{\partial x} \right|_{b_E}^m - \gamma_{n_x,n_x-1}^m \left. \frac{\partial Z}{\partial x} \right|_{b_E} \right] \quad (5.32)$$

通常情况下，定压力梯度边界条件，在油藏左边界（下边界，南边界或西边界）处，有：

$$q_{sc_{b,bP}}^m = -\left[\beta_c \frac{K_l A_l}{\mu B} \right]_{bP,bP*}^m \left[\left. \frac{\partial p}{\partial l} \right|_b^m - \gamma_{bP,bP*}^m \left. \frac{\partial Z}{\partial l} \right|_b \right] \quad (5.33a)$$

在油藏右边界（东边界、北边界或上边界）处，有：

$$q_{sc_{b,bP}}^m = \left[\beta_c \frac{K_l A_l}{\mu B} \right]_{bP,bP*}^m \left[\left. \frac{\partial p}{\partial l} \right|_b^m - \gamma_{bP,bP*}^m \left. \frac{\partial Z}{\partial l} \right|_b \right] \quad (5.33b)$$

其中 l 指垂直于边界的方向。

5.4.2　定流量边界条件

当边界附近的油藏比相邻油藏或含水层具有更高或更低的势能时，就会产生定流量边界条件，即油藏边界有流体流入或流出。油藏工程中的物质平衡法和水侵量计算等方法都可以用来计算边界流量。这里将边界流量设为 q_{spsc}，对边界网格点1，有：

$$q^m_{sc_{b_W},1} = q_{spsc} \tag{5.34}$$

对边界网格点 n_x，有：

$$q^m_{sc_{b_E},n_x} = q_{spsc} \tag{5.35}$$

通常，在定流量边界条件下，方程（5.28a）变为：

$$q^m_{sc_{b,bP}} = q_{spsc} \tag{5.36}$$

在多维流动模拟中，若油藏边界的流量为 q_{spsc}，则该边界上的任一边界网格点的流量 $q^m_{sc_{b,bP}}$ 可用式（5.37）计算：

$$q^m_{sc_{b,bP}} = \frac{T^m_{bP,bP*}}{\sum\limits_{l \in \psi_b} T^m_{l,l*}} q_{spsc} \tag{5.37}$$

式中　ψ_b——该油藏边界上的所有边界网格点的集合；

$T^m_{l,l*}$——油藏边界点 l（或油藏边界 b）和垂直于油藏边界上的相邻内部网格点 $l*$ 之间的传导率。

$T^m_{bP,bP*}$ 可由式（5.29b）得到：

$$T^m_{bP,bP*} = \left[\beta_c \frac{K_l A_l}{\mu B \Delta l} \right]^m_{bP,bP*} \tag{5.29b}$$

针对边界网格的不同方向，方程（5.29）中的下标 l 可用 x，y 或 z 替换。另外，方程（5.37）需要补充一个假设条件，即：对于所有的边界网格，其边界上的势能差是相同的。

5.4.3　封闭边界条件

封闭边界条件即油藏边界的渗透率为 0（例如图 5.6 中，在网格点 1 的左边界，有 $T^m_{\frac{1}{2}} = 0$，在网格块 n_x 的右边界，有 $T^m_{x_{n_x+\frac{1}{2}}} = 0$）；或者根据油藏边界的对称性，网格两侧的势能相等（例如图 5.6 中，网格 1 的 $\Phi^m_0 = \Phi^m_2$，网格 n_x 的 $\Phi^m_{n_x-1} = \Phi^m_{n_x+1}$）。将以上表达式代入方程（5.28b），可得边界网格点 1 的虚拟井流量表达式如下：

$$q^m_{sc_{b_W},1} = \frac{1}{2} T^m_{x_{\frac{1}{2}}} (\Phi^m_0 - \Phi^m_2) = \frac{1}{2}(0)(\Phi^m_0 - \Phi^m_2) = \frac{1}{2} T^m_{x_{\frac{1}{2}}}(0) = 0 \tag{5.38}$$

边界网格点 n_x 的虚拟井流量表达式如下：

$$q^m_{sc_{b_E},n_x} = \frac{1}{2} T^m_{x_{n_x+\frac{1}{2}}} (\Phi^m_{n_x+1} - \Phi^m_{n_x-1}) = \frac{1}{2}(0)(\Phi^m_{n_x+1} - \Phi^m_{n_x-1})$$

$$= \frac{1}{2} T^m_{x_{n_x+\frac{1}{2}}}(0) = 0 \tag{5.39}$$

通常，在封闭边界条件下，方程（5.28b）变为：

$$q_{sc_{b,bP}}^m = 0 \tag{5.40}$$

在多维流动模拟中，任意 x，y 或 z 方向的封闭边界条件，边界网格点的虚拟井流量 $q_{sc_{b,bP}}^m$ 均满足式（5.40）。

5.4.4 定压边界条件

当油藏边界的水层能量充足，或边界上有注入井及时补充地层压力时，油藏边界压力 （p_b）保持恒定，即为定压边界条件。图5.9为点中心网格油藏中，左边界和右边界均为定压边界时的示意图。

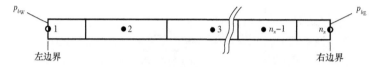

图5.9 中心网格系统中定压边界条件示意图

如图5.9所示，边界网格点1位于油藏的左边界 b_W 上，因此 $p_1 = p_{b_W}$；边界网格点 n_x 位于油藏的右边界 b_E 上，因此 $p_{n_x} = p_{b_E}$。把上述定压力边界条件代入油藏网格点 $bP*$（例如网格点2和网格点 $n_x - 1$）的流动方程中，那么网格点2的流动方程可以化简为：

$$T_{x_{1+\frac{1}{2}}}^m \left[(p_{b_W} - p_2^m) - \gamma_{1+\frac{1}{2}}^m (Z_1 - Z_2) \right] + T_{x_{2+\frac{1}{2}}}^m \left[(p_3^m - p_2^m) - \gamma_{2+\frac{1}{2}}^m (Z_3 - Z_2) \right]$$

$$+ q_{sc_2}^m = \frac{V_{b_2}}{\alpha_c \Delta t} \left[\left(\frac{\phi}{B} \right)_2^{n+1} - \left(\frac{\phi}{B} \right)_2^n \right] \tag{5.41a}$$

同样地，网格点 $n_x - 1$ 的流动方程可以化简为：

$$T_{x_{n_x-3/2}}^m \left[(p_{n_x-2}^m - p_{n_x-1}^m) - \gamma_{n_x-3/2}^m (Z_{n_x-2} - Z_{n_x-1}) \right]$$

$$+ T_{x_{n_x-\frac{1}{2}}}^m \left[(p_{b_E} - p_{n_x-1}^m) - \gamma_{n_x-\frac{1}{2}}^m (Z_{n_x} - Z_{n_x-1}) \right] + q_{sc_{n_x-1}}^m = \frac{V_{b_{n_x-1}}}{\alpha_c \Delta t} \left[\left(\frac{\phi}{B} \right)_{n_x-1}^{n+1} - \left(\frac{\phi}{B} \right)_{n_x-1}^n \right]$$

$$\tag{5.42a}$$

根据方程（5.7），推导出边界网格点1的压力保持在 p_{b_W} 的条件。

$$q_{sc_{b_W,1}}^m = \frac{1}{2} \left[T_{x_{1-\frac{1}{2}}}^m (\Phi_0^m - \Phi_1^m) - T_{x_{1+\frac{1}{2}}}^m (\Phi_2^m - \Phi_1^m) \right] \tag{5.7}$$

为了保持油藏西边界的压力恒定，从油藏边界外流入的流体 $T_{x-\frac{1}{2}}^m (\Phi_0^m - \Phi_1^m)$ 必须等于从油藏边界内流出的流体 $T_{x+\frac{1}{2}}^m (\Phi_1^m - \Phi_2^m)$，也就是：

$$T_{x_{1-\frac{1}{2}}}^m (\Phi_0^m - \Phi_1^m) = T_{x_{1+\frac{1}{2}}}^m (\Phi_1^m - \Phi_2^m) \tag{5.43}$$

将方程（5.43）代入方程（5.7），得出：

$$q_{\mathrm{sc}_{b_{\mathrm{W}},1}}^{m} = \frac{1}{2}\big[-T_{x_{1+\frac{1}{2}}}^{m}(\varPhi_2^m - \varPhi_1^m) - T_{x_{1+\frac{1}{2}}}^{m}(\varPhi_2^m - \varPhi_1^m)\big]$$

$$= -T_{x_{1+\frac{1}{2}}}^{m}(\varPhi_2^m - \varPhi_1^m)$$

$$= T_{x_{1+\frac{1}{2}}}^{m}(\varPhi_1^m - \varPhi_2^m) \tag{5.44a}$$

或用压力表示：

$$q_{\mathrm{sc}_{b_{\mathrm{W}},1}}^{m} = T_{x_{1+\frac{1}{2}}}^{m}\big[(p_1^m - p_2^m) - \gamma_{1+\frac{1}{2}}^{m}(Z_1 - Z_2)\big] \tag{5.44b}$$

其中 $p_1 = p_{b_{\mathrm{W}}}$。

对于边界网格点 1，有 $n = 1, \psi_1 = \{2\}, \xi_1 = \{b_{\mathrm{W}}\}$，且 $\sum_{l \in \xi_1} q_{\mathrm{sc}_{l,1}}^{m} = q_{\mathrm{sc}_{b_{\mathrm{W}},1}}^{m}, T_{2,1}^{m} = T_{x_{1+\frac{1}{2}}}^{m}$，代入方程（5.2a），根据 $p_1 = p_{b_{\mathrm{W}}}$ 消去方程左侧的压力项，也可得到方程（5.44b）。

类似地，对边界网格点 n_x，有：

$$q_{\mathrm{sc}_{b_{\mathrm{E}},n_x}}^{m} = T_{x_{n_x-\frac{1}{2}}}^{m}(\varPhi_{n_x}^m - \varPhi_{n_x-1}^m) \tag{5.45a}$$

或用压力表示为：

$$q_{\mathrm{sc}_{b_{\mathrm{E}},n_x}}^{m} = T_{x_{n_x-\frac{1}{2}}}^{m}\big[(p_{n_x}^m - p_{n_x-1}^m) - \gamma_{n_x-\frac{1}{2}}^{m}(Z_{n_x} - Z_{n_x-1})\big] \tag{5.45b}$$

其中 $p_{n_x} = p_{b_{\mathrm{E}}}$。

定压边界条件下，虚拟井产量的一般表达式为：

$$q_{\mathrm{sc}_{b,bP}}^{m} = T_{b,bP*}^{m}(\varPhi_{bP}^m - \varPhi_{bP*}^m) \tag{5.46a}$$

用压力表示为：

$$q_{\mathrm{sc}_{b,bP}}^{m} = T_{b,bP*}^{m}\big[(p_{bP}^m - p_{bP*}^m) - \gamma_{b,bP*}^{m}(Z_{bP} - Z_{bP*})\big] \tag{5.46b}$$

其中

$$T_{bP,bP*}^{m} = \Big[\beta_{\mathrm{c}} \frac{K_l A_l}{\mu B \Delta l}\Big]_{bP,bP*}^{m} \tag{5.29b}$$

$\gamma_{b,bP*}$ 为边界网格点 bP 和网格点 $bP*$ 中所含流体的重度，且 $p_{bP} = p_b$。

联立方程（5.46b）和（5.29b）可得：

$$q_{\mathrm{sc}_{b,bP}}^{m} = \Big[\beta_{\mathrm{c}} \frac{K_l A_l}{\mu B \Delta l}\Big]_{bP,bP*}^{m}\big[(p_{bP}^m - p_{bP*}^m) - \gamma_{b,bP*}^{m}(Z_{bP} - Z_{bP*})\big] \tag{5.46c}$$

在多维流动模拟中，若边界网格任意 x, y 或 z 方向的边界压力恒定，要计算 $q_{\mathrm{sc}_{b,bP}}^{m}$，只需将方程（5.46c）中的 l 替换为对应的 x, y 或 z。

5.4.5　定边界网格压力

在 5.4.4 节中，讨论了点中心网格系统中定压力边界条件的处理，处理方法为把定边界压力转化为定边界网格点压力，即 $p_1 \cong p_{b_{\mathrm{W}}}$ 和 $p_{n_x} \cong p_{b_{\mathrm{E}}}$。5.4.4 节还给出一种将定边界网格压

力写进油藏网格点 bP^*（例如网格点 2 和网格点 $n_x - 1$）的流动方程的方法，得到的网格点 2 的流动方程如下：

$$T^m_{x_{1+\frac{1}{2}}}\big[\,(p_{b_{\mathrm{W}}} - p^m_2) - \gamma^m_{1+\frac{1}{2}}(Z_1 - Z_2)\,\big] + T^m_{x_{2+\frac{1}{2}}}\big[\,(p^m_3 - p^m_2) - \gamma^m_{2+\frac{1}{2}}(Z_3 - Z_2)\,\big]$$

$$+ q^m_{\mathrm{sc}_2} = \frac{V_{\mathrm{b}_2}}{\alpha_{\mathrm{c}}\Delta t}\Big[\Big(\frac{\phi}{B}\Big)^{n+1}_2 - \Big(\frac{\phi}{B}\Big)^n_2\Big] \tag{5.41a}$$

网格点 $n_x - 1$ 的流动方程如下：

$$T^m_{x_{n_x-3/2}}\big[\,(p^m_{n_x-2} - p^m_{n_x-1}) - \gamma^m_{n_x-3/2}(Z_{n_x-2} - Z_{n_x-1})\,\big]$$

$$+ T^m_{x_{n_x-\frac{1}{2}}}\big[\,(p_{b_{\mathrm{E}}} - p^m_{n_x-1}) - \gamma^m_{n_x-\frac{1}{2}}(Z_{n_x} - Z_{n_x-1})\,\big] + q^m_{\mathrm{sc}_{n_x-1}} = \frac{V_{\mathrm{b}_{n_x-1}}}{\alpha_{\mathrm{c}}\Delta t}\Big[\Big(\frac{\phi}{B}\Big)^{n+1}_{n_x-1} - \Big(\frac{\phi}{B}\Big)^n_{n_x-1}\Big]$$

$$\tag{5.42a}$$

另一种处理方法是将边界网格点 bP 和相邻网格点 bP^* 间的边界看作新的油藏边界，将边界网格点 bP 看作边界外网格点。方程（5.41a）可以改写为：

$$T^m_{x_{2+\frac{1}{2}}}\big[\,(p^m_3 - p^m_2) - \gamma^m_{2+\frac{1}{2}}(Z_3 - Z_2)\,\big] + q^m_{\mathrm{sc}_{b_{\mathrm{W}},2}} + q^m_{\mathrm{sc}_2} = \frac{V_{\mathrm{b}_2}}{\alpha_{\mathrm{c}}\Delta t}\Big[\Big(\frac{\phi}{B}\Big)^{n+1}_2 - \Big(\frac{\phi}{B}\Big)^n_2\Big]$$

$$\tag{5.41b}$$

其中，$q^m_{\mathrm{sc}_{b_{\mathrm{W}},2}} = q^m_{\mathrm{sc}_{b_{\mathrm{W}},1}} = T^m_{x_{1+\frac{1}{2}}}\big[\,(p_{b_{\mathrm{W}}} - p^m_2) - \gamma^m_{1+\frac{1}{2}}(Z_1 - Z_2)\,\big]$。

类似地，方程（5.42a）可以改写为：

$$T^m_{x_{n_x-3/2}}\big[\,(p^m_{n_x-2} - p^m_{n_x-1}) - \gamma^m_{n_x-3/2}(Z_{n_x-2} - Z_{n_x-1})\,\big]$$

$$+ q^m_{\mathrm{sc}_{b_{\mathrm{E}},n_x-1}} + q^m_{\mathrm{sc}_{n_x-1}} = \frac{V_{\mathrm{b}_{n_x-1}}}{\alpha_{\mathrm{c}}\Delta t}\Big[\Big(\frac{\phi}{B}\Big)^{n+1}_{n_x-1} - \Big(\frac{\phi}{B}\Big)^n_{n_x-1}\Big] \tag{5.42b}$$

其中，$q^m_{\mathrm{sc}_{b_{\mathrm{E}},n_x-1}} = q^m_{\mathrm{sc}_{b_{\mathrm{E}},n_x}} = T^m_{x_{n_x+\frac{1}{2}}}\big[\,(p_{b_{\mathrm{W}}} - p^m_{n_x-1}) - \gamma^m_{n_x-\frac{1}{2}}(Z_{n_x} - Z_{n_x-1})\,\big]$。

下面的示例主要介绍了流动方程的一般形式（5.2a）在一维和二维油藏中的应用，以及不同边界条件下，网格点流动方程中虚拟井产量项 $q^m_{\mathrm{sc}_{b,bP}}$ 的合理表征。

例 5.3 为例 5.1 中的一维油藏添上边界条件，如图 5.10 所示，油藏左边界保持 5000psia 的恒定压力，油藏右边界为的封闭边界。请写出边界网格点 1 和边界网格点 6 的流动方程。

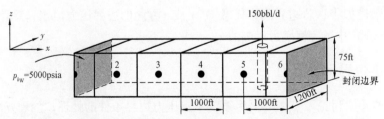

图 5.10 例 5.3 中的离散化一维油藏

求解方法

忽略方程（5.2a）中的重力项，一维水平油藏网格点 n 的流动方程可以写为：

$$\sum_{l \in \psi_n} T_{l,n}^m (p_l^m - p_n^m) + \sum_{l \in \xi_n} q_{sc_{l,n}}^m + q_{sc_n}^m = \frac{V_{b_n}}{\alpha_c \Delta t}\left[\left(\frac{\phi}{B}\right)_n^{n+1} - \left(\frac{\phi}{B}\right)_n^n\right] \tag{5.23}$$

对于左边界网格 1，有 $n = 1, p_1 = p_{b_W} = 5000\text{psia}$。通常不需要写出网格点 1 的流动方程。但根据题目要求，仍需给出网格 1 的流动方程。

当 $n = 1$ 时，有 $\psi_1 = \{2\}$，$\xi_1 = \{b_W\}$，且 $\sum_{l \in \xi_1} q_{sc_{l,1}}^m = q_{sc_{b_W,1}}^m, q_{sc_1}^m = 0$。根据例 5.2 可知，$T_{1,2}^m = 0.1521 \text{ bbl/}(\text{d} \cdot \text{psi})$。将上述条件代入方程（5.23）可得：

$$(0.1521)(p_2^m - p_1^m) + q_{sc_{b_W,1}}^m = \frac{V_{b_1}}{\alpha_c \Delta t}\left[\left(\frac{\phi}{B}\right)_1^{n+1} - \left(\frac{\phi}{B}\right)_1^n\right] \tag{5.47}$$

根据 $p_1^{n+1} = p_1^n = p_{b_W} = 5000\text{psia}$，消去方程（5.47）左侧的压力项，可得：

$$\frac{V_{b_1}}{\alpha_c \Delta t}\left[\left(\frac{\phi}{B}\right)_1^{n+1} - \left(\frac{\phi}{B}\right)_1^n\right] = 0 \tag{5.48}$$

联立方程（5.47）和方程（5.48），求解 $q_{sc_{b_W,1}}^m$：

$$q_{sc_{b_W,1}}^m = (0.1521)(5000 - p_2^m) \tag{5.49}$$

$q_{sc_{b_W,1}}^m$ 也可由方程（4.46c）求解，过程如下：

$$q_{sc_{b_W,1}}^m = \left[\beta_c \frac{K_x A_x}{\mu B \Delta x}\right]_{1,2}^m (p_1^m - p_2^m) = 0.001127 \times \frac{15 \times (1200 \times 75)}{10 \times 1 \times (1000/2)}(5000 - p_2^m)$$

$$= (0.1521)(5000 - p_2^m) \tag{5.50}$$

定压力边界条件下，方程（5.49）和方程（5.50）求解得到的虚拟井的产量 $q_{sc_{b_W,1}}^m$ 是相同的。因此，对于边界网格点而言，方程（5.46c）和方程（5.2a）具有一致性。

对于右边界网格 6，有 $n = 6$，$\psi_6 = \{5\}$，$\xi_6 = \{b_E\}$，且 $\sum_{l \in \xi_6} q_{sc_{l,6}}^m = q_{sc_{b_E,6}}^m, q_{sc_6}^m = 0$。根据例 5.2 可知，$T_{5,6}^m = 0.1521 \text{ bbl/}(\text{d} \cdot \text{psi})$。将上述条件代入方程（5.23）可得：

$$(0.1521)(p_5^m - p_6^m) + q_{sc_{b_E,6}}^m = \frac{V_{b_6}}{\alpha_c \Delta t}\left[\left(\frac{\phi}{B}\right)_6^{n+1} - \left(\frac{\phi}{B}\right)_6^n\right] \tag{5.51}$$

式（5.51）中，虚拟井的产量由方程（5.40）得出。对于油藏的右边界，有 $b \equiv b_E$，$bP \equiv 6, q_{sc_{b_E,6}}^m = 0$。

代入方程（5.51）即可得到边界网格点 6 的流动方程：

$$(0.1521)(p_5^m - p_6^m) + 0 = \frac{V_{b_6}}{\alpha_c \Delta t}\left[\left(\frac{\phi}{B}\right)_6^{n+1} - \left(\frac{\phi}{B}\right)_6^n\right] \tag{5.52}$$

例 4.4 如图 5.11 所示，在例 5.1 的一维油藏中，油藏左边界保持 0.1 psi/ft 的恒定压力梯度，而油藏右边界有流体以恒定速度汇入，速度为 50bbl/d。请写出边界网格 1 和边界网格 6 的流动方程。

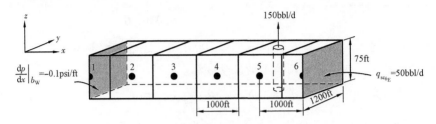

图 5.11　例 5.4 中的离散化一维油藏

求解方法

忽略方程（5.2a）中的重力项，一维水平油藏网格 n 的流动方程可以写为：

$$\sum_{l \in \psi_n} T_{l,n}^m (p_l^m - p_n^m) + \sum_{l \in \xi_n} q_{sc_{l,n}}^m + q_{sc_n}^m = \frac{V_{b_n}}{\alpha_c \Delta t} \left[\left(\frac{\phi}{B} \right)_n^{n+1} - \left(\frac{\phi}{B} \right)_n^n \right] \tag{5.23}$$

对边界网格点 1，有 $n=1$，$\psi_1 = \{2\}$，$\xi_1 = \{b_W\}$，且 $\sum_{l \in \xi_{1,1}} q_{sc_{l,1}}^m = q_{sc_{b_W,1}}^m$，$q_{sc_1}^m = 0$。根据例 5.2 可知，$T_{1,2}^m = 0.1521$ bbl/（d·psi）。将上述条件代入方程（5.23）可得：

$$(0.1521)(p_2^m - p_1^m) + q_{sc_{b_W,1}}^m = \frac{V_{b_1}}{\alpha_c \Delta t} \left[\left(\frac{\phi}{B} \right)_1^{n+1} - \left(\frac{\phi}{B} \right)_1^n \right] \tag{5.53}$$

用方程（5.33a）计算定压力梯度边界条件下虚拟井的产量 $q_{sc_{b_W,1}}^m$：

$$q_{sc_{b_W,1}}^m = -\left[\beta_c \frac{K_x A_x}{\mu B} \right]_{1,2}^m \left[\left. \frac{\partial p}{\partial x} \right|_{b_W}^m - \gamma_{1,2}^m \left. \frac{\partial Z}{\partial x} \right|_{b_W} \right]$$

$$= -\left[0.001127 \times \frac{15 \times (1200 \times 75)}{10 \times 1} \right] [-0.1 - 0]$$

$$= -152.15 \times (-0.1) = 15.215 \tag{5.54}$$

将式（5.54）代入方程（5.53），可得边界网格点 1 的流动方程如下：

$$(0.1521)(p_2^m - p_1^m) + 15.215 = \frac{V_{b_1}}{\alpha_c \Delta t} \left[\left(\frac{\phi}{B} \right)_1^{n+1} - \left(\frac{\phi}{B} \right)_1^n \right] \tag{5.55}$$

对边界网格点 6，有 $n=6$，$\psi_6 = \{5\}$，$\xi_6 = \{b_E\}$，且 $\sum_{l \in \xi_6} q_{sc_{l,6}}^m = q_{sc_{b_W,6}}^m$，$q_{sc_6}^m = 0$。根据例 5.2 可知，$T_{5,6}^m = 0.1521$ bbl/（d·psi）。将上述条件代入方程（5.23）可得：

$$(0.1521)(p_5^m - p_6^m) + q_{sc_{b_E,6}}^m = \frac{V_{b_6}}{\alpha_c \Delta t} \left[\left(\frac{\phi}{B} \right)_6^{n+1} - \left(\frac{\phi}{B} \right)_6^n \right] \tag{5.56}$$

用方程（5.36）计算虚拟井产量 $q_{sc_{b_W,6}}^m$，计算结果为 $q_{sc_{b_W,6}}^m = 50$bbl/d。

代入方程（5.56），可得边界网格点 6 的流动方程如下：

$$(0.1521)(p_5^m - p_6^m) + 50 = \frac{V_{b_6}}{\alpha_c \Delta t}\left[\left(\frac{\phi}{B}\right)_6^{n+1} - \left(\frac{\phi}{B}\right)_6^n\right] \tag{5.57}$$

例 5.5 二维水平油藏单相流体流动模拟，油藏网格如图 5.12 所示。网格 9 设有一口生产井，日产量 4000bbl。网格参数为 $\Delta x_{i\mp\frac{1}{2}} = 250$ ft，$\Delta y_{i\mp\frac{1}{2}} = 300$ft，$h = 100$ft，$K_x = 270$mD，$K_y = 220$mD。流体的体积系数和黏度分别为 1.0bbl/bbl 和 2mPa·s。油藏南边界压力恒定，为 3000psia，油藏西边界为不渗透边界，油藏东边界压力梯度恒定，为 0.1 psi/ft，油藏北边界有流体流出，流速500bbl/d，请写出边界网格 2、6、8 和 18 的流动方程。

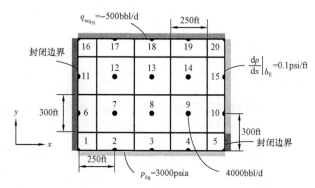

图 5.12 例 5.5 和例 5.6 中的离散化二维油藏示意图

求解方法

忽略方程（5.2a）中的重力项，二维水平油藏网格 n 的流动方程如下：

$$\sum_{l\in\psi_n} T_{l,n}^m(p_l^m - p_n^m) + \sum_{l\in\xi_n} q_{sc_{l,n}}^m + q_{sc_n}^m = \frac{V_{b_n}}{\alpha_c \Delta t}\left[\left(\frac{\phi}{B}\right)_n^{n+1} - \left(\frac{\phi}{B}\right)_n^n\right] \tag{5.23}$$

在写出流动方程之前，需要先计算出 x 方向和 y 方向的传导率值。

x 方向的网格点间距相等，为 $\Delta x_{i\mp\frac{1}{2},j} = 250$ft；渗流面积也相等，为 $A_x = \Delta y \times h = 300 \times 100 = 30000$ft^2；$x$ 方向的渗透率为 $K_x = 270$mD；$\mu = 2$mPa·s，$B = 1$bbl/bbl。因此，$T_x^m = \beta_c \frac{K_x A_x}{\mu B \Delta x} = 0.001127 \times \frac{270 \times (300 \times 100)}{2 \times 1 \times 250} = 18.2574$bbl/（d·psi）。

y 方向的网格点距离也相等，为 $\Delta y_{i,j\mp\frac{1}{2}} = 300$ft；渗流面积也相等，为 $A_y = \Delta x \times h = 250 \times 100 = 25000$ft^2；$y$ 方向的渗透率为 $K_y = 220$mD；$\mu = 2$mPa·s，$B = 1$bbl/bbl。因此，$T_y^m = \beta_c \frac{K_y A_y}{\mu B \Delta y} = 0.001127 \times \frac{220 \times (250 \times 100)}{2 \times 1 \times 300} = 10.3308$bbl/（d·psi）。

因为第二排和第三排的网格点渗流面积相等，$A_x = \Delta y \times h = 300 \times 100 = 30000$ft^2，可得 $T_{6,7}^m = T_{7,8}^m = T_{8,9}^m = T_{9,10}^m = T_{11,12}^m = T_{12,13}^m = T_{13,14}^m = T_{14,15}^m = T_x^m = 18.2574$ bbl/（d·psi）。

因为第一排和最后一排网格点渗流面积相等，$A_x = (\Delta y/2) \times h = 150 \times 100 = 15000$ft^2，可得 $T_{1,2}^m = T_{2,3}^m = T_{3,4}^m = T_{4,5}^m = T_{16,17}^m = T_{17,18}^m = T_{18,19}^m = T_{19,20}^m = \frac{1}{2}T_x^m = 9.1287$ bbl/（d·psi）。

因为第三列和第四列网格点渗流面积相等，$A_y = \Delta x \times h = 250 \times 100 = 25000 \mathrm{ft}^2$，可得 $T_{2,7}^m = T_{7,12}^m = T_{12,17}^m = T_{3,8}^m = T_{8,13}^m = T_{13,18}^m = T_{4,9}^m = T_{9,14}^m = T_{14,19}^m = T_y^m = 10.3308\, \mathrm{bbl/(d \cdot psi)}$。因为第一列和最后一列网格点的渗流面积相等，$A_y = (\Delta x/2) \times h = 125 \times 100 = 12500 \mathrm{ft}^2$，可得 $T_{1,6}^m = T_{6,11}^m = T_{11,16}^m = T_{5,10}^m = T_{10,15}^m = T_{15,20}^m = \frac{1}{2} T_y^m = 5.1654\, \mathrm{bbl/(d \cdot psi)}$。

对于边界网格点 2，有 $n = 2$，$\psi_2 = \{1, 3, 7\}$，$\xi_2 = \{b_S\}$，且 $\sum\limits_{l \in \xi_2} q_{sc_{l,2}}^m = q_{sc_{b_S,2}}^m$，$q_{sc_2}^m = 0$。

根据方程（5.46c）计算虚拟井的产量 $q_{sc_{b_S,6}}^m$，过程如下：

$$q_{sc_{b_S,2}}^m = \left[\beta_c \frac{K_y A_y}{\mu B \Delta y} \right]_{2,7}^m (p_{b_S} - p_7^m) = \left[0.001127 \times \frac{220 \times (250 \times 100)}{2 \times 1 \times (300)} \right] (3000 - p_7^m)$$

$$= (10.3308)(3000 - p_7^m) \tag{5.58}$$

另外，有 $T_{1,2}^m = T_{2,3}^m = \frac{1}{2} T_x^m = 9.1287\, \mathrm{bbl/(d \cdot psi)}$，$V_{b_{10}} = 250 \times (300/2) \times 100 = 3750000 \mathrm{ft}^3$，$T_{2,7}^m = T_y^m = 10.3308\, \mathrm{bbl/(d \cdot psi)}$。将上述参数代入方程（5.23），可得边界网格点 2 的流动方程如下：

$$(9.1287)(p_1^m - p_2^m) + (9.1287)(p_3^m - p_2^m) + (10.3308)(p_7^m - p_2^m)$$

$$+ (10.3308)(3000 - p_7^m) + 0 = \frac{V_{b_2}}{\alpha_c \Delta t} \left[\left(\frac{\phi}{B} \right)_2^{n+1} - \left(\frac{\phi}{B} \right)_2^n \right] \tag{5.59}$$

由于 $p_1^m = p_2^m = p_3^m = 3000\, \mathrm{psia}$，方程左侧项变为 0；由于 $p_2^n = p_2^{n+1} = p_{b_S} = 3000\, \mathrm{psia}$，方程的右侧项也变为 0，上述方程变为恒等式。因此，方程（5.59）可以证实方程（5.46c）计算定压边界上虚拟井产量的准确性。

对于边界网格点 6，有 $n = 6$，$\psi_6 = \{1, 7, 11\}$，$\xi_6 = \{b_W\}$，且 $\sum\limits_{l \in \xi_6} q_{sc_{l,6}}^m = q_{sc_{b_W,6}}^m$，$q_{sc_6}^m = 0$。根据方程（5.40）计算封闭边界对应的虚拟井的产量 $q_{sc_{b_S,6}}^m$，得到 $q_{sc_{b_S,6}}^m = 0$。

另外，有 $T_{7,6}^m = T_x^m = 18.2574\, \mathrm{bbl/(d \cdot psi)}$，$V_{b_6} = (250/2) \times 300 \times 100 = 3750000\, \mathrm{ft}^3$，$T_{1,6}^m = T_{11,6}^m = \frac{1}{2} T_y^m = 5.1654\, \mathrm{bbl/(d \cdot psi)}$，将上述参数代入方程（5.23），可得边界网格点 6 的流动方程如下：

$$(5.1654)(p_1^m - p_6^m) + (18.2574)(p_7^m - p_6^m) + (5.1654)(p_{11}^m - p_6^m) + 0 + 0$$

$$= \frac{V_{b_6}}{\alpha_c \Delta t} \left[\left(\frac{\phi}{B} \right)_6^{n+1} - \left(\frac{\phi}{B} \right)_6^n \right] \tag{5.60}$$

对于边界网格点 10，有 $n = 10$，$\psi_{10} = \{5, 9, 15\}$，$\xi_{10} = \{b_E\}$，且 $\sum\limits_{l \in \xi_{10}} q_{sc_{l,10}}^m = q_{sc_{b_E,10}}^m$，$q_{sc_{10}}^m = 0$。根据方程（5.33b）计算油藏东边界对应的虚拟井的产量 $q_{sc_{b_E,10}}^m$，计算过程如下：

$$q_{sc_{b_E,10}}^m = \left[\beta_c \frac{K_x A_x}{\mu B} \right]_{10,9}^m \left[\left. \frac{\partial p}{\partial x} \right|_{b_E}^m - \gamma_{10,9}^m \left. \frac{\partial Z}{\partial x} \right|_{b_E} \right]$$

$$= \left[0.001127 \times \frac{270 \times (300 \times 100)}{2 \times 1} \right][0.1 - 0] = 4564.35 \times (0.1)$$

$$= 456.435 \text{bbl/d} \tag{5.61}$$

另外，有 $T^m_{9,10} = T^m_x = 18.2574 \text{ bbl/ (d·psi)}$，$V_{b_{10}} = (250/2) \times 300 \times 100 = 3750000 \text{ft}^3$，$T^m_{5,10} = T^m_{10,15} = \frac{1}{2}T^m_y = 5.1654 \text{ bbl/ (d·psi)}$，将上述参数代入方程（5.23），可得边界网格点 10 的流动方程如下：

$$(5.1654)(p^m_5 - p^m_{10}) + (18.2574)(p^m_9 - p^m_{10}) + (5.1654)(p^m_{15} - p^m_{10})$$

$$+ 456.435 + 0 = \frac{V_{b_{10}}}{\alpha_c \Delta t}\left[\left(\frac{\phi}{B} \right)^{n+1}_{10} - \left(\frac{\phi}{B} \right)^n_{10} \right] \tag{5.62}$$

对边界网格点 18，有 $n = 18$，$\psi_{18} = \{13, 17, 19\}$，$\xi_{18} = \{b_N\}$，且 $\sum\limits_{l \in \xi_{18}} q^m_{sc_{l,18}} = q^m_{sc_{b_N,18}}$，$q^m_{sc_{18}} = 0$。因为通过整个油藏北边界的流体流量为 $q_{spsc} = -500 \text{ bbl/d}$，则单个边界网格的虚拟井流量 $q^m_{sc_{b_N,18}}$ 计算公式如下：

$$q^m_{sc_{b_N,18}} = \frac{T^m_{18,13}}{\sum\limits_{l \in \psi_{b_N}} T^m_{l,l^*}} q_{spsc} \tag{5.63}$$

其中，$\psi_{b_N} = \{16,17,18,19,20\}$，根据方程（5.29b）计算传导率：

$$T^m_{18,13} = \left[\beta_c \frac{K_y A_y}{\mu B \Delta y} \right]^m_{18,13} = \left[0.001127 \times \frac{220 \times (250 \times 100)}{2 \times 1 \times 300} \right]$$

$$= 10.3308 \text{bbl/(d·psi)} \tag{5.64}$$

另外，有 $T^m_{17,12} = T^m_{18,13} = T^m_{19,14} = 10.3308 \text{bbl/(d·psi)}$，$T^m_{16,11} = T^m_{20,15} = 5.1654 \text{ bbl/(d·psi)}$。将上述参数代入方程（5.37），可得：

$$q^m_{sc_{b_N},18} = \frac{10.3308}{5.1654 + 3 \times 10.3308 + 5.1654} \times (-500) = -125 \text{bbl/(d·psi)} \tag{5.65}$$

另外，有 $T^m_{17,18} = T^m_{19,18} = \frac{1}{2}T^m_x = 9.1287 \text{ bbl/ (d·psi)}$，$V_{b_{18}} = 250 \times (300/2) \times 100 = 3750000 \text{ft}^3$，$T^m_{13,18} = T^m_y = 10.3308 \text{ bbl/ (d·psi)}$。将上述参数代入方程（5.23），可得边界网格点 18 的流动方程如下：

$$(10.3308)(p^m_{13} - p^m_{18}) + (9.1287)(p^m_{17} - p^m_{18}) + (9.1287)(p^m_{19} - p^m_{18})$$

$$- 125 + 0 = \frac{V_{b_{18}}}{\alpha_c \Delta t}\left[\left(\frac{\phi}{B} \right)^{n+1}_{18} - \left(\frac{\phi}{B} \right)^n_{18} \right] \tag{5.66}$$

例 5.6　二维水平油藏中的单相流体流动，油藏网格系统和边界条件与例 5.5 相同。请写出网格 1、5、16 和 20 的流动方程，这四个网格均位于两个油藏边界上。

求解方法

忽略方程（5.2a）中的重力项，二维水平油藏网格 n 的流动方程如下：

$$\sum_{l \in \psi_n} T_{l,n}^m (p_l^m - p_n^m) + \sum_{l \in \xi_n} q_{sc_{l,n}}^m + q_{sc_n}^m = \frac{V_{b_n}}{\alpha_c \Delta t} \left[\left(\frac{\phi}{B} \right)_n^{n+1} - \left(\frac{\phi}{B} \right)_n^n \right] \tag{5.23}$$

在例 5.5 中计算了边界网格点的流动方程所需的数据。总结如下：

$$T_x^m = 18.2574 \text{bbl/(d·psi)}$$

$$T_y^m = 10.3308 \text{bbl/(d·psi)}$$

$$T_{6,7}^m = T_{7,8}^m = T_{8,9}^m = T_{9,10}^m = T_{11,12}^m = T_{12,13}^m = T_{13,14}^m = T_{14,15}^m = T_x^m$$

$$= 18.2574 \text{bbl/(d·psi)}$$

$$T_{1,2}^m = T_{2,3}^m = T_{3,4}^m = T_{4,5}^m = T_{16,17}^m = T_{17,18}^m = T_{18,19}^m = T_{19,20}^m = \frac{1}{2} T_x^m$$

$$= 9.1287 \text{bbl/(d·psi)}$$

$$T_{2,7}^m = T_{7,12}^m = T_{12,17}^m = T_{3,8}^m = T_{8,13}^m = T_{13,18}^m = T_{4,9}^m = T_{9,14}^m = T_{14,19}^m = T_y^m$$

$$= 10.3308 \text{bbl/(d·psi)}$$

$$T_{1,6}^m = T_{6,11}^m = T_{11,16}^m = T_{5,10}^m = T_{10,15}^m = T_{15,20}^m = \frac{1}{2} T_y^m = 5.1654 \text{bbl/(d·psi)}$$

当 $bP = 2$，3，4 时，$2^* = 7$，$3^* = 8$，$4^* = 9$，$q_{sc_{b_S, bP}}^m = (10.3308)(3000 - p_{bP*}^m)$；更为精确地说：

$$q_{sc_{b_S,2}}^m = (10.3308)(3000 - p_7^m)$$

$$q_{sc_{b_S,3}}^m = (10.3308)(3000 - p_8^m)$$

$$q_{sc_{b_S,4}}^m = (10.3308)(3000 - p_9^m)$$

$$q_{sc_{b_W, bP}}^m = 0 \text{bbl/d}, bP = 6, 11$$

$$q_{sc_{b_E, bP}}^m = 456.435 \text{bbl/d}, bP = 10, 15$$

$$q_{sc_{b_E, bP}}^m = -125 \text{bbl/d}, bP = 17, 18, 19$$

对于二维油藏中的边角网格而言，其 x 方向和 y 方向的渗流面积均为边界上其他网格点的一半，因此，当 $bP = 1$，5 时，$1^* = 6$，$5^* = 10$，$q_{sc_{b_S, bP}}^m = (5.1654)(3000 - p_{bP*}^m)$，更为精确地说：

$$q_{sc_{b_S,1}}^m = (5.1654)(3000 - p_6^m)$$

$$q_{sc_{b_S,5}}^m = (5.1654)(3000 - p_{10}^m)$$

$$q^m_{sc_{b_W},bP} = 0\text{bbl/d}, bP = 1,16$$

$$q^m_{sc_{b_E},5} = 0\text{bbl/d}$$

$$q^m_{sc_{b_E},20} = 228.2175\text{bbl/d}$$

$$q^m_{sc_{b_N},bP} = -62.5\text{bbl/d}, bP = 16,20$$

对边界网格点 1，有 $n=1$，$\psi_1 = \{2, 6\}$，$\xi_1 = \{b_W, b_S\}$，且 $q^m_{sc_1} = 0$，$\sum_{l \in \xi_1} q^m_{sc_{l,1}} = q^m_{sc_{b_S},1} + q^m_{sc_{b_W},1} = (5.1654)(3000 - p^m_6) + 0$。

另外，有 $T^m_{1,2} = \frac{1}{2}T^m_x = 9.1287$ bbl/（d·psi），$T^m_{1,6} = \frac{1}{2}T^m_y = 5.1654$ bbl/（d·psi），$V_{b_1} = (250/2) \times (300/2) \times 100 = 1875000\text{ft}^3$。将上述参数代入方程（5.23），可得边界网格点 1 的流动方程如下：

$$(9.1287)(p^m_2 - p^m_1) + (5.1654)(p^m_6 - p^m_1) + (5.1654)(3000 - p^m_6) + 0 + 0$$

$$= \frac{V_{b_1}}{\alpha_c \Delta t}\left[\left(\frac{\phi}{B}\right)^{n+1}_1 - \left(\frac{\phi}{B}\right)^n_1\right] \tag{5.67}$$

对于边界网格点 5，有 $n=5$，$\psi_5 = \{4, 10\}$，$\xi_5 = \{b_S, b_E\}$，且 $q^m_{sc_5} = 0$，$\sum_{l \in \xi_5} q^m_{sc_{l,5}} = q^m_{sc_{b_S},5} + q^m_{sc_{b_E},5} = (5.1654)(3000 - p^m_{10}) + 0 = (5.1654)(3000 - p^m_{10})$。

另外，有 $T^m_{4,5} = \frac{1}{2}T^m_x = 9.1287$ bbl/（d·psi），$T^m_{10,5} = \frac{1}{2}T^m_y = 5.1654$ bbl/（d·psi），$V_{b_5} = (250/2) \times (300/2) \times 100 = 1875000\text{ft}^3$。将上述参数代入方程（5.23），可得边界网格点 5 的流动方程如下：

$$(9.1287)(p^m_4 - p^m_5) + (5.1654)(p^m_{10} - p^m_5) + (5.1654)(3000 - p^m_{10}) + 0$$

$$= \frac{V_{b_5}}{\alpha_c \Delta t}\left[\left(\frac{\phi}{B}\right)^{n+1}_5 - \left(\frac{\phi}{B}\right)^n_5\right] \tag{5.68}$$

对于边界网格点 16，有 $n=16$，$\psi_{16} = \{11, 17\}$，$\xi_{16} = \{b_W, b_N\}$，且 $q^m_{sc_{16}} = 0$，$\sum_{l \in \xi_{16}} q^m_{sc_{l,16}} = q^m_{sc_{b_N},16} + q^m_{sc_{b_W},16} = 0 - 62.5 = -62.5\text{bbl/d}$。

另外，有 $T^m_{17,16} = \frac{1}{2}T^m_x = 9.1287$ bbl/（d·psi），$T^m_{11,16} = \frac{1}{2}T^m_y = 5.1654$ bbl/（d·psi），$V_{b_{16}} = (250/2) \times (300/2) \times 100 = 1875000\text{ft}^3$。将上述参数代入方程（5.23），可得边界网格点 16 的流动方程如下：

$$(5.1654)(p^m_{11} - p^m_{16}) + (9.1287)(p^m_{17} - p^m_{16}) + 0 - 62.5 + 0$$

$$= \frac{V_{b_{16}}}{\alpha_c \Delta t}\left[\left(\frac{\phi}{B}\right)^{n+1}_{16} - \left(\frac{\phi}{B}\right)^n_{16}\right] \tag{5.69}$$

对于边界网格点20，有 $n = 20$，$\psi_{20} = \{15, 19\}$，$\xi_{20} = \{b_E, b_E\}$，且 $q^m_{sc_{20}} = 0$，$\sum\limits_{l \in \xi_{20}} q^m_{sc_{l,20}} = q^m_{sc_{b_E,20}} + q^m_{sc_{b_N,20}} = 228.2175 - 62.5 = 165.7175 \text{bbl/d}$。

另外，有 $T^m_{19,20} = \frac{1}{2} T^m_x = 9.1287 \text{ bbl/ (d·psi)}$，$T^m_{15,20} = \frac{1}{2} T^m_y = 5.1654 \text{ bbl/ (d·psi)}$，$V_{b_{20}} = (250/2) \times (300/2) \times 100 = 1875000 \text{ft}^3$。将上述参数代入方程（5.23），可得边界网格点20的流动方程如下：

$$(5.1654)(p^m_{15} - p^m_{20}) + (9.1287)(p^m_{19} - p^m_{20}) + 228.2175 - 62.5 + 0$$

$$= \frac{V_{b_{20}}}{\alpha_c \Delta t} \left[\left(\frac{\phi}{B} \right)^{n+1}_{20} - \left(\frac{\phi}{B} \right)^n_{20} \right] \tag{5.70}$$

5.5　传导率的计算

在第2章中，方程（2.39）定义了直角坐标系下流动方程的传导率。传导率在 x、y 和 z 方向上的表达式如下：

$$T_{x_{i \mp \frac{1}{2}, j, k}} = G_{x_{i \mp \frac{1}{2}, j, k}} \left(\frac{1}{\mu B} \right)_{x_{i \mp \frac{1}{2}, j, k}} \tag{5.71a}$$

$$T_{y_{i, j \mp \frac{1}{2}, k}} = G_{y_{i, j \mp \frac{1}{2}, k}} \left(\frac{1}{\mu B} \right)_{y_{i, j \mp \frac{1}{2}, k}} \tag{5.71b}$$

以及

$$T_{z_{i, j, k \mp \frac{1}{2}}} = G_{z_{i, j, k \mp \frac{1}{2}}} \left(\frac{1}{\mu B} \right)_{z_{i, j, k \mp \frac{1}{2}}} \tag{5.71c}$$

式中　G——几何因子。

表5.1列出了直角坐标系中各向异性多孔介质和不规则点中心网格的几何因子 G（Ertekin et al.，2001）。方程（5.71）中压力相关项（μB）的处理方法在第8章（8.4.1节）中进行了详细讨论。表5.1中给出的几何因子计算公式可根据例4.7推导。例如，x 方向的一维流动中，点中心网格几何因子 G 的推导与例4.7几乎相同，唯一不同之处在于 $\delta_{x_{i+}} = \delta_{x_{i+1-}} = \frac{1}{2} \Delta x_{i+\frac{1}{2}}$。

在第2章中，方程（2.69）定义了柱坐标系下流动方程的传导率。r、θ 和 z 方向的表达式如下：

表 5.1 直角网格中的几何因子（Ertekin et al. , 2001）

方向	几何因子
x	$$G_{x_{i \mp \frac{1}{2}, i, k}} = \frac{2\beta_c}{\Delta x_{i \mp \frac{1}{2}, j, k}/(A_{x_{i, j, k}} K_{x_{i, j, k}}) + \Delta x_{i \mp \frac{1}{2}, j, k}/(A_{x_{i \mp 1, j, k}} K_{x_{i \mp 1, j, k}})}$$
y	$$G_{y_{i, j + \frac{1}{2}, k}} = \frac{2\beta_c}{\Delta y_{i, j \mp \frac{1}{2}, k}/(A_{y_{i, j, k}} K_{y_{i, j, k}}) + \Delta y_{i, j \mp \frac{1}{2}, k}/(A_{y_{i, j \mp 1, k}} K_{y_{i, j \mp 1, k}})}$$
z	$$G_{z_{i, j, k \mp \frac{1}{2}}} = \frac{2\beta_c}{\Delta z_{i, j, k \mp \frac{1}{2}}/(A_{z_{i, j, k}} K_{z_{i, j, k}}) + \Delta z_{i, j, k \mp \frac{1}{2}}/(A_{z_{i, j, k \mp 1}} K_{z_{i, j, k \mp 1}})}$$

$$T_{r_{i \mp \frac{1}{2}, j, k}} = G_{r_{i \mp \frac{1}{2}, j, k}} \left(\frac{1}{\mu B}\right)_{r_{i \mp \frac{1}{2}, j, k}} \tag{5.72a}$$

$$T_{\theta_{i, j \mp \frac{1}{2}, k}} = G_{\theta_{i, j + \frac{1}{2}, k}} \left(\frac{1}{\mu B}\right)_{\theta_{i, j \mp \frac{1}{2}, k}} \tag{5.72b}$$

以及

$$T_{z_{i, j, k \mp \frac{1}{2}}} = G_{z_{i, j, k \mp \frac{1}{2}}} \left(\frac{1}{\mu B}\right)_{z_{i, j, k \mp \frac{1}{2}}} \tag{5.72c}$$

式中 G——几何因子。

表 5.2 列出了柱坐标系中各向异性多孔介质和不规则点中心网格的几何因子 G（Pedrosa Jr. and Aziz，1986）。需要注意的是，网格点 (i, j, k)，r_i 和 $r_{i \mp \frac{1}{2}}$ 只与下标 i 的值有关；$\Delta\theta_j$ 和 $\Delta\theta_{j \mp \frac{1}{2}}$ 只与下标 j 的值有关；Δz_k 和 $\Delta z_{k \mp \frac{1}{2}}$ 只与下标 z 的值有关。方程（5.72）中压力相关项 (μB) 的处理方法在第 8 章（8.4.1 节）中进行了详细讨论。

表 5.2 柱坐标系中的几何因子（Pedrosa Jr. and Aziz，1986）

方向	几何因子
r	$$G_{r_{i - \frac{1}{2}, j, k}} = \frac{\beta_c \Delta\theta_j \Delta z_k}{\ln(r_i/r^L_{i - \frac{1}{2}})/K_{r_{i, j, k}} + \ln(r^L_{i - \frac{1}{2}}/r_{i-1})/K_{r_{i-1, j, k}}}$$ $$G_{r_{i + \frac{1}{2}, j, k}} = \frac{\beta_c \Delta\theta_j \Delta z_k}{\ln(r^L_{i + \frac{1}{2}}/r_i)/K_{r_{i, j, k}} + \ln(r_{i+1}/r^L_{i + \frac{1}{2}})/K_{r_{i+1, j, k}}}$$
θ	$$G_{\theta_{i, j \mp \frac{1}{2}, k}} = \frac{2\beta_c \ln(r^L_{i + \frac{1}{2}}/r^L_{i - \frac{1}{2}}) \Delta z_k}{\Delta\theta_{j \mp \frac{1}{2}}/K_{\theta_{i, j, k}} + \Delta\theta_{j \mp \frac{1}{2}}/K_{\theta_{i, j \mp 1, k}}}$$
z	$$G_{z_{i, j, k \mp \frac{1}{2}}} = \frac{2\beta_c (\frac{1}{2}\Delta\theta_j)(r^2_{i + \frac{1}{2}} - r^2_{i - \frac{1}{2}})}{\Delta z_{k \mp \frac{1}{2}}/K_{z_{i, j, k}} + \Delta z_{k \mp \frac{1}{2}}/K_{z_{i, j, k+1}}}$$

表 5.2 中 z 方向网格点的间距和网格边界之间的关系与方程（5.1）相同，只需将方程（5.1）中的 x 替换为 z。采用相同的方法得出 θ 方向网格点间距和网格边界之间的关系，如下：

$$\begin{cases} \theta_1 = 0, \theta_{n_\theta} = 2\pi, \text{即 } \theta_{n_\theta} - \theta_1 = 2\pi \\ \theta_{j+1} = \theta_j + \Delta\theta_{j+\frac{1}{2}}, j = 1,2,3,\cdots,n_\theta - 1 \\ \theta_{j+\frac{1}{2}} = \theta_j + \frac{1}{2}\Delta\theta_{j+\frac{1}{2}}, j = 1,2,3,\cdots,n_\theta - 1 \\ \Delta\theta_j = \theta_{j+\frac{1}{2}} - \theta_{j-\frac{1}{2}}, j = 1,2,3,\cdots,n_\theta \\ \theta_{\frac{1}{2}} = \theta_1, \theta_{n_\theta+\frac{1}{2}} = \theta_{n_\theta} \end{cases} \tag{5.73}$$

而 r 方向有所不同，网格点的间距是根据相邻网格之间的压降相等得到的（参照例 4.8，注意在这种情况下，是用 $n_r - 1$ 个间距来划分 n_r 个点）。另外，在 r 方向的传导率计算时，网格边界必须按照对数间隔划分，从而确保使用连续形式的达西公式和离散形式的达西公式计算的相邻网格点之间的径向流量是相等的（见例 4.9）。在计算网格体积时，网格边界必须按照 r^2 的形式按对数间隔划分，从而确保实际网格体积和离散网格体积具有一致性。因此，表 5.2 中，各压力点对应的半径（$r_{i\mp1}$）、传导率的对应半径（$r_{i\mp1}^L$）和网格体积的对应半径（$r_{i\mp\frac{1}{2}}$）定义如下（Aziz and Settari，1979；Ertekin et al.，2001）：

$$r_{i+1} = \alpha_{\lg} r_i \tag{5.74}$$

和

$$r_{i+\frac{1}{2}}^L = \frac{r_{i+1} - r_i}{\ln(r_{i+1}/r_i)} \tag{5.75a}$$

$$r_{i-\frac{1}{2}}^L = \frac{r_i - r_{i-1}}{\ln(r_i/r_{i-1})} \tag{5.75b}$$

$$r_{i+\frac{1}{2}}^2 = \frac{r_{i+1}^2 - r_i^2}{\ln(r_{i+1}^2/r_i^2)} \tag{5.77a}$$

$$r_{i-\frac{1}{2}}^2 = \frac{r_i^2 - r_{i-1}^2}{\ln(r_i^2/r_{i-1}^2)} \tag{5.78a}$$

其中

$$\alpha_{\lg} = \left(\frac{r_e}{r_w}\right)^{1/(n_r-1)} \tag{5.79}$$

和

$$r_1 = r_w \tag{5.80}$$

需要注意的是，网格点 1 落在油藏内部边界（r_w）上，而网格点 n_r 落在油藏外部边界（r_e）上；因此，根据定义为点分布网格，$r_1 = r_w$，并且 $r_{n_r} = r_e$。此外，$r_{i-\frac{1}{2}} = r_w$ 以及 $r_{i+\frac{1}{2}} = r_e$ 定义了用于计算块体体积的网格点 1 的内部边界和网格点 n_r 的外部边界。

网格点 (i, j, k) 的体积可由式（5.81a）计算得到：

$$V_{b_{i,j,k}} = (r_{i+\frac{1}{2}}^2 - r_{i-\frac{1}{2}}^2)\left(\frac{1}{2}\Delta\theta_j\right)\Delta z_k \tag{5.81a}$$

需要注意的是，对于 $i = 1$，$r_{i-\frac{1}{2}}^2 = r_w^2$ 以及对于 $i = n_r$，$r_{i+\frac{1}{2}}^2 = r_e^2$。

需要提到的是，表 4.2 和表 5.2 中给出的 r 方向上的几何因子 $G_{r_{i\mp\frac{1}{2},j,k}}$，该值仅在处理块厚度时有所不同。在表 5.2 中，k 层中的所有网格点的块厚度都是恒定的，而在表 4.2 中，k 层中的网格块的块厚度可以采用不同的值。这种差异是在块中心网格和点分布网格中构建网格的结果。

方程（5.75）至方程（5.78）和方程（5.81a）可以用 r_i 和 α_{lg} 表示（请参见例 4.10），得到：

$$r_{i+\frac{1}{2}}^L = \{(\alpha_{lg} - 1)/[\ln(\alpha_{lg})]\}r_i \tag{5.75b}$$

$$r_{i-\frac{1}{2}}^L = \{(\alpha_{lg} - 1)/[\alpha_{lg}\ln(\alpha_{lg})]\}r_i = (1/\alpha_{lg})r_{i+\frac{1}{2}}^L \tag{5.76b}$$

$$r_{i+\frac{1}{2}}^2 = \{(\alpha_{lg}^2 - 1)/[\ln(\alpha_{lg}^2)]\}r_i^2 \tag{5.77b}$$

$$r_{i-\frac{1}{2}}^2 = \{(\alpha_{lg}^2 - 1)/[\alpha_{lg}^2\ln(\alpha_{lg}^2)]\}r_i^2 = (1/\alpha_{lg}^2)r_{i+\frac{1}{2}}^2 \tag{5.78b}$$

和

$$V_{b_{i,j,k}} = \{(\alpha_{lg}^2 - 1)^2/[\alpha_{lg}^2\ln(\alpha_{lg}^2)]\}r_i^2\left(\frac{1}{2}\Delta\theta_j\right)\Delta z_k, i = 2,3,\cdots,n_r - 1 \tag{5.81b}$$

例 4.10 证明，$r_i/r_{i-\frac{1}{2}}^L, r_{i-\frac{1}{2}}^L/r_{i-1}, r_{i+\frac{1}{2}}^L/r_i, r_{i+1}/r_{i+\frac{1}{2}}^L$ 以及 $r_{i+\frac{1}{2}}^L/r_{i-\frac{1}{2}}^L$ 的商是对数间隔常数 α_{lg} 的函数，并且分别由方程（4.111）、方程（4.114）、方程（4.103）、方程（4.106）和方程（4.116）表示。将方程（5.82）、方程（5.75b）、方程（5.76b）、方程（5.77b）、方程（5.78b）代入表 5.2，利用方程（5.81a）可以得出 $\left(\frac{1}{2}\Delta\theta_j\right)(r_{i+\frac{1}{2}}^2 - r_{i-\frac{1}{2}}^2) = V_{b_{i,j,k}}/\Delta z_k$。

现在，可以使用以下算法简化几何因子和孔隙体积的计算。

（1）定义：

$$\alpha_{lg} = \left(\frac{r_e}{r_w}\right)^{1/(n_r-1)} \tag{5.79}$$

表 5.3 圆柱网格中的几何因子

方向	几何因子
r	$G_{r_{i-\frac{1}{2},j,k}} = \dfrac{\beta_c\Delta\theta_j\Delta z_k}{\ln[\alpha_{lg}\ln(\alpha_{lg})/(\alpha_{lg} - 1)]/K_{r_{i,j,k}} + \ln[(\alpha_{lg} - 1)/\ln(\alpha_{lg})]/K_{r_{i-1,j,k}}}$
	$G_{r_{i+\frac{1}{2},j,k}} = \dfrac{\beta_c\Delta\theta_j\Delta z_k}{\ln[(\alpha_{lg} - 1)/\ln(\alpha_{lg})]/K_{r_{i,j,k}} + \ln[\alpha_{lg}\ln(\alpha_{lg})/(\alpha_{lg} - 1)]/K_{r_{i+1,j,k}}}$
θ	$G_{\theta_{i,j\mp\frac{1}{2},k}} = \dfrac{2\beta_c\ln(\alpha_{lg})\Delta z_k}{\Delta\theta_{j\mp\frac{1}{2}}/K_{\theta_{i,j,k}} + \Delta\theta_{j\mp\frac{1}{2}}/K_{\theta_{i,j\mp1,k}}}$
z	$G_{z_{i,j,k\mp\frac{1}{2}}} = \dfrac{2\beta_c(V_{b_{i,j,k}}/\Delta z_k)}{\Delta z_{k\mp\frac{1}{2}}/K_{z_{i,j,k}} + \Delta z_{k\mp\frac{1}{2}}/K_{z_{i,j,k\mp1}}}$

（2）令：

$$r_1 = r_w \tag{5.80}$$

（3）定义：

$$r_i = \alpha_{lg}^{i-1} r_1 \tag{5.82}$$

其中，$i = 1, 2, 3, \cdots, n_r$。

（4）对于 $j = 1, 2, 3, \cdots, n_\theta$，以及 $j = 1, 2, 3, \cdots, n_z$，定义：

$$V_{b_{i,j,k}} = \{(\alpha_{lg}^2 - 1)^2 / [\alpha_{lg}^2 \ln(\alpha_{lg}^2)]\} r_i^2 (\frac{1}{2}\Delta\theta_j) \Delta z_k \tag{5.81b}$$

其中 $i = 1, 2, 3, \cdots, n_r - 1$。

$$V_{b_{1,j,k}} = \{[(\alpha_{lg}^2 - 1) / \ln(\alpha_{lg}^2)] - 1\} r_w^2 (\frac{1}{2}\Delta\theta_j) \Delta z_k \tag{5.81c}$$

其中 $i = 1$，以及

$$V_{b_{nr,j,k}} = \{1 - (\alpha_{lg}^2 - 1) / [\alpha_{lg}^2 \ln(\alpha_{lg}^2)]\} r_e^2 (\frac{1}{2}\Delta\theta_j) \Delta z_k \tag{5.81d}$$

其中 $i = n_r$。需要注意的是，用方程（5.81b）计算除了 r 方向上落在油藏内、外边界以外网格点的体积（见例 5.7），对于 $i = 1$ 和 $i = n_r$，使用方程（5.81c）和方程（5.81d）。

（5）使用表 5.3 中的方程估算几何因子。需要注意的是，在计算 $G_{r_{i,j,\frac{1}{2}}}$ 或者 $G_{r_{i,j,n_z}}$ 的过程中，舍弃了描述油藏以外区块性质的项（$k = 0$ 和 $k = n_z + 1$）。

例 5.7 和例 5.8 表明，油藏径向离散化可以采用先前文献中报告的传统方程[方程（5.74）、方程（5.75a）、方程（5.76a）、方程（5.77a）、方程（5.78a）、方程（5.79）、方程（5.80）和方程（5.81a）]或者本书阐述中得出表 5.3 的方程[方程（5.74）、方程（5.75b）、方程（5.76b）、方程（5.77b）、方程（5.78b）、方程（5.79）、方程（5.80）、方程（5.81b）、方程（5.81c）和方程（5.81d）]来完成。但是，本书中阐述的方程更容易，也不那么容易混淆，因为这些方程只使用 r_i 和 α_{lg}。在例 5.9 中，演示了如何使用方程（5.2a）、$q_{sc_{b,bP}}^m$ 的适当表达式以及表 5.3，来编写二维单井模拟问题中边界网格点和内部网格点的流动方程。

例 5.7　考虑占地 40acre 的单井的模拟。井眼直径 0.5ft，油藏厚度 100ft。可以采用一个单层径向上离散成六个网格点的方法来模拟油藏。

（1）求 r 方向上的网格点间距。

（2）找到 r 方向上的网格块边界，用于传导率计算。

（3）计算表 5.2 中 ln 项的参数。

（4）确定 r 方向用于体积计算的网格点块边界，并计算体积。

求解方法

（1）外部油藏半径可根据井距估算，$r_e = \sqrt{43560 \times 40 / \pi} = 744.73\text{ft}$，以及井径 $r_w = 0.25\text{ft}$。

首先，利用方程（5.79）估算 $\alpha_{\lg}$：

$$\alpha_{\lg} = \left(\frac{r_e}{r_w}\right)^{1/(n_r-1)} = \left(\frac{744.73}{0.25}\right)^{1/(6-1)} = 4.9524$$

然后，根据方程（5.80），令 $r_1 = r_w = 0.25\text{ft}$。最后，使用方程（5.82）计算 r 方向上网格点的位置，$r_i = \alpha_{\lg}^{i-1}r_1$。例如，对于 $i = 2$，$r_2 = (4.9524)^{2-1} \times 0.25 = 1.2381\text{ft}$。表 5.4 为沿 r 方向的其他网格点的位置。

（2）使用方程（5.75a）和方程（5.76a）估算用于计算传导率的块边界（$r_{i-\frac{1}{2}}^{L}$，$r_{i+\frac{1}{2}}^{L}$）。

对于 $i = 2$ 的情况：

$$r_{2+\frac{1}{2}}^{L} = \frac{r_3 - r_2}{\ln(r_3/r_2)} = \frac{6.1316 - 1.2381}{\ln(6.1316/1.2381)} = 3.0587\text{ft}$$

以及

$$r_{2-\frac{1}{2}}^{L} = \frac{r_2 - r_1}{\ln(r_2/r_1)} = \frac{1.2381 - 0.25}{\ln(1.2381/0.25)} = 0.6176\text{ft}$$

表 5.4 列出了用于其他网格点的传导率计算的块边界。

（3）表 5.4 列出了 $r_i/r_{i-\frac{1}{2}}^{L}$，$r_{i+1}/r_{i+\frac{1}{2}}^{L}$，$r_{i-\frac{1}{2}}^{L}/r_{i-1}$，$r_{i+\frac{1}{2}}^{L}/r_i$ 以及 $r_{i+\frac{1}{2}}^{L}/r_{i-\frac{1}{2}}^{L}$ 的计算结果，该结果出现在表 5.2 中 ln 项的参数中。

表 5.4　例 5.7 中表 5.2 的 r_i、$r_{i\mp\frac{1}{2}}^{L}$ 以及 ln

i	r_i	$r_{i-\frac{1}{2}}^{L}$	$r_{i+\frac{1}{2}}^{L}$	$r_i/r_{i-\frac{1}{2}}^{L}$	$r_{i+1}/r_{i+\frac{1}{2}}^{L}$	$r_{i-\frac{1}{2}}^{L}/r_{i-1}$	$r_{i+\frac{1}{2}}^{L}/r_i$	$r_{i+\frac{1}{2}}^{L}/r_{i+\frac{1}{2}}^{L}$
1	0.2500	—	0.6176	—	2.0050	2.4700	2.4700	—
2	1.2381	0.6176	3.0587	2.0050	2.0050	2.4700	2.4700	4.9524
3	6.1316	3.0587	15.1480	2.0050	2.0050	2.4700	2.4700	4.9524
4	30.3660	15.1480	75.0180	2.0050	2.0050	2.4700	2.4700	4.9524
5	150.3800	75.0160	371.5100	2.0050	2.0050	2.4700	2.4700	4.9524
6	744.7300	371.5100	—	2.0050	2.0050	—	—	—

（4）利用方程（5.77a）和方程（5.78a）估算用于体积计算（$r_{i-\frac{1}{2}}$，$r_{i+\frac{1}{2}}$）的块边界。

对于 $i = 2$ 的情况：

$$r_{2+\frac{1}{2}}^{2} = \frac{r_3^2 - r_2^2}{\ln(r_3^2/r_2^2)} = \frac{(6.1316)^2 - (1.2381)^2}{\ln\left[(6.1316)^2/(1.2381)^2\right]} = 11.2707\text{ ft}^2$$

和

$$r_{2-\frac{1}{2}}^{2} = \frac{r_2^2 - r_1^2}{\ln(r_2^2/r_1^2)} = \frac{(1.2381)^2 - (0.25)^2}{\ln\left[(1.2381)^2/(0.25)^2\right]} = 0.4595\text{ ft}^2$$

因此，用于体积计算的块边界为：

$$r_{2+\frac{1}{2}} = \sqrt{11.2707} = 3.3572\text{ft}$$

和

$$r_{1+\frac{1}{2}} = \sqrt{0.4595} = 0.6779\text{ft}$$

可使用方程（5.81a）计算网格点的体积。

对于 $i=2$ 的情况：

$$V_{b_2} = \left[(3.3572)^2 - (0.6779)^2\right]\left(\frac{1}{2} \times 2\pi\right) \times 100 = 3396.45\ \text{ft}^3$$

对于 $i=1$ 的情况：

$$V_{b_1} = \left[(1.3558)^2 - (0.25)^2\right]\left(\frac{1}{2} \times 2\pi\right) \times 100 = 124.73\ \text{ft}^3$$

对于 $i=6$ 的情况：

$$V_{b_6} = \left[(744.73)^2 - (407.77)^2\right]\left(\frac{1}{2} \times 2\pi\right) \times 100 = 122.003 \times 10^6\ \text{ft}^3$$

表5.5列出了其他网格点的块边界和块体积。

表5.5　例5.7中网格点的边界和体积

i	r_i	$r_{i-\frac{1}{2}}$	$r_{i+\frac{1}{2}}$	V_{b_i}
1	0.2500	0.2500[①]	0.6779	124.73
2	1.2381	0.6779	3.3572	3396.50
3	6.1316	3.3572	16.6260	83300.30
4	30.3660	16.6260	82.3370	2.04×10^6
5	150.3800	82.3370	407.7700	50.10×10^6
6	744.7300	407.7700	744.7300[②]	122.00×10^6

注：① $r_{1-\frac{1}{2}} = r_w = 0.25$；

　　② $r_{6+\frac{1}{2}} = r_e = 744.73$。

例5.8　为使用方程（5.75b）、方程（5.76b）、方程（5.77b）、方程（5.78b）、方程（5.81b）（使用 r_i 和 $\alpha_{\lg}$）以及方程（5.81c）和方程（5.81d），再次求解例5.7。

求解方法

（1）从例5.7中可得，$r_e = 744.73$，$r_1 = r_w = 0.25\text{ft}$，以及 $\alpha_{\lg} = 4.952$。此外，如例5.7所示，使用方程（5.82）计算网格点半径，$r_i = \alpha_{\lg}^{i-1} r_1$。

（2）使用方程（5.75b）和方程（5.76b）估算用于传导率计算的块边界（$r_{i-\frac{1}{2}}^L$，$r_{i+\frac{1}{2}}^L$），即：

$$r_{i+\frac{1}{2}}^L = \left\{(\alpha_{\lg} - 1)/[\ln(\alpha_{\lg})]\right\}r_i = \left\{(4.9524 - 1)/[\ln(4.9524)]\right\}r_i$$

$$= 2.47045 r_i \tag{5.83}$$

以及

$$r_{i-\frac{1}{2}}^{L} = \{ (\alpha_{\lg} - 1) / [\alpha_{\lg} \ln(\alpha_{\lg})] \} r_i$$

$$= \{ (4.9524 - 1) / [4.9524 \ln(4.9524)] \} r_i = 0.49884 r_i \tag{5.84}$$

将 r_i 的值代入方程（5.83）和方程（5.84）得出表5.4中的结果。

（3）例4.10得出了 $r_i / r_{i-\frac{1}{2}}^{L}, r_{i+1} / r_{i+\frac{1}{2}}^{L}, r_{i-\frac{1}{2}}^{L} / r_{i-1}, r_{i+\frac{1}{2}}^{L} / r_i$ 以及 $r_{i+\frac{1}{2}}^{L} / r_{i-\frac{1}{2}}^{L}$ 的比值，并且与 $\alpha_{\lg}$ 的函数关系分别如式（4.111）、式（4.106）、式（4.114）、式（4.103）和式（4.116）所示。将 $\alpha_{\lg} = 4.9524$ 代入这些方程，可以得到：

$$r_i / r_{i-\frac{1}{2}}^{L} = [\alpha_{\lg} \ln(\alpha_{\lg})] / (\alpha_{\lg} - 1) = [4.9524 \ln(4.9524)] / (4.9524 - 1) = 2.005$$

$$\tag{5.85}$$

$$r_{i+1} / r_{i+\frac{1}{2}}^{L} = [\alpha_{\lg} \ln(\alpha_{\lg})] / (\alpha_{\lg} - 1) = 2.005 \tag{5.86}$$

$$r_{i-\frac{1}{2}}^{L} / r_{i-1} = (\alpha_{\lg} - 1) / \ln(\alpha_{\lg}) = (4.9524 - 1) / \ln(4.9524) = 2.470 \tag{5.87}$$

$$r_{i+\frac{1}{2}}^{L} / r_i = (\alpha_{\lg} - 1) / \ln(\alpha_{\lg}) = 2.470 \tag{5.88}$$

和

$$r_{i+\frac{1}{2}}^{L} / r_{i-\frac{1}{2}}^{L} = \alpha_{\lg} = 4.9524 \tag{5.89}$$

需要注意的是，上述比值与表5.4中的值相同。

（4）使用方程（5.77b）和方程（5.78b）估算用于体积计算的块边界（ $r_{i-\frac{1}{2}}^{L}, r_{i+\frac{1}{2}}^{L}$ ），得到：

$$r_{i+\frac{1}{2}}^{2} = \{ (\alpha_{\lg}^{2} - 1) / [\ln(\alpha_{\lg}^{2})] \} r_i^{2}$$

$$= \{ ((4.9524)^{2} - 1) / [\ln((4.9524)^{2})] \} r_i^{2} = (7.3525) r_i^{2} \tag{5.90}$$

和

$$r_{i-\frac{1}{2}}^{2} = \{ (\alpha_{\lg}^{2} - 1) / [\alpha_{\lg}^{2} \ln(\alpha_{\lg}^{2})] \} r_i^{2} = \{ 7.3525 / (4.9524)^{2} \} r_i^{2}$$

$$= (0.29978) r_i^{2} \tag{5.91}$$

因此：

$$r_{i+\frac{1}{2}} = \sqrt{(7.3525) r_i^{2}} = (2.7116) r_i \tag{5.92}$$

和

$$r_{i-\frac{1}{2}} = \sqrt{(0.29978) r_i^{2}} = (0.54752) r_i \tag{5.93}$$

可以使用式（5.81b）、式（5.81c）和式（5.81d）计算与每个网格点关联的块体积，得到：

$$V_{b_i} = \{ (\alpha_{lg}^2 - 1)^2 / [\alpha_{lg}^2 \ln(\alpha_{lg}^2)] \} r_i^2 [\frac{1}{2}(2\pi)] \Delta z$$

$$= \{ 4.9524^2 - 1)^2 / [4.9524^2 \ln(4.9524^2)] \} r_i^2 [\frac{1}{2}(2\pi)] \times 100$$

$$= 2215.7 r_i^2 \tag{5.94}$$

对于 $i = 2$、3、4、5 的情况：

$$V_{b_1} = \{ [(\alpha_{lg}^2 - 1) / \ln(\alpha_{lg}^2)] - 1 \} r_w^2 (\frac{1}{2}\Delta\theta) \Delta z$$

$$= \{ [4.9524^2 - 1) / \ln(4.9524^2)] - 1 \} (0.25)^2 [\frac{1}{2}(2\pi)] \times 100$$

$$= 124.73 \text{ft}^3 \tag{5.95}$$

和

$$V_{b_6} = \{ 1 - (\alpha_{lg}^2 - 1) / [\alpha_{lg}^2 \ln(\alpha_{lg}^2)] \} r_e^2 (\frac{1}{2}\Delta\theta) \Delta z$$

$$= \{ 1 - (4.9524^2 - 1) / [4.9524^2 \ln(4.9524^2)] \} 744.73^2 [\frac{1}{2}(2\pi)] \times 100$$

$$= 122.006 \times 10^6 \text{ft}^3 \tag{5.96}$$

需要注意的是，由于各个计算阶段的近似值导致的舍入误差，估算的体积与表5.5中的数据略有不同。

例5.9 一个直径为0.5feet的水井打在占地20acre的储层上。油藏厚度、水平渗透率和孔隙度分别为30ft、150mD和0.23。根据岩心数据估算该油藏的 K_V / K_H 为0.30。流体的密度、地层体积系数和黏度分别为62.4lb/ft³、1bbl/bbl 和0.5mPa·s。油藏的径向外边界是封闭边界，该井仅在顶部22.5ft处完井，采油速度为2000bbl/d。油藏底部边界容易流入，因此边界压力保持在4000psia。油藏顶部边界为封闭边界。如图5.13所示，假设可以使用垂直方向上的3个等距网格点和径向上的4个网格点模拟油藏，编写网格点1、3、5、7和11的流动方程。

求解方法

如图5.13所示，为了编写流动方程，除了使用工程符号沿径向（$i = 1$、2、3、4）和垂直方向（$k = 1$、2、3）编号外，首先使用自然顺序（$n = 1$、2、3、…、10、11、12）对网格点进行排序。此步骤之后，确定径向上的网格点位置，并计算垂直方向上的网格点间距和高程。接下来，计算 r 和 z 方向上的体积和传导率。在该示例中，证明了如果使用方程（5.81b）、方程（5.81c）和方程（5.81d）用于批量计算和表5.3，则不需要用于传导率计算的块边界和用于体积计算的块边界。利用上述信息，估算了网格点对井速的影响以及油藏边界条件产生的虚拟井速。

重新整理了油藏岩石和流体数据，如下所示：$h = 30\text{ft}$，$\phi = 0.23$，$K_r = K_H = 150\text{mD}$，$K_z = K_H\left(\dfrac{K_V}{K_H}\right) = 150 \times 0.30 = 45\text{mD}$，$B = 1\text{bbl/bbl}$，$\mu = 0.5\text{mPa} \cdot \text{s}$，$\gamma = \gamma_c \rho g = 0.21584 \times 10^{-3}(62.4)(32.174) = 0.4333\text{psi/ft}$，$r_w = 0.25\text{ft}$，根据井距估算油藏外半径 $r_e = (20 \times 43560/\pi)^{\frac{1}{2}} = 526.60\text{ft}$。油藏东部（外部）和上部（顶部）边界为封闭边界，油藏下部（底部）边界为 $p_{b_L} = 4000\text{psia}$，油藏西部（内部）边界为 $q_{\text{spsc}} = -2000\text{bbl/d}$，以此反映生产井的影响（即井被视为边界条件）。

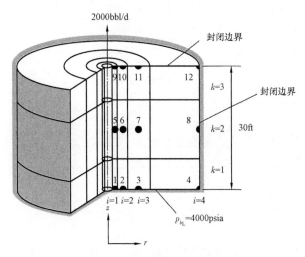

图 5.13 例 5.9 中离散化的二维径向圆柱状油藏

对于图 5.13 所示的点分布网格，$n_r = 4$，$n_z = 3$，对于 $k = 1$，2 的情况，$\Delta z_{k+\frac{1}{2}} = h/(n_z - 1) = 30/(3 - 1) = 15\text{ft}$；因此，对于 $n = 1$、2、3、4 的情况，$\Delta z_n = 15/2 = 7.5$；对于 $n = 5$、6、7、8 的情况，$\Delta z_n = 15$；对于 $n = 9$、10、11、12 的情况，$\Delta z_n = 15/2 = 7.5$。假设油藏顶部作为高程基准面，$n = 9$、10、11、12 的情况下，$Z_n = 0\text{ft}$；$n = 5$、6、7、8 的情况下，$Z_n = 15\text{ft}$；$n = 1$、2、3、4 的情况下，$Z_n = 30\text{ft}$；并且，$Z_{b_L} = 30\text{ft}$。使用方程（5.79）、方程（5.80）和方程（5.82）计算径向上网格点的位置。得到 $\alpha_{\lg} = (526.60/0.25)^{1/(4-1)} = 12.8188$；$r_1 = r_w = 0.25\text{ft}$；对于 $i = 2$、3、4 或者 $r_2 = 3.2047\text{ft}$、$r_3 = 41.080\text{ft}$ 和 $r_4 = 526.60\text{ft}$ 的情况，$r_i = (12.8188)^{i-1}(0.25)$。

表 5.6 中列出了与网格点相关联的块体积。使用方程（5.81b）、方程（5.81c）和方程（5.81d）计算体积。需要注意的是，舍掉下标 j 并且 $\Delta\theta = 2\pi$。

$$V_{b_{1,k}} = \{[(\alpha_{\lg}^2 - 1)/\ln(\alpha_{\lg}^2)] - 1\}r_w^2\left(\frac{1}{2}\Delta\theta\right)\Delta z_k$$

$$= \{[12.8188^2 - 1)/\ln(12.8188^2)] - 1\}(0.25)^2\left(\frac{1}{2} \times 2\pi\right)\Delta z_k$$

$$= (6.0892685)\Delta z_k$$

表 5.6 例 5.9 的网格点位置、体积以及径向传导率和垂向的传导率

n	i	k	r_i(ft)	Δz_n(ft)	Z_n(ft)	V_{b_n}(ft³)	$T_{r_{i\pm\frac{1}{2},k}}$ [bbl/(d·psi)]	$T_{z_{i,k\pm\frac{1}{2}}}$ [bbl/(d·psi)]
1	1	1	0.2500	7.5	30	45.66941	6.245838	0.041176
2	2	1	3.2047	7.5	30	7699.337	6.245838	6.941719
3	3	1	41.0800	7.5	30	1265140	6.245838	1140.650000
4	4	1	526.6000	7.5	30	5261005	6.245838	4743.320000
5	1	2	0.2500	15.0	15	91.33882	12.491680	0.041176
6	2	2	3.2047	15.0	15	15398.67	12.491680	6.941719
7	3	2	41.0800	15.0	15	2530280	12.491680	1140.650000
8	4	2	526.6000	15.0	15	10522011	12.491680	4743.320000
9	1	3	0.2500	7.5	0	45.66941	6.245838	0.041176
10	2	3	3.2047	7.5	0	7699.337	6.245838	6.941719
11	3	3	41.0800	7.5	0	1265140	6.245838	1140.650000
12	4	3	526.6000	7.5	0	5261005	6.245838	4743.320000

$$V_{b_{i,k}} = \{(\alpha_{lg}^2 - 1)^2/[\alpha_{lg}^2 \ln(\alpha_{lg}^2)]\} r_i^2 \left(\frac{1}{2}\Delta\theta\right)\Delta z_k$$

$$= \{(12.8188^2 - 1)^2/[12.8188^2 \ln(12.8188^2)]\} r_i^2 \left(\frac{1}{2} \times 2\pi\right)\Delta z_k$$

$$= (99.957858) r_i^2 \Delta z_k$$

其中 $i = 2$、3、4，以及

$$V_{b_{4,k}} = \{1 - (\alpha_{lg}^2 - 1)/[\alpha_{lg}^2 \ln(\alpha_{lg}^2)]\} r_e^2 (1/2\Delta\theta)\Delta z_k$$

$$= \{1 - (12.8188^2 - 1)/[12.8188^2 \ln(12.8188^2)]\} (526.60)2\left(\frac{1}{2} \times 2\pi\right)\Delta z_k$$

$$= (701466.65)\Delta z_k$$

方程（5.72a）定义 r 方向的传导率，即：

$$T_{r_{i\mp\frac{1}{2},k}} = G_{r_{i\mp\frac{1}{2},k}}\left(\frac{1}{\mu B}\right) = G_{r_{i\mp\frac{1}{2},k}}\left(\frac{1}{0.5 \times 1}\right) = (2)G_{r_{i\mp\frac{1}{2},k}} \tag{5.97}$$

其中 $G_{r_{i\mp\frac{1}{2},k}}$ 见表 5.3 中的定义。在 $\Delta\theta = 2\pi$ 和恒定径向渗透率的情况下，几何因子方程简化为：

$$G_{r_{i\mp\frac{1}{2},k}} = \frac{2\pi\beta_c K_r \Delta z_k}{\ln[\alpha_{lg} \ln(\alpha_{lg})/(\alpha_{lg} - 1)] + \ln[(\alpha_{lg} - 1)/\ln(\alpha_{lg})]}$$

$$= \frac{2\pi\beta_c K_r \Delta z_k}{\ln(\alpha_{lg})} = \frac{2\pi(0.001127)(150)\Delta z_k}{\ln(12.8188)} = (0.4163892)\Delta z_k \tag{5.98}$$

因此，可以通过将式（5.98）代入式（5.97）来估算径向的传导率，即：

$$T_{r_{i \mp 1/2, k}} = (2) G_{r_{i \mp \frac{1}{2}, k}} = (2)(0.4163892) \Delta z_k = (0.8327784) \Delta z_k \tag{5.99}$$

式（5.72c）定义垂直方向上的传导率，即：

$$T_{z_{i, k \mp \frac{1}{2}}} = G_{z_{i, k \mp \frac{1}{2}}} \left(\frac{1}{\mu B} \right) = G_{z_{i, k \mp \frac{1}{2}}} \left(\frac{1}{0.5 \times 1} \right) = (2) G_{z_{i, k \mp \frac{1}{2}}} \tag{5.100}$$

其中 $G_{r_{i \mp \frac{1}{2}, k}}$ 见表5.3中的定义，即：

$$G_{z_{i, k \mp \frac{1}{2}}} = \frac{2 \beta_c (V_{b_{i,k}} / \Delta z_k)}{\Delta z_{k \mp \frac{1}{2}} / K_{z_{i,k}} + \Delta z_{k \mp \frac{1}{2}} / K_{z_{i,k \mp 1}}} \tag{5.101}$$

对于这个问题，网格间距和垂直渗透率是常数。因此，几何因子的方程式简化为：

$$G_{z_{i, k \mp \frac{1}{2}}} = \frac{2 \beta_c K_z (V_{b_{i,k}} / \Delta z_k)}{2 \Delta z_{k \mp \frac{1}{2}}} = \frac{\beta_c K_z (V_{b_{i,k}} / \Delta z_k)}{\Delta z_{k \mp \frac{1}{2}}}$$

$$= \frac{(0.001127)(45)(V_{b_{i,k}} / \Delta z_k)}{15} = (0.003381)(V_{b_{i,k}} / \Delta z_k) \tag{5.102}$$

将式（5.102）代入式（5.100）可以得到：

$$T_{z_{i, k + \frac{1}{2}}} = (2) G_{z_{i, k \mp \frac{1}{2}}} = (2)(0.003381)(V_{b_{i,k}} / \Delta z_k) = (0.006762)(V_{b_{i,k}} / \Delta z_k) \tag{5.103}$$

表5.6列出了径向和垂直方向上的传导率估算值。

在编写流量方程之前，必须使用方程（5.37）按比例将油井产量分配到网格点5到网格9（油藏西边界的规定产量）。

方程（5.37）中，T_{bP,bP^*}^m 代表网格点 bP 和 bP^* 之间的径向传导率，并为油藏内边界，并且 $\psi_b = \psi_W = \{5, 9\}$。需要注意的是，网格点1没有流动边界，因为它未被井钻穿；也就是说，$q_{sc_{b_W, 1}}^m = 0$。同样需要注意的是，根据图5.7中的项，$5^* = 6$ 和 $9^* = 10$。根据表5.6：

$$T_{b_W, 6}^m = T_{r_{5,6}}^m = 12.49168 \text{bbl}/(\text{d} \cdot \text{psi})$$

和

$$T_{b_W, 10}^m = T_{r_{9,10}}^m = 6.245838 \text{bbl}/(\text{d} \cdot \text{psi})$$

应用方程（5.37）可以得到：

$$q_{sc_{b_W, 9}}^m = \frac{6.245838}{6.245838 + 12.49168} \times (-2000) = -666.67 \text{bbl/d}$$

和

$$q_{sc_{b_W, 5}}^m = \frac{12.49168}{6.245838 + 12.49168} \times (-2000) = -1333.33 \text{bbl/d}$$

对生产井进行这种处理后，每个网格点的 $q_{sc_n}^m = 0$（包括1、5和9）。对于油藏下边界，

$p_1^m = p_2^m = p_3^m = p_4^m = p_{b_L} = 4000\text{psia}$。使用方程（5.46c）估算边界网格点 1、2、3 和 4 中虚拟井的流量。

$$q_{sc_{b_L,bP}}^m = T_{z_{i,k+\frac{1}{2}}}^m \big[(4000 - p_{bP^*}) - (0.4333)(30 - 15) \big] \tag{5.104}$$

根据图 5.13 和图 5.7 中的项，$1^* = 5, 2^* = 6, 3^* = 7$ 以及 $4^* = 8$。对于油藏东部和上部（封闭）边界，$n = 4$、8 的情况下，$q_{sc_{b_E,n}}^m = 0$，对于 $n = 9$、10、11、12 的情况，$q_{sc_{b_U,n}}^m = 0$。表 5.7 总结了网格点对井速和虚拟井速的影响。

表 5.7　例 5.9 中网格点对井产量和虚拟井产量的贡献

n	i	k	$q_{sc_n}^m$ (bbl/d)	$q_{sc_{b_L,n}}^m$ (bbl/d)	$q_{sc_{b_W,n}}^m$ (bbl/d)	$q_{sc_{b_E,n}}^m$ (bbl/d)	$q_{sc_{b_U,n}}^m$ (bbl/d)
1	1	1	0	(0.041176) $\big[(4000 - p_5^m)(0.4333)$ $(30 - 15)\big]$	0		
2	2	1	0	(6.941719) $\big[(4000 - p_6^m)(0.4333)$ $(30 - 15)\big]$			
3	3	1	0	(1140.650) $\big[(4000 - p_7^m)(0.4333)$ $(30 - 15)\big]$			
4	4	1	0	(4743.320) $\big[(4000 - p_8^m)(0.4333)$ $(30 - 15)\big]$		0	
5	1	2	0		-1333.33		
6	2	2	0				
7	3	2	0				
8	4	2	0			0	
9	1	3	0		-666.67		0
10	2	3	0				0
11	3	3	0				0
12	4	3	0			0	0

网格点 n 的流动方程一般形式如下：

$$\sum_{l \in \psi_n} T_{l,n}^m \big[(p_l^m - p_n^m) - \gamma_{l,n}^m (Z_l - Z_n) \big] + \sum_{l \in \xi_n} q_{sc_{l,n}}^m + q_{sc_n}^m = \frac{V_{b_n}}{\alpha_c \Delta t} \Big[\Big(\frac{\phi}{B}\Big)_n^{n+1} - \Big(\frac{\phi}{B}\Big)_n^n \Big] \tag{5.2a}$$

由于网格点 1 位于恒定压力边界上，$p_1^m = 4000\text{psia}$。接下列写出该网格点的流动方程。对于网格点 1，$n = 1$，$i = 1$，$k = 1$，$\psi_1 = \{2, 5\}$，$\xi_1 = \{b_L, b_W\}$，$\sum_{l \in \xi_1} q_{sc_{l,1}}^m = q_{sc_{b_L,1}}^m + q_{sc_{b_W,1}}^m$，其中根据表 5.7，$q_{sc_{b_L,1}}^m = (0.041176)\big[(4000 - p_5^m) - (0.4333)(30 - 15)\big]$，$q_{sc_{b_W,1}}^m = 0$，$q_{sc_1}^m = 0$。

因此代入方程（5.2a）得：

$$(6.245838)\big[(p_2^m - p_1^m) - (0.4333)(30 - 30)\big]$$

$$+ (0.041176)\big[(p_5^m - p_1^m) - (0.4333)(15 - 30)\big]$$

$$+ (0.041176)\big[(4000 - p_5^m) - (0.4333)(30 - 15)\big] + 0 + 0$$

$$= \frac{45.66941}{\alpha_c \Delta t}\Big[\Big(\frac{\phi}{B}\Big)_1^{n+1} - \Big(\frac{\phi}{B}\Big)_1^n\Big] \tag{5.105}$$

其中，$p_1^m = 4\,000\text{psia}$。需要注意的是，由于网格点压力是恒定的，所以累积项消除。因此，方程（5.105）简化为：

$$(6.245838)\big[(p_1^m - p_2^m) - (0.4333)(30 - 30)\big] = 0 \tag{5.106}$$

$$p_1^m = p_2^m \tag{5.107}$$

由于两个网格点都位于恒定压力底部边界，所以方程（5.107）没有带来新认识，但是验证了网格点 1 的流动方程（5.105）的正确性。

由于网格点 3 位于恒定压力边界，所以 $p_3^m = 4000\text{psia}$。同样，接下来写出该网格点的流动方程。对于网格点 3，$n = 3$，$i = 3$，$k = 1$，$\psi_3 = \{2, 4, 7\}$，$\xi_3 = \{b_L\}$，$\sum\limits_{l \in \xi_3} q_{scl,3}^m = q_{sc_{b_L},3}^m$，其中根据表 5.7，$q_{sc_{b_L},3}^m = (1140.650)\big[(4000 - p_7^m) - (0.4333)(30 - 15)\big]$，$q_{sc_3}^m = 0$。

因此，代入方程（5.2a）得：

$$(6.245838)\big[(p_2^m - p_3^m) - (0.4333)(30 - 30)\big]$$

$$+ (6.245838)\big[(p_4^m - p_3^m) - (0.4333)(30 - 30)\big]$$

$$+ (1140.650)\big[(p_7^m - p_3^m) - (0.4333)(15 - 30)\big]$$

$$+ (1140.650)\big[(4000 - p_7^m) - (0.4333)(30 - 15)\big] + 0$$

$$= \frac{1265140}{\alpha_c \Delta t}\Big[\Big(\frac{\phi}{B}\Big)_3^{n+1} - \Big(\frac{\phi}{B}\Big)_3^n\Big] \tag{5.108}$$

其中 $p_m^3 = 4000\text{psia}$。需要注意的是，由于网格点压力是恒定的，所以累积项消除。因此方程（5.108）简化为：

$$(6.245838)\big[(p_2^m - p_3^m) - (0.4333)(30 - 30)\big]$$

$$+ (6.245838)\big[(p_4^m - p_3^m) - (0.4333)(30 - 30)\big] = 0 \tag{5.109}$$

$$p_3^m = \frac{1}{2}(p_2^m + p_4^m) \tag{5.110}$$

由于网格点 2、3、4 位于恒定压力底部边界，所以方程（5.110）没有带来新认识，但是验证了网格点 3 的流动方程（5.108）的正确性。

对于网格点 5，$n = 5$，$i = 1$，$k = 2$，$\psi_5 = \{1, 6, 9\}$，$\xi_5 = \{b_W\}$，$\sum\limits_{l \in \xi_5} q_{scl,5}^m = q_{sc_{b_W},5}^m =$

$-1333.33\text{bbl/d}, q_{\text{sc}_5}^m = 0$（井作为边界条件处理）。因此，代入方程（5.2a）得：

$$(0.041176)\left[(p_1^m - p_5^m) - (0.4333)(30 - 15)\right]$$

$$+ (12.49168)\left[(p_6^m - p_5^m) - (0.4333)(15 - 15)\right]$$

$$+ (0.041176)\left[(p_9^m - p_5^m) - (0.4333)(0 - 15)\right] - 1333.33 + 0$$

$$= \frac{91.33882}{\alpha_c \Delta t}\left[\left(\frac{\phi}{B}\right)_5^{n+1} - \left(\frac{\phi}{B}\right)_5^n\right] \tag{5.111}$$

方程（5.111）中，井按照虚拟井处理。与笛卡儿坐标中的情况相反，由于柱坐标中井和虚拟井都有径向流，所以这种处理方式仅在单井模拟中有效（或用虚拟井代替，反之亦然）。

对于网格点 7，$n = 7, i = 3, k = 2, \psi_7 = \{3,6,8,11\}, \xi_7 = \{\}, \sum_{l \in \xi_7} q_{\text{sc}_{l,7}}^m = 0$（内部网格点），$q_{\text{sc}_7}^m = 0$（无井）。因此代入方程（5.2a）得：

$$(1140.650)\left[(p_3^m - p_7^m) - (0.4333)(30 - 15)\right]$$

$$+ (12.49168)\left[(p_6^m - p_7^m) - (0.4333)(15 - 15)\right]$$

$$+ (12.49168)\left[(p_8^m - p_7^m) - (0.4333)(15 - 15)\right]$$

$$+ (1140.650)\left[(p_{11}^m - p_7^m) - (0.4333)(0 - 15)\right] + 0 + 0$$

$$= \frac{2530280}{\alpha_c \Delta t}\left[\left(\frac{\phi}{B}\right)_7^{n+1} - \left(\frac{\phi}{B}\right)_7^n\right] \tag{5.112}$$

对于网格点 11，$n = 11, i = 3, k = 2, \psi_{11} = \{7,10,12\}, \xi_{11} = \{b_U\}, \sum_{l \in \xi_{11}} q_{\text{sc}_{l,11}}^m = q_{\text{sc}_{b_U,11}}^m$，$q_{\text{sc}_{b_U,11}}^m = 0$（封闭边界），$q_{\text{sc}_{11}}^m = 0$（无井）。因此代入方程（5.2a）得：

$$(1140.650)\left[(p_7^m - p_{11}^m) - (0.4333)(15 - 0)\right]$$

$$+ (6.245838)\left[(p_{10}^m - p_{11}^m) - (0.4333)(0 - 0)\right]$$

$$+ (6.245838)\left[(p_{12}^m - p_{11}^m) - (0.4333)(0 - 0)\right] + 0 + 0$$

$$= \frac{1265140}{\alpha_c \Delta t}\left[\left(\frac{\phi}{B}\right)_{11}^{n+1} - \left(\frac{\phi}{B}\right)_{11}^n\right] \tag{5.113}$$

5.6 对称性及其在解决实际问题中的应用

第 4 章已经讨论过了对称性在解决实际问题中的应用。大多数情况下，如果在油藏性质中找到了这种模式，那么使用对称性是合理的。通常选取最小对称元素，考虑解决油藏中对称元素的修正问题，来降低解决问题的难度（Abou - Kassem et al.，1991）。最小对称元素必须是储层段，是油藏其余部分的缩影。然而，在解决对称元素修正问题之前，必须首先建立对称性。对于平面的对称性，必须保证：（1）网格点的数量和网格点的间距；（2）储层岩石性质；（3）实际井；（4）油藏边界；（5）初始条件对称。网格点间距为网格点（$\Delta x_{i\mp\frac{1}{2}}$，$\Delta y_{j\mp\frac{1}{2}}$，$\Delta z_{k\mp\frac{1}{2}}$）和网格点高程($Z$)之间的间距。储层岩石性质为不同方向网格点的孔隙度(ϕ)和渗透率(K_x、K_y、K_z)。井指井的位置、井类型（注入井或生产井）和井操作条件。油藏边界为边界的几何形状及边界条件。初始条件为油藏中的初始压力和流体饱和度分布。不能满足前面提到的任何一项，意味着该平面没有对称性。最小对称元素的修正公式包括：替代无流动边界的每个对称平面，确定与对称平面共享边界的网格点的新区间几何因子、体积、井区速率和井区几何因子。为了详细说明这一点，提出了几个可能的情况。在下面的讨论中，需要在对称元素中确定网格点的体积、井区速率、井区几何因子和区间几何因子的新值，使用粗体数字来标记这些网格点。

下文前两个示例展示了与网格点之间的边界重合的对称平面。图5.14a 给出了一维流动问题中的对称面 A – A，其垂直于流动方向（x 方向），与网格点3和4之间的块体边界中部重合，将油藏分成两个对称单元。因此，$p_1 = p_6, p_2 = p_5, p_3 = p_4$。图5.14b 所示的对称元素为修正后的，对称平面被封闭边界代替。图5.15a 显示了二维水平油藏，具有两个垂直对称平面 A – A 和 B – B。对称平面 A – A 垂直于 x 方向，并与网格点2、6、10、14 一侧和网格点3、7、11、15 另一侧之间的区块边界中部重合。对称平面 B – B 垂直于 y 方向，并与网格点5、6、7、8 一侧和网格点9、10、11、12 另一侧之间的区块边界中部重合。两个对称平面将油藏分成四个对称单元。因此，$p_1 = p_4 = p_{13} = p_{16}, p_2 = p_3 = p_{14} = p_{15}, p_5 = p_8 = p_9 = p_{12}, p_6 = p_7 = p_{10} = p_{11}$。图5.15b 所示的最小对称元素为修正后的，每个对称平面都用封闭边界代替。

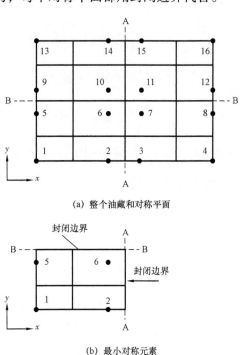

(a) 整个油藏和对称平面

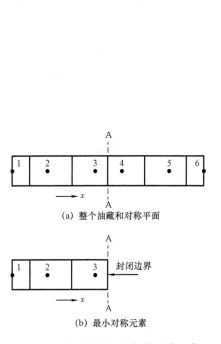

(a) 整个油藏和对称平面

(b) 最小对称元素

(b) 最小对称元素

图5.14　具有均匀网格点的一维油藏，垂直对称平面

图5.15　x 和 y 方向分布均匀网格点的二维油藏，两个垂直对称平面

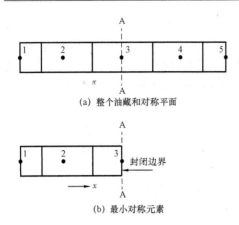

(a) 整个油藏和对称平面

(b) 最小对称元素

图 5.16 具有奇数网格点的一维油藏，垂直对称平面

接下来的两个示例展示了穿过网格点的对称平面。图 5.16a 给出了一维流动问题，对称平面 A – A 垂直于流动方向（x 方向），穿过网格点 3，将油藏分成两个对称单元。因此，$p_1 = p_5$，$p_2 = p_4$。图 5.16b 所示的对称单元为校正后的，对称平面用封闭边界代替。图 5.16a 中对称平面网格点 3 的网格点体积、井区速率和井区几何因子等分。因此，对于网格点 3 而言，$V_{b_3} = \frac{1}{2}V_{b_3}$，$q_{sc_3} = \frac{1}{2}q_{sc_3}$，$G_{w_3} = \frac{1}{2}G_{w_3}$。垂直于对称平面（$G_{x_{2,3}}$）方向上区块之间的几何因子不受影响。图 5.17a 展示了二维水平油藏，具有两个垂直的对称平面 A – A 和 B – B。平面 A – A 是平行于 y – z 平面（垂直于 x 方向）的垂直对称平面，穿过网格点 2、5 和 8。网格点 1、4 和 7 是网格点 3、6 和 9 的镜像。平面 B – B 是平行于 x – z 平面（垂直于 y 方向）的垂直对称平面，穿过网格点 4、5 和 6。网格点 1、2 和 3 是网格点 7、8 和 9 的镜像。两个对称平面将油藏分成四个对称单元。因此，$p_1 = p_3 = p_7 = p_9$，$p_4 = p_6$，$p_2 = p_8$。图 5.17b 所示的最小对称元素为校正后的，每个对称平面都用封闭边界代替。每个对称平面平分网格点的体积、井区速率和井区几何因子，并在平行于对称平面的方向上平分区块间的几何因子。因此，$V_{b_2} = \frac{1}{2}V_{b_2}$，$q_{sc_2} = \frac{1}{2}q_{sc_2}$，$G_{w_2} = \frac{1}{2}G_{w_2}$；$V_{b_4} = \frac{1}{2}V_{b_4}$，$q_{sc_4} = \frac{1}{2}q_{sc_4}$，$G_{w_4} = \frac{1}{2}G_{w_4}$；$V_{b_5} = \frac{1}{4}V_{b_5}$，$q_{sc_5} = \frac{1}{4}q_{sc_5}$，$G_{w_5} = \frac{1}{4}G_{w_5}$；$G_{y_{2,5}} = \frac{1}{2}G_{y_{2,5}}$；$G_{x_{4,5}} = \frac{1}{2}G_{x_{4,5}}$。如同网格点 2 和 4，对称平面穿过网格点，使得因子为 $\frac{1}{2}$。如同网格点 5，两个对称平面穿过网格点，使得因子为 $\frac{1}{2} \times \frac{1}{2} = \frac{1}{4}$。

第三个示例展示了两个垂直对称平面，一个与网格点之间的边界重合，另一个穿过网格点。图 5.18a 展示了二维水平油藏具有两个垂直对称平面 A – A 和 B – B。平面 A – A 为平行于 y – z 平面（垂直于 x 方向）的垂直对称平面，穿过网格点 2、5、8 和 11。网格点 1、4、7 和 10 是网格点 3、6、9 和 12 的镜像。平面 B – B 为垂直对称平面，平行于 x – z 平面（垂直于

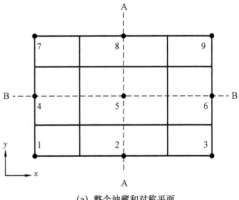

(a) 整个油藏和对称平面

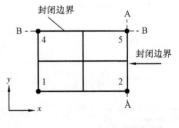

(b) 最小对称元素

图 5.17 x 和 y 方向分布奇数网格点的二维油藏，两个垂直对称平面

y 方向），一侧与网格点 4、5 和 6 之间的边界重合，另一侧与网格点 7、8 和 9 之间的边界重合。网格点 1、2 和 3 是网格点 10、11 和 12 的镜像，网格点 4、5 和 6 是网格点 7、8 和 9 的镜像。两个对称平面将油藏分成四个对称单元。因此，$p_1 = p_3 = p_{10} = p_{12}$，$p_4 = p_6 = p_7 = p_9$，$p_2 = p_{11}$，$p_5 = p_8$。图 5.18b 所示的最小对称单元为校正后的，每个对称平面用封闭边界代替。对称平面 A－A 将穿过的网格点的区块体积、井区速率和井区几何因子等分，将平行于对称平面（本示例中的 y 方向）的区块间几何因子等分。因此，$V_{b_2} = \frac{1}{2}V_{b_2}$，$q_{sc_2} = \frac{1}{2}q_{sc_2}$，$G_{w_2} = \frac{1}{2}G_{w_2}$；$V_{b_5} = \frac{1}{2}V_{b_5}$，$q_{sc_5} = \frac{1}{2}q_{sc_5}$，$G_{w_5} = \frac{1}{2}G_{w_5}$；$V_{b_8} = \frac{1}{2}V_{b_8}$，$q_{sc_8} = \frac{1}{2}q_{sc_8}$，$G_{w_8} = \frac{1}{2}G_{w_8}$；$V_{b_{11}} = \frac{1}{2}V_{b11}$，$q_{sc_{11}} = \frac{1}{2}q_{sc_{11}}$，$G_{w_{11}} = \frac{1}{2}G_{w_{11}}$；$G_{y_{2,5}} = \frac{1}{2}G_{y_{2,5}}$；$G_{y_{5,8}} = \frac{1}{2}G_{y_{5,8}}$；$G_{y_{8,11}} = \frac{1}{2}G_{y_{8,11}}$。如图 5.18a 中网格点 2、5、8 和 11 所示，对称平面穿过网格点，使得因子为 $\frac{1}{2}$。

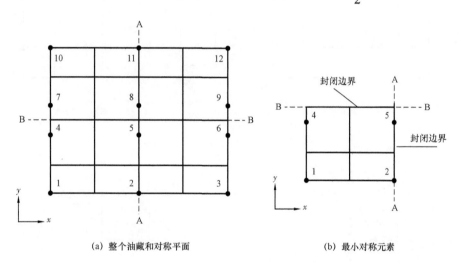

(a) 整个油藏和对称平面　　　　　　　(b) 最小对称元素

图 5.18　y 方向分布偶数网格点、x 方向分布奇数网格点的二维油藏，两个垂直对称平面

第四个示例中的两个分例展示了对称的斜面。图 5.19a 展示了类似于图 5.15a 的油藏，但是该油藏具有两个额外的对称平面 C－C 和 D－D。四个对称平面将油藏分成八个对称单元，每个单元均为图 5.19b 所示的三角形形状。因此，$p_1 = p_4 = p_{13} = p_{16}$，$p_2 = p_3 = p_{14} = p_{15} = p_5 = p_8 = p_9 = p_{12}$，$p_6 = p_7 = p_{10} = p_{11}$，$p_2 = p_3 = p_{14} = p_{15} = p_5 = p_8 = p_9 = p_{12}$。图 5.19b 所示的最小对称单元为校正后的，每个对称平面都用封闭边界代替。图 5.20a 展示了与图 5.17a 类似的油藏，但是该油藏具有两个额外的对称平面 C－C 和 D－D。四个对称平面将油藏分成八个对称单元，每个单元均为图 5.20b 所示的三角形形状。因此，$p_1 = p_3 = p_7 = p_9$，$p_4 = p_6 = p_2 = p_8$。图 5.20b 中所示的最小对称单元为校正后的，每个对称平面都用封闭边界代替。如图 5.19a 和图 5.20a 所示，垂直对称平面 C－C 或 D－D 穿过网格点，既不平行于 x 轴，也不平行于 y 轴（斜面），将网格点穿过的网格点体积、井区速率和井区几何因子等分。x 轴或 y 轴上斜面不影响区块间的几何因子。参考图 5.19b 和图 5.20b 中的网格点 1、6 和 5，$V_{b_1} = \frac{1}{2}V_{b_1}$，$q_{sc_1} = \frac{1}{2}q_{sc_1}$，$G_{w_1} = \frac{1}{2}G_{w_1}$；$V_{b_6} = \frac{1}{2}V_{b_6}$，$q_{sc_6} = \frac{1}{2}q_{sc_6}$，$G_{w_6} = \frac{1}{2}G_{w_6}$；$V_{b_5} = \frac{1}{8}V_{b_5}$，

$q_{sc_5} = \frac{1}{8}q_{sc_5}$，$G_{w_5} = \frac{1}{8}G_{w_5}$；$G_{y_{1,2}} = \frac{1}{2}G_{y_{1,2}}$；$G_{y_{2,5}} = \frac{1}{2}G_{y_{2,5}}$；$G_{x_{2,6}} = \frac{1}{2}G_{x_{2,6}}$。在计算图 5.20b 中网格点 5 的实际网格点体积、井区速率和井区几何因子时，图 5.20a 中穿过网格点 5 的四个对称平面（A－A、B－B、C－C 和 D－D），使得计算因子为 $\frac{1}{4} \times \frac{1}{2} = \frac{1}{8}$。也就是说，校正因子等于 $\frac{1}{n_{vsp}} \times \frac{1}{2}$，其中 n_{vsp} 是穿过网格点的垂直对称平面的数量。

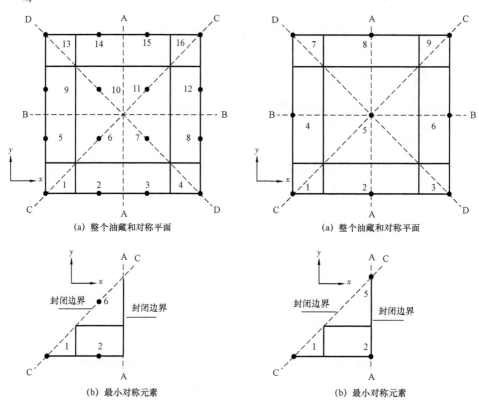

(a) 整个油藏和对称平面　　　　　　　　(a) 整个油藏和对称平面

(b) 最小对称元素　　　　　　　　　(b) 最小对称元素

图 5.19　x 和 y 方向分布均匀网格点的油藏，　图 5.20　x 和 y 方向奇数网格点油藏，
　　　　四个垂直对称平面　　　　　　　　　　　　四个对称的垂直面

需要提到的是，在校正时，网格 ξ_n 的设定可能包括反映倾斜边界（如平面 C－C 或平面 D－D）的新单元（如 b_{SW}、b_{NW}、b_{SE}、b_{NE}）。由于这些边界代表封闭边界，所以横跨这些边界的流速（$q_{sc_{l,n}}^m$）设置为零。

5.7　小结

本章介绍了使用点分布网格在笛卡儿坐标和径向—柱坐标下的油藏离散化。对于笛卡儿坐标系，类似于方程（5.1），定义了 x、y 和 z 方向上网格点的位置，以及网格点之间的距离、区块边界和区块大小之间的关系。表 5.1 给出了三个方向上传导率几何因子的计算方程。对于用于单井模拟的径向—柱坐标系，方程（5.74）至方程（5.81）、θ 方向上的方程（5.73）和 z 方向上类似于方程（5.1）的方程，定义了 r 方向上网格点的位置，以及网格点间距、区块边界和区块大小之间的关系。表 5.2 或表 5.3 中的方程，可用于计算 r、θ 和 z 方向的传导率和几何因子。方程（5.2）表示适用于笛卡儿和径向—柱坐标一维、二维或三维边界网格点和内部网格点流动方程的一般形式。任何网格点流动方程的流动项等于现有相邻网格点的数量，虚拟井的数量等于边界条件的数量。每口虚拟井代表一个边界条件。方程（5.33）、方程（5.36）、方程（5.40）和方程（5.46）给出了虚拟井的流速，分别适用于特定的压力梯度、特定的流速、封闭边界和特定的压力边界条件。

　　如果油藏存在对称性，可以定义最小的对称单元。对称平面可能穿过网格点，或者沿着区块边界。用封闭边界代替对称平面，以模拟最小的对称单元。在模拟之前，需要计算边界网格点新的区块几何因子、体积、井区速率和井区几何因子。

5.8　练习题

5.1　油藏离散化为网格点的意义是什么？

5.2　用自己的语言描述如何使用 n 个网格点沿 x 方向离散长度为 L_x 的油藏。

5.3　图 5.5 展示了具有规则边界的油藏。

（1）沿 x 方向该油藏有多少个边界？识别并命名这些边界。

（2）沿 y 方向该油藏有多少个边界？识别并命名这些边界。

（3）沿 z 方向该油藏有多少个边界？识别并命名这些边界。

（4）各个方向该油藏有多少个边界？

5.4　思考例 5.5 描述的和图 5.12 所示的二维油藏。

（1）确定油藏内部网格点和边界网格点。

（2）写下油藏中每个网格点的一组相邻网格点（ψ_n）。

（3）写下油藏中每个网格点一组油藏边界（ξ_n）。

（4）每个边界网格点有多少个边界条件？每个边界网格点有几口虚拟井？写出每口虚拟井的流量速率。

（5）每个边界网格点有多少个流动项？

（6）将每个边界网格点的流量项数和虚拟井数相加。对于每个边界网格点，它们加起来等于四吗？

（7）每个内部网格点有多少个流动项？

（8）你能从前面（6）和（7）的结果中得出什么结论？

5.5　思考图 5.21 所示的一维水平油藏中的流体流动。

（1）写下该油藏网格点 n 处合适的流动方程。

（2）通过 ψ_1 和 ξ_1，写出网格点 1 的流动方程，然后以此来展开（1）中的方程。

（3）通过 ψ_2 和 ξ_2，写出网格点 2 的流动方程，然后以此来展开（1）中的方程。

（4）通过 ψ_3 和 ξ_3，写出网格点 3 的流动方程，然后以此来展开（1）中的方程。

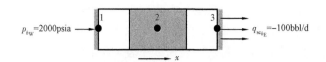

图 5.21　练习题 5.5 中的一维油藏

5.6　思考图 5.22 所示的二维水平油藏中的流体流动。

（1）写下该油藏网格点 n 处合适的流动方程。

（2）通过 ψ_1 和 ξ_1，写出网格点 1 的流动方程，然后以此来展开（1）中的方程。

（3）通过 ψ_7 和 ξ_7，写出网格点 7 的流动方程，然后以此来展开（1）中的方程。

（4）通过 ψ_{15} 和 ξ_{15}，写出网格点 15 的流动方程，然后以此来展开（1）中的方程。

（5）通过 ψ_{19} 和 ξ_{19}，写出网格点 19 的流动方程，然后以此来展开（1）中的方程。

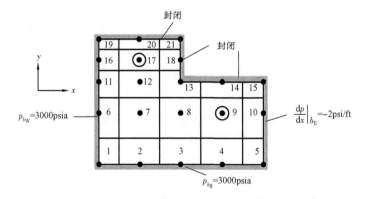

图 5.22　练习题 5.6 中的一维油藏

5.7　如图 5.23 所示，四个等距网格点表征了单相油藏。油藏为水平油藏，$K = 25\text{mD}$，网格点间距为 $\Delta x = 500\text{ft}$，$\Delta y = 700\text{ft}$，$h = 60\text{ft}$。石油性质为 $B = 1\text{bbl/bbl}$，$\mu = 0.5\text{mPa} \cdot \text{s}$。油藏左边界保持恒定压力 2500psia，油藏右边界为封闭边界。网格点 3 处的井产油量为 80bbl/d。假设储层和原油不可压缩，计算油藏中的压力分布。

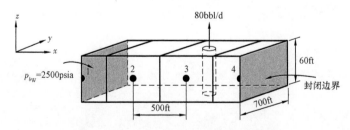

图 5.23　练习题 5.7 中的离散一维油藏

5.8　图 5.24 中的一维水平油藏由四个等距网格点表征。油藏网格点 $K = 90\text{mD}$、$\Delta x = 300\text{ft}$，$\Delta y = 250\text{ft}$，$h = 45\text{ft}$。原油地层体积系数和黏度分别为 1bbl/bbl 和 2mPa · s。油藏左边界保持恒定压力 2000psia，油藏右边界以 80bbl/d 的速度不断流入原油。网格点 3 处的井产油量为 175bbl/d。假设储层和原油不可压缩，计算油藏中的压力分布。

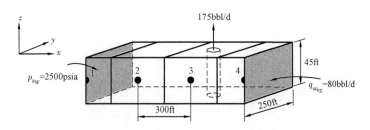

图 5.24　练习题 5.8 中的离散一维油藏

5.9　图 5.25 中的一维水平油藏由四个等距网格点表征。油藏网格点 $K = 120\text{mD}$，$\Delta x = 500\text{ft}$，$\Delta y = 450\text{ft}$，$h = 30\text{ft}$。原油地层体积系数和黏度分别为 1bbl/bbl 和 3.7mPa·s。油藏左边界恒定压力梯度 0.2psi/ft，油藏右边界为封闭边界。网格点 3 处的井采油速度使网格点 3 的压力保持在 1500psia。假设储层和原油不可压缩，计算油藏中的压力分布。估算油井产量。

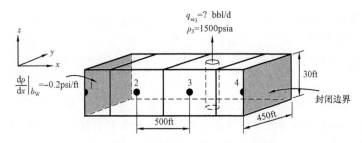

图 5.25　练习题 5.9 中的离散一维油藏

5.10　图 5.26 中的一维水平油藏由四个等距网格点表征。油藏网格点 $K = 70\text{mD}$、$\Delta x = 400\text{ft}$，$\Delta y = 660\text{ft}$，$h = 10\text{ft}$。原油地层体积系数和黏度分别为 1bbl/bbl 和 1.5mPa·s。油藏左边界保持恒定压力 2700psi，油藏右边界的边界条件未知，网格点 4 保持恒定压力 1900psia。网格点 3 处的井产油量为 150bbl/d。假设储层和原油不可压缩，计算油藏中的压力分布。估计穿过油藏右边界的采油速度。

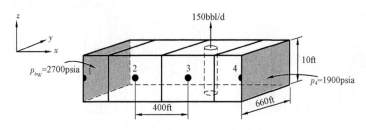

图 5.26　练习题 5.10 中的离散一维油藏

5.11　思考图 5.27 中的二维水平油藏。该油藏使用规则的网格表征。油藏网格点 $\Delta x = 350\text{ft}$，$\Delta y = 300\text{ft}$，$h = 35\text{ft}$，$K_x = 160\text{mD}$，$K_y = 190\text{mD}$。原油地层体积系数和黏度分别为 1bbl/bbl 和 4.0mPa·s。边界条件如图 5.27 所示。网格点 5 处的井以 2000bbl/d 的速度产油。假设储层和原油不可压缩，写出网格点 4、5、6、7、8 和 9 的流动方程。不要解方程。

5.12　方程 (5.81a) 表示网格点 (i, j, k) 的体积，导出网格点 (i, j, k) 的方程 (5.81c) 和网格点 (n_t, j, k) 的方程 (5.81d)。

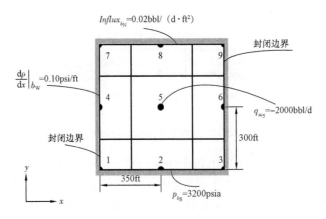

图 5.27　练习题 5.11 中的离散二维油藏

5.13　产量 500bbl/d 的 6in 直井位于 16acre 范围内。油藏厚度 30ft，水平渗透率 50mD。原油地层体积系数和黏度分别为 1bbl/bbl 和 3.5mPa·s。油藏外边界为封闭边界。如图 5.28 所示，在径向上使用四个网格点模拟油藏。写出所有网格点的流动方程。不要替换方程右边项的值。

5.14　12acre 的范围内有一口 9⅝in 直井。油藏厚度 50ft。油藏水平渗透率和垂直渗透率分别为 70mD 和 40mD。流动流体的密度、地层体积系数和黏度分别为 62.4lb/ft³、1bbl/bbl、0.7mPa·s。径向油藏外边界为封闭边界，油井仅在顶部 25ft 处完井，采油速度为 1000bbl/d。油藏底部边界易受流入影响，油藏边界压力保持在 3000psia。油藏顶部边界为封闭边界。如图 5.29 所示，假设油藏可以用垂直方向的两个网格点和径向方向的四个网格点来模拟，写出油藏中所有网格点的流动方程。

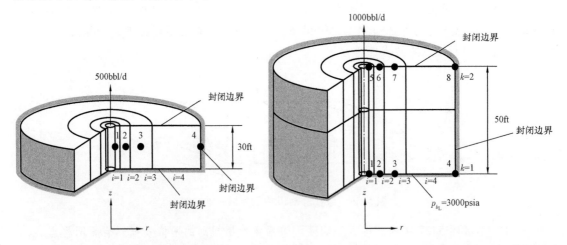

图 5.28　练习题 5.13 中的离散油藏　　　　图 5.29　练习题 5.14 中的离散二维径向—圆柱油藏

第6章　模拟中的井处理

6.1　引言

油藏模拟中井对不连续性的响应最为灵敏。严格意义上，井的存在增加了由于边界条件而遇到的困难。然而，因为工程就是优化油井性能，所以井对油藏评价至关重要。一般而言，被井钻穿的任何油藏区块对井开采速率的贡献与该区块的流动方程无关。这种贡献必须单独估算，然后代入井区的流动方程。无论流动问题的维度如何，井区内朝向井的流体流动都是径向的。井以线源（汇）边界方式建模。在本章中，一维和二维流动问题的重点是估算井的几何因子，而在三维流动问题中，重点是井钻穿的不同区块之间井流速的分布。井区几何因子的估算是针对区块边界内单区块控制的单口井，以及位于一个或两个区块边界（一维流动和二维流动，即油藏边界）单区块控制的单口井。本章给出了不同条件下井区的采油速率方程，以及采油速率估算或井底流动压力（FBHP）估算所必需的方程，包括：（1）停产井；（2）特定的油井产量；（3）特定的井压力梯度；（4）特定的井底流动压力。

井区的产液量方程形式为：

$$q_{sc_i} = -\frac{G_{w_i}}{B_i \mu_i}(p_i - p_{wf_i}) \tag{6.1}$$

式中　q_{sc_i}——井区 i 的产量；

G_{w_i}——井区 i 的几何因子；

p_i——井区 i 的压力；

p_{wf_i}——井区 i 的井底压力；

B_i——井区 i 压力下的流体地层体积系数；

μ_i——井区 i 压力下的流体黏度。

方程（6.1）符合产出为负流量值、注入为正流量值的符号规定。

6.2　单井

在本节中，介绍了单个区块的井处理。一维线性流动、一维径向流动和二维平面流动中的井均属于这一类。

6.2.1 一维线性流动中的井处理

图 6.1 描述了一维线性流动问题中的流体流动。流入或流出油藏区块的流体由两部分组成：整体流体传输和局部流体传输。整体流体传输是线性的，流体从一个网格块移动到另一个网格块，局部流体传输是径向的，流体在区块内（或从注入井）移动到生产井。虽然这种井处理方法对于一维流动问题来说是新的，但与二维单层油藏中的流体流动建模是一致的，并且被广泛接受。对于一维流动问题中的边界网格块（图 6.2）或边界网格点（图 6.3），区分代表真实井（或物理井）的来源项和代表虚拟井（或边界条件）的来源项非常重要。由于边界条件产生的流动总是线性的，而流入或流出实际井的流动总是径向的（见例 7.6），所以这种差异至关重要。例如，穿过油藏右边界的流动（图 6.2 中的网格块 5 或图 6.3 中的网格点 5）是根据特定边界条件估算的，其列表在第 4 章和第 5 章中给出。然而，通过井的任何点（包括边界点）进入或离开区块（图 6.2 中的网格块 1 或图 6.3 中的网格点 1）的流体，是根据方程（6.1）给出的实际井的径向流动方程来估计的。然而必须说明的是，模拟线性驱油实验，应使用边界条件来表征岩心末端的注入和产出。这一选择背后的逻辑是，岩心驱替的注入端和产出端的设计应使末端效应最小化，因此，使用阀杆可实现岩心末端附近的线性流动。阀杆（或端塞）是薄的圆柱体，在靠近岩心的一侧有许多与径向凹槽相交的同心凹槽。注入的流体通过阀杆另一侧中心的孔进入，流入凹槽，使流体均匀分布在与凹槽相邻的岩心表面。阀杆的这种设计导致流体沿着岩心的轴线方向线性流动。

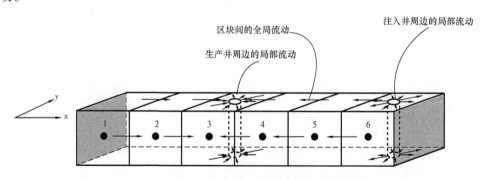

图 6.1 一维油藏中井周围的整体流动和局部流动

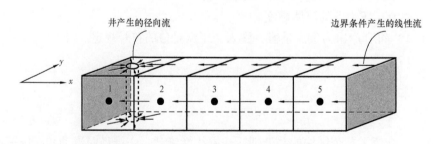

图 6.2 块中心分布网格边界处的井

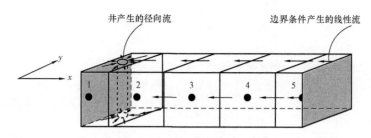

图 6.3　点分布网格边界处的井

对于一口真实井而言，以下方程适用。

规定井的井底流动压力：

$$q_{\text{sc}_i} = -\frac{G_{\text{w}_i}}{B_i \mu_i}(p_i - p_{\text{wf}_i})$$

停产井：

$$q_{\text{sc}_i} = 0 \tag{6.2}$$

规定井产量：

$$q_{\text{sc}_i} = q_{\text{spsc}} \tag{6.3}$$

规定井的压力梯度：

$$q_{\text{sc}_i} = -\frac{2\pi\beta_{\text{c}}r_{\text{w}}K_{\text{H}_i}h_i}{B_i \mu_i} \left.\frac{\partial p}{\partial r}\right|_{r_{\text{w}}} \tag{6.4}$$

由 6.2.3 节中的方程（6.12）估算。井区 i 的规模和岩石属性按照 6.2.3 节中二维平面流动的解释进行处理。

6.2.2　一维径向流动中的井处理

在单井模拟的一维径向流动中，井由内部环状区块 1（$i=1$）所控制。传统上，径向流中的井（单井模拟）被视为边界条件（Aziz and Settari，1979；Ertekin et al.，2001）。在工程方法中，由于柱坐标系中真实井和虚拟井都存在径向流动，因此这种井可以被视为来源井（真实井）或虚拟井（边界条件）。第 4 章和第 5 章给出了虚拟井的流动方程。在本节中，将井的流动方程作为来源项。在不同井作业条件下，区块 1 的油井产量方程如下。

停产井：

$$q_{\text{sc}_1} = 0 \tag{6.5}$$

规定井产量：

$$q_{\text{sc}_1} = q_{\text{spsc}} \tag{6.6}$$

井底流动压力由方程（6.9）估算，其中 q_{spsc} 替代 q_{sc_1}。

规定井压力梯度：

$$q_{sc_1} = -\frac{2\pi\beta_c r_w K_{H_1} h_1}{B_1 \mu_1} \left. \frac{\partial p}{\partial r} \right|_{r_w} \tag{6.7}$$

规定井的井底流动压力。径向流中为达西定律的应用，即：

$$q_{sc} = -\frac{2\pi\beta_c K_H h}{B\mu \ln(r_e/r_w)} (p_e - p_{wf}) \tag{6.8}$$

在块中心分布的网格中，考虑外半径范围 r_1（代表网格块 1 的点）和井半径 r_w（网格块 1 的内半径）之间的径向封闭段中的流体流动。此时，$r_e = r_1$，$p_e = p_1$，$q_{sc} = q_{sc1}$。因此，方程（6.8）变为：

$$q_{sc_1} = -\frac{2\pi\beta_c K_{H_1} h_1}{B_1 \mu_1 \ln(r_1/r_w)} (p_1 - p_{wf}) \tag{6.9a}$$

源于

$$G_{w_1} = \frac{2\pi\beta_c K_{H_1} h_1}{\ln(r_1/r_w)} \tag{6.10a}$$

在表 4.2 或表 4.3 中找到 $i = 1$ 时的 $G_{r_{i-\frac{1}{2}}}$，丢弃网格块 0 中不存在的分母中的第二项，在块中心分布的网格中，如果使用表 4.2，则定义 $r^l_{\frac{1}{2}} = r_w$，如果使用表 4.3，则如方程（4.87）所给出的 $(r_1/r_w) = [\alpha_{lg}\ln(\alpha_{lg})/(\alpha_{lg} - 1)]$，也可以得到方程（6.10a）。

对于点分布网格，考虑网格点 1 和网格点 2 之间的流体流动。这两个网格点可视为径向油藏段的内部和外部边界。达西定律在径向流动中的应用：

$$q_{sc_1} = -\frac{2\pi\beta_c (K_H h/B\mu)_{1,2}}{\ln(r_2/r_w)} (p_2 - p_1) \tag{6.9b}$$

因为 $p_e = p_2$，$p_{wf} = p_1$，$r_e = r_2$，$r_1 = r_w$。方程（6.9b）是方程（6.8）的另外形式，其中：

$$G_{w_1} = \frac{2\pi\beta_c (K_H h)_{1,2}}{\ln(r_2/r_w)} \tag{6.10b}$$

在表 5.2 或表 5.3 中找到 $i = 1$ 时的 $G_{r_{i+\frac{1}{2}}}$，在点分布网格中，定义 $r_1 = r_w$，结合方程（5.74）给出 $(r_2/r_1) = \alpha_{lg}$，也可以得到方程（6.10b）。需要注意恒定渗透率（$K_1 = K_2 = K_H$），恒定厚度（$h_1 = h_2 = h$），$(K_H h)_{1,2} = K_H h = K_{H_1} h_1$。

在点分布网格中，因为网格点 1 的压力是已知的（$p_1 = p_{wf}$），所以不需要为网格点 1 编写流动方程。事实上，这个方程无非就是方程（6.9b）给出了井区 1 的流量估算值（参考练习题 6.7）。然而，在网格点 2 的流动方程中替换网格点 1 的压力（$p_1 = p_{wf}$）。

6.2.3 二维平面流动中的井处理

单层油藏中的垂直井井区压力（p）和井底流动压力（p_{wf}）是通过流入动态关系方程（IPR）联系起来的（Peaceman，1983）：

$$q_{sc} = -\frac{G_w}{B\mu}(p - p_{wf}) \tag{6.11}$$

其中

$$G_w = \frac{2\pi\beta_c K_H h}{[\ln(r_{eq}/r_w) + s]} \tag{6.12}$$

对于各向异性的井区，K_H 由几何平均渗透率估算：

$$K_H = [K_x K_y]^{0.5} \tag{6.13}$$

如图 6.4 所示，对于矩形井区中心具有渗透率各向异性的井，其等效井区半径为：

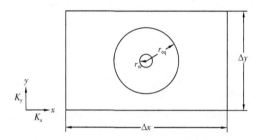

图 6.4　非均质矩形区块中的等效井区半径

$$r_{eq} = 0.28 \frac{[(K_y/K_x)^{0.5}(\Delta x)^2 + (K_x/K_y)^{0.5}(\Delta y)^2]^{0.5}}{[(K_y/K_x)^{0.25} + (K_x/K_y)^{0.25}]} \tag{6.14}$$

在水平面和矩形井区中存在各向同性渗透率 $(K_x = K_y)$，方程（6.14）简化为：

$$r_{eq} = 0.14[(\Delta x)^2 + (\Delta y)^2]^{0.5} \tag{6.15}$$

对于各向同性渗透率和正方形井区 $(\Delta x = \Delta y)$，方程（6.15）变为：

$$r_{eq} = 0.198\Delta x \tag{6.16}$$

方程（6.14）至方程（6.16）适用于块中心网格和点分布网格。然而，这些方程的假设前提是垂直井与油井所在区块的中心重合。它们也没有关于井轴线偏离区块中心的设定。因此，井越靠近井区中心，井周围压力分布的描述越好。对于规则分布网格中的中心井，这些方程的使用对两种网格同样有效，但是在不规则分布网格中，由于井块中心总是与井重合，所以块中心网格更好。然而，对于油藏边界上的油井（见 6.3.3 节），由于井和网格点重合，所以点分布网格更好。

对于水平井而言，方程（6.11）适用，但对 G_w 有适当的定义。关于对水平井 G_w 估算的更多细节可以在其他文献找到（Babu and Odeh，1989；Ertekin et al.，2001）。

例 6.1 和例 6.2 展示了对井区几何因子的估算，包括正方形和矩形区块、各向同性和各向异性渗透性，以及有表皮系数和没有表皮系数的井。例 6.3 至例 6.6 演示了油井采油速率的估算，获取了不同油井操作条件下井区的采油速率方程。

表6.1 井区大小、渗透率和表皮系数

井名	Δx (ft)	Δy (ft)	H (ft)	K_x (mD)	K_y (mD)	s
W-1	208	832	30	100	225	0
W-2	208	832	30	150	150	0
W-3	416	416	30	100	225	0
W-4	416	416	30	150	150	0

例6.1 由水平地层组成的单相油藏，有许多垂直生产井。表6.1列出了其中四口井的井名、井区尺寸、渗透率和表皮系数。每口井均位于井区的中心，并完全钻穿地层。原油的地层体积系数和黏度分别为1bbl/bbl和2mPa·s。井径7in。计算表6.1中各井的井区几何因子。

求解方法

（1）井 W-1。

井区内 $K_x \neq K_y$，$\Delta x \neq \Delta y$。因此方程（6.14）和方程（6.13）可分别用于估算等效井区半径和水平渗透率：

$$r_{eq} = 0.28 \frac{\left[(225/100)^{0.5} (208)^2 + (100/225)^{0.5} (832)^2 \right]^{0.5}}{\left[(225/100)^{0.25} + (100/225)^{0.25} \right]} = 99.521\text{ft}$$

$$K_H = \left[100 \times 225 \right]^{0.5} = 150\text{mD}$$

利用方程（6.12）估算井区几何系数：

$$G_w = \frac{2\pi \times 0.001127 \times 150 \times 30}{\left\{ \ln\left[99.521/(3.5/12) \right] + 0 \right\}} = 5.463\text{bbl} \cdot \text{mPa} \cdot \text{s}/(\text{d} \cdot \text{psi})$$

（2）井 W-2。

井区内 $K_x = K_y$，但 $\Delta x \neq \Delta y$。因此方程（6.15）可以用于估算等效井区半径：

$$r_{eq} = 0.14 \times \left[(208)^2 + (832)^2 \right]^{0.5} = 120.065\text{ft}$$

$$K_H = K_x = K_y = 150\text{mD}$$

将数值代入方程（6.12）来估算井区几何系数，得到：

$$G_w = \frac{2\pi \times 0.001127 \times 150 \times 30}{\left\{ \ln\left[120.065/(3.5/12) \right] + 0 \right\}} = 5.293\text{bbl} \cdot \text{mPa} \cdot \text{s}/(\text{d} \cdot \text{psi})$$

（3）井 W-3。

井区内 $K_x \neq K_y$，但 $\Delta x = \Delta y$。因此方程（6.14）和方程（6.13）可以用于估算井区等效半径和水平渗透率：

$$r_{eq} = 0.28 \frac{\left[(225/100)^{0.5} (416)^2 + (100/225)^{0.5} (416)^2 \right]^{0.5}}{\left[(225/100)^{0.25} + (100/225)^{0.25} \right]} = 83.995\text{ft}$$

$$K_H = [100 \times 225]^{0.5} = 150mD$$

将数值代入方程（6.12）来估算井区几何系数，得到：

$$G_w = \frac{2\pi \times 0.001127 \times 150 \times 30}{\{\ln[83.995/(3.5/12)] + 0\}} = 5.627bbl \cdot mPa \cdot s/(d \cdot psi)$$

（4）井 W－4。

井区内 $K_x = K_y$，$\Delta x = \Delta y$。因此方程（6.16）可以用来估算等效井区半径：

$$r_{eq} = 0.198 \times 416 = 82.364ft$$

$$K_H = 150mD$$

将数值代入方程（6.12）来估算井区几何因子，得到：

$$G_w = \frac{2\pi \times 0.001127 \times 150 \times 30}{\{\ln[82.364/(3.5/12)] + 0\}} = 5.647bbl \cdot mPa \cdot s/(d \cdot psi)$$

需要注意的是，虽然四个井区具有相同的厚度、面积和水平渗透率，分别为 30ft、173056ft^2、150mD，但由于非均质性和（或）井区范围的缘故，井区的几何因子存在差异。

例 6.2　考虑例 6.1 中的 W－1 井，针对以下情况估算井的几何因子：（1）无机械井损坏，即 $s = 0$；（2）井损坏，即 $s = 1$；（3）井增产，即 $s = -1$。

求解方法

W－1 井的井区内 $K_x \neq K_y$，$\Delta x \neq \Delta y$。因此方程（6.14）和方程（6.13）可以用于估算等效井区半径和水平渗透率：

$$r_{eq} = 0.28 \frac{[(225/100)^{0.5}(208)^2 + (100/225)^{0.5}(832)^2]^{0.5}}{[(225/100)^{0.25} + (100/225)^{0.25}]} = 99.521ft$$

$$K_H = [100 \times 225]^{0.5} = 150mD$$

使用方程（6.12）估算井区几何系数。

（1）$s = 0$（零表皮系数）时：

$$G_w = \frac{2\pi \times 0.001127 \times 150 \times 30}{\{\ln[99.521/(3.5/12)] + 0\}} = 5.463bbl \cdot mPa \cdot s/(d \cdot psi)$$

（2）$s = 1$（正表皮系数）时：

$$G_w = \frac{2\pi \times 0.001127 \times 150 \times 30}{\{\ln[99.521/(3.5/12)] + 1\}} = 4.664bbl \cdot mPa \cdot s/(d \cdot psi)$$

（3）$s = -1$（负表皮系数）时：

$$G_w = \frac{2\pi \times 0.001127 \times 150 \times 30}{\ln[99.521/(3.5/12)] - 1} = 6.594bbl \cdot mPa \cdot s/(d \cdot psi)$$

该示例说明了油井损坏和增产措施对油井几何因素的影响，进而影响了采油速度。该井的损坏使井的几何因子降低了 14.6%，然而随着增产措施的增加，井的几何因子降低了 20.7%。

例 6.3 考虑例 6.1 中的 W−1 井，在接下来可能的操作条件下，估算油井开采速率：（1）油井关闭；（2）3000bbl/d 的恒定开采速率；（3）300psi/ft 的井底压力梯度；（4）井区压力为 p_o，井底流动压力保持在 2000psia。

求解方法

对于 W−1 井，例 6.1 中 $r_{eq}=99.521$ft，$K_H=150$mD，$G_w=5.463$bbl·mPa·s/（d·psi）。

（1）对于停产井，方程（6.2）适用。因此 $q_{sc_1}=0$bbl/d。

（2）对于特定的开采速率，方程（6.3）适用。因此 $q_{sc_1}=3000$bbl/d。

（3）对于特定的压力梯度，方程（6.4）适用。因此：

$$q_{sc_1}=-\frac{2\pi\times0.001127\times(3.5/12)\times150\times30}{1\times2}\times300=-1394.1\text{bbl/d}$$

（4）对于特定井底流动压力，方程（6.1）适用。因此：

$$q_{sc_1}=-\frac{5.463}{1\times2}(p_o-2000)$$

或

$$q_{sc_1}=-2.7315(p_o-2000) \tag{6.17}$$

例如，如果井区压力为 3000psia，使用方程（6.17）预测：

$$q_{sc_1}=-2.7315(3000-2000)=-2731.5\text{bbl/d}$$

例 6.4 估算例 4.1 中网格块处井的井底流动压力。井筒直径为 7in，零表皮系数。

求解方法

根据例 4.1，网格块 4 具有以下面积和特性：$\Delta x=1000$ft、$\Delta y=1200$ft、$h=\Delta z=75$ft，$K_x=15$mD，流动流体 $B=1$bbl/bbl，$\mu=10$mPa·s。网格块 4 中的井 $q_{sc_4}=-150$bbl/d。朝向该井的流体局部径向流动。使用方程（6.15）估算等效井区半径：

$$r_{eq}=0.14\times[(1000)^2+(1200)^2]^{0.5}=218.687\text{ft}$$

$$K_H=K_x=15\text{mD}$$

将数值代入方程（6.12）来估算井区几何因子，得到：

$$G_w=\frac{2\pi\times0.001127\times15\times75}{\{\ln[218.687/(3.5/12)]+0\}}=1.203\text{bbl·mPa·s/(d·psi)}$$

应用方程（6.1）得：

$$-150=-\frac{1.203}{1\times10}(p_4-p_{wf_4})$$

由此估算例 4.1 中井的井底流动压力，其中 $q_{sc_4}=150$bbl/d，网格块 4 的井底流动压力函数为：

$$p_{wf_4}=p_4-1246.9 \tag{6.18}$$

例 6.5 考虑例 4.11 中的单井模拟。针对以下每种油井作业条件，写出网格块 1 中井的产油量方程：（1）砂面的压力梯度设定为200 psi/ft，（2）地层中部的井底流动压力保持恒定在2000psia。岩石和流体性质为：$K_H = 233\text{mD}$，$B = 1\text{bbl/bbl}$，$\mu = 1.5\text{mPa·s}$。

求解方法

下面数据源于示例4.1：$r_e = 744.73\text{ft}$，$r_w = 0.25\text{ft}$，$h = 100\text{ft}$。另外，径向方向的离散化结果为 $r_1 = 0.5012\text{ft}$，$r_2 = 2.4819\text{ft}$，$r_3 = 12.2914\text{ft}$，$r_4 = 60.8715\text{ft}$，$r_5 = 301.457\text{ft}$。

（1）对于特定的压力梯度，方程（6.7）适用。因此：

$$q_{sc_1} = -\frac{2\pi \times 0.001127 \times 0.25 \times 233 \times 100}{1 \times 1.5} \times 200 = -5499.7\text{bbl/d}$$

（2）对于特定的井底流动压力，方程（6.9a）适用。因此：

$$q_{sc_1} = -\frac{2\pi \times 0.001127 \times 233 \times 100}{1 \times 1.5 \times \ln(0.5012/0.25)}(p_1 - 2000)$$

或

$$q_{sc_1} = 158.1407(p_1 - 2000) \tag{6.19}$$

例如，如果井区压力为2050psia，使用方程（6.19）预测：

$$q_{sc_1} = -158.1407(2050 - 2000) = -7907.0\text{bbl/d}$$

例6.6 写出例5.5中网格点9处井的采油速度方程，估算该井的井底流动压力。井筒直径为7in，零表皮系数。

求解方法

由例5.5可知，网格点9代表的区块具有以下面积和性质：$\Delta x = 250\text{ft}$，$\Delta y = 300\text{ft}$，$h = 100\text{ft}$，$K_x = 270\text{mD}$，$K_y = 220\text{mD}$。流动的流体性质如下：$B = 1\text{bbl/bbl}$，$\mu = 2\text{mPa·s}$。油井（或网格点9）具有恒定的开采速率 $q_{sc_9} = 4000\text{bbl/d}$。

利用方程（6.14）和方程（6.13）估算等效井区半径和水平渗透率，得到：

$$r_{eq} = 0.28\frac{\left[(220/270)^{0.5}(250)^2 + (270/220)^{0.5}(300)^2\right]^{0.5}}{\left[(220/270)^{0.25} + (270/220)^{0.25}\right]} = 55.245\text{ft}$$

$$K_H = \left[270 \times 220\right]^{0.5} = 243.72\text{mD}$$

将数值代入方程（6.12）来估算井区几何因子，得到：

$$G_w = \frac{2\pi \times 0.001127 \times 243.72 \times 100}{\{\ln[55.245/(3.5/12)] + 0\}} = 32.911\text{bbl·mPa·s/(d·psi)}$$

使用方程（6.1）得到：

$$q_{sc_9} = -\frac{32.911}{1 \times 2}(p_9 - p_{wf_9}) = -16.456(p_9 - p_{wf_9})$$

由此估算例5.5中井的井底流动压力，其中 $q_{sc_9} = 4000\text{bbl/d}$，网格点9的压力函数为：

$$p_{wf_9} = p_9 - 243.1 \tag{6.20}$$

6.3 多井

本节介绍了井筒内压力变化的处理、穿透所有层的井开采速度的分配、主体区块和井之间的流动处理，特别是位于封闭流动储层边界上的井。

6.3.1 垂直效应（井筒内的流动）

由于静水压力、流动引起的摩擦损失和动能，井筒内的压力与对应井区的压力有所差异。对于直井而言，后两个因素可以忽略。因此，静水压力引起的井筒压力变化可表示为：

$$p_{wf_i} = p_{wf_{ref}} + \overline{\gamma}_{wb}(Z_i - Z_{ref}) \tag{6.21}$$

其中

$$\overline{\gamma}_{wb} = \gamma_c \overline{\rho}_{wb} g \tag{6.22}$$

$$\overline{\rho}_{wb} = \frac{\rho_{sc}}{\overline{B}} \tag{6.23}$$

利用平均井底流动压力估算 $\overline{B}$。

6.3.2 井段对井流速的影响

在这种情况下，垂直井穿过了多个井区。图 6.5 展示了穿过不同层位井区的井，即，井区是垂向叠置的。这里需要考虑的是估算井区 i 的采油速率，其中井区 i 是该井穿过的所有井区的集合，即 $i \in \psi_w$。如果使用适当的井区几何因子，本节中的方程也适用于单井模拟中的井。

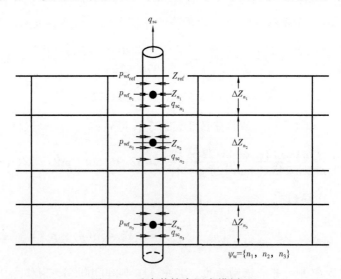

图 6.5　垂直井筒内压力横剖面

停产井：

$$q_{sc_i} = 0 \tag{6.2}$$

（1）指定油井采油速率。

方程（6.1）给出了井区 i 对油井采油速率的贡献：

$$q_{sc_i} = -\frac{G_{w_i}}{B_i\mu_i}(p_i - p_{wf_i}) \tag{6.1}$$

其中 p_{wf_i} 由方程（6.21）给出。

结合方程（6.1）和方程（6.21）得：

$$q_{sc_i} = -\frac{G_{w_i}}{B_i\mu_i}\left[p_i - p_{wf_{ref}} - \overline{\gamma}_{wb}(Z_i - Z_{ref})\right] \tag{6.24}$$

所有井区的采油速率总和必须等于特定井的采油速率，即：

$$q_{spsc} = \sum_{i \in \psi_w} q_{sc_i} \tag{6.25}$$

结合方程（6.24）和方程（6.25），估算井底流动压力（$p_{wf_{ref}}$），得：

$$p_{wf_{ref}} = \frac{\sum_{i \in \psi_w}\left\{\left(\dfrac{G_w}{B\mu}\right)_i \left[p_i - \overline{\gamma}_{wb}(Z_i - Z_{ref})\right]\right\} + q_{spsc}}{\sum_{i \in \psi_w}\left(\dfrac{G_w}{B\mu}\right)_i} \tag{6.26}$$

对于设定的油井开采速率，方程（6.26）用于估计 $p_{wf_{ref}}$，随后用于方程（6.24）计算井区开采速率。然而，使用方程（6.26）需要了解所有井区的未知压力值。$p_{wf_{ref}}$ 的隐式处理可以解决这个问题，但是这种处理方式超出了本入门书的复杂程度（例如，所得矩阵方程的结构和求解）。Ertekin 等人（2001）提出了 $p_{wf_{ref}}$ 的隐式处理方式细节。一种解决方案是在每个时间步长开始时估算 $p_{wf_{ref}}$（旧时间层级 n）；另一种解决方案是假设所有垂向叠置的井区具有相同的压力降（$p_i - p_{wf_{ref}} = \Delta p$）。利用方程（6.26）计算 Δp，并将结果代入方程（6.1）得：

$$q_{sc_i} = \frac{\left(\dfrac{G_w}{B\mu}\right)_i}{\sum_{l \in \psi_w}\left(\dfrac{G_w}{B\mu}\right)_l} q_{spsc} \tag{6.27}$$

此外，如果流体性质对小的压力变化不敏感，并且假设所有垂向叠置的井区具有相同的等效井半径和表皮系数，则上述方程可以简化为：

$$q_{sc_i} = \frac{(K_H h)_i}{\sum_{l \in \psi_w}(K_H h)_l} q_{spsc} \tag{6.28}$$

在垂直叠置的井区之间，方程（6.28）根据产能 $(K_H h)_i$ 按比例分配油井开采速率。此外，如果各层水平渗透率相同，则根据井区厚度按比例分配油井开采速率：

$$q_{sc_i} = \frac{h_i}{\sum_{l \in \psi_w} h_l} q_{spsc} \tag{6.29}$$

（2）指定压力梯度。

对于特定的油井压力梯度，井区 i 对油井采油速率的贡献由式（6.30）给出：

$$q_{sc_i} = -\frac{2\pi F_i \beta_c r_w K_{H_i} h_i}{B_i \mu_i} \left. \frac{\partial p}{\partial r} \right|_{r_w} \tag{6.30}$$

其中 F_i 为井区 i 面积与油井采出流体的理论面积之比（见6.3.3节）。

（3）指定井的井底流动压力。

方程（6.24）给出了井区 i 对油井采油速率的贡献：

$$q_{sc_i} = -\frac{G_{w_i}}{B_i \mu_i} \left[p_i - p_{wf_{ref}} - \bar{\gamma}_{wb} (Z_i - Z_{ref}) \right] \tag{6.24}$$

下面的示例演示了估算同一口井所穿过的各个井段的开采速率，以及估算该井的井底流动压力。

例6.7 考虑例5.9中的井，油井开采速率设定为每天2000bbl水。（1）在井区5和井区9之间按比例分配油井产量。（2）如果网格点5和网格点9的压力分别为3812.5psia和3789.7psia，估算地层顶部井的井底流动压力。（3）如前所述，网格点5和网格点9的压力是已知的，则在井区5和井区9之间按比例分配油井开采速率。假设该井完全穿过两个井段，并使用裸眼完井。

求解方法

下面的数据来源于例5.9：$r_e = 526.6$ft，$r_w = 0.25$ft，$K_H = 150$mD，$B = 1$bbl/bbl，$\mu = 0.5$mPa·s，$\gamma = 0.4333$ psi/ft。另外，径向方向离散化结果 $r_1 = r_w = 0.25$ft，$r_2 = 3.2047$ft，$r_3 = 41.080$ft，$r_4 = 526.60$ft；垂向方向离散化结果 $h_5 = 15$ft，$Z_5 = 15$ft，$h_9 = 7.5$ft，$Z_9 = 0$ft。将在地层顶部深度记录井底流动压力，即 $Z_{ref} = 0$ft。

（1）该问题中的井在井区5和井区9中完井，即 $\psi_w = \{5, 9\}$。对于点分布网格，井区5和井区9的井区几何因子使用方程（6.10b）估算，得到：

$$G_{w_5} = \frac{2\pi\beta_c K_{H_5} h_5}{\ln(r_2/r_w)} = \frac{2\pi \times 0.001127 \times 150 \times 15}{\ln(3.2047/0.25)} = 6.2458\text{bbl} \cdot \text{mPa} \cdot \text{s}/(\text{d} \cdot \text{psi})$$

$$G_{w_9} = \frac{2\pi\beta_c K_{H_9} h_9}{\ln(r_2/r_w)} = \frac{2\pi \times 0.001127 \times 150 \times 7.5}{\ln(3.2047/0.25)} = 3.1229\text{bbl} \cdot \text{mPa} \cdot \text{s}/(\text{d} \cdot \text{psi})$$

方程（6.27）用于在井段之间按比例分配开采速率，得：

$$q_{sc_5} = \frac{\left(\frac{G_w}{B\mu}\right)_5}{\left(\frac{G_w}{B\mu}\right)_5 + \left(\frac{G_w}{B\mu}\right)_9} q_{spsc} = \frac{\left(\frac{6.2458}{1 \times 0.5}\right)}{\left(\frac{6.2458}{1 \times 0.5}\right) + \left(\frac{3.1229}{1 \times 0.5}\right)} \times 2000 = 1333.33\text{bbl/d}$$

$$q_{sc_9} = \frac{\left(\dfrac{G_w}{B\mu}\right)_9}{\left(\dfrac{G_w}{B\mu}\right)_5 + \left(\dfrac{G_w}{B\mu}\right)_9} q_{spsc} = \frac{\left(\dfrac{3.12299}{1 \times 0.5}\right)}{\left(\dfrac{6.24588}{1 \times 0.5}\right) + \left(\dfrac{3.12299}{1 \times 0.5}\right)} \times 2000$$

$$= 666.67 \text{bbl/d}$$

此时，由于地层体积系数、黏度和水平渗透率是恒定的，因此可以使用方程（6.29）根据厚度按比例分配井段开采速率。

（2）在参考深度处的井底流动压力可以用方程（6.26）估算：

$$p_{wf_{ref}} = \frac{\left(\dfrac{6.2458}{1 \times 0.5}\right)[3812.5 - 0.4333(15 - 0)] + \left(\dfrac{3.1229}{1 \times 0.5}\right)[3789.7 - 0.4333(0 - 0)] - 2000}{\dfrac{6.2458}{1 \times 0.5} + \dfrac{3.1229}{1 \times 0.5}}$$

或

$$p_{wf_{ref}} = 3693.8 \text{psia} \tag{6.31}$$

（3）正如前一步（2）所示，首先估算参考深度处的井底流动压力。方程（6.31）给出 $p_{wf_{ref}} = 3693.8 \text{psia}$。然后对每个井段使用方程（6.24），得：

$$q_{sc_5} = \left(\frac{6.2458}{1 \times 0.5}\right)[3812.5 - 3693.8 - 0.4333(15 - 0)] = 1401.56 \text{bbl/d}$$

$$q_{sc_9} = \left(\frac{3.1229}{1 \times 0.5}\right)[3789.7 - 3693.8 - 0.4333(0 - 0)] = 598.97 \text{bbl/d}$$

6.3.3 井段几何因子估算

一般而言，井区 i 的几何因子（G_{w_i}）是理论井几何因子（$G_{w_i}^*$）的一部分：

$$G_{w_i} = F_i \times G_{w_i}^* \tag{6.32}$$

式中，F_i——井区面积与油井采出流体的理论面积之比。

几何因子取决于井区中的油井位置，以及是否位于封闭油藏边界。

图 6.6 展示了封闭边界的离散化油藏，几口垂直井钻穿。其中两口井位于井区中心（W-A 和 W-K），四口井位于油藏边界（W-B、W-C、W-D 和 W-E），五口井位于两个油藏边界的相交处（W-F、W-G、W-H、W-I 和 W-J）。如果井位于井区边界内，则 $F_i = 1$；如果井位于油藏边界，则 $F_i = \frac{1}{2}$；如果井位于两个油藏边界的交界处，则 $F_i = \frac{1}{4}$。理论上油井几何因子取决于油井位置、油井半径以及油井区块的大小和渗透率。为了估算井区 i 的几何因子，首先需要确定井抽取流体区域的大小（$\Delta x \times \Delta y$）。接下来利用方程（6.13）估算井区 i 的水平渗透率，利用方程（6.33）、方程（6.34）或方程（6.35）估算

区块中心网格的理论等效井区半径，利用方程（6.12）估算理论井几何因子（$G_{w_i}^*$）。最后，利用方程（6.32）估算井区 i 的几何因子（G_{w_i}）。

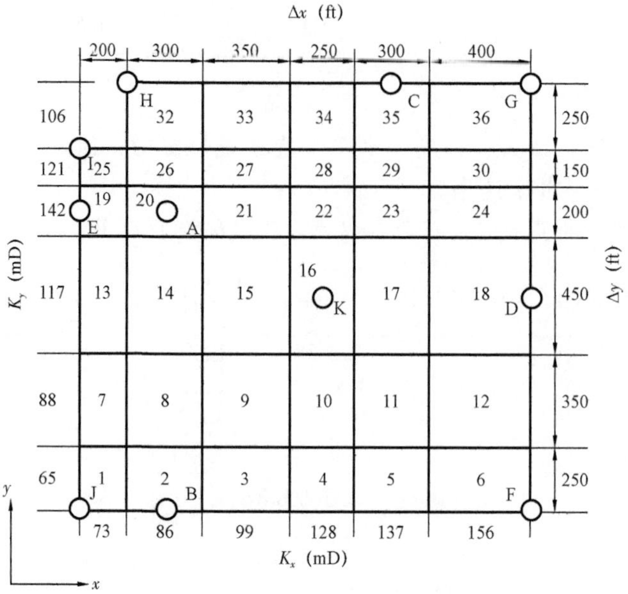

图 6.6　直井穿过的单层储层

如图 6.5 所示的垂直叠置井区，$F_i = 1$，$\Delta x = \Delta x_i$，$\Delta y = \Delta y_i$。因此，井区 i 理论井几何因子和几何因子是相同的，即 $G_{w_i} = G_{w_i}^*$。在本节中，介绍了油井位于一个和两个封闭油藏边界上的配置。考虑位于封闭油藏边界的井，每口井都产自单个区块（W–B、W–C、W–D、W–E 和 W–F）。有三种可能的配置，每个配置中的井区几何因子估算如下（Peaceman，1987）。

（1）配置1。图 6.7a 显示了一口位于井区南部边界的井，位于油藏的南部边界（图 6.6 中以区块 2 为主的 W–B）。图 6.7b 描述了油井抽出流体的理论面积，是主井区面积的两倍。如图 6.7c 所示，$F_i = \dfrac{1}{2}$，利用方程（6.33）和方程（6.12）计算 r_{eq_i} 和 $G_{w_i}^*$：

$$r_{eq_i} = 0.1403694 \left[\Delta x^2 + \Delta y^2 \right]^{0.5} \exp\left[(\Delta y/\Delta x) \tan^{-1}(\Delta x/\Delta y) \right] \tag{6.33}$$

位于区块北边界的井采用类似的处理方式（图 6.6 中以区块 35 为主的 W–C 井）。

（2）配置2。图 6.8a 显示了一口位于井区东部边界的井，位于油藏的东部边界（图 6.6 中以区块 18 为主的 W–D）。图 6.8b 描述了油井抽出流体的理论面积，是主井区面积的两倍。如图 6.8c 所示，$F_i = \dfrac{1}{2}$，利用方程（6.34）和方程（6.12）计算 r_{eq_i} 和 $G_{w_i}^*$：

$$r_{eq_i} = 0.1403694 \left[\Delta x^2 + \Delta y^2 \right]^{0.5} \exp\left[(\Delta x/\Delta y) \tan^{-1}(\Delta y/\Delta x) \right] \tag{6.34}$$

位于区块西部边界的井采用类似的处理方式（图 6.6 中以区块 19 为主的 W–E 井）。

（3）配置3。图 6.9a 显示了一口位于井区南部和东部边界交叉处的井，位于油藏的南部和东部边界（图6.6中以区块6为主的 W - F）。图6.9b描述了油井抽出流体的理论面积，是主井区面积的四倍。如图6.9c所示，$F_i = \frac{1}{4}$，利用方程（6.35）和方程（6.12）计算 r_{eq_i} 和 $G_{w_i}^*$：

$$r_{eq_i} = \left[\Delta x^2 + \Delta y^2 \right]^{0.5} \left[0.3816 + \frac{0.2520}{(\Delta y/\Delta x)^{0.9401} + (\Delta x/\Delta y)^{0.9401}} \right] \qquad (5.35)$$

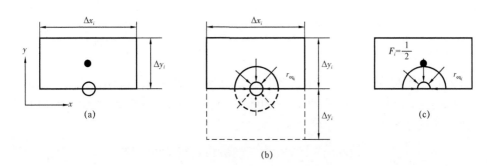

图6.7　油藏南部边界井的配置1

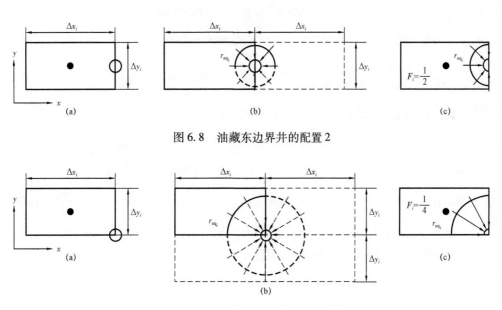

图6.8　油藏东边界井的配置2

图6.9　油藏南部和东部边界井的配置3

位于油藏南部和西部（W - J）、西部和北部（W - H 和 W - I）或东部和北部（W - G）交界处的井采用类似的处理方式。

例6.8　图6.6中单相油、非均质、各向异性油藏有许多垂直生产井。储层由40ft厚的水平地层组成，封闭边界。表6.2列出了其中几口井的井名以及井区的大小和渗透率。每口井都完全钻穿地层，所有的井均采用7in的钻头，裸眼完井。计算表6.2中井的井区几何因子。假设零表皮系数。

求解方法

（1）井 W – A。

表 6.2　例 6.8 中的井及其井区大小和性质

井名	井区顺序	井区大小			井区渗透率	
		Δx (ft)	Δy (ft)	h (ft)	K_x (mD)	K_y (mD)
W – A	20	300	200	40	86	142
W – B	2	300	250	40	86	65
W – D	18	400	450	40	156	117
W – F	6	400	250	40	156	65

井区 20 完全覆盖 W – A 井，位于中心或区块网格边界内。因此，$F_i = 1$，$\Delta x = \Delta x_i = 300\text{ft}$，$\Delta y = \Delta y_i = 200\text{ft}$。井区 20 中 $K_x = 86\text{mD}$，$K_y = 142\text{mD}$。利用方程（6.14）和方程（6.13）估算等效井区半径和水平渗透率，得到：

$$r_{\text{eq}_{20}} = 0.28 \frac{\left[(142/86)^{0.5} (300)^2 + (86/142)^{0.5} (200)^2 \right]^{0.5}}{\left[(142/86)^{0.25} + (86/142)^{0.25} \right]} = 53.217\text{ft}$$

$$K_{\text{H}_{20}} = [86 \times 142]^{0.5} = 110.51\text{mD}$$

将值代入方程（6.12）来估算井区 20 特有的井几何因子，得到：

$$G_{\text{w}_{20}}^* = \frac{2\pi \times 0.001127 \times 110.51 \times 40}{\{\ln[53.217/(3.5/12)] + 0\}} = 6.012\text{bbl} \cdot \text{mPa} \cdot \text{s}/(\text{d} \cdot \text{psi})$$

利用方程（6.32）获取井区 20 的几何因子，得到：

$$G_{\text{w}_{20}} = 1 \times 6.012 = 6.012\text{bbl} \cdot \text{mPa} \cdot \text{s}/(\text{d} \cdot \text{psi})$$

（2）井 W – B。

涵盖 W – B 井的 2 号井区，位于南部网格块边界（配置 1）。因此，$F_i = \dfrac{1}{2}$，$\Delta x = \Delta x_i = 300\text{ft}$，$\Delta y = \Delta y_i = 250\text{ft}$。井区 2 中 $K_x = 86\text{mD}$，$K_y = 65\text{mD}$。利用方程（6.33）和方程（6.13）估算等效井区半径和水平渗透率，得到：

$$r_{\text{eq}_2} = 0.1403694 \left[(300)^2 + (250)^2 \right]^{0.5} \exp\left[(300/250) \tan^{-1}(250/300) \right]$$

$$= 126.175\text{ft}$$

$$K_{\text{H}_2} = [86 \times 65]^{0.5} = 74.766\text{mD}$$

将数值代入方程（6.12），估算出井区 2 特有的井几何因子，得到：

$$G_{\text{w}_2}^* = \frac{2\pi \times 0.001127 \times 74.766 \times 40}{\{\ln[126.175/(3.5/12)] + 0\}} = 3.489\text{bbl} \cdot \text{mPa} \cdot \text{s}/(\text{d} \cdot \text{psi})$$

利用方程（6.32）获取井区 2 的几何因子，得到：

$$G_{w_2} = \frac{1}{2} \times 3.489 = 1.744 \text{bbl} \cdot \text{mPa} \cdot \text{s}/(\text{d} \cdot \text{psi})$$

（3）井 W – D。

井区 18 涵盖井 W – D，位于东部网格块边界（配置 2）。因此，$F_i = \frac{1}{2}$，$\Delta x = \Delta x_i =$ 400ft，$\Delta y = \Delta y_i = 450$ft。井区 18 中 $K_x = 156$mD，$K_y = 117$mD。利用方程（6.34）和方程（6.13）估算等效井区半径和水平渗透率，得到：

$$r_{\text{eq}_{18}} = 0.1403694 \left[(400)^2 + (450)^2 \right]^{0.5} \exp\left[(400/450) \tan^{-1}(450/400) \right]$$

$$= 178.97 \text{ft}$$

$$K_{\text{H}_{18}} = \left[156 \times 117 \right]^{0.5} = 135.10 \text{mD}$$

将数值代入方程（6.12），估算出井区 18 特有的井几何因子，得到：

$$G_{w_{18}}^* = \frac{2\pi \times 0.001127 \times 135.10 \times 40}{\left\{ \ln\left[178.97/(3.5/12) \right] + 0 \right\}} = 5.961 \text{bbl} \cdot \text{mPa} \cdot \text{s}/(\text{d} \cdot \text{psi})$$

利用方程（6.32）获取井区 18 的几何因子，得到：

$$G_{w_{18}} = \frac{1}{2} \times 5.961 = 2.981 \text{bbl} \cdot \text{mPa} \cdot \text{s}/(\text{d} \cdot \text{psi})$$

（4）井 W – F。

井区 6 涵盖井 W – F，位于南部和东部网格块边界（配置 3）。因此，$F_i = \frac{1}{4}$，$\Delta x = \Delta x_i = 400$ft，$\Delta y = \Delta y_i = 250$ft。井区 6 中 $K_x = 156$mD，$K_y = 65$mD。利用方程（6.35）和方程（6.13）估算等效井区半径和水平渗透率，得到：

$$r_{\text{eq}_6} = \left[(400)^2 + (250)^2 \right]^{0.5} \left[0.3816 + \frac{0.2520}{(250/400)^{0.9401} + (400/250)^{0.9401}} \right]$$

$$= 234.1 \text{ft}$$

$$K_{\text{H}_6} = \left[156 \times 65 \right]^{0.5} = 100.70 \text{mD}$$

将值代入方程（6.12）可以估算井区 6 特有的井几何因子，得：

$$G_{w_6}^* = \frac{2\pi \times 0.001127 \times 100.70 \times 40}{\left\{ \ln\left[234.1/(3.5/12) \right] + 0 \right\}} = 4.265 \text{bbl} \cdot \text{mPa} \cdot \text{s}/(\text{d} \cdot \text{psi})$$

根据方程（6.32）获得井区 6 的几何因子，得到：

$$G_{w_6} = \frac{1}{4} \times 4.265 = 1.066 \text{bbl} \cdot \text{mPa} \cdot \text{s}/(\text{d} \cdot \text{psi})$$

表 6.3 显示了中间成果和最终结果。

6.3.4 井流速和井底流动压力的估算

如果设定了井的井底流动压力（$p_{\text{wf}_{\text{ref}}}$），那么井的采油速度可以估计为该井垂向穿过所有井段的采油速度之和，即：

$$q_{\text{sc}} = \sum_{i \in \psi_{\text{w}}} q_{\text{sc}_i} \tag{6.36}$$

另一方面，如果设定了井的采油速度，则可以使用方程（6.26）估算井的井底流动压力：

$$p_{\text{wf}_{\text{ref}}} = \frac{\sum_{i \in \psi_{\text{w}}} \left\{ \left(\frac{G_{\text{w}}}{B\mu} \right)_i \left[p_i - \overline{\gamma}_{\text{wb}} (Z_i - Z_{\text{ref}}) \right] \right\} + q_{\text{spsc}}}{\sum_{i \in \psi_{\text{w}}} \left(\frac{G_{\text{w}}}{B\mu} \right)_i} \tag{6.26}$$

方程（6.26）和方程（6.36）适用于穿过垂向叠置区块完井的垂直井。

6.4 模拟井操作条件的实际考虑

利用油藏模型表征油井动态基本特征至关重要。例如，一口生产井可能不会长期以恒定的速度开采流体。通常为一口井设定恒定的生产速度（q_{spsc}），并对该井的井底流动压力进行限制（$p_{\text{wf}_{\text{sp}}}$）。设定的井底流动压力必须足够将地层流体从井底输送至井口，甚至可以输送至流体处理装置。此外，注入井也不可能无限制地以恒定的注入量注入流体。通常设定理想的恒定速率（q_{spsc}），与可用的注入流体保持一致，并对井底流动压力进行约束（$p_{\text{wf}_{\text{sp}}}$），与所用泵或压缩机的最大压力一致（Abou – Kassem，1996）。注入井内设定的井底流动压力加上摩擦损失，以及井内地面管线减掉流体压头，必须小于或等于注入泵或者压缩机的最大压力。为了在数值模拟中包含上述功能，必须在数值模拟软件开发中实现以下逻辑：（1）设定 $p_{\text{wf}_{\text{ref}}} = p_{\text{wf}_{\text{sp}}}$；（2）使用方程（6.26）估算与指定的预期生产井（或注入井）生产速度相对应的井底流动压力（$p_{\text{wf}_{\text{est}}}$）；（3）只要生产井的 $p_{\text{wf}_{\text{est}}} \geqslant p_{\text{wf}_{\text{sp}}}$ 或注入井的 $p_{\text{wf}_{\text{est}}} \leqslant p_{\text{wf}_{\text{sp}}}$，就使用 q_{spsc}，按照下文所述，在各井区之间相应地分配井速。否则，（1）设定 $p_{\text{wf}_{\text{est}}} = p_{\text{wf}_{\text{sp}}}$，（2）使用方程（6.24）估算井内每个井区 i 的井区速度（q_{sc_i}），（3）利用方程（6.36）估算多区块井的最终井生产速率。这三个步骤在每个时间间隔内的每次迭代中执行。如果设定了岩石面处的井压梯度而不是井速，则遵循类似的处理方法。在这种情况下，利用方程（6.4）计算期望的井区生产速率。如果忽略了在数值模拟中处理上述实际考虑的问题，连续采出的流体可能会导致负模拟压力，连续注入流体可能会导致无限大的模拟压力。然而，石油工业使用的所有油藏数值模拟都包括处理不同程度复杂油井操作条件的程序操作。

表 6.3 理论井和井段几何因子的估计性质

井号	井区	配置	理论井							井区	
			Δx（ft）	Δy（ft）	K_x（mD）	K_y（mD）	K_{H_i}（mD）	r_{eq_i}（ft）	$G_{w_i}^*$	F_i	G_{w_i}
W – A	20		300	200	86	142	110.510	53.220	6.012	1	6.012
W – B	2	1	300	250	86	65	74.766	126.170	3.489	$\frac{1}{2}$	1.744
W – D	18	2	400	450	156	117	135.100	178.970	5.961	$\frac{1}{2}$	2.981
W – F	6	3	400	250	156	65	100.700	234.100	4.265	$\frac{1}{4}$	1.066

6.5 小结

井可以在一维和二维单层油藏的单个区块中完井，也可以在多层油藏的多区块中完井。油井可以在特定的开采速率、压力梯度或井底压力下关井或作业。停产井的流速为零，方程（6.2）定义了在井区完井的停产井的开采速率。方程（6.1）代表了井区的流入动态关系方程，该方程可用于估算井区采油速率或井区的井底流动压力。在单井模拟中，使用方程（6.9）将油井作为线性项纳入流动方程。利用方程（6.12）估算矩形井区中的井区几何因子。方程（6.4）可用于估算特定压力梯度下作业井的井区开采速率，然而方程（6.1）可用于特定井底流动压力下的作业井。在多区块井中，结合方程（6.24），使用方程（6.26）估算 $p_{wf_{ref}}$，使用方程（6.32）估算井区几何因子，从而实现井区块之间井开采速率的比例分配。

6.6 练习题

6.1 井穿过单层整个厚度，流体流向井（远离井）是线性的、径向的还是球形的？

6.2 在油藏模拟中，井被示为井区中的源（汇）线。

（1）在一维油藏中，井区内的流体流动几何形状是什么？

（2）在二维油藏中，井区内的流体流动几何形状是什么？

（3）在三维油藏中，井区内的流体流动几何形状是什么？

6.3 开发模型来模拟一维线性流动实验。是否使用虚拟井或实际井来反映第一个区块的流体流入和最后一个区块的流体流出？证明你的答案。

6.4 开发单井模型。证明为什么在这种情况下可以使用虚拟井或实际井来描述井速。

6.5 不同的油井作业条件是什么？写出每个井作业条件下的油井开采速率方程。

6.6 证明方程（6.9a）只不过是径向流中穿过网格 1 内边界所产生的虚拟井流动速率，相当于网格点 1 左边界和区块中心之间的流动项，即 $q_{sc_1} = \dfrac{G_{r_{1-\frac{1}{2}}}}{B_{1\mu_1}}(p_0 - p_1)$，其中第 4 章

表 4.3 给出了 $G_{r_{1-\frac{1}{2}}}, p_0 = p_{wf}$。

6.7 证明方程（6.9b）衍生自径向—圆柱流中网格点 1 的稳态流动方程，并且通过使用第 5 章表 5.3 中给出的几何因子定义导出。

6.8 考虑例 6.8 中的油藏。图 6.6 显示了区块大小和渗透率。计算 W—C 井、W—E 井、W—G 井、W—H 井、W—I 井、W—J 井和 W—K 井所穿过井段的几何因子。所有上述井均为裸眼完井，5in 钻头。

第 7 章　单相流体流动模拟

7.1　引言

本书第 2 章推导了单个油藏网格单相流体多维流动方程。第 3 章使用控制体积有限差分方法（CVFD）改写了上述方程。第 4 章和第 5 章介绍了应用虚拟井处理油藏边界网格的方法。第 6 章给出了不同条件下的井网格产量方程。本章结合井产量方程和边界条件，推导了不可压缩流体、微可压缩流体和可压缩流体的单相多维流动方程。内容包括：不可压缩系统（包括岩石和流体）的流动方程；微可压缩流体和可压缩流体的显式、隐式和 Crank - Nicolson 差分方程。这三种类型流体的区别在于密度、体积系数（FVF）和黏度与压力的关系不同。在点中心网格系统和块中心网格系统中，流体流动方程形式基本一致。两个系统的差异在第 4~6 章已经介绍过，主要体现在网格的构建方式、边界条件和井网格产量处理三个方面。本章主要利用控制体积有限差分方法（CVFD）来构建多维空间的流体基本方程。

7.2　流体和岩石物性

本节所讨论的与压力相关的流体物性参数尤为重要，它们出现在传导率、势函数、产量方程和累积项的表达式中，即流体密度、体积系数（FVF）、黏度和岩石孔隙度。其中流体密度用于估算流体重力 γ：

$$\gamma = \gamma_c \rho g \tag{7.1}$$

下面介绍三种类型流体的相关物性参数和岩石孔隙度的近似表达式。

7.2.1　不可压缩流体

不可压缩流体是脱气原油和水的理想模型。这种类型的流体压缩系数为零。因此，它的密度、体积系数（FVF）和黏度不随压力变化，为定值。数学上有：

$$\rho \neq f(p) = 常数 \tag{7.2}$$

$$B \neq f(p) = B^\circ \cong 1 \tag{7.3}$$

和

$$\mu \neq f(p) = 常数 \tag{7.4}$$

7.2.2　微可压缩流体

微可压缩流体的压缩系数为定值，数值很小，通常在 $10^{-5} \sim 10^{-6} \mathrm{psi}^{-1}$ 之间。水、脱气原油和泡点压力以上的含气原油都可以看作微可压缩流体。这类流体的密度、体积系数（FVF）和黏度与压力的关系式如下：

$$\rho = \rho^{\circ}[1 + c(p - p^{\circ})] \tag{7.5}$$

$$B = \frac{B^{\circ}}{[1 + c(p - p^{\circ})]} \tag{7.6}$$

和

$$\mu = \frac{\mu^{\circ}}{[1 - c_{\mu}(p - p^{\circ})]} \tag{7.7}$$

式中　ρ°，B°，μ°——参考压力（p°）和地层温度下的流体密度、体积系数（FVF）和黏度；

c_{μ}——黏度的压力相关系数。

将泡点压力以上的含气原油看作微可压缩流体时，其参考压力即为泡点压力，此时，ρ°，B° 和 μ° 分别是含气原油在泡点压力下的密度、体积系数（FVF）和黏度。

7.2.3　可压缩流体

可压缩流体的压缩系数比微可压缩流体的压缩系数高几个数量级，通常在 $10^{-2} \sim 10^{-4}$ psi^{-1} 之间，具体取值与压力的大小有关。随着压力增加，可压缩流体的密度和黏度先增加然后趋于平稳；压力从大气压增加到高压，体积系数（FVF）降低了几个数量级。天然气是可压缩流体的例子之一。天然气的密度、体积系数（FVF）和黏度与压力的关系表示为：

$$\rho_{\mathrm{g}} = \frac{pM}{zRT} \tag{7.8}$$

$$B_{\mathrm{g}} = \frac{\rho_{\mathrm{gsc}}}{\alpha_{\mathrm{c}}\rho_{\mathrm{g}}} = \frac{p_{\mathrm{sc}}}{\alpha_{\mathrm{c}}T_{\mathrm{sc}}}T\frac{z}{p} \tag{7.9}$$

和

$$\mu_{\mathrm{g}} = f(T, p, M) \tag{7.10}$$

Lee 等人（1966）和 Dranchuk 等人（1986）分别提出了方程（7.10）中 $f(T, p, M)$ 的两种形式。尽管天然气的物性参数可以使用方程（7.8）至方程（7.10）估算，但这些方程并没有写入油藏数值模拟器内部，而是先根据方程计算出地层温度下目标压力范围内的体积系数（FVF）和黏度，然后将计算结果以表格形式输入模拟器中。最后，输入标准条件下的天然气密度，用于计算不同压力下的体积系数（FVF）相对应的气体密度。

7.2.4　岩石孔隙度

由于地层岩石基质和孔隙都具有压缩性，因此岩石孔隙度与地层压力有关，孔隙度随着地层压力（孔隙流体压力）的增加而增加。这种关系可以表示为：

$$\phi = \phi^\circ [1 + c_\phi (p - p^\circ)] \tag{7.11}$$

式中　ϕ°——参考压力（p°）下的孔隙度；

　　　c_ϕ——孔隙压缩系数。

如果将原始地层压力作为参考压力 p°，则 ϕ° 需要考虑上覆岩层压力对孔隙度的影响。

7.3　单相流体流动方程

单相流体多维流动时，网格（网格块或网格点）n 包含边界条件的流动方程 [方程（4.2）或方程（5.2）] 如下：

$$\sum_{l \in \psi_n} T_{l,n}^m \big[(p_l^m - p_n^m) - \gamma_{l,n}^m (Z_l - Z_n) \big] + \sum_{l \in \xi_n} q_{\mathrm{sc}_{l,n}}^m + q_{\mathrm{sc}_n}^m$$

$$= \frac{V_{\mathrm{b}_n}}{\alpha_\mathrm{c} \Delta t} \Big[\Big(\frac{\phi}{B} \Big)_n^{n+1} - \Big(\frac{\phi}{B} \Big)_n^n \Big] \tag{7.12}$$

式中　ψ_n——油藏中网格 n 的相邻网格的集合；

　　　ξ_n——网格 n 所在油藏边界（b_L，b_S，b_W，b_E，b_N，b_U）的集合；

　　　$q_{\mathrm{sc}_{l,n}}^m$——虚拟井的产量，数值上等于油藏边界 l 和网格 n 在边界条件下的流体交换量。

一个三维油藏中，内部网格的 ξ_n 为空集；位于单条油藏边界的网格，ξ_n 含有一个元素；位于两条油藏边界的网格，ξ_n 含有两个元素；位于三条油藏边界的网格，ξ_n 含有三个元素。因此 ξ_n 为空集意味着该网格为油藏内部网格，不在任何油藏边界上，即 $\sum_{l \in \xi_n} q_{\mathrm{sc}_{l,n}}^m = 0$。本书第 6 章推导了井网格在不同的生产（或注入）条件下，产量方程 $q_{\mathrm{sc}_n}^m$ 的表达式。7.3.1 节至 7.3.3 节分别介绍了三种不同类型流体的累积项表达式，即流动方程（7.12）等式右侧项。应用工程标记法，将网格标号 n 替换为 (i, j, k)，方程（7.12）可改写为：

$$\sum_{l \in \psi_{i,j,k}} T_{l,(i,j,k)}^m \big[(p_l^m - p_{i,j,k}^m) - \gamma_{l,(i,j,k)}^m (Z_l - Z_{i,j,k}) \big] + \sum_{l \in \xi_{i,j,k}} q_{\mathrm{sc}_{l,(i,j,k)}}^m + q_{\mathrm{sc}_{i,j,k}}^m$$

$$= \frac{V_{\mathrm{b}_{i,j,k}}}{\alpha_\mathrm{c} \Delta t} \Big[\Big(\frac{\phi}{B} \Big)_{i,j,k}^{n+1} - \Big(\frac{\phi}{B} \Big)_{i,j,k}^n \Big] \tag{7.13}$$

7.3.1　不可压缩流体流动方程

不可压缩流体的密度、黏度和体积系数（FVF）为定值，不随压力发生改变 [方程

（7.2）至方程（7.4）]。因此，不可压缩流体（ $c = 0$ ）在可压缩多孔介质中的流动方程的累积项可以化简为：

$$\frac{V_{b_n}}{\alpha_c \Delta t}\Big[\Big(\frac{\phi}{B}\Big)_n^{n+1} - \Big(\frac{\phi}{B}\Big)_n^n\Big] = \frac{V_{b_n}\phi°_n c_\phi}{\alpha_c B° \Delta t}[p_n^{n+1} - p_n^n] \tag{7.14}$$

方程（7.14）忽略了流体的热膨胀性，即 $B = B° \cong 1$ 。假设多孔介质也不可压缩（ $c_\phi = 0$ ），则方程（7.14）等于0，即：

$$\frac{V_{b_n}}{\alpha_c \Delta t}\Big[\Big(\frac{\phi}{B}\Big)_n^{n+1} - \Big(\frac{\phi}{B}\Big)_n^n\Big] = 0 \tag{7.15}$$

将方程（7.15）代入方程（7.12），得到不可压缩系统的流动方程为：

$$\sum_{l\in\psi_n} T_{l,n}\big[(p_l - p_n) - \gamma_{l,n}(Z_l - Z_n)\big] + \sum_{l\in\xi_n} q_{sc_{l,n}} + q_{sc_n} = 0 \tag{7.16a}$$

或

$$\sum_{l\in\psi_{i,j,k}} T_{l,(i,j,k)}\big[(p_l - p_{i,j,k}) - \gamma_{l,(i,j,k)}(Z_l - Z_{i,j,k})\big] + \sum_{l\in\xi_{i,j,k}} q_{sc_{l,(i,j,k)}} + q_{sc_{i,j,k}} = 0 \tag{7.16b}$$

方程（7.16）中去掉了上标 m ，因为方程中井网格的产量、边界条件和压力 p 都不随时间改变。因此，不可压缩系统的压力场不随时间发生改变。

7.3.1.1 压力场求解算法

不可压缩流体流动问题的压力场求解步骤如下：

（1）计算所有网格之间的传导率；

（2）用第6章介绍的方法，计算每个井网格的产量（或写出产量方程）；

（3）用第4章或第5章中介绍的方法，计算每一口虚拟井的流量（或写出流量方程），即估算边界条件产生的流体交换量；

（4）确定油藏中的每一个网格点（或网格块）的相邻网格集合 ψ_n 和网格所在油藏边界集合 ξ_n 。展开流动方程[方程（7.16）]中的求和项，代入步骤（2）和步骤（3）中得到井网格的产量和虚拟井流量；

（5）对每个流动方程进行化简，将未知的压力项放在等式的左侧，将已知量放在等式的右侧；

（6）使用线性方程求解器（如第9章中介绍的求解器）求解方程组中的未知压力；

（7）必要时，用步骤（2）和步骤（3）中得到的流速方程计算井网格和虚拟井的产量；

（8）进行质量守恒检验。

7.3.1.2 质量守恒检验

在不可压缩流体流动模拟过程中（ ϕ 和 B 为常数），所有网格都不发生质量变化。因此，包括注入井和生产井在内，注入和流出油藏边界的流体质量和为零（或舍入误差引起的小数），即：

$$\sum_{n=1}^{N} \left(q_{\mathrm{sc}_n} + \sum_{l \in \xi_n} q_{\mathrm{sc}_{l,n}} \right) = 0 \tag{7.17a}$$

式中　　N——油藏网格总数。

对于没有生产（或注入）井的网格，其流动方程中的生产（或注入）项等于零。方程 (7.17a) 括号中的第二项的物理意义为，油藏边界上由于边界条件引起的流体交换量。如果油藏网格采用工程标记法编号，那么方程（7.17a）中的下标 n 和求和项 $\sum\limits_{n=1}^{N}$ 分别用下标 (i, j, k) 和 $\sum\limits_{i=1}^{n_x} \sum\limits_{j=1}^{n_y} \sum\limits_{k=1}^{n_z}$ 代替，方程改写为如下形式：

$$\sum_{i=1}^{n_x} \sum_{j=1}^{n_y} \sum_{k=1}^{n_z} \left(q_{\mathrm{sc}_{i,j,k}} + \sum_{l \in \xi_{i,j,k}} q_{\mathrm{sc}_{i,(i,j,k)}} \right) = 0 \tag{7.17b}$$

写出每个油藏网格（$n = 1, 2, 3, \cdots, N$）的基本流动方程（7.16），然后对 N 个方程求和，消去所有的油藏内部网格的流动项，即可得到物质平衡方程（7.17）。所有油藏数值模拟问题求解后都必须进行质量守恒检验。如果求解方法不满足质量守恒，则求得的压力解不正确；即便求解方法满足质量守恒，也不能确保求得的压力解完全正确。当求解方法不满足质量守恒时，必须仔细检查油藏中所有网格点（或网格块）的流动方程中的每一项参数 [包括传导率、生产（注入）井产量、虚拟井流量、ψ_n、ξ_n 等] 和代数方程的求解方法，找出错误原因。

例 7.1 至例 7.6 给出了一维流动问题的几种变式的求解方法。一维流动问题的几种变式包括不同的边界条件，不同的生产（注入）条件以及不同的井位。例 7.1 介绍了本节提出的算法在求解压力场时的应用。例 7.2 介绍了一种块中心网格系统定压边界条件的近似求解方法，其他油藏模拟书多采用该方法处理定压边界。在例 7.3 中，生产井由定产量生产更改为定井底流压（FBHP）生产；在例 7.4 中，储层右边界由不渗透边界更改为定压力梯度边界；在例 7.5 中，油藏由水平油藏更改为倾斜油藏；在例 7.6 中，生产井移动到了油藏边界上，并分析了将其直接作为边界条件处理造成的影响。例 7.7 为一个渗透率各向异性的二维油藏。例 7.8 为一个均质各向同性的二维对称油藏。

例 7.1　如图 7.1 所示，一个一维单相流动水平油藏被划分成四个相等网格。该油藏具有均质和各向同性的岩石特性，$K = 270\mathrm{mD}$ 和 $\phi = 0.27$。网格尺寸为 $\Delta x = 300\mathrm{ft}$，$\Delta y = 350\mathrm{ft}$ 和 $h = 40\mathrm{ft}$。储层流体性质为 $B = B^\circ = 1\mathrm{bbl/bbl}$，$\rho = 50\mathrm{lb/ft^3}$ 和 $\mu = 0.5\mathrm{mPa \cdot s}$。储层左边界保持 4000psia 的恒定压力，右边界为封闭边界。在网格 4 的中心布置一口 7in 的垂直井。该井产量为 600bbl/d，表皮系数为 1.5。假设储层岩石和流体是不可压缩的，计算储层中的压力分布和井的井底流压（FBHP），并进行质量守恒检查。

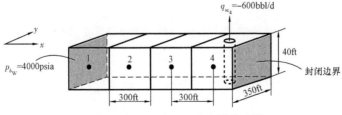

图 7.1　例 7.1 中的一维离散化油藏

求解方法

所有网格的尺寸和岩石属性相同，因此 $T_{1,2} = T_{2,3} = T_{3,4} = T_x$ ，其中 $T_x = \beta_c \dfrac{A_x K_x}{\mu B \Delta x} =$
$0.001127 \times \dfrac{(350 \times 40) \times 270}{0.5 \times 1 \times 300} = 28.4004 \text{ bbl/ (d · psi)}$。油藏中仅有网格 4 向有一口生产
井，因此 $q_{sc_4} = -600$ bbl/d，对于网格 1，2，3，有 $q_{sc_1} = q_{sc_2} = q_{sc_3} = 0$。

网格 1 左侧为油藏的西边界，保持 4000psia 的恒定压力，可应用方程（4.37c）计算西
边界虚拟井的产量 $q_{sc_{b_W},1}$，计算过程如下：

$$q_{sc_{b_W},1} = \left[\beta_c \frac{K_x A_x}{\mu B (\Delta x/2)} \right]_1 \left[(p_{b_W} - p_1) - \gamma (Z_{b_W} - Z_1) \right]$$

$$= \left[0.001127 \times \frac{270 \times (350 \times 40)}{0.5 \times 1 \times (300/2)} \right] \left[(4000 - p_1) - \gamma \times 0 \right]$$

即：

$$q_{sc_{b_W},1} = 56.8008 (4000 - p_1) \tag{7.18}$$

网格 4 右侧为油藏的东边界，根据方程（4.32）可知，$q_{sc_{b_E},4} = 0$ bbl/d。

忽略方程（7.16a）中的重力项，可得该一维水平油藏的基本流动方程，如下：

$$\sum_{l \in \psi_n} T_{l,n} (p_l - p_n) + \sum_{l \in \xi_n} q_{sc_{l,n}} + q_{sc_n} = 0 \tag{7.19}$$

对于网格 1，有 $n = 1$，$\psi_1 = \{2\}$，$\xi_1 = \{b_W\}$，那么 $\sum_{l \in \xi_1} q_{sc_{l,1}} = q_{sc_{b_W},1}$，方程（7.19）可
改写为：

$$T_{1,2} (p_2 - p_1) + q_{sc_{b_W},1} + q_{sc_1} = 0 \tag{7.20}$$

将其他参数值代入方程（7.20）可得：

$$28.4004 (p_2 - p_1) + 56.8008 (4000 - p_1) + 0 = 0$$

化简后得：

$$-85.2012 p_1 + 28.4004 p_2 = -227203.2 \tag{7.21}$$

对于网格 2，有 $n = 2$，$\psi_2 = \{1, 3\}$，$\xi_2 = \{\}$，那么 $\sum_{l \in \xi_2} q_{sc_{l,2}} = 0$，方程（7.19）可改
写为：

$$T_{1,2} (p_1 - p_2) + T_{2,3} (p_3 - p_2) + q_{sc_2} = 0 \tag{7.22}$$

将其他参数值代入方程（7.22）可得：

$$28.4004 (p_1 - p_2) + 28.4004 (p_3 - p_2) + 0 = 0$$

化简后得：

$$28.4004p_1 - 56.8008p_2 + 28.4004p_3 = 0 \tag{7.23}$$

对于网格 3，有 $n=3$，$\psi_3 = \{2, 4\}$，$\xi_3 = \{\}$，那么 $\sum\limits_{l \in \xi_3} q_{sc_{l,3}} = 0$，方程 (7.19) 可改写为：

$$T_{2,3}(p_2 - p_3) + T_{3,4}(p_4 - p_3) + q_{sc_3} = 0 \tag{7.24}$$

将其他参数值代入方程 (7.24) 可得：

$$28.4004(p_2 - p_3) + 28.4004(p_4 - p_3) + 0 = 0$$

化简后得：

$$28.4004p_2 - 56.8008p_3 + 28.4004p_4 = 0 \tag{7.25}$$

对于网格 4，有 $n=4$，$\psi_4 = \{3\}$，$\xi_4 = \{b_E\}$，那么 $\sum\limits_{l \in \xi_4} q_{sc_{l,4}} = q_{sc_{b_E,4}}$，方程 (7.19) 可改写为：

$$T_{3,4}(p_3 - p_4) + q_{sc_{b_E,4}} + q_{sc_4} = 0 \tag{7.26}$$

将其他参数值代入方程 (7.26) 可得：

$$28.4004(p_3 - p_4) + 0 + (-600) = 0$$

化简后得：

$$28.4004p_3 - 28.4004p_4 = 600 \tag{7.27}$$

联立方程 (7.21)，方程 (7.23)，方程 (7.25)，方程 (7.27)，求解未知压力项，可得 $p_1 = 3989.44\text{psia}$，$p_2 = 3968.31\text{psia}$，$p_3 = 3947.18\text{psia}$，$p_4 = 3926.06\text{psia}$。

根据方程 (7.18) 计算油藏左边界的虚拟井产量 $q_{sc_{b_W,1}}$，计算过程如下：

$$q_{sc_{b_W,1}} = 56.8008(4000 - p_1) = 56.8008(4000 - 3989.44) = 599.816\text{bbl/d}$$

根据方程 (6.1) 计算网格 4 中生产井的井底流压 (FBHP)。首先根据方程 (6.15) 计算等效井筒半径，然后代入方程 (6.12) 中，得到井筒的几何因子，计算过程如下：

$$r_{eq} = 0.14\left[(300)^2 + (350)^2\right]^{0.5} = 64.537\text{ft}$$

$$G_w = \frac{2\pi \times 0.001127 \times 270 \times 40}{\ln[64.537/(3.5/12)] + 1.5} = 11.0845\text{bbl} \cdot \text{mPa} \cdot \text{s}/(\text{d} \cdot \text{psi})$$

和

$$-600 = -\frac{11.0845}{1 \times 0.5}(3926.06 - p_{wf_4})$$

其中

$$p_{wf_4} = 3899.00\text{psia}$$

将每个网格的生产井的产量和虚拟井的产量代入方程（7.17a）的左侧，进行质量守恒检查，计算过程如下：

$$\sum_{n=1}^{N}\left(q_{sc_n}+\sum_{l\in\xi_n}q_{sc_{l,n}}\right)=\left(q_{sc_1}+q_{sc_{b_W},1}\right)+\left(q_{sc_2}+0\right)+\left(q_{sc_3}+0\right)+\left(q_{sc_4}+q_{sc_{b_E},4}\right)$$

$$=(0+599.816)+(0+0)+(0+0)+(-600+0)$$

$$=-0.184$$

由计算可知，本示例给出的计算过程满足质量守恒定律，但由于计算精度有限，存在0.184bbl/d 的舍入误差。

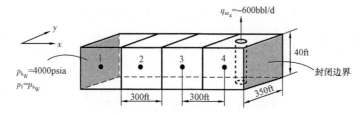

图 7.2　例 7.2 中的一维离散化油藏

例 7.2　如图 7.2 所示，假设例 7.1 中所描述的一维油藏左边界压力向油藏内部移动半个网格，与网格 1 中心重合，即网格 1 的压力保持 4000psia，计算储层中的压力分布。

求解方法

对于网格 1，有：

$$p_1\cong p_{b_W}=4000\text{psia} \tag{7.28}$$

接下来只需要计算网格 2，3，4 的压力值。根据例 7.1 中的方程（7.23），方程（7.25）和方程（7.27），写出网格 2，3，4 的基本流动方程。

对于网格 2，有：

$$28.4004p_1-56.8008p_2+28.4004p_3=0$$

对于网格 3，有：

$$28.4004p_2-56.8008p_3+28.4004p_4=0$$

对于网格 4，有：

$$28.4004p_3-28.4004p_4=600$$

将方程（7.28）代入方程（7.23）可得：

$$28.4004\times4000-56.8008p_2+28.4004p_3=0$$

网格 2 的基本流动方程可改写为：

$$-56.8008p_2+28.4004p_3=-113601.6 \tag{7.29}$$

方程（7.25），方程（7.27）和方程（7.29）的压力解为：$p_2 = 3978.87\text{psia}$，$p_3 = 3957.75\text{psia}$，$p_4 = 3936.62\text{psia}$。

根据例 7.1 中给出的方程（7.20）计算油藏左边界的虚拟井流量 $q_{\text{sc}_{b\text{W}},1}$，计算过程如下：

$$T_{1,2}(p_2 - p_1) + q_{\text{sc}_{b\text{W}},1} + q_{\text{sc}_1} = 0 \tag{7.20}$$

代入网格 1 和网格 2 的压力值，得到：

$$28.4004(3978.87 - 4000) + q_{\text{sc}_{b\text{W}},1} + 0 = 0$$

化简得：

$$q_{\text{sc}_{b\text{W}},1} = 600.100\text{bbl/d}$$

根据方程（7.28）计算得到网格 1 的压力近似值为 $p_1 = 4000\text{psia}$，而例 7.1 中，根据方程（4.37c）计算得到网格 1 的压力值为 $p_1 = 3989.44\text{psia}$。目前许多油藏模拟书籍都使用这种近似方法来解决块中心网格的定压边界问题。但这种近似方法只有一阶精度，不如方程（4.37c）计算结果准确。

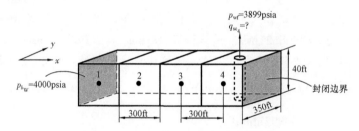

图 7.3　例 7.3 中的一维离散化油藏

例 7.3　如图 7.3 所示，将例 7.1 中所描述的一维油藏网格 4 中生产井由定产量生产更改为定井底流压（FBHP）生产，井底压力 $p_{\text{wf}} = 3899\text{psia}$。计算储层中的压力分布、生产井产量和油藏西边界的流量。

求解方法

由例 7.1 可知，油藏西边界上的传导率为 $T_x = 28.4004\text{bbl/d}$，虚拟井流量 $q_{\text{sc}_{b\text{W}},1}$ 为：

$$q_{\text{sc}_{b\text{W}},1} = 56.8008(4000 - p_1) \tag{7.18}$$

仿照例 7.1，写出前三个网格的基本流动方程。

对于网格 1，有：

$$-85.2012p_1 + 28.4004p_2 = -227203.2 \tag{7.21}$$

对于网格 2，有：

$$28.4004p_1 - 56.8008p_2 + 28.4004p_3 = 0 \tag{7.23}$$

对于网格 3，有：

$$28.4004p_2 - 56.8008p_3 + 28.4004p_4 = 0 \qquad (7.25)$$

网格4的等效井筒半径为 $r_{eq} = 64.537\text{ft}$，井筒的几何因子为 $G_w = 11.0845\text{bbl} \cdot \text{mPa} \cdot \text{s/}$（$\text{d} \cdot \text{psi}$）。

根据方程（6.1）估算定井底流压（FBHP）条件下，网格4中生产井的产量，计算过程如下：

$$q_{sc_4} = -\frac{11.0845}{1 \times 0.5}(p_4 - 3899) = -22.1690(p_4 - 3899) \qquad (7.30)$$

根据例7.1中的方程（7.26），写出网格4的基本流动方程：

$$T_{3,4}(p_3 - p_4) + q_{sc_{b_E,4}} + q_{sc_4} = 0 \qquad (7.26)$$

将传导率 $T_{3,4}$ 和方程（7.30）代入方程（7.26），可得：

$$28.4004(p_3 - p_4) + 0 + [-22.1690(p_4 - 3899)] = 0$$

化简后得：

$$28.4004p_3 - 50.5694p_4 = -86436.93 \qquad (7.31)$$

联立方程（7.21），方程（7.23），方程（7.25）和方程（7.31）求解未知压力项，可得 $p_1 = 3989.44\text{psia}$，$p_2 = 3968.31\text{psia}$，$p_3 = 3947.18\text{psia}$，$p_4 = 3926.06\text{psia}$。

将计算的压力值代入方程（7.30），计算网格4中生产井的产量 q_{sc_4}，计算过程如下：

$$q_{sc_4} = -22.1690(p_4 - 3899) = -22.1690(3926.06 - 3899)$$

$$= -599.893\text{bbl/d}$$

将求得的压力值代入方程（7.18），计算油藏西边界的流量 $q_{sc_{b_W,1}}$，计算过程如下：

$$q_{sc_{b_W,1}} = 56.8008(4000 - p_1) = 56.8008(4000 - 3989.44) = 599.816\text{bbl/d}$$

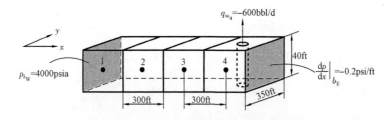

图7.4　例7.4中的一维离散化油藏

例7.4　如图7.4所示，将例7.1中所描述的一维油藏右边界由不渗透边界更改为定压力梯度边界，压力梯度为 -0.2psi/ft。计算储层中的压力分布。

求解方法

由例7.1可知，油藏西边界上的传导率为 $T_x = 28.4004\text{bbl/d}$，虚拟井流量 $q_{sc_{b_W,1}}$ 为：

$$q_{sc_{b_W,1}} = 56.8008(4000 - p_1) \qquad (7.18)$$

根据方程（4.24b）估算油藏东边界的虚拟井产量 $q_{sc_{b_{E,4}}}$，计算过程如下：

$$q_{sc_{b_{E,4}}} = \left[\beta_c \frac{K_x A_x}{\mu B} \right]_4 \left[\frac{\partial p}{\partial x} \Big|_{b_E} - \gamma \frac{\partial Z}{\partial x} \Big|_{b_E} \right]$$

$$= 0.001127 \times \frac{20 \times (350 \times 40)}{0,5 \times 1} [-0.2 - \gamma \times 0]$$

即：

$$q_{sc_{b_{E,4}}} = -1704.024\text{bbl/d}$$

仿照例7.1，写出前三个网格的基本流动方程。

对于网格1，有：

$$-85.2012p_1 + 28.4004p_2 = -227203.2 \tag{7.21}$$

对于网格2，有：

$$28.4004p_1 - 56.8008p_2 + 28.4004p_3 = 0 \tag{7.23}$$

对于网格3，有：

$$28.4004p_2 - 56.8008p_3 + 28.4004p_4 = 0 \tag{7.25}$$

根据例7.1中的方程（7.26），写出网格4的基本流动方程。

$$T_{3,4}(p_3 - p_4) + q_{sc_{b_{E,4}}} + q_{sc_4} = 0 \tag{7.26}$$

代入方程（7.26）中各参数的值，可得：

$$28.4004(p_3 - p_4) + (-1704.024) + (-600) = 0$$

化简后得：

$$28.4004p_3 - 28.4004p_4 = 2304.024 \tag{7.32}$$

联立方程（7.21），方程（7.23），方程（7.25）和方程（7.32）求解未知压力项，可得 $p_1 = 3959.44\text{psia}$，$p_2 = 3978.31\text{psia}$，$p_3 = 3797.18\text{psia}$，$p_4 = 3716.06\text{psia}$。

将求得的压力值代入方程（7.18），计算油藏西边界的流量 $q_{sc_{b_{W,1}}}$，计算过程如下：

$$q_{sc_{b_{W,1}}} = 56.8008(4000 - p_1) = 56.8008(4000 - 3959.44) = 2304.024\text{bbl/d}$$

例7.5 一个一维单相倾斜油藏如图7.5所示，该油藏各项参数和流体参数与例7.1相同。网格1、2、3、4的中心海拔分别在海平面以下3182.34ft、3121.56ft、3060.78ft和3000ft。油藏西边界和东边界的中心分别在海平面以下3212.73ft和2969.62ft。假设储层岩石和流体是不可压缩的，计算储层中的压力分布和网格4中生产井的井底流压（FBHP），并进行质量守恒检查。

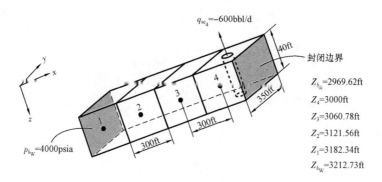

图 7.5　例 7.5 中的一维离散化油藏

求解方法

所有网格的尺寸和岩石属性相同，因此 $T_{1,2} = T_{2,3} = T_{3,4} = T_x = \beta_c \dfrac{A_x K_x}{\mu B \Delta x} = 0.001127 \times$

$\dfrac{(350 \times 40) \times 270}{0.5 \times 1 \times 300} = 28.4004 \text{bbl/} (\text{d} \cdot \text{psi})$。

根据方程（7.1）计算流体重度：

$$\gamma = \gamma_c \rho g = (0.21584 \times 10^{-3}) \times 50 \times 32.174 = 0.34722 \text{psi/ft}$$

油藏中仅有网格 4 含有一口生产井，因此 $q_{sc_4} = -400 \text{ bbl/d}$。对于网格 1，2，3，有 $q_{sc_1} = q_{sc_2} = q_{sc_3} = 0$。

网格 1 左侧为油藏的西边界，保持 4000psia 的恒定压力，可应用方程（4.37c）计算西边界虚拟井的产量 $q_{sc_{bW},1}$，计算过程如下：

$$q_{sc_{bW},1} = \left[\beta_c \frac{K_x A_x}{\mu B (\Delta x/2)} \right]_1 \left[(p_{b_W} - p_1) - \gamma (Z_{b_W} - Z_1) \right]$$

$$= \left[0.001127 \times \frac{270 \times (350 \times 40)}{0.5 \times 1 \times (300/2)} \right] \left[(4000 - p_1) - 0.34722 \times (3212.73 - 3182.34) \right]$$

即：

$$q_{sc_{bW},1} = 56.8008(3989.448 - p_1) \tag{7.33}$$

网格 4 右侧为油藏的东边界，为封闭边界，根据方程（4.32）可知，$q_{sc_{bE},4} = 0 \text{ bbl/d}$。

方程（7.16a）为一维倾斜油藏中网格 n 的基本流动方程：

$$\sum_{l \in \psi_n} T_{l,n} \left[(p_l - p_n) - \gamma_{l,n} (Z_l - Z_n) \right] + \sum_{l \in \xi_n} q_{sc_{l,n}} + q_{sc_n} = 0 \tag{7.16a}$$

对于网格 1，有 $n = 1$，$\psi_1 = \{2\}$，$\xi_1 = \{b_W\}$，那么 $\sum_{l \in \xi_1} q_{sc_{l,1}} = q_{sc_{bW},1}$，方程（7.16a）可改写为：

$$T_{1,2}\left[\left(p_2 - p_1\right) - \gamma\left(Z_2 - Z_1\right)\right] + q_{sc_{b_W},1} + q_{sc_1} = 0 \tag{7.34}$$

将方程（7.33）和其他参数值代入方程（7.34），可得 $28.4004 \times \left[\left(p_2 - p_1\right) - 0.34722 \times \left(3121.56 - 3182.34\right)\right] + 56.8008\left(3939.448 - p_1\right) + 0 = 0$，化简后得：

$$-85.2012p_1 + 28.4004p_2 = -227203.2 \tag{7.35}$$

对于网格 2，有 $n = 2$，$\psi_2 = \{1, 3\}$，$\xi_2 = \{\}$，那么 $\sum_{l \in \xi_2} q_{sc_{l,2}} = 0$，方程（7.16a）可改写为：

$$T_{1,2}\left[\left(p_1 - p_2\right) - \gamma\left(Z_1 - Z_2\right)\right] + T_{2,3}\left[\left(p_3 - p_2\right) - \gamma\left(Z_3 - Z_2\right)\right] + q_{sc_2} = 0 \tag{7.36}$$

将各参数值代入方程（7.36），可得：

$$28.4004\left[\left(p_1 - p_2\right) - 0.34722 \times \left(3182.34 - 3121.56\right)\right]$$

$$+ 28.4004\left[\left(p_3 - p_2\right) - 0.34722 \times \left(3060.78 - 3121.56\right)\right] + 0 = 0$$

化简后得：

$$28.4004p_1 - 56.8008p_2 + 28.4004p_3 = 0 \tag{7.37}$$

对于网格 3，有 $n = 3$，$\psi_3 = \{2, 4\}$，$\xi_3 = \{\}$，那么 $\sum_{l \in \xi_3} q_{sc_{l,3}} = 0$，方程（7.16a）可改写为：

$$T_{2,3}\left[\left(p_2 - p_3\right) - \gamma\left(Z_2 - Z_3\right)\right] + T_{3,4}\left[\left(p_4 - p_3\right) - \gamma\left(Z_4 - Z_3\right)\right] + q_{sc_3} = 0 \tag{7.38}$$

将各参数值代入方程（7.38），可得：

$$28.4004\left[\left(p_2 - p_3\right) - 0.34722 \times \left(3121.56 - 3060.78\right)\right]$$

$$+ 28.4004\left[\left(p_4 - p_3\right) - 0.34722 \times \left(3000 - 3060.78\right)\right] + 0 = 0$$

化简后得：

$$28.4004p_2 - 56.8008p_3 + 28.4004p_4 = 0 \tag{7.39}$$

对于网格 4，有 $n = 4$，$\psi_4 = \{3\}$，$\xi_4 = \{b_E\}$，那么 $\sum_{l \in \xi_4} q_{sc_{l,4}} = q_{sc_{b_E},4}$，方程（7.16a）可改写为：

$$T_{3,4}\left[\left(p_3 - p_4\right) - \gamma\left(Z_3 - Z_4\right)\right] + q_{sc_{b_E},4} + q_{sc_4} = 0 \tag{7.40}$$

将各参数值代入方程（7.40），可得：

$$28.4004\left[\left(p_3 - p_4\right) - 0.34722 \times \left(3060.78 - 3000\right)\right] + 0 + \left(-600\right) = 0$$

化简后得：

$$28.4004p_3 - 28.4004p_4 = 1199.366 \tag{7.41}$$

联立方程（7.35），方程（7.37），方程（7.39）和方程（7.41）求解未知压力项，可

得 $p_1 = 3978.88\text{psia}$，$p_2 = 3936.65\text{psia}$，$p_3 = 3894.42\text{psia}$，$p_4 = 3852.19\text{psia}$。

根据方程（7.33）计算油藏左边界的虚拟井流量 $q_{sc_{b_{W,1}}}$，计算过程如下：

$$q_{sc_{b_{W,1}}} = 56.8008(3989.448 - p_1) = 56.8008(3989.448 - 3978.88)$$

$$= 600.271\text{bbl/d}$$

根据方程（6.1）计算网格 4 中生产井的井底流压（FBHP）。首先根据方程（6.15）计算等效井筒半径，然后代入方程（6.12）中，得到井筒的几何因子，计算过程如下：

$$r_{eq} = 0.14\left[(300)^2 + (350)^2\right]^{0.5} = 64.537\text{ft}$$

$$G_w = \frac{2\pi \times 0.001127 \times 270 \times 40}{\ln\left[64.537/(3.5/12)\right] + 1.5} = 11.0845\text{bbl} \cdot \text{mPa} \cdot \text{s}/(\text{d} \cdot \text{psi})$$

和

$$-600 = -\frac{11.0845}{1 \times 0.5}(3852.19 - p_{wf_4})$$

即：

$$p_{wf_4} = 3825.13\text{psia}$$

将每个网格的生产井的产量和虚拟井的产量代入方程（7.17a）的左侧，进行质量守恒检查，计算过程如下：

$$\sum_{n=1}^{N}\left(q_{sc_n} + \sum_{l \in \xi_n} q_{sc_{l,n}}\right) = (q_{sc_1} + q_{sc_{b_{W,1}}}) + (q_{sc_2} + 0) + (q_{sc_3} + 0) + (q_{sc_4} + q_{sc_{b_{E,4}}})$$

$$= (0 + 600.271) + (0 + 0) + (0 + 0) + (-600 + 0)$$

$$= +0.271$$

由以上计算可知，本示例给出的计算过程满足质量守恒定律，但由于计算精度有限，存在 0.271bbl/d 的舍入误差。

例 7.6 如果例 7.1 中所描述的一维油藏的生产井以 3850psia 的恒定井底流压（FBHP）生产，请计算以下三种情况下（图 7.6），储层中的压力分布和生产井的产量。

（1）生产井位于网格 4 的中心。

（2）生产井位于网格 4 的东边界上。

（3）将该生产井视为油藏边界条件，边界压力等于井底流压，为 3850psia。

求解方法

由例 7.1 可知，油藏西边界上的传导率为 $T_x = 28.4004\text{bbl/d}$，虚拟井流量 $q_{sc_{b_{W,1}}}$ 为：

$$q_{sc_{b_{W,1}}} = 56.8008(4000 - p_1) \tag{7.18}$$

仿照例 7.1，写出前三个网格的基本流动方程。

对于网格 1，有：

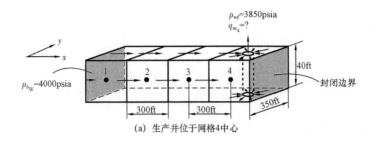

(a) 生产井位于网格 4 中心

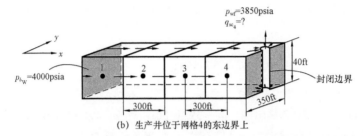

(b) 生产井位于网格 4 的东边界上

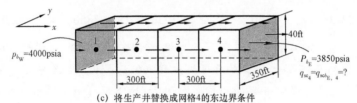

(c) 将生产井替换成网格 4 的东边界条件

图 7.6　例 7.6 中生产井的位置

$$-85.2012p_1 + 28.4004p_2 = -227203.2 \tag{7.21}$$

对于网格 2，有：

$$28.4004p_1 - 56.8008p_2 + 28.4004p_3 = 0 \tag{7.23}$$

对于网格 3，有：

$$28.4004p_2 - 56.8008p_3 + 28.4004p_4 = 0 \tag{7.25}$$

对于网格 4，有 $n = 4$，$\psi_4 = \{3\}$，$\xi_4 = \{b_E\}$，那么 $\sum\limits_{l \in \xi_4} q_{sc_{l,4}} = q_{sc_{b_{E,4}}}$，方程（7.16a）可改写为：

$$T_{3,4}(p_3 - p_4) + q_{sc_{b_E,4}} + q_{sc_4} = 0 \tag{7.26}$$

（1）生产井位于网格 4 的中心（图 7.6a）。首先根据方程（6.15）和方程（6.12）计算等效井筒半径 r_{eq} 和井筒的几何因子 G_w，然后根据方程（6.1）计算生产井的产量 q_{sc_4}，计算过程如下：

$$r_{eq} = 0.14\left[(300)^2 + (350)^2\right]^{0.5} = 64.537\text{ft}$$

$$G_w = \frac{2\pi \times 0.001127 \times 270 \times 40}{\ln[64.537/(3.5/12)] + 1.5} = 11.0845\text{bbl} \cdot \text{mPa} \cdot \text{s}/(\text{d} \cdot \text{psi})$$

且

$$q_{sc_4} = -\frac{11.0845}{1 \times 0.5}(p_4 - 3850)$$

即：

$$q_{sc_4} = -22.1690(p_4 - 3850) \tag{7.42}$$

将传导率和方程（7.42）代入方程（7.26），可得：

$$28.4004(p_3 - p_4) + 0 + [-22.1690(p_4 - 3850)] = 0$$

化简后得：

$$28.4004p_3 - 50.5694p_4 = -85350.65 \tag{7.43}$$

联立方程（7.21），方程（7.23），方程（7.25）和方程（7.43）求解未知压力项，可得 $p_1 = 3984.31\text{psia}$，$p_2 = 3952.94\text{psia}$，$p_3 = 3921.56\text{psia}$，$p_4 = 3890.19\text{psia}$。

将 $p_4 = 3890.19\text{psia}$ 代入方程（7.42），得到生产井的产量为：

$$q_{sc_4} = -22.169(p_4 - 3850) = -22.169(3890.19 - 3850) = -890.972\text{bbl/d} \tag{7.44}$$

（2）生产井位于网格 4 的东边界上。首先根据方程（6.34）和方程（6.32）计算等效井筒半径 r_{eq} 和井筒的几何因子 G_w，然后根据方程（6.1）计算生产井的产量 q_{sc_4}。需要注意的是，网格 4 仅为生产井提供一半的产量，如图 7.6b 所示（例如第 6 章中的情形 2，$F_4 = \frac{1}{2}$）。因此井网格 4 的几何因子是完整生产井的一半。计算过程如下：

$$r_{eq_4} = 0.1403684 \left[(300)^2 + (350)^2\right]^{0.5} \exp\left[(300/350)\tan^{-1}(350/300)\right]$$

$$= 135.487\text{ft}$$

$$G_{w_4}^* = \frac{2\pi \times 0.001127 \times 270 \times 40}{\ln[135.487/(3.5/12)] + 1.5} = 10.009\text{bbl} \cdot \text{mPa} \cdot \text{s}/(\text{d} \cdot \text{psi})$$

$$G_{w_4} = \frac{1}{2}G_{w_4}^* = \frac{1}{2}(10.009) = 5.0045\text{bbl} \cdot \text{mPa} \cdot \text{s}/(\text{d} \cdot \text{psi})$$

且

$$q_{sc_4} = -\frac{5.0045}{1 \times 0.5}(p_4 - 3850)$$

即：

$$q_{sc_4} = -10.009(p_4 - 3850) \tag{7.45}$$

将传导率和方程（7.45）代入方程（7.26），可得：

$$28.4004(p_3 - p_4) + 0 + [-10.009(p_4 - 3850)] = 0$$

化简后得：

$$28.4004p_3 - 38.4094p_4 = -38534.65 \tag{7.46}$$

联立方程 (7.21)，方程 (7.23)，方程 (7.25) 和方程 (7.46) 求解未知压力项，可得 $p_1 = 3988.17\text{psia}$，$p_2 = 3964.50\text{psia}$，$p_3 = 3940.83\text{psia}$，$p_4 = 3917.16\text{psia}$。将 $p_4 = 3917.16\text{psia}$ 代入方程 (7.45)，得到井网格 4 的产量为：

$$q_{sc_4} = -10.009(p_4 - 3850) = -10.009(3917.16 - 3850) = -672.20\text{bbl/d} \qquad (7.47)$$

（3）如图 7.6c 所示，将该生产井视为油藏边界条件，边界压力等于井底流压，为 3850psia。因此，可用方程 (4.37c) 估算定压边界条件对应的虚拟井流量，计算过程如下：

$$q_{sc_{b_E},4} = \left[\beta_c \frac{K_x A_x}{\mu B (\Delta x/2)} \right]_4 \left[(p_{b_E} - p_4) - \gamma (Z_{b_E} - Z_4) \right]$$

$$= \left[0.001127 \times \frac{270 \times (350 \times 40)}{0.5 \times 1 \times (300/2)} \right] \left[(3850 - p_4) - \gamma \times 0 \right]$$

即：

$$q_{sc_{b_E},4} = 56.8008(3850 - p_4) \qquad (7.48)$$

将传导率和方程 (7.48) 代入方程 (7.26)，可得：

$$28.4004(p_3 - p_4) + 56.8008(3850 - p_4) + 0 = 0$$

化简后得：

$$28.4004p_3 - 85.2012p_4 = -218683.08 \qquad (7.49)$$

联立方程 (7.21)，方程 (7.23)，方程 (7.25) 和方程 (7.49) 求解未知压力项，可得 $p_1 = 3981.25\text{psia}$，$p_2 = 3943.75\text{psia}$，$p_3 = 3906.25\text{psia}$，$p_4 = 3968.75\text{psia}$。

将 $p_4 = 3968.75\text{psia}$ 代入方程 (7.48)，得边界对应的虚拟井产量，因此有：

$$q_{sc_4} = q_{sc_{b_E},4} = 56.8008(3850 - p_4) = 56.8008(3850 - 3868.75)$$

即：

$$q_{sc_4} = -1065.015\text{bbl/d} \qquad (7.50)$$

对比三种不同条件的生产井产量方程 (7.44)，方程 (7.47) 和方程 (7.50) 可知：即使是一维流动问题，将位于油藏边缘的井直接作为边界条件处理也是不合适的。正如第 6 章所述，分清实际井和虚拟井是非常必要的。并且井的位置（在网格内部或封闭油藏边界上）会影响井的产能和油藏内的压力分布。

例 7.7　如图 7.7 所示，一个二维单相流动水平油藏被划分成四个相等网格。该油藏孔隙度为 $\phi = 0.27$，渗透率为各向异性，分别为 $K_x = 150\text{mD}$ 和 $K_y = 100\text{mD}$。网格尺寸为 $\Delta x = 350\text{ft}$，$\Delta y = 250\text{ft}$ 和 $h = 30\text{ft}$。储层流体性质为 $B = B^\circ = 1\text{bbl/bbl}$，和 $\mu = 0.5\text{mPa} \cdot \text{s}$。油藏的边界条件如图 7.7 所示。网格 2 内有一口生产井，井底流压 (FBHP) 为 2000psia，网格 3 内也有一口生产井，产量为 600bbl/d。两口井半径均为 3in。假设储层岩石和流体是不可压缩的，请计算网格 2 中生产井的产量和网格 3 中生产井的井底流压 (FBHP) 以及各个油藏边界上的流量，并进行质量守恒检查。

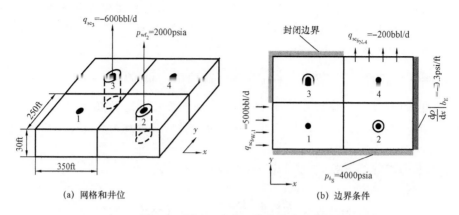

图7.7　例7.7中的二维离散化油藏

求解方法

所有网格的尺寸和岩石属性相同，因此：

$$T_{1,2} = T_{3,4} = T_x = \beta_c \frac{A_i K_x}{\mu B \Delta x} = 0.001127 \times \frac{(250 \times 30) \times 150}{3.5 \times 1 \times 350} = 1.0350 \text{bbl}/(\text{d} \cdot \text{psi})$$

$$T_{1,3} = T_{2,4} = T_y = \beta_c \frac{A_y K_y}{\mu B \Delta y} = 0.001127 \times \frac{(350 \times 30) \times 100}{3.5 \times 1 \times 250}$$

$$= 1.3524 \text{bbl}/(\text{d} \cdot \text{psi})$$

网格2和网格3内分别有一口生产井。首先根据方程（6.13）、方程（6.14）和方程（6.12）计算两口生产井的 K_H、等效井筒半径 r_{eq} 和井筒的几何因子 G_w，分别为：

$$K_H = [150 \times 100]^{0.5} = 122.474 \text{mD}$$

$$r_{eq} = 0.28 \frac{[(100/150)^{0.5}(350)^2 + (150/100)^{0.5}(250)^2]^{0.5}}{[(100/150)^{0.25} + (150/100)^{0.25}]} = 58.527 \text{ft}$$

$$G_w = \frac{2\pi \times 0.001127 \times 122.474 \times 30}{\{\ln[58.527/(3/12)] + 0\}} = 4.7688 \text{bbl} \cdot \text{mPa} \cdot \text{s}/(\text{d} \cdot \text{psi})$$

根据方程（6.11）计算网格2中生产井的产量 q_{sc_2}，得到：

$$q_{sc_2} = -\frac{4.7688}{1 \times 3.5}(p_2 - 2000) = -1.3625(p_2 - 2000) \tag{7.51}$$

同理得网格3中生产井的产量为 $q_{sc_3} = -600 \text{bbl}/\text{d}$。两个网格的井产量为 $q_{sc_1} = q_{sc_4} = 0$。

网格1位于油藏的南边界和西边界上。由题目可知，油藏的南边界保持4000psia的恒定压力。因此可根据方程（4.37c）计算南边界对应的虚拟井的产量，计算过程如下：

$$q_{sc_{b_S,1}} = \left[\beta_c \frac{K_y A_y}{\mu B(\Delta y/2)} \right]_1 [(p_{b_S} - p_1) - \gamma(Z_{b_S} - Z_1)]$$

$$= \left[0.001127 \times \frac{100 \times (350 \times 30)}{3.5 \times 1 \times (250/2)} \right] \left[(4000 - p_1) - \gamma \times 0 \right]$$

即：

$$q_{sc_{b_{S,1}}} = 2.7048(4000 - p_1) \tag{7.52}$$

油藏的西边界有流体以恒定的流量汇入，因此 $q_{sc_{b_{W,1}}} = 500 \text{ bbl/d}$。

网格 2 位于油藏的南边界和东边界上。由题目可知，油藏的南边界保持 4000psia 恒定压力，因此，由方程（4.37c）可得：

$$q_{sc_{b_{S,2}}} = \left[0.001127 \times \frac{100 \times (350 \times 30)}{3.5 \times 1 \times (250/2)} \right] \left[(4000 - p_2) - \gamma \times 0 \right]$$

即：

$$q_{sc_{b_{S,2}}} = 2.7048(4000 - p_2) \tag{7.53}$$

油藏的东边界为定压力梯度边界，因此，由方程（4.24b）可得：

$$q_{sc_{b_{E,2}}} = \left[\beta_c \frac{K_x A_x}{\mu B} \right]_2 \left[\left. \frac{\partial p}{\partial x} \right|_{b_E} - \gamma \left. \frac{\partial Z}{\partial x} \right|_{b_E} \right]$$

$$= 0.001127 \times \frac{150 \times (250 \times 30)}{3.5 \times 1} [-0.3 - \gamma \times 0]$$

即：

$$q_{sc_{b_{E,2}}} = -108.675 \text{bbl/d}$$

网格 3 位于油藏的西边界和北边界上。由题目可知，西边界和北边界均为封闭边界，因此，$q_{sc_{b_{W,3}}} = q_{sc_{b_{N,3}}} = 0$。

网格 4 位于油藏的东边界和北边界上。由题目可知，油藏的东边界为定压力梯度边界，因此，由方程（4.24b）可得：

$$q_{sc_{b_{E,4}}} = \left[\beta_c \frac{K_x A_x}{\mu B} \right]_4 \left[\left. \frac{\partial p}{\partial x} \right|_{b_E} - \gamma \left. \frac{\partial Z}{\partial x} \right|_{b_E} \right]$$

$$= 0.001127 \times \frac{150 \times (250 \times 30)}{3.5 \times 1} [-0.3 - \gamma \times 0]$$

即：

$$q_{sc_{b_{E,4}}} = -108.675 \text{bbl/d}$$

油藏的北边界有流体以恒定的流量流出，因此 $q_{sc_{b_{N,4}}} = -200 \text{ bbl/d}$。

忽略方程（7.16a）中的重力项，得到二维油藏中网格 n 的基本流动方程如下：

$$\sum_{l \in \psi_n} T_{l,n}(p_l - p_n) + \sum_{l \in \xi_n} q_{sc_{l,n}} + q_{sc_n} = 0$$

对于网格 1，有 $n=1$，$\psi_1 = \{2, 3\}$，$\xi_1 = \{b_S, b_W\}$，那么 $\sum_{l \in \xi_1} q_{sc_{l,1}} = q_{sc_{b_S,1}} + q_{sc_{b_W,1}}$，方程（7.19）可改写为：

$$T_{1,2}(p_2 - p_1) + T_{1,3}(p_3 - p_1) + q_{sc_{b_S,1}} + q_{sc_{b_W,1}} + q_{sc1} = 0 \tag{7.54}$$

将其他参数值代入方程（7.54）可得：

$$1.0350(p_2 - p_1) + 1.3524(p_3 - p_1) + 2.7048(4000 - p_1) + 500 + 0 = 0$$

化简后得：

$$-5.0922p_1 + 1.0350p_2 + 1.3524p_3 = -11319.20 \tag{7.55}$$

对于网格 2，有 $n=2$，$\psi_2 = \{1, 4\}$，$\xi_2 = \{b_S, b_E\}$，那么 $\sum_{l \in \xi_2} q_{sc_{l,2}} = q_{sc_{b_S,2}} + q_{sc_{b_E,2}}$，方程（7.19）可改写为：

$$T_{1,2}(p_1 - p_2) + T_{2,4}(p_4 - p_2) + q_{sc_{b_S,2}} + q_{sc_{b_E,2}} + q_{sc2} = 0 \tag{7.56}$$

将其他参数值代入方程（7.56）可得：

$$1.0350(p_1 - p_2) + 1.3524(p_4 - p_2) + 2.7048(4000 - p_2)$$
$$- 108.675 - 1.3625(p_2 - 2000) = 0$$

化简后得：

$$1.0350p_1 - 6.4547p_2 + 1.3524p_4 = -13435.554 \tag{7.57}$$

对于网格 3，有 $n=3$，$\psi_3 = \{1, 4\}$，$\xi_3 = \{b_W, b_N\}$，那么 $\sum_{l \in \xi_3} q_{sc_{l,3}} = q_{sc_{b_W,3}} + q_{sc_{b_N,3}}$，方程（7.19）可改写为：

$$T_{1,3}(p_1 - p_3) + T_{3,4}(p_4 - p_3) + q_{sc_{b_W,3}} + q_{sc_{b_N,3}} + q_{sc3} = 0 \tag{7.58}$$

将其他参数值代入方程（7.58）可得：

$$1.3524(p_1 - p_3) + 1.0350(p_4 - p_3) + 0 + 0 - 600 = 0$$

化简后得：

$$1.3524p_1 - 2.3874p_3 + 1.0350p_4 = 600 \tag{7.59}$$

对于网格 4，有 $n=4$，$\psi_4 = \{2, 3\}$，$\xi_4 = \{b_E, b_N\}$，那么 $\sum_{l \in \xi_4} q_{sc_{l,4}} = q_{sc_{b_E,4}} + q_{sc_{b_N,4}}$，方程（7.19）可改写为：

$$T_{2,4}(p_2 - p_4) + T_{3,4}(p_3 - p_4) + q_{sc_{b_E,4}} + q_{sc_{b_N,4}} + q_{sc4} = 0 \tag{7.60}$$

将其他参数值代入方程（7.60）可得：

$$1.3524(p_2 - p_4) + 1.0350(p_3 - p_4) - 108.675 - 200 + 0 = 0$$

化简后得：

$$1.3524p_2 + 1.0350p_3 - 2.3874p_4 = 308.675 \tag{7.61}$$

联立方程（7.55），方程（7.57），方程（7.59）和方程（7.61）求解未知压力项，可得 $p_1 = 3772.36\text{psia}$，$p_2 = 3354.20\text{psia}$，$p_3 = 3267.39\text{psia}$，$p_4 = 3187.27\text{psia}$。

根据方程（7.52）和方程（7.53）计算油藏南边界的虚拟井流量 $q_{sc_{b_{W,1}}}$，计算过程如下：

$$q_{scb_{S,1}} = 2.7048(4000 - p_1) = 2.7048(4000 - 3772.36) = 615.721\text{bbl/d}$$

和

$$q_{sc_{b_{S,2}}} = 2.7048(4000 - p_2) = 2.7048(4000 - 3354.20) = 1746.787\text{bbl/d}$$

将网格 2 的压力 p_2 代入方程（7.51），计算网格 2 中生产井的产量，过程如下：

$$q_{sc_2} = -1.3625(p_2 - 2000) = -1.3625(3354.20 - 2000) = -1845.12\text{bbl/d}$$

根据方程（7.51）计算网格 3 中生产井的井底流压（FBHP）。计算过程如下：

$$-600 = -\frac{4.7688}{1 \times 3.5}(3267.36 - p_{wf_3})$$

即：

$$p_{wf_3} = 2827.00\text{psia}$$

将每个网格的生产井的产量和虚拟井的产量代入方程（7.17a）的左侧，进行质量守恒检查，计算过程如下：

$$\sum_{n=1}^{N}\left(q_{sc_n} + \sum_{l \in \xi_n} q_{sc_{l,n}}\right) = \left[(q_{sc_1} + q_{sc_{b_{S,1}}} + q_{sc_{b_{W,1}}}) + (q_{sc_2} + q_{sc_{b_{S,2}}} + q_{sc_{b_{E,2}}})\right.$$

$$+ (q_{sc_3} + q_{sc_{b_{W,3}}} + q_{sc_{b_{N,3}}}) + \left.(q_{sc_4} + q_{sc_{b_{E,4}}} + q_{sc_{b_{N,4}}})\right]$$

$$= \left[(0 + 615.721 + 500) + (-1845.12 + 1746.787 - 108.675)\right.$$

$$+ (-600 + 0 + 0) + \left.(0 - 108.675 - 200)\right]$$

$$= 0.038$$

由以上计算可知，本示例给出的计算过程满足质量守恒定律，但由于计算精度有限，存在 0.038bbl/d 的舍入误差。

例7.8　如图 7.8 所示，一个二维水平均质油藏被划分成六个相等网格。该油藏岩石孔隙度为 $\phi = 0.19$，渗透率为各向同性，$K_x = K_y = 200\text{ mD}$。网格尺寸为 $\Delta x = \Delta y = 400\text{ft}$ 和 $h = 50\text{ft}$。储层流体性质为 $B \cong B° = 1\text{bbl/bbl}$，$\rho = 55\text{lb/ft}^3$ 和 $\mu = 3\text{mPa·s}$。油藏边界均为封闭边界。油藏内部共有 3 口井，其中网格 7 内有一口生产井，产量为 1000bbl/d；网格 6 和网格 2 内各有一口注入井，井底流压（FBHP）为 3500psia。井眼直径均为 6in。假设储层岩石和流体是不可压缩的，计算油藏中的压力分布。

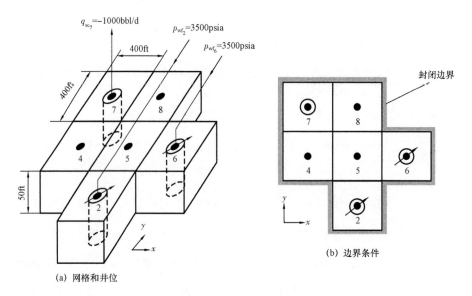

(a) 网格和井位

(b) 边界条件

图7.8　例7.8中的二维离散化油藏

求解方法

所有网格的尺寸和岩石属性相同，因此：

$$T_{4,5} = T_{5,6} = T_{7,8} = T_x = T_{2,5} = T_{4,7} = T_{5,8} = T_y = T$$

其中 $T = \beta_c \dfrac{A_x K_x}{\mu B \Delta x} = 0.001127 \times \dfrac{(400 \times 50) \times 200}{3 \times 1 \times 300} = 3.7567$ bbl/（d·psi）。

首先根据方程（6.13），方程（6.16），方程（6.12）和方程（6.1）计算三口生产井的 K_H、等效井筒半径 r_{eq}、井筒的几何因子 G_w 和产量 q_{sc}，分别为：

$$K_H = 200\text{mD}$$

$$r_{eq} = 0.198 \times 400 = 79.200\text{ft}$$

和

$$G_w = \frac{2\pi \times 0.001127 \times 200 \times 50}{\{\ln[79.200/(3/12)] + 0\}} = 12.2974\text{bbl} \cdot \text{mPa} \cdot \text{s/（d·psi）}$$

根据方程（6.1）可得：

$$-1000 = -\frac{12.2974}{1 \times 3}(p_7 - p_{\text{wf}_7})$$

对于网格7，有：

$$p_{\text{wf}_7} = p_7 - 243.954 \tag{7.62}$$

$$q_{\text{sc}_7} = -\frac{12.2974}{1 \times 3}(p_7 - 3500)$$

对于网格 2，有：

$$q_{sc_2} = -4.0991(p_2 - 3500) \qquad (7.63)$$

对于网格 6，有：

$$q_{sc_6} = -4.0991(p_6 - 3500) \qquad (7.64)$$

对于其他网格，有

$$q_{sc_4} = q_{sc_5} = q_{sc_8} = 0_\circ$$

对于封闭边界网格和内部网格，有 $\sum\limits_{l \in \xi_n} q_{sc_{l,n}} = 0$ ，$n = 2$，3，4，5，6，7，8。

忽略方程（7.16a）中的重力项，得到例 7.8 中二维油藏网格 n 的基本流动方程如下：

$$\sum_{l \in \psi_n} T_{l,n}(p_l - p_n) + \sum_{l \in \xi_n} q_{sc_{l,n}} + q_{sc_n} = 0 \qquad (7.19)$$

当油藏边界均为封闭边界时（ $\sum\limits_{l \in \xi_n} q_{sc_{l,n}} = 0$ ），方程（7.19）可简化为：

$$\sum_{l \in \psi_n} T_{l,n}(p_l - p_n) + q_{sc_n} = 0 \qquad (7.65)$$

对于网格 2，有 $n = 2$，$\psi_2 = \{5\}$，那么方程（7.65）可改写为：

$$T_{2,5}(p_5 - p_2) + q_{sc_2} = 0 \qquad (7.66)$$

将其他参数值代入方程（7.66）可得：

$$3.7567(p_5 - p_2) - 4.0991(p_2 - 3500) = 0$$

化简后得：

$$-7.8558p_2 + 3.7567p_5 = -14346.97 \qquad (7.67)$$

对于网格 4，有 $n = 4$，$\psi_4 = \{5, 7\}$，那么方程（7.65）可改写为：

$$T_{4,5}(p_5 - p_4) + T_{4,7}(p_7 - p_4) + q_{sc_4} = 0 \qquad (7.68)$$

将其他参数值代入方程（7.68）可得：

$$3.7567(p_5 - p_2) - 4.0991(p_2 - 3500) = 0$$

化简后得：

$$-7.5134p_4 + 3.7567p_5 + 3.7567p_7 = 0 \qquad (7.69)$$

对于网格 5，有 $n = 5$，$\psi_5 = \{2, 4, 6, 8\}$，那么方程（7.65）可改写为：

$$T_{2,5}(p_2 - p_5) + T_{4,5}(p_4 - p_5) + T_{5,6}(p_6 - p_5) + T_{5,8}(p_8 - p_5) + q_{sc_5} = 0 \qquad (7.70)$$

将其他参数值代入方程（7.70）可得：

$$3.7567(p_2 - p_5) + 3.7567(p_4 - p_5) + 3.7567(p_6 - p_5) + 3.7567(p_8 - p_5) + 0 = 0$$

化简后得：

$$3.7567p_2 + 3.7567p_4 - 15.0268p_5 + 3.7567p_6 + 3.7567p_8 = 0 \tag{7.71}$$

对于网格6，有 $n=6$，$\psi_6 = \{5\}$，那么方程（7.65）可改写为：

$$T_{5,6}(p_5 - p_6) + q_{sc_6} = 0 \tag{7.72}$$

将其他参数值代入方程（7.72）可得：

$$3.7567(p_5 - p_6) - 4.0991(p_6 - 3500) = 0$$

化简后得：

$$3.7567p_5 - 7.8558p_6 = -14346.97 \tag{7.73}$$

对于网格7，有 $n=7$，$\psi_7 = \{4, 8\}$，那么方程（7.65）可改写为：

$$T_{4,7}(p_4 - p_7) + T_{7,8}(p_8 - p_7) + q_{sc_7} = 0 \tag{7.74}$$

将其他参数值代入方程（7.74）可得：

$$3.7567(p_4 - p_7) + 3.7567(p_8 - p_7) - 1000 = 0$$

化简后得：

$$3.7567p_4 - 7.5134p_7 + 3.7567p_8 = 1000 \tag{7.75}$$

对于网格8，有 $n=8$，$\psi_8 = \{5, 7\}$，那么方程（7.65）可改写为：

$$T_{5,8}(p_5 - p_8) + T_{7,8}(p_7 - p_8) + q_{sc_8} = 0 \tag{7.76}$$

将其他参数值代入方程（7.76）可得：

$$3.7567(p_5 - p_8) + 3.7567(p_7 - p_8) + 0 = 0$$

化简后得：

$$3.7567p_5 + 3.7567p_7 - 7.5134p_8 = 0 \tag{7.77}$$

联立方程（7.67），方程（7.69），方程（7.71），方程（7.73），方程（7.75）和方程（7.77），求解未知压力项，可得 $p_2 = 3378.02\text{psia}$，$p_4 = 3111.83\text{psia}$，$p_5 = 3244.93\text{psia}$，$p_6 = 3378.02\text{psia}$，$p_7 = 2978.73\text{psia}$，$p_8 = 3111.83\text{psia}$。

通过观察发现，油藏以穿过网格5和网格7中心点的垂直平面为对称轴，呈左右对称。根据油藏的对称性，令 $p_2 = p_6$，$p_4 = p_8$，联立网格2，4，5，7的流动方程，求解未知压力 p_2，p_4，p_5 和 p_7。

将网格压力值代入方程（7.63）和方程（7.64），计算网格2和网格6中注入井的注入量，计算过程如下：

$$q_{sc_2} = -4.0991(p_2 - 3500) = -4.0991(3378.02 - 3500) = 500.008\text{bbl/d}$$

和

$$q_{sc_6} = -4.0991(p_6 - 3500) = -4.0991(3378.02 - 3500) = 500.008\text{bbl/d}$$

根据方程（7.62）计算网格 7 中生产井的井底流压（FBHP）。计算过程如下：

$$p_{\mathrm{wf}_7} = p_7 - 243.954 = 2978.73 - 243.954 = 2734.8\,\mathrm{psia}$$

将每个网格的生产井的产量和虚拟井的产量代入方程（7.17a）的左侧，进行质量守恒检查。当油藏边界均为封闭边界时，方程（7.17a）可以简化为：

$$\sum_{n=2}^{8} \Big(q_{\mathrm{sc}_n} + \sum_{l \in \xi_n} q_{\mathrm{sc}_{l,n}} \Big) = \sum_{n=2}^{8} \big(q_{\mathrm{sc}_n} + 0 \big) = \sum_{n=2}^{8} q_{\mathrm{sc}_n}$$

$$= 500.008 + 0 + 0 + 500.008 - 1000 + 0 = 0.016$$

由以上计算可知，本示例给出的计算过程满足质量守恒定律，但由于计算精度有限，存在 0.016bbl/d 的舍入误差。

7.3.2　微可压缩流体流动方程

在地层温度下，微可压缩的流体的密度、体积系数（FVF）和黏度均是压力的函数。但是，这些流体物性参数与压力的相关性非常微弱。在这种情况下，可以将流动方程［方程（7.12）］左侧出现的体积系数（FVF）、黏度和密度视为常数；将方程（7.12）右侧累积项中出现的体积系数 B 和孔隙度 ϕ 分别用方程（7.6）和方程（7.11）表示。方程（7.12）右侧累积项可以表示为：

$$\frac{V_{\mathrm{b}_n}}{\alpha_{\mathrm{c}}\Delta t}\Big[\Big(\frac{\phi}{B}\Big)_n^{n+1} - \Big(\frac{\phi}{B}\Big)_n^{n}\Big] \cong \frac{V_{\mathrm{b}_n}}{\alpha_{\mathrm{c}}\Delta t}\frac{\phi^{\circ}{}_n}{B^{\circ}}(c + c_{\phi})\big[p_n^{n+1} - p_n^{n}\big] \tag{7.78}$$

对于不可压缩流体（$c = 0$），方程（7.78）可简化为方程（7.14）。将方程（7.78）代入方程（7.12），得到微可压缩流体的流动方程，如下：

$$\sum_{l \in \psi_n} T_{l,n}^{m}\big[(p_l^{m} - p_n^{m}) - \gamma_{l,n}^{m}(Z_l - Z_n)\big] + \sum_{l \in \xi_n} q_{\mathrm{sc}_{l_n}}^{m} + q_{\mathrm{sc}_n}^{m}$$

$$= \frac{V_{\mathrm{b}_n}\phi^{\circ}{}_n(c + c_{\phi})}{\alpha_{\mathrm{c}} B^{\circ}\Delta t}\big[p_n^{n+1} - p_n^{n}\big] \tag{7.79}$$

7.3.2.1　流动方程格式

如第 2 章所述，在油藏数值模拟中，方程（7.79）中时间节点的选择一共有三种方式（t^n，t^{n+1}，$t^{n+\frac{1}{2}}$）。三种方法得到的流动差分方程分别为显式差分方程（或向前中心差分方程）、隐式差分方程（或向后中心差分方程）和 Crank-Nicolson 方程（或二阶中心差分方程）。括号中的术语通常出现在油藏数值模拟的数学方法中，因为它最早应用于偏微分方程（PDE）近似得到有限差分方程（或代数方程）过程中。向前、向后或二阶差分指的是偏微分方程（PDE）中时间导数项（或累积项）的近似差分格式，中心差分则表示偏微分方程（PDE）中（网格间）流动项为二阶近似格式。

（1）显式差分方程。

若将方程（7.79）中的时间函数 F^m（本书 2.6.3 节引入）用当前时间节点 t^n 近似值表

示，即 $t^m \cong t^n$，$F^m \cong F^n$，此时称方程（7.79）为显式差分方程。方程格式如下：

$$\sum_{l \in \psi_n} T_{l,n}^n \left[(p_l^n - p_n^n) - \gamma_{l,n}^n (Z_l - Z_n) \right] + \sum_{l \in \xi_n} q_{sc_{l,n}}^n + q_{sc_n}^n \cong \frac{V_{b_n} \phi^{\circ}_n (c + c_\phi)}{\alpha_c B^{\circ} \Delta t} \left[p_n^{n+1} - p_n^n \right]$$

(7.80a)

或

$$\sum_{l \in \psi_{i,j,k}} T_{l,(i,j,k)}^n \left[(p_l^n - p_{i,j,k}^n) - \gamma_{l,(i,j,k)}^n (Z_l - Z_{i,j,k}) \right] + \sum_{l \in \xi_{i,j,k}} q_{sc_{l,(i,j,k)}}^n + q_{sc_{i,j,k}}^n$$

$$\cong \frac{V_{b_{i,j,k}} \phi^{\circ}_{i,j,k} (c + c_\phi)}{\alpha_c B^{\circ} \Delta t} \left[p_{i,j,k}^{n+1} - p_{i,j,k}^n \right]$$

(7.80b)

观察发现，方程（7.80a）中所有的相邻网格在当前时间节点 t^n 时的压力均是已知的，方程仅含有一个未知压力项 p_n^{n+1}。因此，想要求得下一时间节点 $n+1$ 时的压力，只需要求解

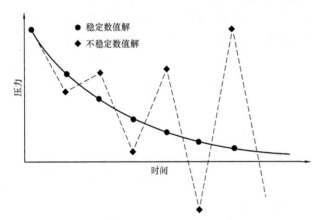

网格 n 的流动方程（7.80a）中的未知项 p_n^{n+1}，而不需要联立其他网格的流动方程。Ertekin 等人在 2001 年利用数学方法对流动方程的显式差分格式进行了稳定性分析。结果表明，显式差分方程的稳定性是条件性的，如图 7.9 所示，只有当时间步长取很小时，才能得到稳定的压力解。换句话说，显式差分方程要求时间步长非常小，这就导致求解实际油藏问题时，计算工作量成倍增加，无法满足需求，所以该方法没有被现有的油藏数

图 7.9　单个网格压力解随时间变化图

值模拟软件采纳。本书中也仅仅作简单介绍，后续不再赘述。

（2）隐式差分方程。

若将方程（7.79）中的时间函数 F^m（本书 2.6.3 节引入）用新的时间节点 t^{n+1} 近似值表示，即 $t^m \cong t^{n+1}$，$F^m \cong F^{n+1}$，此时称方程（7.79）为隐式差分方程。方程格式如下：

$$\sum_{l \in \psi_n} T_{l,n}^{n+1} \left[(p_l^{n+1} - p_n^{n+1}) - \gamma_{l,n}^n (Z_l - Z_n) \right] + \sum_{l \in \xi_n} q_{sc_{l,n}}^{n+1} + q_{sc_n}^{n+1}$$

$$\cong \frac{V_{b_n} \phi^{\circ}_n (c + c_\phi)}{\alpha_c B^{\circ} \Delta t} \left[p_n^{n+1} - p_n^n \right]$$

(7.81a)

或

$$\sum_{l \in \psi_{i,j,k}} T_{l,(i,j,k)}^{n+1} \left[(p_l^{n+1} - p_{i,j,k}^{n+1}) - \gamma_{l,(i,j,k)}^n (Z_l - Z_{i,j,k}) \right]$$

$$+ \sum_{l \in \xi_{i,j,k}} q_{sc_{l,(i,j,k)}}^{n+1} + q_{sc_{i,j,k}}^{n+1} \cong \frac{V_{b_{i,j,k}} \phi^{\circ}_{i,j,k} (c + c_\phi)}{\alpha_c B^{\circ} \Delta t} \left[p_{i,j,k}^{n+1} - p_{i,j,k}^n \right]$$

(7.81b)

Coats 等人在 1974 年总结得出，使用当前时间节点 n 时刻的流体重力值代替新的时间节点 $n+1$ 时刻的流体重力值，并不会引入任何明显的误差。本书也将使用这种近似方法。观察方程（7.81a）发现，网格 n 和所有相邻网格在 n 时刻的压力值均是未知的。因此，联立求解 n 时刻所有油藏网格的流动方程，便可以求得 $n+1$ 时刻的压力。Ertekin 等人在 2001 年利用数学方法分析了隐式差分格式的稳定性，结论为：隐式差分方程（7.81a）是无条件稳定的，对时间步长没有任何限制。虽然隐式差分格式在每个时间节点的计算量较大，但它的无条件稳定性还是赢得了更多人的青睐，目前被广泛地应用于油藏数值模拟软件中。通过增加时间步长的方法，可以减小计算量。但是，尽管稳定性对时间步长没有要求，为了获得精度较高的压力解，依然需要限制时间步长大小。

（3）Crank – Nicolson 方程。

若将方程（7.79）中的时间函数 F^m（本书 2.6.3 节引入）用时间节点 $t^{n+\frac{1}{2}}$ 近似值表示，则称方程（7.79）为 Crank – Nicolson 方程。在数学方法中，选择 $t^{n+\frac{1}{2}}$ 时间节点表示方程（7.79）右侧时间项为二阶近似处理。在工程方法中，时间函数 F^m 可用 $F^m \cong F^{n+\frac{1}{2}} = \frac{1}{2}(F^n + F^{n+1})$ 进行估算。因此，方程（7.79）可以改写为：

$$\frac{1}{2}\sum_{l\in\psi_n} T_{l,n}^n \left[(p_l^n - p_n^n) - \gamma_{l,n}^n(Z_l - Z_n) \right]$$
$$+ \frac{1}{2}\sum_{l\in\psi_n} T_{l,n}^{n+1} \left[(p_l^{n+1} - p_n^{n+1}) - \gamma_{l,n}^n(Z_l - Z_n) \right] + \frac{1}{2}\left(\sum_{l\in\xi_n} q_{sc_{l,n}}^n + \sum_{l\in\xi_n} q_{sc_{l,n}}^{n+1} \right)$$
$$+ \frac{1}{2}(q_{sc_n}^n + q_{sc_n}^{n+1}) \cong \frac{V_{b_n}\phi^\circ{}_n(c + c_\phi)}{\alpha_c B^\circ \Delta t}\left[p_n^{n+1} - p_n^n \right] \tag{7.82a}$$

将方程（7.82a）写成方程（7.81a）的形式：

$$\sum_{l\in\psi_n} T_{l,n}^{n+1}\left[(p_l^{n+1} - p_n^{n+1}) - \gamma_{l,n}^n(Z_l - Z_n) \right]$$
$$+ \sum_{l\in\xi_n} q_{sc_{l,n}}^{n+1} + q_{sc_n}^{n+1} \cong \frac{V_{b_n}\phi^\circ{}_n(c + c_\phi)}{\alpha_c B^\circ (\Delta t/2)}\left[p_n^{n+1} - p_n^n \right]$$
$$- \left\{ \sum_{l\in\psi_n} T_{l,n}^n\left[(p_l^n - p_n^n) - \gamma_{l,n}^n(Z_l - Z_n) \right] + \sum_{l\in\xi_n} q_{sc_{l,n}}^n + q_{sc_n}^n \right\} \tag{7.82b}$$

与隐式差分方程的求解方法相同，求解 $n+1$ 时刻的压力，必须联立求解油藏中所有网格在 n 时刻的流动方程组。Crank – Nicolson 方程也是无条件稳定的，时间步长仅受求解精度的限制。与隐式差分方程相比，Crank – Nicolson 公式的优势在于，当求解精度相同时，Crank – Nicolson 的时间步长更长；而在相同的步长条件下，Crank – Nicolson 方程能够提供更精确的压力解（Hoffman，1992）。精度更高并不是因为计算量更大，两种方法的计算量相当，因为方程（7.82b）中等式右侧括号 ｛｝ 内部分会在每一个时间节点最后计算。但是，对于某些问题，Crank – Nicolson 方程的数值解可能会出现过冲和振荡。这种振荡不是源于不稳定性，而是 Crank – Nicolson 方程的固有特性（Hoffman, 1992）。在定压力梯度边界条件下，Crank – Nicolson 方程更容易出现上述问题。由于这个缺点，现有油藏数值模拟软件很少使用这种方法（Keast and Mitchell, 1966）。

7.3.2.2 压力场求解算法

微可压缩流体的流动问题的压力场是随时间变化的，因此压力解是非稳态的。首先，为初始时刻 $t_0 = 0$ 时油藏所有网格的压力赋值（$p_n^0, n = 1,2,3,\cdots,N$）。在原始地层压力条件下，油藏保持水动力平衡，这时只需为油藏内某一网格的压力赋值，其他网格的初始压力可根据静水压力计算。然后，根据时间步长（Δt_1, Δt_2, Δt_3, Δt_4, $\cdots$）逐步求解离散时间点（t_1, t_2, t_3, t_4, $\cdots$）的油藏压力场。具体步骤为：先根据初始时刻 t_0 的压力场计算 $t_1 = t_0 + \Delta t_1$ 时刻的压力场，再根据 t_1 时刻的压力场计算 $t_2 = t_1 + \Delta t_2$ 时刻的压力场，再根据 t_2 时刻的压力场计算 $t_3 = t_2 + \Delta t_3$ 时刻的压力场，重复上述过程直到时间达到设置的模拟时间。为了求得 t^{n+1} 时刻的压力场，必须写出每个网格的流动差分方程，代入 t^n 时刻的压力场，联立线性方程组求解。

对于显式差分方程，每一时间节点的计算过程如下：

（1）根据上一时间节点时所有油藏网格的压力值，计算所有网格之间的传导率和 $p_n^{n+1} - p_n^n$ 项的系数；

（2）用第 6 章介绍的方法，估算 n 时刻每个井网格的产量；

（3）用第 4 章或第 5 章中介绍的方法，估算 n 时刻每一口虚拟井的流量（或写出流量方程），即估算 n 时刻边界条件产生的流体交换量；

（4）对油藏中的每一个网格点（或网格块），确定其相邻网格集合 ψ_n 和网格所在油藏边界集合 ξ_n，展开流动方程［方程（7.80）］中的求和项，并代入步骤（2）和步骤（3）中得到的井网格的产量和虚拟井流量；

（5）由于显式差分方程中仅含有一个未知压力项，只需逐个求解每一个网格点（或网格块）的流动方程中的唯一未知项；

（6）进行质量守恒检验。

对于隐式差分方程和 Crank – Nicolson 方程，每个时间节点的计算过程如下：

（1）根据上一时间节点时所有油藏网格的压力值，计算所有网格之间的传导率和 $p_n^{n+1} - p_n^n$ 项的系数；

（2）用第 6 章介绍的方法，估算 $n + 1$ 时刻每个井网格的产量；

（3）用第 4 章或第 5 章中介绍的方法，估算 $n + 1$ 时刻每一口虚拟井的流量（或写出流量方程），即估算 $n + 1$ 时刻边界条件产生的流体交换量；

（4）对油藏中的每一个网格点（或网格块），确定其相邻网格集合 ψ_n 和网格所在油藏边界集合 ξ_n，展开流动方程［方程（7.80）］中的求和项，并代入步骤（2）和步骤（3）中得到的井网格的产量和虚拟井流量；

（5）对每个流动方程进行化简和排序，将未知的压力项（$n + 1$ 时刻）放在等式的左侧，将已知量放在等式的右侧；

（6）使用线性方程求解器（如第 9 章中介绍的求解器）求解方程组中的未知压力（$n +$

1 时刻）；

（7）必要时，用步骤（2）和步骤（3）中得到的流速方程（$n+1$ 时刻）估算井网格和虚拟井的产量；

（8）进行质量守恒检验。

7.3.2.3　质量守恒检验

微可压缩流体的流动问题，通常需要进行两次质量守恒检验。第一个称为质量增量守恒检验（I_{MB}），用于检查单个时间步长内的质量守恒。第二个称为质量累积守恒检验（C_{MB}），用于检查从初始条件到当前时间步长的质量守恒。由于后者（C_{MB}）趋向于消除所有先前时间步长中的误差，因此，它不如前者（I_{MB}）准确。在油藏数值模拟中，质量守恒检验指的是油藏内部的质量变化与流入和流出油藏边界（包括井）的累积质量之比。如果油藏网格采用自然排序法标记，流动方程采用隐式差分格式，那么质量守恒检验方程可以写为：

$$I_{MB} = \frac{\sum\limits_{n=1}^{N} \frac{V_{b_n}}{\alpha_c \Delta t} \left[\left(\frac{\phi}{B}\right)_n^{n+1} - \left(\frac{\phi}{B}\right)_n^{n} \right]}{\sum\limits_{n=1}^{N} \left(q_{sc_n}^{n+1} + \sum\limits_{l \in \xi_n} q_{sc_{l,n}}^{n+1} \right)} \tag{7.83}$$

和

$$C_{MB} = \frac{\sum\limits_{n=1}^{N} \frac{V_{b_n}}{\alpha_c} \left[\left(\frac{\phi}{B}\right)_n^{n+1} - \left(\frac{\phi}{B}\right)_n^{0} \right]}{\sum\limits_{m=1}^{n+1} \Delta t_m \sum\limits_{n=1}^{N} \left(q_{sc_n}^{m} + \sum\limits_{l \in \xi_n} q_{sc_{l,n}}^{m} \right)} \tag{7.84}$$

其中，N 为油藏中的网格总数；下标 n 表示网格编号；上标 n 表示上一时间节点。对于所有不含井的油藏网格，方程（7.83）和方程（7.84）中的产油量（或注入量）均为 0。方程（7.11）表示岩石孔隙度与压力的关系，方程（7.6）为微可压缩流体的体积系数（FVF）与压力的关系，将方程（7.78）代入方程（7.83）和方程（7.84）中，微可压缩流体的质量守恒检验方程可化简为：

$$I_{MB} = \frac{\sum\limits_{n=1}^{N} \frac{V_{b_n} \phi^{\circ}{}_n (c + c_{\phi})}{\alpha_c B^{\circ} \Delta t} (p_n^{n+1} - p_n^{n})}{\sum\limits_{n=1}^{N} \left(q_{sc_n}^{n+1} + \sum\limits_{l \in \xi_n} q_{sc_{l,n}}^{n+1} \right)} \tag{7.85}$$

和

$$C_{MB} = \frac{\sum\limits_{n=1}^{N} \frac{V_{b_n} \phi^{\circ}{}_n (c + c_{\phi})}{\alpha_c B^{\circ}} [p_n^{n+1} - p_n^{0}]}{\sum\limits_{m=1}^{n+1} \Delta t_m \sum\limits_{n=1}^{N} \left(q_{sc_n}^{m} + \sum\limits_{l \in \xi_n} q_{sc_{l,n}}^{m} \right)} \tag{7.86}$$

方程（7.85）和方程（7.86）分母的括号中的第二项表示油藏边界上的流量。I_{MB} 和 C_{MB} 的数值都应接近于 1，一般认为，手持计算器的误差允许范围为 0.995 ~ 1.005，数值模拟器的误差允许范围为 0.999995 ~ 1.000005。

写出每个油藏网格的隐式差分流动方程（7.81a）（$n = 1, 2, 3, \cdots, N$），然后将 N 个方程累加，便得到 $n+1$ 时刻的质量增量守恒检验方程（7.85）。计算过程如下：

$$\sum_{n=1}^{N} \left\{ \sum_{l \in \psi_n} T_{l,n}^{n+1} [(p_l^{n+1} - p_n^{n+1}) - \gamma_{l,n}^n (Z_l - Z_n)] \right\} + \sum_{n=1}^{N} \left(\sum_{l \in \xi_n} q_{\text{sc}_{l,n}}^{n+1} + q_{\text{sc}_n}^{n+1} \right)$$

$$= \sum_{n=1}^{N} \frac{V_{b_n} \phi^\circ{}_n (c + c_\phi)}{\alpha_c B^\circ \Delta t} [p_n^{n+1} - p_n^n] \tag{7.87}$$

方程（7.87）左侧第一项表示所有油藏网格之间的流体交换，总和为零；左侧第二项表示油藏中所有的生产井（注入井）产量 $\sum_{n=1}^{N} q_{\text{sc}_n}^{n+1}$ 和所有油藏边界的流量 $\sum_{n=1}^{N} \sum_{l \in \xi_n} q_{\text{sc}_{l,n}}^{n+1}$ 之和。方程（7.87）右侧项表示所有油藏网格的累积项之和。因此，方程（7.87）可化简为：

$$\sum_{n=1}^{N} \left(\sum_{l \in \xi_n} q_{\text{sc}_{l,n}}^{n+1} + q_{\text{sc}_n}^{n+1} \right) = \sum_{n=1}^{N} \frac{V_{b_n} \phi^\circ{}_n (c + c_\phi)}{\alpha_c B^\circ \Delta t} [p_n^{n+1} - p_n^n] \tag{7.88}$$

方程两边同除以等式左侧项，可得：

$$1 = \frac{\displaystyle\sum_{n=1}^{N} \frac{V_{b_n} \phi^\circ{}_n (c + c_\phi)}{\alpha_c B^\circ \Delta t} [p_n^{n+1} - p_n^n]}{\displaystyle\sum_{n=1}^{N} \left(q_{\text{sc}_n}^{n+1} + \sum_{l \in \xi_n} q_{\text{sc}_{l,n}}^{n+1} \right)} \tag{7.89}$$

对比方程（7.85）和方程（7.89）发现，I_{MB} 必须等于或接近于 1 才能保持物质平衡。如果流动方程为显式差分格式，则方程（7.88）中分母更换为 $\sum_{n=1}^{N} \left(q_{\text{sc}_n}^{n} + \sum_{l \in \xi_n} q_{\text{sc}_{l,n}}^{n} \right)$；如果流动方程为 Crank Nicolson 方程，则方程（7.88）中的分母更换为 $\sum_{n=1}^{N} \left[\frac{1}{2} (q_{\text{sc}_n}^{n+1} + q_{\text{sc}_n}^{n}) + \sum_{l \in \xi_n} \frac{1}{2} (q_{\text{sc}_n}^{n+1} + q_{\text{sc}_{l,n}}^{n}) \right]$。写出每个时间节点（$m = 1, 2, 3, \cdots, n+1$）的质量增量守恒方程（7.88），将式（7.88）中的 Δt 替换为 $\Delta t_m = t^{m+1} - t^m$，然后所有方程累加，便得到质量累积守恒方程。

例 7.9 和例 7.10 都应用了本章介绍的压力场求解算法，利用已知时间节点压力场求解下一个未知时间节点的压力场。不同的是，例 7.9 为一个块中心网格油藏，而例 7.10 为一个点中心网格油藏。例 7.11 为一维非均质油藏流动模拟问题。例 7.12 为单井油藏模型压力场求解问题。

例 7.9 如图 7.10 所示，一个一维单相流动油藏被划分成四个相等网格。该储层是水平的，具有均质和各向同性的岩石特性，$K = 270\text{mD}$，$\phi = 0.27$ 和 $c_\phi = 1 \times 10^{-6}\ \text{psi}^{-1}$。原始油藏压力为 4000psia。网格尺寸为 $\Delta x = 300\text{ft}$，$\Delta y = 350\text{ft}$ 和 $h = 40\text{ft}$。储层流体性质为 $B = B^\circ = 1\text{bbl/bbl}$，$\rho = 50\text{lb/ft}^3$，$\mu = 0.5\text{mPa} \cdot \text{s}$ 和 $c = 1 \times 10^{-5}\ \text{psi}^{-1}$。储层左边界保持 4000psia 的恒定压力，右边界为封闭边界。在网格 4 的中心布置一口 7in 的垂直井。该井产量为

600bbl/d，表皮系数为 1.5。本题所有的油藏条件与例 7.1 相同，唯一不同之处为地层流体为微可压缩流体。选择隐式差分格式，时间步长取 1d，计算油藏开井生产 1d 和 2d 后的压力分布，并进行质量守恒检查。

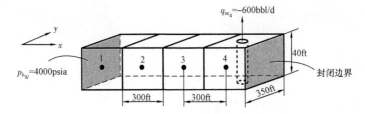

图 7.10　例 7.9 中的一维离散化油藏

求解方法

所有网格的尺寸和岩石属性相同，因此传导率为：

$$T_{1,2} = T_{2,3} = T_{3,4} = T_x = \beta_c \frac{A_x K_x}{\mu B \Delta x} = 0.001127 \times \frac{(350 \times 40) \times 270}{0.5 \times 1 \times 300} = 28.4004 \text{bbl/(d · psi)}$$

累积项的系数为：

$$\frac{V_{b_n} \phi^{\circ}{}_n (c + c_\phi)}{\alpha_c B^{\circ} \Delta t} = \frac{(300 \times 350 \times 40) \times 0.27 \times (1 \times 10^{-5} + 1 \times 10^{-6})}{5.614583 \times 1 \times 1}$$

$$= 2.2217, n = 1,2,3,4$$

油藏中仅有网格 4 含有一口生产井，因此 $q_{sc_4}^{n+1} = -600$ bbl/d，$q_{sc_1}^{n+1} = q_{sc_2}^{n+1} = q_{sc_3}^{n+1} = 0$。

网格 1 左侧为油藏的西边界，保持 4000psia 的恒定压力，可应用方程（4.37c）计算西边界虚拟井的产量 $q_{sc_{bW,1}}^{n+1}$，计算过程如下：

$$q_{sc_{bW,1}}^{n+1} = \left[\beta_c \frac{K_x A_x}{\mu B (\Delta x/2)} \right]_1 \left[(p_{bW} - p_1^{n+1}) - \gamma(Z_{bW} - Z_1) \right]$$

$$= \left[0.001127 \times \frac{270 \times (350 \times 40)}{0.5 \times 1 \times (300/2)} \right] \left[(4000 - p_1^{n+1}) - \gamma \times 0 \right] \quad (7.90)$$

即：

$$q_{sc_{bW,1}}^{n+1} = 56.8008 (4000 - p_1^{n+1}) \quad (7.91)$$

网格 4 右侧为油藏的东边界，东边界为封闭边界，根据方程（4.32）可知，$q_{sc_{bE,4}}^{n+1} = 0$bbl/d。

（1）第一个时间步长计算（$n = 0$，$t_{n+1} = 1$d，$\Delta t = 1$d）。

令 $p_1^n = p_2^n = p_3^n = p_4^n = p_{in} = 4000$ psia。

忽略方程（7.81a）中的重力项，该一维水平油藏网格 n 的基本流动方程如下：

$$\sum_{l \in \psi_n} T_{l,n}^{n+1} (p_l^{n+1} - p_n^{n+1}) + \sum_{l \in \xi_n} q_{\mathrm{sc}_{l,n}}^{n+1} + q_{\mathrm{sc}_n}^{n+1} \cong \frac{V_{\mathrm{b}_n} \phi^{\circ}{}_n (c + c_{\phi})}{\alpha_c B^{\circ} \Delta t} [p_n^{n+1} - p_n^n] \qquad (7.92)$$

对于网格 1，有 $n = 1$，$\psi_1 = \{2\}$，$\xi_1 = \{b_{\mathrm{W}}\}$，那么 $\sum_{l \in \xi_1} q_{\mathrm{sc}_{l,1}}^{n+1} = q_{\mathrm{sc}_{b_{\mathrm{W}},1}}^{n+1}$，方程（7.92）可改写为：

$$T_{1,2} (p_2^{n+1} - p_1^{n+1}) + q_{\mathrm{sc}_{b_{\mathrm{W}},1}}^{n+1} + q_{\mathrm{sc}_1}^{n+1} = \frac{V_{\mathrm{b}_1} \phi^{\circ}{}_1 (c + c_{\phi})}{\alpha_c B^{\circ} \Delta t} [p_1^{n+1} - p_1^n] \qquad (7.93)$$

将其他参数值代入方程（7.93）可得：

$$28.4004 (p_2^{n+1} - p_1^{n+1}) + 56.8008 (4000 - p_1^{n+1}) + 0 = 2.2217 [p_1^{n+1} - 4000]$$

化简后得：

$$-87.4229 p_1^{n+1} + 28.4004 p_2^{n+1} = -236090.06 \qquad (7.94)$$

对于网格 2，有 $n = 2$，$\psi_2 = \{1, 3\}$，$\xi_2 = \{\}$，那么 $\sum_{l \in \xi_2} q_{\mathrm{sc}_{l,2}}^{n+1} = 0$，方程（7.92）可改写为：

$$T_{1,2} (p_1^{n+1} - p_2^{n+1}) + T_{2,3} (p_3^{n+1} - p_2^{n+1}) + 0 + q_{\mathrm{sc}_2}^{n+1} = \frac{V_{\mathrm{b}_2} \phi^{\circ}{}_2 (c + c_{\phi})}{\alpha_c B^{\circ} \Delta t} [p_2^{n+1} - p_2^n] \quad (7.95)$$

将其他参数值代入方程（7.95）可得：

$$28.4004 (p_1^{n+1} - p_2^{n+1}) + 28.4004 (p_3^{n+1} - p_2^{n+1}) + 0 + 0 = 2.2217 [p_2^{n+1} - 4000]$$

化简后得：

$$28.4004 p_1^{n+1} - 59.0225 p_2^{n+1} + 28.4004 p_3^{n+1} = -8886.86 \qquad (7.96)$$

对于网格 3，有 $n = 3$，$\psi_3 = \{2, 4\}$，$\xi_3 = \{\}$，那么 $\sum_{l \in \xi_3} q_{\mathrm{sc}_{l,3}}^{n+1} = 0$，方程（7.92）可改写为：

$$T_{2,3} (p_2^{n+1} - p_3^{n+1}) + T_{3,4} (p_4^{n+1} - p_3^{n+1}) + 0 + q_{\mathrm{sc}_3}^{n+1} = \frac{V_{\mathrm{b}_3} \phi^{\circ}{}_3 (c + c_{\phi})}{\alpha_c B^{\circ} \Delta t} [p_3^{n+1} - p_3^n] \quad (7.97)$$

将其他参数值代入方程（7.97）可得：

$$28.4004 (p_2^{n+1} - p_3^{n+1}) + 28.4004 (p_4^{n+1} - p_3^{n+1}) + 0 + 0 = 2.2217 [p_3^{n+1} - 4000]$$

化简后得：

$$28.4004 p_2^{n+1} - 59.0225 p_3^{n+1} + 28.4004 p_4^{n+1} = -8886.86 \qquad (7.98)$$

对于网格 4，有 $n = 4$，$\psi_4 = \{3\}$，$\xi_4 = \{b_{\mathrm{E}}\}$，那么 $\sum_{l \in \xi_4} q_{\mathrm{sc}_{l,4}}^{n+1} = q_{\mathrm{sc}_{b_{\mathrm{E}},4}}^{n+1}$，方程（7.92）可改写为：

$$T_{3,4}(p_3^{n+1} - p_4^{n+1}) + q_{sc_{b_E,4}}^{n+1} + q_{sc_4}^{n+1} = \frac{V_{b_4}\phi^{\circ}{}_4(c + c_{\phi})}{\alpha_c B^{\circ}\Delta t}[p_4^{n+1} - p_4^n] \tag{7.99}$$

将其他参数值代入方程（7.99）可得：

$$28.4004(p_3^{n+1} - p_4^{n+1}) + 0 - 600 = 2.2217[p_4^{n+1} - 4000]$$

化简后得：

$$28.4004 p_3^{n+1} - 30.6221 p_4^{n+1} = -8286.86 \tag{7.100}$$

联立方程（7.94），方程（7.96），方程（7.98），方程（7.100），求解未知压力项，可得 $p_1^{n+1} = 3993.75\text{psia}$，$p_2^{n+1} = 3980.75\text{psia}$，$p_3^{n+1} = 3966.24\text{psia}$，$p_4^{n+1} = 3949.10\text{psia}$。

然后根据方程（7.91）计算油藏左边界的虚拟井流量 $q_{sc_{b_W,1}}^{n+1}$，计算过程如下：

$$q_{sc_{b_W,1}}^{n+1} = 56.8008(4000 - p_1^{n+1}) = 56.8008(4000 - 3993.75)$$

$$= 355.005\text{bbl/d}$$

最后根据方程（7.85）进行质量守恒检查，计算过程如下：

$$I_{MB} = \frac{\sum\limits_{n=1}^{N} \frac{V_{b_n}\phi_n^0(c + c_{\phi})}{\alpha_c B^{\circ}\Delta t}[p_n^{n+1} - p_n^n]}{\sum\limits_{n=1}^{N}\left(q_{sc_n}^{n+1} + \sum\limits_{l \in \xi_n} q_{sc_{l,n}}^{n+1}\right)} = \frac{\frac{V_b\phi^{\circ}(c + c_{\phi})}{\alpha_c B^{\circ}\Delta t}\sum\limits_{n=1}^{4}[p_n^{n+1} - p_n^n]}{\sum\limits_{n=1}^{4} q_{sc_n}^{n+1} + \sum\limits_{n=1}^{4}\sum\limits_{l \in \xi_n} q_{sc_{l,n}}^{n+1}}$$

$$= \frac{2.2217[(3993.75 - 4000) + (3980.75 - 4000) + (3966.24 - 4000) + (3949.10 - 4000)]}{[0 + 0 + 0 - 600] + [355.005 + 0 + 0 + 0]}$$

$$= \frac{-2.2217 \times 110.16}{-244.995} = 0.99897$$

综上，计算过程满足质量守恒定律。

（2）第二个时间步长计算（$n = 1$，$t_{n+1} = 2\text{d}$，$\Delta t = 1\text{d}$）。

令 $p_1^n = 3993.75\text{psia}$，$p_2^n = 3980.75\text{psia}$，$p_3^n = 3966.24\text{psia}$，$p_4^n = 3949.10\text{psia}$。因为 Δt 为定值，第二个时间步长和后续时间步长计算过程中，每个网格的流动方程和第一个时间步长计算过程中的流动方程是十分类似的，唯一不同之处在于方程中的 p_n^n 替换为前一时间步长的计算结果。例如，本时间步长中，将 3993.75、3980.75、3966.24 和 3949.10 分别代入方程（7.93）、方程（7.95）、方程（7.97）和方程（7.99）右侧 p_n^n 项。

对于网格 1，有：

$$28.4004(p_2^{n+1} - p_1^{n+1}) + 56.8008(4000 - p_1^{n+1}) + 0 = 2.2217[p_1^{n+1} - 3993.75]$$

代入其他参数，化简后得：

$$-87.4229 p_1^{n+1} + 28.4004 p_2^{n+1} = -236076.16 \tag{7.101}$$

对于网格 2，有：

$$28.4004(p_1^{n+1} - p_2^{n+1}) + 28.4004(p_3^{n+1} - p_2^{n+1}) + 0 + 0$$
$$= 2.2217[p_2^{n+1} - 3980.75]$$

代入其他参数，化简后得：

$$28.4004p_1^{n+1} - 59.0225p_2^{n+1} + 28.4004p_3^{n+1} = -8844.08 \qquad (7.102)$$

对于网格 3，有：

$$28.4004(p_2^{n+1} - p_3^{n+1}) + 28.4004(p_4^{n+1} - p_3^{n+1}) + 0 + 0$$
$$= 2.2217[p_3^{n+1} - 3966.24]$$

代入其他参数，化简后得：

$$28.4004p_2^{n+1} - 59.0225p_3^{n+1} + 28.4004p_4^{n+1} = -8811.86 \qquad (7.103)$$

对于网格 4，有：

$$28.4004(p_3^{n+1} - p_4^{n+1}) + 0 - 600 = 2.2217[p_4^{n+1} - 3949.10]$$

代入其他参数，化简后得：

$$28.4004p_3^{n+1} - 30.6221p_4^{n+1} = -8173.77 \qquad (7.104)$$

联立方程（7.101）至方程（7.104），求解未知压力项，可得 $p_1^{n+1} = 3990.95\text{psia}$，$p_2^{n+1} = 3972.64\text{psia}$，$p_3^{n+1} = 3953.70\text{psia}$，$p_4^{n+1} = 3933.77\text{psia}$。

然后根据方程（7.91）计算油藏左边界的虚拟井流量 $q_{\text{sc}_{b_W},1}^{n+1}$，计算过程如下：

$$q_{\text{sc}_{b_W},1}^{n+1} = 56.8008(4000 - p_1^{n+1}) = 56.8008(4000 - 3990.95)$$

$$= 514.047\text{bbl/d}$$

最后，根据方程（7.85）进行质量守恒检查，计算过程如下：

$$I_{\text{MB}} = \frac{\dfrac{V_b \phi^{\circ}(c + c_{\phi})}{\alpha_c B^{\circ} \Delta t} \sum_{n=1}^{4} \left[p_n^{n+1} - p_n^{n} \right]}{\sum_{n=1}^{4} q_{\text{sc}_n}^{n+1} + \sum_{n=1}^{4} \sum_{l \in \xi_n} q_{\text{sc}_{l,n}}^{n+1}}$$

$$= \frac{\begin{aligned}\{2.2217[(3990.95 - 3993.75) + (3972.64 - 3980.75) \\ + (3953.70 - 3966.24) + (3933.77 - 3949.10)]\}\end{aligned}}{[0 + 0 + 0 - 600] + [514.047 + 0 + 0 + 0]}$$

$$= \frac{-2.2217 \times 38.78}{-85.953} = 1.00238$$

综上，计算过程满足质量守恒定律。

例7.10 如图7.11所示，一个一维单相流动油藏被划分成五个等距网格点。该油藏沿 x 方向长度为1200ft，$\Delta y = 350$ft 和 $h = 40$ft。该储层是水平的，具有均质和各向同性的岩石特性，$K = 270$mD，$\phi = 0.27$ 和 $c_\phi = 1 \times 10^{-6}$psi^{-1}。原始油藏压力为4000psia。储层流体性质为 $B = B^\circ = 1$bbl/bbl，$\rho = 50$lb/ft^3，$\mu = 0.5$mPa·s 和 $c = 1 \times 10^{-5}$psi^{-1}。储层左边界保持4000psia的恒定压力，右边界为封闭边界。在网格点4的中心布置一口7in的垂直井。该井产量为600bbl/d，表皮系数为1.5。选择隐式差分格式，时间步长取1d，计算油藏开井生产1d和2d后的压力分布，并进行质量守恒检查。

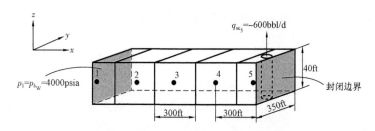

图7.11 例7.10中的一维离散化油藏

求解方法

该油藏沿 x 方向划分成五个等距网格点，网格点数 $n_x = 5$。各网格点间距 $\Delta x_{i+\frac{1}{2}} = 1200/(5-1) = 300$ft（$i = 1, 2, 3, 4$）。因此，$x$ 方向的网格尺寸为 $\Delta x_1 = \Delta x_5 = 300/2 = 150$ft，$\Delta x_2 = \Delta x_3 = \Delta x_4 = 300$ft。所有网格点代表的网格的岩石属性相同，因此传导率为：

$$T_{1,2} = T_{2,3} = T_{3,4} = T_x = \beta_c \frac{A_x K_x}{\mu B \Delta x_{i+\frac{1}{2}}} = 0.001127 \times \frac{(350 \times 40) \times 270}{0.5 \times 1 \times 300} = 28.4004 \text{bbl/(d·psi)}$$

累积项系数为：

$$\frac{V_{b_n} \phi^\circ{}_n (c + c_\phi)}{\alpha_c B^\circ \Delta t} = \frac{(300 \times 350 \times 40) \times 0.27 \times (1 \times 10^{-5} + 1 \times 10^{-6})}{5.614583 \times 1 \times 1}$$

$$= 2.2217, n = 2,3,4$$

和

$$\frac{V_{b_n} \phi^\circ{}_n (c + c_\phi)}{\alpha_c B^\circ \Delta t} = \frac{(150 \times 350 \times 40) \times 0.27 \times (1 \times 10^{-5} + 1 \times 10^{-6})}{5.614583 \times 1 \times 1}$$

$$= 1.11085, n = 1,5$$

油藏中仅有网格点5含有一口生产井，因此 $q_{sc_5}^{n+1} = -600$ bbl/d，$q_{sc_1}^{n+1} = q_{sc_2}^{n+1} = q_{sc_3}^{n+1} = q_{sc_4}^{n+1} = 0$。

网格点1位于油藏的西边界，保持4000psia的恒定压力，因此：

$$p_1^{n+1} = p_{b_W} = 4000 \text{psia} \tag{7.105}$$

可应用方程（5.46c）计算西边界虚拟井的产量 $q_{sc_{b_{W,1}}}^{n+1}$，计算过程如下：

$$q_{sc_{b_W},1}^{n+1} = \left[\beta_c \frac{K_x A_x}{\mu B \Delta x} \right]_{1,2} \left[(p_{b_W} - p_2^{n+1}) - \gamma(Z_{b_W} - Z_2) \right]$$

$$= \left[0.001127 \times \frac{270 \times (350 \times 40)}{0.5 \times 1 \times 300} \right] \left[(4000 - p_2^{n+1}) - \gamma \times 0 \right] \qquad (7.106)$$

即：

$$q_{sc_{b_W},1}^{n+1} = 28.4004(4000 - p_2^{n+1}) \qquad (7.107)$$

网格点 5 位于油藏的东边界，东边界为封闭边界，根据方程（5.40）可知，$q_{sc_{b_E},5}^{n+1} = 0$ bbl/d。

（1）第一个时间步长计算（$n = 0$，$t_{n+1} = 1$d，$\Delta t = 1$d）。

令 $p_1^n = p_2^n = p_3^n = p_4^n = p_5^n = p_{in} = 4000$ psia。

忽略方程（7.81a）中的重力项，该一维水平油藏网格点 n 的基本流动方程如下：

$$\sum_{l \in \psi_n} T_{l,n}^{n+1}(p_l^{n+1} - p_n^{n+1}) + \sum_{l \in \xi_n} q_{sc_{l,n}}^{n+1} + q_{sc_n}^{n+1} \cong \frac{V_{b_n} \phi_n^0 (c + c_\phi)}{\alpha_c B^\circ \Delta t} \left[p_n^{n+1} - p_n^n \right]$$

对于网格点 1，有 $n = 1$，$\psi_1 = \{2\}$，$\xi_1 = \{b_W\}$，那么 $\sum_{l \in \xi_1} q_{sc_{l,1}}^{n+1} = q_{sc_{b_W},1}^{n+1}$，方程（7.92）可改写为：

$$T_{1,2}(p_2^{n+1} - p_1^{n+1}) + q_{sc_{b_W},1}^{n+1} + q_{sc_1}^{n+1} = \frac{V_{b_1} \phi_1^\circ (c + c_\phi)}{\alpha_c B^\circ \Delta t} \left[p_1^{n+1} - p_1^n \right]$$

实际上不需要写出网格点 1 的流动方程，因为网格点 1 的压力是已知的，根据方程（7.105），$p_1^{n+1} = 4000$ psia。但可以根据方程（7.93）计算西边界虚拟井产量 $q_{sc_{b_W},1}^{n+1}$，将其他参数值代入方程（7.93）可得：

$$28.4004(p_2^{n+1} - 4000) + q_{sc_{b_W},1}^{n+1} + 0 = 1.11085[4000 - 4000]$$

方程（7.93）化简后，便得到方程（7.107）。因此得出结论，点中心网格系统定压力边界条件下，边界上的流量不仅可以根据方程（5.46c）求得，也可以写出边界网格点的流动方程，令 $p_{bP}^{n+1} = p_{bP}^n = p_b$ 计算得到。

对于网格点 2，有 $n = 2$，$\psi_2 = \{1, 3\}$，$\xi_2 = \{\}$，那么 $\sum_{l \in \xi_2} q_{sc_{l,2}}^{n+1} = 0$，方程（7.92）可改写为：

$$T_{1,2}(p_1^{n+1} - p_2^{n+1}) + T_{2,3}(p_3^{n+1} - p_2^{n+1})$$

$$+ 0 + q_{sc_2}^{n+1} = \frac{V_{b_2} \phi_2^\circ (c + c_\phi)}{\alpha_c B^\circ \Delta t} \left[p_2^{n+1} - p_2^n \right]$$

将其他参数值代入方程（7.95）可得：

$$28.4004(4000 - p_2^{n+1}) + 28.4004(p_3^{n+1} - p_2^{n+1}) + 0 + 0 = 2.2217[p_2^{n+1} - 4000]$$

化简后得：

$$-59.0225p_2^{n+1} + 28.4004p_3^{n+1} = -122488.46 \qquad (7.108)$$

对于网格点 3，有 $n=3$，$\psi_3 = \{2, 4\}$，$\xi_3 = \{\}$，那么 $\sum\limits_{l \in \xi_3} q_{sc_{l,3}}^{n+1} = 0$，方程（7.92）可改写为：

$$T_{2,3}(p_2^{n+1} - p_3^{n+1}) + T_{3,4}(p_4^{n+1} - p_3^{n+1}) + 0 + q_{sc_3}^{n+1} = \frac{V_{b_3}\phi^{\circ}{}_3(c + c_\phi)}{\alpha_c B^{\circ}\Delta t}[p_3^{n+1} - p_3^n] \quad (7.97)$$

将其他参数值代入方程（7.97）可得：

$$28.4004(p_2^{n+1} - p_3^{n+1}) + 28.4004(p_4^{n+1} - p_3^{n+1}) + 0 + 0 = 2.2217[p_3^{n+1} - 4000]$$

化简后得：

$$28.4004p_2^{n+1} - 59.0225p_3^{n+1} + 28.4004p_4^{n+1} = -8886.86$$

对于网格点 4，有 $n=4$，$\psi_4 = \{3, 5\}$，$\xi_4 = \{\}$，那么 $\sum\limits_{l \in \xi_4} q_{sc_{l,4}}^{n+1} = 0$，方程（7.92）可改写为：

$$T_{3,4}(p_3^{n+1} - p_4^{n+1}) + T_{4,5}(p_5^{n+1} - p_4^{n+1}) + 0 + q_{sc_4}^{n+1} = \frac{V_{b_4}\phi^{\circ}{}_4(c + c_\phi)}{\alpha_c B^{\circ}\Delta t}[p_4^{n+1} - p_4^n] \quad (7.109)$$

将其他参数值代入方程（7.109）可得：

$$28.4004(p_3^{n+1} - p_4^{n+1}) + 28.4004(p_5^{n+1} - p_4^{n+1}) + 0 + 0 = 2.2217[p_4^{n+1} - 4000]$$

化简后得：

$$28.4004p_3^{n+1} - 59.0225p_4^{n+1} + 28.4004p_5^{n+1} = -8886.86 \qquad (7.110)$$

对于网格点 5，有 $n=5$，$\psi_5 = \{4\}$，$\xi_5 = \{b_E\}$，那么 $\sum\limits_{l \in \xi_5} q_{sc_{l,5}}^{n+1} = q_{sc_{b_E,5}}^{n+1}$，方程（7.92）可改写为：

$$T_{4,5}(p_4^{n+1} - p_5^{n+1}) + q_{sc_{b_E,5}}^{n+1} + q_{sc_5}^{n+1} = \frac{V_{b_5}\phi^{\circ}{}_5(c + c_\phi)}{\alpha_c B^{\circ}\Delta t}[p_5^{n+1} - p_5^n] \qquad (7.111)$$

将其他参数值代入方程（7.111）可得：

$$28.4004(p_4^{n+1} - p_5^{n+1}) + 0 - 600 = 1.11085[p_5^{n+1} - 4000]$$

化简后得：

$$28.4004p_4^{n+1} - 29.51125p_5^{n+1} = -3843.4288 \qquad (7.112)$$

联立方程（7.108），方程（7.98），方程（7.110）和方程（7.112），求解未知压力项，可得 $p_2^{n+1} = 3987.49\text{psia}$，$p_3^{n+1} = 3974.00\text{psia}$，$p_4^{n+1} = 3958.48\text{psia}$，$p_5^{n+1} = 3939.72\text{psia}$。

然后根据方程（7.107）计算油藏左边界的虚拟井流量 $q_{sc_{b_W,1}}^{n+1}$，计算过程如下：

$$q_{sc_{b_W,1}}^{n+1} = 28.4004(4000 - p_2^{n+1}) = 28.4004(4000 - 3987.49)$$

$$= 355.289 \text{bbl/d}$$

最后根据方程（7.85）进行质量守恒检查，计算过程如下：

$$I_{MB} = \frac{\sum_{n=1}^{N} \dfrac{V_{b_n}\phi^{\circ}{}_n(c + c_{\phi})}{\alpha_c B^{\circ}\Delta t}[p_n^{n+1} - p_n^{n}]}{\sum_{n=1}^{N}\left(q_{sc_n}^{n+1} + \sum_{l\in\xi_n}q_{sc_{l,n}}^{n+1}\right)} = \frac{\sum_{n=1}^{5} \dfrac{V_{b_n}\phi^{\circ}{}_n(c + c_{\phi})}{\alpha_c B^{\circ}\Delta t}[p_n^{n+1} - p_n^{n}]}{\sum_{n=1}^{5}q_{sc_n}^{n+1} + \sum_{n=1}^{5}\sum_{l\in\xi_n}q_{sc_{l,n}}^{n+1}}$$

$$= \frac{\begin{array}{l}[1.11085 \times (4000 - 4000) + 2.2217 \times (3987.49 - 4000) + 2.2217 \times (3974.00 - 4000) \\ + 2.2217 \times (3958.48 - 4000) + 1.11085 \times (3939.72 - 4000)]\end{array}}{[(0 + 0 + 0 + 0 - 600) + (355.289 + 0 + 0 + 0 + 0)]}$$

$$= \frac{-244.765}{-244.711} = 1.00022$$

综上，计算过程满足质量守恒定律。

（2）第二个时间步长计算（$n = 1$，$t_{n+1} = 2\text{d}$，$\Delta t = 1\text{d}$）。

令，$p_2^n = 3987.49\text{psia}$，$p_3^n = 3974.00\text{psia}$，$p_4^n = 3958.48\text{psia}$，$p_5^n = 3939.72\text{psia}$。注意 $p_1^{n+1} = 4000\text{psia}$。

与例 7.9 相同，因为时间步长 Δt 为定值，第二个时间步长和后续时间步长计算过程中，每个网格点的流动方程和第一个时间步长计算过程中的流动方程是十分类似的，唯一不同之处在于方程中的 p_n^n 替换为上一时间步长的计算结果。例如，本时间步长中，将 3987.49、3974.00、3958.48 和 3939.72 分别代入方程（7.95）、方程（7.97）、方程（7.109）和方程（7.111）右侧 p_n^n 项。

对于网格点 2，有：

$$28.4004(4000 - p_2^{n+1}) + 28.4004(p_3^{n+1} - p_2^{n+1}) + 0 + 0$$

$$= 2.2217[p_2^{n+1} - 3987.49]$$

代入其他参数，化简后得：

$$-59.0225p_2^{n+1} + 28.4004p_3^{n+1} = -122460.667 \tag{7.113}$$

对于网格点 3，有：

$$28.4004(p_2^{n+1} - p_3^{n+1}) + 28.4004(p_4^{n+1} - p_3^{n+1}) + 0 + 0$$

$$= 2.2217[p_3^{n+1} - 3974.00]$$

代入其他参数，化简后得：

$$28.4004p_2^{n+1} - 59.0225p_3^{n+1} + 28.4004p_4^{n+1} = -8829.1026 \tag{7.114}$$

对于网格点 4，有：

$$28.4004(p_3^{n+1} - p_4^{n+1}) + 28.4004(p_5^{n+1} - p_4^{n+1}) + 0 + 0$$

$$= 2.2217[p_4^{n+1} - 3958.48]$$

代入其他参数，化简后得：

$$28.4004p_3^{n+1} - 59.0225p_4^{n+1} + 28.4004p_5^{n+1} = -8794.6200 \tag{7.115}$$

对于网格点 5，有：

$$28.4004(p_4^{n+1} - p_5^{n+1}) + 0 - 600 = 1.11085[p_5^{n+1} - 3939.72]$$

代入其他参数，化简后得：

$$28.4004p_4^{n+1} - 29.51125p_5^{n+1} = -3776.4609 \tag{7.116}$$

联立方程 (7.113)，方程 (7.114)，方程 (7.115) 和方程 (7.116)，求解未知压力项，可得 $p_2^{n+1} = 3981.91\text{psia}$，$p_3^{n+1} = 3963.38\text{psia}$，$p_4^{n+1} = 3944.02\text{psia}$，$p_5^{n+1} = 3923.52\text{psia}$。

然后根据方程 (7.107) 计算油藏左边界的虚拟井流量 $q_{\mathrm{sc}_{b_{\mathrm{W},1}}}^{n+1}$，计算过程如下：

$$q_{\mathrm{sc}_{b_{\mathrm{W},1}}}^{n+1} = 28.4004(4000 - p_2^{n+1}) = 28.4004(4000 - 3981.91)$$

$$= 513.763\text{bbl/d}$$

最后根据方程 (7.85) 进行质量守恒检查，计算过程如下：

$$I_{\mathrm{MB}} = \frac{\displaystyle\sum_{n=1}^{5} \frac{V_{\mathrm{b}_n}\phi^{\circ}{}_n(c + c_\phi)}{\alpha_{\mathrm{c}}B^{\circ}\Delta t}[p_n^{n+1} - p_n^n]}{\displaystyle\sum_{n=1}^{5} q_{\mathrm{sc}_n}^{n+1} + \sum_{n=1}^{5}\sum_{l\in\xi_n} q_{\mathrm{sc}_{l,n}}^{n+1}}$$

$$= \frac{\begin{aligned}&[1.11085 \times (4000 - 4000) + 2.2217 \times (3981.91 - 3987.49)\\ &+ 2.2217 \times (3963.38 - 3974.00) + 2.2217 \times (3944.02 - 3958.48)\\ &+ 1.11085 \times (3923.52 - 3939.72)]\end{aligned}}{[(0 + 0 + 0 + 0 - 600) + (513.763 + 0 + 0 + 0 + 0)]}$$

$$= \frac{-86.103}{-86.237} = 0.99845$$

综上，计算过程满足质量守恒定律。

例 7.11　如图 7.12 所示，一个一维水平非均质油藏被离散成 5 个不规则网格。各个网格的尺寸和岩石性质如图 7.12 中所示。储层流体性质为 $B = B^{\circ} = 1\text{bbl/bbl}$，$\rho = 50\text{lb/ft}^3$，$\mu = 1.5\text{mPa}\cdot\text{s}$ 和 $c = 2.5 \times 10^{-5}\text{ psi}^{-1}$。原始油藏压力为 3000psia。油藏左边界和右边界均为封闭边界。在网格 4 的中心布置一口 6in 的垂直井，该井产量为 400bbl/d，表皮系数为 0。如果生产井无法保持当前产量，则改为定井底流压 (FBHP) 1500psia 生产。选择隐式差分格式，时间步长取 5d，写出油藏开井生产 5d 和 10d 后的压力分布计算过程，列表计算储层压力衰竭之前，储层压力随时间的变化。

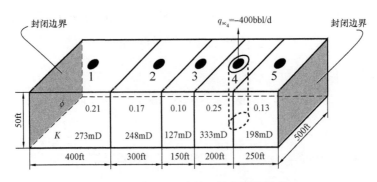

图 7.12　例 7.11 中的一维离散化油藏

求解方法

忽略方程（7.81a）中的重力项，该一维水平油藏网格 n 的基本流动方程如下：

$$\sum_{l \in \psi_n} T_{l,n}^{n+1} (p_l^{n+1} - p_n^{n+1}) + \sum_{l \in \xi_n} q_{sc_{l,n}}^{n+1} + q_{sc_n}^{n+1} \cong \frac{V_{b_n} \phi^{\circ}_n (c + c_\phi)}{\alpha_c B^{\circ} \Delta t} [p_n^{n+1} - p_n^n] \qquad (7.92)$$

因为油藏岩石非均质且网格的尺寸不规则，可根据表 4.1 查找 x 方向各个网格的几何因子，然后根据方程（4.67a）计算网格间的传导率。计算过程如下：

$$T_{n,n\pm1} = T_{x_{i\mp\frac{1}{2}}} = G_{x_{i\mp\frac{1}{2}}} \left(\frac{1}{\mu B}\right)_{x_{i\mp\frac{1}{2}}} = \frac{1}{\mu B} \times \frac{2\beta_c}{\Delta x_i/(A_{x_i} K_{x_i}) + \Delta x_{i\mp1}/(A_{x_{i\mp1}} K_{x_{i\mp1}})} \qquad (7.117)$$

因此：

$$T_{1,2} = \frac{1}{1.5 \times 1} \times \frac{2 \times 0.001127}{400/[(500 \times 50) \times 273] + 300/[(500 \times 50) \times 248]}$$

$$= 14.0442 bbl/(d \cdot psi)$$

采用相同的方法可得，$T_{2,3} = 15.7131 bbl/$（$d \cdot psi$），$T_{3,4} = 21.0847 bbl/$（$d \cdot psi$），$T_{4,5} = 20.1622 bbl/$（$d \cdot psi$）。

$$\frac{V_{b_1} \phi^{\circ}_1 (c + c_\phi)}{\alpha_c B^{\circ} \Delta t} = \frac{(400 \times 500 \times 50) \times 0.21 \times (2.5 \times 10^{-5} + 0)}{5.614583 \times 1 \times 5}$$

$$= 1.87013 bbl/(d \cdot psi)$$

同样地，$\dfrac{V_{b_2} \phi^{\circ}_2 (c + c_\phi)}{\alpha_c B^{\circ} \Delta t} = 1.13544 bbl/$（$d \cdot psi$），$\dfrac{V_{b_3} \phi^{\circ}_3 (c + c_\phi)}{\alpha_c B^{\circ} \Delta t} = 0.333952 bbl/$（$d \cdot psi$），

$\dfrac{V_{b_4} \phi^{\circ}_4 (c + c_\phi)}{\alpha_c B^{\circ} \Delta t} = 1.11317 bbl/$（$d \cdot psi$），$\dfrac{V_{b_5} \phi^{\circ}_5 (c + c_\phi)}{\alpha_c B^{\circ} \Delta t} = 0.723562 bbl/$（$d \cdot psi$）。

油藏中仅有网格 4 含有一口生产井，因此 $q_{sc_4}^{n+1} = -400$ bbl/d，$q_{sc_1}^{n+1} = q_{sc_2}^{n+1} = q_{sc_3}^{n+1} = q_{sc_5}^{n+1} = 0$。油藏左右边界均为封闭边界，因此 $q_{sc_{b_{W,1}}}^{n+1} = 0$，$q_{sc_{b_{E,5}}}^{n+1} = 0$。

当边界无流动时，方程（7.92）可以化简为：

$$\sum_{l \in \psi_n} T_{l,n}^{n+1}(p_l^{n+1} - p_n^{n+1}) + q_{sc_n}^{n+1} \cong \frac{V_{b_n}\phi^{\circ}{}_n(c + c_{\phi})}{\alpha_c B^{\circ} \Delta t}[p_n^{n+1} - p_n^n] \tag{7.118}$$

（1）第一个时间步长计算（$n = 0$，$t_{n+1} = 5\mathrm{d}$，$\Delta t = 5\mathrm{d}$）。

令 $p_1^n = p_2^n = p_3^n = p_4^n = p_5^n = p_{in} = 3000$ psia。

对于网格点 1，有 $n = 1$，$\psi_1 = \{2\}$，那么方程（7.118）可改写为：

$$T_{1,2}(p_2^{n+1} - p_1^{n+1}) + q_{sc_1}^{n+1} = \frac{V_{b_1}\phi^{\circ}{}_1(c + c_{\phi})}{\alpha_c B^{\circ} \Delta t}[p_1^{n+1} - p_1^n] \tag{7.119}$$

将其他参数值代入方程（7.119）可得：

$$14.0442(p_2^{n+1} - p_1^{n+1}) + 0 = 1.87013[p_1^{n+1} - 3000]$$

化简后得：

$$-15.9143p_1^{n+1} + 14.0442p_2^{n+1} = -5610.39 \tag{7.120}$$

对于网格点 2，有 $n = 2$，$\psi_2 = \{1, 3\}$，那么方程（7.118）可改写为：

$$T_{1,2}(p_1^{n+1} - p_2^{n+1}) + T_{2,3}(p_3^{n+1} - p_2^{n+1}) + q_{sc_2}^{n+1} = \frac{V_{b_2}\phi^{\circ}{}_2(c + c_{\phi})}{\alpha_c B^{\circ} \Delta t}[p_2^{n+1} - p_2^n] \tag{7.121}$$

将其他参数值代入方程（7.121）可得：

$$14.0442(p_1^{n+1} - p_2^{n+1}) + 15.7131(p_3^{n+1} - p_2^{n+1}) + 0 = 1.13544[p_2^{n+1} - 3000]$$

化简后得：

$$14.0442p_1^{n+1} - 30.8927p_2^{n+1} + 15.7131p_3^{n+1} = -3406.32 \tag{7.122}$$

对于网格点 3，有 $n = 3$，$\psi_3 = \{2, 4\}$，那么方程（7.118）可改写为：

$$T_{2,3}(p_2^{n+1} - p_3^{n+1}) + T_{3,4}(p_4^{n+1} - p_3^{n+1}) + q_{sc_3}^{n+1} = \frac{V_{b_3}\phi^{\circ}{}_3(c + c_{\phi})}{\alpha_c B^{\circ} \Delta t}[p_3^{n+1} - p_3^n] \tag{7.123}$$

将其他参数值代入方程（7.123）可得：

$$15.7131(p_2^{n+1} - p_3^{n+1}) + 21.0847(p_4^{n+1} - p_3^{n+1}) + 0 = 0.333952[p_3^{n+1} - 3000]$$

化简后得：

$$15.7131p_2^{n+1} - 37.1318p_3^{n+1} + 21.0847p_4^{n+1} = -1001.856 \tag{7.124}$$

对于网格点 4，有 $n = 4$，$\psi_4 = \{3, 5\}$，那么方程（7.118）可改写为：

$$T_{3,4}(p_3^{n+1} - p_4^{n+1}) + T_{4,5}(p_5^{n+1} - p_4^{n+1}) + q_{sc_4}^{n+1} = \frac{V_{b_4}\phi^{\circ}{}_4(c + c_{\phi})}{\alpha_c B^{\circ} \Delta t}[p_4^{n+1} - p_4^n] \tag{7.125}$$

将其他参数值代入方程（7.125）可得：

$$21.0847(p_3^{n+1} - p_4^{n+1}) + 20.1622(p_5^{n+1} - p_4^{n+1}) - 400 = 1.11317[p_4^{n+1} - 3000]$$

化简后得：

$$21.0847p_3^{n+1} - 42.3601p_4^{n+1} + 20.1622p_5^{n+1} = -2939.510 \tag{7.126}$$

对于网格点 5，有 $n = 5$，$\psi_5 = \{4\}$，那么方程（7.118）可改写为：

$$T_{4,5}(p_4^{n+1} - p_5^{n+1}) + q_{sc_5}^{n+1} = \frac{V_{b_5}\phi^\circ_5(c + c_\phi)}{\alpha_c B^\circ \Delta t}[p_5^{n+1} - p_5^n] \tag{7.127}$$

将其他参数值代入方程（7.127）可得：

$$20.1622(p_4^{n+1} - p_5^{n+1}) + 0 = 0.723562[p_5^{n+1} - 3000]$$

化简后得：

$$20.1622p_4^{n+1} - 20.8857p_5^{n+1} = -2170.686 \tag{7.128}$$

联立方程（7.120）、方程（7.122）、方程（7.124）、方程（7.126）和方程（7.128），求解未知压力项，可得 $p_1^{n+1} = 2936.80\text{psia}$，$p_2^{n+1} = 2928.38\text{psia}$，$p_3^{n+1} = 2915.68\text{psia}$，$p_4^{n+1} = 2904.88\text{psia}$，$p_5^{n+1} = 2908.18\text{psia}$。

（2）第二个时间步长计算（$n = 1$，$t_{n+1} = 10\text{d}$，$\Delta t = 5\text{d}$）。

令 $p_1^n = 2936.80\text{psia}$，$p_2^n = 2928.38\text{psia}$，$p_3^n = 2915.68\text{psia}$，$p_4^n = 2904.88\text{psia}$，$p_5^n = 2908.18\text{psia}$。因为时间步长 Δt 为定值，第二个时间步长和后续时间步长计算过程中，每个网格点的流动方程和第一个时间步长计算过程中的流动方程是十分类似的，唯一不同之处在于方程中的 p_n^n 替换为前一时间步长的计算结果。实际上，对于具有封闭边界和定产量生产井的水平油藏流动问题，时间步长设为恒定时，只有第一步长的最终方程右侧项是不相同的。在后续时间步长计算中，网格 n 流动方程右侧项均为 $\left[-q_{sc_n}^{n+1} - \frac{V_{b_n}\phi^\circ_n(c + c_\phi)}{\alpha_c B^\circ \Delta t}p_n^n \right]$。

对于网格 1，有：

$$14.0442(p_2^{n+1} - p_1^{n+1}) + 0 = 1.87013[p_1^{n+1} - 2936.80] \tag{7.129}$$

代入其他参数，化简后得：

$$-15.9143p_1^{n+1} + 14.0442p_2^{n+1} = -5492.20 \tag{7.130}$$

对于网格点 2，有：

$$14.0442(p_1^{n+1} - p_2^{n+1}) + 15.7131(p_3^{n+1} - p_2^{n+1}) + 0$$
$$- 1.13544[p_2^{n+1} - 2928.38] \tag{7.131}$$

代入其他参数，化简后得：

$$14.0442p_1^{n+1} - 30.8927p_2^{n+1} + 15.7131p_3^{n+1} = -3325.00 \tag{7.132}$$

对于网格点 3，有：

$$15.7131(p_2^{n+1} - p_3^{n+1}) + 21.0847(p_4^{n+1} - p_3^{n+1}) + 0$$

$$= 0.333952[p_3^{n+1} - 2915.68] \tag{7.133}$$

代入其他参数，化简后得：

$$15.7131p_2^{n+1} - 37.1318p_3^{n+1} + 21.0847p_4^{n+1} = -973.6972 \tag{7.134}$$

对于网格点 4，有：

$$21.0847(p_3^{n+1} - p_4^{n+1}) + 20.1622(p_5^{n+1} - p_4^{n+1}) - 400 = 1.11317[p_4^{n+1} - 2904.88] \tag{7.135}$$

代入其他参数，化简后得：

$$21.0847p_3^{n+1} - 42.3601p_4^{n+1} + 20.1622p_5^{n+1} = -2833.63 \tag{7.136}$$

对于网格点 5，有：

$$20.1622(p_4^{n+1} - p_5^{n+1}) + 0 = 0.723562[p_5^{n+1} - 2908.180] \tag{7.137}$$

代入其他参数，化简后得：

$$20.1622p_4^{n+1} - 20.8857p_5^{n+1} = -2104.248 \tag{7.138}$$

联立方程 (7.130)，方程 (7.132)，方程 (7.134)，方程 (7.136) 和方程 (7.138)，求解未知压力项，可得 $p_1^{n+1} = 2861.76 \text{psia}$，$p_2^{n+1} = 2851.77 \text{psia}$，$p_3^{n+1} = 2837.30 \text{psia}$，$p_4^{n+1} = 2825.28 \text{psia}$，$p_5^{n+1} = 2828.15 \text{psia}$。

表 7.1 为各个网格的压力、生产井产量和井底流压随时间的变化。由表 7.1 可知，油藏先以恒定产量生产了 90d，然后由于供液能力不足转为定井底流压生产，压力为 1500psia。油藏压力从初始油藏压力 3000psia 开始逐渐降低，最终降低至 1500psia，压力衰竭，无法生产。表 7.1 中计算网格 4 中生产井井底流压 p_{wf_4} 应用的参数为 $K_H = 333\text{mD}$，$r_e = 75.392\text{ft}$，$G_{\text{w}_4} = 20.652\text{bbl} \cdot \text{mPa} \cdot \text{s} / (\text{d} \cdot \text{psi})$。

表 7.1　例 7.11 中油藏压力、生产井产量和井底流压随时间的变化

时间 (d)	p_1 (psia)	p_2 (psia)	p_3 (psia)	p_4 (psia)	p_5 (psia)	q_{sc_4} (bbl/d)	p_{wf_4} (psia)
0	3000.00	3000.00	3000.00	3000.00	3000.00	0	3000.00
5	2936.80	2928.38	2915.68	2904.88	2908.18	-400.000	2875.83
10	2861.76	2851.77	2837.30	2825.28	2828.15	-400.000	2796.23
15	2784.83	2774.59	2759.86	2747.65	2750.44	-400.000	2718.60
20	2707.61	2697.33	2682.56	2670.32	2673.10	-400.000	2641.27
25	2630.34	2620.06	2605.28	2593.04	2595.81	-400.000	2563.98
30	2553.07	2542.78	2528.00	2515.76	2518.53	-400.000	2486.71
35	2475.79	2465.50	2450.72	2438.48	2441.26	-400.000	2409.43
40	2398.52	2388.23	2373.45	2361.21	2363.98	-400.000	2332.15
45	2321.24	2310.95	2296.17	2283.93	2286.71	-400.000	2254.88

时间 （d）	p_1 （psia）	p_2 （psia）	p_3 （psia）	p_4 （psia）	p_5 （psia）	q_{sc_4} （bbl/d）	p_{wf_4} （psia）
50	2243.97	2233.68	2218.90	2206.66	2209.43	−400.000	2177.60
55	2166.69	2156.4	2141.62	2129.38	2132.15	−400.000	2100.33
60	2089.41	2079.12	2064.34	2052.10	2054.88	−400.000	2023.05
65	2012.14	2001.85	1987.07	1974.83	1977.60	−400.000	1945.78
70	1934.86	1924.57	1909.79	1897.55	1900.33	−400.000	1868.50
75	1857.59	1847.30	1832.52	1820.28	1823.05	−400.000	1791.22
80	1780.31	1770.02	1755.24	1743.00	1745.77	−400.000	1713.95
85	1703.03	1692.74	1677.96	1665.72	1668.50	−400.000	1636.67
90	1625.76	1615.47	1600.69	1588.45	1591.22	−400.000	1559.40
95	1557.58	1548.51	1535.55	1524.87	1527.17	−342.399	1500.00
100	1524.61	1520.22	1514.26	1509.47	1510.08	−130.389	1500.00
105	1510.35	1508.46	1505.91	1503.88	1504.09	−53.378	1500.00
110	1504.34	1503.54	1502.47	1501.61	1501.70	−22.229	1500.00
115	1501.82	1501.48	1501.03	1500.68	1500.71	−9.294	1500.00
120	1500.76	1500.62	1500.43	1500.28	1500.30	−3.890	1500.00
125	1500.32	1500.26	1500.18	1500.12	1500.12	−1.628	1500.00
130	1500.13	1500.11	1500.08	1500.05	1500.05	−0.682	1500.00
135	1500.06	1500.05	1500.03	1500.02	1500.02	−0.285	1500.00

例 7.12 如图 7.13 所示，面积为 20acre 圆形地层中心有一口直径为 0.5in 的生产井，裸眼完井，井产量为 2000bbl/d。油藏厚度为 30ft，水平渗透率为 150mD，孔隙度为 0.23；储层流体体积系数为 1bbl/bbl，压缩系数为 1×10^{-5} psi^{-1}，黏度为 0.5mPa·s。油藏外边界为封闭边界；原始油藏压力为 4000psia；将油藏沿着径向划分为 5 个网格，写出生产 1d 和 3d 后油藏压力场分布，请按照时间顺序，逐步求解油藏压力场，并进行质量守恒检查。

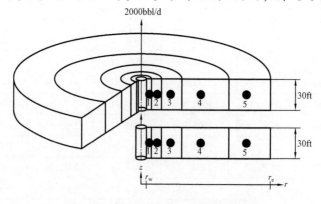

图 7.13　例 7.12 中的一维离散化油藏

求解方法

首先根据井距计算油藏半径 $r_e = (20 \times 43560/\pi)^{\frac{1}{2}} = 526.6040 \, \text{ft}$。

网格 1 中生产井井筒半径为 $r_w = 0.25 \, \text{ft}$。

根据方程（4.86）可得 $\alpha_{lg} = (526.6040/0.25)^{\frac{1}{5}} = 4.6207112$。

根据方程（4.87）计算网格 1 半径，计算过程如下：

$$r_1 = \left[(4.6207112)\ln(4.6207112)/(426207112 - 1) \right] \times 0.25 = 0.4883173 \, \text{ft}$$

根据方程（4.122）计算网格 2，3，4，5 半径，过程如下：

$$r_i = (4.6207112)^{(i-1)}(0.4883173) \tag{7.139}$$

其中，$i = 2$，3，4，5。计算结果为 $r_2 = 2.2564 \, \text{ft}$，$r_3 = 10.4260 \, \text{ft}$，$r_4 = 48.1758 \, \text{ft}$，$r_5 = 222.6063 \, \text{ft}$。

根据方程（4.88b）计算网格体积，过程如下：

$$V_{b_i} = \left\{ (4.6207112^2 - 1)^2 / [4.6207112^2 \ln(4.6207112^2)] \right\} r_i^2 \left(\frac{1}{2} \times 2\pi \right) \times 30$$

$$= (597.2369) r_i^2 \tag{7.140a}$$

表 7.2　各个网格的体积和累积项系数

n	i	r_i (ft)	V_{bn} (ft³)	$\dfrac{V_{b_n}\phi^\circ_n(c + c_\phi)}{\alpha_c B^\circ \Delta t_n}$	
				$\Delta t_1 = 1 \text{d}$	$\Delta t_2 = 2 \text{d}$
1	1	0.4883	142.41339	58.339292×10^{-6}	29.169646×10^{-6}
2	2	2.2564	3040.6644	0.00124560063	$0.62280032 \times 10^{-3}$
3	3	10.4260	64921.142	0.026594785	0.013297
4	4	48.1758	1386129.5	0.56782451	0.283912
5	5	222.6063	24681778	10.110829	5.055415

其中，$i = 1$，2，3，4，当 $i = 5$ 时，方程（4.88b）变为：

$$V_{b_5} = \left\{ 1 - [\ln(4.6207112)/(4.6207112 - 1)]^2 [4.6207112^2 - 1] \right/$$

$$[(4.6207112)^2 \ln(4.6207112^2)] \right\} (526.6040)^2 \left(\frac{1}{2} \times 2\pi \right) \times 30$$

$$= 0.24681778 \times 10^8 \tag{7.140b}$$

网格体积的计算结果见表 7.2。

根据方程（4.79a）计算 r 方向的传导率，方程如下：

$$T_{r_{i \mp \frac{1}{2}}} = G_{r_{i \mp \frac{1}{2}}} \left(\frac{1}{\mu B} \right) = G_{r_{i \mp \frac{1}{2}}} \left(\frac{1}{0.5 \times 1} \right) = (2) G_{r_{i \mp \frac{1}{2}}} \tag{7.141}$$

其中，$G_{r_{i\mp\frac{1}{2}}}$ 可根据表4.3查得。当径向渗透率恒定、$\Delta\theta = 2\pi$ 时，可根据式（7.142）计算几何因子：

$$G_{r_{i\mp\frac{1}{2}}} = \frac{2\pi\beta_c K_r \Delta z}{\ln\{[\alpha_{\lg}\ln(\alpha_{\lg})/(\alpha_{\lg}-1)] \times [(\alpha_{\lg}-1)/\ln(\alpha_{\lg})]\}}$$

$$= \frac{2\pi\beta_c K_r \Delta z}{\ln(\alpha_{\lg})} = \frac{2\pi(0.001127)(150)(30)}{\ln(4.6207112)} = 20.819446 \tag{7.142}$$

式中，$i = 1, 2, 3, 4, 5$。

因此，将方程（7.142）代入方程（7.141），得到 r 方向传导率的计算式，如下：

$$T_{r_{i\mp\frac{1}{2}}} = (2)G_{r_{i\mp\frac{1}{2}}} = (2)(20.819446) = 41.6388914 \tag{7.143}$$

式中，$i = 1, 2, 3, 4, 5$. 传导率的计算结果如下：

$$T_{1,2} = T_{2,3} = T_{3,4} = T_{4,5} = T = 41.6388914\,\text{bbl}/(\text{d}\cdot\text{psi}) \tag{7.144}$$

由图 7.13 可知，网格 2，3，4 为油藏的内部网格，网格 1，5 位于油藏封闭边界上，则 $q_{\text{sc}_{b_{W,1}}}^{n+1} = 0$，$q_{\text{sc}_{b_{E,5}}}^{n+1} = 0$。因此，对于所有的油藏网格，有 $\sum_{l\in\xi_n} q_{\text{sc}_{l,n}}^{n+1} = 0$。仅网格 1 中心含有一口生产井，则 $q_{\text{sc}_1}^{n+1} = -2000\,\text{bbl/d}$，$q_{\text{sc}_2}^{n+1} = q_{\text{sc}_3}^{n+1} = q_{\text{sc}_4}^{n+1} = q_{\text{sc}_5}^{n+1} = 0$。

忽略方程（7.81a）中的重力项，代入方程 $\sum_{l\in\xi_n} q_{\text{sc}_{l,n}}^{n+1} = 0$，得到该一维水平油藏中网格 n 的流动方程如下：

$$\sum_{l\in\psi_n} T_{l,n}^{n+1}(p_l^{n+1} - p_n^{n+1}) + q_{\text{sc}_n}^{n+1} \cong \frac{V_{b_n}\phi^\circ{}_n(c + c_\phi)}{\alpha_c B^\circ \Delta t}[p_n^{n+1} - p_n^n] \tag{7.118}$$

（1）第一个时间步长计算（$n = 0$，$t_{n+1} = 1\text{d}$，$\Delta t = \Delta t_1 = 1\text{d}$）。

令 $p_1^n = p_2^n = p_3^n = p_4^n = p_5^n = p_{\text{in}} = 4000\,\text{psia}$。

$$\frac{V_{b_1}\phi^\circ{}_1(c + c_\phi)}{\alpha_c B^\circ \Delta t_1} = \frac{142.41339 \times 0.23 \times (1\times10^{-5} + 0)}{5.614583 \times 1 \times 1}$$

$$= 58.339292\times10^{-6}\,\text{bbl}/(\text{d}\cdot\text{psi})$$

当 $n = 1, 2, 3, 4, 5$ 时，方程累积项的系数 $\dfrac{V_{b_n}\phi^\circ{}_n(c + c_\phi)}{\alpha_c B^\circ \Delta t_n}$ 的计算结果见表7.2。

对于网格点 1，有 $n = 1$，$\psi_1 = \{2\}$，那么方程（7.118）可改写为：

$$T_{1,2}(p_2^{n+1} - p_1^{n+1}) + q_{\text{sc}_1}^{n+1} = \frac{V_{b_1}\phi^\circ{}_1(c + c_\phi)}{\alpha_c B^\circ \Delta t}[p_1^{n+1} - p_1^n] \tag{7.119}$$

将其他参数值代入方程（7.119）可得：

$$41.6388914(p_2^{n+1} - p_1^{n+1}) - 2000 = 58.339292\times10^{-6}[p_1^{n+1} - 4000] \tag{7.}$$

化简后得：

$$- 41.6389497p_1^{n+1} + 41.6388914p_2^{n+1} = 1999.76664 \qquad (7.145)$$

对于网格点2，有 $n=2$，$\psi_2 = \{1, 3\}$，那么方程（7.118）可改写为：

$$T_{1,2}(p_1^{n+1} - p_2^{n+1}) + T_{2,3}(p_3^{n+1} - p_2^{n+1}) + q_{sc_2}^{n+1} = \frac{V_{b_2}\phi^{\circ}_2(c + c_{\phi})}{\alpha_c B^{\circ}\Delta t}[p_2^{n+1} - p_2^n] \qquad (7.121)$$

将其他参数值代入方程（7.121）可得：

$$41.6388914(p_1^{n+1} - p_2^{n+1}) + 41.6388914(p_3^{n+1} - p_2^{n+1}) + 0$$
$$= 1.24560063 \times 10^{-3}[p_2^{n+1} - 4000]$$

化简后得：

$$41.6388914p_1^{n+1} - 83.2790283p_2^{n+1} + 41.6388914p_3^{n+1} = -4.98240254 \qquad (7.146)$$

对于网格点3，有 $n=3$，$\psi_3 = \{2, 4\}$，那么方程（7.118）可改写为：

$$T_{2,3}(p_2^{n+1} - p_3^{n+1}) + T_{3,4}(p_4^{n+1} - p_3^{n+1}) + q_{sc_3}^{n+1} = \frac{V_{b_3}\phi^{\circ}_3(c + c_{\phi})}{\alpha_c B^{\circ}\Delta t}[p_3^{n+1} - p_3^n] \qquad (7.123)$$

将其他参数值代入方程（7.121）可得：

$$41.6388914(p_2^{n+1} - p_3^{n+1}) + 41.6388914(p_4^{n+1} - p_3^{n+1}) + 0$$
$$= 0.026594785[p_3^{n+1} - 4000]$$

化简后得：

$$41.6388914p_2^{n+1} - 83.3043775p_3^{n+1} + 41.6388914p_4^{n+1} = -106.379139 \qquad (7.147)$$

对于网格点4，有 $n=4$，$\psi_4 = \{3, 5\}$，那么方程（7.118）可改写为：

$$T_{3,4}(p_3^{n+1} - p_4^{n+1}) + T_{4,5}(p_5^{n+1} - p_4^{n+1}) + q_{sc_4}^{n+1} = \frac{V_{b_4}\phi^{\circ}_4(c + c_{\phi})}{\alpha_c B^{\circ}\Delta t}[p_4^{n+1} - p_4^n] \qquad (7.125)$$

将其他参数值代入方程（7.125）可得：

$$41.6388914(p_3^{n+1} - p_4^{n+1}) + 41.6388914(p_5^{n+1} - p_4^{n+1}) + 0 = 0.56782451[p_4^{n+1} - 4000]$$

化简后得：

$$41.6388914p_3^{n+1} - 83.8456072p_4^{n+1} + 41.6388914p_5^{n+1} = -2271.29805 \qquad (7.148)$$

对于网格点5，有 $n=5$，$\psi_5 = \{4\}$，那么方程（7.118）可改写为：

$$T_{4,5}(p_4^{n+1} - p_5^{n+1}) + q_{sc_5}^{n+1} = \frac{V_{b_5}\phi^{\circ}_5(c + c_{\phi})}{\alpha_c B^{\circ}\Delta t}[p_5^{n+1} - p_5^n] \qquad (7.127)$$

将其他参数值代入方程（7.127）可得：

$$41.6388914(p_4^{n+1} - p_5^{n+1}) + 0 = 10.110829[p_5^{n+1} - 4000]$$

化简后得：

$$41.6388914p_4^{n+1} - 51.7497205p_5^{n+1} = -40443.3168 \qquad (7.149)$$

联立方程（7.145），方程（7.146），方程（7.147），方程（7.148）和方程（7.149），求解未知压力项，可得 $p_1^{n+1} = 3627.20\text{psia}$，$p_2^{n+1} = 3675.23\text{psia}$，$p_3^{n+1} = 3723.25\text{psia}$，$p_4^{n+1} = 3771.09\text{psia}$，$p_5^{n+1} = 3815.82\text{psia}$。

最后根据方程（7.85）进行质量守恒检查，计算过程如下：

$$I_{MB} = \frac{\sum_{n=1}^{5} \frac{V_{b_n}\phi^\circ{}_n(c+c_\phi)}{\alpha_c B^\circ \Delta t}[p_n^{n+1} - p_n^n]}{\sum_{n=1}^{5} q_{sc_n}^{n+1} + \sum_{n=1}^{5}\sum_{l\in\xi_n} q_{sc_{l,n}}^{n+1}}$$

$$= \frac{\begin{array}{l}[58.339292\times10^{-6}\times(3627.20-4000) + 1.24560063\times10^{-3}\times(3675.23-4000)\\ + 0.026594785\times(3723.25-4000) + 0.56782451\times(3771.09-4000)\\ + 10.110829\times(3815.82-4000)]\end{array}}{[(0+0+0+0-2000) + (0+0+0+0+0)]}$$

$$= \frac{-1999.9796}{-2000} = 0.999990$$

综上，计算过程满足质量守恒定律。

（2）第二个时间步长计算（$n=1$，$t_{n+1}=3\text{d}$，$\Delta t = \Delta t_2 = 1\text{d}$）。

令，$p_1^n = 3627.20\text{psia}$，$p_2^n = 3675.23\text{psia}$，$p_3^n = 3723.25\text{psia}$，$p_4^n = 3771.09\text{psia}$，$p_5^n = 3815.82\text{psia}$。

$$\frac{V_{b_1}\phi^\circ{}_1(c+c_\phi)}{\alpha_c B^\circ \Delta t_2} = \frac{142.41339\times0.23\times(1\times10^{-5}+0)}{5.614583\times1\times2}$$

$$= 29.169646\times10^{-6}\text{bbl}/(\text{d}\cdot\text{psi})$$

当 $i=1$，2，3，4，5 时，累积项的系数 $\dfrac{V_{b_n}\phi^\circ{}_n(c+c_\phi)}{\alpha_c B^\circ \Delta t_n}$ 计算结果见表7.2。

同样地，根据方程（7.118）推导第二个时间步长中各个网格的流动方程。

对于网格1，有：

$$41.6388914(p_2^{n+1} - p_1^{n+1}) - 2000 = 29.169646\times10^{-6}[p_1^{n+1} - 3627.20]$$

代入其他参数，化简后得：

$$-41.6389205p_1^{n+1} + 41.6388914p_2^{n+1} = 1999.89420 \qquad (7.150)$$

对于网格点2，有：

$$41.6388914(p_1^{n+1} - p_2^{n+1}) + 41.6388914(p_3^{n+1} - p_2^{n+1}) + 0 = 0.62280032\times10^{-3}[p_2^{n+1} - 3675.23]$$

代入其他参数，化简后得：

$$41.6388914p_1^{n+1} - 83.2784055p_2^{n+1} + 41.6388914p_3^{n+1} = -2.28893284 \qquad (7.151)$$

对于网格点 3，有：

$$41.6388914(p_2^{n+1} - p_3^{n+1}) + 41.6388914(p_4^{n+1} - p_3^{n+1}) + 0$$
$$= 0.01329739[p_3^{n+1} - 3723.25]$$

代入其他参数，化简后得：

$$41.6388914p_2^{n+1} - 83.2910801p_3^{n+1} + 41.6388914p_4^{n+1} = -49.5095063 \qquad (7.152)$$

对于网格点 4，有：

$$41.6388914(p_3^{n+1} - p_4^{n+1}) + 41.6388914(p_5^{n+1} - p_4^{n+1}) + 0$$
$$= 0.28391226[p_4^{n+1} - 3771.09]$$

代入其他参数，化简后得：

$$41.6388914p_3^{n+1} - 83.561695p_4^{n+1} + 41.6388914p_5^{n+1} = -1070.65989 \qquad (7.153)$$

对于网格点 5，有：

$$41.6388914(p_4^{n+1} - p_5^{n+1}) + 0 = 5.0554145[p_5^{n+1} - 3815.82]$$

代入其他参数，化简后得：

$$41.6388914p_4^{n+1} - 46.6943060p_5^{n+1} = -19290.5407 \qquad (7.154)$$

联立方程（7.150），方程（7.151），方程（7.152），方程（7.153）和方程（7.154），求解未知压力项，可得 $p_1^{n+1} = 3252.93\text{psia}$，$p_2^{n+1} = 3300.96\text{psia}$，$p_3^{n+1} = 3348.99\text{psia}$，$p_4^{n+1} = 3396.89\text{psia}$，$p_5^{n+1} = 3442.25\text{psia}$。

最后根据方程（7.85）进行质量守恒检查，计算过程如下：

$$I_{\text{MB}} = \frac{\sum\limits_{n=1}^{5} \dfrac{V_{b_n}\phi^\circ{}_n(c+c_\phi)}{\alpha_C B^\circ \Delta t}[p_n^{n+1} - p_n^n]}{\sum\limits_{n=1}^{5} q_{\text{sc}_n}^{n+1} + \sum\limits_{n=1}^{5}\sum\limits_{l\in\xi_n} q_{\text{sc}_{l,n}}^{n+1}}$$

$$= \frac{\begin{array}{l}[29.169646\times10^{-6}\times(3252.93-3627.20) + 0.62280032\times10^{-3}\times(3300.96-3675.23) \\ + 0.01329739\times(3348.99-3723.25) + 0.28391226\times(3396.89-3771.09) \\ + 5.0554145\times(3442.25-3815.82)]\end{array}}{[(0+0+0+0-2000)+(0+0+0+0+0)]}$$

$$= \frac{-2000.0119}{-2000} = 1.000006$$

综上，计算过程满足质量守恒定律。

7.3.3 可压缩流体流动方程

在地层温度下，可压缩流体的密度、体积系数（FVF）、黏度均是压力的函数。与微可压缩流体相比，可压缩流体的流体物性参数与压力的相关性更强。在这种情况下，可以将流动方程［方程（7.12）］左侧出现的体积系数（FVF）、黏度和密度视为常数，但至少在每个时间步长计算开始时要更新一次。为了保持质量守恒，将方程（7.12）右侧累积项中出现的体积系数 B 和孔隙度 ϕ 用相邻时间步长的压力差表示为如下形式：

$$\frac{V_{b_n}}{\alpha_c \Delta t}\left[\left(\frac{\phi}{B}\right)_n^{n+1} - \left(\frac{\phi}{B}\right)_n^n\right] = \frac{V_{b_n}}{\alpha_c \Delta t}\left(\frac{\phi}{B_g}\right)_n' \left[p_n^{n+1} - p_n^n\right] \tag{7.155a}$$

式中，$\left(\dfrac{\phi}{B_g}\right)_n'$ 为 $\left(\dfrac{\phi}{B_g}\right)_n$ 在当前时间节点，前一次迭代计算的压力值 p_n^{n+1} 和上一时间节点压力值 p_n^n 之间的弦斜率，可表示为：

$$\left(\frac{\phi}{B_g}\right)_n' = \left[\left(\frac{\phi}{B}\right)_n^{\overset{(\nu)}{n+1}} - \left(\frac{\phi}{B}\right)_n^n\right]\Big/\left[p_n^{\overset{(\nu)}{n+1}} - p_n^n\right] \tag{7.156a}$$

利用 10.4.1 节中介绍的方法，将方程（7.156a）右侧化简为如下形式：

$$\left(\frac{\phi}{B_g}\right)_n' = \phi_n^{\overset{(\nu)}{n+1}}\left(\frac{1}{B_{g_n}}\right)' + \frac{1}{B_{g_n}^n}\phi_n' \tag{7.156b}$$

式中，$\left(\dfrac{1}{B_{g_n}}\right)'$ 和 ϕ_n' 均为当前时间节点，前一次迭代 $n \overset{(\nu)}{+} 1$ 计算值与上一时间节点 n 计算值之间的弦斜率，可表示为：

$$\left(\frac{1}{B_{g_n}}\right)' = \left(\frac{1}{B_{g_n}^{\overset{(\nu)}{n+1}}} - \frac{1}{B_{g_n}^n}\right)\Big/\left(p_n^{\overset{(\nu)}{n+1}} - p_n^n\right) \tag{7.157}$$

和

$$\phi_n' = \left(\phi_n^{\overset{(\nu)}{n+1}} - \phi_n^n\right)\Big/\left(p_n^{\overset{(\nu)}{n+1}} - p_n^n\right) = \phi_n^\circ c_\phi \tag{7.158}$$

与天然气的压缩系数相比，储层岩石的压缩系数太小，可忽略不计。代入方程（7.9）得到另一种累积项的近似表达式，如下：

$$\frac{V_{b_n}}{\alpha_c \Delta t}\left[\left(\frac{\phi}{B}\right)_n^{n+1} - \left(\frac{\phi}{B}\right)_n^n\right] = \frac{V_{b_n}\phi_n^\circ}{\alpha_c \Delta t}\left[\frac{1}{B_g^{n+1}} - \frac{1}{B_g^n}\right]$$

$$= \frac{V_{b_n}\phi_n^\circ}{\alpha_c \Delta t}\left(\frac{\alpha_c T_{sc}}{p_{sc} T}\right)\left[\frac{p_n^{n+1}}{z_n^{n+1}} - \frac{p_n^n}{z_n^n}\right] = \frac{V_{b_n}\phi_n^\circ T_{sc}}{p_{sc} T \Delta t}\left[\frac{p_n^{n+1}}{z_n^{n+1}} - \frac{p_n^n}{z_n^n}\right] \tag{7.155b}$$

将式（7.155b）代入方程（7.12），得到可压缩流体的流动方程，如下：

$$\sum_{l \in \psi_n} T_{l,n}^m\left[(p_l^m - p_n^m) - \gamma_{l,n}^n(Z_l - Z_n)\right] + \sum_{l \in \xi_n} q_{sc_{l,n}}^m + q_{sc_n}^m = \frac{V_{b_n}\phi_n^\circ T_{sc}}{p_{sc} T \Delta t}\left[\frac{p_n^{n+1}}{z_n^{n+1}} - \frac{p_n^n}{z_n^n}\right]$$

$$\tag{7.159}$$

为了与本书第 10 章中多相流体流动模拟计算保持一致，选用近似方程（7.155a）处理流动方程中的累积项，最终得到可压缩流体的流动方程，如下：

$$\sum_{l \in \psi_n} T^m_{l,n} \big[(p^m_l - p^m_n) - \gamma^n_{l,n}(Z_l - Z_n) \big] + \sum_{l \in \xi_n} q^m_{\mathrm{sc}_{l,n}} + q^m_{\mathrm{sc}_n} = \frac{V_{\mathrm{b}_n}}{\alpha_c \Delta t} \left(\frac{\phi}{B_g} \right)'_n \big[p^{n+1}_n - p^n_n \big]$$

$$(7.160)$$

式中，$\left(\dfrac{\phi}{B_g} \right)'_n$ 由方程（7.156b）计算。

7.3.3.1　流动方程格式

与微可压缩流体流动问题相同，方程（7.160）中时间节点 m 的选择一共有三种方式。三种方法得到的流动差分方程分别为显式差分方程（或向前中心差分方程）、隐式差分方程（或向后中心差分方程）和 Crank-Nicolson 方程（或二阶中心差分方程）。

（1）显式差分方程。

若将方程（7.160）中的时间函数 F^m（本书 2.6.3 节引入）用当前时间节点 t^n 近似值表示，即 $t^m \cong t^n$，$F^m \cong F^n$，此时称方程（7.160）为显式差分方程。方程格式如下：

$$\sum_{l \in \psi_n} T^n_{l,n} \big[(p^n_l - p^n_n) - \gamma^n_{l,n}(Z_l - Z_n) \big] + \sum_{l \in \xi_n} q^n_{\mathrm{sc}_{l,n}} + q^n_{\mathrm{sc}_n} \cong \frac{V_{\mathrm{b}_n}}{\alpha_c \Delta t} \left(\frac{\phi}{B_g} \right)'_n \big[p^{n+1}_n - p^n_n \big]$$

$$(7.161\mathrm{a})$$

或

$$\sum_{l \in \psi_{i,j,k}} T^n_{l,(i,j,k)} \big[(p^n_l - p^n_{i,j,k}) - \gamma^n_{l,(i,j,k)}(Z_l - Z_{i,j,k}) \big] + \sum_{l \in \xi_{i,j,k}} q^n_{\mathrm{sc}_{l,(i,j,k)}} + q^n_{\mathrm{sc}_{i,j,k}}$$

$$\cong \frac{V_{\mathrm{b}_{i,j,k}}}{\alpha_c \Delta t} \left(\frac{\phi}{B_g} \right)'_{i,j,k} \big[p^{n+1}_{i,j,k} - p^n_{i,j,k} \big] \qquad (7.161\mathrm{b})$$

除了 7.3.2.1 节中介绍的显示差分方程的特点之外，还需要通过迭代计算消除方程（7.160）右侧项 $\left(\dfrac{\phi}{B_g} \right)'_n$ 中的非线性项 $B^{(\nu)}_{\mathrm{g}n}{}^{n+1}$。

（2）隐式差分方程。

若将方程（7.160）中的时间函数 F^m（本书 2.6.3 节引入）用新的时间节点 t^{n+1} 近似值表示，即 $t^m \cong t^{n+1}$，$F^m \cong F^{n+1}$，此时称方程（7.160）为隐式差分方程。方程格式如下：

$$\sum_{l \in \psi_n} T^{n+1}_{l,n} \big[(p^{n+1}_l - p^{n+1}_n) - \gamma^n_{l,n}(Z_l - Z_n) \big] + \sum_{l \in \xi_n} q^{n+1}_{\mathrm{sc}_{l,n}} + q^{n+1}_{\mathrm{sc}_n}$$

$$\cong \frac{V_{\mathrm{b}_n}}{\alpha_c \Delta t} \left(\frac{\phi}{B_g} \right)'_n \big[p^{n+1}_n - p^n_n \big] \qquad (7.162\mathrm{a})$$

或

$$\sum_{l \in \psi_{i,j,k}} T^{n+1}_{l,(i,j,k)} \big[(p^{n+1}_l - p^{n+1}_{i,j,k}) - \gamma^n_{l,(i,j,k)}(Z_l - Z_{i,j,k}) \big] + \sum_{l \in \xi_{i,j,k}} q^{n+1}_{\mathrm{sc}_{l,(i,j,k)}} + q^{n+1}_{\mathrm{sc}_{i,j,k}}$$

$$\cong \frac{V_{b_{i,j,k}}}{\alpha_c \Delta t} \left(\frac{\phi}{B_g}\right)'_{i,j,k} \left[p^{n+1}_{i,j,k} - p^n_{i,j,k}\right] \tag{7.162b}$$

Coats 等人在 1974 年总结得出，使用当前时间节点 n 时刻的流体重力值代替新的时间节点 $n+1$ 时刻的流体重力值，并不会引入任何明显的误差。与微可压缩流体的隐式差分方程 (7.81) 不同的是，可压缩流体的隐式差分方程 (7.162) 是一个非线性方程，因为方程中的 $T^{n+1}_{l,n}$ 和 $\left(\frac{\phi}{B_g}\right)'_n$ 项均是压力的函数。这两个非线性项的出现使得数值求解方法变得十分棘手。本书第 8 章讨论了这两项在时间和空间上的线性化。但是，时间线性化会引入额外的截断误差，降低求解精度。为了保持求解的准确性，必须严格限制时间步长的选取。这就导致隐式差分格式无条件稳定的优点将不复存在。

（3）Crank – Nicolson 方程。

若将方程 (7.160) 中的时间函数 F^m（本书 2.6.3 节引入）用时间节点 $t^{n+\frac{1}{2}}$ 近似值表示，称方程 (7.160) 为 Crank – Nicolson 方程。在数学方法中，选择 $t^{n+\frac{1}{2}}$ 时间节点表示方程 (7.79) 右侧时间项为二阶近似处理。在工程方法中，时间函数 F^m 可用 $F^m \cong F^{n+\frac{1}{2}} = \frac{1}{2}\left(F^n + F^{n+1}\right)$ 进行估算。因此，方程 (7.160) 可以改写为：

$$\frac{1}{2}\sum_{l\in\psi_n} T^n_{l,n}\left[(p^n_l - p^n_n) - \gamma^n_{l,n}(Z_l - Z_n)\right] + \frac{1}{2}\sum_{l\in\psi_n} T^{n+1}_{l,n}\left[(p^{n+1}_l - p^{n+1}_n) - \gamma^n_{l,n}(Z_l - Z_n)\right]$$

$$+ \frac{1}{2}\left(\sum_{l\in\xi_n} q^n_{sc_{l,n}} + \sum_{l\in\xi_n} q^{n+1}_{sc_{l,n}}\right) + \frac{1}{2}\left(q^n_{sc_n} + q^{n+1}_{sc_n}\right) \cong \frac{V_{b_n}}{\alpha_c \Delta t}\left(\frac{\phi}{B_g}\right)'_n\left[p^{n+1}_n - p^n_n\right] \tag{7.163a}$$

将方程 (7.163a) 写成方程 (7.162) 的形式：

$$\sum_{l\in\psi_n} T^{n+1}_{l,n}\left[(p^{n+1}_l - p^{n+1}_n) - \gamma^n_{l,n}(Z_l - Z_n)\right] + \sum_{l\in\xi_n} q^{n+1}_{sc_{l,n}} + q^{n+1}_{sc_n}$$

$$\cong \frac{V_{b_n}}{\alpha_c(\Delta t/2)}\left(\frac{\phi}{B_g}\right)_n\left[p^{n+1}_n - p^n_n\right]$$

$$- \left\{\sum_{l\in\psi_n} T^n_{l,n}\left[(p^n_l - p^n_n) - \gamma^n_{l,n}(Z_l - Z_n)\right] + \sum_{l\in\xi_n} q^n_{sc_{l,n}} + q^n_{sc_n}\right\} \tag{7.163b}$$

7.3.3.2 压力场求解算法

与微可压缩流体相同，可压缩流体流动问题的压力场也是随时间变化的，得到的压力解也是非稳态的。因此，可直接应用 7.3.2.2 节中的微可压缩流体压力场求解算法，但需要做几点改动：（1）由于气体重力是压力的函数，油藏的初始化可能需要迭代计算；（2）步骤 (1) 中，传导率不再是定值，而是根据上游网格计算，并且在每一个时间步长计算开始时更新；（3）将步骤 (4) 中的方程 (7.80) 方程 (7.81) 和方程 (7.82) 替换为方程 (7.161) 方程 (7.162) 和方程 (7.163)；（4）在第 (5) 步之前添加一个步骤，用第 8 章的方法，将流动方程线性化；（5）由于可压缩流体的流动方程的非线性性，求解压力场需要迭代计算。

7.3.2.3　质量守恒检验

若流动方程为隐式差分方程，那么方程（7.83）为质量增量守恒检验方程，方程（7.84）为质量累积守恒检查方程。代入岩石孔隙度表达式［方程（7.11）］和天然气压缩系数表达式［方程（7.9）］可得：

$$I_{MB} = \frac{\sum\limits_{n=1}^{N} \frac{V_{b_n}}{\alpha_c \Delta t}\left[\left(\frac{\phi}{B_g}\right)_n^{n+1} - \left(\frac{\phi}{B_g}\right)_n^n\right]}{\sum\limits_{n=1}^{N}\left(q_{sc_n}^{n+1} + \sum\limits_{l \in \xi_n} q_{sc_{l,n}}^{n+1}\right)} \tag{7.164}$$

和

$$C_{MB} = \frac{\sum\limits_{n=1}^{N} \frac{V_{b_n}}{\alpha_c}\left[\left(\frac{\phi}{B_g}\right)_n^{n+1} - \left(\frac{\phi}{B_g}\right)_n^0\right]}{\sum\limits_{m=1}^{n+1} \Delta t_m \sum\limits_{n=1}^{N}\left(q_{sc_n}^m + \sum\limits_{l \in \xi_n} q_{sc_{l,n}}^m\right)} \tag{7.165}$$

式中　N——油藏中的网格总数。

下面的示例为天然气气藏中心有一口单井的模拟计算。主要介绍了单个时间步长内的迭代计算方法和压力场的逐步求解过程。

例 7.13　如图 7.14 所示，面积为 20acre 水平圆形气藏中心有一口垂直井，气藏沿着径向划分为 4 个网格。气藏厚度为 30ft，渗透率 $K = 15mD$，孔隙度 $\phi = 0.13$；原始油藏压力 4015psia；天然气黏度和压缩系数与压力的关系见表 7.3。油藏外边界为封闭边界；垂直井直径为 6in，产量为 $1 \times 10^6 ft^3/d$，最小井底压力（FBHP）为 515psia。时间步长取 30.42d，请写出两年时间内，气藏压力变化情况。

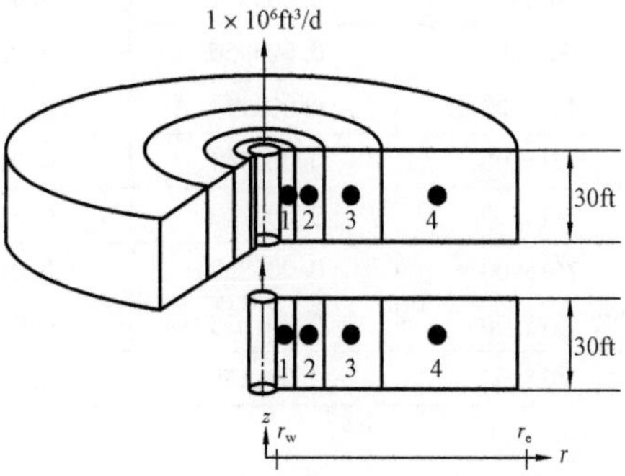

求解方法

与例 7.12 相同，首先计算网格体积和几何因

图 7.14　例 7.13 中的一维离散化油藏

子：根据方程（4.82a）、方程（4.83a）、方程（4.84a）和方程（4.85a）计算网格边界，然后查表 4.2 得到几何因子；再根据方程（4.88a）和方程（4.88c）计算网格体积。网格边界、网格体积和几何因子计算结果见表 7.4。

忽略方程（7.162a）中的重力项（Z_n 为常数），代入封闭边界条件 $\sum\limits_{l \in \xi_n} q_{sc_{l,n}}^{n+1} = 0$，得到该一维水平油藏中网格 n 的流动方程如下：

$$\sum\limits_{l \in \psi_n} T_{l,n}^{n+1}\left[\left(p_l^{n+1} - p_n^{n+1}\right)\right] + q_{sc_n}^{n+1} = \frac{V_{b_n}}{\alpha_c \Delta t}\left(\frac{\phi}{B_g}\right)_n'\left[p_n^{n+1} - p_n^n\right] \tag{7.166a}$$

在该气藏中，天然气从油藏边界流向网格 1 中的生产井井底，因此网格 4 为网格 3 的上游网格，网格 3 为网格 2 的上游网格，网格 2 为网格 1 的上游网格。为了求解上述方程，应用 8.4.1.2 节中提到的隐式格式简单迭代法和 8.4.1.1 节中的上游权法计算公式中的传导率项。将式（7.166a）改写成迭代格式，如下：

$$\sum_{l \in \psi_n} T_{l,n}^{n+1\,(\nu)} \left[\left(p_{(n-1)}^{(\nu+1)} - p_n^{n+1} \right) \right] + q_{sc_n}^{(\nu+1)} = \frac{V_{b_n}}{\alpha_c \Delta t} \left(\frac{\phi}{B_g} \right)'_n \left[p_n^{n+1\,(\nu+1)} - p_n^n \right] \tag{7.166b}$$

（1）第一个时间步长计算（$n=0$，$t_{n+1}=30.42\text{d}$，$\Delta t=30.42\text{d}$）。

令 $p_1^n = p_2^n = p_3^n = p_4^n = p_5^n = p_{in} = 4015 \text{ psia}$。

第一次迭代（$\nu=0$）时，首先令 $p_n^{n+1} = p_n^n = 4015\text{psi}$（$n=1,2,3,4$），根据表 7.3 给出的数据用插值法计算对应压力下的黏度、体积系数、弦斜率 $\left(\dfrac{\phi}{B_g}\right)'_n$ 和 $\dfrac{V_{b_n}}{\alpha_c \Delta t}\left(\dfrac{\phi}{B_g}\right)'_n$，计算结果见表 7.5。需要注意的是，在第一次迭代计算时，代入 $\left(\dfrac{\phi}{B_g}\right)'_n$ 的压力值为 $p_n^{n+1\,(\nu)} = p_n^n - \varepsilon = p_n^n - 1 = 4015 - 1 = 4014 \text{ psia}$（$n=1,2,3,4$）。

表 7.3　例 7.13 中不同压力下的天然气黏度和体积系数

压力 （psia）	体积系数 （bbl/ft³）	黏度 （mPa·s）	压力 （psia）	体积系数 （bbl/ft³）	黏度 （mPa·s）
215.00	0.016654	0.0126	2215.00	0.001318	0.0167
415.00	0.008141	0.0129	2415.00	0.001201	0.0173
615.00	0.005371	0.0132	2615.00	0.001109	0.0180
815.00	0.003956	0.0135	2815.00	0.001032	0.0186
1015.00	0.003114	0.0138	3015.00	0.000972	0.0192
1215.00	0.002544	0.0143	3215.00	0.000922	0.0198
1415.00	0.002149	0.0147	3415.00	0.000878	0.0204
1615.00	0.001857	0.0152	3615.00	0.000840	0.0211
1815.00	0.001630	0.0156	3815.00	0.000808	0.0217
2015.00	0.001459	0.0161	4015.00	0.000779	0.0223

表 7.4　例 7.13 中各个网格的位置、边界、体积和几何因子

i	n	r_i (ft)	$r_{i-\frac{1}{2}}^L$ (ft)	$r_{i+\frac{1}{2}}^L$	$r_{i-\frac{1}{2}}$ (ft)	$r_{i+\frac{1}{2}}$ (ft)	$G_{r_{i+\frac{1}{2}}}$ （bbl·mPa·s·d⁻¹·psi⁻¹）	V_{b_n} (ft³)
1	1	0.5611	0.2500	1.6937	0.2837	1.9221	1.6655557	340.59522
2	2	3.8014	1.6937	11.4739	1.9221	13.0213	1.6655557	15631.859
3	3	25.7532	11.4739	77.7317	13.0213	88.2144	1.6655557	717435.23
4	4	174.4683	77.7317	526.6040	88.2144	526.6040	1.6655557	25402604

以网格 1 为例，计算过程如下：

$$\left(\frac{\phi}{B}\right)'_1 = \frac{\left(\frac{\phi}{B}\right)_1^{n+1\,(\nu)} - \left(\frac{\phi}{B}\right)^n}{p_1^{n+1\,(\nu)} - 1 - p_1^n} = \frac{\left(\frac{0.13}{0.00077914}\right) - \left(\frac{0.13}{0.000779}\right)}{4014 - 4015} = 0.03105672$$

$$\frac{V_{b_1}}{\alpha_c \Delta t}\left(\frac{\phi}{B_g}\right)'_1 = \frac{340.59522 \times 0.03105672}{5.614583 \times 30.42} = 0.06193233$$

根据上游权法计算传导率：

$$T_{r_{1,2}}^{\overset{(\nu)}{n+1}} = T_{r_{1,2}}^{\overset{(\nu)}{n+1}}\Big|_2 = G_{r_{1+\frac{1}{2}}}\left(\frac{1}{\mu B}\right)_2^{\overset{(\nu)}{n+1}} = 1.6655557 \times \left(\frac{1}{0.0223000 \times 0.00077900}\right)$$

$$= 95877.5281$$

因此，$T_{r1,2}^{(\nu)}\Big|_2 = T_{r3,2}^{(\nu)}\Big|_3 = T_{r3,4}^{(\nu)}\Big|_4 = 95877.5281$ ft³/（d·psi）。因为第一次迭代计算假设所有网格的压力相等，所以上游权法没有完全体现出来。

表7.5　迭代次数 $\nu = 0$ 时，气体体积系数、黏度和弦斜率计算值

网格 n	$p_n^{\overset{(\nu)}{n+1}}$（psia）	B_g（bbl/ft³）	μ_g（mPa·s）	$\left(\dfrac{\phi}{B_g}\right)'_n$	$\dfrac{V_{b_n}}{\alpha_c \Delta t}\left(\dfrac{\phi}{B_g}\right)'_n$
1	4015	0.000779	0.0223	0.03105672	0.06193233
2	4015	0.000779	0.0223	0.03105672	2.84242800
3	4015	0.000779	0.0223	0.03105672	130.45530000
4	4015	0.000779	0.0223	0.03105672	4619.09700000

对于网格1，有 $n = 1$，$\psi_1 = \{2\}$，那么方程（7.166b）可改写为：

$$T_{2,1}^{\overset{(\nu)}{n+1}}\Big|_2\left(p_2^{(\nu+1)}_{n+1} - p_1^{(\nu+1)}_{n+1}\right) + q_{sc_1}^{n+1} = \frac{V_{b_1}}{\alpha_c \Delta t}\left(\frac{\phi}{B_g}\right)'_1\left[p_1^{(\nu+1)}_{n+1} - p_1^n\right] \tag{7.167}$$

将其他参数值代入方程（7.167）可得：

$$95877.5281\left(p_2^{(\nu+1)}_{n+1} - p_1^{(\nu+1)}_{n+1}\right) - 10^6 = 0.06193233\left[p_1^{(\nu+1)}_{n+1} - 4015\right]$$

化简后得：

$$-95877.5900 p_1^{(\nu+1)}_{n+1} + 95877.5281 p_2^{(\nu+1)}_{n+1} = 999751.1342 \tag{7.168}$$

对于网格2，有 $n = 2$，$\psi_2 = \{1,3\}$，那么方程（7.166b）可改写为：

$$T_{1,2}^{\overset{(\nu)}{n+1}}\Big|_2\left(p_1^{(\nu+1)}_{n+1} - p_2^{(\nu+1)}_{n+1}\right) + T_{3,2}^{\overset{(\nu)}{n+1}}\Big|_3\left(p_3^{(\nu+1)}_{n+1} - p_2^{(\nu+1)}_{n+1}\right)$$

$$+ q_{sc_2}^{n+1} = \frac{V_{b_2}}{\alpha_c \Delta t}\left(\frac{\phi}{B_g}\right)'_2\left[p_2^{(\nu+1)}_{n+1} - p_2^n\right] \tag{7.169}$$

将其他参数值代入方程（7.169）可得：

$$95877.5281\left(p_1^{(\nu+1)}_{n+1} - p_2^{(\nu+1)}_{n+1}\right) + 95877.5281\left(p_3^{(\nu+1)}_{n+1} - p_2^{(\nu+1)}_{n+1}\right) + 0$$

$$= 2.842428\left[p_2^{(\nu+1)}_{n+1} - 4015\right]$$

化简后得：

$$95877.5281 p_1^{n+1}{}^{(\nu+1)} - 191757.899 p_2^{n+1}{}^{(\nu+1)} + 95877.5281 p_3^{n+1}{}^{(\nu+1)} = -11412.3496 \qquad (7.170)$$

对于网格 3，有 $n=3$，$\psi_3 = \{2, 4\}$，那么方程（7.166b）可改写为：

$$T_{2,3}^{(\nu)}{}_{n+1}\Big|_3 \left(p_2^{n+1}{}^{(\nu+1)} - p_3^{n+1}{}^{(\nu+1)} \right) + T_{4,3}^{(\nu)}{}_{n+1}\Big|_4 \left(p_4^{n+1}{}^{(\nu+1)} - p_3^{n+1}{}^{(\nu+1)} \right) + q_{sc_3}^{n+1}$$

$$= \frac{V_{b3}}{\alpha_c \Delta t} \left(\frac{\phi}{B_g} \right)'_3 \left[p_3^{n+1}{}^{(\nu+1)} - p_3^n \right] \qquad (7.171)$$

将其他参数值代入方程（7.171）可得：

$$95877.5281 \left(p_2^{n+1}{}^{(\nu+1)} - p_3^{n+1}{}^{(\nu+1)} \right) + 95877.5281 \left(p_4^{n+1}{}^{(\nu+1)} - p_3^{n+1}{}^{(\nu+1)} \right) + 0$$

$$= 130.4553 \left[p_3^{n+1}{}^{(\nu+1)} - 4015 \right]$$

化简后得：

$$95877.5281 p_2^{n+1}{}^{(\nu+1)} - 191885.511 p_3^{n+1}{}^{(\nu+1)} + 95877.5281 p_4^{n+1}{}^{(\nu+1)} = -523777.862 \qquad (7.172)$$

对于网格 4，有 $n=4$，$\psi_4 = \{3\}$，那么方程（7.166b）可改写为：

$$T_{3,4}^{(\nu)}{}_{n+1}\Big|_4 \left(p_3^{n+1}{}^{(\nu+1)} - p_4^{n+1}{}^{(\nu+1)} \right) + q_{sc_4}^{n+1} = \frac{V_{b4}}{\alpha_c \Delta t} \left(\frac{\phi}{B_g} \right)'_4 \left[p_4^{n+1}{}^{(\nu+1)} - p_4^n \right] \qquad (7.173)$$

将其他参数值代入方程（7.173）可得：

$$95877.5281 \left(p_3^{n+1}{}^{(\nu+1)} - p_4^{n+1}{}^{(\nu+1)} \right) + 0 = 4619.097 \left[p_4^{n+1}{}^{(\nu+1)} - 4015 \right]$$

化简后得：

$$95877.5281 p_3^{n+1}{}^{(\nu+1)} - 100496.626 p_4^{n+1}{}^{(\nu+1)} = -18545676.2 \qquad (7.174)$$

联立方程（7.168），方程（7.170），方程（7.172）和方程（7.174），求解未知压力项，可得 $p_1^{n+1}{}^{(1)} = 3773.90\,\mathrm{psia}$，$p_2^{n+1}{}^{(1)} = 3784.33\,\mathrm{psia}$，$p_3^{n+1}{}^{(1)} = 3794.75\,\mathrm{psia}$，$p_4^{n+1}{}^{(1)} = 3804.87\,\mathrm{psia}$。

第二次迭代（$\nu = 1$）时，根据表 7.3 给出的数据用插值法计算压力为 $p_n^{n+1}{}^{(1)}$ 时的黏度、体积系数、弦斜率 $\left(\frac{\phi}{B_g} \right)'_n$ 和 $\frac{V_{b_n}}{\alpha_c \Delta t} \left(\frac{\phi}{B_g} \right)'_n$，计算结果见表 7.6。以网格 1 为例，介绍计算过程：

$$\left(\frac{\phi}{B_g} \right)'_1 = \frac{\left(\frac{\phi}{B} \right)_1^{n+1}{}^{(\nu)} - \left(\frac{\phi}{B} \right)_1^n}{p_1^{n+1}{}^{(\nu)} - p_1^n} = \frac{\left(\frac{0.13}{0.00081458} \right) - \left(\frac{0.13}{0.000779} \right)}{3773.90 - 4015} = 0.03022975$$

$$\frac{V_{b_1}}{\alpha_c \Delta t} \left(\frac{\phi}{B_g} \right)'_1 = \frac{340.59522 \times 0.03022975}{5.614583 \times 30.42} = 0.0602832$$

表7.6 迭代次数 $\nu = 1$ 时，气体体积系数、黏度和弦斜率计算值

网格 n	$p_{n+1}^{(\nu)}$ (psia)	B_g (bbl/ft³)	μ_g (mPa·s)	$\left(\dfrac{\phi}{B_g}\right)'_n$	$\dfrac{V_{b_n}}{\alpha_c \Delta t}\left(\dfrac{\phi}{B_g}\right)'_n$
1	3773.90	0.00081458	0.0215767	0.03022975	0.0602832
2	3784.33	0.00081291	0.0216080	0.03017631	2.7618490
3	3794.75	0.00081124	0.0216392	0.03011173	126.4858000
4	3804.87	0.00080962	0.0216696	0.03003771	4467.3900000

根据上游权法计算传导率：

$$T_{r_{2,1}}^{(\nu)} = T_{r_{2,1}}^{(\nu)}\Big|_2 = G_{r_{1+\frac{1}{2}}}\left(\frac{1}{\mu B}\right)_2^{(\nu)}$$

$$= 1.6655557 \times \left(\frac{1}{0.0216080 \times 0.00081291}\right) = 94820.8191$$

同理得 $T_{r_{3,2}}^{(\nu)}\big|_3 = 94878.4477\ \text{ft}^3/(\text{d}\cdot\text{psi})$，$T_{r_{4,3}}^{(\nu)}\big|_4 = 94935.0267\ \text{ft}^3/(\text{d}\cdot\text{psi})$。

$n = 1$ 时，将其网格 1 的参数值代入方程（7.167）可得：

$$94820.8191\left(p_2^{(\nu+1)} - p_1^{(\nu+1)}\right) - 10^6 = 0.0602832\left[p_1^{(\nu+1)} - 4015\right]$$

化简后得：

$$-94820.8794 p_1^{(\nu+1)} + 94820.8191 p_2^{(\nu+1)} = 999757.963 \qquad (7.175)$$

$n = 2$ 时，将其网格 2 的参数值代入方程（7.167）可得：

$$94820.8191\left(p_1^{(\nu+1)} - p_2^{(\nu+1)}\right) + 94878.4477\left(p_3^{(\nu+1)} - p_2^{(\nu+1)}\right) + 0$$

$$= 2.761849\left[p_2^{(\nu+1)} - 4015\right]$$

化简后得：

$$94820.8191 p_1^{(\nu+1)} - 189702.029 p_2^{(\nu+1)} + 94878.4477 p_3^{(\nu+1)} = -11088.8252 \qquad (7.176)$$

$n = 3$ 时，将其网格 3 的参数值代入方程（7.167）可得：

$$94878.4477\left(p_2^{(\nu+1)} - p_3^{(\nu+1)}\right) + 94935.0267\left(p_4^{(\nu+1)} - p_3^{(\nu+1)}\right) + 0$$

$$= 126.4858\left[p_3^{(\nu+1)} - 4015\right]$$

化简后得：

$$94878.4477 p_2^{(\nu+1)} - 189939.960 p_3^{(\nu+1)} + 94935.0267 p_4^{(\nu+1)} = -507840.406 \qquad (7.177)$$

$n = 4$ 时，将其网格 4 的参数值代入方程（7.167）可得：

$$94935.0267\left(p_3^{(\nu+1)} - p_4^{(\nu+1)}\right) + 0 = 4467.390\left[p_4^{(\nu+1)} - 4015\right]$$

化简后得：

$$94935.0267 p_3^{(\nu+1)}_{n+1} - 99402.4167 p_4^{(\nu+1)}_{n+1} = -17936570.6 \qquad (7.178)$$

联立方程（7.175）、方程（7.176）、方程（7.177）和方程（7.178），求解未知压力项，可得 $p_1^{(2)}_{n+1} = 3766.44\,\text{psia}$，$p_2^{(2)}_{n+1} = 3776.99\,\text{psia}$，$p_3^{(2)}_{n+1} = 3787.52\,\text{psia}$，$p_4^{(2)}_{n+1} = 3797.75\,\text{psia}$。

持续上述迭代直到满足收敛条件为止。收敛条件如式（7.179）所示。表7.7给出了第一时间步长中所有的迭代次数和计算结果。由表7.7可知，三次迭代计算后达到收敛条件。

$$\max_{1 \leqslant n \leqslant N} \left| \frac{p^{(\nu+1)}_{n+1} - p^{(\nu)}_{n+1}}{p^{(\nu)}_{n+1}} \right| \leqslant 0.001 \qquad (7.179)$$

（2）满足收敛条件之后，时间增加 $\Delta t = 30.42\text{d}$，重复上述迭代计算。表7.8为气藏模拟生产2年时间内，气藏压力、气井产量和井底流压随时间的变化。由表7.8可知，在开井生产21个月后，气藏无法继续保持 $1 \times 10^6 \text{ft}^3/\text{d}$ 的产量生产，从而调整为定井底流压（500psia）生产。

表7.7　$t_{n+1} = 30.42\text{d}$ 时迭代计算过程

ν	p_1^{n+1} (psia)	p_2^{n+1} (psia)	p_3^{n+1} (psia)	p_4^{n+1} (psia)
1	3773.90	3784.33	3794.75	3804.87
2	3766.44	3776.99	3787.52	3797.75
3	3766.82	3777.37	3787.91	3798.14

表7.8　油藏压力、生产井产量和井底流压随时间的变化

$n+1$	时间 (d)	ν	p_1^{n+1} (psia)	p_2^{n+1} (psia)	p_3^{n+1} (psia)	p_4^{n+1} (psia)	p_{wf1}^{n+1} (psia)	q_{gsc}^{n+1} ($10^6\text{ft}^3/\text{d}$)	累计产气量 (10^9ft^3)
1	30.42	3	3766.82	3777.37	3787.91	3798.14	3762.36	-1.000000	-0.0304200
2	60.84	3	3556.34	3567.01	3577.67	3588.02	3551.82	-1.000000	-0.0608400
3	91.26	3	3362.00	3372.80	3383.58	3394.05	3357.43	-1.000000	-0.0912600
4	121.68	3	3176.08	3187.08	3198.06	3208.72	3171.43	-1.000000	-0.121680
5	152.10	3	2995.56	3006.78	3017.97	3028.85	2990.81	-1.000000	-0.152100
6	182.52	3	2827.23	2838.72	2850.18	2861.32	2822.36	-1.000000	-0.182520
7	212.94	3	2673.43	2685.26	2697.06	2708.50	2668.42	-1.000000	-0.212940
8	243.36	2	2524.28	2536.47	2548.62	2560.41	2519.12	-1.000000	-0.243360
9	273.78	3	2375.01	2387.59	2400.12	2412.25	2369.67	-1.000000	-0.273780
10	304.20	3	2241.26	2254.33	2267.35	2279.97	2235.71	-1.000000	-0.304200
11	334.62	3	2103.68	2117.34	2130.93	2144.09	2097.88	-1.000000	-0.334620
12	365.04	3	1961.05	1975.39	1989.65	2003.42	1954.95	-1.000000	-0.365040
13	395.46	3	1821.72	1836.86	1851.91	1866.47	1815.29	-1.000000	-0.395460
14	425.88	3	1684.94	1701.18	1717.27	1732.78	1678.02	-1.000000	-0.425880
15	456.30	3	1543.26	1560.78	1578.11	1594.79	1535.78	-1.000000	-0.456300

$n+1$	时间 (d)	ν	p_1^{n+1} (psia)	p_2^{n+1} (psia)	p_3^{n+1} (psia)	p_4^{n+1} (psia)	$p_{wf_1}^{n+1}$ (psia)	q_{gsc}^{n+1} (10^6ft^3/d)	累计产气量 (10^9ft^3)
16	486.72	4	1403.75	1422.64	1441.34	1459.36	1395.67	−1.000000	−0.486720
17	517.14	3	1263.19	1284.07	1304.65	1324.36	1254.24	−1.000000	−0.517140
18	547.56	3	1114.51	1137.93	1160.87	1182.74	1104.42	−1.000000	−0.547560
19	577.98	4	964.49	991.04	1016.79	1041.39	952.91	−1.000000	−0.577980
20	608.40	4	812.91	844.10	874.32	902.83	799.30	−1.000000	−0.608400
21	638.82	3	645.89	684.85	721.84	755.98	628.58	−1.000000	−0.638820
22	669.24	4	531.46	567.57	601.01	631.84	515.00	−0.759957	−0.661938
23	699.66	4	523.60	543.17	561.98	579.67	515.00	−0.391107	−0.673835
24	730.08	3	519.68	530.53	541.13	551.32	515.00	−0.211379	−0.680266

7.4　小结

油藏流体根据压缩性可划分为不可压缩流体、微可压缩流体和可压缩流体。其中，不可压缩流体在不可压缩多孔介质中流动时，其流动方程为方程（7.16）。这时，油藏压力场是稳态的，可根据 7.3.1.1 节中介绍的算法求解。微可压缩流体的流动方程可写成三种形式，分别为显式差分方程［方程（7.80）］、隐式差分方程［方程（7.81）］和 Crank - Nicolson 方程［方程（7.82）］。同样地，可压缩流体（例如，天然气）的流动方程也可写成三种形式，分别为显式差分方程［方程（7.160）］、隐式差分方程［方程（7.161）］和 Crank - Nicolson 方程［方程（7.162）］。微可压缩流体和可压缩流体的压力场是非稳态的，必须按照时间步长，从初始条件开始，逐步计算压力解。可根据 7.3.2.2 节中介绍的算法（针对微可压缩流体）或 7.3.3.2 节中介绍的算法（针对可压缩流体），已知前一时间节点的压力解求解当前时间节点的压力解。每次计算后都必须进行质量守恒检查：根据方程（7.17）计算不可压缩流体的质量是否守恒，根据方程（7.83）和方程（7.84）计算微可压缩流体的质量是否守恒，根据方程（7.85）和方程（7.86）计算可压缩流体的质量是否守恒。质量增量守恒检验比质量累积守恒检验更加准确。

7.5　练习题

7.1　请仔细分析不可压缩流体流动方程（7.16a）中各项参数，解释该方程为线性方程的理由。

7.2　请仔细分析微可压缩流体流动方程（7.81）中各项参数，解释该方程为线性方程的条件和理由。

7.3 请仔细分析可压缩流体流动方程（7.162a）中各项参数，解释该方程为非线性方程的理由。

7.4 请解释方程（7.80a）为显式方程，方程（7.81a）为隐式方程的原因。

7.5 一维油藏被划为4个网格（$N=4$），油藏流体不可压缩，油藏边界条件任意，请写出每一个油藏网格的流动方程，并根据方程（7.17a）将所有网格的流动方程叠加，进行质量守恒检查。

7.6 考虑习题7.5中的一维油藏，油藏流体微可压缩，请写出每一个油藏网格的流动方程，并根据方程（7.85）进行质量增量守恒检查。

7.7 请写出可压缩流体压力场求解算法的必要步骤。

7.8 请按照文中的方法，根据方程（7.88）推导方程（7.86）。

7.9 请解释为什么不可压缩流体流动问题和微可压缩流体流动问题中，传导率的计算不需要上游权法。

7.10 如图7.15a所示，一个二维水平均质油藏内含有单相微可压缩原油。油藏为封闭油藏，即油藏边界均为封闭边界。初始油藏压力为4000psia。网格5中心有一口直径为7in的生产井，产量为50bbl/d。油藏网格尺寸为 $\Delta x = \Delta y = 350$ft，厚度 $h = 20$ft，储层渗透率 $K_x = K_y = 120$mD，孔隙度 $\phi = 0.25$。流体体积系数 $B_o = B_o^\circ = 1$ bbl/bbl，压缩系数 $c_o = 7 \times 10^{-6}$ psi^{-1}，黏度 $\mu_o = 6$mPa·s，$c_\mu = 0$psi^{-1}。使用单相流动模拟器，计算开井生产10d、20d和50d后的压力场分布和井底流压。

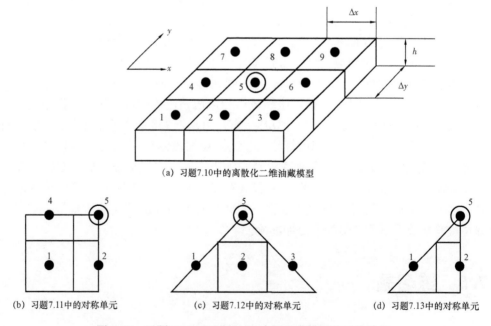

(a) 习题7.10中的离散化二维油藏模型

(b) 习题7.11中的对称单元　　(c) 习题7.12中的对称单元　　(d) 习题7.13中的对称单元

图7.15 习题7.10至习题7.13中的油藏模型和对称单元

7.11 观察习题7.10中所述二维油藏模型发现，穿过网格5垂直于 x 轴和 y 轴的两个平面将油藏切割为4个完全对称的单元。请根据图7.15b中的对称单元，计算开井生产

10d、20d 和 50d 后的压力场分布和井底流压。

7.12　观察习题 7.10 中所述二维油藏模型发现，穿过网格 5 中心的两个对角线平面将油藏切割为 4 个完全对称的单元。请根据图 7.15c 中的对称单元，计算开井生产 10d、20d 和 50d 后的压力场分布和井底流压。

7.13　观察习题 7.10 中所述二维油藏模型发现，穿过网格 5 中心的四个平面将油藏切割为 8 个完全对称的单元。请根据图 7.15d 中的最小对称单元，计算开井生产 10d、20d 和 50d 后的压力场分布和井底流压。

7.14　如图 7.16 所示，一个一维单相流动油藏被划分成三个相等网格。该储层是水平的，具有均质和各向同性的岩石特性，渗透率 $K = 270\text{mD}$，孔隙度 $\phi = 0.27$。网格尺寸 $\Delta x = 400\text{ft}$，$\Delta y = 650\text{ft}$，厚度 $h = 60\text{ft}$。储层流体体积系数 $B = 1\text{bbl/bbl}$，黏度 $\mu = 1\text{mPa·s}$。储层左边界保持 3000psia 的恒定压力，右边界保持 −0.2 psi/ft 的压力梯度。在网格 1 中心布置一口注入井，注入量 300bbl/d，网格 3 中心布置一口生产井，产量为 600bbl/d，两口井直径均为 7in，表皮系数为 0。假设储层岩石和流体是不可压缩的，计算储层中的压力分布。

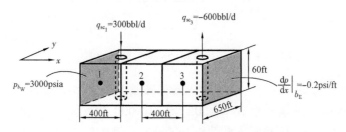

图 7.16　习题 7.14 中的一维离散化油藏模型

7.15　如图 7.17 所示，面积为 10acre 圆形地层中心有一口直径为 0.5in 的生产井。油藏厚度为 50ft，水平渗透率为 200mD，孔隙度为 0.15；储层流体体积系数为 1bbl/bbl，压缩系数为 $5 \times 10^{-6} \text{ psi}^{-1}$，黏度为 3mPa·s。油藏外边界为封闭边界；内部生产井为裸眼完井，产量为 100bbl/d。原始油藏压力为 4000psia；将油藏沿着径向划分为 3 个网格，写出生产 5d 后油藏压力场分布，请按照时间顺序，逐步求解油藏压力场，并进行质量守恒检查。并列表给出开井生产 10d 内油藏压力场随时间的变化值。

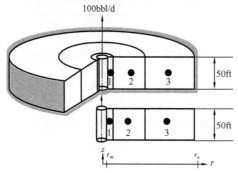

图 7.17　习题 7.15 中的一维离散化油藏模型

7.16 如图 7.18 所示，面积为 30acre 圆形地层中心有一口直径为 0.5in 的生产井。油藏厚度为 50ft，水平渗透率为 210mD，孔隙度为 0.17；储层流体体积系数为 1bbl/bbl，压缩系数为 $5 \times 10^{-6} \text{psi}^{-1}$，黏度为 5mPa·s。油藏外边界为封闭边界；内部生产井为裸眼完井，产量为 1500bbl/d。原始油藏压力为 3500psia；将油藏沿着径向划分为 4 个网格，写出生产 1d 和 3d 后油藏压力场分布和生产井井底流压（FBHP）。请按照时间顺序，逐步求解油藏压力场，并进行质量守恒检查。

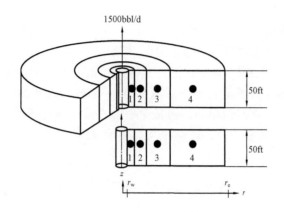

图 7.18　习题 7.16 中的一维离散化油藏模型

7.17 如图 7.19 所示，一个一维单相流动油藏被划分成四个相等网格。该储层是水平的，渗透率 $K = 70\text{mD}$。网格尺寸 $\Delta x = 400\text{ft}$，$\Delta y = 900\text{ft}$ 和 $h = 25\text{ft}$。储层流体性质为 $B = 1\text{bbl/bbl}$，$\mu = 1.5\text{mPa·s}$。储层左边界保持 2600psia 的恒定压力，右边界保持 -0.2psi/ft 的压力梯度。在网格 3 的中心布置一口 6in 的垂直井，井底流压保持 1000psia。假设储层岩石和流体是不可压缩的，计算储层中的压力分布、生产井的产量和通过油藏边界的流量，并进行质量守恒检查。

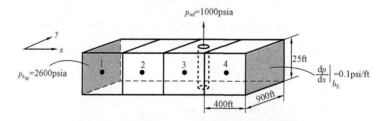

图 7.19　习题 7.17 中的一维离散化油藏模型

7.18 如图 7.20 所示，一个一维单相倾斜油藏被划分成四个相等网格。网格尺寸 $\Delta x = 300\text{ft}$，$\Delta y = 600\text{ft}$ 和 $h = 30\text{ft}$，渗透率 $K = 180\text{mD}$。网格 1，2，3，4 的中心海拔分别在海平面以下 3532.34ft，3471.56ft，3410.78ft 和 3350.56ft。储层流体体积系数为 1bbl/bbl，黏度为 2.4mPa·s，密度为 45lb/ft³。油藏西边界和东边界的中心分别在海平面以下 3562.73ft 和 3319.62ft。油藏西边界为封闭边界，东边界保持 0.2psi/ft 的压力梯度。在油藏中布置两口 6in 井，注入井位于网格 1 中心，注入量 320bbl/d，生产井位于网格 3 中心，井底流压

1200psia。假设储层岩石和流体是不可压缩的，计算储层中的压力分布、网格 1 中注入井的井底流压和网格 4 中生产井的井底流压（FBHP），并进行质量守恒检查。

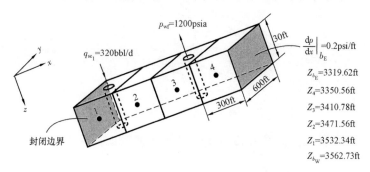

图 7.20　习题 7.18 中的一维离散化油藏模型

7.19　将习题 7.16 中油藏模型划分成 4 个相等的网格点，计算生产 1d 和 3d 后油藏压力场分布和生产井井底流压（FBHP）。请按照时间顺序，逐步求解油藏压力场，并进行质量守恒检查。

7.20　如图 7.21 所示，一个二维倾斜均质油藏中含有单相不可压缩原油流动。油藏的北边界和东边界有原油以恒定流速流入，流量为 0.02bbl/（d·ft^2），油藏的南边界和西边界为封闭边界。网格 1，2，3，4 的中心海拔分别在海平面以下 2000ft，1700ft，1700ft 和 1400ft。网格 1 的压力保持在 1000psia。油藏网格尺寸为 $\Delta x = \Delta y = 600\text{ft}$，厚度 $h = 40\text{ft}$，渗透率 $K_x = K_y = 500\text{mD}$。储层流体黏度为 4mPa·s，密度为 37lb/ft^3。油藏以穿过网格 1 和网格 4 中心的平面为对称轴，呈左右对称。请根据对称性，计算网格 2，3，4 的压力值和网格 1 中生产井的产量。若井眼半径取 6in，计算生产井的井底流压，并进行质量守恒检查。

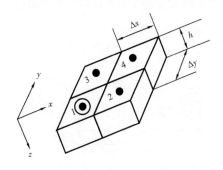

图 7.21　习题 7.20 中的二维离散化油藏模型

7.21　一个一维倾斜均质油藏如图 7.22 所示，油藏四周封闭，网格尺寸 $\Delta x = 400\text{ft}$，$\Delta y = 200\text{ft}$，厚度 $h = 80\text{ft}$，储层渗透率 $K = 222\text{mD}$，孔隙度 $\phi = 0.20$。储层流体体积系数 $B_o = B_o^\circ = 1\text{bbl/bbl}$，压缩系数 $c_o = 5 \times 10^{-5} \text{ psi}^{-1}$，黏度 $\mu_o = 2 \text{ mPa·s}$，密度 $\rho_o = 45\text{lb/ft}^3$。网格 2 中含有一口生产井，产量为 200bbl/d。初始状态（$t = 0$）油藏流体保持水动力平衡。请计算油藏初始压力分布。选用隐式差分格式，计算开井生产 50d 和 100d 后压力场分布和生产井井底流压，并进行质量守恒检验。

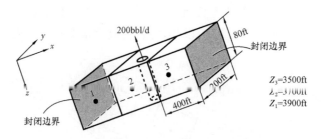

图 7.22　习题 7.21 中的一维离散化油藏模型

7.22　如图 7.23 所示，将例 7.13 中的单井油藏模型重新划分成四个油藏网格点。请重新求解。

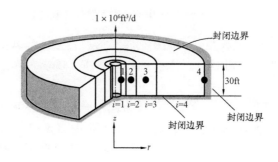

图 7.23　习题 7.22 中的一维离散化油藏模型

7.23　如图 7.24 所示，将习题 7.21 中的油藏模型水平放置，观察发现，油藏以穿过网格 2 中心的垂直平面为对称轴，呈左右对称。请根据油藏对称性，计算油藏初始压力分布。选用隐式差分格式，计算开井生产 50d 和 100d 后压力场分布和生产井井底流压，并进行质量守恒检验。

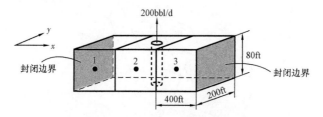

图 7.24　习题 7.23 中的一维离散化油藏模型

第8章 流动方程线性化

8.1 引言

第7章给出的通常是非线性流动方程。即使是隐式求解的方法，边界条件和井的不连续性也会导致其非线性。非线性代数方程组的求解也仅局限于细小的问题。针对其他问题必须先进行线性化才能求解。关于求解非线性流动方程的相关问题，最近才取得一些新进展（Mustafiz et al.，2008a，b）。这些解决方案是非常难得的，且常常会得到错误的解决方案。在大多数实际应用中，这种处理方式是没必要的，因为只需要验证线性化就足够了。为了得到储层中的压力分布，就需要使这些方程线性化，进而用线性方程求解器进行求解。这一章的主要内容是获得任意网格化（或网格点）的线性化流动方程。对流动方程中的非线性项进行识别，提出了在空间和时间上对这些项进行线性化的一些方法。并随后提出了针对单相流动问题的线性化流动方程。为了简化概念，自变量使用了 x 方向上一维流动方程的隐式方程，在储层离散中使用了块中心网格。首先讨论了具有线性特征的不可压缩流体流动方程，然后讨论了表现出非常弱的非线性特征的微可压缩流体流动方程的隐式方程，最后谈到了具有高度非线性性可压缩流体流动方程的隐式方程。尽管单相流方程具有不同程度的非线性性，但是这些方程通常被归类为弱非线性方程。

8.2 流动方程中的非线性项

任何流动方程的组成项中应包含区块间流动项、累计产量项、单井产量项和反映油藏边界流动的虚拟井产量率项。网格块间流动项的数量等同于所有现有相邻区块的数量，虚拟井产液速率项等于落在油藏边界上的区块边界的数量。对于任何边界区块，对于一维、二维和三维流动，存在的相邻块的数量和虚拟井的数量总是分别总计为两个、四个和六个。在单相流动问题中，如果流动方程中的未知块压力系数与单一区块压力相关，则该代数方程称为非线性方程；否则，方程为线性方程。与压力相关的参数包括渗透率、油井产量、虚拟油井产量和累计产量中的网格块之间的压差系数，这对于数学方法中的方程式来说是正确的。如第7章所述，在工程方法中，网格块间的流动参数、井产量和假想含水率得到相同的处理；任何对流动压差有影响的网格化参数都将被隐式处理。因此非线性参数包括井间流动系数和虚拟井中的传导系数、井产量中的压降系数和累计产量中的区块压差系数等。

8.3　各种流体流动方程的非线性

本节主要讨论了微可压缩和可压缩流体流动方程的非线性关系。不可压缩流体流动方程是线性的。在流动方程中检查各个项与压力的相关性，即网格间流动项、累计产量项、单井产量项和虚拟井产量项等参数。

8.3.1　不可压缩流体流动方程的非线性

不可压缩流体在 x 方向的一维流动方程可由方程（7.16a）得到，其中：

$$\sum_{l \in \psi_n} T_{l,n}\left[(p_l - p_n) - \gamma_{l,n}(Z_l - Z_n)\right] + \sum_{l \in \xi_n} q_{\mathrm{sc}_{l,n}} + q_{\mathrm{sc}_n} = 0 \tag{8.1}$$

其中 $\psi_n = \{n-1, n+1\}, \xi_n = \{\} \setminus \{b_{\mathrm{W}}\}$ 或 $\{b_{\mathrm{E}}\}, n = 1, 2, 3, \cdots, n_x$。

对于网格 1：

$$T_{x_{1+\frac{1}{2}}}\left[(p_2 - p_1) - \gamma_{1+\frac{1}{2}}(Z_2 - Z_1)\right] + q_{\mathrm{sc}_{b_{\mathrm{W}},1}} + q_{\mathrm{sc}_1} = 0 \tag{8.2a}$$

对于网格 $i = 2, 3, \cdots, n_x - 1$：

$$T_{x_{i-\frac{1}{2}}}\left[(p_{i-1} - p_i) - \gamma_{i-\frac{1}{2}}(Z_{i-1} - Z_i)\right]$$
$$+ T_{x_{i+\frac{1}{2}}}\left[(p_{i+1} - p_i) - \gamma_{i+\frac{1}{2}}(Z_{i+1} - Z_i)\right] + q_{\mathrm{sc}_i} = 0 \tag{8.2b}$$

对于网格 n_x：

$$T_{x_{n_x-\frac{1}{2}}}\left[(p_{n_x-1} - p_{n_x}) - \gamma_{n_x-\frac{1}{2}}(Z_{n_x-1} - Z_{n_x})\right] + q_{\mathrm{sc}_{b_{\mathrm{E}},n_x}} + q_{\mathrm{sc}_{n_x}} = 0 \tag{8.2c}$$

$T_{x_{i\mp\frac{1}{2}}}$ 用方程（2.39a）表示：

$$T_{x_{i\mp\frac{1}{2}}} = \left(\beta_{\mathrm{c}} \frac{K_x A_x}{\mu B \Delta x}\right)\bigg|_{x_{i\mp\frac{1}{2}}} = G_{x_{i\mp\frac{1}{2}}}\left(\frac{1}{\mu B}\right)_{x_{i\mp\frac{1}{2}}} \tag{8.3a}$$

表 4.1 中定义了块中心网格的几何因子 $G_{x_{i\mp\frac{1}{2}}}$：

$$G_{x_{i\mp\frac{1}{2}}} = \frac{2\beta_{\mathrm{c}}}{\Delta x_i/(A_{x_i} K_{x_i}) + \Delta x_{i\mp1}/(A_{x_{i\mp1}} K_{x_{i\mp1}})} \tag{8.4}$$

由第 6 章中讨论的油井生产条件和虚拟油井产量可对油井产量（q_{sc_i}）进行估算。由第 4 章中讨论的边界条件类型可以估算虚拟井的生产速率（$q_{\mathrm{sc}_{b_{\mathrm{W}}}}, q_{\mathrm{sc}_b}, n_x$）。需要注意的是，$T_{x_{i\mp\frac{1}{2}}}$ 和 $G_{x_{i\mp\frac{1}{2}}}$ 只是网格块 i 和 $i-1$ 之间的空间函数。除了特定的井底流动压力外，还可以计算油井作业条件下的油井产量具体数值。同样地，也可以针对指定压力边界以外的边界条件计算虚拟井的产量。此时，单井产量和虚拟井产量都是已知的，因此可以代入流动方程［方程 (8.2)］的右项式。油井生产速率和虚拟油井生产速率是区块压力（p_i）的函数，部分流动方程出现在压力系数中，另一部分必须代入流动方程［方程 (8.2)］的右项式。不可压缩流体的地层体积系数、黏度和重度不是第 8 章流动方程中压力的线性函数。因此，传导率和重度不是压力的函数。方程（8.2）表示一个 n_x 线性代数方程组，该线性方程组可以通过 7.3.1.1 节中介绍的算法求解未知压力（i，p_2，p_3，…，p_{n_x}）。

8.3.2 弱可压缩流体流动方程的非线性

微可压缩流体的隐式流动方程可用方程（7.81a）表示：

$$\sum_{l \in \psi_n} T_{l,n}^{n+1} \big[(p_l^{n+1} - p_n^{n+1}) - \gamma_{l,n}^n (Z_l - Z_n) \big] + \sum_{l \in \xi_n} q_{sc_{l,n}}^{n+1} + q_{sc_n}^{n+1}$$

$$= \frac{V_{b_n} \phi_n^\circ (c + c_\phi)}{\alpha_c B^\circ \Delta t} \big[p_n^{n+1} - p_n^n \big] \tag{8.5}$$

其中，地层体积系数、黏度和密度可用方程（7.5）至方程（7.7）表示：

$$B = \frac{B^\circ}{\big[1 + c(p - p^\circ) \big]} \tag{8.6}$$

$$\mu = \frac{\mu^\circ}{\big[1 - c_\mu (p - p^\circ) \big]} \tag{8.7}$$

$$\rho = \rho^\circ \big[1 + c(p - p^\circ) \big] \tag{8.8}$$

对于微可压缩流体，c 和 c_μ 的数值在 $10^{-6} \sim 10^{-5}$ 之间。因此，压力的变化对地层体积系数、黏度和重度的影响可以忽略不计，且不会引起较大的误差。简单地说，$B \cong B^\circ$，$\mu \cong \mu^\circ$，和 $p \cong p^\circ$。相反，传导率和重度与压力无关，即 $T_{l,n}^{n+1} \cong T_{l,n}$，$\gamma_{l,n}^n \cong \gamma_{l,n}$。因此，方程（8.5）可简化为：

$$\sum_{l \in \psi_n} T_{l,n} \big[(p_l^{n+1} - p_n^{n+1}) - \gamma_{l,n} (Z_l - Z_n) \big] + \sum_{l \in \xi_n} q_{sc_{l,n}}^{n+1} + q_{sc_n}^{n+1}$$

$$= \frac{V_{b_n} \phi_n^\circ (c + c_\phi)}{\alpha_c B^\circ \Delta t} \big[p_n^{n+1} - p_n^n \big] \tag{8.9}$$

同一时间点 $n+1$ 处未知压力的系数与压力无关，所以方程（8.9）是一个线性代数方程。由 8.3.1 节可知，根据方程（8.9）可得出微可压缩流体 x 方向的一维线性流动方程。

对于网格 1：

$$T_{x_{1+\frac{1}{2}}} \big[(p_2^{n+1} - p_1^{n+1}) - \gamma_{1+\frac{1}{2}} (Z_2 - Z_1) \big] + q_{sc_{b_W},1}^{n+1} + q_{sc_1}^{n+1}$$

$$= \frac{V_{b_1} \phi_1^\circ (c + c_\phi)}{\alpha_c B^\circ \Delta t} \big[p_1^{n+1} - p_1^n \big] \tag{8.10a}$$

对于网格 $i = 2$，3，…，$n_x - 1$：

$$T_{x_{i-\frac{1}{2}}} \big[(p_{i-1}^{n+1} - p_i^{n+1}) - \gamma_{i-\frac{1}{2}} (Z_{i-1} - Z_i) \big]$$

$$+ T_{x_{i+\frac{1}{2}}} \big[(p_{i+1}^{n+1} - p_i^{n+1}) - \gamma_{i+\frac{1}{2}} (Z_{i+1} - Z_i) \big] + q_{sc_i}^{n+1} = \frac{V_{b_i} \phi_i^\circ (c + c_\phi)}{\alpha_c B^\circ \Delta t} \big[p_i^{n+1} - p_i^n \big]$$

$$\tag{8.10b}$$

对于网格 n_x：

$$T_{x_{n_x-\frac{1}{2}}}\big[\,(p_{n_x-1}^{n+1} - p_{n_x}^{n+1}) - \gamma_{n_x-\frac{1}{2}}(Z_{n_x-1} - Z_{n_x})\,\big] + q_{\mathrm{sc}_{b_{\mathrm{E}},n_x}}^{n+1} + q_{\mathrm{sc}_{n_x}}^{n+1}$$

$$= \frac{V_{b_{n_x}}\phi^{\circ}{}_{n_x}(c + c_\phi)}{\alpha_c B^{\circ}\Delta t}\big[p_{n_x}^{n+1} - p_{n_x}^{n}\big] \tag{8.10c}$$

在上述方程中，用于块中心网格的 $T_{x_{i\neq\frac{1}{2}}}$ 和 $G_{x_{i\neq\frac{1}{2}}}$ 由方程（8.3a）和方程（8.4）定义。

$$T_{x_{i\mp\frac{1}{2}}} = \left(\beta_c\frac{K_x A_x}{\mu B \Delta x}\right)\Big|_{x_{i+\frac{1}{2}}} = G_{x_{i\mp\frac{1}{2}}}\left(\frac{1}{\mu B}\right)_{x_{i\mp\frac{1}{2}}} \tag{8.3a}$$

$$G_{x_{i\mp\frac{1}{2}}} = \frac{2\beta_c}{\Delta x_i/(A_{x_i}K_{x_i}) + \Delta x_{i\mp1}/(A_{x_{i\mp1}}K_{x_{i\mp1}})} \tag{8.4}$$

同样，在这里油井的产量（$q_{\mathrm{sc}_i}^{n+1}$）和虚拟井的产量（$q_{\mathrm{sc}_{b_{\mathrm{W}},1}}^{n+1}$，$q_{\mathrm{sc}_{b_{\mathrm{E}},n}}^{n+1}$）的处理方式与 8.3.1 节中讨论的方式完全相同。通过 7.3.2.2 节中给出的算法，可求解压力（p_1^{n+1}，p_2^{n+1}，p_3^{n+1}，…，$p_{n_x}^{n+1}$）的 n 个线性代数方程组。

尽管方程（8.2）和方程（8.10）表示的是一组线性代数方程，它们之间仍有重要的区别。方程（8.2）中地层压力仅取决于空间（位置），而在方程（8.10）中，地层压力取决于空间和时间。这种差异的表现为不可压缩流体的流动方程［方程（8.2）］有一个稳态解（即，与时间无关的解），而微可压缩流体的流动方程（8.10）具有非稳态解（即，取决于时间的解）。在这里，由于方程（8.10）是线性的，因此无须迭代即可获得任何时间步长的该方程的压力解。

已经知道方程（8.9）是线性的，可以忽略地层体积系数、黏度、渗透率、油井产量和虚拟油井产量中的压力对方程（8.5）左边项的影响结果。方程（8.6）和方程（8.7）用于反映这种压力的相关性，得到的流动方程也将变得非线性。综上所述，了解流体性质的一些特征，有助于设计出一种实用的方法来线性化弱可压缩流体的流动方程。

8.3.3　可压缩流体流动方程的非线性

可压缩流体的隐式流动方程可用方程（7.162a）表示：

$$\sum_{l\in\psi_n} T_{l,n}^{n+1}\big[\,(p_l^{n+1} - p_n^{n+1}) - \gamma_{l,n}^{n}(Z_l - Z_n)\,\big] + \sum_{l\in\xi_n} q_{\mathrm{sc}_{l,n}}^{n+1} + q_{\mathrm{sc}_n}^{n+1}$$

$$= \frac{V_{b_n}}{\alpha_c\Delta t}\left(\frac{\phi}{B_g}\right)'_n\big[p_n^{n+1} - p_n^{n}\big] \tag{8.11}$$

密度与压力的相关性可用方程（7.9）表示：

$$\rho_g = \frac{\rho_{\mathrm{gsc}}}{\alpha_c B_g} \tag{8.12}$$

此外，气体地层体积系数和黏度可以网格化表示为地层温度下压力的函数：

$$B_{\mathrm{g}} = f(p) \tag{8.13}$$

$$\mu_{\mathrm{g}} = f(p) \tag{8.14}$$

如第 7 章所述，可压缩流体的密度和黏度随压力增加而增大，但在高压下慢慢趋于稳定。当压力从低压增加到高压时，地层体积系数减小了几个数量级。因此，网格间渗透率、气体重度、汇聚项压差系数、油井产量和虚拟油井的传导率都是与未知网格压力相关的函数。因此，方程（8.11）是非线性的。该方程的解需要在空间和时间上使非线性项进一步线性化。

可压缩流体在 x 方向上的一维单相流动方程可以按照 8.3.1 节中所述的相同方式从方程（8.11）中获得。

对于网格 1：

$$T^{n+1}_{x_{1+\frac{1}{2}}}\big[\,(p^{n+1}_2 - p^{n+1}_1) - \gamma^n_{1+\frac{1}{2}}(Z_2 - Z_1)\,\big] + q^{n+1}_{\mathrm{sc}_{\mathrm{bW}},1} + q^{n+1}_{\mathrm{sc}_1}$$

$$= \frac{V_{\mathrm{b}_1}}{\alpha_{\mathrm{c}} \Delta t}\Big(\frac{\phi}{B_{\mathrm{g}}}\Big)'_1\big[\,p^{n+1}_1 - p^n_1\,\big] \tag{8.15a}$$

对于网格 $i = 2,\ 3,\ \cdots,\ n_x - 1$：

$$T^{n+1}_{x_{i-\frac{1}{2}}}\big[\,(p^{n+1}_{i-1} - p^{n+1}_i) - \gamma^n_{i-\frac{1}{2}}(Z_{i-1} - Z_i)\,\big]$$

$$+ T^{n+1}_{x_{i+\frac{1}{2}}}\big[\,(p^{n+1}_{i+1} - p^{n+1}_i) - \gamma^n_{i+\frac{1}{2}}(Z_{i+1} - Z_i)\,\big] + q^{n+1}_{\mathrm{sc}_i}$$

$$= \frac{V_{\mathrm{b}_i}}{\alpha_{\mathrm{c}} \Delta t}\Big(\frac{\phi}{B_{\mathrm{g}}}\Big)^n_i\big[\,p^{n+1}_i - p^n_i\,\big] \tag{8.15b}$$

对于网格 n_x：

$$T^{n+1}_{x_{n_x-\frac{1}{2}}}\big[\,(p^{n+1}_{n_x-1} - p^{n+1}_{n_x}) - \gamma^n_{n_x-\frac{1}{2}}(Z_{n_x-1} - Z_{n_x})\,\big] + q^{n+1}_{\mathrm{sc}_{\mathrm{bE}},n_x} + q^{n+1}_{\mathrm{sc}_{n_x}}$$

$$= \frac{V_{\mathrm{b}_{n_x}}}{\alpha_{\mathrm{c}} \Delta t}\Big(\frac{\phi}{B_{\mathrm{g}}}\Big)_{n_x}\big[\,p^{n+1}_{n_x} - p^n_{n_x}\,\big] \tag{8.15c}$$

对于以网格块为中心的网格，可通过方程（8.3b）和方程（8.4）定义：

$$T^{n+1}_{x_{i\mp\frac{1}{2}}} = \Big(\beta_{\mathrm{c}}\frac{K_x A_x}{\mu B \Delta x}\Big)\Big|^{n+1}_{x_{i\mp\frac{1}{2}}} = G_{x_{i+\frac{1}{2}}}\Big(\frac{1}{\mu B}\Big)^{n+1}_{x_{i\mp\frac{1}{2}}} \tag{8.3b}$$

$$G_{x_{i\mp\frac{1}{2}}} = \frac{2\beta_{\mathrm{c}}}{\Delta x_i/(A_{x_i}K_{x_i}) + \Delta x_{i\mp1}/(A_{x_{i\mp1}}K_{x_{i\mp1}})} \tag{8.4}$$

其中 B 和 μ 分别代表 B_{g} 和 μ_{g}。

需要说明的是，井的生产速度（$q^{n+1}_{\mathrm{sc}_i}$）和虚拟井的生产速度（$q^{n+1}_{\mathrm{sc}_{\mathrm{bW}},1}$，$q^{n+1}_{\mathrm{sc}_{\mathrm{bE}},n_x}$）处理方式与 8.3.1 节中所述方式完全相同。另外，网格间的传导率是方程（8.3b）网格块 i 和 $i+1$ 之间空间和时间的函数。在求解未知压力（$p^{n+1}_1, p^{n+1}_2, p^{n+1}_3, \cdots, p^{n+1}_{n_x}$）之前，必须先对所得到的 n 个非线性代数方程组进行线性化。7.3.3.2 节概述了使用显式传导率将流动方程线性化。其中主要涉及从第 n 个时间步长开始使用的传导率值。下一节将介绍其他线性化的方法。需要说明的是，即使方程（8.10）和方程（8.15）的解与时间有关，方程（8.10）由于方程的线性化，也不需要迭代，而方程（8.15）需要用迭代的方法来消除时间引起的非线性化。此外，压力系数在方程（8.10）中是一个常数（即，它们不会从一个时间步长到另一个时间步长变化），方程（8.15）中的压力系数不是一个常数，并且需要在每次时间步长的开始时至少迭代一次。

8.4 非线性参数线性化

本节的主要内容是一些处理非线性的方法。这里介绍的线性化方法不一定都能用到，因为单相流的非线性很弱，而油藏多相流模拟需要用到这些线性化方法，这部分内容将在第 11 章中详细展开。非线性项必须在空间和时间上近似化。空间的线性化定义了非线性的界限，以及在评价时适用哪些储层网格。时间上的线性化意味着，在当前时间水平上，如何近似地反映该项的值。8.1 节介绍了三种常用的线性化方法，它们适合非线性化的一个变量的函数：（1）显式方法（图 8.1a），（2）简单迭代法（图 8.1b），（3）完全隐式法（图 8.1c）。

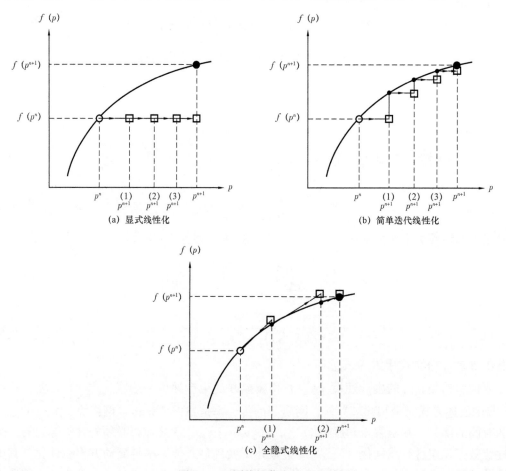

图 8.1　不同线性化方法的收敛性

每幅图都显示了非线性化值的进一步改进，从第一次迭代（$v=0$）到第二次迭代（$v=1$），依此类推，直到压力收敛到 p^{n+1}。在可压缩流体的状况下，压力迭代只需要满足物质平衡和消除时间积累项的非线性关系即可。在图 8.1 中，时间层级（时间步长的开始）的非线性值可用空圆圈表示，时间层级 $n+1$（达到收敛后）的非线性值用实心圆圈表示，任何迭代的非线性值用在该迭代中的空圆心表示。注意，图 8.1a 所示的显式方法并未随着迭代的进行而对非线性值进行任何改进。如图 8.1b 所示的简单迭代方法可以逐步改善非线性值。在图 8.1c 所示的完全隐式处理中，随着迭代的进行，非线性的改进值落在上一次迭代的非线性切线上。其他线性化方法，例如线性化隐式方法（MacDonald and Coats，1970）以及半隐式方法（Nolen and Berry，1972），不适用于单相流。它们仅适用于处理由于流体饱和引起的非线性化。单相流方程中出现的各种非线性参数的处理方法可以参考 8.4.1 节至 8.4.4 节。

8.4.1　传导率线性化

在时间步长梯度 $n+1$ 上的传导率可用方程（8.3b）表示：

$$T^{n+1}_{x_{i\mp\frac{1}{2}}} = \left(\beta_c \frac{K_x A_x}{\mu B \Delta x}\right)\bigg|^{n+1}_{x_{i\mp\frac{1}{2}}} = G_{x_{i\mp\frac{1}{2}}}\left(\frac{1}{\mu B}\right)^{n+1}_{x_{i\mp\frac{1}{2}}} = G_{x_{i\mp\frac{1}{2}}} f^{n+1}_{p_{i\mp\frac{1}{2}}} \tag{8.16}$$

式中，$G_{x_{i\mp\frac{1}{2}}}$ 由方程（8.4）定义，对于块中心网格，$f^{n+1}_{p_{i\mp\frac{1}{2}}}$ 的定义为：

$$f^{n+1}_{p_{i\mp\frac{1}{2}}} = \left(\frac{1}{\mu B}\right)^{n+1}_{x_{i\mp\frac{1}{2}}} \tag{8.17}$$

因此，将可传导率的线性化降低到 $f^{n+1}_{p_{i\mp\frac{1}{2}}}$ 的线性化。函数 f_p 在相应的两个网格之间（此处称为网格边界 $x_{i\mp\frac{1}{2}}$）和时间梯度 $n+1$（在压力解未知的情况下）进行评估。因此，f_p 需要表示为特定网格边界两侧和某个已知时间的网格压力的函数。这些近似化处理称为空间线性化和时间线性化。

8.4.1.1　空间上 f_p 的线性化

在空间中有几种近似表示 f_p 的方法。

通过单点上游加权：

$$f_{p_{i\mp\frac{1}{2}}} = f_{p_i} \tag{8.18a}$$

如果 i 网格位于 $i \pm 1$ 网格的上游，则：

$$f_{p_{i\mp\frac{1}{2}}} = f_{p_{i\mp1}} \tag{8.18b}$$

如果 i 网格位于 $i \pm 1$ 网格下游，网格 i 和网格 $i \pm 1$ 之间的势差用于确定上游网格和下游网格。

通过平均值加权：

$$f_{p_{i\mp\frac{1}{2}}} = \bar{f} = \frac{1}{2}(f_{p_i} + f_{p_{i\mp1}}) \tag{8.19}$$

用平均压力值加权：

$$f_{p_{i\mp\frac{1}{2}}} = f(\bar{p}) = \frac{1}{\mu(\bar{p})B(\bar{p})} \tag{8.20}$$

其中：

$$\bar{p} = \frac{1}{2}(p_i + p_{i\mp1}) \tag{8.21}$$

用平均函数分布值加权：

$$f_{p_{i\mp\frac{1}{2}}} = f(\bar{p}) = \frac{1}{\bar{\mu}\,\bar{B}} \tag{8.22}$$

其中：

$$\bar{\mu} = \frac{\mu(p_i) + \mu(p_{i\mp1})}{2} \tag{8.23}$$

$$\bar{B} = \frac{B(p_i) + B(p_{i\mp1})}{2} \tag{8.24}$$

由于 f_p 在空间中线性化，如方程（8.18）至方程（8.24）所示，则通过应用方程（8.16）获得空间线性化的传导率：

$$T_{x_{i\mp\frac{1}{2}}} = G_{x_{i+\frac{1}{2}}} f_{p_{i\mp\frac{1}{2}}} \tag{8.25}$$

8.4.1.2 时间上 f_p 的线性化

f_p 的非线性解的稳定性取决于压力随时间步长变化的大小。时间线性化的方法如图 8.1 所示，可用于近似时间边界中的 f_p，即 $f_p = f_{p_i}$。

使用显式方法（图 8.1a），在时间步长开始时（时间级别 n）评价其非线性性。

$$f_{p_{i\mp\frac{1}{2}}}^{n+1} \cong f_{p_{i\mp\frac{1}{2}}}^{n} = f(p_i^n, p_{i\mp1}^n) \tag{8.26}$$

使用简单迭代法（图 8.1b），非线性是在压力解之后一次迭代进行评价的。

$$f_{p_{i\mp\frac{1}{2}}}^{n+1} \cong f_{p_{i\mp\frac{1}{2}}}^{n+1(\nu)} = f\left(p_i^{(\nu)}{}_{n+1}, p_{i\mp1}^{(\nu)}{}_{n+1}\right) \tag{8.27}$$

使用完全隐式方法（图 8.1c），非线性可以通过其在迭代层级（ν）的值加上一个项来近似，该项取决于迭代过程中压力的变化率。

$$\begin{aligned}
f_{p_{i\mp\frac{1}{2}}}^{n+1} \cong f_{p_{i\mp\frac{1}{2}}}^{n+1} \cong\ & f\left(p_i^{(\nu)}{}_{n+1}, p_{i\mp1}^{(\nu)}{}_{n+1}\right) + \left.\frac{\partial f(p_i, p_{i\mp1})}{\partial p_i}\right|_{n+1}^{(\nu)}\left(p_i^{(\nu+1)}{}_{n+1} - p_i^{(\nu)}{}_{n+1}\right) \\
& + \left.\frac{\partial f(p_i, p_{i\mp1})}{\partial p_{i\mp1}}\right|_{n+1}^{(\nu)}\left(p_{i\mp1}^{(\nu+1)}{}_{n+1} - p_{i\mp1}^{(\nu)}{}_{n+1}\right)
\end{aligned} \tag{8.28}$$

基于方程（8.26）、方程（8.27）或方程（8.28），f_p 在时间上可线性化，然后通过应用方程（8.16）可获得时间上线性化的传导率。

$$T_{x_{i\mp\frac{1}{2}}}^{n+1} = G_{x_{i+\frac{1}{2}}} f_{p_{i\mp\frac{1}{2}}}^{n+1} \tag{8.29}$$

8.4.2　单井产量的线性化

在写出流动方程的网格块（或网格点）处，井区生产（注入）率是在空间上进行估计的。在时间上对井区产量进行线性化，首先要对井区生产（注入）速率方程进行线性化，然后将结果代入该井区的线性化流动方程中。这种线性化方法通常用于油藏模拟，与网格间传导率的线性化平行展开。以下方法可以用来近似地计算井区产量。

对于在指定井底压力条件下作业的井，其包括 $G_{w_i} \left(\dfrac{1}{B\mu} \right)_i^{n+1}$ 这一非线性项。

显式传导率法：

$$q_{sc_i}^{n+1} \cong - G_{w_i} \left(\frac{1}{B\mu} \right)_i^n (p_i^{n+1} - p_{wf_i}) \tag{8.30}$$

传导率法简单迭代：

$$q_{sc_i}^{n+1} \cong - G_{w_i} \left(\frac{1}{B\mu} \right)_i^{\overset{(\nu)}{n+1}} (p_i^{n+1} - p_{wf_i}) \tag{8.31}$$

全隐式法：

$$q_{sc_i}^{n+1} \cong q_{sc_i}^{(\nu+1)} \cong q_{sc_i}^{(\nu)} + \frac{dq_{sc_i}}{dp_i} \Bigg|_{n+1}^{(\nu)} \left(p_i^{(\nu+1)} - p_i^{(\nu)} \right) \tag{8.32}$$

对于在指定压力梯度条件下作业的井，其包括 $2\pi\beta_c r_w (Kh)_i \left(\dfrac{1}{B\mu} \right)_i^{n+1}$ 这一非线性项，井区在空间中的线性化就包括对该项的评估。$\left(\dfrac{1}{B\mu} \right)_i^{n+1}$ 这一项的时间线性化与 f_p 在传导率上的时间线性化是平行展开的。在这种情况下，$f_p = \left(\dfrac{1}{B\mu} \right)_i$。

显式传导率法：

$$q_{sc_i}^{n+1} \cong 2\pi\beta_c r_w (Kh)_i \left(\frac{1}{B\mu} \right)_i^n \frac{dp}{dr} \Bigg|_{r_w} \tag{8.33}$$

传导率法简单迭代：

$$q_{sc_i}^{n+1} \cong 2\pi\beta_c r_w (Kh)_i \left(\frac{1}{B\mu} \right)_i^{\overset{(\nu)}{n+1}} \frac{dp}{dr} \Bigg|_{r_w} \tag{8.34}$$

全隐式法：

$$q_{sc_i}^{n+1} \cong q_{sc_i}^{(\nu+1)} \cong q_{sc_i}^{n+1} + \frac{dq_{sc_i}}{dp_i} \Bigg|_{n+1}^{(\nu)} \left(p_i^{(\nu+1)} - p_i^{(\nu)} \right)$$

其中：

$$\left.\frac{\mathrm{d}q_{\mathrm{sc}_i}}{\mathrm{d}p_i}\right|_{n+1}^{(\nu)} = 2\pi\beta_{\mathrm{c}}r_{\mathrm{w}}\,(Kh)_i\left.\frac{\mathrm{d}p}{\mathrm{d}r}\right|_{r_{\mathrm{w}}}\left.\frac{\mathrm{d}\left(\frac{1}{B\mu}\right)}{\mathrm{d}p}\right|_i^{(\nu)}_{n+1} \tag{8.35}$$

8.4.3 虚拟井产量的线性化

第5章提出了点分布网格中的虚拟井产量，该产量是边界网格点与相邻油藏网格点之间的网格块间流动项。因此，虚拟井产量在空间和时间上的线性化与网格块间流动项的线性化相似。对于第4章提出的块中心网格，其虚拟井产量仅为网格块边界与代表网格块的点之间的网格块内流动项。因此，在空间和时间上，虚拟井产量可以像真实井产量一样进行线性化处理。

8.4.4 累积项系数线性化

累积项中的压力变化系数仅对可压缩流体表现出非线性特征 [见方程（8.11）]。这种非线性特征是由方程（7.157）中 $B_{\mathrm{g}_n}^{(\nu)}{}_{n+1}$ 随压力的变化造成的，而 $B_{\mathrm{g}_n}^{(\nu)}{}_{n+1}$ 这个量可用于定义方程（7.156a）中的 $\left(\frac{\phi}{B_{\mathrm{g}}}\right)'_n$。空间上的线性化需要在写出流动方程的网格块（或网格点）n 处的压力下估计 $B_{\mathrm{g}_n}^{(\nu)}{}_{n+1}$ 的值，并由此估计出 $\left(\frac{\phi}{B_{\mathrm{g}}}\right)'_n$ 的值。而时间上的线性化用的是简单迭代，即在当前网格的压力下估计 $B_{\mathrm{g}_n}^{(\nu)}{}_{n+1}$ 的值，并且迭代过程要滞后一次。

8.5 时间线性化流动方程

如本章前文所述，在单相流动方程中，可压缩流体的流动方程是最具有非线性特征的。在一维流动中，（8.15b）的方程用于网格内部具有特定井底流压的情况。方程（6.11）说明的是将流动方程线性化的各种方法。这里考虑的流动方程是：

$$T_{x_{i-\frac{1}{2}}}^{n+1}\left[(p_{i-1}^{n+1}-p_i^{n+1})-\gamma_{i-\frac{1}{2}}^n(Z_{i-1}-Z_i)\right]$$

$$+T_{x_{i+\frac{1}{2}}}^{n+1}\left[(p_{i+1}^{n+1}-p_i^{n+1})-\gamma_{i+\frac{1}{2}}^n(Z_{i+1}-Z_i)\right]-G_{\mathrm{w}_i}\left(\frac{1}{B\mu}\right)_i^{n+1}(p_i^{n+1}-p_{\mathrm{wf}_i})$$

$$=\frac{V_{\mathrm{b}_i}}{\alpha_{\mathrm{c}}\Delta t}\left(\frac{\phi}{B_{\mathrm{g}}}\right)_i'\left[p_i^{n+1}-p_i^n\right] \tag{8.36}$$

其中，$q_{\mathrm{sc}_i}^{n+1}=-G_{\mathrm{w}_i}\left(\frac{1}{B\mu}\right)_i^{n+1}(p_i^{n+1}-p_{\mathrm{wf}_i})$。

对于边界网格的线性化流动方程，其最终必须要修正为包含虚拟井（边界条件）的形式。

8.5.1 显式传导率法

在显式传导率法中，将网格间流动的传导率和单井产量方程中的压降系数记为当前时间层级 n，此时还须对 $\left(\dfrac{\phi}{B_g}\right)'_i$ 进行迭代。方程（8.36）变形为：

$$T^n_{x_{i-\frac{1}{2}}}\big[\,(p^{n+1}_{i-1}-p^{n+1}_i)-\gamma^n_{i-\frac{1}{2}}(Z_{i-1}-Z_i)\,\big]$$

$$+\,T^n_{x_{i+\frac{1}{2}}}\big[\,(p^{n+1}_{i+1}-p^{n+1}_i)-\gamma^n_{i+\frac{1}{2}}(Z_{i+1}-Z_i)\,\big]-G_{w_i}\left(\dfrac{1}{B\mu}\right)^n_i(p^{n+1}_i-p_{wf_i})$$

$$=\dfrac{V_{b_i}}{\alpha_c\Delta t}\left(\dfrac{\phi}{B_g}\right)'_i\big[\,p^{n+1}_i-p^n_i\,\big] \tag{8.37}$$

通过安排迭代层级并对各项重新排列，得到了内部网格 i 处流动方程的最终形式：

$$T^n_{x_{i-\frac{1}{2}}}p^{(\nu+1)}_{i-1}{}^{n+1}-\Big[\,T^n_{x_{i-\frac{1}{2}}}+T^n_{x_{i+\frac{1}{2}}}+\dfrac{V_{b_i}}{\alpha_c\Delta t}\left(\dfrac{\phi}{B_g}\right)'_i+G_{w_i}\left(\dfrac{1}{B\mu}\right)^n_i\,\Big]p^{(\nu+1)}_i{}^{n+1}$$

$$+\,T^n_{x_{i+\frac{1}{2}}}p^{(\nu+1)}_{i+1}{}^{n+1}=\big[\,T^n_{x_{i-\frac{1}{2}}}\gamma^n_{i-\frac{1}{2}}(Z_{i-1}-Z_i)+T^n_{x_{i+\frac{1}{2}}}\gamma^n_{i+\frac{1}{2}}(Z_{i+1}-Z_i)\,\big]$$

$$-\,G_{w_i}\left(\dfrac{1}{B\mu}\right)^n_i p_{wf_i}-\dfrac{V_{b_i}}{\alpha_c\Delta t}\left(\dfrac{\phi}{B_g}\right)'_i p^n_i \tag{8.38}$$

在方程（8.38）中，未知数为网格 $i-1$、网格 i 和网格 $i+1$ 在时间层级 $n+1$ 以及当前迭代层级 $(\nu+1)$ 时的压力，即 $p^{(\nu+1)}_{i-1}{}^{n+1}$、$p^{(\nu+1)}_i{}^{n+1}$ 和 $p^{(\nu+1)}_{i+1}{}^{n+1}$。

在多维流动问题中，采用显式传导率法对内部网格 n 列出的一般方程可表示为：

$$\sum_{l\in\psi_n}T^n_{l,n}p^{(\nu+1)}_l{}^{n+1}-\Big[\,\sum_{l\in\psi_n}T^n_{l,n}+\dfrac{V_{b_n}}{\alpha_c\Delta t}\left(\dfrac{\phi}{B_g}\right)'_n+G_{w_n}\left(\dfrac{1}{B\mu}\right)^n_n\,\Big]p^{(\nu+1)}_n{}^{n+1}$$

$$=\sum_{l\in\psi_n}T^n_{l,n}\gamma^n_{l,n}(Z_l-Z_n)-G_{w_n}\left(\dfrac{1}{B\mu}\right)^n_n p_{wf_n}-\dfrac{V_{b_n}}{\alpha_c\Delta t}\left(\dfrac{\phi}{B_g}\right)'_n p^n_n \tag{8.39}$$

8.5.2 简单迭代传导率法

在对传导率法进行简单迭代时，将传导率和井流动中的压降系数记为当前时间层级 $(n+1)$，同时将迭代过程滞后一次（即记为第 ν 次迭代）。按照第 7 章所述，重度应记为原时间层级。此时仍须对 $\left(\dfrac{\phi}{B_g}\right)'_i$ 进行迭代。方程（8.36）变形为：

$$T^{(\nu)}_{x_{i-\frac{1}{2}}}{}^{n+1}\big[\,(p^{(\nu+1)}_{i-1}{}^{n+1}-p^{(\nu+1)}_i{}^{n+1})-\gamma^n_{i-\frac{1}{2}}(Z_{i-1}-Z_i)\,\big]$$

$$+\,T^{(\nu)}_{x_{i+\frac{1}{2}}}{}^{n+1}\Big[\,\big(p^{(\nu+1)}_{i+1}{}^{n+1}-p^{(\nu+1)}_i{}^{n+1}\big)-\gamma^n_{i+\frac{1}{2}}(Z_{i+1}-Z_i)\,\Big]$$

$$- G_{w_i} \left(\frac{1}{B\mu} \right)_i^{(\nu)}_{n+1} \left(p_i^{(\nu+1)}_{n+1} - p_{wf_i} \right) = \frac{V_{b_i}}{\alpha_c \Delta t} \left(\frac{\phi}{B_g} \right)_i' \left[p_i^{(\nu+1)}_{n+1} - p_i^n \right] \tag{8.40}$$

通过对各项重新排列，得到了内部网格 i 处流动方程的最终形式：

$$T_{x_{i-\frac{1}{2}}}^{(\nu)}_{n+1} p_{i-1}^{(\nu+1)}_{n+1} - \left[T_{x_{i-\frac{1}{2}}}^{(\nu)}_{n+1} + T_{x_{i+\frac{1}{2}}}^{(\nu)}_{n+1} + \frac{V_{b_i}}{\alpha_c \Delta t} \left(\frac{\phi}{B_g} \right)_i' + G_{w_i} \left(\frac{1}{B\mu} \right)_i^{(\nu)}_{n+1} \right] p_i^{(\nu+1)}_{n+1}$$

$$+ T_{x_{i+\frac{1}{2}}}^{(\nu)}_{n+1} p_{i+1}^{(\nu+1)}_{n+1} = \left[T_{x_{i-\frac{1}{2}}}^{(\nu)}_{n+1} \gamma_{i-\frac{1}{2}}^n (Z_{i-1} - Z_i) + T_{x_{i+\frac{1}{2}}}^{(\nu)}_{n+1} \gamma_{i+\frac{1}{2}}^n (Z_{i+1} - Z_i) \right]$$

$$- G_{w_i} \left(\frac{1}{B\mu} \right)_i^{(\nu)}_{n+1} p_{wf_i} - \frac{V_{b_i}}{\alpha_c \Delta t} \left(\frac{\phi}{B_g} \right)_i' p_i^n \tag{8.41}$$

在方程（8.41）中，未知数为网格 $i-1$、网格 i 和网格 $i+1$ 在时间层级 $n+1$ 以及当前迭代层级（$\nu+1$）时的压力，即 $p_{i-1}^{(\nu+1)}_{n+1}$、$p_i^{(\nu+1)}_{n+1}$ 和 $p_{i+1}^{(\nu+1)}_{n+1}$。

若多维流动问题中采用传导率法简单迭代，那么在此情况下，对内部网格 n 列出的一般方程可表示为：

$$\sum_{l \in \psi_n} T_{l,n}^{(\nu)}_{n+1} p_l^{(\nu+1)}_{n+1} - \left[\sum_{l \in \psi_n} T_{l,n}^{(\nu)}_{n+1} + \frac{V_{b_n}}{\alpha_c \Delta t} \left(\frac{\phi}{B_g} \right)_n' + G_{w_n} \left(\frac{1}{B\mu} \right)_n^{(\nu)}_{n+1} \right] p_n^{(\nu+1)}_{n+1}$$

$$= \sum_{l \in \psi_n} T_{l,n}^{(\nu)}_{n+1} \gamma_{l,n}^n (Z_l - Z_n) - G_{w_n} \left(\frac{1}{B\mu} \right)_n^{(\nu)}_{n+1} p_{wf_n} - \frac{V_{b_n}}{\alpha_c \Delta t} \left(\frac{\phi}{B_g} \right)_n' p_n^n \tag{8.42}$$

8.5.3 全隐式（牛顿迭代）法

在全隐式法中，将传导率、井产率和虚拟井产率（如果存在）记为当前时间层级（$n+1$）。按照第 7 章所述，重力应记为原时间层级。通过在当前时间层级和当前迭代层级确定非线性项和未知压力，并利用之前的迭代过程计算 $\left(\frac{\phi}{B_g} \right)_i'$ 的值，方程（8.36）可变形为：

$$T_{x_{i-\frac{1}{2}}}^{(\nu+1)}_{n+1} \left[\left(p_{i-1}^{(\nu+1)}_{n+1} - p_i^{(\nu+1)}_{n+1} \right) - \gamma_{i-\frac{1}{2}}^n (Z_{i-1} - Z_i) \right]$$

$$+ T_{x_{i+\frac{1}{2}}}^{(\nu+1)}_{n+1} \left[\left(p_{i+1}^{(\nu+1)}_{n+1} - p_i^{(\nu+1)}_{n+1} \right) - \gamma_{i+\frac{1}{2}}^n (Z_{i+1} - Z_i) \right] + q_{sc_i}^{(\nu+1)}_{n+1} = \frac{V_{b_i}}{\alpha_c \Delta t} \left(\frac{\phi}{B_g} \right)_i' \left[p_i^{(\nu+1)}_{n+1} - p_i^n \right] \tag{8.43}$$

方程（8.43）左侧的前三项可用全隐式法作近似处理，得到：

$$T_{x_{i+\frac{1}{2}}}^{(\nu+1)}_{n+1} \left[\left(p_{i\mp 1}^{(\nu+1)}_{n+1} - p_i^{(\nu+1)}_{n+1} \right) - \gamma_{i\mp\frac{1}{2}}^n (Z_{i\mp 1} - Z_i) \right]$$

$$\cong T_{x_{i\mp\frac{1}{2}}}^{(\nu)}_{n+1} \left[\left(p_{i\mp 1}^{(\nu)}_{n+1} - p_i^{(\nu)}_{n+1} \right) - \gamma_{i\mp\frac{1}{2}}^n (Z_{i\mp 1} - Z_i) \right]$$

$$+ \left[\left(p_{i\mp 1}^{(\nu)}_{n+1} - p_i^{(\nu)}_{n+1} \right) - \gamma_{i\mp\frac{1}{2}}^n (Z_{i\mp 1} - Z_i) \right] \left[\frac{\partial T_{x_{i\mp\frac{1}{2}}}}{\partial p_i} \bigg|_{n+1}^{(\nu)} \left(p_i^{(\nu+1)}_{n+1} - p_i^{(\nu)}_{n+1} \right) \right.$$

$$+ \left.\frac{\partial T_{x_{i\mp\frac{1}{2}}}}{\partial p_{i\mp1}}\right|_{n+1}^{(\nu)} \left(p_{i\mp1}^{\overset{(\nu+1)}{n+1}} - p_{i\mp1}^{\overset{(\nu)}{n+1}} \right) \right] + T_{x_{i\mp\frac{1}{2}}}^{\overset{(\nu)}{n+1}} \left[\left(p_{i\mp1}^{\overset{(\nu+1)}{n+1}} - p_{i\mp1}^{\overset{(\nu)}{n+1}} \right) - \left(p_i^{\overset{(\nu+1)}{n+1}} - p_i^{\overset{(\nu)}{n+1}} \right) \right] \quad (8.44)$$

$$q_{sc_i}^{\overset{(\nu+1)}{n+1}} \cong q_{sc_i}^{\overset{(\nu)}{n+1}} + \left.\frac{\mathrm{d}q_{sc_i}}{\mathrm{d}p_i}\right|_{n+1}^{(\nu)} \left(p_i^{\overset{(\nu+1)}{n+1}} - p_i^{\overset{(\nu)}{n+1}} \right) \quad (8.32)$$

方程（8.43）右侧可改写为：

$$\frac{V_{b_i}}{\alpha_c \Delta t} \left(\frac{\phi}{B_g} \right)'_i \left[p_i^{\overset{(\nu+1)}{n+1}} - p_i^n \right] = \frac{V_{b_i}}{\alpha_c \Delta t} \left(\frac{\phi}{B_g} \right)'_i \left[\left(p_i^{\overset{(\nu+1)}{n+1}} - p_i^{\overset{(\nu)}{n+1}} \right) + \left(p_i^{\overset{(\nu)}{n+1}} - p_i^n \right) \right] \quad (8.45)$$

将方程（8.32）、方程（8.44）和方程（8.45）代入方程（8.43）中，合并同类项，可得内部网格 i 处全隐式流动方程的最终形式：

$$\left\{ T_{x_{i-\frac{1}{2}}}^{\overset{(\nu)}{n+1}} + \left[\left(p_{i-1}^{\overset{(\nu)}{n+1}} - p_i^{\overset{(\nu)}{n+1}} \right) - \gamma_{i-\frac{1}{2}}^n (Z_{i-1} - Z_i) \right] \left.\frac{\partial T_{x_{i-\frac{1}{2}}}}{\partial p_{i-1}}\right|_{n+1}^{(\nu)} \right\} \delta p_{i-1}^{\overset{(\nu+1)}{n+1}}$$

$$- \left\{ T_{x_{i-\frac{1}{2}}}^{\overset{(\nu)}{n+1}} - \left[\left(p_{i-1}^{\overset{(\nu)}{n+1}} - p_i^{\overset{(\nu)}{n+1}} \right) - \gamma_{i-\frac{1}{2}}^n (Z_{i-1} - Z_i) \right] \left.\frac{\partial T_{x_{i-\frac{1}{2}}}}{\partial p_i}\right|_{n+1}^{(\nu)} + T_{x_{i+\frac{1}{2}}}^{\overset{(\nu)}{n+1}} \right.$$

$$- \left[\left(p_{i+1}^{\overset{(\nu)}{n+1}} - p_i^{\overset{(\nu)}{n+1}} \right) - \gamma_{i+\frac{1}{2}}^n (Z_{i+1} - Z_i) \right] \left.\frac{\partial T_{x_{i+\frac{1}{2}}}}{\partial p_i}\right|_{n+1}^{(\nu)}$$

$$\left. - \left.\frac{\mathrm{d}q_{sc_i}}{\mathrm{d}p_i}\right|_{n+1}^{(\nu)} + \frac{V_{b_i}}{\alpha_c \Delta t} \left(\frac{\phi}{B_g} \right)'_i \right\} \delta p_i^{\overset{(\nu+1)}{n+1}}$$

$$+ \left\{ T_{x_{i+\frac{1}{2}}}^{\overset{(\nu)}{n+1}} + \left[\left(p_{i+1}^{\overset{(\nu)}{n+1}} - p_i^{\overset{(\nu)}{n+1}} \right) - \gamma_{i+\frac{1}{2}}^n (Z_{i+1} - Z_i) \right] \left.\frac{\partial T_{x_{i+\frac{1}{2}}}}{\partial p_{i+1}}\right|^{(\nu)} \right\} \delta p_{i+1}^{\overset{(\nu+1)}{n+1}}$$

$$= - \left\{ T_{x_{i-\frac{1}{2}}}^{\overset{(\nu)}{n+1}} \left[\left(p_{i-1}^{\overset{(\nu)}{n+1}} - p_i^{\overset{(\nu)}{n+1}} \right) - \gamma_{i-\frac{1}{2}}^n (Z_{i-1} - Z_i) \right] + T_{x_{i+\frac{1}{2}}}^{\overset{(\nu)}{n+1}} \left[\left(p_{i+1}^{\overset{(\nu)}{n+1}} - p_i^{\overset{(\nu)}{n+1}} \right) \right. \right.$$

$$\left. \left. - \gamma_{i+\frac{1}{2}}^n (Z_{i+1} - Z_i) \right] + q_{sc_i}^{\overset{(\nu)}{n+1}} - \frac{V_{b_i}}{\alpha_c \Delta t} \left(\frac{\phi}{B_g} \right)'_i \left(p_i^{\overset{(\nu)}{n+1}} - p_i^{(\nu)} \right) \right\} \quad (8.46)$$

方程（8.46）中的未知数分别为网格 $i-1$、网格 i 和网格 $i+1$ 经过一次迭代后的压力变化值，即 $\left(p_{i-1}^{\overset{(\nu+1)}{n+1}} - p_{i-1}^{\overset{(\nu)}{n+1}} \right)$、$\left(p_i^{\overset{(\nu+1)}{n+1}} - p_i^{\overset{(\nu)}{n+1}} \right)$ 和 $\left(p_{i+1}^{\overset{(\nu+1)}{n+1}} - p_{i+1}^{\overset{(\nu)}{n+1}} \right)$。这些未知数反映了对内部网格 i 的流动方程作非线性全隐式处理的过程。可以注意到，对于第一次迭代过程（即 $\nu = 0$ 时），有 $p_i^{(0)} = p_i^n (i = 1, 2, 3, \cdots, n_x)$，并且一阶导数是在原时间层级 n 中估算出的。

网格 n 全隐式方程的一般形式为：

$$\sum_{l \in \psi_n} \left\{ T_{l,n}^{(\nu)} + \left[\left(p_l^{(\nu)} - p_n^{(\nu)} \right) - \gamma_{l,n}^n (Z_l - Z_n) \right] \left.\frac{\partial T_{l,n}}{\partial p_l}\right|_{n+1}^{(\nu)} + \sum_{m \in \xi_n}^{(\nu)} \left.\frac{\partial q_{sc_{m,n}}}{\partial p_l}\right|_{n+1}^{(\nu)} \right\} \delta p_l^{\overset{(\nu+1)}{n+1}}$$

$$
-\left\{\sum_{l\in\psi_n}\left(T_{l,n}^{n+1}-\left[\left(p_l^{n+1}-p_n^{n+1}\right)-\gamma_{l,n}^n(Z_l-Z_n)\right]\frac{\partial T_{l,n}}{\partial p_n}\bigg|^{(\nu)}_{n+1}\right)-\sum_{l\in\xi_n}\frac{\partial q_{\mathrm{sc}_{l,n}}}{\partial p_n}\bigg|^{(\nu)}_{n+1}\right.
$$

$$
\left.-\frac{\mathrm{d}q_{\mathrm{sc}}}{\mathrm{d}p_n}\bigg|^{(\nu)}_{n+1}+\frac{V_{\mathrm{b}_n}}{\alpha_{\mathrm{c}}\Delta t}\left(\frac{\phi}{B_{\mathrm{g}}}\right)_n'\right\}\delta p_n^{(\nu+1)}=-\left\{\sum_{l\in\psi_n}T_{l,n}^{(\nu)}\left[\left(p_l^{(\nu)}_{n+1}-p_n^{(\nu)}_{n+1}\right)-\gamma_{l,n}^n(Z_l-Z_n)\right]\right.
$$

$$
\left.+\sum_{l\in\xi_n}q_{\mathrm{sc}_{l,n}}^{(\nu)}_{n+1}+q_{\mathrm{sc}_n}^{(\nu)}_{n+1}-\frac{V_{\mathrm{b}_n}}{\alpha_{\mathrm{c}}\Delta t}\left(\frac{\phi}{B_{\mathrm{g}}}\right)_n'\left(p_n^{(\nu)}_{n+1}-p_n^n\right)\right\}\qquad(8.47\mathrm{a})
$$

可以注意到，当且仅当网格 n 为边界网格，并且网格 n 附近的网格 l 又紧邻油藏边界 m 时，方程（8.47a）的求和项 $\sum_{m\in\xi_n}\dfrac{\partial q_{\mathrm{sc}_{m,n}}}{\partial p_l}\bigg|^{(\nu)}_{n+1}$ 成为网格 l 最大的一项。此外，通过虚拟井流动方程可以得到 $\dfrac{\partial q_{\mathrm{sc}_{m,n}}}{\partial p_l}$ 和 $\dfrac{\partial q_{\mathrm{sc}_{m,n}}}{\partial p_n}$，这一过程与主导的边界条件是分不开的。还要注意到，由于下面这一项的存在，无法通过方程（8.47a）得到对称矩阵。

$$
\left[\left(p_l^{(\nu)}_{n+1}-p_n^{(\nu)}_{n+1}\right)-\gamma_{l,n}^n(Z_l-Z_n)\right]\frac{\partial T_{l,n}}{\partial p_n}\bigg|^{(\nu)}_{n+1}
$$

Coats 等（1977）在没有对累积项采用传统展开办法的情况下，为自己建立的蒸汽模型推导出了全隐式方程。这些方程在迭代过程中并没有保持物质平衡，而是在收敛过程中才保持。本书用他们这种推导方法来解决可压缩流体的问题，这种流体可用方程（7.12）中的隐式方程来描述。该方程是以时间层级为 $n+1$ 时的余项形式写出的，即所有的项都置于方程同一侧，而方程另一侧为零。在所得方程中，时间层级为 $n+1$ 时的各项可通过其在当前迭代层级（$\nu+1$）的值，再加上对所有未知压力进行偏微分所产生未知数的线性组合近似得到，而当前迭代层级（$\nu+1$）的值又可由上一个迭代层级（ν）的值近似得到。所得方程中的未知量是原方程中所有未知压力经过一次迭代后的变化量。最终得到的网格 n 全隐式迭代方程为：

$$
\sum_{l\in\psi_n}\left\{T_{l,n}^{(\nu)}_{n+1}+\left[\left(p_l^{(\nu)}_{n+1}-p_n^{(\nu)}_{n+1}\right)-\gamma_{l,n}^n(Z_l-Z_n)\right]\frac{\partial T_{l,n}}{\partial p_l}\bigg|^{(\nu)}_{n+1}+\sum_{m\in\xi_n}\frac{\partial q_{\mathrm{sc}_{m,n}}}{\partial p_l}\bigg|^{(\nu)}_{n+1}\right\}\delta p_l^{(\nu+1)}_{n+1}
$$

$$
-\left\{\sum_{l\in\psi_n}\left(T_{l,n}^{(\nu)}_{n+1}-\left[\left(p_l^{(\nu)}_{n+1}-p_n^{(\nu)}_{n+1}\right)-\gamma_{l,n}^n(Z_l-Z_n)\right]\frac{\partial T_{l,n}}{\partial p_n}\bigg|^{(\nu)}_{n+1}\right)-\sum_{l\in\xi_n}\frac{\partial q_{\mathrm{sc}_{l,n}}}{\partial p_n}\bigg|^{(\nu)}_{n+1}\right.
$$

$$
\left.-\frac{\mathrm{d}q_{\mathrm{sc}_n}}{\mathrm{d}p_n}\bigg|^{(\nu)}_{n+1}+\frac{V_{\mathrm{b}_n}}{\alpha_{\mathrm{c}}\Delta t}\left(\frac{\phi}{B_{\mathrm{g}}}\right)_n'\bigg|^{(\nu)}_{n+1}\right\}\delta p_n^{(\nu+1)}=-\left\{\sum_{l\in\psi_n}T_{l,n}^{(\nu)}_{n+1}\left[\left(p_l^{(\nu)}_{n+1}-p_n^{(\nu)}_{n+1}\right)-\gamma_{l,n}^n(Z_l-Z_n)\right]\right.
$$

$$
\left.+\sum_{l\in\xi_n}q_{\mathrm{sc}_{l,n}}^{(\nu)}_{n+1}+q_{\mathrm{sc}_n}^{(\nu)}_{n+1}-\frac{V_{\mathrm{b}_n}}{\alpha_{\mathrm{c}}\Delta t}\left[\left(\frac{\phi}{B_{\mathrm{g}}}\right)_n^{(\nu)}_{n+1}-\left(\frac{\phi}{B_{\mathrm{g}}}\right)_n^n\right]\right\}\qquad(8.47\mathrm{b})
$$

方程（8.47b）的形式与方程（8.47a）相似，但有三点不同，均与累积项有关。第一，方程（8.47a）在每步迭代过程中都保持物质平衡，而方程（8.47b）只在收敛时保持物质平衡。第二，方程（8.47a）中 $\left(\dfrac{\phi}{B_g}\right)'_n$ 项表示的是通过传统展开方法得到的弦斜率，而方程

（8.47b）的 $\left(\dfrac{\phi}{B_g}\right)'_n\bigg|^{(\nu+1)}$ 项表示 $\left(\dfrac{\phi}{B_g}\right)_n$ 的斜率，这两项都是在经过第 ν 次迭代后才估算得出。

第三，方程（8.47a）右边的最后一项 $\dfrac{V_{b_n}}{\alpha_c\Delta t}\left(\dfrac{\phi}{B_g}\right)'_n\left(p_n^{(\nu+1)}-p_n^n\right)$ 在方程（8.47b）中换成了

$\dfrac{V_{b_n}}{\alpha_c\Delta t}\left[\left(\dfrac{\phi}{B_g}\right)_n^{(\nu+1)}-\left(\dfrac{\phi}{B_g}\right)_n^n\right]$。单相流动的累积项是仅与压力有关的函数，而上述两项在单相流动

中是等价的，其原因在于这两项都表示上一次迭代中估算出的累积项。

　　下面这组例题说明了用显式传导率法、传导率法简单迭代以及全隐式线性化法求解单井模拟方程的原理。需要注意的是，用简单迭代法和全隐式法算出的结果很接近，因为这两种方法在每次迭代时都会更新其传导率，而显式传导率法却与此相反。当时间步长为一个月时，题中的所有解法都表现出相同的收敛性，因为在 1515～4015psia 的压力范围内，乘积函数 μB 的斜率很小 $\left[-4.5\times10^{-6}\,\text{mPa}\cdot\text{s}\cdot\text{bbl}/\left(\text{ft}^3\cdot\text{psi}\right)\right]$，其图像近乎直线。

　　例 8.1　考虑例 7.13 中描述的天然气藏，该气藏在 20acre 范围内有一口 6in 垂直气井。如图 8.2 所示，气藏在径向上划分成四个网格块进行描述。该气藏为水平气藏，净厚度 30feet，岩石性质为均质、各向同性，且有 $k=15\text{mD}$、$\phi=0.13$。

　　气藏初始压力为 4015psia。表 8.1 列出了气体的地层体积系数和黏度随压力的变化关系。气藏外部边界是密封的，边界处流体无法流动。设该气井以 1515psia 的井底流压进行生产。用单一时间步长求出 1 个月（30.42d）后气藏的压力分布。本题请用隐式方程结合显式传导率的线性化法求解，并列出 6 个月以内的模拟结果。

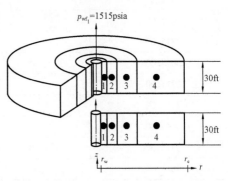

图 8.2　例 8.1 中经过离散化的一维气藏

求解方法

　　网格位置、网格体积和径向几何因子按照例 7.13 的方法求解，计算结果见表 8.2。

　　对于水平气藏中（Z_n = 常数）封闭边界（$\sum\limits_{l\in\xi_n}q_{sc_{l,n}}^{n+1}=0$）的单井模拟，可通过方程

（8.39）得出带有显式传导率的隐式流动方程。当工作中的井底流压一定时，对于包含气井的网格 n，有：

$$\sum_{l\in\psi_n}T_{l,n}^n p_l^{(\nu+1)} - \left[\sum_{l\in\psi_n}T_{l,n}^n + \frac{V_{b_n}}{\alpha_c\Delta t}\left(\frac{\phi}{B_g}\right)'_n + G_{w_n}\left(\frac{1}{B\mu}\right)_n^n\right]p_n^{(\nu+1)}$$

$$= -G_{w_n}\left(\frac{1}{B\mu}\right)_n^n p_{wf_n} - \frac{V_{b_n}}{\alpha_c\Delta t}\left(\frac{\phi}{B_g}\right)'_n p_n^n \qquad (8.48a)$$

表8.1　例8.1中气体的地层体积系数和黏度

压力（psia）	气体地层体积系数（bbl/ft³）	气体黏度（mPa·s）
215.00	0.016654	0.0126
415.00	0.008141	0.0129
615.00	0.005371	0.0132
815.00	0.003956	0.0135
1015.00	0.003114	0.0138
1215.00	0.002544	0.0143
1415.00	0.002149	0.0147
1615.00	0.001857	0.0152
1815.00	0.001630	0.0156
2015.00	0.001459	0.0161
2215.00	0.001318	0.0167
2415.00	0.001201	0.0173
2615.00	0.001109	0.0180
2815.00	0.001032	0.0186
3015.00	0.000972	0.0192
3215.00	0.000922	0.0198
3415.00	0.000878	0.0204
3615.00	0.000840	0.0211
3815.00	0.000808	0.0217
4015.00	0.000779	0.0223

对于不包含气井的网格 n，有：

$$\sum_{l\in\psi_n}T_{l,n}^n p_l^{(\nu+1)}{}_{n+1} - \Big[\sum_{l\in\psi_n}T_{l,n}^n + \frac{V_{b_n}}{\alpha_c\Delta t}\Big(\frac{\phi}{B_g}\Big)_n'\Big]p_{n+1}^{(\nu+1)} = -\frac{V_{b_n}}{\alpha_c\Delta t}\Big(\frac{\phi}{B_g}\Big)_n' p_n^n \tag{8.48b}$$

该气藏中，网格块1的气体朝气井方向流动。因此，网格块4位于网格块3的上游，网格块3位于网格块2的上游，而网格块2又位于网格块1的上游。在解决这个问题时，对传导率中与压力有关的项采用上游加权的方法（见8.4.1.1节）。

表8.2　各次迭代中网格位置、网格体积及几何因子的值

n	i	r_i（ft）	$G_{r_{i+\frac{1}{2}}}$（bbl·mPa·s·d⁻¹·psi⁻¹）	V_{b_n}（ft³）
1	1	0.5611	1.6655557	340.59522
2	2	3.8014	1.6655557	15631.85900
3	3	25.7532	1.6655557	717435.23000
4	4	174.4683	1.6655557	25402.60400

计算第一个时间步长内的压力分布（$n=0$，$t_{n+1}=30.42\mathrm{d}$，$\Delta t=30.42\mathrm{d}$）。

令 $p_1^n = p_2^n = p_3^n = p_4^n = p_{\mathrm{in}} = 4015\mathrm{psia}$。

对于第一次迭代（$\nu=0$），假设 $p_n^{n+1\,(\nu)} = p_n^n = 4015\mathrm{psia}$（$n=1$，2，3，4）。另外，估计 $\left(\dfrac{\phi}{B_{\mathrm{g}}}\right)_n'$ 在 p_n^n 和 $p_n^n - \varepsilon(\varepsilon=1\mathrm{psi})$ 之间的值。表 8.3 列出了第一次迭代时各个网格的估算值，其中包括在表项内用线性插值法估算的地层体积系数和黏度，以及弦斜率 $\left(\dfrac{\phi}{B_{\mathrm{g}}}\right)_n'$ 和 $\dfrac{V_{b_n}}{\alpha_{\mathrm{c}}\Delta t}\left(\dfrac{\phi}{B_{\mathrm{g}}}\right)_n'$ 的估算值。注意在 $p=4014\mathrm{psia}$、$B_{\mathrm{g}}=0.00077914\mathrm{bbl/ft}^3$、$\mu_{\mathrm{g}}=0.0222970\mathrm{mPa\cdot s}$ 时的情况，以网格 1 为例，对传导率采用上游加权，有：

$$\left(\frac{\phi}{B_{\mathrm{g}}}\right)_1' = \frac{\left(\dfrac{\phi}{B}\right)_1^{n+1\,(\nu)} - \left(\dfrac{\phi}{B}\right)_1^n}{p_1^{n+1\,(\nu)} - p_1^n} = \frac{\left(\dfrac{0.13}{0.00077914}\right) - \left(\dfrac{0.13}{0.000779}\right)}{4014 - 4015} = 0.0310567$$

$$\frac{V_{b_1}}{\alpha_{\mathrm{c}}\Delta t}\left(\frac{\phi}{B_{\mathrm{g}}}\right)_1' = \frac{340.59522 \times 0.0310567}{5.614583 \times 30.42} = 0.0619323$$

$$T_{r_{2,1}}^n\big|_2 = T_{r_{1,2}}^n\big|_2 = G_{r_{1+\frac{1}{2}}}\left(\frac{1}{\mu B}\right)_2^n = 1.6655557 \times \left(\frac{1}{0.0223000 \times 0.00077900}\right)$$
$$= 95877.5281$$

表 8.3　原迭代层级 $\nu=0$ 时网格地层体积系数、黏度及弦斜率的估计值

网格 n	$p_n^{n+1\,(0)}$（psia）	B_{g}（bbl/ft^3）	μ_{g}（mPa·s）	$(\phi/B_{\mathrm{g}})_n'$	$\dfrac{V_{b_n}}{\alpha_{\mathrm{c}}\Delta t}\left(\dfrac{\phi}{B_{\mathrm{g}}}\right)_n'$
1	4015	0.000779	0.0223	0.0310567	0.0619323
2	4015	0.000779	0.0223	0.0310567	2.8424300
3	4015	0.000779	0.0223	0.0310567	130.4550000
4	4015	0.000779	0.0223	0.0310567	4619.1000000

此外，用方程（6.10a）计算第一个井区内生产井的几何因子 G_{w_1}，可得：

$$G_{w_1} = \frac{2 \times \pi \times 0.001127 \times 15 \times 30}{\ln(0.5611/0.25)} = 3.941572$$

$$G_{w_1}\left(\frac{1}{\mu B}\right)_1^n = 3.941572 \times \left(\frac{1}{0.0223000 \times 0.00077900}\right)$$

$$= 226896.16\mathrm{ft}^3/(\mathrm{d}\cdot\mathrm{psi})$$

因此，$T_{r_{1,2}}^n\big|_2 = T_{r_{2,3}}^n\big|_3 = T_{r_{3,4}}^n\big|_4 = 95877.5281\mathrm{ft}^3/（\mathrm{d}\cdot\mathrm{psi}）$，同时注意到 $T_{r_{l,n}}^n = T_{r_{n,l}}^n$。对于网格 1，有 $n=1$，$\psi_1 = \{2\}$。因此，方程（8.48a）可变形为：

$$-\left[T_{2,1}^n\big|_2 + \frac{V_{b_1}}{\alpha_{\mathrm{c}}\Delta t}\left(\frac{\phi}{B_{\mathrm{g}}}\right)_1' + G_{w_1}\left(\frac{1}{B\mu}\right)_1^n\right]p_1^{n+1\,(\nu+1)} + T_{2,1}^n\big|_2 p_2^{n+1\,(\nu+1)}$$

$$= - G_{w_1} \left(\frac{1}{B\mu} \right)_1^n p_{wf_1} - \frac{V_{b_1}}{\alpha_c \Delta t} \left(\frac{\phi}{B_g} \right)_1^{\prime n} p_1^n \tag{8.49}$$

将前面的数值代入方程（8.49），可得：

$$- \left[95877.5281 + 0.0619323 + 226896.16 \right] p_1^{(\nu+1)}_{n+1} + 95877.5281 p_2^{(\nu+1)}_{n+1}$$

$$= - 226896.16 \times 1515 - 0.0619323 \times 4015$$

化简后可得：

$$- 322773.749 p_1^{(\nu+1)}_{n+1} + 95877.5281 p_2^{(\nu+1)}_{n+1} = - 343747929 \tag{8.50}$$

对于网格 2，有 $n = 2$，$\psi_2 = \{1, 3\}$。因此，方程（8.48b）可变形为：

$$T_{1,2}^n \big|_2 p_1^{(\nu+1)}_{n+1} - \left[T_{1,2}^n \big|_2 + T_{3,2}^n \big|_3 + \frac{V_{b_2}}{\alpha_c \Delta t} \left(\frac{\phi}{B_g} \right)_2^{\prime} \right] p_2^{(\nu+1)}_{n+1} + T_{3,2}^n \big|_3 p_3^{(\nu+1)}_{n+1} = - \frac{V_{b_2}}{\alpha_c \Delta t} \left(\frac{\phi}{B_g} \right)_2^{\prime n} p_2^n \tag{8.51}$$

代值计算，可得：

$$95877.5281 p_1^{(\nu+1)}_{n+1} - \left[95877.5281 + 95877.5281 + 2.84243 \right] p_2^{(\nu+1)}_{n+1}$$

$$+ 95877.5281 p_3^{(\nu+1)}_{n+1} = - 2.84243 \times 4015$$

化简后可得：

$$95877.5281 p_1^{(\nu+1)}_{n+1} - 191757.899 p_2^{(\nu+1)}_{n+1} + 95877.5281 p_3^{(\nu+1)}_{n+1} = - 11412.3496 \tag{8.52}$$

对于网格 3，有 $n = 3$，$\psi_3 = \{2, 4\}$。因此，方程（8.48b）可变形为：

$$T_{2,3}^n \big|_3 p_2^{(\nu+1)}_{n+1} - \left[T_{2,3}^n \big|_3 + T_{4,3}^n \big|_4 + \frac{V_{b_3}}{\alpha_c \Delta t} \left(\frac{\phi}{B_g} \right)_3^{\prime} \right] p_3^{(\nu+1)}_{n+1} + T_{4,3}^n \big|_4 p_4^{(\nu+1)}_{n+1} = - \frac{V_{b_3}}{\alpha_c \Delta t} \left(\frac{\phi}{B_g} \right)_3^{\prime n} p_3^n$$

$$\tag{8.53}$$

代值计算，可得：

$$95877.5281 p_2^{(\nu+1)}_{n+1} - \left[95877.5281 + 95877.5281 + 130.455 \right] p_3^{(\nu+1)}_{n+1}$$

$$+ 95877.5281 p_4^{(\nu+1)}_{n+1} = - 130.455 \times 4015$$

化简后可得：

$$95877.5281 p_2^{(\nu+1)}_{n+1} - 191885.511 p_3^{(\nu+1)}_{n+1} + 95877.5281 p_4^{(\nu+1)}_{n+1} = - 523777.862 \tag{8.54}$$

对于网格 4，有 $n = 4$，$\psi_4 = \{3\}$。因此，方程（8.48b）可变形为：

$$T_{3,4}^n \big|_4 p_3^{(\nu+1)}_{n+1} - \left[T_{3,4}^n \big|_4 + \frac{V_{b_4}}{\alpha_c \Delta t} \left(\frac{\phi}{B_g} \right)^{\prime} \right]_4^{(\nu+1)}_{n+1} = - \frac{V_{b_4}}{\alpha_c \Delta t} \left(\frac{\phi}{B_g} \right)_4^{\prime n} p_4^n \tag{8.55}$$

代值计算，可得：

$$95877.5281 p_3^{(\nu+1)}_{n+1} - \left[95877.5281 + 4619.10 \right] p_4^{(\nu+1)}_{n+1} = - 4619.10 \times 4015$$

化简后可得：

$$95877.5281p_3^{(\nu+1)}_{n+1} - 100496.6251p_4^{(\nu+1)}_{n+1} = -18545676.2 \tag{8.56}$$

联立求解方程（8.50）、方程（8.52）、方程（8.54）和方程（8.56），可得压力解为 $p_1^{(1)}_{n+1} = 1559.88\text{psia}$、$p_2^{(1)}_{n+1} = 1666.08\text{psia}$、$p_3^{(1)}_{n+1} = 1772.22\text{psia}$、$p_4^{(1)}_{n+1} = 1875.30\text{psia}$。

对于第二次迭代（$\nu = 1$），用 p_n^{n+1} 来估算地层体积系数的值，从而估算网格 n 的弦斜率 $\left(\dfrac{\phi}{B_g}\right)'_n$ 和 $\dfrac{V_{b_n}}{\alpha_c \Delta t}\left(\dfrac{\phi}{B_g}\right)'_n$ 的值。得出的估算值见表 8.4。例如，对网格 1，有：

$$\left(\frac{\phi}{B_g}\right)'_1 = \frac{\left(\frac{\phi}{B}\right)_1^{(\nu)}_{n+1} - \left(\frac{\phi}{B}\right)_1^n}{p_1^{(\nu)}_{n+1} - p_1^n} = \frac{\left(\frac{0.13}{0.0019375}\right) - \left(\frac{0.13}{0.000779000}\right)}{1559.88 - 4015} = 0.0406428$$

表 8.4　原迭代层级 $\nu = 1$ 时网格地层体积系数及弦斜率的估算值

网格 n	$p_n^{(0)}_{n+1}$（psia）	$B_{g_n}^{(1)}_{n+1}$（bbl/ft³）	$(\phi/B_g)'_n$	$\dfrac{V_{b_n}}{\alpha_c \Delta t}\left(\dfrac{\phi}{B_g}\right)'_n$
1	1559.88	0.0019375	0.0406428	0.0810486
2	1666.08	0.0017990	0.0402820	3.6867600
3	1772.22	0.0016786	0.0398760	167.5010000
4	1875.30	0.0015784	0.0395013	5875.07000000

$$\frac{V_{b_1}}{\alpha_c \Delta t}\left(\frac{\phi}{B_g}\right)'_1 = \frac{340.59522 \times 0.0406428}{5.614583 \times 30.42} = 0.0810486$$

可以注意到，对于显式传导率的处理方法，在所有迭代过程中都有 $T_{r_{1,2}}^n\big|_2 = T_{r_{2,3}}^n\big|_3 = T_{r_{3,4}}^n\big|_4 = 95877.5281\text{ft}^3/(\text{d}\cdot\text{psi})$ 且 $G_{w_1}\left(\dfrac{1}{\mu B}\right)_1^n = 226896.16\text{ft}^3/(\text{d}\cdot\text{psi})$。

对于网格 1，有 $n = 1$。将前面的值代入方程（8.49），可得：

$$-\left[95877.5281 + 0.0810486 + 226896.16\right]p_1^{(\nu+1)}_{n+1} + 95877.5281p_2^{(\nu+1)}_{n+1}$$

$$= -226896.16 \times 1515 - 0.0810486 \times 4015$$

化简可得：

$$-322773.768p_1^{(\nu+1)}_{n+1} + 95877.5281p_2^{(\nu+1)}_{n+1} = -343748006 \tag{8.57}$$

对于网格 2，有 $n = 2$。将前面的值代入方程（8.51），可得：

$$95877.5281p_1^{(\nu+1)}_{n+1} - \left[95877.5281 + 95877.5281 + 3.68676\right]p_2^{(\nu+1)}_{n+1}$$

$$+ 95877.5281p_3^{(\nu+1)}_{n+1} = -3.68676 \times 4015$$

化简可得：

$$95877.5281p_1^{(\nu+1)}_{n+1} - 191758.743p_2^{(\nu+1)}_{n+1} + 95877.5281p_3^{(\nu+1)}_{n+1} = -14802.3438 \tag{8.58}$$

对于网格 3，有 $n=3$。将前面的值代入方程（8.53），可得：

$$95877.5281 p_2^{n+1^{(\nu+1)}} - \left[95877.5281 + 95877.5281 + 167.501\right] p_3^{n+1^{(\nu+1)}}$$

$$+ 95877.5281 p_4^{n+1^{(\nu+1)}} = -167.501 \times 4015$$

化简可得：

$$95877.5281 p_2^{n+1^{(\nu+1)}} - 191922.557 p_3^{n+1^{(\nu+1)}} + 95877.5281 p_4^{n+1^{(\nu+1)}} = -672516.495 \qquad (8.59)$$

对于网格 4，有 $n=4$。将前面的值代入方程（8.55），可得：

$$95877.5281 p_3^{n+1^{(\nu+1)}} - \left[95877.5281 + 5875.07\right] p_4^{n+1^{(\nu+1)}} = -5875.07 \times 4015$$

化简可得：

$$95877.5281 p_3^{n+1^{(\nu+1)}} - 101752.599 p_4^{n+1^{(\nu+1)}} = -23588411.0 \qquad (8.60)$$

联立求解方程（8.57）、方程（8.58）、方程（8.59）和方程（8.60），可得压力解为 $p_1^{n+1^{(2)}} = 1569.96\,\text{psia}$、$p_2^{n+1^{(2)}} = 1700.03\,\text{psia}$、$p_3^{n+1^{(2)}} = 1830.00\,\text{psia}$、$p_4^{n+1^{(2)}} = 1956.16\,\text{psia}$。之后继续进行迭代，直至满足收敛准则为止。表 8.5 给出了第一个时间步长内每次迭代求出的压力解，从中可以注意到，经历了四次迭代之后才达到了收敛。收敛准则按方程（7.179）中的形式来设定，即：

$$\max_{1 \leqslant n \leqslant N} \left| \frac{p_n^{n+1^{(\nu+1)}} - p_n^{n+1^{(\nu)}}}{p_n^{n+1^{(\nu)}}} \right| \leqslant 0.001 \qquad (8.61)$$

达到收敛之后，时间增加了 $\Delta t = 30.42\text{d}$，并重复之前的迭代过程。表 8.6 给出了模拟时间为 6 个月时每个时间步长的收敛解。

例 8.2 考虑例 8.1 中描述的问题。本题请通过传导率的简单迭代进行求解，用单一时间步长求出 1 个月（30.42d）后气藏的压力分布，并列出 6 个月以内的模拟结果。

表 8.5　$t_{n+1} = 30.42\text{d}$ 时通过连续迭代得出的压力解

$\nu+1$	$p_1^{n+1^{(\nu+1)}}$（psia）	$p_2^{n+1^{(\nu+1)}}$（psia）	$p_3^{n+1^{(\nu+1)}}$（psia）	$p_4^{n+1^{(\nu+1)}}$（psia）
0	4015.00	4015.00	4015.00	4015.00
1	1559.88	1666.08	1772.22	1875.30
2	1569.96	1700.03	1830.00	1956.16
3	1569.64	1698.94	1828.15	1953.57
4	1569.65	1698.98	1828.23	1953.68

表 8.6　各次迭代时的收敛压力解及产气量

$n+1$	时间（d）	ν	p_1^{n+1}（psia）	p_2^{n+1}（psia）	p_3^{n+1}（psia）	p_4^{n+1}（psia）	q_{gsc}^{n+1}（$10^6\text{ft}^3/\text{d}$）	累计产量（10^9ft^3）
1	30.42	4	1569.65	1698.98	1828.23	1953.68	-12.400300	-0.377217
2	60.84	3	1531.85	1569.07	1603.85	1636.31	-2.289610	-0.446867

$n+1$	时间（d）	ν	p_1^{n+1} (psia)	p_2^{n+1} (psia)	p_3^{n+1} (psia)	p_4^{n+1} (psia)	q_{gsc}^{n+1} (10^6ft^3/d)	累计产量 (10^9ft^3)
3	91.26	3	1519.81	1530.96	1541.87	1552.37	-0.639629	-0.466324
4	121.68	2	1516.45	1519.88	1523.27	1526.58	-0.191978	-0.472164
5	152.10	2	1515.44	1516.49	1517.53	1518.55	-0.058311	-0.473938
6	182.52	2	1515.13	1515.45	1515.77	1516.09	-0.017769	-0.474478

求解方法

表 8.2 列出了每次迭代时的网格位置、网格体积以及径向几何因子的情况。对于水平气藏中（$Z_n = $ 常数）封闭边界（$\sum_{l \in \xi_n} q_{sc_{l,n}}^{n+1} = 0$）的单井模拟，可通过方程（8.42）得出带有传导率的简单迭代的隐式流动方程。

当工作中的井底流压一定时，对于包含气井的网格 n，有：

$$\sum_{l \in \psi_n} T_{l,n}^{(\nu)^{n+1}} p_l^{(\nu+1)} - \Big[\sum_{l \in \psi_n} T_{l,n}^{(\nu)^{n+1}} + \frac{V_{b_n}}{\alpha_c \Delta t} \Big(\frac{\phi}{B_g}\Big)'_n + G_{w_n} \Big(\frac{1}{B\mu}\Big)_n^{(\nu)^{n+1}} \Big] p_n^{(\nu+1)}$$

$$= -G_{w_n} \Big(\frac{1}{B\mu}\Big)_n^{(\nu)^{n+1}} p_{wf_n} - \frac{V_{b_n}}{\alpha_c \Delta t} \Big(\frac{\phi}{B_g}\Big)'_n p_n^n \tag{8.62a}$$

对于不含气井的网格 n，有：

$$\sum_{l \in \psi_n} T_{l,n}^{(\nu)^{n+1}} p_l^{(\nu+1)} - \Big[\sum_{l \in \psi_n} T_{l,n}^{(\nu)^{n+1}} + \frac{V_{b_n}}{\alpha_c \Delta t} \Big(\frac{\phi}{B_g}\Big)'_n \Big] p_n^{(\nu+1)} = -\frac{V_{b_n}}{\alpha_c \Delta t} \Big(\frac{\phi}{B_g}\Big)'_n p_n^n \tag{8.62b}$$

如例 8.1 中所述，该气藏中，网格块 1 的气体朝气井方向流动。因此，网格块 4 位于网格块 3 的上游，网格块 3 位于网格块 2 的上游，而网格块 2 又位于网格块 1 的上游。在解决这个问题时，对传导率中与压力有关的项采用上游加权的方法（见 8.4.1.1 节）。

计算第一个时间步长内的压力分布（$n=0$，$t_{n+1}=30.42$d，$\Delta t = 30.42$d）。

对于第一次迭代（$\nu=0$），假设 $p_n^{(\nu)^{n+1}} = p_n^n = 4015$psia（$n=1$，2，3，4）。另外，有 $G_{w_1}\Big(\frac{1}{\mu B}\Big)_1^{(\nu)^{n+1}} = G_{w_1}\Big(\frac{1}{\mu B}\Big)_1^n = 226896.16\text{ft}^3$/（d·psi）且 $T_{r_{l,n}}^{(0)^{n+1}} = T_{r_{l,n}}^n$，或者更确切地说，有 $T_{r_{1,2}}^{(0)^{n+1}}|_2 = T_{r_{2,3}}^{(0)^{n+1}}|_3 = T_{r_{3,4}}^{(0)^{n+1}}|_4 = 95877.5281\text{ft}^3$/（d·psi）。由此可得，网格 1、网格 2、网格 3、网格 4 的方程分别为方程（8.50）、方程（8.52）、方程（8.54）、方程（8.56），压力解分别为 $p_1^{n+1} = 1559.88$psia，$p_2^{(1)} = 1666.08$psia、$p_3^{(1)} = 1772.22$psia、$p_4^{(1)} = 1875.30$psia。

对于第二次迭代（$\nu=1$），用来估算网格 n 地层体积系数、气体黏度、弦斜率 $\Big(\frac{\phi}{B_g}\Big)'_n$ 的值，并计算出 $\frac{V_{b_n}}{\alpha_c \Delta t}\Big(\frac{\phi}{B_g}\Big)'_n$ 的值。计算结果见表 8.7，另外该表还列出了网格间传导率（$T_{r_{n,n+1}}^{(\nu)^{n+1}}$）的上游值。以网格 1 为例，对传导率采用上游加权，有：

$$\left(\frac{\phi}{B_{\mathrm{g}}}\right)_{1}' = \frac{\left(\frac{\phi}{B}\right)_{1}^{\{\nu\}^{n+1}} - \left(\frac{\phi}{B}\right)_{1}^{n}}{p_{1}^{\{\nu\}^{n+1}} - p_{1}^{n}} = \frac{\left(\frac{0.13}{0.0019375}\right) - \left(\frac{0.13}{0.000779000}\right)}{1559.88 - 4015} = 0.0406428$$

$$\frac{V_{b_{1}}}{\alpha_{c}\Delta t}\left(\frac{\phi}{B_{\mathrm{g}}}\right)_{1}' = \frac{340.59522 \times 0.0406428}{5.614583 \times 30.42} = 0.0810486$$

表 8.7　原迭代层级 $\nu = 1$ 时网格地层体积系数及弦斜率的估计值

网格 n	$p_{n}^{(1)}$（psia）	$B_{g_{n}}^{n+1}$（bbl/ft³）	$\mu_{g_{n}}^{(1)}$（mPa·s）	$T_{r_{n,n+1}}^{(\nu)}\big|_{n+1}$	$(\phi/B_{\mathrm{g}})_{n}'$	$\frac{V_{b_{n}}}{\alpha_{c}\Delta t}\left(\frac{\phi}{B_{\mathrm{g}}}\right)_{n}'$
1	1559.88	0.0019375	0.0150622	60502.0907	0.0406428	0.0810486
2	1666.08	0.0017990	0.0153022	63956.9105	0.0402820	3.6867600
3	1772.22	0.0016786	0.0155144	66993.0320	0.0398760	167.5010000
4	1875.30	0.0015784	0.0157508	—	0.0395013	5875.0700000

$$T_{r_{1,2}}^{(\nu)}\big|_{2} = T_{r_{2,1}}^{(\nu)}\big|_{2} = G_{r_{1+\frac{1}{2}}}\left(\frac{1}{\mu B}\right)_{2}^{(\nu)^{n+1}} = 1.6655557 \times \left(\frac{1}{0.0153022 \times 0.0017990}\right)$$

$$= 60502.0907$$

另外，对于井区 1 中的生产井，有：

$$G_{w_{1}}\left(\frac{1}{\mu B}\right)_{1}^{(\nu)^{n+1}} = 3.941572 \times \left(\frac{1}{0.01506220 \times 0.00193748}\right) = 135065.6$$

对于网格 1，有 $n = 1$，$\psi_{1} = \{2\}$。因此，方程（8.62a）可变形为：

$$-\left[T_{2,1}^{(\nu)^{n+1}}\big|_{2} + \frac{V_{b_{1}}}{\alpha_{c}\Delta t}\left(\frac{\phi}{B_{\mathrm{g}}}\right)_{1}' + G_{w_{1}}\left(\frac{1}{B\mu}\right)_{1}^{(\nu)^{n+1}}\right]p_{1}^{(\nu+1)^{n+1}} + T_{2,1}^{(\nu)^{n+1}}\big|_{2}p_{2}^{(\nu+1)^{n+1}}$$

$$= -G_{w_{1}}\left(\frac{1}{B\mu}\right)_{1}^{(\nu)^{n+1}}p_{wf_{1}}^{n} - \frac{V_{b_{1}}}{\alpha_{c}\Delta t}\left(\frac{\phi}{B_{\mathrm{g}}}\right)_{1}'p_{1}^{n} \qquad (8.63)$$

代值计算，可得：

$$-\left[60502.0907 + 0.0810486 + 135065.6\right]p_{1}^{(\nu+1)^{n+1}} + 60502.0907p_{2}^{(\nu+1)^{n+1}}$$

$$= -135065.6 \times 1515 - 0.0810486 \times 4015$$

化简可得：

$$-195567.739p_{1}^{(\nu+1)^{n+1}} + 60502.0907p_{2}^{(\nu+1)^{n+1}} = -204624660 \qquad (8.64)$$

对于网格 2，有 $n = 2$，$\psi_{2} = \{1, 3\}$。因此，方程（8.62b）可变形为：

$$T_{1,2}^{(\nu)^{n+1}}\big|_{2}p_{1}^{(\nu+1)^{n+1}} - \left[T_{1,2}^{(\nu)^{n+1}}\big|_{2} + T_{3,2}^{(\nu)^{n+1}}\big|_{3} + \frac{V_{b_{2}}}{\alpha_{c}\Delta t}\left(\frac{\phi}{B_{\mathrm{g}}}\right)_{2}'\right]p_{2}^{(\nu+1)^{n+1}}$$

$$+ \left. T_{3,2}^{(\nu)} \right|_{3} p_{3}^{(\nu+1)}{}_{n+1} = -\frac{V_{b_{2}}}{\alpha_{c} \Delta t} \left(\frac{\phi}{B_{g}}\right)'_{2} p_{2}^{n} \tag{8.65}$$

代值计算，可得：

$$60502.0907 p_{1}^{(\nu+1)}{}_{n+1} - [60502.0907 + 63956.9105 + 3.68676] p_{2}^{(\nu+1)}{}_{n+1}$$

$$+ 63956.9105 p_{3}^{(\nu+1)}{}_{n+1} = -3.68676 \times 4015$$

化简可得：

$$60502.0907 p_{1}^{(\nu+1)}{}_{n+1} - 124462.688 p_{2}^{(\nu+1)}{}_{n+1} + 63956.9105 p_{3}^{(\nu+1)}{}_{n+1} = -14802.3438 \tag{8.66}$$

对于网格 3，有 $n = 3$，$\psi_{3} = \{2, 4\}$。因此，方程 (8.62b) 可变形为：

$$\left. T_{2,3}^{(\nu)} \right|_{3} p_{2}^{(\nu+1)}{}_{n+1} - \left[\left. T_{2,3}^{(\nu)} \right|_{3} + \left. T_{4,3}^{(\nu)} \right|_{4} + \frac{V_{b_{3}}}{\alpha_{c} \Delta t} \left(\frac{\phi}{B_{g}}\right)'_{3} \right] p_{3}^{(\nu+1)}{}_{n+1} + \left. T_{4,3}^{(\nu)} \right|_{4} p_{4}^{(\nu+1)}{}_{n+1}$$

$$= -\frac{V_{b_{3}}}{\alpha_{c} \Delta t} \left(\frac{\phi}{B_{g}}\right)'_{3} p_{3}^{n} \tag{8.67}$$

代值计算，可得：

$$63956.9105 p_{2}^{(\nu+1)}{}_{n+1} - [63956.9105 + 66993.0320 + 167.501] p_{3}^{(\nu+1)}{}_{n+1}$$

$$+ 66993.0320 p_{4}^{(\nu+1)}{}_{n+1} = -167.501 \times 4015$$

化简可得：

$$63956.9105 p_{2}^{(\nu+1)}{}_{n+1} - 131117.443 p_{3}^{(\nu+1)}{}_{n+1} + 66993.0320 p_{4}^{(\nu+1)}{}_{n+1} = -672516.495 \tag{8.68}$$

对于网格 4，有 $n = 4$，$\psi_{4} = \{3\}$。因此，方程 (8.62b) 可变形为：

$$\left. T_{3,4}^{(\nu)} \right|_{4} p_{3}^{(\nu+1)}{}_{n+1} - \left[\left. T_{3,4}^{(\nu)} \right|_{4} + \frac{V_{b_{4}}}{\alpha_{c} \Delta t} \left(\frac{\phi}{B_{g}}\right)'_{4} \right] p_{4}^{(\nu+1)}{}_{n+1} = -\frac{V_{b_{4}}}{\alpha_{c} \Delta t} \left(\frac{\phi}{B_{g}}\right)'_{4} p_{4}^{n} \tag{8.69}$$

代值计算，可得：

$$66993.0320 p_{3}^{(\nu+1)}{}_{n+1} - [66993.0320 + 5875.07] p_{4}^{(\nu+1)}{}_{n+1} = -5875.07 \times 4015$$

化简可得：

$$66993.0320 p_{3}^{(\nu+1)}{}_{n+1} - 72868.1032 p_{4}^{(\nu+1)}{}_{n+1} = -23588411.0 \tag{8.70}$$

联立求解方程 (8.64)、方程 (8.66)、方程 (8.68) 和方程 (8.70)，可得压力解为 $p_{1}^{(2)}{}_{n+1} = 1599.52 \text{psia}$、$p_{2}^{(2)}{}_{n+1} = 1788.20 \text{psia}$、$p_{3}^{(2)}{}_{n+1} = 1966.57 \text{psia}$、$p_{4}^{(2)}{}_{n+1} = 2131.72 \text{psia}$。

之后继续进行迭代，直至满足收敛准则为止。表 8.8 给出了第一个时间步长内每次迭代求出的压力解，从中可以注意到，经历了五次迭代之后才达到了收敛。收敛准则按方程 (8.61) 来设定。达到收敛之后，时间增加了 $\Delta t = 30.42 \text{d}$，并重复之前的迭代过程。表 8.9 给出了模拟时间为 6 个月时每个时间步长的收敛解。

表 8.8　$t_{n+1} = 30.42\mathrm{d}$ 时通过连续迭代得出的压力解

$\nu + 1$	$p_{1\,n+1}^{(\nu+1)}$ (psia)	$p_{2\,n+1}^{(\nu+1)}$ (psia)	$p_{3\,n+1}^{(\nu+1)}$ (psia)	$p_{4\,n+1}^{(\nu+1)}$ (psia)
0	4015.00	4015.00	4015.00	4015.00
1	1559.88	1666.08	1772.22	1875.30
2	1599.52	1788.20	1966.57	2131.72
3	1597.28	1773.65	1937.34	2087.32
4	1597.54	1775.64	1941.60	2094.01
5	1597.51	1775.38	1941.02	2093.08

表 8.9　各时间层级下的收敛压力解及产气量

$n + 1$	时间（d）	ν	p_1^{n+1} (psia)	p_2^{n+1} (psia)	p_3^{n+1} (psia)	p_4^{n+1} (psia)	q_{gsc}^{n+1} $(10^6\mathrm{ft}^3/\mathrm{d})$	累计产量 $(10^9\mathrm{ft}^3)$
1	30.42	5	1597.51	1775.38	1941.02	2093.08	-11.398000	-0.346727
2	60.84	3	1537.18	1588.10	1637.63	1685.01	-2.955850	-0.436644
3	91.26	3	1521.54	1536.87	1552.07	1566.82	-0.863641	-0.462916
4	121.68	2	1517.03	1521.84	1526.63	1531.31	-0.268151	-0.471073
5	152.10	2	1515.62	1517.10	1518.58	1520.02	-0.082278	-0.473576
6	182.52	2	1515.19	1515.64	1516.09	1516.54	-0.025150	-0.474341

　　例 8.3　考虑例 8.1 中描述的问题。本题请用牛顿迭代法求解，用单一时间步长求出 1 个月（30.42d）后气藏的压力分布。并列出 6 个月以内的模拟结果。

　　求解方法

　　表 8.2 列出了网格位置、网格体积以及径向几何因子的情况。对于水平气藏中（$Z_n = $ 常数）封闭边界（$\sum\limits_{l \in \xi_n} q_{\mathrm{sc}_{l,n}}^{n+1} = 0$）的单井模拟，可通过方程（8.47a）得出带有隐式传导率的隐式流动方程。

　　当工作中的井底流压一定时，对于包含气井的网格 n，有：

$$\sum_{l \in \psi_n} \left\{ T_{l,n}^{(\nu)n+1} + (p_l^{(\nu)n+1} - p_n^{(\nu)n+1}) \frac{\partial T_{l,n}}{\partial p_l} \Big|_{n+1}^{(\nu)} \right\} \delta p_l^{(\nu+1)n+1}$$

$$- \left\{ \sum_{l \in \psi_n} \left[T_{l,n}^{(\nu)n+1} - (p_l^{(\nu)n+1} - p_n^{(\nu)n+1}) \frac{\partial T_{l,n}}{\partial p_n} \Big|_{n+1}^{(\nu)} \right] - \frac{\mathrm{d}q_{\mathrm{sc}_n}}{\mathrm{d}p_n} \Big|_{n+1}^{(\nu)} + \frac{V_{\mathrm{b}_n}}{\alpha_c \Delta t} \left(\frac{\phi}{B_\mathrm{g}}\right)'_n \right\} \delta p_n^{(\nu+1)n+1}$$

$$= - \left\{ \sum_{l \in \psi_n} T_{l,n}^{(\nu)n+1} (p_l^{(\nu)n+1} - p_n^{(\nu)n+1}) + q_{\mathrm{sc}_n}^{(\nu)} - \frac{V_{\mathrm{b}_n}}{\alpha_c \Delta t} \left(\frac{\phi}{B_\mathrm{g}}\right)'_n \left(p_n^{(\nu)n+1} - p_n^n\right) \right\} \tag{8.71a}$$

　　对于不含气井的网格 n，有：

$$\sum_{l \in \psi_n} \left\{ T_{l,n}^{(\nu)n+1} + (p_l^{(\nu)n+1} - p_n^{(\nu)n+1}) \frac{\partial T_{l,n}}{\partial p_l} \Big|_{n+1}^{(\nu)} \right\} \delta p_l^{(\nu+1)n+1}$$

$$- \left\{ \sum_{l \in \psi_n} \left[T_{l,n}^{\overset{(\nu)}{n+1}} - (p_l^{\overset{(\nu)}{n+1}} - p_n^{\overset{(\nu)}{n}}) \frac{\partial T_{l,n}}{\partial p_n} \Big|_{n+1}^{\overset{(\nu)}{n}} \right] + \frac{V_{b_n}}{\alpha_c \Delta t} \left(\frac{\phi}{B_g} \right)_n' \right\} \delta p_n^{\overset{(\nu+1)}{n+1}}$$

$$= - \left\{ \sum_{l \in \psi_n} T_{l,n}^{\overset{(\nu)}{n+1}} (p_l^{\overset{(\nu)}{n+1}} - p_n^{\overset{(\nu)}{n+1}}) - \frac{V_{b_n}(\nu)}{\alpha_c \Delta t} \left(\frac{\phi}{B_g} \right)_n' (p_n^{\overset{(\nu)}{n+1}} - p_n^n) \right\} \tag{8.71b}$$

如例 8.1 中所述，气藏中网格块 4 位于网格块 3 的上游，网格块 3 位于网格块 2 的上游，而网格块 2 又位于网格块 1 的上游。对传导率中与压力有关的项采用上游加权的方法。

计算第一个时间步长内的压力分布（$n = 0$, $t_{n+1} = 30.42\text{d}$, $\Delta t = 30.42\text{d}$）。

对于第一次迭代（$\nu = 0$），假设 $p_n^{n+1} = p_n^n = 4015\text{psia}$（$n = 1$, 2, 3, 4）。由此可得，对于所有网格块有 $T_{n,n+1} \Big|_n^{\overset{(0)}{n+1}} = 95877.5281$，对于所有 l 值和 n 值有 $\left(p_l^{\overset{(0)}{n+1}} - p_n \right) \frac{\partial T_{l,n}}{\partial p_l} \Big|^{\overset{(\nu)}{n+1}} = 0$，并得到表 8.3 中所示的 $\frac{V_{b_n}}{\alpha_c \Delta t} \left(\frac{\phi}{B_g} \right)_n'$ 值。

对于网格 1，有 $\frac{\mathrm{d}}{\mathrm{d}p} \left(\frac{1}{\mu B} \right) \Big|_1^{\overset{(0)}{n+1}} = 2.970747$。

$$q_{sc_1}^{\overset{(0)}{n+1}} = - G_{w_1} \left(\frac{1}{\mu B} \right)_1^{\overset{(0)}{n+1}} (p_1^{\overset{(0)}{n+1}} - p_{wf_1})$$

$$= - 3.941572 \times \left(\frac{1}{0.0223000 \times 0.0007790} \right) \times (4015 - 1515)$$

$$= - 567240397$$

$$\frac{\mathrm{d}q_{sc_1}}{\mathrm{d}p_1} \Big|^{\overset{(0)}{n+1}} = - G_{w_1} \left[\left(\frac{1}{\mu B} \right)_1^{\overset{(0)}{n+1}} + \frac{\mathrm{d}}{\mathrm{d}p} \left(\frac{1}{\mu B} \right) \Big|_1^{\overset{(0)}{n+1}} (p_1^{\overset{(0)}{n+1}} - p_{wf_1}) \right]$$

$$= - 3.941572 \times \left[\left(\frac{1}{0.0223000 \times 0.0007790} \right) + 2.970747 \times (4015 - 1515) \right]$$

$$= - 256169.692$$

另外，对于包含气井的网格 n，其方程（8.71a）可化简为：

$$\sum_{l \in \psi_n} T_{l,n}^{\overset{(0)}{n+1}} \delta p_l^{\overset{(0)}{n+1}} - \left\{ \sum_{l \in \psi_n} T_{l,n}^{\overset{(0)}{n+1}} - \frac{\mathrm{d}q_{sc_n}}{\mathrm{d}p_n} \Big|^{\overset{(0)}{n+1}} + \frac{V_{b_n}}{\alpha_c \Delta t} \left(\frac{\phi}{B_g} \right)_n' \right\} \delta p_n^{\overset{(1)}{n+1}} = - q_{sc_n}^{\overset{(0)}{n+1}} \tag{8.72a}$$

对于不含气井的网格 n，其方程（8.71b）可化简为：

$$\sum_{l \in \psi_n} T_{l,n}^{\overset{(0)}{n+1}} \delta p_l^{\overset{(1)}{n+1}} - \left\{ \sum_{l \in \psi_n} T_{l,n}^{\overset{(0)}{n+1}} + \frac{V_{b_n}}{\alpha_c \Delta t} \left(\frac{\phi}{B_g} \right)_n' \right\} \delta p_n^{\overset{(1)}{n+1}} = 0 \tag{8.72b}$$

对于网格 1，有 $n = 1$, $\psi_1 = \{2\}$。将相关值代入方程（8.72a），可得：

$$- \left\{ 95877.5281 - (- 256169.692) + 0.06193233 \right\} \times \delta p_1^{\overset{(1)}{n+1}} + 95877.5281 \times \delta p_2^{\overset{(1)}{n+1}}$$

$$= - (- 567240397)$$

化简可得：

$$-352047.281 \times \delta p_1^{(1)}_{n+1} + 95877.5281 \times \delta p_2^{(1)}_{n+1} = 567240397 \tag{8.73}$$

对于网格2，有 $n=2$，$\psi_2 = \{1, 3\}$。将相关值代入方程（8.72b），可得：

$$95877.5281 \times \delta p_1^{(1)}_{n+1} + 95877.5281 \times \delta p_3^{(1)}_{n+1}$$

$$- \{95877.5281 + 95877.5281 + 2.842428\} \times \delta p_2^{(1)}_{n+1} = 0$$

化简可得：

$$95877.5281 \times \delta p_1^{(1)}_{n+1} - 191757.899 \times \delta p_2^{(1)}_{n+1} + 95877.5281 \times \delta p_3^{(1)}_{n+1} = 0 \tag{8.74}$$

对于网格3，有 $n=3$，$\psi_3 = \{2, 4\}$。将相关值代入方程（8.72b），可得：

$$95877.5281 \times \delta p_2^{(1)}_{n+1} + 95877.5281 \times \delta p_4^{(1)}_{n+1}$$

$$- \{95877.5281 + 95877.5281 + 130.4553\} \times \delta p_3^{(1)}_{n+1} = 0$$

化简可得：

$$95877.5281 \times \delta p_2^{(1)}_{n+1} - 191885.511 \times \delta p_3^{(1)}_{n+1} + 95877.5281 \times \delta p_4^{(1)}_{n+1} = 0 \tag{8.75}$$

对于网格4，有 $n=4$，$\psi_4 = \{3\}$。将相关值代入方程（8.72b），可得：

$$95877.5281 \times \delta p_3^{(1)}_{n+1} - \{95877.5281 + 4619.097\} \times \delta p_4^{(1)}_{n+1} = 0$$

化简可得：

$$95877.5281 \times \delta p_3^{(1)}_{n+1} - 100496.626 \times \delta p_4^{(1)}_{n+1} = 0 \tag{8.76}$$

解方程（8.73）至方程（8.76）这组方程，可得经过第一次迭代后的压力变化值为 $\delta p_1^{(1)}_{n+1} = -2179.03\,\text{psi}$、$\delta p_2^{(1)}_{n+1} = -2084.77\,\text{psi}$、$\delta p_3^{(1)}_{n+1} = -1990.57\,\text{psi}$、$\delta p_4^{(1)}_{n+1} = -1899.08\,\text{psi}$，因此有 $p_1^{(1)}_{n+1} = 1835.97\,\text{psia}$、$p_2^{(1)}_{n+1} = 1930.23\,\text{psia}$、$p_3^{(1)}_{n+1} = 2024.43\,\text{psia}$、$p_4^{(1)}_{n+1} = 2115.92\,\text{psia}$。

对于第二次迭代（$\nu=1$），用 $p_n^{(1)}_{n+1}$ 来估算地层体积系数、气体黏度、$\left(\frac{\phi}{B_g}\right)'_n$、$\frac{V_{b_n}}{\alpha_c \Delta t}\left(\frac{\phi}{B_g}\right)'_n$ 和传导率及其对网格块压力求导的值，表8.10列出了这些结果。以网格1为例，对传导率采用上游加权，有：

$$\left(\frac{\phi}{B}\right)'_1 = \frac{\left(\frac{\phi}{B}\right)_1^{(\nu)}_{n+1} - \left(\frac{\phi}{B}\right)_1^n}{p_1^{(\nu)}_{n+1} - p_1^n} = \frac{\left(\frac{0.13}{0.00161207}\right) - \left(\frac{0.13}{0.000779}\right)}{1835.97 - 4015} = 0.03957679$$

$$\frac{V_{b_1}}{\alpha_c \Delta t}\left(\frac{\phi}{B_g}\right)'_1 = \frac{340.59522 \times 0.03957679}{5.614583 \times 30.42} = 0.07892278$$

$$T_{r_1,2}^{(\nu)}_{n+1} = T_{1,2}\big|_2^{(\nu)}_{n+1} = G_{r_{1+\frac{1}{2}}}\left(\frac{1}{\mu B}\right)_2^{(\nu)}_{n+1}$$

$$= 1.6655557 \times \left(\cfrac{1}{0.01588807 \times 0.00153148} \right) = 68450.4979$$

$$\left. \frac{\partial T_{1,2}}{\partial p_1} \right|_2^{\substack{(\nu) \\ n+1}} = 0$$

$$\left. \frac{\partial T_{1,2}}{\partial p_2} \right|_2^{\substack{(\nu) \\ n+1}} = G_{r_{1+\frac{1}{2}}} \left. \frac{\mathrm{d}}{\mathrm{d}p}\left(\frac{1}{\mu B} \right) \right|_2^{\substack{(\nu) \\ n+1}} = 1.6655557 \times 16.47741$$

$$= 27.444044$$

另外，对于井区 1 中的生产井，有：

$$q_{\mathrm{sc}_1}^{\substack{(\nu) \\ n+1}} = - G_{\mathrm{w}_1} \left(\frac{1}{\mu B} \right)_1^{\substack{(\nu) \\ n+1}} \left(p_1^{\substack{(\nu) \\ n+1}} - p_{\mathrm{wf}_1} \right)$$

$$= -3.941572 \times \left(\cfrac{1}{0.01565241 \times 0.00161207} \right) \times (1835.97 - 1515)$$

$$= -50137330$$

$$\left. \frac{\mathrm{d}q_{\mathrm{sc}_1}}{\mathrm{d}p_1} \right.^{\substack{(\nu) \\ n+1}} = - G_{\mathrm{w}_1} \left[\left(\frac{1}{\mu B} \right)_1^{\substack{(\nu) \\ n+1}} + \left. \frac{\mathrm{d}}{\mathrm{d}p}\left(\frac{1}{\mu B} \right) \right|_1^{\substack{(\nu) \\ n+1}} \left(p_1^{\substack{(\nu) \\ n+1}} - p_{\mathrm{wf}_1} \right) \right]$$

或

$$\left. \frac{\mathrm{d}q_{\mathrm{sc}_1}}{\mathrm{d}p_1} \right|^{\substack{(\nu) \\ n+1}} = -3.941572 \times \left[\left(\cfrac{1}{0.01565241 \times 0.00161207} \right) \right.$$

$$\left. + 14.68929 \times (1835.97 - 1515) \right] = -174791.4$$

表 8.10　原迭代层级 $\nu = 1$ 时网格函数的估算值

n	$p_n^{(1)}$ (psia)	$B_{g_n}^{(1)}$ (bbl/ft³)	$\mu_{g_n}^{(1)}$ (mPa·s)	$(\phi/B_g)_n'$	$\dfrac{V_{\mathrm{b}_n}}{\alpha_{\mathrm{c}} \Delta t} \left(\dfrac{\phi}{B_g} \right)_n'$	$\left. \dfrac{\mathrm{d}}{\mathrm{d}p}\left(\dfrac{1}{\mu B} \right) \right|_n^{\substack{(\nu) \\ n+1}}$	$\left. \dfrac{\partial T_{n,n+1}}{\partial p_n} \right|_n^{\substack{(\nu) \\ n+1}}$	$T_{n,n+1} \Big|_n^{(\nu)}$
1	1835.97	0.00161207	0.01565241	0.03957679	0.078923	14.68929	24.465831	66007.6163
2	1930.23	0.00153148	0.01588807	0.03933064	3.599688	16.47741	27.444044	68450.4979
3	2024.43	0.00145235	0.01612828	0.03886858	163.269400	12.78223	21.289516	71104.7736
4	2115.92	0.00138785	0.01640276	0.03855058	5733.667000	14.28023	23.784518	73164.3131

对于网格 1，有 $n = 1$，$\psi_1 = \{2\}$。因此，方程（8.71a）可变形为：

$$- \left[\left. T_{1,2} \right|_2^{\substack{\{\nu\} \\ n+1}} - \left(p_2^{\substack{(\nu) \\ n+1}} - p_1^{\substack{(\nu) \\ n+1}} \right) \left. \frac{\partial T_{1,2}}{\partial p_1} \right|_2^{\substack{(\nu) \\ n+1}} - \left. \frac{\mathrm{d}q_{\mathrm{sc}_1}}{\mathrm{d}p_1} \right|^{(\nu)} + \frac{V_{\mathrm{b}_1}}{\alpha_{\mathrm{c}} \Delta t} \left(\frac{\phi}{B_g} \right)_1' \right] \delta p_1^{\substack{(\nu+1) \\ n+1}}$$

$$+ \left[\left. T_{1,2} \right|_2^{\substack{\{\nu\} \\ n+1}} + \left(p_2^{\substack{(\nu) \\ n+1}} - p_1^{\substack{(\nu) \\ n+1}} \right) \left. \frac{\partial T_{1,2}}{\partial p_2} \right|_2^{\substack{(\nu) \\ n+1}} \right] \delta p_2^{\substack{(\nu+1) \\ n+1}}$$

$$= - \left\{ T_{1,2} \Big|_{2}^{(\nu)}{}_{n+1} \left(p_{2}^{(\nu)}{}_{n+1} - p_{1}^{(\nu)}{}_{n+1} \right) + q_{sc_1}^{(\nu)}{}_{n+1} - \frac{V_{b_1}}{\alpha_c \Delta t} \left(\frac{\phi}{B_g} \right)_1' \left(p_{1}^{(\nu)}{}_{n+1} - p_1^n \right) \right\} \tag{8.77}$$

将相关值代入方程（8.77），可得：

$$- \left[68450.4979 - (1930.23 - 1835.97) \times 0 - (-174791.4) + 0.07892278 \right] \delta p_{1}^{(\nu+1)}{}_{n+1}$$

$$+ \left[68450.4979 + (1930.23 - 1835.97) \times 27.444044 \right] \delta p_{2}^{(\nu+1)}{}_{n+1}$$

$$= - \left\{ 68450.4979 \times (1930.23 - 1835.97) + (-50137330) \right.$$

$$\left. - 0.07892278 \times (1835.97 - 4015) \right\}$$

化简后，方程变为：

$$- 243242.024 \times \delta p_{1}^{(\nu+1)}{}_{n+1} + 71037.4371 \times \delta p_{2}^{(\nu+1)}{}_{n+1} = 43684856.7 \tag{8.78}$$

对于网格 2，有 $n = 2$，$\psi_2 = \{1, 3\}$。因此，方程（8.71b）可变形为：

$$\left[T_{1,2} \Big|_{2}^{(\nu)}{}_{n+1} + \left(p_{1}^{(\nu)}{}_{n+1} - p_{2}^{(\nu)}{}_{n+1} \right) \frac{\partial T_{1,2}}{\partial p_1} \Big|_{2}^{(\nu)}{}_{n+1} \right] \delta p_{1}^{(\nu+1)}{}_{n+1}$$

$$- \left[T_{1,2} \Big|_{2}^{(\nu)}{}_{n+1} - \left(p_{1}^{(\nu)}{}_{n+1} - p_{2}^{(\nu)}{}_{n+1} \right) \frac{\partial T_{1,2}}{\partial p_2} \Big|_{2}^{(\nu)}{}_{n+1} + T_{3,2} \Big|_{3}^{(\nu)}{}_{n+1} - \left(p_{3}^{(\nu)}{}_{n+1} - p_{2}^{(\nu)}{}_{n+1} \right) \frac{\partial T_{3,2}}{\partial p_2} \Big|_{3}^{(\nu)}{}_{n+1} \right.$$

$$\left. + \frac{V_{b_2}}{\alpha_c \Delta t} \left(\frac{\phi}{B_g} \right)_2' \right] \delta p_{2}^{(\nu+1)}{}_{n+1} + \left[T_{3,2} \Big|_{3}^{(\nu)}{}_{n+1} + \left(p_{3}^{(\nu)}{}_{n+1} - p_{2}^{(\nu)}{}_{n+1} \right) \frac{\partial T_{3,2}}{\partial p_3} \Big|_{3}^{(\nu)}{}_{n+1} \right] \delta p_{3}^{(\nu+1)}{}_{n+1}$$

$$= - \left\{ \left[T_{1,2} \Big|_{2}^{(\nu)}{}_{n+1} \left(p_{1}^{(\nu)}{}_{n+1} - p_{2}^{(\nu)}{}_{n+1} \right) + T_{3,2} \Big|_{3}^{(\nu)}{}_{n+1} \left(p_{3}^{(\nu)}{}_{n+1} - p_{2}^{(\nu)}{}_{n+1} \right) \right] - \frac{V_{b_2}}{\alpha_c \Delta t} \left(\frac{\phi}{B_g} \right)_2' \left(p_{2}^{(\nu)}{}_{n+1} - p_2^n \right) \right\}$$

$$\tag{8.79}$$

通过之前的方程可得：

$$T_{r_{3,2}}^{(\nu)}{}_{n+1} = T_{3,2} \Big|_{3}^{(\nu)}{}_{n+1} = G_{r_{2+\frac{1}{2}}} \left(\frac{1}{\mu B} \right)_{3}^{(\nu)}{}_{n+1}$$

$$= 1.6655557 \times \left(\frac{1}{0.01612828 \times 0.00145235} \right) = 71104.7736$$

$$\frac{\partial T_{3,2}}{\partial p_2} \Big|_{3}^{(\nu)}{}_{n+1} = 0$$

$$\frac{\partial T_{3,2}}{\partial p_3} \Big|_{3}^{(\nu)}{}_{n+1} = G_{r_{2+\frac{1}{2}}} \frac{\mathrm{d}}{\mathrm{d}p} \left(\frac{1}{\mu B} \right) \Big|_{3}^{(\nu)}{}_{n+1}$$

$$= 1.6655557 \times 12.78223 = 21.289516$$

将上述值代入方程（8.79），可得：

$$\left[68450.4979 + (1835.97 - 1930.23) \times 0 \right] \delta p_1^{(\nu+1)}_{n+1}$$

$$- \left[68450.4979 - (1835.97 - 1930.23) \times 27.444044 + 71104.7736 \right.$$

$$\left. - (2024.43 - 1930.23) \times 0 + 3.599688 \right] \delta p_2^{(\nu+1)}_{n+1}$$

$$+ \left[71104.7736 + (2024.43 - 1930.23) \times 21.289516 \right] \delta p_3^{(\nu+1)}_{n+1}$$

$$= - \left\{ \left[68450.4979 \times (1835.97 - 1930.23) \right. \right.$$

$$\left. \left. + 71104.7736 \times (2024.43 - 1930.23) \right] - 3.599688 \times (1930.23 - 4015) \right\}$$

化简可得:

$$68450.4979 \times \delta p_1^{(\nu+1)}_{n+1} - 142145.810 \times \delta p_2^{(\nu+1)}_{n+1} + 73110.2577 \times \delta p_3^{(\nu+1)}_{n+1}$$

$$= - 253308.066 \tag{8.80}$$

对于网格 3, 有 $n = 3$, $\psi_3 = \{2, 4\}$。因此, 方程 (8.71b) 可变形为:

$$\left[\left. T_{2,3} \right|_3^{(\nu)}_{n+1} + \left(p_2^{(\nu)}_{n+1} - p_3^{(\nu)}_{n+1} \right) \left. \frac{\partial T_{2,3}}{\partial p_2} \right|_3^{(\nu)} \right] \delta p_2^{(\nu+1)}_{n+1} - \left[\left. T_{2,3} \right|_3^{(\nu)}_{n+1} - \left(p_2^{(\nu)}_{n+1} - p_3^{(\nu)}_{n+1} \right) \left. \frac{\partial T_{2,3}}{\partial p_3} \right|_3^{(\nu)} \right.$$

$$+ \left. T_{4,3} \right|_4^{(\nu)}_{n+1} - \left(p_4^{(\nu)}_{n+1} - p_3^{(\nu)}_{n+1} \right) \left. \frac{\partial T_{4,3}}{\partial p_3} \right|_4^{(\nu)}_{n+1} + \left. \frac{V_{b_3}}{\alpha_c \Delta t} \left(\frac{\phi}{B_g} \right)'_3 \right] \delta p_3^{(\nu+1)}_{n+1}$$

$$+ \left[\left. T_{4,3} \right|_4^{(\nu)}_{n+1} + \left(p_4^{(\nu)}_{n+1} - p_3^{(\nu)}_{n+1} \right) \left. \frac{\partial T_{4,3}}{\partial p_4} \right|_4^{(\nu)}_{n+1} \right] \delta p_4^{(\nu+1)}_{n+1}$$

$$= - \left\{ \left[\left. T_{2,3} \right|_3^{(\nu)}_{n+1} \left(p_2^{(\nu)}_{n+1} - p_3^{(\nu)}_{n+1} \right) + \left. T_{4,3} \right|_4^{(\nu)}_{n+1} \left(p_4^{(\nu)}_{n+1} - p_3^{(\nu)}_{n+1} \right) \right] - \frac{V_{b_3}}{\alpha_c \Delta t} \left(\frac{\phi}{B_g} \right)'_3 \left(p_3^{(\nu)}_{n+1} - p_3^n \right) \right\}$$

$$\tag{8.81}$$

其中

$$T_{r_{4,3}}^{(\nu)}_{n+1} = \left. T_{4,3} \right|_4^{(\nu)}_{n+1} = G_{r_{3+\frac{1}{2}}} \left(\frac{1}{\mu B} \right)_4^{(\nu)}_{n+1}$$

$$= 1.6655557 \times \left(\frac{1}{0.01640276 \times 0.00138785} \right) = 73164.3131$$

$$\left. \frac{\partial T_{4,3}}{\partial p_3} \right|_4^{(\nu)}_{n+1} = 0$$

$$\left. \frac{\partial T_{4,3}}{\partial p_4} \right|_4^{(\nu)}_{n+1} = G_{r_{3+\frac{1}{2}}} \left. \frac{\mathrm{d}}{\mathrm{d}p} \left(\frac{1}{\mu B} \right) \right|_4^{(\nu)}_{n+1}$$

$$= 1.6655557 \times 14.28023 = 23.784518$$

将上述值代入方程 (8.81), 可得:

$$\left[71104.7736 + (1930.23 - 2024.43) \times 0\right]\delta p_2^{(\nu+1)}{}_{n+1}$$

$$-\left[71104.7736 - (1930.23 - 2024.43) \times 21.289516 + 73164.3131\right.$$

$$\left. - (2115.92 - 2024.43) \times 0 + 163.2694\right]\delta p_3^{(\nu+1)}{}_{n+1}$$

$$+ \left[73164.3131 + (2115.92 - 2024.43) \times 23.784518\right]\delta p_4^{(\nu+1)}{}_{n+1}$$

$$= -\left\{\left[71104.7736 \times (1930.23 - 2024.43) + 73164.3131\right.\right.$$

$$\left.\left.\times (2115.92 - 2024.43)\right] - 163.2694 \times (2024.43 - 4015)\right\}$$

化简后，方程变为：

$$71104.7736 \times \delta p_2^{(\nu+1)}{}_{n+1} - 146437.840 \times \delta p_3^{(\nu+1)}{}_{n+1} + 75340.4074 \times \delta p_4^{(\nu+1)}{}_{n+1}$$

$$= -320846.394 \tag{8.82}$$

对于网格 4，有 $n = 4$，$\psi_4 = \{3\}$。因此，方程（8.71b）可变形为：

$$\left[T_{3,4}\Big|_4^{(\nu)}{}_{n+1} + \left(p_3^{(\nu)}{}_{n+1} - p_4^{(\nu)}{}_{n+1}\right)\frac{\partial T_{3,4}}{\partial p_3}\Big|_4^{(\nu)}{}_{n+1}\right]\delta p_3^{(\nu+1)}{}_{n+1}$$

$$- \left[T_{3,4}\Big|_4^{(\nu)}{}_{n+1} - \left(p_3^{(\nu)}{}_{n+1} - p_4^{(\nu)}{}_{n+1}\right)\frac{\partial T_{3,4}}{\partial p_4}\Big|_4^{(\nu)}{}_{n+1} + \frac{V_{b_4}}{\alpha_c \Delta t}\left(\frac{\phi}{B_g}\right)'_4\right]\delta p_4^{(\nu+1)}{}_{n+1}$$

$$= -\left\{\left[T_{3,4}\Big|_4^{(\nu)}{}_{n+1}\left(p_3^{(\nu)}{}_{n+1} - p_4^{(\nu)}{}_{n+1}\right)\right] - \frac{V_{b_4}}{\alpha_c \Delta t}\left(\frac{\phi}{B_g}\right)'_4\left(p_4^{(\nu)}{}_{n+1} - p_4^n\right)\right\} \tag{8.83}$$

将相关值代入方程（8.83），可得：

$$\left[73164.3131 + (2024.43 - 2115.92) \times 0\right]\delta p_3^{(\nu+1)}{}_{n+1}$$

$$- \left[73164.3131 - (2024.43 - 2115.92) \times 23.784518 + 5733.667\right]\delta p_4^{(\nu+1)}{}_{n+1}$$

$$= -\left\{\left[73164.3131 \times (2024.43 - 2115.92)\right] - 5733.667 \times (2115.92 - 4015)\right\}$$

表 8.11　$t_{n+1} = 30.42\text{d}$ 时通过连续迭代得出的压力解

$\nu + 1$	$p_1^{(\nu+1)}{}_{n+1}$ (psia)	$p_2^{(\nu+1)}{}_{n+1}$ (psia)	$p_3^{(\nu+1)}{}_{n+1}$ (psia)	$p_4^{(\nu+1)}{}_{n+1}$ (psia)
0	4015.00	4015.00	4015.00	4015.00
1	1835.97	1930.23	2024.43	2115.92
2	1614.00	1785.15	1946.71	2097.52
3	1597.65	1775.45	1941.04	2093.09
4	1597.51	1775.42	1941.09	2093.20

化简后，方程变为：

$$73164.3131 \times \delta p_3^{(\nu+1)}{}_{n+1} - 81074.0745 \times \delta p_4^{(\nu+1)}{}_{n+1} = -4194735.68 \tag{8.84}$$

联立求解方程（8.78）、方程（8.80）、方程（8.82）和方程（8.84），可得经过第二次迭代后的压力变化值为 $\delta p_{n+1}^{(2)} = -221.97\text{psia}$、$\delta p_2^{(2)} = -145.08\text{psia}$、$\delta p_3^{(2)} = -77.72\text{psia}$、$\delta p_4^{(2)} = -18.40\text{psia}$，因此有 $p_1^{(2)} = 1614.00\text{psia}$、$p_2^{(2)} = 1785.15\text{psia}$、$p_3^{(2)} = 1946.71\text{psia}$、$p_4^{(2)} = 2097.52\text{psia}$。之后继续进行迭代，直至满足收敛准则为止。表 8.11 给出了第一个时间步长内每次迭代求出的压力解，从中可以看到，迭代经历了四次之后才达到收敛。收敛准则按方程（8.61）来设定。达到收敛之后，时间增加了 $\Delta t = 30.42\text{d}$，并重复之前的迭代过程。表 8.12 给出了模拟时间为 6 个月时每个时间步长的收敛解。

表 8.12 各时间层级下的收敛压力解及产气量

$n+1$	时间（d）	ν	p_1^{n+1}（psia）	p_2^{n+1}（psia）	p_3^{n+1}（psia）	p_4^{n+1}（psia）	q_{gsc}^{n+1} ($10^6\text{ft}^3/\text{d}$)	累计产量 (10^9ft^3)
1	30.42	4	1597.51	1775.42	1941.09	2093.20	− 11.398400	− 0.346740
2	60.84	3	1537.18	1588.11	1637.66	1685.05	− 2.956370	− 0.436673
3	91.26	3	1521.54	1536.88	1552.08	1566.84	− 0.863862	− 0.462951
4	121.68	2	1517.04	1521.84	1526.63	1531.32	− 0.268285	− 0.471113
5	152.10	2	1515.63	1517.10	1518.58	1520.03	− 0.082326	− 0.473617
6	182.52	2	1515.19	1515.64	1516.10	1516.54	− 0.025165	− 0.474382

8.6 小结

对于不可压缩流体，其流动方程 [方程（8.1）] 是线性的。而对于微可压缩流体，其流动方程则具有很弱的非线性特征，该特征由乘积 μB 引起，出现于网格块间流动项、虚拟井流量和生产井产量这几个方面。在不会出现较大误差的情况下，乘积 μB 可假定为常数，此时，微可压缩流体的流动方程就变成了线性的 [见方程（8.9）]。对于可压缩流体，其流动方程的非线性特征也比较弱，但该方程需要做线性化处理。线性化包括在空间和时间上对累积项中的传导率、生产井产量、虚拟井流量和压缩系数进行处理。传导率在空间和时间上的线性化可通过 8.4.1 节中的方法来完成。在工程问题中，流动方程及其任一分量（网格块间流动项、井产量、虚拟井产量）都可通过显式传导率法、传导率的简单迭代或全隐式法在时间上进行线性化处理。8.4.2 节介绍了真实生产井产量的线性化方法，8.4.3 节介绍了虚拟井产量的线性化方法，8.4.4 节介绍了累积项中压力变化系数的线性化方法。将已作线性化处理的各项代入流动方程，即可得到线性化流动方程。

8.7 练习题

8.1 通过研究方程（8.1）中的各项，对该方程的线性做出定义。

8.2 通过研究方程（8.9）中的各项，对该方程的线性做出定义。

8.3 解释方程（8.5）可看作非线性方程的原因。

8.4 解释方程（8.11）是非线性方程的原因。

8.5 方程（8.30）是对生产井产量进行线性化处理的方程，请通过该方程指出传统显式方法和显式传导率法之间的区别。

8.6 方程（8.31）是对生产井产量进行线性化处理的方程，请通过该方程指出传统的简单迭代法和传导率法简单迭代之间的区别。

8.7 考虑图8.3所示的一维倾斜气藏。该气藏为定量容积且均质的，包含一口位于网格2的生产井。在发现时（$t = 0$），其中的流体处于力学平衡状态，网格2处的压力为3000psia。所有网格块都有如下性质：$\Delta x = 400\text{ft}$，$w = 200\text{ft}$，$h = 80\text{ft}$，$K = 222\text{mD}$，$\phi = 0.20$。网格2中的井以$1 \times 10^6\text{ft}^3/\text{d}$的速度生产流体。表8.1给出了气体的地层体积系数和黏度，且标况下的气体密度为0.05343lb/ft^3。请估算该气藏中的初始压力分布，并求出该体系在50d和100d后的井底流压和压力分布。本题请用带有显式传导率法的隐式方程求解。

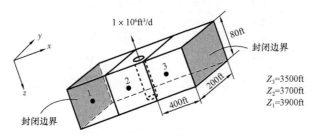

图8.3 习题8.7中一维气藏的离散模型

8.8 考虑习题8.7中的一维流动问题，求出该气藏在50d和100d后的压力分布。本题请用带有传导率法简单迭代的隐式方程求解。

8.9 考虑习题8.7中的一维流动问题，求出该气藏在50d和100d后的压力分布。本题请用带有全隐式法的隐式方程求解。

8.10 在某天然气藏中，在16acre的范围内打一口直井。如图8.4所示，该气藏在径向上可通过四个网格点描述。该气藏为水平气藏，净厚度为20in，岩石性质为均质、各向同性，且有$K = 10\text{mD}$，$\phi = 0.13$。气藏初始压力为3015psia。表8.1给出了气体地层体积系数和黏度与压力之间的关系。气藏外部边界是封闭的，无流体流动。气井直径为6in。该井在2015psia的恒定井底流压下进行生产。请以30.42d为时间步长，求出2个月内每个月（30.42d）气藏的压力分布情况。本题用带有显式传导率法的隐式方程求解。

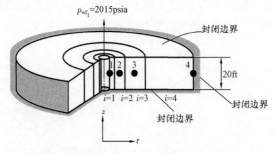

图8.4 习题8.10中气藏的离散模型

8.11　考虑习题 8.10 中的单井模拟问题。求出 1 个月和 2 个月后气藏的压力分布情况。本题请用带有传导率简单迭代的隐式方程求解。

8.12　考虑习题 8.10 中的单井模拟问题。求出 1 个月和 2 个月后气藏的压力分布情况。本题请用带有全隐式法的隐式方程求解。

8.13　考虑天然气在气藏中发生的二维单相流动，该气藏为水平、均质分布，如图 8.5 所示。气藏外部边界是封闭的，无流体流动。网格块的性质为 $\Delta x = \Delta y = 1000\text{ft}$，$h = 25\text{ft}$，$K_x = K_y = 20\text{mD}$，$\phi = 0.12$。气藏初始压力为 4015psia。表 8.1 给出了气体地层体积系数和黏度与压力之间的关系。网格 1 中的井以 $1 \times 10^6 \text{ft}^3/\text{d}$ 的速度生产天然气。气井直径为 6in。求出 2 个月内每个月（30.42d）气藏中的压力分布和该井的井底流压。求解时请以 30.42d 为时间步长，检查每一个时间步长的物质平衡情况，使用带有显式传导率法的隐式方程求解，并观察对称性。

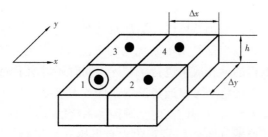

图 8.5　习题 8.13 中二维气藏的离散模型

8.14　考虑习题 8.13 中描述的二维流动问题。求出 1 个月和 2 个月后气藏中的压力分布和气井的井底流压。求解时请检查每一个时间步长的物质平衡情况，并使用带有传导率简单迭代的隐式方程求解。

8.15　考虑习题 8.13 中描述的二维流动问题。求出 1 个月和 2 个月后气藏中的压力分布和气井的井底流压。求解时请检查每一个时间步长的物质平衡情况，并使用带有全隐式传导率法的隐式方程求解。

8.16　请推导（8.47b）中的全隐式方程，推导时请使用前文提到的 Coats 等人（1977）采用的方法，并且对可压缩流体的累积项不要采用传统展开的办法。

8.17　对非线性方程进行严格处理会有什么结果？如果出现多个解怎么办？

第 9 章 线性问题的解决方法

9.1 引言

现如今，油藏工程中遇到的各方面问题基本都可以用油藏模拟器来解决。油藏模拟器的使用非常广泛，将其描述为"标准"也并不夸张。在处理情况复杂的油藏时会遇到相当大的困难，尽管如此，油藏模拟器仍然可以预测油藏动态。油藏的复杂性可能来自地层和流体性质的变化，这种问题一直以来都是用不断优化的方法来处理的。Mustafiz 和 Islam（2008）对当时油藏模拟研究中取得的最新成果进行了综述，同时还讨论了油藏模拟器未来的组成架构。他们预测，人们在不久的将来可以通过三维成像技术与综合油藏模型之间的耦合，将钻井数据作为输入信息，输入到可以创建实时油藏监测系统的模拟器中。与此同时，将超高速数据采集系统与数—模转换器（可将信号转化为有形感知）进行耦合，会让虚拟现实技术在最先进的油藏模型中发挥用武之地。而这一切都以本书提出的公式为基础。第 4 章和第 5 章分别将油藏离散成了一个个网格块和网格点。这两章描述的是用于一般网格块的流动方程，使用时需将边界条件代入流动方程中。第 6 章介绍了油井产量，这一章中得到的流动方程可以是线性的（用于不可压缩流体和微可压缩流体），也可以是非线性的（用于可压缩流体）。第 8 章介绍了将非线性流动方程线性化的方法。剩下的工作就是将油藏中每个网格块（或网格点）上已经线性化的流动方程全部列出来，并解出这个线性方程组，以上即为本章的重点。线性方程可以用直接法或迭代法求解，本章中的讨论也仅限于这两类基本的解法，并介绍其在一维、二维和三维流动问题中的应用。本章的目的是介绍下列形式线性方程的基本解法：

$$[A]x = d \tag{9.1}$$

式中　$[A]$——平方系数矩阵；
　　　$[x]$——未知数向量；
　　　$[d]$——已知向量。

9.2 直接法

直接法的特点是能够在运算次数固定的情况下，求得某一指定线性方程组的解向量。直接法不仅需要存储系数矩阵 $[A]$ 和已知向量 d 所包含的信息，而且在计算过程中还会累积舍入误差。下面几节将讨论用于一维流动问题的 Thomas 算法和 Tang 算法，以及用于一维流动、二维流动以及三维流动问题的 g 波段算法等方法。这些算法都是基于对系数矩阵采用 *LU* 分解法（即 $[A] = [L][U]$）来实现的。

9.2.1　一维矩形流动及径向流动问题（Thomas 算法）

Thomas 算法（又称"追赶法"）适用于在 x 方向产生矩形流动的油藏（图 9.1a），或适用于在 r 方向产生径向流动的油藏（图 9.1b），即存在沿某一条线排列的网格块（$N = n_x$ 或 $N = n_r$）。

第一个网格块位于油藏的西部边界，故其具有的方程形式为：

$$c_1 x_1 + e_1 x_2 = d_1 \tag{9.2a}$$

位于油藏内部的第 i 个（$i = 2,3,\cdots,N-1$）网格块具有的方程形式为：

$$w_i x_{i-1} + c_i x_i + e_i x_{i+1} = d_i \tag{9.2b}$$

第 N 个网格块位于油藏的东部边界，故其具有的方程形式为：

$$w_N x_{N-1} + c_N x_N = d_N \tag{9.2c}$$

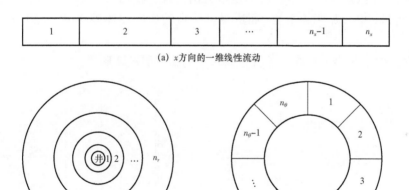

图 9.1　一维流动问题的种类

由式（9.2）可知，c_i 为第 i 个网格块（中心网格块）的未知数系数，w_i 为邻近的第 $i-1$ 个网格块（西侧网格块）的未知数系数，e_i 为邻近第 $i+1$ 个网格块（东侧网格块）的未知数系数。已知第 i 个网格块满足流量方程右边 d_i 的值，并考虑使用不可压缩流体的流动方程（8.2b），该方程可改写为：

$$T_{x_{i-\frac{1}{2}}} p_{i-1} - \left[T_{x_{i-\frac{1}{2}}} + T_{x_{i+\frac{1}{2}}} \right] p_i + T_{x_{i+\frac{1}{2}}} p_{i+1}$$

$$= \left[T_{x_{i-\frac{1}{2}}} \gamma_{i-\frac{1}{2}} (Z_{i-1} - Z_i) + T_{x_{i+\frac{1}{2}}} \gamma_{i+\frac{1}{2}} (Z_{i+1} - Z_i) \right] - q_{\text{sc}_i} \tag{9.3}$$

该方程具有式（9.2b）的形式，其未知数为 p_{i-1}、p_i、p_{i+1}，系数为 $w_i = T_{x_{i-\frac{1}{2}}}$、$c_i = -\left[T_{x_{i-\frac{1}{2}}} + T_{x_{i+\frac{1}{2}}}\right]$、$e_i = T_{x_{i+\frac{1}{2}}}$，已知方程右边的值为 $d_i = \left[T_{x_{i-\frac{1}{2}}}\gamma_{i-\frac{1}{2}}(Z_{i-1} - Z_i) + T_{x_{i+\frac{1}{2}}}\gamma_{i+\frac{1}{2}}(Z_{i+1} - Z_i)\right] - q_{sci}$。如果考虑到式（8.10b）中微可压缩流体的流动，并假设油井产量已确定，那么可以得到式（9.4）：

$$T_{x_{i-\frac{1}{2}}}p_{i-1}^{n+1} - \left[T_{x_{i-\frac{1}{2}}} + T_{x_{i+\frac{1}{2}}} + \frac{V_{b_i}\phi^{\circ}{}_i(c + c_{\phi})}{\alpha_c B^{\circ}\Delta t}\right]p_i^{n+1} + T_{x_{i+\frac{1}{2}}}p_{i+1}^{n+1}$$

$$= T_{x_{i-\frac{1}{2}}}\gamma_{i-\frac{1}{2}}(Z_{i-1} - Z_i) + T_{x_{i+\frac{1}{2}}}\gamma_{i+\frac{1}{2}}(Z_{i+1} - Z_i) - q_{spsc_i} - \frac{V_{b_i}\phi^{\circ}{}_i(c + c_{\phi})}{\alpha_c B^{\circ}\Delta t}p_i^n \quad (9.4)$$

式（9.4）中的未知数为 p_{i-1}^{n+1}、p_i^{n+1}、p_{i+1}^{n+1}，系数为 $w_i = T_{x_{i-\frac{1}{2}}}$、$c_i = -\left[T_{x_{i-\frac{1}{2}}} + T_{x_{i+\frac{1}{2}}} + \frac{V_{b_i}\phi^{\circ}{}_i(c + c_{\phi})}{\alpha_c B^{\circ}\Delta t}\right]$、$e_i = T_{x_{i+\frac{1}{2}}}$，已知方程右边的值为 $d_i = T_{x_{i-\frac{1}{2}}}\gamma_{i-\frac{1}{2}}(Z_{i-1} - Z_i) + T_{x_{i+\frac{1}{2}}}\gamma_{i+\frac{1}{2}}(Z_{i+1} - Z_i) - q_{spsc_i} - \frac{V_{b_i}\phi^{\circ}{}_i(c + c_{\phi})}{\alpha_c B^{\circ}\Delta t}p_i^n$。在上述两种情况下，第 1 个网格块不存在系数 w_1，第 N 块不存在系数 e_N，原因是这两个网格块都是边界网格块。根据边界条件规范，边界网格块的影响体现在 d_i 和 c_i 中（见 4.4 节），而边界网格点的影响则体现在 d_i、c_i 和 w_i 或 e_i 中（见5.4 节）。

式（9.2）中用 N 个方程联立的方程组可写为如下的矩阵形式：

$$\begin{bmatrix} c_1 & e_1 & & & & \\ w_2 & c_2 & e_2 & & & \\ & \cdots & \cdots & \cdots & & \\ & & \cdots & \cdots & \cdots & \\ & & & w_{N-1} & c_{N-1} & e_{N-1} \\ & & & & w_N & c_N \end{bmatrix}\begin{bmatrix} x_1 \\ x_2 \\ \cdots \\ \cdots \\ x_{N-1} \\ x_N \end{bmatrix} = \begin{bmatrix} d_1 \\ d_2 \\ \cdots \\ \cdots \\ d_{N-1} \\ d_N \end{bmatrix} \quad (9.5)$$

式（9.5）中的矩阵称为三对角矩阵，该矩阵方程可用 Thomas 算法来求解。Thomas 算法仅需通过将矩阵分解成下三角矩阵 $[L]$ 和上三角矩阵 $[U]$，从而高效求解式（9.5）中的三对角矩阵方程（Aziz and Settari, 1979）。此外，不必保存整个矩阵，而是只需保存四个 N 维向量（w、c、e、d），就可以保存式（9.5）中包含的所有信息。执行 Thomas 算法主要分为两步——正向解和反向解，而这两步需要再创建两个 N 维向量（u 和 g）。

9.2.1.1 正向解

令

$$u_1 = \frac{e_1}{c_1} \quad (9.6)$$

且

$$g_1 = \frac{d_1}{c_1} \tag{9.7}$$

对于 $i=2,3,\cdots,N-1$，有：

$$u_i = \frac{e_i}{c_i - w_i u_{i-1}} \tag{9.8}$$

对于 $i=2,3,\cdots,N$，有：

$$g_i = \frac{d_i - w_i g_{i-1}}{c_i - w_i u_{i-1}} \tag{9.9}$$

9.2.1.2 反向解

令

$$x_N = g_N \tag{9.10}$$

对于 $i=N-1,N-2,\cdots,3,2,1$，有：

$$x_i = g_i - u_i x_{i+1} \tag{9.11}$$

下面的例子说明了 Thomas 算法在解决一维油藏方程中的应用。

例 9.1 例 7.1 中得出了下列用于一维油藏的方程：

$$-85.2012 p_1 + 28.4004 p_2 = -227203.2 \tag{9.12}$$

$$28.4004 p_1 - 56.8008 p_2 + 28.4004 p_3 = 0 \tag{9.13}$$

$$28.4004 p_2 - 56.8008 p_3 + 28.4004 p_4 = 0 \tag{9.14}$$

$$28.4004 p_3 - 28.4004 p_4 = 600 \tag{9.15}$$

请运用 Thomas 算法解出这组方程。

求解方法

第一步，利用式（9.6）和式（9.7）计算 u_1 和 g_1 的值，可得：

$$u_1 = e_1/c_1 = 28.4004/(-85.2012) = -0.333333$$

$$g_1 = d_1/c_1 = -227203.2/(-85.2012) = 2666.667$$

然后，利用式（9.8）计算 u_2 和 u_3 的值，可得：

$$u_2 = e_2/(c_2 - w_2 u_1) = 28.4004/[-56.8008 - 28.4004 \times (-0.333333)] = -0.600000$$

$$u_3 = e_3/(c_3 - w_3 u_2) = 28.4004/[-56.8008 - 28.4004 \times (-0.600000)] = -0.714286$$

接下来，利用式（9.9）计算 g_2，g_3 和 g_4 的值，结果分别为：

$$g_2 = \frac{(d_2 - w_2 g_1)}{(c_2 = w_2 u_1)} = \frac{(0 - 28.4004 \times 2666.667)}{[-56.8008 - 28.4004 \times (-0.333333)]} = 1600.000$$

$$g_3 = \frac{(d_3 - w_3 g_2)}{(c_3 = w_3 u_2)} = \frac{(0 - 28.4004 \times 1600.000)}{[-56.8008 - 28.4004 \times (-0.600000)]} = 1142.857$$

$$g_4 = \frac{(d_4 - w_4 g_3)}{(c_4 = w_4 u_3)} = \frac{(600 - 28.4004 \times 1142.857)}{[-28.4004 - 28.4004 \times (-0.714286)]} = 3926.06$$

根据式（9.10），令 $x_4 = g_4$，可得：

$$x_4 = g_4 = 3929.06$$

下一步，利用式（9.11）按顺序分别计算 x_3，x_2 和 x_1 的值，得到：

$$x_3 = g_3 - u_3 x_4 = 1142.857 - (-0.714286) \times 3926.06 = 3947.18$$

$$x_2 = g_2 - u_2 x_3 = 1600.000 - (-0.600000) \times 3947.18 = 3968.31$$

$$x_1 = g_1 - u_1 x_2 = 2666.667 - (-0.333333) \times 3968.31 = 3989.44$$

用上述方法可算得表9.1中的结果，该表最后一列给出的解向量为：

$$\vec{x} = \begin{bmatrix} x_1 \\ x_2 \\ x_3 \\ x_4 \end{bmatrix} = \begin{bmatrix} 3989.44 \\ 3968.31 \\ 3947.18 \\ 3926.06 \end{bmatrix} \tag{9.16}$$

因此，本例题方程组的压力解为 $p_1 = 3989.44 \text{psia}$，$p_2 = 3698.31 \text{psia}$，$p_3 = 3947.18 \text{psia}$，$p_4 = 3926.06 \text{psia}$。

表9.1 利用 Thomas 算法求解例9.1中方程所得结果

i	w_i	c_i	e_i	d_i	u_i	g_i	x_i
1	—	-85.2012	28.4004	-227203.2	-0.333333	2666.667	3989.44
2	28.4004	-56.8008	28.4004	0	-0.600000	1600.000	3968.31
3	28.4004	-56.8008	28.4004	0	-0.714286	1142.857	3947.18
4	28.4004	-28.4004	—	600.0	—	3926.057	3926.06

9.2.2 一维切向流动问题（Tang 算法）

Tang 算法用于只发生在 θ 方向上的流动；即，存在按如图 9.1c 中的圆形排列的一排网格块（$N = n_\theta$）。通过一维切向流动问题得到的方程与通过式（9.2b）得到的用于矩形流动问题的方程相比，这两者在形式上是相似的。

第一个网格块（$i = 1$）具有的方程形式为：

$$w_1 x_N + c_1 x_1 + e_1 x_2 = d_1 \tag{9.17a}$$

第 i 个网格块（$i = 2$，3，$\cdots$，$N-1$）具有的方程形式为：

$$w_i x_{i-1} + c_i x_i + e_i x_{i+1} = d_i \tag{9.17b}$$

最后一个网格块（$i = N$）具有的方程形式为：

$$w_N x_{N-1} + c_N x_N + e_N x_1 = d_N \tag{9.17c}$$

可以注意到，式（9.17a）和式（9.17c）中分别存在系数 w_1 和 e_N，其原因是在这一流动问题中第 1 块与第 N 块相邻，如图 9.1c 所示。

式（9.17）中由 N 个方程联立的方程组可用如下的矩阵形式表达：

$$
\begin{bmatrix}
c_1 & e_1 & & & & w_1 \\
w_2 & c_2 & e_2 & & & \\
& \cdots & \cdots & \cdots & & \\
& & \cdots & \cdots & \cdots & \\
& & & w_{N-1} & c_{N-1} & e_{N-1} \\
e_N & & & & w_N & c_N
\end{bmatrix}
\begin{bmatrix}
x_1 \\
x_2 \\
\cdots \\
\cdots \\
x_{N-1} \\
x_N
\end{bmatrix}
=
\begin{bmatrix}
d_1 \\
d_2 \\
\cdots \\
\cdots \\
d_{N-1} \\
d_N
\end{bmatrix}
\tag{9.18}
$$

对于该矩阵方程组，Tang 提出用下文所述的算法来解决。与 Thomas 算法一样，Tang 算法也是基于对 LU 矩阵进行分解的方法。此外，Tang 算法也是通过正向解和反向解这两个重要步骤来得出结果。

9.2.2.1　正向解

令

$$\zeta_1 = 0 \tag{9.19}$$

$$\beta_1 = -1 \tag{9.20}$$

且

$$\gamma_1 = 0 \tag{9.21}$$

令

$$\zeta_2 = \frac{d_1}{e_1} \tag{9.22}$$

$$\beta_2 = \frac{c_1}{e_1} \tag{9.23}$$

且

$$\gamma_2 = \frac{w_1}{e_1} \tag{9.24}$$

对于 $i = 2$，3，$\cdots$，$N - 1$，有：

$$\zeta_{i+1} = -\frac{c_i \zeta_i + w_i \zeta_{i-1} - d_i}{e_i} \tag{9.25}$$

$$\beta_{i+1} = -\frac{c_i \beta_i + w_i \beta_{i-1}}{e_i} \tag{9.26}$$

$$\gamma_{i+1} = -\frac{c_i \gamma_i + w_i \gamma_{i-1}}{e_i} \tag{9.27}$$

9.2.2.2 反向解

第一步，按公式（9.28）至公式（9.31）计算 A、B、C、D 的值：

$$A = \frac{\zeta_N}{1 + \gamma_N} \tag{9.28}$$

$$B = \frac{\beta_N}{1 + \gamma_N} \tag{9.29}$$

$$C = \frac{d_N - w_N \zeta_{N-1}}{c_N - w_N \gamma_{N-1}} \tag{9.30}$$

$$D = \frac{e_N - w_N \beta_{N-1}}{c_N - w_N \gamma_{N-1}} \tag{9.31}$$

第二步，计算解向量中第一个未知数 x_1 和最后一个未知数 x_N 的值：

$$x_1 = \frac{A - C}{B - D} \tag{9.32}$$

$$x_N = \frac{BC - AD}{B - D} \tag{9.33}$$

第三步，计算解向量中其他未知数的值。对于 $i = 2$，3，$\cdots$，$N - 1$，有：

$$x_i = \zeta_i - \beta_i x_i - \gamma_i x_N \tag{9.34}$$

例 9.2　用 Tang 算法解下面的方程组：

$$2.84004x_4 - 5.68008x_1 + 2.84004x_2 = 0 \tag{9.35}$$

$$2.84004x_1 - 8.52012x_2 + 2.84004x_3 = -22720.32 \tag{9.36}$$

$$2.84004x_2 - 5.68008x_3 + 2.84004x_4 = 0 \tag{9.37}$$

$$2.84004x_3 - 5.68008x_4 + 2.84004x_1 = 600 \tag{9.38}$$

求解方法

正向解的第一步是根据式（9.19）至式（9.21），令 $\zeta_1 = 0$，$\beta_1 = -1$，$\gamma_1 = 0$。然后用式（9.22）至式（9.24）计算 ζ_2、β_2 和 γ_2 的值，可得：

$$\zeta_2 = d_1/e_1 = 0 \div 2.84004 = 0$$

$$\beta_2 = c_1/e_1 = -5.68008 \div 2.84004 = -2$$

$$\gamma_2 = w_1/e_1 = 2.84004 \div 2.84004 = 1$$

下一步是利用式（9.25）计算 ζ_3 和 ζ_4 的值，用式（9.26）计算 β_3 和 β_4 的值，用式（9.27）计算 γ_3 和 γ_4 的值，可得：

$$\zeta_3 = -\frac{c_2\zeta_2 + w_2\zeta_1 - d_2}{e_2} = -\frac{-8.52012 \times 0 + 2.84004 \times 0 - (-22720.32)}{2.84004} = -8000$$

$$\zeta_4 = -\frac{c_3\zeta_3 + w_3\zeta_2 - d_3}{e_3} = -\frac{-5.68008 \times (-8000) + 2.84004 \times 0 - 0}{2.84004} = -16000$$

$$\beta_3 = -\frac{c_2\beta_2 + w_2\beta_1}{e_2} = -\frac{-8.52012 \times (-2) + 2.84004 \times (-1)}{2.84004} = -5$$

$$\beta_4 = -\frac{c_3\beta_3 + w_3\beta_2}{e_3} = -\frac{-5.68008 \times (-5) + 2.84004 \times (-2)}{2.84004} = -8$$

$$\gamma_3 = -\frac{c_2\gamma_2 + w_2\gamma_1}{e_2} = -\frac{-8.52012 \times 1 + 2.84004 \times 0}{2.84004} = 3$$

$$\gamma_4 = -\frac{c_3\gamma_3 + w_3\gamma_2}{e_3} = -\frac{-5.68008 \times 3 + 2.84004 \times 1}{2.84004} = 5$$

表9.2列出了用上述方法计算得到的结果。正向替换完毕后，下一步采用反向替换的方法，用式（9.28）至式（9.31）中的方程计算 A，B，C，D 的值，可得：

$$A = \frac{\zeta_4}{1 + \gamma_4} = \frac{-16000}{1 + 5} = -2666.667$$

表9.2 利用 Tang 算法求解例 9.2 中方程所得结果

i	w_i	c_i	e_i	d_i	ζ_i	β_i	γ_i
1	2.84004	-5.68008	2.84004	0	0	-1	0
2	2.84004	-8.52012	2.84004	-22720.32	0	-2	1
3	2.84004	-5.68008	2.84004	0	-8000	-5	3
4	2.84004	-5.68008	2.84004	600.00	-16000	-8	5

$$B = \frac{\beta_4}{1 + \gamma_4} = \frac{-8}{1 + 5} = -1.33333$$

$$C = \frac{d_4 - w_4\zeta_3}{c_4 - w_4\gamma_3} = \frac{600 - 2.84004 \times (-8000)}{-5.68008 - 2.84004 \times 3} = -1642.253$$

$$D = \frac{e_4 - w_4\beta_3}{c_4 - w_4\gamma_3} = \frac{2.84004 - 2.84004 \times (-5)}{-5.68008 - 2.84004 \times 3} = -1.2$$

用式（9.32）和式（9.33）计算 x_1 和 x_4 的值，可得：

$$x_1 = \frac{A - C}{B - D} = \frac{-2666.667 - (-1642.253)}{-1.33333 - (-1.2)} = 7683.30$$

$$x_4 = \frac{BC - AD}{B - D} = \frac{-1.33333 \times (-1642.253) - (-2666.667) \times (-1.2)}{1.33333 - (-1.2)} = 7577.70$$

最后，利用式（9.34）计算 x_2 和 x_3 的值，可得：

$$x_2 = \zeta_2 - \beta_2 x_1 - \gamma_2 x_4 = 0 - (-2) \times 7683.30 - 1 \times 7577.70 = 7788.90$$

$$x_3 = \zeta_3 - \beta_3 x_1 - \gamma_3 x_4 = -8000 - (-5) \times 7683.30 - 3 \times 7577.70 = 7683.40$$

因此，解向量为：

$$\vec{x} = \begin{bmatrix} x_1 \\ x_2 \\ x_3 \\ x_4 \end{bmatrix} = \begin{bmatrix} 7683.30 \\ 7788.90 \\ 7683.40 \\ 7577.70 \end{bmatrix} \tag{9.39}$$

9.2.3 二维及三维流动问题（稀疏矩阵）

对于二维及三维流动问题，其线性方程可通过以下几步来得到：（1）用 CVFD 方法编写流动方程；（2）对二维或三维空间中的网格 n，通过运用图 3.1 中对网格进行工程标记或图 3.3 中对网格进行自然排序的方法（见 3.2.1 节和 3.2.2 节），将其定义为集合 ψ_n，此外还要将网格 n 定义为集合 ξ_n；（3）写出流动方程的展开形式。例如，对于不可压缩流体的三维流动问题，第一步使用式（8.1）中的方程，得到：

$$\sum_{l \in \psi_n} T_{l,n} \left[(p_l - p_n) - \gamma_{l,n}(Z_l - Z_n) \right] + \sum_{l \in \xi_n} q_{sc_{l,n}} + q_{sc_n} = 0 \tag{9.40}$$

如果油藏具有不渗透边界（即对所有的 n 值，都有 $\xi_n = \{\ \}$，并由此得到 $\sum_{l \in \xi_n} q_{sc_{l,n}} = 0$），且油井流量确定，式（9.40）可变形为：

$$\sum_{l \in \psi_n} T_{l,n} p_l - \left(\sum_{l \in \psi_n} T_{l,n} \right) p_n = \sum_{l \in \psi_n} T_{l,n} \gamma_{l,n}(Z_l - Z_n) - q_{sc_n} \tag{9.41}$$

第二步，将网格 n 定义在三维空间内。相应地，如果对油藏网格采用自然排序，即网格依次在 i、j、k 方向进行排序，那么，ψ_n 可用图 3.3c 中的形式来表达：

$$\psi_n = \psi_{i,j,k} = \{(n - n_x n_y), (n - n_x), (n-1), (n+1), (n + n_x), (n + n_x n_y)\} \tag{9.42}$$

这样，通过式（9.41）以及式（9.42）中新定义出来的 ψ_n，便可得到求解方程。

第三步，将式（9.41）中的方程展开为：

$$T_{n,n-n_x-n_y} p_{n-n_x n_y} + T_{n,n-n_x} p_{n-n_x} + T_{n,n-1} p_{n-1} + T_{n,n+1} p_{n+1}$$

$$+ T_{n,n+n_x} p_{n+n_x} + T_{n,n+n_x n_y} p_{n+n_x n_y} - \left[T_{n,n-n_x n_y} + T_{n,n-n_x} \right.$$

$$\left. + T_{n,n-1} + T_{n,n+1} + T_{n,n+n_x} + T_{n,n+n_x n_y} \right] p_n$$

$$= \left[(T\gamma)_{n,n-n_x n_y}(Z_{n-n_x n_y} - Z_n) + (T\gamma)_{n,n-n_x}(Z_{n-n_x} - Z_n) \right.$$

$$+ (T\gamma)_{n,n-1}(Z_{n-1} - Z_n) + (T\gamma)_{n,n+1}(Z_{n+1} - Z_n)$$

$$\left. + (T\gamma)_{n,n+n_x}(Z_{n+n_x} - Z_n) + (T\gamma)_{n,n+n_x n_y}(Z_{n+n_x n_y} - Z_n) \right] - q_{sc_n} \tag{9.43}$$

式（9.43）中的压力未知量可重排为图 9.2 中的形式，由此可得：

$$T_{n,n-n_x n_y} p_{n-n_x n_y} + T_{n,n-n_x} p_{n-n_x} + T_{n,n-1} p_{n-1}$$

$$- \left[T_{n,n-n_x n_y} + T_{n,n-n_x} + T_{n,n-1} + T_{n,n+1} + T_{n,n+n_x} + T_{n,n+n_x n_y} \right] p_n$$

$$+ T_{n,n+1} p_{n+1} + T_{n,n+n_x} p_{n+n_x} + T_{n,n+n_x n_y} p_{n+n_x n_y}$$

$$= \left[(T\gamma)_{n,n-n_x n_y}(Z_{n-n_x n_y} - Z_n) + (T\gamma)_{n,n-n_x}(Z_{n-n_x} - Z_n) \right.$$

$$+ (T\gamma)_{n,n-1}(Z_{n-1} - Z_n) + (T\gamma)_{n,n+1}(Z_{n+1} - Z_n) + (T\gamma)_{n,n+n_x}$$

$$\left. (Z_{n+n_x} - Z_n) + (T\gamma)_{n,n+n_x n_y}(Z_{n+n_x n_y} - Z_n) \right] - q_{sc_n} \tag{9.44}$$

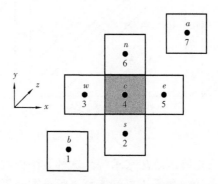

图 9.2 流动方程中相邻网格未知数的排列形式

式（9.44）是用于解决不可压缩流体三维流动问题的线性方程，其未知数为 $p_{n-n_x n_y}$、p_{n-n_x}、p_{n-1}、p_n、p_{n+1}、p_{n+n_x} 和 $p_{n+n_x n_y}$。式（9.44）可改写为：

$$b_n x_{n-n_x n_y} + s_n x_{n-n_x} + w_n x_{n-1} + c_n x_n$$

$$+ e_n x_{n+1} + n_n x_{n+n_x} + a_n x_{n+n_x n_y} = d_n \tag{9.45}$$

其中：

$$b_n = T_{n,n-n_x n_y} = T_{z_{i,j,k-\frac{1}{2}}} \tag{9.46a}$$

$$s_n = T_{n,n-n_x} = T_{y_{i,j-\frac{1}{2},k}} \tag{9.46b}$$

$$w_n = T_{n,n-1} = T_{x_{i-\frac{1}{2},j,k}} \tag{9.46c}$$

$$e_n = T_{n,n+1} = T_{x_{i+\frac{1}{2},j,k}} \tag{9.46d}$$

$$n_n = T_{n,n+n_x} = T_{y_{i,j+\frac{1}{2},k}} \tag{9.46e}$$

$$a_n = T_{n,n+n_x,n_y} = T_{z_{i,j,k+\frac{1}{2}}} \tag{9.46f}$$

$$c_n = -(b_n + s_n + w_n + e_n + n_n + a_n) \tag{9.46g}$$

$$d_n = \left[(b\gamma)_n(Z_{n-n_xn_y} - Z_n) + (s\gamma)_n(Z_{n-n_x} - Z_n) + (w\gamma)_n(Z_{n-1} - Z_n)\right.$$
$$\left. + (e\gamma)_n(Z_{n+1} - Z_n) + (n\gamma)_n(Z_{n+n_x} - Z_n) + (a\gamma)_n(Z_{n+n_xn_y} - Z_n)\right] - q_{sc_n} \tag{9.46h}$$

如果用式（9.45）对矩形油藏中的每个区块 $n = 1, 2, 3, \cdots, N$（$N = n_x \times n_y \times n_z$）列出方程，则矩阵方程将有七条对角线（即七对角系数矩阵），如图9.3c所示。当流体在具有规则边界的二维油藏中（$b_n = a_n = 0$）流动时，得到的矩阵方程将有五条对角线（即五对角系数矩阵），如图9.3b所示。当流体在一维油藏中（$b_n = s_n = n_n = a_n = 0$）流动时，得到的矩阵方程将有三条对角线（即三对角系数矩阵），如图9.3a所示。

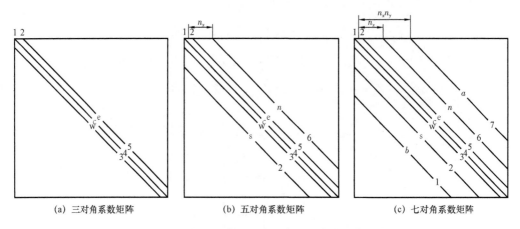

(a) 三对角系数矩阵   (b) 五对角系数矩阵   (c) 七对角系数矩阵

图9.3 一维、二维及三维流动问题中的系数矩阵

这些矩阵方程可用 g 波段矩阵求解法来求解。这种方法仅需通过 **LU** 分解法进行高斯消元，其只对稀疏矩阵最外层各边上的元素进行运算，最外层边界以外的零元素则不用进行运算。最外层边界以内的行（或列）元素个数 $2b_w + 1$ 称为带宽，其中对于一维流动问题有 $b_w = 1$，对于二维流动问题有 $b_w = n_x$，对于三维流动问题有 $b_w = n_x \times n_y$，如图9.3所示。下面的算法即为 g 波段算法，执行该算法主要分三步：初始化步骤、正向消去步骤和回代步骤。

9.2.3.1 初始化步骤

对于 $i = 1, 2, \cdots, N$，令：

$$d_i^{(0)} = d_i \tag{9.47}$$

$$j_{\min} = \max(1, i - b_w) \tag{9.48a}$$

$$j_{\max} = \min(i + b_w, N) \tag{9.48b}$$

且对于 $j = j_{\min}, j_{\min} + 1, \cdots, j_{\max}$，有：

$$a_{i,j}^{(0)} = a_{i,j} \tag{9.49}$$

9.2.3.2 正向消去步骤

对于 $i = 1, 2, \cdots, N$，令：

$$d_i^{(i)} = \frac{d_i^{(i-1)}}{a_{i,j}^{(i-1)}} \tag{9.50}$$

$$j_{\max} = \min(i + b_w, N) \tag{9.48b}$$

$$a_{i,j}^{(i)} = \frac{a_{i,j}^{(i-1)}}{a_{i,j}^{(i-1)}} \tag{9.51a}$$

且对于 $j = i,\ i+1,\ \cdots,\ j_{\max}$，有：

$$a_{i,j}^{(i)} = 1 \tag{9.51b}$$

对于 $k = i+1,\ i+2,\ \cdots,\ j_{\max}$，$j = i,\ i+1,\ \cdots,\ j_{\max}$，令：

$$d_k^{(i)} = d_k^{(i-1)} - d_i^{(i)} a_{k,i}^{(i-1)} \tag{9.52}$$

$$a_{k,j}^{(i)} = a_{k,j}^{(i-1)} - a_{i,j}^{(i)} a_{k,i}^{(i-1)} \tag{9.53a}$$

且有

$$a_{k,i}^{(i)} = 0 \tag{9.53b}$$

9.2.3.3　回代步骤

$$令 x_N = d_N^{(N)} \tag{9.54}$$

对于 $i = N-1,\ N-2,\ \cdots,\ 2,\ 1$，令：

$$j_{\max} = \min(i + b_w, N) \tag{9.48b}$$

且

$$x_i = d_i^{(N)} - \sum_{j=i+1}^{j_{\max}} a_{i,j}^{(N)} x_j \tag{9.55}$$

使用这种算法的 FORTRAN 计算机代码可在文献中查到（Aziz and Settari，1979；Abou – Kassem and Ertekin，1992）。这类程序要求将最外层边界以内的矩阵元素逐行存储在向量（即一维矩阵）中。

9.3　迭代法

通过迭代法求出的给定方程组的解向量，是一组中间向量序列逐渐收敛而成的极限。迭代法求解无须像直接法那样存储系数矩阵 $[A]$，此外还不会受到计算过程中截断误差累积所造成的影响。迭代法通常对网格进行自然排序。在下面的介绍中，先后沿 x 方向、y 方向、z 方向对网格进行排序。这里讨论的是基本的迭代方法，如求解一维流动方程时最常用的点迭代法［包括 Jacobi 迭代法、Gauss – Seidel 迭代法和逐次点超松弛迭代法（PSOR）］，以及求解二维和三维流动方程时用到的逐次点超松弛迭代法（LSOR）、逐次块超松弛迭代法（BSOR）和交替方向隐式法（ADIP）。由于更先进、更强大的迭代法的不断出现，上述方法在如今的模拟器中已不再使用，但是，这些基本迭代方法在解决单相流动问题上还是绰绰有余的。方程（9.45）将用来说明各种迭代法在解决一维、二维及三维流动问题中的应用。迭代法首先需要预估所有未知数的初始值。对于涉及不可压缩流体的流动问题，未知数x_n的初始预估值为零，即$x_n（0）=0$。对于涉及微可压缩流体和可压缩流体的流动问题，在进行第一次外部迭代（$k=1$）时，未知数x_n的初始预估值为原时间层级中未知数的值（p_n^n），即$x_n^{(0)}=p_n^n$。然而，对于二次（$k=2$）、三次（$k=3$）以及更高次数（$k=4，5，\cdots$）的外部迭代，未知数x_n的初始预估值则为上一次外部迭代中未知数的值，即$x_n^{(0)}=p_{n^{n+1}}^{(k-1)}$。外部迭代指的是在压力解从原来的第$n$次向现在的第$n+1$次推进的过程中，将方程线性化所用的迭代。

9.3.1　点迭代法

点迭代法包括Jacobi迭代法、Gauss–Seidel迭代法和逐次点超松弛迭代法（PSOR）。在这些方法中，对于任一迭代层级（$\nu+1$），其解都是通过每次解决一个方程中的一个未知数来得到的。这几种方法都是先解第1块网格的方程，接着解第2块的方程，然后逐块（或逐点）进行，一直解到最后一块网格（第N块网格）的方程。这些迭代方法尽管可以用于解决多维流动问题，但由于收敛速度极慢，故建议只用于解决一维流动问题。

9.3.1.1　Jacobi迭代法

为了列出一维问题中的Jacobi迭代方程，必须要用任一网格n的线性方程来解出该网格块的未知数（此处设为x_n）。线性方程可通过对式（9.45）设置$b_n=s_n=n_n=a_n=0$这一条件得到，由此解出的未知数为：

$$x_n = \frac{1}{c_n}(d_n - w_n x_{n-1} - e_n x_{n+1}) \tag{9.56}$$

在所得方程式（9.56）的左边，网格n的未知数x_n为第$\nu+1$次迭代（当前的迭代层级），而在方程式（9.56）的右边，其他所有未知数为第ν次迭代（原来的迭代层级）。于是，Jacobi迭代法的形式变为：

$$x_n^{(\nu+1)} = \frac{1}{c_n}(d_n - w_n x_{n-1}^{(\nu)} - e_n x_{n+1}^{(\nu)}) \tag{9.57}$$

式中$n=1，2，\cdots，N，\nu=0，1，2，\cdots$

该迭代过程从$\nu=0$开始，并对所有的未知数都赋予了初始预估值（即按照之前在9.3节引言部分提到的那样，把$\boldsymbol{x}^{(0)}=\boldsymbol{0}$用于不可压缩流体流动问题或用作初始值，把$\boldsymbol{x}^{(0)}=\boldsymbol{x}^n$用于微可压缩流体或可压缩流体的流动问题）。首先解决网格1的问题，再解决网格2的问题，以此类推，一直解决到网格n的问题，并估算出第一次迭代的结果$[\boldsymbol{x}^{(1)}]$。然后，当$\nu=1$时，重复上述迭代过程，并估算出所有未知数第二次迭代的结果$[\boldsymbol{x}^{(2)}]$。此后，迭代继续进行，直至满足指定的收敛准则时为止。收敛准则中有一种形式与所有网格之间成功迭代所产生的最大绝对差有关，即：

$$d_{\max}^{(\nu+1)} \leqslant \varepsilon \tag{9.58}$$

其中

$$d_{\max}^{(\nu+1)} = \max_{1 \le n \le N} \left| x_n^{(\nu+1)} - x_n^{(\nu)} \right| \tag{9.59}$$

ε 为某种可接受的收敛公差。

有一种更好的收敛准则是与线性方程的余项（r_n）有关的（Aziz and Settari, 1979），即：

$$\max_{1 \le n \le N} \left| r_n^{(\nu+1)} \right| \le \varepsilon \tag{9.60}$$

式（9.45）中的余项可定义为：

$$r_n = b_n x_{n-n_x n_y} + s_n x_{n-n_x} + w_n x_{n-1} + c_n x_n + e_n x_{n+1} + n_n x_{n+n_x} + a_n x_{n+n_x n_y} - d_n \tag{9.61}$$

图9.4为邻近网格块所代表未知数的迭代层级，其通常出现在解决多维问题时用到的 Jacobi 迭代法的迭代方程中。图9.5 说明了 Jacobi 迭代法在二维油藏中的应用。需要注意的是，该方法需要存储所有未知数的原迭代值。此外，Jacobi 迭代法的收敛速度极慢。在例9.3中，运用 Jacobi 迭代法来求解一维油藏的方程。

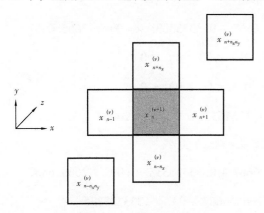

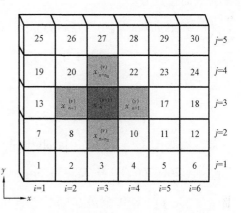

图9.4　Jacobi 迭代法中相邻网格未知数的迭代层级　　图9.5　二维问题中用 Jacobi 迭代法估算时相邻网格未知数的迭代层级

例9.3　例7.1 中得到了下列用于解决一维油藏问题的方程，方程的解已在例9.1 中求出。

$$-85.2012p_1 + 28.4004p_2 = -227203.2 \tag{9.12}$$

$$28.4004p_1 - 56.8008p_2 + 28.4004p_3 = 0 \tag{9.13}$$

$$28.4004p_2 - 56.8008p_3 + 28.4004p_4 = 0 \tag{9.14}$$

$$28.4004p_3 - 28.4004p_4 = 600 \tag{9.15}$$

请用 Jacobi 迭代法解出这组方程。

求解方法

第一步，用式（9.12）解出 p_1 的值，用式（9.13）解出 p_2 的值，用式（9.14）解出 p_3 的值，用式（9.15）解出 p_4 的值。

$$p_1 = 2666.6667 + 0.33333333p_2 \tag{9.62}$$

$$p_2 = 0.5(p_1 + p_3) \tag{9.63}$$

$$p_3 = 0.5(p_2 + p_4) \tag{9.64}$$

$$p_4 = -21.126463 + p_3 \tag{9.65}$$

第二步，根据式（9.57），确定不同迭代层级间的关系，从而得到Jacobi迭代方程。

$$p_1^{(\nu+1)} = 2666.6667 + 0.33333333p_2^{(\nu)} \tag{9.66}$$

$$p_2^{(\nu+1)} = 0.5(p_1^{(\nu)} + p_3^{(\nu)}) \tag{9.67}$$

$$p_3^{(\nu+1)} = 0.5(p_2^{(\nu)} + p_4^{(\nu)}) \tag{9.68}$$

$$p_4^{(\nu+1)} = -21.126463 + p_3^{(\nu)} \tag{9.69}$$

由于所有未知数的初始预估值为0，所以在第一次迭代（$\nu=0$）时，Jacobi迭代方程中各未知数的值应为：

$$p_1^{(1)} = 2666.6667 + 0.33333333p_2^{(0)} = 2666.6667 + 0.33333333 \times (0) = 2666.6667$$

$$p_2^{(1)} = 0.5(p_1^{(0)} + p_3^{(0)}) = 0.5 \times (0+0) = 0$$

$$p_3^{(1)} = 0.5(p_2^{(0)} + p_4^{(0)}) = 0.5 \times (0+0) = 0$$

$$p_4^{(1)} = -21.126463 + p_3^{(0)} = -21.126463 + 0 = -21.126463$$

第二次迭代（$\nu=1$）时，Jacobi迭代方程中各未知数的值为：

$$p_1^{(2)} = 2666.6667 + 0.33333333p_2^{(1)} = 2666.6667 + 0.33333333 \times (0) = 2666.6667$$

$$p_2^{(2)} = 0.5(p_1^{(1)} + p_3^{(1)}) = 0.5 \times (2666.6667 + 0) = 1333.33335$$

$$p_3^{(2)} = 0.5(p_2^{(1)} + p_4^{(1)}) = 0.5 \times (0 - 21.126463) = -10.5632315$$

$$p_4^{(2)} = -21.126463 + p_3^{(1)} = -21.126463 + 0 = -21.126463$$

迭代过程一直进行到满足收敛准则时为止，本题中的收敛准则为$\varepsilon \leqslant 0.0001$。表9.3给出了方程经过159次迭代后所得出的解，这些解都满足规定的误差条件。收敛时，用式（9.59）可算得最大绝对差值为0.000841。

表9.3 例9.3利用Jacobi迭代法的迭代过程

$\nu+1$	p_1	p_2	p_3	p_4	$d_{\max}^{(\nu+1)}$
	0	0	0	0	—
1	2666.67	0	0	-21.13	2666.6667
2	2666.67	1333.33	-10.56	-21.13	1333.3333
3	3111.11	1328.05	656.10	-31.69	666.6667
4	3109.35	1883.61	648.18	634.98	666.6667

续表

$\nu+1$	p_1	p_2	p_3	p_4	$d_{\max}^{(\nu+1)}$
5	3294.54	1878.77	1259.29	627.05	611.1111
6	3292.92	2276.91	1252.91	1238.17	611.1111
7	3425.64	2272.92	1757.54	1231.78	504.6296
…	…	…	…	…	…
21	3855.62	3565.91	3427.17	3285.97	120.0747
22	3855.30	3641.40	3425.94	3406.05	120.0747
23	3880.47	3640.62	3523.72	3404.81	97.7808
24	3880.21	3702.09	3522.72	3502.60	97.7808
…	…	…	…	…	…
45	3978.06	3934.09	3902.96	3871.62	10.2113
46	3978.03	3940.51	3902.86	3881.84	10.2113
47	3980.17	3940.44	3911.17	3881.73	8.3154
48	3980.15	3945.67	3911.09	3890.05	8.3154
…	…	…	…	…	…
67	3988.25	3964.74	3942.57	3920.37	1.0664
68	3988.25	3965.41	3942.55	3921.44	1.0664
69	3988.47	3965.40	3943.42	3921.43	0.8684
70	3988.47	3965.95	3943.41	3922.30	0.8684
…	…	…	…	…	…
90	3989.31	3968.01	3946.70	3925.58	0.1114
91	3989.34	3968.01	3946.79	3925.57	0.0907
92	3989.34	3968.06	3946.79	3925.66	0.0907
93	3989.35	3968.06	3946.86	3925.66	0.0738
…	…	…	…	…	…
112	3989.42	3968.28	3947.13	3926.01	0.0116
113	3989.43	3968.28	3947.14	3926.01	0.0095
…	…	…	…	…	…
158	3989.44	3968.31	3947.18	3926.06	0.0001
159	3989.44	3968.31	3947.18	3926.06	0.0001

9.3.1.2 Gauss – Seidel 迭代法

与 Jacobi 迭代法相比，Gauss – Seidel 迭代法的不同之处在于，其运用上一步中未知数的迭代值来计算当前迭代中网格 n 对应的未知数 $[x_n^{(\nu+1)}]$。在得到当前迭代中网格 n 所对应未知数的值时，也已经得到了之前的网格 1、网格 2、…、网格 $n-1$ 所对应未知数的值。网格 $n+1$、网格 $n+2$、…、网格 N 对应的未知数在第 ν 次迭代时仍具有新的迭代值，因此，在一维问题中，网格 n 的 Gauss – Seidel 迭代方程为：

$$x_n^{(\nu+1)} = \frac{1}{c_n}(d_n - w_n x_{n-1}^{(\nu+1)} - e_n x_{n+1}^{(\nu)}) \qquad (9.70)$$

值得一提的是，Gauss – Seidel 迭代法不仅不需要存储未知数的旧迭代值，而且更易于编程，收敛速度是 Jacobi 迭代法的两倍。图9.6描述了相邻网格对应未知数的迭代层级，其通常出现在解决多维问题的迭代方程当中。图9.7说明了 Gauss – Seidel 迭代法在二维油藏中的应用。例9.4演示了如何应用 Gauss – Seidel 迭代法来求解例9.3中的方程，通过此题可以观察到，该方法的收敛速度比 Jacobi 迭代法有所提高。

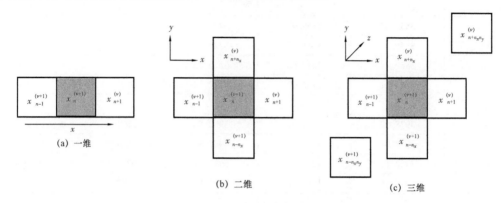

图9.6　Gauss – Seidel 迭代法中相邻网格未知数的迭代层级

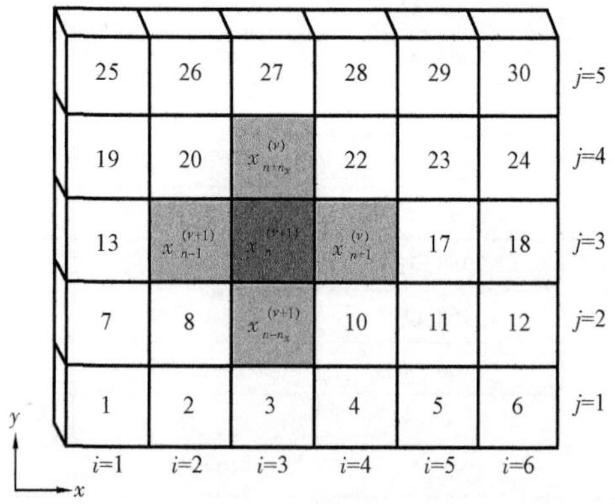

图9.7　二维问题中用 Gauss – Seidel 迭代法估算时相邻网格未知数的迭代层级

例9.4　例7.1中得到了下列用于解决一维油藏问题的方程：

$$-85.2012p_1 + 28.4004p_2 = -227203.2 \tag{9.12}$$

$$28.4004p_1 - 56.8008p_2 + 28.4004p_3 = 0 \tag{9.13}$$

$$28.4004p_2 - 56.8008p_3 + 28.4004p_4 = 0 \tag{9.14}$$

$$28.4004p_3 - 28.4004p_4 = 600 \tag{9.15}$$

请用 Gauss – Seidel 迭代法解这组方程。

求解方法

第一步，仿照例9.3中的方法，用式（9.12）解出 p_1 的值，用式（9.13）解出 p_2 的值，用式（9.14）解出 p_3 的值，用式（9.15）解出 p_4 的值。

$$p_1 = 2666.6667 + 0.33333333p_2 \qquad (9.62)$$

$$p_2 = 0.5(p_1 + p_3) \qquad (9.63)$$

$$p_3 = 0.5(p_2 + p_4) \qquad (9.64)$$

$$p_4 = -21.126463 + p_3 \qquad (9.65)$$

第二步，根据式（9.50），确定不同迭代层级间的关系，从而得到 Gauss – Seidel 迭代方程。

$$p_1^{(\nu+1)} = 2666.6667 + 0.33333333p_2^{(\nu)} \qquad (9.71)$$

$$p_2^{(\nu+1)} = 0.5(p_1^{(\nu+1)} + p_3^{(\nu)}) \qquad (9.72)$$

$$p_3^{(\nu+1)} = 0.5(p_2^{(\nu+1)} + p_4^{(\nu)}) \qquad (9.73)$$

$$p_4^{(\nu+1)} = -21.126463 + p_3^{(\nu+1)} \qquad (9.74)$$

由于所有未知数的初始预估值为 0，所以在第一次迭代（$\nu = 0$）时，Gauss – Seidel 迭代方程中各未知数的值应为：

$$p_1^{(1)} = 2666.6667 + 0.33333333p_2^{(0)} = 2666.6667 + 0.33333333 \times 0 = 2666.6667$$

$$p_2^{(1)} = 0.5(p_1^{(1)} + p_3^{(0)}) = 0.5 \times (2666.6667 + 0) = 1333.33335$$

$$p_3^{(1)} = 0.5(p_2^{(1)} + p_4^{(0)}) = 0.5 \times (1333.33335 + 0) = 666.66668$$

$$p_4^{(1)} = -21.126463 + p_3^{(1)} = -21.126463 + 666.66668 = 645.54021$$

第二次迭代（$\nu = 1$）时，Gauss – Seidel 迭代方程中各未知数的值为：

$$p_1^{(2)} = 2666.6667 + 0.33333333p_2^{(1)} = 2666.6667 + 0.33333333 \times (1333.33335)$$

$$= 3111.11115$$

$$p_2^{(2)} = 0.5(p_1^{(2)} + p_3^{(1)}) = 0.5 \times (3111.11115 + 666.66668) = 1888.88889$$

$$p_3^{(2)} = 0.5(p_2^{(2)} + p_4^{(1)}) = 0.5 \times (1888.88889 + 645.54021) = 1267.21455$$

$$p_4^{(2)} = -21.126463 + p_3^{(2)} = -21.126463 + 1267.21455 = 1246.08809$$

迭代过程一直进行到满足收敛准则时为止，本题中的收敛准则为 $\varepsilon \leqslant 0.0001$。表 9.4 给出了方程经过 79 次迭代后所得出的解，这些解都满足规定的误差条件。收敛时，用式（9.59）可算得最大绝对差值为 0.0000828。

表 9.3 例 9.4 利用 Gauss – Seidel 迭代法的迭代过程

$\nu+1$	p_1	p_2	p_3	p_4	$d_{max}^{(\nu+1)}$
	0	0	0	0	—
1	2666.67	1333.33	666.67	645.54	2666.6667
2	3111.11	1888.89	1267.21	1246.09	600.5479
3	3296.30	2281.76	1763.92	1742.80	496.7072
4	3427.25	2595.59	2169.19	2148.06	405.2693
5	3531.86	2850.53	2499.30	2478.17	330.1046

$\nu+1$	p_1	p_2	p_3	p_4	$d_{max}^{(\nu+1)}$
6	3616.84	3058.07	2768.12	2746.99	268.8234
7	3686.02	3227.07	2987.03	2965.91	218.9128
8	3742.36	3364.69	3165.30	3144.17	178.2681
9	3788.23	3476.77	3310.47	3289.34	145.1697
10	3825.59	3568.03	3428.69	3407.56	118.2165
11	3856.01	3642.35	3524.95	3503.83	96.2677
12	3880.78	3702.87	3603.35	3582.22	78.3940
…	…	…	…	…	…
21	3972.33	3926.51	3893.04	3871.91	12.3454
22	3975.50	3934.27	3903.09	3881.96	10.0532
23	3978.09	3940.59	3911.28	3890.15	8.1867
…	…	…	…	…	…
32	3987.65	3963.94	3941.53	3920.40	1.2892
33	3987.98	3964.76	3942.58	3921.45	1.0499
34	3988.25	3965.42	3943.43	3922.31	0.8549
…	…	…	…	…	…
42	3989.21	3967.75	3946.46	3925.33	0.1653
43	3989.25	3967.85	3946.59	3925.47	0.1346
44	3989.28	3967.94	3946.70	3925.58	0.1096
45	3989.31	3968.01	3946.79	3925.67	0.0893
46	3989.34	3968.06	3946.86	3925.74	0.0727
…	…	…	…	…	…
78	3989.44	3968.31	3947.18	3926.06	0.0001
79	3989.44	3968.31	3947.18	3926.06	0.0001

9.3.1.3 逐次点超松弛迭代法

逐次点超松弛迭代法（PSOR）通过利用未知数的上一次迭代值 $[x_n^{(\nu)}]$，并引入一个能加快收敛速度的参数（ω），来使其收敛性优于 Gauss - Seidel 迭代法。对于一维问题，如果首先使用 Gauss - Seidel 迭代法，则可估计出式（9.75）所示的中间值：

$$x_n^{*(\nu+1)} = \frac{1}{c_n}(d_n - w_n x_{n-1}^{(\nu+1)} - e_n x_{n+1}^{(\nu)}) \tag{9.75}$$

图 9.8 给出了相邻网格未知数的迭代层级，其用于估计网格 n 对应未知数的中间值 $[x_n^{*(\nu+1)}]$。图 9.9 说明了在二维油藏中应用 PSOR 迭代法的步骤。在进入下一个网格之前，提高中间值 [见式（9.76）]、加快迭代速度，从而获得未知数的当前迭代值。

$$x_n^{(\nu+1)} = (1-\omega)x_n^{(\nu)} + \omega x_n^{*(\nu+1)} \tag{9.76}$$

式中 $1 \leqslant \omega \leqslant 2$。加速参数的最佳值称为最佳超松弛参数（$\omega_{opt}$），使用这个最佳值可以提高 PSOR 迭代法的收敛速度，使其大约为 Gauss - Seidel 迭代法的两倍。最佳超松弛参数是通过式（9.77）估算得出：

$$\omega_{opt} = \frac{2}{1 + \sqrt{1 - \rho_{GS}}}$$

(9.77)

其中

$$\rho_{GS} = \frac{d_{max}^{(\nu+1)}}{d_{max}^{(\nu)}}$$

(9.78)

ω_{opt} 是通过利用 Gauss – Seidel 迭代法，在迭代次数 ν 足够多时求得的，意即最佳超松弛参数（ω_{opt}）的估计方法为：在 $\omega = 1$ 的条件下，先求解式（9.75）和式（9.76）中的迭代方程，直至用式（9.78）估计的 ρ_{GS} 值达到稳定（收敛精度在 0.2% 以内）为止，之后再使用式（9.77）求解。对于二维和三维问题，可用适当的方程替换式（9.75）。例 9.5 演示了如何应用 PSOR 迭代法来求解例 9.3 中的方程。可以观察到，与 Gauss – Seidel 方法相比，PSOR 迭代法的收敛速度有所提高。

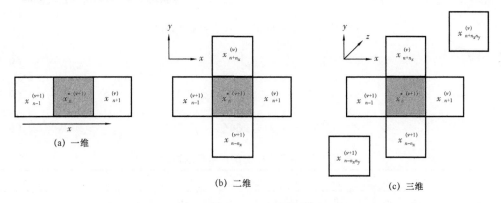

图 9.8　加速前 PSOR 迭代法中相邻网格未知数的迭代层级

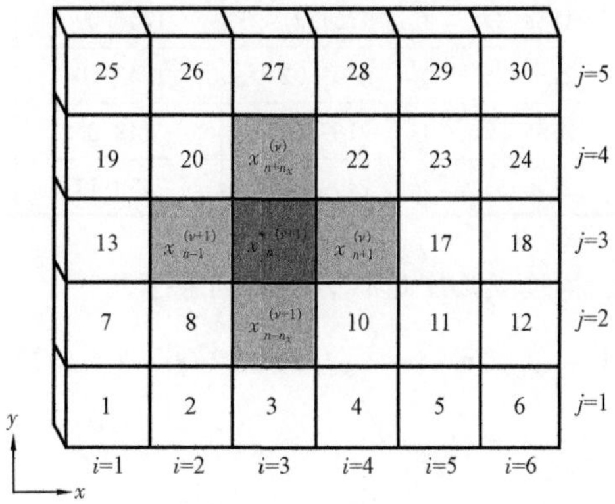

图 9.9　二维问题中在加速前使用 PSOR 方法估算数值时，相邻网格未知数的迭代层级

例 9.5　例 7.1 中得到了下列用于一维油藏的方程：

$$-85.2012p_1 + 28.4004p_2 = -227203.2$$

(9.12)

$$28.4004p_1 - 56.8008p_2 + 28.4004p_3 = 0$$

(9.13)

$$28.4004p_2 - 56.8008p_3 + 28.4004p_4 = 0 \tag{9.14}$$

$$28.4004p_3 - 28.4004p_4 = 600 \tag{9.15}$$

请用 PSOR 迭代法解这组方程。

求解方法

首先，用式（9.77）估算最佳超松弛参数（ω_{opt}）。解这个方程需要估算谱半径，其可以通过使用式（9.78）和例 9.4 中的 Gauss-Seidel 迭代来得到。由表 9.5 可知，经过 5 次迭代之后，谱半径的值收敛到 0.814531，收敛精度在 0.15% 以内。由式（9.77）可以估算出 ω_{opt} 的值为：

$$\omega_{opt} = \frac{2}{1 + \sqrt{1 - 0.814531}} = 1.397955$$

要写出 PSOR 迭代方程，首先按照例 9.4 中的方法，写出 Gauss-Seidel 迭代方程：

$$p_1^{(\nu+1)} = 2666.6667 + 0.33333333 p_2^{(\nu)} \tag{9.71}$$

$$p_2^{(\nu+1)} = 0.5(p_1^{(\nu+1)} + p_3^{(\nu)}) \tag{9.72}$$

$$p_3^{(\nu+1)} = 0.5(p_2^{(\nu+1)} + p_4^{(\nu)}) \tag{9.73}$$

$$p_4^{(\nu+1)} = -21.126463 + p_3^{(\nu+1)} \tag{9.74}$$

表 9.5　例 9.5 中确定谱半径的过程

$\nu+1$	p_1	p_2	p_3	p_4	$d_{max}^{(\nu+1)}$	ρ_{GS}
	0	0	0	0	—	—
1	2666.67	1333.33	666.67	645.54	2666.6667	—
2	3111.11	1888.89	1267.21	1246.09	600.5479	0.225205
3	3296.30	2281.76	1763.92	1742.80	496.7072	0.827090
4	3427.25	2595.59	2169.19	2148.06	405.2693	0.815912
5	3531.86	2850.53	2499.30	2478.17	330.1046	0.814531

然后，通过式（9.76）构造 PSOR 迭代方程，可得：

$$p_1^{(\nu+1)} = (1 - \omega_{opt})p_1^{(\nu)} + \omega_{opt}[2666.6667 + 0.33333333 p_2^{(\nu)}] \tag{9.79}$$

$$p_2^{(\nu+1)} = (1 - \omega_{opt})p_2^{(\nu)} + \omega_{opt}[0.5(p_1^{(\nu+1)}) + p_3^{(\nu)}] \tag{9.80}$$

$$p_3^{(\nu+1)} = (1 - \omega_{opt})p_3^{(\nu)} + \omega_{opt}[0.5(p_2^{(\nu+1)}) + p_4^{(\nu)}] \tag{9.81}$$

$$p_4^{(\nu+1)} = (1 - \omega_{opt})p_4^{(\nu)} + \omega_{opt}[-21.126463 + p_3^{\nu+1}] \tag{9.82}$$

接着，将 $\omega_{opt} = 1.397955$ 代入 PSOR 迭代方程中，继续进行求解，以最后一次 Gauss-Seidel 迭代结果（即表 9.5 中第五次迭代结果）作为初始预估值开始求解。第一次迭代（$\nu = 0$）时，通过 PSOR 迭代方程可算得：

$$p_1^{(1)} = (1 - \omega_{\text{opt}})p_1^{(0)} + \omega_{\text{opt}}[2666.6667 + 0.33333333p_2^{(0)}]$$

$$= (1 - 1.397955) \times (3531.86) + (1.397955)$$

$$\times [2666.6667 + 0.33333333 \times 2850.53] = 3650.66047$$

$$p_2^{(1)} = (1 - \omega_{\text{opt}})p_2^{(0)} + \omega_{\text{opt}}[0.5(p_1^{(1)} + p_3^{(0)})]$$

$$= (1 - 1.397955) \times (2850.53) + (1.397955)$$

$$\times [0.5 \times (3650.66047 + 2499.30] = 3164.29973$$

$$p_3^{(1)} = (1 - \omega_{\text{opt}})p_3^{(0)} + \omega_{\text{opt}}[0.5(p_2^{(1)} + p_4^{(0)})]$$

$$= (1 - 1.397955) \times (2499.30) + (1.397955)$$

$$\times [0.5 \times (3164.29973 + 2478.17] = 2949.35180$$

$$p_4^{(1)} = (1 - \omega_{\text{opt}})p_4^{(0)} + \omega_{\text{opt}}[-21.126463 + p_3^{(1)}]$$

$$= (1 - 1.397955) \times (2478.17) + (1.397955)$$

$$\times [-21.126463 + 2949.35180] = 3107.32771$$

此后，利用式（9.79）至式（9.82）这组方程进行第二次迭代、第三次迭代，如此重复，直到满足收敛准则为止。本题的收敛准则为 $\varepsilon \le 0.0001$。表 9.6 列出了经过 22 次迭代后得到的解，这些解都处在规定误差之内。迭代总计 27 次，其中包括估计最佳超松弛参数所需的 Gauss-Seidel 迭代。收敛时，用式（9.59）可算得最大绝对差值为 0.00006。

表 9.6　例 9.5 中的 PSOR 迭代过程

$\nu+1$	p_1	p_2	p_3	p_4	$d_{\max}^{(\nu+1)}$
	3531.86	2850.53	2499.30	2478.17	—
1	3650.66	3164.30	2949.35	3107.33	629.1586
2	3749.60	3423.17	3390.96	3474.30	441.6074
3	3830.85	3685.62	3655.17	3697.62	264.2122
4	3920.82	3828.73	3806.16	3819.82	150.9853
5	3951.70	3898.91	3880.53	3875.16	74.3782
6	3972.11	3937.23	3916.41	3903.29	38.3272
7	3981.85	3953.87	3933.42	3915.88	17.0095
8	3985.72	3961.84	3941.03	3921.50	7.97870
9	3987.90	3965.51	3944.49	3924.10	3.66090
10	3988.74	3967.06	3946.01	3925.20	1.5505
11	3989.13	3967.78	3946.68	3925.69	0.7205
12	3989.31	3968.08	3946.97	3925.90	0.3034
13	3989.38	3968.21	3947.09	3925.99	0.1311
14	3989.41	3968.27	3947.14	3926.03	0.0578
15	3989.43	3968.29	3947.17	3926.05	0.0237

$\nu+1$	p_1	p_2	p_3	p_4	$d_{\max}^{(\nu+1)}$
16	3989.43	3968.30	3947.18	3926.05	0.0104
17	3989.44	3968.31	3947.18	3926.06	0.0043
18	3989.44	3968.31	3947.18	3926.06	0.0018
19	3989.44	3968.31	3947.18	3926.06	0.0008
20	3989.44	3968.31	3947.18	3926.06	0.0003
21	3989.44	3968.31	3947.18	3926.06	0.0001
22	3989.44	3968.31	3947.18	3926.06	0.0001

9.3.2　逐次线、逐次块超松弛迭代法

点迭代法虽然可以用来求解二维和三维问题的流动方程，但收敛速度极慢，效率很低。此时，使用逐次线超松弛迭代法（LSOR）和逐次块超松弛迭代法（BSOR）可提高求解效率。如9.3.1.3节中所述，估算超松弛参数（ω_{opt}）的方法为：先使用 Gauss–Seidel 法进行迭代，待 ρ_{GS} 的值达到稳定后，再使用式（9.77）。

9.3.2.1　逐次线超松弛迭代法

在 LSOR 迭代法中，油藏被看作是由一行行线组成的。这些线通常是沿着最高透射率的方向排列的（Aziz and Settari, 1979），并按顺序每次只取一条线。例如，对于最高透射率沿 x 方向的二维油藏，可选择平行于 x 轴的线。然后，按照 $j=1,2,3,\cdots,n_y$ 的顺序，每次取一条线。换言之，这些线可看作沿 y 方向扫过。首先，写出第 j 行线中所有网格的方程。此时，上一行线 $j-1$ 中未知数被赋予当前迭代层级 $\nu+1$，下一行线 $j+1$ 中未知数被赋予原迭代层级 ν，如图9.10a 所示。此外，当前行的未知数也被赋予当前迭代层级 $\nu+1$。

第一步，写出第 j 行线的方程：

$$w_n x_{n-1}^{(\nu+1)} + c_n x_n^{(\nu+1)} + e_n x_{n+1}^{(\nu+1)} = d_n - s_n x_{n-n_x}^{(\nu+1)} - n_n x_{n+n_x}^{(\nu)} \tag{9.83}$$

式中，$n=i+(j-1)\times n_x$；$i=1,2,\cdots,n_x$。

第二步，利用 Thomas 算法同时求解上一步所得到的 n_x 个方程，并求解当前迭代层级 $\nu+1$ 下第 j 行所有未知数的中间值（如图9.10（a）中 $j=3$ 的那条线）。

$$w_n x_{n-1}^{*(\nu+1)} + c_n x_n^{*(\nu+1)} + e_n x_{n+1}^{*(\nu+1)} = d_n - s_n x_{n-n_x}^{(\nu+1)} - n_n x_{n+n_x}^{(\nu)} \tag{9.84}$$

式中，$n=i+(j-1)\times n_x$；$i=1,2,\cdots,n_x$。

第三步，利用加速参数，对当前行（第 j 行）的中间解进行加速，从而得到第 j 行未知数的当前迭代值。

$$x_n^{(\nu+1)} = (1-\omega)x_n^{(\nu)} + \omega x_n^{*(\nu+1)} \tag{9.85}$$

式中，$n=i+(j-1)\times n_x$；$i=1,2,\cdots,n_x$。

值得一提的是，LSOR 迭代法的收敛性较 PSOR 迭代法有所提高，这是因为在当前迭代

层级 $\nu+1$ 中可以同时求解更多的未知数。

如果一组线在 x 方向上进行扫描，如图 9.10b 所示，则取线顺序为 $i=1$，2，3，…，n_x，并将式（9.84）和式（9.85）替换为式（9.86）和式（9.87）。

$$s_n x_{n-n_x}^{*(\nu+1)} + + c_n x_n^{*(\nu+1)} + n_n x_{n+n_x}^{*(\nu+1)} = d_n - w_n x_{n-1}^{(\nu+1)} + - e_n x_{n+1}^{(\nu)} \tag{9.86}$$

式中，$n=i+(j-1) \times n_x$；$i=1$，2，…，n_y。

且有

$$x_n^{(\nu+1)} = (1-\omega) x_n^{(\nu)} + \omega x_n^{*(\nu+1)} \tag{9.87}$$

式中，$n=i+(j-1) \times n_x$；$i=1$，2，…，n_y。

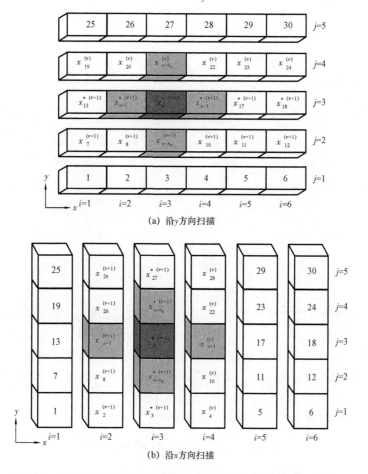

(a) 沿 y 方向扫描

(b) 沿 x 方向扫描

图 9.10　LSOR 迭代法估算中间值时网格未知数的迭代层级

在式（9.86）中，需假设网格排序没有改变，即网格沿第 i 块到第 j 块的方向排序。下面的例题将介绍 LSOR 迭代法的应用。

例 9.6　例 7.8 中得到了下列用于二维油藏的方程，如图 9.11 所示：

$$-7.8558 p_2 + 3.7567 p_5 = -14346.97 \tag{9.88}$$

$$-7.5134p_4 + 3.7567p_5 + 3.7567p_7 = 0 \tag{9.89}$$

$$3.7567p_2 + 3.7567p_4 - 15.0268p_5 + 3.7567p_6 + 3.7567p_8 = 0 \tag{9.90}$$

$$3.7567p_5 - 7.8558p_6 = -14346.97 \tag{9.91}$$

$$3.7567p_4 - 7.5134p_7 + 3.7567p_8 = 1000 \tag{9.92}$$

$$3.7567p_5 + 3.7567p_7 - 7.5134p_8 = 0 \tag{9.93}$$

请用 LSOR 迭代法解这组方程，迭代过程沿 y 方向扫描。

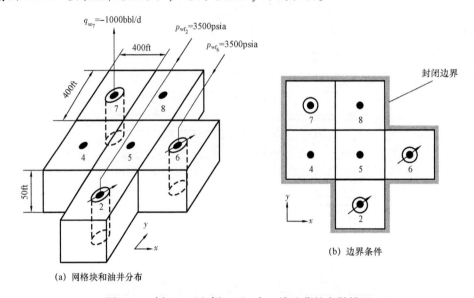

(a) 网格块和油井分布

图 9.11　例 7.8（和例 9.6）中二维油藏的离散模型

求解方法

对于沿 y 方向扫描的迭代过程，式 (9.84) 应分别用于线 $j=1$，2，$\cdots$，n_y 上。为了得到线 j 的 LSOR 迭代方程，对该行每个网格块的方程进行如下变形：第 j 行上的未知数被赋予迭代层级 * $(\nu+1)$，并保留在方程左边；第 $j-1$ 行上的未知数被赋予迭代层级 $\nu+1$，并移到方程右边；第 $j+1$ 行上的未知数被赋予迭代层级 ν，并移到方程右边。现在，第 1 行只有网格 2，第 2 行有网格 4、5、6，第 3 行有网格 7、8。

通过式 (9.88) 可得第 1 行的 LSOR 迭代方程：

$$-7.8558p_2^{*(\nu+1)} = -14346.97 - 3.7567p_5^{(\nu)} \tag{9.94}$$

在解出方程 (9.94) 中未知数 $p_2^{*(\nu+1)}$ 的值之后，用式 (9.85) 加速求解过程，可得：

$$p_2^{(\nu+1)} = (1 - \omega_{opt})p_2^{(\nu)} + \omega_{opt}p_2^{*(\nu+1)} \tag{9.95}$$

通过方程 (9.89)、方程 (9.90) 和方程 (9.91) 可得第 2 行的 LSOR 迭代方程：

$$-7.5134p_4^{*(\nu+1)} + 3.7567p_5^{*(\nu+1)} = -3.7567p_7^{(\nu)} \tag{9.96}$$

$$3.7567p_4^{*(\nu+1)} - 15.0268p_5^{*(\nu+1)} + 3.7567p_6^{*(\nu+1)} = -3.7567p_2^{(\nu+1)} - 3.7567p_8^{(\nu)} \tag{9.97}$$

$$3.7567p_5^{*(\nu+1)} - 7.8558p_6^{*(\nu+1)} = -14346.97 \tag{9.98}$$

在用 Thomas 算法分别解出方程（9.96）、方程（9.97）和方程（9.98）中未知数 $p_4^{*(\nu+1)}$、$p_5^{*(\nu+1)}$ 和 $p_6^{*(\nu+1)}$ 的值之后，再用式（9.85）加速求解过程，可得：

$$p_n^{(\nu+1)} = (1 - \omega_{opt})p_n^{(\nu)} + \omega_{opt}p_n^{*(\nu+1)} \tag{9.99}$$

其中 $n = 4$，5，6。

通过式（9.92）和式（9.93）可得第 3 行的 LSOR 迭代方程：

$$-7.5134p_7^{*(\nu+1)} + 3.7567p_8^{*(\nu+1)} = 1000 - 3.7567p_4^{(\nu+1)} \tag{9.100}$$

$$3.7567p_7^{*(\nu+1)} - 7.5134p_8^{*(\nu+1)} = -3.7567p_5^{(\nu+1)} \tag{9.101}$$

在分别解出方程（9.100）和方程（9.101）中未知数 $p_7^{*(\nu+1)}$ 和 $p_8^{*(\nu+1)}$ 的值之后，继续用式（9.85）加速求解过程，可得：

$$p_n^{(\nu+1)} = (1 - \omega_{opt})p_n^{(\nu)} + \omega_{opt}p_n^{*(\nu+1)} \tag{9.102}$$

其中 $n = 7$，8。

在用式（9.94）至式（9.102）的顺序求解之前，需要估算出最佳超松弛参数 ω_{opt} 的值，这一步不可省略。如例 9.5 所示，用 Gauss - Seidel 迭代法可估计方程（9.88）至方程（9.93）这组方程的谱半径。表 9.7 给出了迭代结果，其中表明，经过 7 次迭代后，谱半径的值收敛到 0.848526，收敛精度在 0.22% 以内。这样就可以从式（9.77）中计算出 ω_{opt} 的值为：

$$\omega_{opt} = \frac{2}{1 + \sqrt{1 - 0.848526}} = 1.439681$$

表 9.7　例 9.6 中确定谱半径的过程

$\nu+1$	p_2	p_4	p_5	p_6	p_7	p_8	$d_{max}^{(\nu+1)}$	ρ_{GS}
	0	0	0	0	0	0	—	—
1	1826.26	0	456.57	2044.60	-133.10	161.73	2044.5959	—
2	2044.60	161.73	1103.17	2353.81	28.64	565.90	646.5998	0.316248
3	2353.81	565.90	1459.85	2524.38	432.80	946.33	404.1670	0.625065
4	2524.38	946.33	1735.35	2656.13	813.23	1274.29	380.4281	0.941265
5	2656.13	1274.29	1965.21	2766.05	1141.20	1553.20	327.9642	0.862092
6	2766.05	1553.20	2159.63	2859.02	1420.11	1789.87	278.9100	0.850428
7	2859.02	1789.87	2324.44	2937.84	1656.77	1990.61	236.6624	0.848526

利用 LSOR 法进行第一次迭代（$\nu = 0$）时，使用的初始预估值为第七次 Gauss - Seidel 迭代时得到的压力解，见表 9.7。

当 $\nu = 0$ 时，第 1 行的 LSOR 迭代方程为：

$$-7.8558p_2^{*(1)} = -14346.97 - 3.7567p_5^{(0)} \tag{9.103a}$$

令 $p_5^{(0)} = 2324.44$，则式（9. 103a）变为：

$$-7.8558p_2^{*(1)} = -14346.97 - 3.7567 \times 2324.44 \qquad (9.103b)$$

其解为 $p_2^{*(1)} = 2937.8351$。

加速解为：

$$\begin{aligned}
p_2^{(1)} &= (1 - \omega_{opt})p_2^{(0)} + \omega_{opt}p_2^{*(1)} \\
&= (1 - 1.439681) \times 2859.02 + 1.439681 \times 2937.835 \\
&= 2972.4896 \qquad (9.104)
\end{aligned}$$

当 $\nu = 0$ 时，第 2 行的 LSOR 迭代方程为：

$$-7.5134p_4^{*(1)} + 3.7567p_5^{*(1)} = -3.7567p_7^{(0)} \qquad (9.105a)$$

$$3.7567p_4^{*(1)} - 15.0268p_5^{*(1)} + 3.7567p_6^{*(1)} = -3.7567p_2^{(1)} - 3.7567p_8^{(0)} \qquad (9.106a)$$

$$3.7567p_5^{*(1)} - 7.8558p_6^{*(1)} = -14346.97 \qquad (9.107a)$$

令 $p_7^{(0)} = 1656.77$、$p_2^{(1)} = 2972.4896$、$p_8^{(0)} = 1990.61$，则方程（9.105a）至方程（9.107a）变为：

$$-7.5134p_4^{*(1)} + 3.7567p_5^{*(1)} = -6223.9300 \qquad (9.105b)$$

$$3.7567p_4^{*(1)} - 15.0268p_5^{*(1)} + 3.7567p_6^{*(1)} = -18644.694 \qquad (9.106b)$$

$$3.7567p_5^{*(1)} - 7.8558p_6^{*(1)} = -14346.97 \qquad (9.107b)$$

解由方程式［9.105（b）］至方程式［9.107（b）］构成的方程组，可得 $p_4^{*(1)} = 2088.8534$、$p_5^{*(1)} = 2520.9375$、$p_6^{*(1)} = 3031.8015$。

下一步，将求解过程加速，可得：

$$\begin{aligned}
p_4^{(1)} &= (1 - \omega_{opt})p_4^{(0)} + \omega_{opt}p_4^{*(1)} \\
&= (1 - 1.439681) \times 1789.87 + 1.439681 \times 2088.8534 \\
&= 2220.3125 \qquad (9.108)
\end{aligned}$$

$$\begin{aligned}
p_5^{(1)} &= (1 - \omega_{opt})p_5^{(0)} + \omega_{opt}p_5^{*(1)} \\
&= (1 - 1.439681) \times 2324.44 + 1.439681 \times 2520.9375 \\
&= 2607.3329 \qquad (9.109)
\end{aligned}$$

$$\begin{aligned}
p_6^{(1)} &= (1 - \omega_{opt})p_6^{(0)} + \omega_{opt}p_6^{*(1)} \\
&= (1 - 1.439681) \times 2937.84 + 1.439681 \times 3031.8015 \\
&= 3073.1167 \qquad (9.110)
\end{aligned}$$

当 $\nu = 0$ 时，第 3 行的 LSOR 迭代方程为：

$$- 7.5134 p_7^{*(1)} + 3.7567 p_8^{*(1)} = 1000 - 3.7567 p_4^{(1)} \tag{9.111a}$$

$$3.7567 p_7^{*(1)} - 7.5134 p_8^{*(1)} = - 3.7567 p_5^{(1)} \tag{9.112a}$$

令$p_4^{(1)} = 2220.3125$、$p_5^{(1)} = 2607.3329$，则方程（9.111a）和方程（9.112a）变为：

$$- 7.5134 p_7^{*(1)} + 3.7567 p_8^{*(1)} = - 7340.9740 \tag{9.111b}$$

$$3.7567 p_7^{*(1)} - 7.5134 p_8^{*(1)} = - 9794.8807 \tag{9.112b}$$

解这组方程，可得$p_7^{*(1)} = 2171.8570$、$p_8^{*(1)} = 2389.5950$。

接下来，将求解过程加速，可得：

$$
\begin{aligned}
p_7^{(1)} &= (1 - \omega_{\mathrm{opt}}) p_7^{(0)} + \omega_{\mathrm{opt}} p_7^{*(1)} \\
&= (1 - 1.439681) \times 1656.77 + 1.439681 \times 2171.8570 \\
&= 2398.3313 \tag{9.113}
\end{aligned}
$$

$$
\begin{aligned}
p_8^{(1)} &= (1 - \omega_{\mathrm{opt}}) p_8^{(0)} + \omega_{\mathrm{opt}} p_8^{*(1)} \\
&= (1 - 1.439681) \times 1990.61 + 1.439681 \times 2389.5950 \\
&= 2565.0230 \tag{9.114}
\end{aligned}
$$

这样，第一次 LSOR 迭代就完成了，表9.8给出了本次迭代的结果。接下来进行第二次迭代（$\nu = 1$）过程的计算，以此类推，直至达到收敛。表9.8给出了得到收敛解前的所有 LSOR 迭代结果。本题设定的收敛准则为收敛公差 $\varepsilon \leqslant 0.0001$。给定方程组的解是经过20次迭代后得到的。方程（9.88）至方程（9.93）的压力解为 $p_2 = 3378.02\mathrm{psia}$、$p_4 = 3111.83\mathrm{psia}$、$p_5 = 3244.92\mathrm{psia}$、$p_6 = 3378.02\mathrm{psia}$、$p_7 = 2978.73\mathrm{psia}$、$p_8 = 3111.83\mathrm{psia}$。

表9.8　例9.6中的 LSOR 迭代过程

$\nu + 1$	p_2	p_4	p_5	p_6	p_7	p_8	$d_{\max}^{(\nu+1)}$
	2859.02	1789.87	2324.44	2937.84	1656.77	1990.61	—
1	2972.49	2220.31	2607.33	3073.12	2398.33	2565.02	741.5620
2	3117.36	2824.53	3002.30	3261.99	2841.74	2981.51	604.2200
3	3325.58	3079.68	3231.90	3371.79	3001.86	3141.20	255.1517
4	3392.11	3155.72	3276.87	3393.29	3026.01	3150.63	76.0318
5	3393.82	3145.21	3268.16	3389.13	3001.13	3133.08	24.8878
6	3387.07	3123.16	3254.48	3382.59	2984.35	3117.09	22.0462
7	3380.62	3113.43	3245.81	3378.44	2978.22	3111.33	9.7293
8	3377.48	3110.40	3243.83	3377.49	2977.06	3110.40	3.1368
9	3377.50	3110.59	3244.08	3377.62	2977.87	3111.05	0.8096
10	3377.67	3111.38	3244.55	3377.84	2978.50	3111.60	0.7935
11	3377.92	3111.75	3244.87	3378.00	2978.74	3111.84	0.3718
12	3378.03	3111.87	3244.96	3378.04	2978.79	3111.87	0.1189

$\nu+1$	p_2	p_4	p_5	p_6	p_7	p_8	$d_{\max}^{(\nu+1)}$
13	3378.04	3111.87	3244.95	3378.03	2978.76	3111.86	0.0253
14	3378.03	3111.84	3244.94	3378.03	2978.74	3111.83	0.0281
15	3378.02	3111.83	3244.92	3378.02	2978.73	3111.83	0.0142
16	3989.43	3968.30	3947.18	3926.05	2978.73	3111.82	0.0049
17	3989.44	3968.31	3947.18	3926.06	2978.73	3111.83	0.0007
18	3989.44	3968.31	3947.18	3926.06	2978.73	3111.83	0.0010
19	3989.44	3968.31	3947.18	3926.06	2978.73	3111.83	0.0005
20	3989.44	3968.31	3947.18	3926.06	2978.73	3111.83	0.0002

9.3.2.2 逐次块超松弛迭代法

逐次块超松弛迭代法（BSOR）将 LSOR 迭代法一般化，处理的也不再是一条线上的网格，而是任何一个网格集合。最常用的网格集合是由一个水平面或一个垂直切片组成的。以下求解步骤与 LSOR 迭代法类似。这里，平面（或切片）的方向也应与最高透射率一致，并按顺序每次取一个平面（或切片）。例如，对于最高透射率沿 z 方向的三维油藏，可选择平行于 z 轴的切片。然后，按照 $i=1, 2, 3, \cdots, n_x$ 的顺序，每次取一个切片。换言之，取片过程是沿 x 方向推进的。

第一步，写出第 i 个切片的方程。此时，将前面第 $i-1$ 片的未知数赋予当前迭代层级 $\nu+1$，将后面第 $i+1$ 片的未知数赋予原迭代层级 ν。此外，将当前切片中的未知数赋予当前迭代层级 $\nu+1$：

$$b_n x_{n-n_x n_y}^{(\nu+1)} + s_n x_{n-n_x}^{(\nu+1)} + c_n x_n^{(\nu+1)} + n_n x_{n+n_x}^{(\nu+1)} + a_n x_{n+n_x n_y}^{(\nu+1)} = d_n - w_n x_{n-1}^{(\nu+1)} + e_n x_{n+1}^{(\nu)} \quad (9.115)$$

式中，$n = i + (j-1) \times n_x + (k-1) \times n_x n_y$；$j = 1, 2, \cdots, n_y$；$k = 1, 2, \cdots, n_z$。

第二步，利用稀疏矩阵的算法，同时求解上一步所得到的用于当前第 i 片的 $n_y n_z$ 个方程，并求解该片在迭代层级 $^*(\nu+1)$ 下未知数的中间值：

$$b_n x_{n-n_x n_y}^{*(\nu+1)} + s_n x_{n-n_x}^{*(\nu+1)} + c_n x_n^{(*\nu+1)} + n_n x_{n+n_x}^{(*\nu+1)} + a_n x_{n+n_x n_y}^{(*\nu+1)} = d_n - w_n x_{n-1}^{(\nu+1)} + e_n x_{n+1}^{(\nu)}$$

$$(9.116)$$

式中，$n = i + (j-1) \times n_x + (k-1) \times n_x n_y$；$j = 1, 2, \cdots, n_y$；$k = 1, 2, \cdots, n_z$。

图 9.12a 简要地表示了第 2 个切片的逐次超松弛迭代，以及前后切片中网格未知数的迭代层级。

第三步，利用下面的加速参数对当前第 i 片的中间解进行加速：

$$x_n^{(\nu+1)} = (1 - \omega) x_n^{(\nu)} + \omega x_n^{*(\nu+1)} \quad (9.117)$$

式中，$n = i + (j-1) \times n_x + (k-1) \times n_x n_y$；$j = 1, 2, \cdots, n_y$；$k = 1, 2, \cdots, n_z$。

值得一提的是，BSOR 迭代法的收敛性比 LSOR 迭代法有所提高，这是因为在迭代层级 $\nu+1$ 下可同时求解更多的未知数。

如果网格沿 z 方向扫描（即逐次平面超松弛迭代），如图 9.12b 所示，那么，这些平面按 $k = 1$，2，3，$\cdots$，n_z 的顺序排列，且每次只取一个，将式（9.116）和式（9.117）替换为式（9.118）和式（9.119），便有：

$$s_n x_{n-n_x}^{*(\nu+1)} + w_n x_{n-1}^{*(\nu+1)} + c_n x_n^{*(\nu+1)} + e_n x_{n+1}^{*(\nu+1)} + n_n x_{n+n_x}^{*(\nu+1)}$$

$$= d_n - b_n x_{n-n_x n_y}^{(\nu+1)} - a_n x_{n+n_x n_y}^{(\nu)} \tag{9.118}$$

$$x_n^{(\nu+1)} = (1 - \omega) x_n^{(\nu)} + \omega x_n^{*(\nu+1)} \tag{9.119}$$

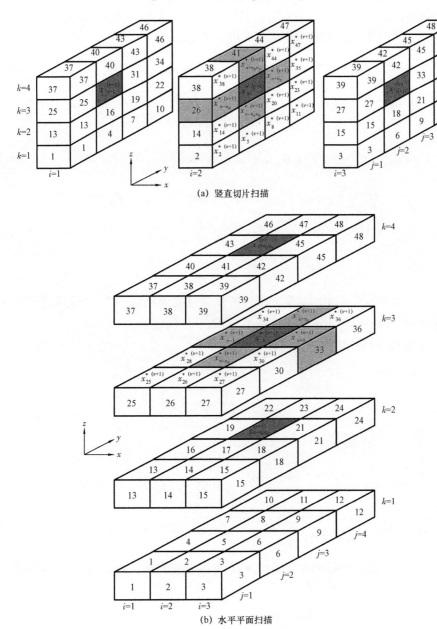

(a) 竖直切片扫描

(b) 水平平面扫描

图 9.12　BSOR 迭代法中的扫描形式

式中，$n = i + (j-1) \times n_x + (k-1) \times n_x n_y$；$i = 1, 2, \cdots, n_x$；$j = 1, 2, \cdots, n_y$。

在式（9.118）和式（9.119）中，需假设网格排序没有改变，即网格沿第 i 块、第 j 块、第 k 块的方向排序。

9.3.3　交替方向隐式法

交替方向隐式法（ADIP）的目的是将一个二维或三维方程替换为两组或三组可分别在 x、y、z 方向上连续求解的一维方程。这种方法是由 Peaceman 和 Rachford（1955）提出的。在本节中，将 ADIP 方法应用于二维平行管道油藏（$n_x \times n_y$）中的轻微可压缩流体流动问题。在二维问题中，网格 n 的方程可由式（9.45）得到，为：

$$s_n x_{n-n_x} + w_n x_{n-1} + c_n x_n + e_n x_{n+1} + n_n x_{n+n_x} = d_n \tag{9.120a}$$

式中，$n = i + (j-1) \times n_x$；$i = 1, 2, \cdots, n_x$；$j = 1, 2, \cdots, n_y$。s_n、w_n、n_n、e_n 这四个量可通过式 [9.46（b）] 至式 [9.46（e）] 求得，从而得到：

$$c_n = -\left[s_n + w_n + e_n + n_n + \frac{V_{b_n} \phi_n^c (c + c_\phi)}{\alpha_c B^\circ \Delta t} \right] \tag{9.120b}$$

$$D_n = \left[(s\gamma)_n (Z_{n-n_x} - Z_n) + (w\gamma)_n (Z_{n-1} - Z_n) \right.$$
$$\left. + (e\gamma)_n (Z_{n+1} - Z_n) + (n\gamma)_n (Z_{n+n_x} - Z_n) \right] - q_{sc_n} \tag{9.120c}$$

$$d_n = D_n - \frac{V_{b_n} \phi_n^\circ (c + c_\phi)}{\alpha_c B^\circ \Delta t} x_n^n \tag{9.120d}$$

方程中的未知数 x 表示压力。这个方程的解是通过找到两组一维方程的解来获得的，其中一组位于 x 方向，另一组位于 y 方向，详见下文。

9.3.3.1　x 方向上的一维方程组问题

对于任意第 j 行（$j = 1, 2, \cdots, n_y$），解方程：

$$w_n x_{n-1}^* + c_n^* x_n^* + e_n x_{n+1}^* = d_n^* \tag{9.121a}$$

其中，$n = i + (j-1) \times n_x$；$i = 1, 2, \cdots, n_x$，且有：

$$c_n^* = -\left[w_n + e_n + \frac{V_{b_n} \phi_n^\circ (c + c_\phi)}{\alpha_c B^\circ (\Delta t/2)} \right] \tag{9.121b}$$

$$d_n^* = D_n - \frac{V_{b_n} \phi_n^\circ (c + c_\phi)}{\alpha_c B^\circ (\Delta t/2)} x_n^n - \left[s_n (x_{n-n_x}^n - x_n^n) + n_n (x_{n+n_x}^n - x_n^n) \right] \tag{9.121c}$$

式 [9.121（a）] 表示的每个方程组由 n_x 个线性方程组成，可以用 Thomas 算法同时求解，也可以用 PSOR 法迭代求解。

9.3.3.2　y 方向上的一维方程组问题

对于任意第 i 行（$i = 1, 2, \cdots, n_x$），解方程：

$$s_n x_{n-n_x}^{n+1} + c_n^{**} x_n^{n+1} + n_n x_{n+n_x}^{n+1} = d_n^{**} \tag{9.122a}$$

其中，$n = i + (j-1) \times n_x$；$j = 1, 2, \cdots, n_y$，且有：

$$c_n^{**} = -\left[s_n + n_n + \frac{V_{b_n} \phi^{\circ}{}_n (c + c_{\phi})}{\alpha_c B^{\circ}(\Delta t/2)} \right] \tag{9.122b}$$

$$d_n^{**} = D_n - \frac{V_{b_n} \phi^{\circ}{}_n (c + c_{\phi})}{\alpha_c B^{\circ}(\Delta t/2)} x_n^* - \left[w_n (x_{n-1}^* - x_n^*) + e_n (x_{n+1}^* - x_n^*) \right] \tag{9.122c}$$

式 [9.122 (a)] 表示的每个方程组由 n_y 个线性方程组成，可以用 Thomas 算法同时求解，也可以用 PSOR 法迭代求解。

刚才介绍的 ADIP 法仅为非迭代形式，其他文献介绍的 ADIP 法迭代形式具有更好的收敛性（Ertekin et al.，2001）。对于二维问题，ADIP 法具有无条件稳定性。然而，如果把这里介绍的 ADIP 法直接扩展到三维问题当中，那么该方法就具有了条件稳定性。Aziz 和 Settari（1979）对在三维问题中扩展无条件稳定 ADIP 方法的研究进行了综述。

9.3.4　高级迭代方法

如引言所述，本章仅讨论基本求解方法。本章的目的是介绍基本求解方法的机理，尽管这些迭代方法中有许多已不为现在的模拟器所使用。然而，共轭梯度法、分块矩阵迭代法、嵌套分解法、正交极小化法等求解线性方程组的高级迭代算法已超出本书的范围，感兴趣的读者可通过其他文献了解（Vinsome，1976；Behie and Vinsome，1982；Appleyard and Cheshire，1983；Ertekin et al.，2001）。对于求解多相流模拟问题、成分模拟问题以及热模拟问题的线性方程组，这些高级迭代方法就显得非常高效。

9.4　小结

线性方程组可以用直接法或迭代法来求解。本章介绍的是基本方法，旨在介绍油藏模拟问题中线性方程组的求解机理。直接法是对系数矩阵 [A] 采用 LU 分解法，包括用于一维流动问题的 Thomas 算法和 Tang 算法，以及用于二维和三维流动问题的 g 波段矩阵求解法。迭代法包括主要用于一维流动问题的 Jacobi 迭代法、Gauss – Seidel 迭代法和 PSOR 迭代法，用于二维和三维流动问题的 LSOR 迭代法和 BSOR 迭代法，以及用于二维流动问题的 ADIP 法。本章的主要问题是如何将矩阵 [A] 的系数与线性化的流动方程关联起来。对于任一网格 n，将线性化方程中的未知数置于方程的左边，进行因子化，并按升序排列（即按图 9.2 所示排列）。随后，系数 b_n、s_n、w_n、c_n、e_n、n_n、a_n 分别对应图 9.2 中的位置 1、2、3、4、5、6、7。方程的右边对应系数 d_n。

9.5 练习题

9.1 什么是直接法？请列举两种。

9.2 什么是迭代法？请列举两种。

9.3 迭代层级与时间层级之间的区别是什么？两种层级分别在何种情况下使用？

9.4 从例 7.2 和图 7.2 描述的一维油藏问题中可得以下方程组：

$$-56.8008p_2 + 28.4004p_3 = -113601.6$$

$$28.4004p_2 - 56.8008p_3 + 28.4004p_4 = 0$$

$$28.4004p_3 - 28.4004p_4 = 600$$

请分别用以下方法解出这组方程中的未知数 p_3、p_3、p_4：

（1）Thomas 算法；

（2）Jacobi 迭代法；

（3）Gauss – Seidel 迭代法；

（4）PSOR 迭代法。

使用迭代法时，将所有未知数的初始预估值赋为 0，收敛公差为 1psi（用于手算）。

9.5 从例 7.5 和图 7.5 描述的一维油藏问题中可得以下方程组：

$$-85.2012p_1 + 28.4004p_2 = -227203.2$$

$$28.4004p_1 - 56.8008p_2 + 28.4004p_3 = 0$$

$$28.4004p_2 - 56.8008p_3 + 28.4004p_4 = 0$$

$$28.4004p_3 - 28.4004p_4 = 1199.366$$

请分别用以下方法解出这组方程中的未知数 p_1、p_2、p_3、p_4：

（1）Thomas 算法；

（2）Jacobi 迭代法；

（3）Gauss – Seidel 迭代法；

（4）PSOR 迭代法。

使用迭代法时，将所有未知数的初始预估值赋为 0，收敛公差为 5psi（用于手算）。

9.6 从例 7.7 和图 7.7 描述的二维油藏问题中可得以下方程组：

$$-5.0922p_1 + 1.0350p_2 + 1.3524p_3 = -11319.20$$

$$1.0350p_1 - 6.4547p_2 + 1.3524p_4 = -13435.554$$

$$1.3524p_1 - 2.3874p_3 + 1.0350p_4 = 600$$

$$1.3524p_2 + 1.0350p_3 - 2.3874p_4 = 308.675$$

请分别用以下方法解出这组方程中的未知数 p_1、p_2、p_3、p_4：

（1）高斯消去法；

（2）Jacobi 迭代法；

（3）Gauss – Seidel 迭代法；

（4）PSOR 迭代法；

（5）LSOR 迭代法。

使用迭代法时，将所有未知数的初始预估值赋为 0，收敛公差为 1psi（用于手算）。

9.7　从例 7.8 和图 7.8 描述的二维油藏问题中可得以下方程组：

$$-7.8558p_2 + 3.7567p_5 = -14346.97$$

$$-7.5134p_4 + 3.7567p_5 + 3.7567p_7 = 0$$

$$3.7567p_2 + 3.7567p_4 - 15.0268p_5 + 3.7567p_6 + 3.7567p_9 = 0$$

$$3.7567p_5 - 7.8558p_6 = -14346.97$$

$$3.7567p_4 - 7.5134p_7 + 3.7567p_8 = 1000$$

$$3.7567p_5 + 3.7567p_7 - 7.5134p_8 = 0$$

请分别用以下方法解出这组方程中的未知数 p_2、p_4、p_5、p_6、p_7、p_8：

（1）Jacobi 迭代法；

（2）Gauss – Seidel 迭代法；

（3）PSOR 迭代法；

（4）LSOR 迭代法，沿 x 方向推进。

使用迭代法时，将所有未知数的初始预估值赋为 0，收敛公差为 10psi（用于手算）。

9.8　考虑例 7.11 和图 7.12 描述的一维油藏问题。

请分别用以下方法解决本问题中的前两个时间步长：

（1）Thomas 算法；

（2）Jacobi 迭代法；

（3）Gauss – Seidel 迭代法；

（4）PSOR 迭代法。

使用迭代法时，将所有未知数的初始预估值赋为原迭代层级的压力值，收敛公差为 1psi（用于手算）。

9.9　考虑例 7.10 和图 7.11 描述的一维油藏问题。

请分别用以下方法解决本问题中的前两个时间步长：

（1）Thomas 算法；

（2）Jacobi 迭代法；

（3）Gauss – Seidel 迭代法；

（4）PSOR 迭代法。

使用迭代法时，将所有未知数的初始预估值赋为原迭代层级的压力值，收敛公差为 0.1psi（用于手算）。

9.10 考虑例 7.16 和图 7.18 描述的一维单井模拟问题。

请分别用以下方法解决本题：

(1) Thomas 算法；

(2) Jacobi 迭代法；

(3) Gauss – Seidel 迭代法；

(4) PSOR 迭代法。

使用迭代法时，将所有未知数的初始预估值赋为原迭代层级的压力值，收敛公差为 1psi（用于手算）。

9.11 考虑例 7.10 和图 7.15 (a) 描述的二维流动问题。

请分别用以下方法解决本问题中的第一个步长：

(1) Gauss – Seidel 迭代法；

(2) PSOR 迭代法；

(3) LSOR 迭代法，沿 y 方向扫描；

(4) LSOR 迭代法，沿 x 方向扫描；

(5) ADIP 法。

使用迭代法时，将所有未知数的初始预估值赋为原迭代层级的压力值，收敛公差为 1psi（用于手算）。

第10章 开发油藏模拟器的工程方法与数学方法

10.1 引言

开发模拟器的传统步骤包括：（1）通过公式推导描述恢复过程的偏微分方程（PDE）；（2）在空间和时间上对 PDE 进行离散，以获得非线性代数方程组；（3）将得到的代数方程组线性化；（4）对线性化代数方程组进行数值求解；（5）对模拟器进行验证。数学方法指的是前三个步骤。工程方法则是独立地推导出相同的有限差分方程。该方程作为工程方法中近似积分方程的特殊情况，不需要经过严格的偏微分方程求解和离散化。然而，这两种方法在处理非线性和边界条件方面有一些不同。本章的目的是明确这两种方法之间的异同。

10.2 离散形式流体流动方程的推导

离散形式的流体流动方程（非线性代数方程）既可以用传统的数学方法得到，也可以用工程方法得到。这两种方法的基本原理相同，都将储层离散为网格块（或网格点）。这两种方法都给出了相同的离散流动方程，通过在一维、二维或三维储层中建立任意一种形式的坐标系（直角坐标系、柱坐标系和球坐标系），来对任意一种储层流体系统（多相、多组分、热储层和非均质储层）进行建模。因此，本章将通过在直角坐标系下使用不规则区块大小分布的方法，对水平一维油藏中单相可压缩流体的流动进行模拟。本节将利用一个简单的例子，来证明工程方法具有对数学方法中所使用的离散化方法进行独立验证的能力。

10.2.1 基本原理

基本原理包括质量守恒方程、状态方程和本构方程。质量守恒原理指出，进入和离开储层体积单元的流体总质量必须等于储层单元中流体质量的净增加量：

$$m_i - m_o + m_s = m_a \tag{10.1}$$

状态方程将流体的密度描述为压力和温度的函数：

$$B = \rho_{sc}/\rho \tag{10.2}$$

本构方程描述的是流体流入（或流出）储层单元的速率。在油藏模拟中，采用达西定律将流体流速与势梯度联系起来。水平油藏达西定律的微分形式为：

$$u_x = q_x/A_x = -\beta_c \frac{K_x}{\mu} \frac{\partial p}{\partial x} \qquad (10.3)$$

10.2.2 储层离散化

储层离散化是指，储层可以由一组网格块（或网格点）进行描述，并且这些网格块的性质、尺寸、边界和位置在储层中都是确定的。图 10.1 给出了直角坐标下的储层中，以网格块 i 为焦点的块中心网格或以网格点 i 为焦点的点分布网格在 x 方向上的离散。图 10.1 描述了块之间相互关联的方式［块 i 及其相邻块（块 $i-1$ 和 $i+1$）］、块尺寸（Δx_i，Δx_{i-1}，Δx_{i+1}）、块边界（$x_{i-\frac{1}{2}}$，$x_{i+\frac{1}{2}}$）、代表块和块边界的点之间的距离（δx_{i-}，δx_{i+}）以及网格点或代表块的点之间的距离（$\Delta x_{i-\frac{1}{2}}$，$\Delta x_{i+\frac{1}{2}}$）。此外，每个网格块或网格点都具有指定的孔隙度、渗透率等高度和岩石特性。

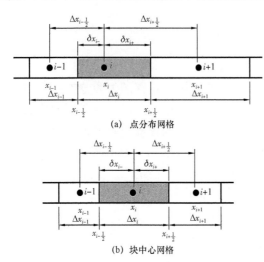

(a) 点分布网格

(b) 块中心网格

图 10.1　储层离散化

在以块为中心的网格系统中，网格是由 x 方向上横跨整个储层的 n_x 个网格块组成的。将网格块的尺寸事先设定为大小不一的值（Δx_i，$i=1$，2，3，$\cdots$，n_x），并且将表示网格块的点设在网格块的中心。在点分布式网格体系中，网格是通过在 x 方向上选取的 n_x 个网格点来构造的，这些网格点横跨了储层的整个长度。即，第一个网格点和最后一个网格点分别位于储层两边。网格点之间的距离也各不相同（$\Delta x_{i+\frac{1}{2}}$，$i=1$，2，3，$\cdots$，n_x）。每个网格点表示一个网格块，其边界位于相邻两个网格点的中间位置。

10.2.3 数学方法

用数学方法推导流体流动的代数方程可以分为三个步骤：（1）用基本原理推导出描述储层流体流动的偏微分方程；（2）将储层离散为网格块或网格点；（3）将得到的偏微分方程在空间和时间上进行离散化处理。

10.2.3.1 偏微分方程的推导

图 10.2 为一个有限控制体，其横截面积 A_x 与流动方向垂直，长度 Δx 与流动方向一致，体积为 $V_b = A_x \Delta x$。点 x 表示控制体积，位于块中心网格的中心。流体在 $x-\Delta x/2$ 从表面进入控制体，在 $x+\Delta x/2$ 从表面离开，质量速率分别为 $w_x |_{x-\Delta x/2}$ 和 $w_x |_{x+\Delta x/2}$。流体也以 q_m 的质量速率通过井筒进入控制体 V。因此，当时间步长为 Δt 时，式（10.1）所示的物质平衡方程可变形为：

$$m_i |_{x-\Delta x/2} - m_o |_{x+\Delta x/2} + m_s = m_a \qquad (10.4)$$

或

$$w_x \mid _{x-\Delta x/2} \Delta t - w_x \mid _{x+\Delta x/2} \Delta t + q_m \Delta t = m_a \tag{10.5}$$

其中，质量流速（w_x）和质量流量（$\dot m_x$）之间的关系为：

$$w_x = \dot m_x A_x \tag{10.6}$$

此外，将累积质量定义为：

$$m_a = \Delta_t (V_b m_v) = V_b (m_v \mid _{t+\Delta t} - m_v \mid _t) = V_b (m_v^{n+1} - m_v^n) \tag{10.7}$$

将方程（10.6）和方程（10.7）代入方程（10.5）中得到：

$$(\dot m_x A_x) \mid _{x-\Delta x/2} \Delta t - (\dot m_x A_x) \mid _{x+\Delta x/2} \Delta t + q_m \Delta t = V_b (m_v \mid _{t+\Delta t} - m_v \mid _t) \tag{10.8}$$

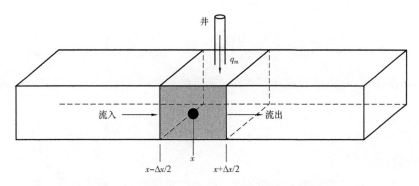

图 10.2　传统上用于表示物料平衡的一维控制体

将方程（10.8）除以 $V_b \Delta t$，可得 $V_b = A_x \Delta x$，并将结果重新整理为：

$$- \left[(\dot m_x \mid _{x+\Delta x/2} - \dot m_x \mid _{x-\Delta x/2}) / \Delta x \right] + \frac{q_m}{V_b} = \left[(m_v \mid _{t+\Delta t} - m_v \mid _t) / \Delta t \right] \tag{10.9}$$

当 Δx 和 Δt 趋近 0 时（即 $\Delta x \to 0$ 且 $\Delta t \to 0$），方程（10.9）中括号内各项的极限变为一阶偏导数，最终方程变为：

$$- \frac{\partial \dot m_x}{\partial x} + \frac{q_m}{V_b} = \frac{\partial m_v}{\partial t} \tag{10.10}$$

质量流量（$\dot m_x$）可以写成流体密度（ρ）和体积流量（u_x）的表达式：

$$\dot m_x = \alpha_c \rho u_x \tag{10.11}$$

m_v 可以写成流体密度和体积流速的关系式：

$$m_v = \phi \rho \tag{10.12}$$

q_m 可以用井体积速率（q）和流体密度表示为：

$$q_m = \alpha_c \rho q \tag{10.13}$$

将方程式（10.11）至方程式（10.13）代入方程式（10.10）得到连续性方程式：

$$- \frac{\partial(\rho u_x)}{\partial x} + \frac{\rho q}{V_b} = \frac{1}{\alpha_c} \frac{\partial(\rho\phi)}{\partial t} \tag{10.14}$$

将连续性方程式（10.14）、状态方程式（10.2）、达西定律式（10.3）以及 $q/B = q_{sc}$ 进行联立，得到流动方程。所得单相流动方程为：

$$\frac{\partial}{\partial x}\left(\beta_c \frac{K_x}{\mu B} \frac{\partial p}{\partial x}\right) + \frac{q_{sc}}{V_b} = \frac{1}{\alpha_c} \frac{\partial}{\partial t}\left(\frac{\phi}{B}\right) \tag{10.15}$$

式（10.15）为在一维直角坐标系下描述单相流动的偏微分方程。

10.2.3.2　偏微分方程的空间和时间离散化

首先，如前所述，对储层进行离散化。其次，将方程式（10.15）改写为另一种形式，通过 $V_b = A_x \Delta x$ 得到考虑横截面积变化的方程，如下所示：

$$\frac{\partial}{\partial x}\left(\beta_c \frac{K_x A_x}{\mu B} \frac{\partial p}{\partial x}\right)\Delta x + q_{sc} = \frac{V_b}{\alpha_c} \frac{\partial}{\partial t}\left(\frac{\phi}{B}\right) \tag{10.16}$$

然后将方程式（10.16）写成用网格块 i 表示的形式：

$$\frac{\partial}{\partial x}\left(\beta_c \frac{K_x A_x}{\mu B} \frac{\partial p}{\partial x}\right)_i \Delta x_i + q_{sc_i} = \frac{V_{b_i}}{\alpha_c} \frac{\partial}{\partial t}\left(\frac{\phi}{B}\right)_i \tag{10.17}$$

（1）空间离散。

方程式（10.17）的左侧项上出现了点 i 处的二阶导数关于对 x 使用二阶中心差分逼近，得到的近似值可以写成：

$$\frac{\partial}{\partial x}\left(\beta_c \frac{K_x A_x}{\mu B} \frac{\partial p}{\partial x}\right)_i \cong T_{x_{i-\frac{1}{2}}}(p_{i-1} - p_i) + T_{x_{i+\frac{1}{2}}}(p_{i+1} - p_i) \tag{10.18}$$

其中，传导率 $T_{x_{i\mp\frac{1}{2}}}$ 可定义为：

$$T_{x_{i\mp\frac{1}{2}}} = \left(\beta_c \frac{K_x A_x}{\mu B \Delta x}\right)_{i\mp\frac{1}{2}} \tag{10.19}$$

近似方程式（10.18）的推导过程如下。根据中心差分逼近的定义，在点 i 处计算一阶导数（图 10.1），方程可以写成：

$$\frac{\partial}{\partial x}\left(\beta_c \frac{K_x A_x}{\mu B} \frac{\partial p}{\partial x}\right)_i \cong \left[\left(\beta_c \frac{K_x A_x}{\mu B} \frac{\partial p}{\partial x}\right)_{i+\frac{1}{2}} - \left(\beta_c \frac{K_x A_x}{\mu B} \frac{\partial p}{\partial x}\right)_{i-\frac{1}{2}}\right]/\Delta x_i \tag{10.20}$$

再利用中心差分法逼近 $\left(\frac{\partial p}{\partial x}\right)_{i\mp\frac{1}{2}}$ 得到：

$$\left(\frac{\partial p}{\partial x}\right)_{i+\frac{1}{2}} \cong (p_{i+1} - p_i)/(x_{i+1} - x_i) = (p_{i+1} - p_i)/\Delta x_{i+\frac{1}{2}} \tag{10.21}$$

和

$$\left(\frac{\partial p}{\partial x}\right)_{i-\frac{1}{2}} \cong (p_i - p_{i-1})/(x_i - x_{i-1}) = (p_i - p_{i-1})/\Delta x_{i-\frac{1}{2}} \tag{10.22}$$

将方程式（10.21）和方程式（10.22）代入方程式（10.20）中，结果如下：

$$\frac{\partial}{\partial x}\left(\beta_c \frac{K_x A_x}{\mu B}\frac{\partial p}{\partial x}\right)_i \Delta x_i \cong \left[\left(\beta_c \frac{K_x A_x}{\mu B \Delta x}\right)_{i+\frac{1}{2}}(p_{i+1} - p_i) - \left(\beta_c \frac{K_x A_x}{\mu B \Delta x}\right)_{i-\frac{1}{2}}(p_i - p_{i-1})\right] \tag{10.23}$$

或

$$\frac{\partial}{\partial x}\left(\beta_c \frac{K_x A_x}{\mu B}\frac{\partial p}{\partial x}\right)_i \Delta x_i \cong \left[\left(\beta_c \frac{K_x A_x}{\mu B \Delta x}\right)_{i+\frac{1}{2}}(p_{i+1} - p_i) + \left(\beta_c \frac{K_x A_x}{\mu B \Delta x}\right)_{i-\frac{1}{2}}(p_{i-1} - p_i)\right] \tag{10.24}$$

通过将方程式（10.19）给出的 $T_{x_{i \mp \frac{1}{2}}}$ 代入方程式（10.24），可得方程式（10.18）。

将方程式（10.18）代入方程式（10.17）给出的偏微分方程，得到一个空间离散但时间连续的方程：

$$T_{x_{i-\frac{1}{2}}}(p_{i-1} - p_i) + T_{x_{i+\frac{1}{2}}}(p_{i+1} - p_i) + q_{sc_i} \cong \frac{V_{b_i}}{\alpha_c}\frac{\partial}{\partial t}\left(\frac{\phi}{B}\right)_i \tag{10.25}$$

（2）时间离散。

方程（10.25）的时间离散化是通过近似方程右侧项上的一阶导数来完成的。近似方法主要包括前向差分、后向差分和中心差分。这三种近似值都可以写成：

$$\frac{\partial}{\partial t}\left(\frac{\phi}{B}\right)_i \cong \frac{1}{\Delta t}\left[\left(\frac{\phi}{B}\right)_i^{n+1} - \left(\frac{\phi}{B}\right)_i^n\right] \tag{10.26}$$

① 前向差分离散化。前向差分离散化时，写出式（10.25）在时间阶 n（旧时间阶 t^n）时的方程式：

$$\left[T_{x_{i-\frac{1}{2}}}(p_{i-1} - p_i) + T_{x_{i+\frac{1}{2}}}(p_{i+1} - p_i) + q_{sc_i}\right]^n \cong \frac{V_{b_i}}{\alpha_c}\left[\frac{\partial}{\partial t}\left(\frac{\phi}{B}\right)_i\right]^n \tag{10.27}$$

在这种情况下，方程式（10.26）可以看成是一阶导数关于时间在时间阶 n 的正差分，此时，离散化的流动方程称为正差分方程：

$$T_{x_{i-\frac{1}{2}}}^n(p_{i-1}^n - p_i^n) + T_{x_{i+\frac{1}{2}}}^n(p_{i+1}^n - p_i^n) + q_{sc_i}^n \cong \frac{V_{b_i}}{\alpha_c \Delta t}\left[\left(\frac{\phi}{B}\right)_i^{n+1} - \left(\frac{\phi}{B}\right)_i^n\right] \tag{10.28}$$

方程式（10.28）中的右侧项可表示为网格块 i 的压力，以保持物料平衡。得到的方程式是：

$$T_{x_{i-\frac{1}{2}}}^n(p_{i-1}^n - p_i^n) + T_{x_{i+\frac{1}{2}}}^n(p_{i+1}^n - p_i^n) + q_{sc_i}^n \cong \frac{V_{b_i}}{\alpha_c \Delta t}\left(\frac{\phi}{B}\right)_i'\left[p_i^{n+1} - p_i^n\right] \tag{10.29}$$

式中，$\left(\dfrac{\phi}{B}\right)_i'$ 定义为调和函数，如式（10.30）所示：

$$\left(\frac{\phi}{B}\right)_i' = \left[\left(\frac{\phi}{B}\right)_i^{n+1} - \left(\frac{\phi}{B}\right)_i^n\right]\Big/\left[p_i^{n+1} - p_i^n\right] \tag{10.30}$$

② 后向差分离散化。在后向差分离散化中，写出式（10.25）在时间阶 $n+1$（当前时间阶 t^{n+1}）时的方程式：

$$\left[T_{x_{i-\frac{1}{2}}}(p_{i-1} - p_i) + T_{x_{i+\frac{1}{2}}}(p_{i+1} - p_i) + q_{sc_i}\right]^{n+1} \cong \frac{V_{b_i}}{\alpha_c}\left[\frac{\partial}{\partial t}\left(\frac{\phi}{B}\right)_i\right]^{n+1} \tag{10.31}$$

在这种情况下，方程（10.26）可以看作是一阶导数关于时间在 $n+1$ 时间阶的后向差分。此时，离散化的流动方程称为后向差分方程：

$$\left[T_{x_{i-\frac{1}{2}}}^{n+1}(p_{i-1}^{n+1} - p_i^{n+1}) + T_{x_{i+\frac{1}{2}}}^{n+1}(p_{i+1}^{n+1} - p_i^{n+1}) + q_{sc_i}^{n+1}\right] \cong \frac{V_{b_i}}{\alpha_c \Delta t}\left[\left(\frac{\phi}{B}\right)_i^{n+1} - \left(\frac{\phi}{B}\right)_i^n\right] \tag{10.32}$$

与式（10.29）相对应的方程式为：

$$T_{x_{i-\frac{1}{2}}}^{n+1}(p_{i-1}^{n+1} - p_i^{n+1}) + T_{x_{i+\frac{1}{2}}}^{n+1}(p_{i+1}^{n+1} - p_i^{n+1}) + q_{sc_i}^{n+1} \cong \frac{V_{b_i}}{\alpha_c \Delta t}\left(\frac{\phi}{B}\right)_i' - \left[p_i^{n+1} - p_i^n\right] \tag{10.33}$$

③ 中心差分离散化。在中心差分离散化中，式（10.25）在时间阶 $n+\frac{1}{2}$（当前时间阶 $t^{n+\frac{1}{2}}$）时为：

$$\left[T_{x_{i-\frac{1}{2}}}(p_{i-1} - p_i) + T_{x_{i+\frac{1}{2}}}(p_{i+1} - p_i) + q_{sc_i}\right]^{n+\frac{1}{2}} \cong \frac{V_{b_i}}{\alpha_c}\left[\frac{\partial}{\partial t}\left(\frac{\phi}{B}\right)_i\right]^{n+\frac{1}{2}} \tag{10.34}$$

在这种情况下，可以将方程式（10.26）视为一阶导数关于时间在时间阶 $n+\frac{1}{2}$ 的中心差。另外，$n+\frac{1}{2}$ 时的流动项用 $n+1$ 和 n 时的平均值来近似，这种情况下的离散流动方程是 Crank - Nicholson 近似：

$$\left(\frac{1}{2}\right)\left[T_{x_{i-\frac{1}{2}}}^n(p_{i-1}^n - p_i^n) + T_{x_{i+\frac{1}{2}}}^n(p_{i+1}^n - p_i^n)\right]$$

$$+ \left(\frac{1}{2}\right)\left[T_{x_{i-\frac{1}{2}}}^{n+1}(p_{i-1}^{n+1} - p_i^{n+1}) + T_{x_{i+\frac{1}{2}}}^{n+1}(p_{i+1}^{n+1} - p_i^{n+1})\right] \tag{10.35}$$

$$+ \left(\frac{1}{2}\right)\left[q_{sc_i}^n + q_{sc_i}^{n+1}\right] \cong \frac{V_{b_i}}{\alpha_c \Delta t}\left[\left(\frac{\phi}{B}\right)_i^{n+1} - \left(\frac{\phi}{B}\right)_i^n\right]$$

与式（10.29）相对应的方程式为：

$$\left(\frac{1}{2}\right)\left[T_{x_{i-\frac{1}{2}}}^n(p_{i-1}^n - p_i^n) + T_{x_{i+\frac{1}{2}}}^n(p_{i+1}^n - p_i^n)\right]$$

$$+ \left(\frac{1}{2}\right)\left[T_{x_{i-\frac{1}{2}}}^{n+1}(p_{i-1}^{n+1} - p_i^{n+1}) + T_{x_{i+\frac{1}{2}}}^{n+1}(p_{i+1}^{n+1} - p_i^{n+1})\right] \tag{10.36}$$

$$+ \left(\frac{1}{2}\right)\left[q_{sc_i}^n + q_{sc_i}^{n+1}\right] \cong \frac{V_{b_i}}{\alpha_c \Delta t}\left(\frac{\phi}{B}\right)_i'\left[p_i^{n+1} - p_i^n\right]$$

10.2.3.3　数学方法推导的观察

（1）在非均质块体中，渗透率分布不均，且网格不规则（Δx 既不恒定也不相等），而在离散化储层中，块体具有确定的尺寸和渗透率；因此，块体间几何因子 $\left[\left(\beta_c \dfrac{K_x A_x}{\Delta x}\right)\Big|_{x_{i\mp\frac{1}{2}}}\right]$ 是恒定的，与空间和时间无关。此外，产量的压力相关项（μB）$|_{x_{i\mp\frac{1}{2}}}$ 使用了 i 区块和相邻区块中所含流体的平均黏度和地层体积系数（FVF）或时间范围 t 内任何时刻的流量（上游加权或平均加权）。换句话说，项（μB）$|_{x_{i\mp\frac{1}{2}}}$ 不是空间的函数，而是时间的函数，因为区块压力随时间变化。类似地，对于多相流，在时间范围 t（$K_{rp}|_{x_{i\mp\frac{1}{2}}}$）内的任何时刻，块 i 和相邻块之间的相位 $p=$o，w，g 的相对渗透率使用块 i 和相邻块的上游值或两点上游值，这些值在空间中是定值。换句话说，$K_{rp}|_{x_{i\mp\frac{1}{2}}}$ 不是空间的函数，而是块饱和度随时间变化的函数。因此，块 i 与其相邻块之间的传导率 $T_{x_{i\mp\frac{1}{2}}}$ 仅是与时间相关的函数，并不取决于任何时刻的空间变化情况。

（2）通过仔细观察由方程式（10.25）表示的离散化流动方程左侧项上的流动项，可以发现，这些项是达西定律所描述的在标准条件（$q_{sc_{i\mp\frac{1}{2}}}$）下网格块 i 及其相邻网格块在 x 方向上的体积流量，即：

$$T_{x_{i\mp\frac{1}{2}}}(p_{i\mp1}-p_i)=\left(\beta_c\frac{K_x A_x}{\mu B\Delta x}\right)_{i\mp\frac{1}{2}}(p_{i\mp1}-p_i)=q_{sc_{i\mp\frac{1}{2}}} \tag{10.37}$$

（3）出现在离散流动方程左侧项上的块间流动项和生产（注入）速率［方程式（10.29）、方程式（10.33）和方程式（10.36）］分别为显式流动方程的时间阶 n、隐式流动方程的时间阶 $n+1$ 或 Crank–Nicolson 流动方程的时间阶 $n+\frac{1}{2}$。在所有情况下，流动方程的右侧项表示在时间步长 Δt 上的累积量。换句话说，累积项不考虑在一个时间步长内区块间流动项和生产（注入）速率［源（汇）项］随时间的变化。

10.2.4　工程方法

用工程方法可以简单地推导出流体流动的代数方程。它分为三个连续的步骤：（1）如前所示，将储层离散成网格块（或网格点），以消除空间变量的影响；（2）利用前面提到的三个基本原理推导网格块 i（或网格点 i）的代数流量方程，考虑到在一个时间步长内块间流量项和源（汇）项随时间的变化；（3）对所得流动方程的时间积分进行逼近，即可得到非线性代数流动方程。

10.2.4.1　流体流量的代数方程推导

在第一步中，如前所述，对储层进行离散化。图 10.3 给出了网格块 i（或网格点 i）及其在 x 方向上的相邻网格块（网格块 $i-1$ 和网格块 $i+1$）。在任意时刻，流体从网格块 $i-1$ 进入网格块 i，以质量速率 $w_x|_{x_{i-\frac{1}{2}}}$ 穿过网格块 $i-1$ 的 $x_{i+\frac{1}{2}}$ 面，以质量速率 $w_x|_{x_{i+\frac{1}{2}}}$ 离开网格

块 $i+1$ 的 $x_{i-\frac{1}{2}}$ 面。流体也以 q_{m_i} 的质量速率通过井进入网格块 i。网格块 i 中单位体积岩石的流体质量为 m_{v_i}。

因此，在时间步长 $\Delta t = t^{n+1} - t^n$ 上写出的物质平衡方程，如方程式（10.1）所示，变为：

$$m_i \mid_{x_{i-\frac{1}{2}}} - m_o \mid_{x_{i+\frac{1}{2}}} + m_{s_i} = m_{a_i} \tag{10.38}$$

像 $w_x \mid_{x_{i-\frac{1}{2}}}$、$w_x \mid_{x_{i+\frac{1}{2}}}$ 和 q_{m_i} 这样的变量只是时间的函数，因为对于已经离散的储层来说，空间已不再是变量［见观察（1）］。因此：

$$m_i \mid_{x_{i-\frac{1}{2}}} = \int_{t^n}^{t^{n+1}} w_x \mid_{x_{i-\frac{1}{2}}} dt \tag{10.39}$$

$$m_o \mid_{x_{i+\frac{1}{2}}} = \int_{t^n}^{t^{n+1}} w_x \mid_{x_{i+\frac{1}{2}}} dt \tag{10.40}$$

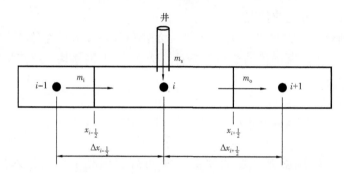

图 10.3　在工程方法中用于编写物料平衡的网格块 i（或网格点 i）

和

$$m_{s_i} = \int_{t^n}^{t^{n+1}} q_{m_i} dt \tag{10.41}$$

利用式（10.39）至式（10.41），式（10.38）可以重写为：

$$\int_{t^n}^{t^{n+1}} w_x \mid_{x_{i-\frac{1}{2}}} dt - \int_{t^n}^{t^{n+1}} w_x \mid_{x_{i+\frac{1}{2}}} dt + \int_{t^n}^{t^{n+1}} q_{m_i} dt = m_{a_i} \tag{10.42}$$

将式（10.6）和式（10.7）代入式（10.42）可以得到：

$$\int_{t^n}^{t^{n+1}} (\dot{m}_x A_x) \mid_{x_{i-\frac{1}{2}}} dt - \int_{t^n}^{t^{n+1}} (\dot{m}_x A_x) \mid_{x_{i+\frac{1}{2}}} dt + \int_{t^n}^{t^{n+1}} q_{m_i} dt = V_{b_i} (m_v^{n+1} - m_v^n)_i \tag{10.43}$$

将式（10.11）至式（10.13）代入式（10.43）得到：

$$\int_{t^n}^{t^{n+1}} (\alpha_c \rho u_x A_x) \mid_{x_{i-\frac{1}{2}}} dt - \int_{t^n}^{t^{n+1}} (\alpha_c \rho u_x A_x) \mid_{x_{i+\frac{1}{2}}} dt + \int_{t^n}^{t^{n+1}} (\alpha_c \rho q)_i dt$$

$$= V_{b_i} \big[(\phi\rho)_i^{n+1} - (\phi\rho)_i^n \big] \tag{10.44}$$

将式（10.2）代入式（10.44），除以 $\alpha_c\rho_{sc}$ 并注意到 $q/B = q_{sc}$，得到：

$$\int_{t^n}^{t^{n+1}} \left(\frac{u_x A_x}{B} \right)\Big|_{x_{i-\frac{1}{2}}} dt - \int_{t^n}^{t^{n+1}} \left(\frac{u_x A_x}{B} \right)\Big|_{x_{i+\frac{1}{2}}} dt + \int_{t^n}^{t^{n+1}} q_{sc_i} dt = \frac{V_{b_i}}{\alpha_c} \left[\left(\frac{\phi}{B} \right)_i^{n+1} - \left(\frac{\phi}{B} \right)_i^n \right] \tag{10.45}$$

等式（10.3）的代数模拟给出了从网格块 $i-1$ 到网格块 i 的流体体积速度（单位横截面积的流速）：

$$u_x\big|_{x_{i-\frac{1}{2}}} = \beta_c \left(\frac{K_x}{\mu} \right)_{i-\frac{1}{2}} \frac{(p_{i-1} - p_i)}{\Delta x_{i-\frac{1}{2}}} \tag{10.46}$$

同理，从网格块 i 到网格块 $i+1$ 的单位横截面积的流体流速为：

$$u_x\big|_{x_{i+\frac{1}{2}}} = \beta_c \left(\frac{K_x}{\mu} \right)_{i+\frac{1}{2}} \frac{(p_i - p_{i+1})}{\Delta x_{i+\frac{1}{2}}} \tag{10.47}$$

将式（10.46）和式（10.47）代入式（10.45），并重新排列结果：

$$\int_{t^n}^{t^{n+1}} \left[\left(\beta_c \frac{K_x A_x}{\mu B \Delta x} \right)\Big|_{x_{i-\frac{1}{2}}} (p_{i-1} - p_i) \right] dt$$

$$- \int_{t^n}^{t^{n+1}} \left[\left(\beta_c \frac{K_x A_x}{\mu B \Delta x} \right)\Big|_{x_{i+\frac{1}{2}}} (p_i - p_{i+1}) \right] dt + \int_{t^n}^{t^{n+1}} q_{sc_i} dt \tag{10.48}$$

$$= \frac{V_{b_i}}{\alpha_c} \left[\left(\frac{\phi}{B} \right)_i^{n+1} - \left(\frac{\phi}{B} \right)_i^n \right]$$

或者

$$\int_{t^n}^{t^{n+1}} \left[T_{x_{i-\frac{1}{2}}} (p_{i-1} - p_i) \right] dt + \int_{t^n}^{t^{n+1}} \left[T_{x_{i+\frac{1}{2}}} (p_{i+1} - p_i) \right] dt + \int_{t^n}^{t^{n+1}} q_{sc_i} dt$$

$$= \frac{V_{b_i}}{\alpha_c} \left[\left(\frac{\phi}{B} \right)_i^{n+1} - \left(\frac{\phi}{B} \right)_i^n \right] \tag{10.49}$$

式（10.49）是通过严格推导来估算网格块 i 及其相邻网格块 $i-1$ 和 $i+1$ 之间的流体体积速度的，除了达西定律的有效性之外，不涉及任何假设 [式（10.46）和式（10.47）]。因此，这种有效性对于石油工程师来说是毋庸置疑的。

同样，前面方程中的累积项也可以用网格块 i 的压力表示，此时公式（10.49）变为：

$$\int_{t^n}^{t^{n+1}} \left[T_{x_{i-\frac{1}{2}}} (p_{i-1} - p_i) \right] dt + \int_{t^n}^{t^{n+1}} \left[T_{x_{i+\frac{1}{2}}} (p_{i+1} - p_i) \right] dt + \int_{t^n}^{t^{n+1}} q_{sc_i} dt = \frac{V_{b_i}}{\alpha_c} \left(\frac{\phi}{B} \right)_i' \left[p_i^{n+1} - p_i^n \right]$$

$$\tag{10.50}$$

其中，$\left(\dfrac{\phi}{B} \right)_i'$ 是由式（10.30）定义的弦斜率。

10.2.4.2　时间积分近似

如果积分的变元是时间的显函数，则可以用解析法计算积分。对于出现在式（10.49）或式（10.50）左边的积分，情况则有所不同。图 10.4 给出了综合图。要想对式（10.49）或式（10.50）的左边进行积分，则需要做出某些假设。通过这样的假设可分别导出式（10.28）、式（10.32）和式（10.35）或式（10.29）、式（10.33）和式（10.36）。

考虑图 10.5 所示的积分 $\int_{t^n}^{t^{n+1}} F(t)\,\mathrm{d}t$。这个积分可以计算如下：

$$\int_{t^n}^{t^{n+1}} F(t)\,\mathrm{d}t \cong \int_{t^n}^{t^{n+1}} F(t^m)\,\mathrm{d}t = \int_{t^n}^{t^{n+1}} F^m\,\mathrm{d}t = F^m \int_{t^n}^{t^{n+1}} \mathrm{d}t = F^m t \big|_{t^n}^{t^{n+1}}$$

$$= F^m(t^{n+1} - t_n) = F^m \Delta t \tag{10.51}$$

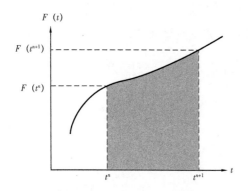

图 10.4　曲线之下面积表示函数积分　　　图 10.5　函数积分表示为 $F(t^m) \times \Delta t$

参数 F 代表 $[T_{x_{i-\frac{1}{2}}}(p_{i-1}-p_i)]$，$[T_{x_{i+\frac{1}{2}}}(p_{i+1}-p_i)]$，或者式（10.49）左边的 q_{sc_i}，F^m 为时间间隔 Δt 为恒定常数 t^m 情况下 F 的近似值。

（1）前向差分方程。

如果积分参数 F 的时间为 t^m，那么，式（10.28）给出的前向差分方程可由式（10.49）得出；如图 10.6a 所示，$F \cong F^m = F^n$。因此，式（10.51）变为 $\int_{t^n}^{t^{n+1}} F(t)\,\mathrm{d}t \cong F^n \Delta t$，公式（10.49）可化简为：

$$\big[T_{x_{i-\frac{1}{2}}}^n(p_{i-1}^n - p_i^n)\big]\Delta t + \big[T_{x_{i+\frac{1}{2}}}^n(p_{i+1}^n - p_i^n)\big]\Delta t + q_{\mathrm{sc}_i}^n \Delta t$$

$$\cong \frac{V_{b_i}}{\alpha_c}\Big[\Big(\frac{\phi}{B}\Big)_i^{n+1} - \Big(\frac{\phi}{B}\Big)_i^n\Big] \tag{10.52}$$

将方程式（10.52）除以 Δt，得到公式（10.28）：

$$T_{x_{i-\frac{1}{2}}}^n(p_{i-1}^n - p_i^n) + T_{x_{i+\frac{1}{2}}}^n(p_{i+1}^n - p_i^n) + q_{\mathrm{sc}_i}^n \cong \frac{V_{b_i}}{\alpha_c \Delta t}\Big[\Big(\frac{\phi}{B}\Big)_i^{n+1} - \Big(\frac{\phi}{B}\Big)_i^n\Big] \tag{10.28}$$

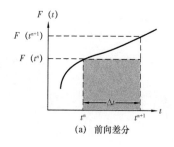 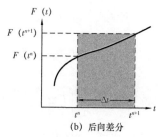 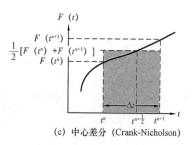

|(a) 前向差分|(b) 后向差分|(c) 中心差分（Crank-Nicholson）|

图 10.6　函数积分的不同逼近方法

如果将推导第一步的式子从公式（10.49）换为公式（10.50），那么最终得到的是公式（10.29）：

$$T^n_{x_{i-\frac{1}{2}}}(p^n_{i-1} - p^n_i) + T^n_{x_{i+\frac{1}{2}}}(p^n_{i+1} - p^n_i) + q^n_{sc_i} \cong \frac{V_{b_i}}{\alpha_c \Delta t}\left(\frac{\phi}{B}\right)'_i\left[p^{n+1}_i - p^n_i\right] \qquad (10.29)$$

（2）后向差分方程。

如果积分参数 F 的时间为 t^{n+1}，那么，式（10.32）给出的反向差分方程可由式（10.49）得出；如图 10.6（b）所示，$F \cong F^m = F^{n+1}$。因此，式（10.51）变为 $\int_{t^n}^{t^{n+1}} F(t)\mathrm{d}t \cong F^{n+1}\Delta t$，公式（10.49）可化简为：

$$\left[T^{n+1}_{x_{i-\frac{1}{2}}}(p^{n+1}_{i-1} - p^{n+1}_i)\right]\Delta t + \left[T^{n+1}_{x_{i+\frac{1}{2}}}(p^{n+1}_{i+1} - p^{n+1}_i)\right]\Delta t + q^{n+1}_{sc_i}\Delta t$$

$$\cong \frac{V_{b_i}}{\alpha_c}\left[\left(\frac{\phi}{B}\right)^{n+1}_i - \left(\frac{\phi}{B}\right)^n_i\right] \qquad (10.53)$$

将方程式（10.53）除以 Δt，得到公式（10.32）：

$$T^{n+1}_{x_{i-\frac{1}{2}}}(p^{n+1}_{i-1} - p^{n+1}_i) + T^{n+1}_{x_{i+\frac{1}{2}}}(p^{n+1}_{i+1} - p^{n+1}_i) + q^{n+1}_{sc_i} \cong \frac{V_{b_i}}{\alpha_c \Delta t}\left[\left(\frac{\phi}{B}\right)^{n+1}_i - \left(\frac{\phi}{B}\right)^n_i\right] \quad (10.32)$$

如果将推导第一步的式子从公式（10.49）换为公式（10.50），那么最终得到的是公式（10.33）：

$$T^{n+1}_{x_{i-\frac{1}{2}}}(p^{n+1}_{i-1} - p^{n+1}_i) + T^{n+1}_{x_{i+\frac{1}{2}}}(p^{n+1}_{i+1} - p^{n+1}_i) + q^{n+1}_{sc_i} \cong \frac{V_{b_i}}{\alpha_c \Delta t}\left(\frac{\phi}{B}\right)'_i\left[p^{n+1}_i - p^n_i\right] \qquad (10.33)$$

（3）中心差分（Crank – Nicholson）方程。

如果积分参数 F 的时间为 $t^{n+\frac{1}{2}}$，那么，式（10.35）给出的中心差分方程可由式（10.49）得出。选择时间层级是为了使式（10.26）的右边在数学方法中可以表示为时间上的二阶近似值。在这种情况下，积分中的参数 F 可以近似为 $F \cong F^m = F^{n+\frac{1}{2}} = (F^n + F^{n+1}) / 2$，如图 10.6（c）所示。因此，$\int_{t^n}^{t^{n+1}} F(t)\mathrm{d}t \cong \frac{1}{2}(F^n + F^{n+1})\Delta t$，式（10.49）简化为：

$$\left(\frac{1}{2}\right)\left[T^n_{x_{i-\frac{1}{2}}}(p^n_{i-1}-p^n_i)+T^{n+1}_{x_{i-\frac{1}{2}}}(p^{n+1}_{i-1}-p^{n+1}_i)\right]\Delta t$$

$$+\left(\frac{1}{2}\right)\left[T^n_{x_{i+\frac{1}{2}}}(p^n_{i+1}-p^n_i)+T^{n+1}_{x_{i+\frac{1}{2}}}(p^{n+1}_{i+1}-p^{n+1}_i)\right]\Delta t \tag{10.54}$$

$$+\left(\frac{1}{2}\right)\left[q^n_{sc_i}+q^{n+1}_{sc_i}\right]\Delta t\cong\frac{V_{b_i}}{\alpha_c}\left[\left(\frac{\phi}{B}\right)^{n+1}_i-\left(\frac{\phi}{B}\right)^n_i\right]$$

将方程式（10.54）除以 Δt，并进行移项，得到式（10.35）：

$$\left(\frac{1}{2}\right)\left[T^n_{x_{i-\frac{1}{2}}}(p^n_{i-1}-p^n_i)+T^n_{x_{i+\frac{1}{2}}}(p^n_{i+1}-p^n_i)\right]$$

$$+\left(\frac{1}{2}\right)\left[T^{n+1}_{x_{i-\frac{1}{2}}}(p^{n+1}_{i-1}-p^{n+1}_i)+T^{n+1}_{x_{i+\frac{1}{2}}}(p^{n+1}_{i+1}-p^{n+1}_i)\right] \tag{10.35}$$

$$+\left(\frac{1}{2}\right)\left[q^n_{sc_i}+q^{n+1}_{sc_i}\right]\cong\frac{V_{b_i}}{\alpha_c\Delta t}\left[\left(\frac{\phi}{B}\right)^{n+1}_i-\left(\frac{\phi}{B}\right)^n_i\right]$$

如果将推导第一步的式子从公式（10.49）换为公式（10.50），那么最终得到的是公式（10.36）：

$$\left(\frac{1}{2}\right)\left[T^n_{x_{i-\frac{1}{2}}}(p^n_{i-1}-p^n_i)+T^n_{x_{i+\frac{1}{2}}}(p^n_{i+1}-p^n_i)\right]$$

$$+\left(\frac{1}{2}\right)\left[T^{n+1}_{x_{i-\frac{1}{2}}}(p^{n+1}_{i-1}-p^{n+1}_i)+T^{n+1}_{x_{i+\frac{1}{2}}}(p^{n+1}_{i+1}-p^{n+1}_i)\right] \tag{10.36}$$

$$+\left(\frac{1}{2}\right)\left[q^n_{sc_i}+q^{n+1}_{sc_i}\right]\cong\frac{V_{b_i}}{\alpha_c\Delta t}\left(\frac{\phi}{B}\right)'_i\left[p^{n+1}_i-p^n_i\right]$$

由此可以得出结论：数学方法和工程方法均可以对相同的非线性代数方程进行推导。

10.3　初始条件和边界条件的处理

通过数学方法和工程方法处理相同的初始条件，可以得到相同的结果。因此，本节将重点介绍这两种方法对边界条件的处理过程，并由此突出二者的不同之处。外部（或内部）油藏边界可受以下四个条件之一的约束，它们分别是：封闭边界、恒定流动边界、恒定压力梯度边界或恒定压力边界。事实上，前三个边界条件可简化为特定的压力梯度条件（Neumann 边界条件），而第四个边界条件是 Dirichlet 边界条件。在下面的演示中，仅以对 $x=0$ 处边界条件的处理过程为例进行演示。

10.3.1　特定的边界压力条件

10.3.1.1　数学方法

对于点分布网格（图 10.7a），$p_1=p_b$。因此，通过左边界的虚拟井速变为：

$$q_{\mathrm{sc}_{b,bp}} = T_{1+\frac{1}{2}}(p_1 - p_2) = T_{1+\frac{1}{2}}(p_b - p_2) \tag{10.55}$$

式（10.55）为网格点 1 和网格点 2 之间的块间流速（$q_{\mathrm{sc}_{1+\frac{1}{2}}}$）。

对于以块为中心的网格，在油藏左边界设 $p_1 \cong p_b$（图 10.7b），并将网格 1 的流动方程从流动方程组中删除。这是一阶近似方法。如果在油藏左边界处使用二阶近似方法（Settari and Aziz，1975），则在流动方程组中添加以下压力方程，并求解该方程组。

$$p_b \cong \frac{\Delta x_{\frac{1}{2}} + \Delta x_{1+\frac{1}{2}}}{\Delta x_{1+\frac{1}{2}}}p_1 - \frac{\Delta x_{\frac{1}{2}}}{\Delta x_{1+\frac{1}{2}}}p_2 \tag{10.56a}$$

对于大小相等的网格块，有：

$$p_b \cong \frac{1}{2}(3p_1 - p_2) \tag{10.56b}$$

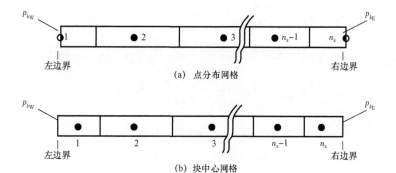

(a) 点分布网格

(b) 块中心网格

图 10.7　Dirichlet 边界条件

对于每个具有特定边界压力的边界块，该处理方法可以在用于求解的方程组中增加一个等式。

10.3.1.2　工程方法

对于点分布网格，其虚拟井流量表达式的推导过程已在第 5 章给出，推导结果如公式（5.46c）所示：

$$q_{\mathrm{sc}_{b,bP}}^m = \left[\beta_{\mathrm{c}}\frac{K_l A_l}{\mu B \Delta l}\right]_{bP,bP*}^m \left[(p_{bP}^m - p_{bP*}^m) - \gamma_{b,bP*}^m(Z_{bP} - Z_{bP*})\right] \tag{5.46c}$$

其中 l 是垂直于边界的方向。

用 x 代替方向 l，去掉时间层级 m 和重力项，则式（5.46c）简化为：

$$q_{\mathrm{sc}_{b,bP}} = \left[\beta_{\mathrm{c}}\frac{K_x A_x}{\mu B \Delta x}\right]_{bP,bP*}(p_{bP} - p_{bP*}) \tag{10.57a}$$

或者

$$q_{\mathrm{sc}_{b,bP}} = T_{b,bP*}(p_{bP} - p_{bP*}) \tag{10.57b}$$

其中

$$T_{b,bP*} = \left(\beta_c \frac{K_x A_x}{\mu B \Delta x}\right)_{bP,bP*} \tag{10.58}$$

对于点分布网格（图 10.7a 和图 10.8a），$p_1 = p_{bP}$，$p_2 = p_{bP*}$，$T_{1+\frac{1}{2}} = T_{b,bP*}$。将这些关系代入式（10.57b），可得：

$$q_{sc_{b,bP}} = T_{1+\frac{1}{2}}(p_1 - p_2) \tag{10.59}$$

与数学方法中给出的公式（10.55）相同，式（10.59）也为网格点 1 和网格点 2 之间的块间流速（$q_{sc_{1+\frac{1}{2}}}$）。

对于块中心网格，其虚拟井流量表达式的推导过程已在第 5 章给出，推导结果如公式（4.37c）所示：

$$q_{sc_{b,bB}}^m = \left[\beta_c \frac{K_l A_l}{\mu B(\Delta l/2)}\right]_{bB}^m [(p_b - p_{bB}^m) - \gamma_{b,bB}^m(Z_b - Z_{bB})] \tag{4.37c}$$

用 x 代替方向 l，并去掉时间层级 m 和重力项，则式（4.37c）简化为：

$$q_{sc_{b,bB}} = \left[\beta_c \frac{K_x A_x}{\mu B(\Delta x/2)}\right]_{bB} (p_b - p_{bB}) \tag{10.60a}$$

或者

$$q_{sc_{b,bB}} = T_{b,bB}(p_b - p_{bB}) \tag{10.60b}$$

其中

$$T_{b,bB} = \left[\beta_c \frac{K_x A_x}{\mu B(\Delta x/2)}\right]_{bB} \tag{10.61}$$

对于边界网格块 1，应用公式（10.60b），可以得到：

$$q_{sc_{b,bB}} = T_{b,1}(p_b - p_1) = \left[\beta_c \frac{K_x A_x}{\mu B(\Delta x/2)}\right]_1 (p_b - p_1) \tag{10.62}$$

需要注意的是，公式（10.62）中的虚拟井速是二阶近似值，因此不需要引入数学方法所要求的附加方程。

10.3.2 规定的边界压力梯度条件

10.3.2.1 数学方法

对于数学方法，以网格块 1 和网格点 1 处边界压力梯度参数的应用过程为例进行演示。如图 10.8 所示，通过在边界另一侧的油藏外部引入辅助点（p_0），可以使用"反射技术"对压力梯度进行二阶近似。Aziz 和 Settari（1979）曾对常规网格中的块中心网格和点分布网格边界条件的离散化进行报道。对于不规则网格，此处给出了该边界条件的离散化方法。

对于点分布网格（图 10.8a）：

$$\frac{\partial p}{\partial x}\Big|_b \cong \frac{p_2 - p_0}{2\Delta x_{1+\frac{1}{2}}} \tag{10.63}$$

网格点 1 代表原始油藏边界块，并且 $V_b = 2\,V_{b_1}$、$q_{sc} = 2\,q_{sc_1}$，根据这些条件可得，整个边界块的差流方程为：

$$T_{x\frac{1}{2}}(p_0 - p_1) + T_{x_{1+\frac{1}{2}}}(p_2 - p_1) + 2q_{sc_1} = \frac{2V_{b_1}}{\alpha_c \Delta t}\Big[\Big(\frac{\phi}{B}\Big)_1^{n+1} - \Big(\frac{\phi}{B}\Big)_1^n\Big] \tag{10.64}$$

利用式（10.63）消去式（10.64）中的 p_0，将所得结果除以 2，同时根据反射技术得到的 $\Delta x_{\frac{1}{2}} = \Delta x_{1+\frac{1}{2}}$ 和 $T_{x\frac{1}{2}} = T_{x_{1+\frac{1}{2}}}$，可以推导出下面的式（10.65a）：

$$-T_{x_{1+\frac{1}{2}}}\Delta x_{1+\frac{1}{2}}\frac{\partial p}{\partial x}\Big|_b + T_{x_{1+\frac{1}{2}}}(p_2 - p_1) + q_{sc_1} = \frac{V_{b_1}}{\alpha_c \Delta t}\Big[\Big(\frac{\phi}{B}\Big)_1^{n+1} - \Big(\frac{\phi}{B}\Big)_1^n\Big] \tag{10.65a}$$

注意到式（10.65a）中左边第一项只有 $q_{scb,1}$，和 $T_{x_{1+\frac{1}{2}}}\Delta x_{1+\frac{1}{2}} = \Big(\beta_c \frac{K_x A_x}{\mu B \Delta x}\Big)_{1+\frac{1}{2}}\Delta x_{1+\frac{1}{2}}$ $\Big(\beta_c \frac{K_x A_x}{\mu B}\Big)_{1+\frac{1}{2}}$，进而：

$$q_{sc_{b,1}} = -T_{x\frac{1}{2}}\Delta x_{\frac{1}{2}}\frac{\partial p}{\partial x}\Big|_b = -\Big(\beta_c \frac{K_x A_x}{\mu B}\Big)_{1+\frac{1}{2}}\frac{\partial p}{\partial x}\Big|_b \tag{10.66}$$

因此，公式（10.65a）变为：

$$q_{sc_{b,1}} + T_{x_{1+\frac{1}{2}}}(p_2 - p_1) + q_{sc_1} = \frac{V_{b_1}}{\alpha_c \Delta t}\Big[\Big(\frac{\phi}{B}\Big)_1^{n+1} - \Big(\frac{\phi}{B}\Big)_1^n\Big] \tag{10.65b}$$

由于油藏东边界具有特定压力梯度，定义网格点 n_x 的虚拟井流速为：

$$q_{sc_{b,nx}} = +T_{x_{n_x-\frac{1}{2}}}\Delta x_{n_x-\frac{1}{2}}\frac{\partial p}{\partial x}\Big|_b = +\Big(\beta_c \frac{K_x A_x}{\mu B}\Big)_{n_x-\frac{1}{2}}\frac{\partial p}{\partial x}\Big|_b \tag{10.67}$$

对于块中心网格（图 10.8b）：

$$\frac{\partial p}{\partial x}\Big|_b = \frac{p_1 - p_0}{\Delta x_1} \tag{10.68}$$

网格块 1 的差分方程为：

$$T_{x\frac{1}{2}}(p_0 - p_1) + T_{x_{1+\frac{1}{2}}}(p_2 - p_1) + q_{sc_1} = \frac{V_{b_1}}{\alpha_c \Delta t}\Big[\Big(\frac{\phi}{B}\Big)_1^{n+1} - \Big(\frac{\phi}{B}\Big)_1^n\Big] \tag{10.69}$$

利用式（10.68）消去式（10.69）中的 p_0，可以得到：

$$-T_{x\frac{1}{2}}\Delta x_{\frac{1}{2}}\frac{\partial p}{\partial x}\Big|_b + T_{x_{1+\frac{1}{2}}}(p_2 - p_1) + q_{sc_1} = \frac{V_{b_1}}{\alpha_c \Delta t}\Big[\Big(\frac{\phi}{B}\Big)_1^{n+1} - \Big(\frac{\phi}{B}\Big)_1^n\Big] \tag{10.70a}$$

或者

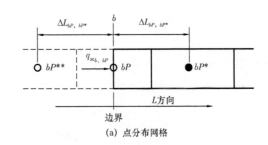

(a) 点分布网格

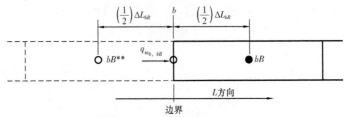

(b) 块中心网格 $bP**=0$，$bP=1$，$bP*=2$，$bB**=0$，$bB=1$

图 10.8　反射技术

$$q_{sc_{b,1}} + T_{x_{1+\frac{1}{2}}}(p_2 - p_1) + q_{sc_1} = \frac{V_{b_1}}{\alpha_c \Delta t}\left[\left(\frac{\phi}{B}\right)_1^{n+1} - \left(\frac{\phi}{B}\right)_1^n\right] \tag{10.70b}$$

其中

$$q_{sc_{b,1}} = -T_{x_{\frac{1}{2}}}\Delta x_{\frac{1}{2}}\frac{\partial p}{\partial x}\Big|_b = -\left(\beta_c \frac{K_x A_x}{\mu B}\right)_1 \frac{\partial p}{\partial x}\Big|_b \tag{10.71}$$

这是因为在 $\Delta x_{\frac{1}{2}} = \Delta x_1$ 和 $T_{x_{\frac{1}{2}}} = \left(\beta_c \frac{K_x A_x}{\mu B \Delta x}\right)_1$ 的情况下，网格块 0 的属性和尺寸与网格块 1 的属性和尺寸相同 [油藏边界反射技术，见式（4.19）]。

由于油藏东边界具有特定压力梯度，式（10.72）定义了网格点 n_x 的虚拟井流速：

$$q_{sc_{b,n_x}} = T_{x_{n_x+\frac{1}{2}}}\Delta x_{n_x+\frac{1}{2}}\frac{\partial p}{\partial x}\Big|_b = \left(\beta_c \frac{K_x A_x}{\mu B}\right)_{n_x} \frac{\partial p}{\partial x}\Big|_b \tag{10.72}$$

10.3.2.2　工程方法

对于点分布网格，如果指定了油藏边界处的压力梯度（图 10.9a），则可以通过第 5 章式（5.31）和式（5.32），定义穿越油藏左边界和右边界的流速。去掉这些等式中的时间层级 m 和重力项，可将式子简化为：

$$q_{sc_{b,1}} = -\left(\beta_c \frac{K_x A_x}{\mu B}\right)_{1+\frac{1}{2}}\frac{\partial p}{\partial x}\Big|_b \tag{10.73}$$

对于油藏左（西）边界上的网格点 1：

$$q_{sc_{b,1}} = -\left(\beta_c \frac{K_x A_x}{\mu B}\right)_{1+\frac{1}{2}}\frac{\partial p}{\partial x}\Big|_b \tag{10.73}$$

对于油藏右（东）边界上的网格点 n_x：

$$q_{\mathrm{sc}_{b,n_x}} = \left(\beta_{\mathrm{c}} \frac{K_x A_x}{\mu B}\right)_{n_x-\frac{1}{2}} \frac{\partial p}{\partial x}\Big|_b \qquad (10.74)$$

如图 10.9b 所示，在块中心网格体系的边界上，压力梯度为定值。第 4 章中的方程（4.23b）和方程（4.24b）分别给出了该边界条件下油藏左边界和右边界上的虚拟井产量公式。忽略重力作用，去掉方程中的上标 m，将方向 l 替换成 x，可得：

$$q_{\mathrm{sc}_{b,bB}} = -\left(\beta_{\mathrm{c}} \frac{K_x A_x}{\mu B}\right)_{bB} \frac{\partial p}{\partial x}\Big|_b \qquad (10.75)$$

式（10.75）适用于油藏左（西）边界。

$$q_{\mathrm{sc}_{b,bB}} = \left(\beta_{\mathrm{c}} \frac{K_x A_x}{\mu B}\right)_{bB} \frac{\partial p}{\partial x}\Big|_b \qquad (10.76)$$

式（10.76）适用于油藏右（东）边界。

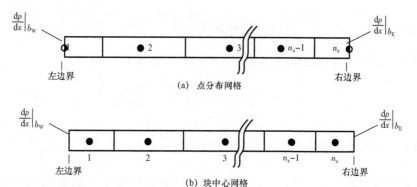

图 10.9　Neumann 边界条件

将位于油藏左边界的网格 1 代入方程（10.75），可得：

$$q_{\mathrm{sc}_{b,1}} = -\left(\beta_{\mathrm{c}} \frac{K_x A_x}{\mu B}\right)_1 \frac{\partial p}{\partial x}\Big|_b \qquad (10.77)$$

将位于油藏右边界的网格 n_x 代入方程（10.76），可得：

$$q_{\mathrm{sc}_{b,n_x}} = \left(\beta_{\mathrm{c}} \frac{K_x A_x}{\mu B}\right)_{n_x} \frac{\partial p}{\partial x}\Big|_b \qquad (10.78)$$

10.3.3　定流量条件

10.3.3.1　数学方法

在数学方法中，通常将定流量边界条件先表示成压力梯度的形式——在点中心网格系统中，该形式类似于方程（10.66），而在块中心网格体系中类似于方程（10.71）。然后按照

10.3.2.1 节定压力梯度边界条件的步骤来做进一步处理。

10.3.3.2　工程方法

在工程方法中，通常是将边界上的流量直接代入对应的边界网格的流动方程中（$q_{\mathrm{sc}_{b,bB}} = q_{\mathrm{spsc}}$），或对应的边界网格点的流动方程中（$q_{\mathrm{sc}_{b,bP}} = q_{\mathrm{spsc}}$）。

需注意，$q_{\mathrm{spsc}} \neq 0$ 表示定流量边界条件，$q_{\mathrm{spsc}} = 0$ 表示封闭边界条件。

10.4　井产量的线性化

井网格的产量（或注入量）方程是根据生产井（或注入井）所在网格块（网格点）的流动方程推导得到的。井网格的流量方程的线性化包括两个步骤，首先将井网格的产量方程线性化，然后将线性产量方程代入井网格流动方程中。

定井底压力条件下（模型 1），井网格 i 的产量方程如下：

$$q_{\mathrm{sc}_i}^{n+1} \cong - G_{\mathrm{w}_i} \left(\frac{1}{B\mu}\right)_i^{n+1} (p_i^{n+1} - p_{\mathrm{wf}_i}) \tag{10.79}$$

定压力梯度条件下（模型 2），井网格 i 的产量方程如下：

$$q_{\mathrm{sc}_i}^{n+1} \cong 2\pi\beta_c r_{\mathrm{w}} (Kh)_i \left(\frac{1}{B\mu}\right)_i^{n+1} \frac{\mathrm{d}p}{\mathrm{d}r}\Big|_{r_{\mathrm{w}}} \tag{10.80}$$

数学方法得到的井产量方程包括两个非线性项：$\left(\frac{1}{B\mu}\right)_i^{n+1}$ 和 $(p_i^{n+1} - p_{\mathrm{wf}_i})$。但工程方法得到的井产量方程仅含有一个非线性项：$\left(\frac{1}{B\mu}\right)_i^{n+1}$。二者的区别在于将 $q_{\mathrm{sc}_i}^{n+1}$ 近似为单个时间步长内井产量的平均值。不同方法得到井产量方程对应的线性化方法也不相同。下面介绍模型 1 条件下，井网格产量方程中非线性项的处理方法。

10.4.1　数学方法

显式方法得到的井网格产量线性方程如下：

$$q_{\mathrm{sc}_i}^{n+1} \cong q_{\mathrm{sc}_i}^n = - G_{\mathrm{w}_i} \left(\frac{1}{B\mu}\right)_i^n (p_i^n - p_{\mathrm{wf}_i}) \tag{10.81}$$

简单迭代法：

$$q_{\mathrm{sc}_i}^{n+1} \cong q_i^{n+1^{(\nu)}} = - G_{\mathrm{w}_i} \left(\frac{1}{B\mu}\right)_i^{n+1^{(\nu)}} (p_i^{n+1^{(\nu)}} - p_{\mathrm{wf}_i}) \tag{10.82}$$

显式传导率方法：

$$q_{\mathrm{sc}_i}^{n+1} \cong - G_{\mathrm{w}_i} \left(\frac{1}{B\mu}\right)_i^n (p_i^{n+1^{(\nu+1)}} - p_{\mathrm{wf}_i}) \tag{10.83}$$

传导率方法的简单迭代格式：

$$q_{\mathrm{sc}_i}^{n+1} \cong - G_{\mathrm{w}_i} \Big(\frac{1}{B\mu}\Big)_i^{(\nu)}{}^{n+1} (p_i^{(\nu+1)}{}^{n+1} - p_{\mathrm{wf}_i}) \tag{10.84}$$

全隐式法：

$$q_{\mathrm{sc}_i}^{n+1} \cong q_{\mathrm{sc}_i}^{(\nu+1)}{}^{n+1} \cong q_{\mathrm{sc}_i}^{(\nu)}{}^{n+1} \frac{\mathrm{d}q_{\mathrm{sc}_i}}{\mathrm{d}p_i}\Big|_{n+1}^{(\nu)} (p_i^{(\nu+1)}{}^{n+1} - p_i^{(\nu)}{}^{n+1}) \tag{10.85}$$

10.4.2　工程方法

显式传导率方法的井网格产量线性方程如下：

$$q_{\mathrm{sc}_i}^{n+1} \cong - G_{\mathrm{w}_i} \Big(\frac{1}{B\mu}\Big)_i^n (p_i^{(\nu+1)}{}^{n+1} - p_{\mathrm{wf}_i}) \tag{10.83}$$

传导率方法的简单迭代格式：

$$q_{\mathrm{sc}_i}^{n+1} \cong - G_{\mathrm{w}_i} \Big(\frac{1}{B\mu}\Big)_i^{(\nu)}{}^{n+1} (p_i^{(\nu+1)}{}^{n+1} - p_{\mathrm{wf}_i}) \tag{10.84}$$

$$q_{\mathrm{sc}_i}^{n+1} \cong q_{\mathrm{sc}_i}^{(\nu+1)}{}^{n+1} \cong q_{\mathrm{sc}_i}^{(\nu)}{}^{n+1} \frac{\mathrm{d}q_{\mathrm{sc}_i}}{\mathrm{d}p_i}\Big|_{n+1}^{(\nu)} (p_i^{(\nu+1)}{}^{n+1} - p_i^{(\nu)}{}^{n+1}) \tag{10.85}$$

全隐式法：

$$q_{\mathrm{sc}_i}^{n+1} \cong q_{\mathrm{sc}_i}^{(\nu+1)}{}^{n+1} \cong q_{\mathrm{sc}_i}^{(\nu)}{}^{n+1} \frac{\mathrm{d}q_{\mathrm{sc}_i}}{\mathrm{d}p_i}\Big|_{n+1}^{(\nu)} (p_i^{(\nu+1)}{}^{n+1} - p_i^{(\nu)}{}^{n+1}) \tag{10.85}$$

从方程（10.81）到方程（10.85），线性化方法的隐式程度逐渐增加。与方程（10.81）和方程（10.82）相比，方程（10.83）至方程（10.85）对应的线性化方法隐式程度更高，极大地提高了算法的稳定性。这是因为 $(p_i^{n+1} - p_{\mathrm{wf}_i})$ 项是导致井网格产量方程出现非线性的主要原因；而非线性项 $\Big(\frac{1}{B\mu}\Big)_i^{n+1}$ 的贡献是次要的。

模型 2 条件时，井网格产量方程中仅含有一个非线性项：$\Big(\frac{1}{B\mu}\Big)_i^{n+1}$。因此，显式方法与显式传导率法得到的线性方程相同；简单迭代法与传导率法的简单迭代格式得到的线性方程也相同。

另一种将井产量方程线性化的方法，是先将井产量方程代入井网格的流动方程中，然后将流动方程中所有的非线性项线性化。这样，井产量项、虚拟井的产量项和网格间的流体交换项，都得到了统一的线性化处理。以一口定井底压力生产的井为例，这种线性化方法得到的线性方程中，井网格压力是隐式的，而显式传导率法［见方程（10.83）］或传导率法的简单迭代［见方程（10.84）］得到的井网格的压力是显式的。这种线性化方法与上述的工程方法是一致的，因为流动方程中除传导率外的所有项（井产量项，虚拟井产量项和网格间的流量项）中的时间非线性项都得到了相同的处理。

10.5　小结

（1）在油藏数值模拟中，任意一种开发过程的离散流动方程（非线性代数方程）都可以通过工程方法严格推导，而无须应用复杂的偏微分方程组描述流动过程，再按照时间和空间的顺序离散偏微分方程组的方法（数学方法）。

（2）与数学方法相比，工程方法更贴近工程师的思维模型。想要得到非线性代数方程组，数学方法需要首先推导偏微分方程组，然后将油藏离散化，最后将偏微分方程组离散化；而工程方法首先将油藏离散化，然后推导含有时间积分的代数流动方程组，最后将时间积分近似处理。两种方法得到的非线性代数流动方程组是相同的。

（3）如果边界条件选用二阶近似处理，那么工程方法和数学方法处理边界条件的精度相同。如果块中心网格油藏定边界压力条件的离散处理具有一阶精度，那么工程方法的表示更为精确；如果块中心网格油藏定边界压力条件的离散处理具有二阶精度，那么工程方法的方程数量更少。

（4）工程方法的思路更接近最终的代数流动方程中各项的物理意义。它还为偏微分方程离散化中所应用的二阶空间导数的中心差分近似和一阶时间导数的向前、向后和中心差分近似提供了合理解释。但是局部截断误差分析、一致性、收敛性和稳定性分析只能通过数学方法进行。因此，数学方法和工程方法是相辅相成的。

第11章 油藏多相流动模拟简介

11.1 引言

自然过程本质上都是多相和多组分的。水在自然界无处不在，严格来说，所有油藏和气藏都不是单相系统。在油藏工程中，通常将可能存在油、水、气三相的流动情况称为"黑油"。为简单起见，前几章都是以单相流动模型为研究对象。而本章主要讨论黑油模型的流动模拟。首先介绍多孔介质中多相流的相关油藏工程概念；然后推导了一维规则油藏中任意组分流体的基本流动方程，之后应用有限差分方法（CFVD），写出多维油藏中任意组分流体的基本流动方程，再根据上述流动方程分别推导油—水、气—水和油—气两相流动系统，油—气—水三相流动系统的基本流动模型；然后将累积项化简成单个时间步长内油藏网格未知参数的差值，写出了不同生产和注入条件下，单网格井和多网格井的相产量（注入量）表达式，详细讨论了不同边界条件的处理方法，介绍了两种流动方程中非线性项的线性化方法，分别为隐式压力—显式饱和度法（IMPES）和同时求解法（SS）。以上两种线性化方法（IMPES 法和 SS 法）仅适用于油—水两相流动模型，如需拓展至其他模型，则应结合其他线性化方法，比如顺序逼近法（SEG）和全隐式法。由于本章为多相流动模拟简介，顺序逼近法（SEG）和全隐式法可参考其他书籍，本章不做介绍。

11.2 多相流中的油藏工程概念

本章介绍的油藏工程概念主要针对油、气和水这三相流体。它们同时存在于岩石孔隙中，即：

$$S_o + S_w + S_g = 1 \tag{11.1}$$

多相流动模型所需的属性参数包括油相、水相和气相的高压物性，油相、水相和气相的相对渗透率，以及油—水毛细管压力和油—气毛细管压力。这些属性参数通常以表格形式输入油藏数值模拟器。

11.2.1 流体物性

在黑油系统中，油、水和气相在等温条件下处于平衡状态。为了便于实际应用，在油藏温度和任意油藏压力条件下，可以认为油相和水相是不互溶的，且油相和水相均不溶于气相，但气相在油相中的溶解度很大，在水相中的溶解度可忽略不计。因此，先前章节中探讨的单相流动模拟中水相和气相的流体性质也适用于多相流，而多相流中的油相流体性质受压力和溶液气油比的影响。图 11.1 为气体体积系数（FVF）和黏度与压力的关系。图 11.2 为水的体积系数（FVF）和黏度与压力的关系。图 11.3 为油的体积系数（FVF）、黏度和溶液气油比与压力的关系。由图 11.3 可以看出，在泡点压力以下，油相体积系数（FVF）和黏度受溶解气油比的影响。在泡点压力以上，油相体积系数（FVF）和黏度与微可压缩流体类似，可将泡点压力时的体积系数（FVF）和黏度代入下列方程计算：

$$B_{\text{o}} = \frac{B_{\text{ob}}}{[1 + c_{\text{o}}(p - p_{\text{b}})]} \tag{11.2}$$

和

$$\mu_{\text{o}} = \frac{\mu_{\text{ob}}}{[1 - c_{\mu}(p - p_{\text{b}})]} \tag{11.3}$$

式中，c_{o} 和 c_{μ} 为常数，其数值大小与泡点压力下的溶解气油比有关。

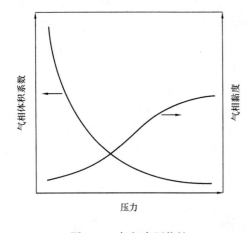

图 11.1　气相高压物性

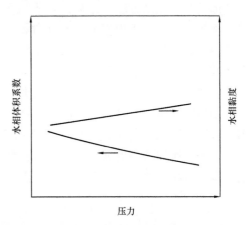

图 11.2　水相高压物性

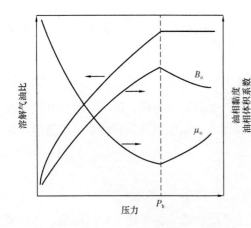

图 11.3　油相高压物性

通常将标准条件下的油、水和天然气的密度输入油藏数值模拟器，应用式（11.4）至式（11.6）计算地层温度和任意压力条件下的流体密度。水相密度计算式如下：

$$\rho_{\text{w}} = \frac{\rho_{\text{wsc}}}{B_{\text{w}}} \tag{11.4}$$

气相密度计算式如下：

$$\rho_{\text{g}} = \frac{\rho_{\text{gsc}}}{\alpha_{\text{c}} B_{\text{g}}} \tag{11.5}$$

饱和油相（油相压力等于油相饱和压力，

且饱和压力小于或等于泡点压力时，即 $p = p_{sat}$ 且 $p_{sat} \leqslant p_b$）计算式如下：

$$\rho_{osat} = \frac{(\rho_{osc} + \rho_{gsc}R_{sat}/\alpha_c)}{B_{osat}} \tag{11.6a}$$

未饱和油相（油相压力大于饱和压力时，即 $p > p_{sat}$）计算式如下：

$$\rho_o = \rho_{ob}\big[1 + c_o(p - p_b)\big] \tag{11.6b}$$

例 11.1　表 11.1 为地层温度不同压力条件下，气、水、饱和油饱和油的高压物性。其他相关数据为 $\rho_{osc} = 45\text{lb/ft}^3$，$\rho_{wsc} = 67\text{lb/ft}^3$，$\rho_{gsc} = 0.057922\text{lb/ft}^3$，$c_o = 21 \times 10^{-6}\text{psi}^{-1}$ 和 $c_\mu = 40 \times 10^{-6}\text{psi}^{-1}$。请计算下列油藏条件下油、水和气相高压物性（$B$，$\mu$ 和 ρ）：

（1）$p = 4000\text{psia}$，$R_s = 724.92\text{ft}^3/\text{bbl}$；

（2）$p = 4000\text{psia}$，$R_s = 522.71\text{ft}^3/\text{bbl}$。

求解方法

（1）$p = 4000\text{psia}$，$R_s = 724.92\text{ft}^3/\text{bbl}$。

查表 11.1 可得 $p = 4000\text{psia}$ 时，水、气的高压物性。因此 $B_w = 1.01024\text{bbl/bbl}$，$\mu_w = 0.5200\text{mPa} \cdot \text{s}$，根据方程（11.4）计算水相密度，$\rho_w = \dfrac{\rho_{wsc}}{B_w} = \dfrac{67}{1.01024} = 66.321\text{lb/ft}^3$；$B_g = 0.00069\text{bbl/ft}^3$，$\mu_g = 0.0241\text{mPa} \cdot \text{s}$，根据方程（11.5）计算气相密度，$\rho_g = \dfrac{\rho_{gsc}}{\alpha_c B_g} = \dfrac{0.057922}{5.614583 \times 0.00069} = 14.951\text{lb/ft}^3$。如果目标压力值（在本示例中为 $p = 4000\text{psia}$）表 11.1 中没有给出，一般在两个最接近目标压力的值之间应用线性插值法求得（线性插值法被广泛应用于商业油藏数值模拟软件中）。计算油相高压物性时，首先根据表 11.1 中饱和度油的高压物性，判断当前压力条件下，油相为饱和态还是未饱和态。由表 11.1 可知，当 $p_{sat} = 4000\text{psia}$ 时，$R_{sat} = 724.92\text{ft}^3/\text{bbl}$，因为 $R_{sat} = 724.92 = R_s$，则 $p = 4000\text{psia} = p_{sat}$，油相为饱和态，当前压力下油相的高压物性即表 11.1 中的饱和油在 $p = p_{ast} = 4000\text{psia}$ 时的高压物性。然后，查表 11.1 可得，$R_s = R_{sat} = 724.92\text{ft}^3/\text{bbl}$，$B_o = B_{osat} = 1.37193\text{bbl/bbl}$，$\mu_o = \mu_{osat} = 0.9647\text{mPa} \cdot \text{s}$，根据方程（11.6）计算油相密度：

$$\rho_{osat} = \frac{\rho_{osc} + \rho_{gsc}R_{sat}/\alpha_c}{B_{osat}} = \frac{(45 + 0.057922 \times 724.92/5.614583)}{1.37193} = 32.943\text{lb/ft}^3$$

因此，$\rho_o = \rho_{osat} = 32.943\text{lb/ft}^3$。

（2）$p = 4000\text{psia}$，$R_s = 522.71\text{ft}^3/\text{bbl}$。

查表 11.1 可得 $p = 4000\text{psia}$ 时，水、气的高压物性。因此 $B_w = 1.01024\text{bbl/bbl}$，$\mu_w = 0.5200\text{mPa} \cdot \text{s}$，根据方程（11.4）计算水密度，$\rho_w = \dfrac{\rho_{wsc}}{B_w} = \dfrac{67}{1.01024} = 66.321\text{lb/ft}^3$；$B_g = 0.00069\text{bbl/ft}^3$，$\mu_g = 0.0241\text{mPa} \cdot \text{s}$，根据方程（11.5）计算气相密度，$\rho_g = \dfrac{\rho_{gsc}}{\alpha_c B_g} = \dfrac{0.057922}{5.614583 \times 0.00069} = 14.951\text{lb/ft}^3$。根据表 11.1 中饱和度油的高压物性，判断当前压力条件

下，油相为饱和态还是未饱和态。由表 11.1 可知，当 $p_{sat} = 4000$psia 时，$R_{sat} = 724.92$ft^3/bbl，因为 $R_{sat} = 724.92 > 522.71 = R_s$，则油相为未饱和态。$R_{sb} = R_{sat} = R_s = 522.71$ft^3/bbl 时的饱和压力值即为油相的泡点压力。然后，查表 11.1 可得，$p_b = p_{sat} = 3000$psia，$B_{ob} = B_{osat} = 1.29208$bbl/bbl，$\mu_{ob} = \mu_{osat} = 1.2516$mPa·s，$B_{gb} = 0.00088$bbl/ft^3。最后根据方程（11.2）、方程（11.3）、方程（11.6a）和方程（11.6b）分别计算未饱和油相在 $p = 4000$psia 时的体积系数、黏度和密度。

$$B_o = \frac{B_{ob}}{[1 + c_o(p - p_b)]} = \frac{1.29208}{[1 + (21 \times 10^{-6})(4000 - 3000)]} = 1.26550\text{bbl/bbl}$$

$$\mu_o = \frac{\mu_{ob}}{[1 - c_\mu(p - p_b)]} = \frac{1.2516}{[1 - (40 \times 10^{-6})(4000 - 3000)]} = 1.3038\text{mPa·s}$$

$$\rho_{ob} = \frac{(\rho_{osc} + \rho_{gsc}R_{sb}\alpha_c)}{B_{ob}} = \frac{(45 + 0.057922 \times 522.71/5.614583)}{1.29208} = 39.001\text{lb/ft}^3$$

$$\rho_o = \rho_{ob}[1 + c_o(p - p_b)] = 39.001 \times [1 + (21 \times 10^{-6})(4000 - 3000)] = 39.820\text{lb/ft}^3$$

表 11.1　例 11.1 中油、气、水的高压物性

压力（psi）	油			水		气	
	R_s（ft^3/bbl）	B_o（bbl/bbl）	μ_o（mPa·s）	B_w（bbl/bbl）	μ_w（mPa·s）	B_g（bbl/ft^3）	μ_g（mPa·s）
1500	292.75	1.20413	1.7356	1.02527	0.5200	0.00180	0.0150
2000	368.00	1.23210	1.5562	1.02224	0.5200	0.00133	0.0167
2500	443.75	1.26054	1.4015	1.01921	0.5200	0.00105	0.0185
3000	522.71	1.29208	1.2516	1.01621	0.5200	0.00088	0.0204
3500	619.00	1.32933	1.1024	1.01321	0.5200	0.00077	0.0222
4000	724.92	1.37193	0.9647	1.01024	0.5200	0.00069	0.0241
4500	818.60	1.42596	0.9180	1.00731	0.5200	0.00064	0.0260

11.2.2　相对渗透率

多相流动模拟中，任意时刻的任意油藏网格中都含有油、水和气三相流体。当油藏岩石孔隙中同时含有多相流体时，岩石通过其孔隙传输某一相流体的能力取决于该相流体的相对渗透率。该相流体的流速可根据多相流的达西公式计算（11.2.4 节）。图 11.4 和图 11.5 分别为油—水和油—气两相系统中相对渗透率与饱和度的关系示意图。

油—气—水三相系统中各相流体的相对渗透率可以根据两相流体系统的相对渗透率数据求得（图 11.4 和图 11.5）。其中 Stone 的三相模型 Ⅱ 是最常用的方法 [方程（11.7）至方程（11.9）]。水相相对渗透率：

$$K_{rw} = f(S_w) \tag{11.7}$$

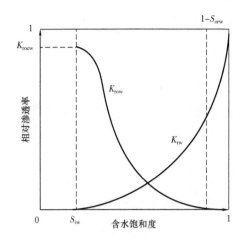

图 11.4　油—水相对渗透率曲线　　　　图 11.5　油—气相对渗透率曲线

气相相对渗透率：

$$K_{rg} = f(S_g) \tag{11.8}$$

油相相对渗透率：

$$K_{ro} = K_{rocw} \left[(K_{row}/K_{rocw} + K_{rw})(K_{rog}/K_{rocw} + K_{rg}) - (K_{rw} + K_{rg}) \right] \tag{11.9}$$

式中，$K_{ro} \geq 0$；给定含水饱和度 S_w 下的 K_{row} 和 K_{rw} 可从油—水相对渗透率曲线（图 11.4）上读取；给定含气饱和度 S_g 下的 K_{rog} 和 K_{rg} 可从油—气相对渗透率曲线（图 11.5）上读取；K_{rocw} 为束缚水饱和度下的油相相对渗透率（从图 11.4 中读取 $K_{row}|_{S_w = S_{iw}}$，或从图 11.5 中读取 $K_{rog}|_{S_g = 0}$）。需要注意的是，图 11.5 中的油—气相对渗透率曲线必须是在束缚水饱和度下测得的数据。当 $S_g = 0$ 时，方程（11.9）简化为 $K_{ro} = K_{row}$（油—水两相系统）；当 $S_w = S_{iw}$ 时，方程（11.9）简化为 $K_{ro} = K_{rog}$（气—水两相系统）。

例 11.2　表 11.2 列出了三相相对渗透率计算中需使用的油水相对渗透率数据和油气相对渗透率数据。请应用 Stone 的三相模型 II 计算以下流体饱和度对应的油、气、水相相对渗透率：

（1）$S_o = 0.315$，$S_w = 0.490$，$S_g = 0.195$；

（2）$S_o = 0.510$，$S_w = 0.490$，$S_g = 0$；

（3）$S_o = 0.675$，$S_w = 0.130$，$S_g = 0.195$。

求解方法

（1）$S_o = 0.315$，$S_w = 0.490$，$S_g = 0.195$。

查表 11.2 可知，当 $S_w = 0.490$ 时，$K_{rw} = 0.0665$，$K_{row} = 0.3170$；当 $S_g = 0.195$ 时，$K_{rg} = 0.0195$，$K_{rog} = 0.2919$。根据 Stone 的三相模型 II，由方程（11.7）得水相相对渗透率为 $K_{rw} = 0.0665$，由方程（11.8）得气相相对渗透率为 $K_{rg} = 0.0195$，由方程（11.9）得油相相对渗透率为：

$$K_{ro} = 1.0000 \left[(0.3170/1.0000 + 0.0665)(0.2919/1.0000 + 0.0195) - (0.0665 + 0.0195) \right]$$

表 11.2　两相相对渗透率数据表（Coats et al.，1974）

油—水相对渗透率			油—气相对渗透率		
S_w	K_{rw}	K_{row}	S_g	K_{rg}	K_{rog}
0.130	0	1.0000	0	0	1.0000
0.191	0.0051	0.9990	0.101	0.0026	0.5169
0.250	0.0102	0.8000	0.150	0.0121	0.3373
0.294	0.0168	0.7241	0.195	0.0195	0.2919
0.357	0.0275	0.6206	0.250	0.0285	0.2255
0.414	0.0424	0.5040	0.281	0.0372	0.2100
0.490	0.0665	0.3170	0.337	0.0500	0.1764
0.557	0.0970	0.3029	0.386	0.0654	0.1433
0.630	0.1148	0.1555	0.431	0.0761	0.1172
0.673	0.1259	0.0956	0.485	0.0855	0.0883
0.719	0.1381	0.0576	0.567	0.1022	0.0461
0.789	0.1636	0	0.605	0.1120	0.0294
1.000	1.0000	0	0.800	0.1700	0

即 $K_{ro} = 0.03342$。其中，$K_{rocw} = 1.0000$，因为在油—水相对渗透率数据中，束缚水饱和度为 0.13 时，$K_{row} = 1.0000$；在油—气相对渗透率数据中，$S_g = 0$ 时，$K_{rog} = 1.0000$。

（2）$S_o = 0.510$，$S_w = 0.490$，$S_g = 0$。

这是一个气相饱和度为 0，系统中仅有油水两相流动的例子。因此，查表 11.2 可知，当 $S_w = 0.490$ 时，$K_{rw} = 0.0665$，$K_{ro} = K_{row} = 0.3170$。另外还可以应用 Stone 的三相模型 Ⅱ 计算。由油—水相对渗透率数据可知，当 $S_w = 0.490$ 时，$K_{rw} = 0.0665$，$K_{row} = 0.3170$；由油—气相对渗透率数据可知，当 $S_g = 0$ 时，$K_{rg} = 0$，$K_{rog} = 1.0000$。因此，水相相对渗透率为 $K_{rw} = 0.0665$，气相相对渗透率为 $K_{rg} = 0$，由方程（11.9）得油相相对渗透率为：

$$K_{ro} = 1.0000 \big[(0.3170/1.0000 + 0.0665)(1.0000/1.0000 + 0) - (0.0665 + 0) \big]$$

即 $K_{ro} = 0.3170$。

（3）$S_o = 0.675$，$S_w = 0.130$，$S_g = 0.195$。

这是一个水相饱和度为束缚术饱和度时，系统仅有油气两相流动的例子。因此，查表 11.2 可知，当 $S_g = 0.195$ 时，$K_{rg} = 0.0195$，$K_{ro} = K_{rog} = 0.2919$。另外还可以应用 Stone 的三相模型 Ⅱ 计算。由油—水相对渗透率数据可知，当 $S_w = 0.130$ 时，$K_{rw} = 0$，$K_{row} = 1.0000$；由油—气相对渗透率数据可知，当 $S_g = 0.195$ 时，$K_{rg} = 0.0195$，$K_{rog} = 0.2919$。因此，水相相对渗透率为 $K_{rw} = 0.0665$，气相相对渗透率为 $K_{rg} = 0$，由方程（11.9）得油相相对渗透率为：

$$K_{ro} = 1.0000 \big[(1.0000/1.0000 + 0)(0.2919/1.0000 + 0.0195) - (0 + 0.0195) \big]$$

即 $K_{ro} = 0.2919$。

11.2.3　毛细管压力

当油藏岩石孔喉中饱和不只一相流体时，两相流体的接触面两侧存在一个压力差，该压力差为毛细管压力，它是流体饱和度的函数。毛细管压力值等于非润湿相的压力减去润湿相的压力。因此，水湿岩石中含有油—水两相流体时，毛细管压力为：

$$p_{cow} = p_o - p_w = f(S_w) \tag{11.10}$$

油气系统的毛细管压力为：

$$p_{cgo} = p_g - p_o = f(S_g) \tag{11.11}$$

需要注意的是，当有气相存在时，气相始终为非润湿相，液相（包括水相和油相）为润湿相。图 11.6 和图 11.7 分别为油水系统和油气系统毛细管压力与润湿相饱和度的关系示意图。

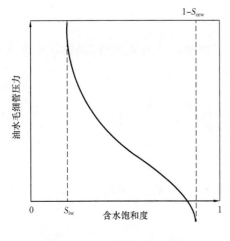
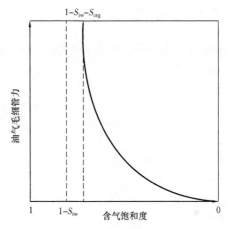

图 11.6　油水毛细管力曲线　　　　　图 11.7　油气毛细管力曲线

Leverett 和 Lewis 在 1941 年发现，油—气—水三相系统中的毛细管压力即为两相系统中对应润湿相饱和度时的毛细管压力。

例 11.3　表 11.3 为油—水毛细管力和油—气毛细管力数据。请计算油—气—水三相流体系统中，当 $S_o = 0.26$，$S_w = 0.50$，$S_g = 0.24$ 时的油—水毛细管力值和油—气毛细管力值。

表 11.3　两相毛细管力数据

油—水毛细管力		油—气毛细管力	
S_w	p_{cow}（psi）	S_g	p_{cgo}（psi）
0.20	16.00	0.04	0.02
0.25	8.60	0.24	0.54
0.30	6.00	0.34	1.02
0.40	3.56	0.49	2.08
0.50	2.42	0.59	2.98

油—水毛细管力		油—气毛细管力	
S_w	p_{cow}（psi）	S_g	p_{cgo}（psi）
0.60	1.58	0.69	4.44
0.70	0.86	0.74	5.88
0.80	0.20	0.79	9.52
0.90	0		

求解方法

查表 11.3 可知，当 $S_w = 0.50$ 时，$p_{cow} = 2.42\text{psi}$；当 $S_g = 0.24$ 时，$p_{cgo} = 0.54\text{psi}$。那么 $S_o = 0.26$，$S_w = 0.50$，$S_g = 0.24$ 时，油—气—水三相流体系统中的油—水毛细管力为 $p_{cow} = 2.42\text{psi}$，油—气毛细管力为 $p_{cgo} = 0.54\text{psi}$。

11.2.4　多相流达西定律

在多相流动模拟中，流体 p（$p = o$，w，g）从网格 $i-1$ 流入网格 i 的体积流速（单位横截面积上的流量）为：

$$\mu_{px}\big|_{x_{i-\frac{1}{2}}} = \beta_c \frac{(K_x K_{rp}\big|_{x_{i-\frac{1}{2}}})}{\mu_p\big|_{x_{i-\frac{1}{2}}}} \left[\frac{(\Phi_{p_{i-1}} - \Phi_{p_i})}{\Delta x_{i-\frac{1}{2}}} \right] \tag{11.12}$$

网格 $i-1$ 和网格 i 之间的势函数差为：

$$\Phi_{p_{i-1}} - \Phi_{p_i} = (p_{p_{i-1}} - p_{p_i}) - \gamma_{p_{i-\frac{1}{2}}}(Z_{i-1} - Z_i) \tag{11.13}$$

式中，$p = o$，w，g。

将方程（11.13）代入方程（11.12）得：

$$u_{px}\big|_{x_{i-\frac{1}{2}}} = \beta_c \frac{(K_x K_{rp})\big|_{x_{i-\frac{1}{2}}}}{\mu_p\big|_{x_{i-\frac{1}{2}}}} \left[\frac{(p_{p_{i-1}} - p_{p_i}) - \gamma_{p_{i-\frac{1}{2}}}(Z_{i-1} - Z_i)}{\Delta x_{i-\frac{1}{2}}} \right] \tag{11.14}$$

方程（11.14）可化简为：

$$u_{px}\big|_{x_{i-\frac{1}{2}}} = \beta_c \frac{K_x\big|_{x_{i-\frac{1}{2}}}}{\Delta x_{i-\frac{1}{2}}} \left(\frac{K_{rp}}{\mu_p}\right)\bigg|_{x_{i-\frac{1}{2}}} \left[(p_{p_{i-1}} - p_{p_i}) - \gamma_{p_{i-\frac{1}{2}}}(Z_{i-1} - Z_i) \right] \tag{11.15a}$$

式中，$p = o$，w，g。

同样地，流体 p（$p = o$，w，g）从网格 i 流入网格 $i+1$ 的体积流速（单位横截面积上的流量）为：

$$u_{px}\big|_{x_{i+\frac{1}{2}}} = \beta_c \frac{K_x\big|_{x_{i+\frac{1}{2}}}}{\Delta x_{i+\frac{1}{2}}} \left(\frac{K_{rp}}{\mu_p}\right)\bigg|_{x_{i+\frac{1}{2}}} \left[(p_{p_i} - p_{p_{i+1}}) - \gamma_{p_{i+\frac{1}{2}}}(Z_i - Z_{i+1}) \right] \tag{11.15b}$$

式中，$p = o$，w，g。

11.3　多相流模型

本节主要进行两相流体系统和三相流体系统的流动方程的推导。与单相流体流动方程的推导过程相同，首先将油藏离散为如图 4.1 所示的网格块（或如图 5.1 所示的网格点），然后写出网格 i 中各组分的质量守恒方程，最后结合达西定律和状态方程得到基本流动方程。需要说明的是，将储层离散化，为各个网格块（或网格点）赋上岩石属性值后，空间就不再是变量，与空间相关的函数（例如网格间的属性）也变为定值。换句话说，油藏离散化消除了流动方程中的空间这一变量。单相流体流动模拟仅含有一个组分，而黑油模型含有三个组分，这三个组分分别为标准条件下的油、水和气（$c = o$，w，g）。如 11.2.1 节所述，油组分（$c = o$）仅出现在油相（$p = o$）中，水组分（$c = w$）仅出现在水相（$p = w$）中，而气组分（$c = g$）作为溶解气出现在油相（$p = o$）中，同时作为自由气出现在气相（$p = fg = g$）中。在推导气组分的流动方程时，将气组分（$c = g$）划分为气相（$p = g$）中包含的自由气组分（$c = fg$）和油相（$p = o$）中包含的溶解气组分（$c = sg$），即 $c = g = fg + sg$。油相中包含油组分和溶解气组分。观察饱和油相的密度方程（11.6a）发现，油藏条件下油组分的表观密度（基于油相体积）为 $\dfrac{\rho_{osc}}{B_o}$，溶解气组分的表观密度为 $\dfrac{\rho_{gsc} R_s}{\alpha_c B_o}$。其中，$R_s$ 和 B_o 均为饱和油相的物性参数（例如 $R_s = R_{sat}$，$B_o = B_{osat}$）；ρ_{osc} 为油组分在标准条件下的密度；ρ_{gsc} 为溶解气组分在标准条件下的密度。水组分和自由气组分（$c = w$，fg）的流动方程在形式上相似，因为水相和气相都是仅含有一个组分。而油组分（$c = o$）和溶解气组分（$c = sg$）（均出现在油相中）的流动方程不仅需要考虑油相在油藏中的流动，还需要考虑两组分的表观密度。

图 11.8 为 x 方向的网格 i 与其相邻网格（网格 $i-1$ 和网格 $i+1$）的示意图。任意时刻，油组分、水组分、自由气组分和溶解气组分从网格 $i-1$ 通过网格边界 $x_{i-\frac{1}{2}}$ 以 $w_{cx}\big|_{x_{i-\frac{1}{2}}}$ 的质量流量流入网格 i，然后以 $w_{cx}\big|_{x_{i+\frac{1}{2}}}$ 的质量流量通过网格边界 $x_{i+\frac{1}{2}}$ 离开网格 i 进入网格 $i+1$。任意组分 c（$c = o$，w，fg，sg）也可能以 q_{cm_i} 的质量流量通过井进入网格 i。单位体积岩石中所含组分 c（$c = o$，w，fg，sg）的质量为 m_{cv}。首先，写出时间步长为 $\Delta t = t^{n+1} - t^n$ 时，组分 c（$c = o$，w，fg，sg）在网格 i 中的质量守恒方程。如图 11.8 所示，组分 c 在网格 i 中的质量守恒方程为：

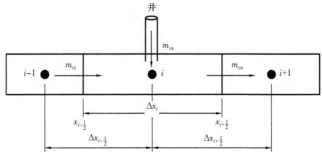

图 11.8　一维流动中的油藏网格单元 i

$$m_{ci} \mid _{x_{i-\frac{1}{2}}} - m_{co} \mid _{x_{i+\frac{1}{2}}} + m_{cs_i} = m_{ca_i} \tag{11.16}$$

其中

$$m_{ci} \mid _{x_{i-\frac{1}{2}}} = \int_{t^n}^{t^{n+1}} w_{cx} \mid _{x_{i-\frac{1}{2}}} \mathrm{d}t \tag{11.17}$$

$$m_{co} \mid _{x_{i+\frac{1}{2}}} = \int_{t^n}^{t^{n+1}} w_{cx} \mid _{x_{i+\frac{1}{2}}} \mathrm{d}t \tag{11.18}$$

$$m_{cs_i} = \int_{t^n}^{t^{n+1}} q_{cm_i} \mathrm{d}t \tag{11.19}$$

如前文所述，对于离散的油藏网格而言，$w_{cx} \mid _{x_{i-\frac{1}{2}}}$，$w_{cx} \mid _{x_{i+\frac{1}{2}}}$ 和 q_{cm_i} 仅是时间的函数。本章稍后将做出进一步解释。

将方程（11.17）至方程（11.19）代入方程（11.16）：

$$\int_{t^n}^{t^{n+1}} w_{cx} \mid _{x_{i-\frac{1}{2}}} \mathrm{d}t - \int_{t^n}^{t^{n+1}} w_{cx} \mid _{x_{i+\frac{1}{2}}} \mathrm{d}t + \int_{t^n}^{t^{n+1}} q_{cm_i} \mathrm{d}t = m_{ca_i} \tag{11.20}$$

组分 c 的质量累积量可以定义为：

$$m_{ca_i} = \Delta_t (V_b m_{cv})_i = V_{b_i} \Delta_t m_{cy_i} = V_{b_i} (m_{cv_i}^{n+1} - m_{cv_i}^n) \tag{11.21}$$

组分 c 的质量流量和质量通量之间的关系为：

$$w_{cx} = \dot{m}_{cx} A_x \tag{11.22}$$

质量通量 $\dot{m}_{cx}$ 可用组分 c 的密度（或表观密度）和相体积流速表示成如下形式：

$$\dot{m}_{wx} = \alpha_c \rho_w u_{wx} \tag{11.23a}$$

$$\dot{m}_{fgx} = \alpha_c \rho_g u_{gx} \tag{11.23b}$$

$$\dot{m}_{ox} = \alpha_c \left(\frac{\rho_{osc}}{B_o} \right) u_{ox} \tag{11.23c}$$

$$\dot{m}_{sgx} = \alpha_c \left(\frac{\rho_{gsc} R_s}{\alpha_c B_o} \right) u_{ox} \tag{11.23d}$$

单位油藏岩石内组分 c（$c = $ o，w，fg，sg）的质量 m_{cv} 可用孔隙度、流体饱和度和组分密度（或表观密度）表示成如下形式：

$$m_{wv} = \phi \rho_w S_w \tag{11.24a}$$

$$m_{fgv} = \phi \rho_g S_g \tag{11.24b}$$

$$m_{ov} = \phi\left(\frac{\rho_{osc}}{B_o}\right)S_o \qquad (11.24c)$$

$$m_{sgv} = \phi\left(\frac{\rho_{gsc}R_s}{\alpha_c B_o}\right)S_o \qquad (11.24d)$$

生产井（注入井）中组分 c（$c=o$，w，fg，sg）的质量流量 q_{cm} 可用相体积产量 q_p 和组分 c 的密度（或表观密度）表示成如下形式：

$$q_{wm} = \alpha_c \rho_w q_w \qquad (11.25a)$$

$$q_{fgm} = \alpha_c \rho_g q_{fg} = \alpha_c \rho_g q_g \qquad (11.25b)$$

$$q_{om} = \alpha_c\left(\frac{\rho_{osc}}{B_o}\right)q_o \qquad (11.25c)$$

$$q_{sgm} = \alpha_c\left(\frac{\rho_{gsc}R_s}{\alpha_c B_o}\right)q_o \qquad (11.25d)$$

需要注意的是，方程（11.23）至方程（11.25）中，u_{ox}，u_{wx}，u_{gx}，q_o，q_w，q_g，S_o，S_w，S_g，B_o，B_w，B_g，R_s，ρ_w 和 ρ_g 为相属性，而 ρ_{osc}，ρ_{wsc} 和 ρ_{gsc} 为组分属性。

将方程（11.21）和方程（11.22）代入方程（11.20）：

$$\int_{t^n}^{t^{n+1}} (\dot{m}_{cx}A_x)\mid x_{i-\frac{1}{2}}dt - \int_{t^n}^{t^{n+1}} (\dot{m}_{cx}A_x)\mid x_{i+\frac{1}{2}}dt + \int_{t^n}^{t^{n+1}} q_{cm_i}dt = V_{b_i}(m_{cv_i}^{n+1} - m_{cv_i}^n) \qquad (11.26)$$

将 $\rho_w = \dfrac{\rho_{wsc}}{B_w}$ 代入方程（11.23a）、方程（11.24a）、方程（11.25a），将 $\rho_g = \dfrac{\rho_{gsc}}{\alpha_c B_g}$ 代入方程（11.23b）、方程（11.24b）、方程（11.25b）；之后将方程（11.23）至方程（11.25）代入方程（11.26），等式两边同时除以对应的 $\alpha_c \rho_{psc}$，代入 $\dfrac{q_p}{B_p} = q_{psc}$（$p=o$，w，g）可得式（11.27）。其中，水组分的质量守恒方程为：

$$\int_{t^n}^{t^{n+1}} \left(\frac{u_{wx}A_x}{B_w}\right)\Big|_{x_{i-\frac{1}{2}}}dt - \int_{t^n}^{t^{n+1}} \left(\frac{u_{wx}A_x}{B_w}\right)\Big|_{x_{i+\frac{1}{2}}}dt + \int_{t^n}^{t^{n+1}} q_{wsc_i}dt$$

$$= \frac{V_{b_i}}{\alpha_c}\left[\left(\frac{\phi S_w}{B_w}\right)_i^{n+1} - \left(\frac{\phi S_w}{B_w}\right)_i^n\right] \qquad (11.27a)$$

自由气组分的质量守恒方程为：

$$\int_{t^n}^{t^{n+1}} \left(\frac{u_{gx}A_x}{B_g}\right)\Big|_{x_{i-\frac{1}{2}}}dt - \int_{t^n}^{t^{n+1}} \left(\frac{u_{gx}A_x}{B_g}\right)\Big|_{x_{i+\frac{1}{2}}}dt + \int_{t^n}^{t^{n+1}} q_{fgsc_i}dt$$

$$= \frac{V_{b_i}}{\alpha_c}\left[\left(\frac{\phi S_g}{B_g}\right)_i^{n+1} - \left(\frac{\phi S_g}{B_g}\right)_i^n\right] \qquad (11.27b)$$

油组分的质量守恒方程为：

$$\int\limits_{t^n}^{t^{n+1}} \left(\frac{u_{ox}A_x}{B_o}\right)\Big|_{x_{i-\frac{1}{2}}} \mathrm{d}t - \int\limits_{t^n}^{t^{n+1}} \left(\frac{u_{ox}A_x}{B_o}\right)\Big|_{x_{i+\frac{1}{2}}} \mathrm{d}t + \int\limits_{t^n}^{t^{n+1}} q_{osc_i}\mathrm{d}t$$

$$= \frac{V_{b_i}}{\alpha_c}\left[\left(\frac{\phi S_o}{B_o}\right)_i^{n+1} - \left(\frac{\phi S_o}{B_o}\right)_i^n\right] \tag{11.27c}$$

溶解气的质量守恒方程为：

$$\int\limits_{t^n}^{t^{n+1}} \left(\frac{R_s u_{ox}A_x}{B_o}\right)\Big|_{x_{i-\frac{1}{2}}} \mathrm{d}t - \int\limits_{t^n}^{t^{n+1}} \left(\frac{R_s u_{ox}A_x}{B_o}\right)\Big|_{x_{i+\frac{1}{2}}} \mathrm{d}t + \int\limits_{t^n}^{t^{n+1}} R_{s_i}q_{osc_i}\mathrm{d}t$$

$$= \frac{V_{b_i}}{\alpha_c}\left[\left(\frac{\phi R_s S_o}{B_o}\right)_i^{n+1} - \left(\frac{\phi R_s S_o}{B_o}\right)_i^n\right] \tag{11.27d}$$

首先以水组分的质量守恒方程为例。将 $p=\mathrm{w}$ 代入方程（11.15）得到水相流体由网格 $i-1$ 流入网格 i 和由网格 i 流入网格 $i+1$ 的体积流速，再将 $p=\mathrm{w}$ 时的方程（11.15）代入方程（11.27a），得：

$$\int\limits_{t^n}^{t^{n+1}} \left\{\left(\beta_c\frac{K_x A_x K_{rw}}{\mu_w B_w \Delta x}\right)\Big|_{x_{i-\frac{1}{2}}}\left[(p_{w_{i-1}} - p_{w_i}) - \gamma_{w_{i-\frac{1}{2}}}(Z_{i-1} - Z_i)\right]\right\}\mathrm{d}t$$

$$- \int\limits_{t^n}^{t^{n+1}} \left\{\left(\beta_c\frac{K_x A_x K_{rw}}{\mu_w B_w \Delta x}\right)\Big|_{x_{i+\frac{1}{2}}}\left[(p_{w_i} - p_{w_{i+1}}) - \gamma_{w_{i+\frac{1}{2}}}(Z_i - Z_{i+1})\right]\right\}\mathrm{d}t$$

$$+ \int\limits_{t^n}^{t^{n+1}} q_{wsc_i}\mathrm{d}t = \frac{V_{b_i}}{\alpha_c}\left[\left(\frac{\phi S_w}{B_w}\right)_i^{n+1} - \left(\frac{\phi S_w}{B_w}\right)_i^n\right] \tag{11.28}$$

x 方向上的网格 i 和其相邻网格 $i\mp1$ 之间的水相流体的传导率定义如下：

$$T_{wx_i\mp\frac{1}{2}} = \left(\beta_c\frac{K_x A_x K_{rw}}{\mu_w B_w \Delta x}\right)\Big|_{x_{i\mp\frac{1}{2}}} \tag{11.29}$$

联立方程（11.28）和方程（11.29），化简后得：

$$\int\limits_{t^n}^{t^{n+1}} \left\{T_{wx_{i-\frac{1}{2}}}\left[(p_{w_{i-1}} - p_{w_i}) - \gamma_{w_{i-\frac{1}{2}}}(Z_{i-1} - Z_i)\right]\right\}\mathrm{d}t$$

$$+ \int\limits_{t^n}^{t^{n+1}} \left\{T_{wx_{i+\frac{1}{2}}}\left[(p_{w_{i+1}} - p_{w_i}) - \gamma_{w_{i+\frac{1}{2}}}(Z_{i+1} - Z_i)\right]\right\}\mathrm{d}t$$

$$+ \int\limits_{t^n}^{t^{n+1}} q_{wsc_i}\mathrm{d}t = \frac{V_{b_i}}{\alpha_c}\left[\left(\frac{\phi S_w}{B_w}\right)_i^{n+1} - \left(\frac{\phi S_w}{B_w}\right)_i^n\right] \tag{11.30}$$

方程 (11.30) 的推导是严谨的, 该方程的假设条件只有方程 (11.15), 即应用多相流达西方程来计算网格 i 和其相邻网格 $i\mp1$ 之间的流体体积速度。达西方程的正确性在石油工程领域是公认的。与 2.6.2 节推导单相流体的流动方程相同, 油藏被离散成网格 (或节点) 后, 网格 i 和其相邻网格 $i\mp1$ 之间的形状因子 $\left[\left.\left(\beta_c\dfrac{K_xA_x}{\Delta x}\right)\right|_{x_{i\mp\frac{1}{2}}}\right]$ 即为定值, 与空间和时间无关。此外, 任意时刻 t, 网格 i 和其相邻网格 $i\mp1$ 之间的水相传导率方程中的压力函数 $(\mu_wB_w)|_{x_{i\mp\frac{1}{2}}}$ 用网格 i 和其相邻网格 $i\mp1$ 之间的平均水相黏度和平均水相体积系数代替, 或应用权重法 (例如上游权重法, 平均权重法等) 计算。因为网格压力随时间变化, 上述处理方法得到的 $(\mu_wB_w)|_{x_{i\mp\frac{1}{2}}}$ 项不是空间的函数, 而是时间的函数。同样地, 任意时刻 t, 网格 i 和其相邻网格 $i\mp1$ 之间的水相相对渗透率 $K_{rw}|_{x_{i\mp\frac{1}{2}}}$ 使用网格 i 的上游网格值, 或两点上游值计算。因为网格饱和度随时间变化, 上述处理方法得到的 $K_{rw}|_{x_{i\mp\frac{1}{2}}}$ 项不是空间的函数, 而是时间的函数。因此, 网格 i 和其相邻网格 $i\mp1$ 之间的水相传导率 $T_{wx_{i\mp\frac{1}{2}}}$ 仅仅是时间的函数, 与空间位置无关。

如第 2 章所述, 积分 $\int_{t^n}^{t^{n+1}}F(t)\mathrm{d}t$ 等于 $t^n\leqslant t\leqslant t^{n+1}$ 区间内曲线 $F(t)$ 与 x 轴围成的面积。该面积也等于边长为 $F(t^m)$ 和 Δt 的矩形的面积, 其中 $t^n\leqslant t^m\leqslant t^{n+1}$。因此有:

$$\int_{t^n}^{t^{n+1}}F(t)\mathrm{d}t = \int_{t^n}^{t^{n+1}}F(t^m)\mathrm{d}t = \int_{t^n}^{t^{n+1}}F^m\mathrm{d}t = F^m\int_{t^n}^{t^{n+1}}\mathrm{d}t = F^mt\,|_{t_n}^{t^{n+1}} = F^m(t^{n+1}-t^n) = F^m\Delta t$$

$$(11.31)$$

将上述积分代入方程 (11.30) 中, 方程两边同时除以 Δt, 最终得到水组分的流动方程, 如下:

$$T_{wx_{i-\frac{1}{2}}}^m\left[(p_{w_{i+1}}^m-p_{w_i}^m)-\gamma_{w_{i+1}}^m/2(Z_{i-1}-Z_i)\right]$$
$$+T_{wx_{i-\frac{1}{2}}}^m\left[(p_{w_{i+1}}^m-p_{w_i}^m)-\gamma_{w_{i+1}}^m/2(Z_{i+1}-Z_i)\right]$$
$$+q_{wsc_i}^m = \frac{V_{b_i}}{\alpha_c\Delta t}\left[\left(\frac{\phi S_w}{B_w}\right)_i^{n+1}-\left(\frac{\phi S_w}{B_w}\right)_i^n\right] \qquad (11.32a)$$

应用相同的方法, 根据质量守恒方程 (11.27b)、方程 (11.27c)、方程 (11.27d) 分别推导自由气组分、油组分和溶解气组分的流动方程。

自由气的流动方程为:

$$T_{gx_{i-\frac{1}{2}}}^m\left[(p_{g_{i+1}}^m-p_{g_i}^m)-\gamma_{g_{i-\frac{1}{2}}}^m(Z_{i-1}-Z_i)\right]$$
$$+T_{gx_{i+\frac{1}{2}}}^m\left[(p_{g_{i+1}}^m-p_{g_i}^m)-\gamma_{g_{i+\frac{1}{2}}}^m(Z_{i+1}-Z_i)\right]$$
$$+q_{fgsc_i}^m = \frac{V_{b_i}}{\alpha_c\Delta t}\left[\left(\frac{\phi S_g}{B_g}\right)_i^{n+1}-\left(\frac{\phi S_g}{B_g}\right)_i^n\right] \qquad (11.32b)$$

油组分的流动方程为：

$$T_{ox_{i-\frac{1}{2}}}^m \left[\left(p_{o_{i-1}}^m - p_{o_i}^m \right) - \gamma_{o_{i-\frac{1}{2}}}^m (Z_{i-1} - Z_i) \right]$$

$$+ T_{ox_{i+\frac{1}{2}}}^m \left[\left(p_{o_{i+1}}^m - p_{o_i}^m \right) - \gamma_{o_{i+1}}^m /2 (Z_{i+1} - Z_i) \right] \tag{11.32c}$$

$$+ q_{osc_i}^m = \frac{V_{b_i}}{\alpha_c \Delta t} \left[\left(\frac{\phi S_o}{B_o} \right)_i^{n+1} - \left(\frac{\phi S_o}{B_o} \right)_i^n \right]$$

溶解气组分的流动方程为：

$$(T_{ox} R_s)_{i-\frac{1}{2}}^m \left[\left(p_{o_{i-1}}^m - p_{o_i}^m \right) - \gamma_{o_{i-\frac{1}{2}}}^m (Z_{i-1} - Z_i) \right]$$

$$+ (T_{ox} R_s)_{i+\frac{1}{2}}^m \left[\left(p_{o_{i+1}}^m - p_{o_i}^m \right) - \gamma_{o_{i+\frac{1}{2}}}^m (Z_{i+1} - Z_i) \right] \tag{11.32d}$$

$$+ (R_s q_{osc})_i^m = \frac{V_{b_i}}{\alpha_c \Delta t} \left[\left(\frac{\phi R_s S_o}{B_o} \right)_i^{n+1} - \left(\frac{\phi R_s S_o}{B_o} \right)_i^n \right]$$

任意油藏网格 n 中不同组分的一般流动方程的有限差分格式如方程（11.33）所示。
水组分的一般流动方程为：

$$\sum_{l \in \psi_n} T_{w_{l,n}}^m \left[\left(p_{w_i}^m - p_{w_n}^m \right) - \gamma_{w_{l,n}}^m (Z_l - Z_n) \right] + \sum_{l \in \xi_n} q_{wsc_{l,n}}^m + q_{wsc_n}^m$$

$$= \frac{V_{b_n}}{\alpha_c \Delta t} \left[\left(\frac{\phi S_w}{B_w} \right)_n^{n+1} - \left(\frac{\phi S_w}{B_w} \right)_n^n \right] \tag{11.33a}$$

自由气组分的一般流动方程为：

$$\sum_{l \in \psi_n} T_{g_{l,n}}^m \left[\left(p_{g_l}^m - p_{g_n}^m \right) - \gamma_{g_{l,n}}^m (Z_l - Z_n) \right] + \sum_{l \in \xi_n} q_{fgsc_{l,n}}^m + q_{fgsc_n}^m$$

$$= \frac{V_{b_n}}{\alpha_c \Delta t} \left[\left(\frac{\phi S_g}{B_g} \right)_n^{n+1} - \left(\frac{\phi S_g}{B_g} \right)_n^n \right] \tag{11.33b}$$

油组分的一般流动方程为：

$$\sum_{l \in \psi_n} T_{o_{l,n}}^m \left[\left(p_{o_l}^m - p_{o_n}^m \right) - \gamma_{o_{l,n}}^m (Z_l - Z_n) \right] + \sum_{l \in \xi_n} q_{osc_{l,n}}^m + q_{osc_n}^m$$

$$= \frac{V_{b_n}}{\alpha_c \Delta t} \left[\left(\frac{\phi S_o}{B_o} \right)_n^{n+1} - \left(\frac{\phi S_o}{B_o} \right)_n^n \right] \tag{11.33c}$$

溶解气组分的一般流动方程为：

$$\sum_{l \in \psi_n} (T_o R_s)_{l,n}^m \left[\left(p_{o_l}^m - p_{o_n}^m \right) - \gamma_{o_{l,n}}^m (Z_l - Z_n) \right] + \sum_{l \in \xi_n} (R_s q_{osc})_{l,n}^m + (R_s q_{osc})_n^m$$

$$= \frac{V_{b_n}}{\alpha_c \Delta t} \Big[\Big(\frac{\phi R_s S_o}{B_o} \Big)_n^{n+1} - \Big(\frac{\phi R_s S_o}{B_o} \Big)_n^n \Big] \tag{11.33d}$$

式中的参数在之前的章节中都已经介绍。其中，ψ_n 为网格 n 的相邻网格的集合；ξ_n 为网格 n 所占油藏边界（b_L，b_S，b_W，b_E，b_N，b_U）的集合；$q_{psc_{l,n}}^{n+1}$ 为虚拟井 p 相流体的产量，等于油藏边界条件下，油藏边界 l 和网格 n 之间的 p 相流体交换量（$p = $o，w，fg）。如本书第 4 章和第 5 章所述，对于三维油藏而言，如果网格 n 为内部网格，则 ξ_n 为空集；如果网格 n 位于单个油藏边界上，则集合 ξ_n 仅有一个元素；如果 n 位于两个油藏边界上，则 ξ_n 包含两个元素；如果 n 位于三个油藏边界上，则 ξ_n 包含三个元素。同理，ξ_n 为空集，代表网格 n 不在任意一条油藏边界上，即网格 n 为内部网格，且 $\sum\limits_{l \in \xi_n} q_{psc_{l,n}}^{n+1} = 0$，$p = $o，w，fg。

利用 2.6.3 节中介绍的时间积分的近似求解方法，将 t^m 分别近似为 t^n，t^{n+1} 和 $t^{n+\frac{1}{2}}$（分别对应第一种、第二种和第三种时间积分的近似求解方法），把方程（11.33）改写成显式差分方程、隐式差分方程和 Crank - Nicolson 方程。由于显式差分方程限制时间步长的大小，一般不应用于多相流动模拟计算中，而 Crank - Nicolson 方程未得到广泛应用，因此选择隐式差分方程进行后续多相流动模拟计算。Coats 等人在 1974 年总结得出，使用当前时间节点 n 时刻的流体重力值代替新的时间节点 $n+1$ 时刻的流体重力值，并不会引入任何明显的误差。下列隐式差分方程均采用了 Coats 等人提出的近似方法。

水组分的隐式差分格式流动方程如下：

$$\sum_{l \in \psi_n} T_{w_{l,n}}^{n+1} \big[(p_{w_l}^{n+1} - p_{w_n}^{n+1}) - \gamma_{w_{l,n}}^n (Z_l - Z_n) \big] + \sum_{l \in \xi_n} q_{wsc_{l,n}}^{n+1} + q_{wsc_n}^{n+1}$$

$$= \frac{V_{b_n}}{\alpha_c \Delta t} \Big[\Big(\frac{\phi S_w}{B_w} \Big)_n^{n+1} - \Big(\frac{\phi S_w}{B_w} \Big)_n^n \Big] \tag{11.34a}$$

自由气组分的隐式差分格式流动方程如下：

$$\sum_{l \in \psi_n} T_{g_{l,n}}^{n+1} \big[(p_{g_l}^{n+1} - p_{g_n}^{n+1}) - \gamma_{g_{l,n}}^n (Z_l - Z_n) \big] + \sum_{l \in \xi_n} q_{fgsc_{l,n}}^{n+1} + q_{fgsc_n}^{n+1}$$

$$= \frac{V_{b_n}}{\alpha_c \Delta t} \Big[\Big(\frac{\phi S_g}{B_g} \Big)_n^{n+1} - \Big(\frac{\phi S_g}{B_g} \Big)_n^n \Big] \tag{11.34b}$$

油组分的隐式差分格式流动方程如下：

$$\sum_{l \in \psi_n} (T_o R_s)_{l,n}^{n+1} \big[(p_{o_l}^{n+1} - p_{o_n}^{n+1}) - \gamma_{o_{l,n}}^n (Z_l - Z_n) \big] + \sum_{l \in \xi_n} (R_s q_{osc})_{l,n}^{n+1} + (R_s q_{osc})_n^{n+1}$$

$$= \frac{V_{b_n}}{\alpha_c \Delta t} \Big[\Big(\frac{\phi R_s S_o}{B_o} \Big)_n^{n+1} - \Big(\frac{\phi R_s S_o}{B_o} \Big)_n^n \Big] \tag{11.34c}$$

溶解气组分的隐式差分格式流动方程如下：

$$\sum_{l \in \psi_n} (T_o R_s)_{l,n}^{n+1} \big[(p_{o_l}^{n+1} - p_{o_n}^{n+1}) - \gamma_{o_{l,n}}^n (Z_l - Z_n) \big] + \sum_{l \in \xi_n} (R_s q_{osc})_{l,n}^{n+1} + (R_s q_{osc})_n^{n+1}$$

$$= \frac{V_{b_n}}{\alpha_c \Delta t} \left[\left(\frac{\phi R_s S_o}{B_o} \right)_n^{n+1} - \left(\frac{\phi R_s S_o}{B_o} \right)_n^{n} \right] \tag{11.34d}$$

p 相流体（$p =$ o，w，fg）在油藏网格 l 和 n 之间传导率定义如下：

$$T_{p_{l,n}} = G_{l,n} \left(\frac{1}{\mu_p B_p} \right)_{l,n} K_{rp_{l,n}}^* \tag{11.35}$$

式中，$G_{l,n}$ 为网格 l 和 n 之间的形状因子（块中心网格中形状因子定义见第 4 章，点中心网格中形状因子定义见第 5 章）。方程（11.34）中的未知量分别为 p_o，S_w，S_g，p_w，p_g 和 S_o。在本节最后，介绍 $p_o - S_w - S_g$ 方程，这类方程将 p_o，S_w，S_g 看作主要未知量，将 p_w，p_g 和 S_o 看作次要未知量。具体地，油—水两相模型中为 $p_o - S_w$ 方程，油—气两相模型中为 $p_o - S_g$ 方程，油—气—水三相模型中为 $p_o - S_w - S_g$ 方程。由于毛细管压力可忽略不计，其他未知量关系方程无法成立，例如 $p_o - p_w - p_g$ 方程，$p_o - p_{cow} - p_{cgo}$ 方程，$p_o - p_{cow} - S_g$ 方程。为了简化每个网格的流动方程组的方程数量，将流动方程中的次要未知量用主要未知量表示，从而消除方程组中的次要未知量。用于消除次要未知量的方程有饱和约束方程［方程（11.1）］和毛细管力方程［方程（11.10）和方程（11.11）］。

$$S_o = 1 - S_w - S_g \tag{11.36}$$

$$p_w = p_o - p_{cow}(S_w) \tag{11.37}$$

$$p_g = p_o + p_{cgo}(S_g) \tag{11.38}$$

气—水流动模型中会用到 $p_g - S_g$ 方程，因此，用来消除次要未知量的方程为：

$$S_w = 1 - S_g \tag{11.39}$$

$$p_w = p_g - p_{cgw}(S_g) \tag{11.40}$$

只要求出了主要未知量，就可以用饱和度约束方程和毛细管力方程［方程（11.36）至方程（11.40）］求出每个油藏网格中的次要未知量。

11.3.1　油水流动模型流动方程

油水流动模型是由标准条件下的原油（或脱气原油）和水两部分组成的，在这种模型中，油相只包含油组分。网格 n 的流动方程可用方程（11.34a）和方程（11.34c）表示。将这两个方程与 $S_o = 1 - S_w$ 和 $p_w = p_o - p_{cow}$（S_w）联立，即可得到 $p_o - S_w$ 的表达式。

对于模型中的油组分，有：

$$\sum_{l \in \psi_n} \left(T_{o_{l,n}}^{n+1} \left[\left(p_{o_l}^{n+1} - p_{o_n}^{n+1} \right) - \gamma_{o_{l,n}}^{n} (Z_l - Z_n) \right] \right) + \sum_{l \in \xi_n} \left(q_{osc_{l,n}}^{n+1} + q_{osc_n}^{n+1} \right)$$

$$= \frac{V_{b_n}}{\alpha_c \Delta t} \left\{ \left[\frac{\phi(1 - S_w)}{B_o} \right]_n^{n+1} - \left[\frac{\phi(1 - S_w)}{B_o} \right]_n^{n} \right\} \tag{11.41}$$

对于模型中的水组分，有：

$$\sum_{l \in \psi_n} \left(T_{\mathrm{w}_{l,n}}^{n+1} \left[\left(p_{\mathrm{o}_l}^{n+1} - p_{\mathrm{o}_n}^{n+1} \right) - \left(p_{\mathrm{cow}_l}^{n+1} - p_{\mathrm{cow}_n}^{n+1} \right) - \gamma_{\mathrm{w}_{l,n}}^{n} \left(Z_l - Z_n \right) \right] + \sum_{l \in \xi_n} q_{\mathrm{wsc}_{l,n}}^{n+1} + q_{\mathrm{wsc}_n}^{n+1} \right.$$

$$= \frac{V_{\mathrm{b}_n}}{\alpha_{\mathrm{c}} \Delta t} \left[\left(\frac{\phi S_{\mathrm{w}}}{B_{\mathrm{w}}} \right)_n^{n+1} - \left(\frac{\phi S_{\mathrm{w}}}{B_{\mathrm{w}}} \right)_n^{n} \right] \tag{11.42}$$

未饱和油藏在泡点压力以上生产时，也可用方程（11.41）和方程（11.42）模拟未饱和油相和水相流动。此时，气组分以溶解态存于油相中，油相表现为微可压缩流体，其体积系数为 $B_{\mathrm{o}}^{\circ} = B_{\mathrm{ob}}$，压缩系数 c_{o} 为定值，数值大小取决于泡点压力时的溶解气油比。

例 11.4　如图 11.9 所示，用四个同等大小的网格块描述一个均匀、水平分布，且含有油水两相的一维油藏。初始油藏压力值及各相的饱和度均已知。油藏左、右两侧均为封闭边界，无流体穿过。该油藏在网格 1 中有一口注水井，在网格 4 区域中有一口生产井。试写出油藏内部网格 3 的流动方程。

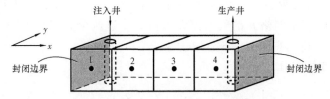

图 11.9　例 11.4 中的一维油藏

求解方法

对于网格 3，有 $n = 3$，$\psi_3 = \{2, 4\}$。网格 3 属于油藏内部的网格块，因此，$\xi_3 = \{\ \}$，$\sum_{l \in \xi_3} q_{\mathrm{osc}_{l,3}}^{n+1} = 0$，$\sum_{l \in \xi_3} q_{\mathrm{wsc}_{l,3}}^{n+1} = 0$。网格 3 中没有井，因此 $q_{\mathrm{osc}_3}^{n+1} = 0$，$q_{\mathrm{wsc}_3}^{n+1} = 0$。

将已知值代入式（11.41），并展开求和项，可得油组分方程，即：

$$T_{\mathrm{o}_{2,3}}^{n+1} \left[\left(p_{\mathrm{o}_2}^{n+1} - p_{\mathrm{o}_3}^{n+1} \right) - \gamma_{\mathrm{o}_{2,3}}^{n} \left(Z_2 - Z_3 \right) \right]$$

$$+ T_{\mathrm{o}_{4,3}}^{n+1} \left[\left(p_{\mathrm{o}_4}^{n+1} - p_{\mathrm{o}_3}^{n+1} \right) - \gamma_{\mathrm{o}_{4,3}}^{n} \left(Z_4 - Z_3 \right) \right] + 0 + 0$$

$$= \frac{V_{\mathrm{b}_3}}{\alpha_{\mathrm{c}} \Delta t} \left\{ \left[\frac{\phi (1 - S_{\mathrm{w}})}{B_{\mathrm{o}}} \right]_3^{n+1} - \left[\frac{\phi (1 - S_{\mathrm{w}})}{B_{\mathrm{o}}} \right]_3^{n} \right\} \tag{11.43a}$$

通过观察可得，对于该水平油藏，有 $Z_2 = Z_3 = Z_4$，因此油组分方程简化为：

$$T_{\mathrm{o}_{2,3}}^{n+1} \left(p_{\mathrm{o}_2}^{n+1} - p_{\mathrm{o}_3}^{n+1} \right) + T_{\mathrm{o}_{4,3}}^{n+1} \left(p_{\mathrm{o}_4}^{n+1} - p_{\mathrm{o}_3}^{n+1} \right)$$

$$= \frac{V_{\mathrm{b}_3}}{\alpha_{\mathrm{c}} \Delta t} \left\{ \left[\frac{\phi (1 - S_{\mathrm{w}})}{B_{\mathrm{o}}} \right]_3^{n+1} - \left[\frac{\phi (1 - S_{\mathrm{w}})}{B_{\mathrm{o}}} \right]_3^{n} \right\} \tag{11.43b}$$

将已知值代入式（11.42），并展开求和项，可得水组分方程，即：

$$T_{\mathrm{w}_{2,3}}^{n+1} \left[\left(p_{\mathrm{o}_2}^{n+1} - p_{\mathrm{o}_3}^{n+1} \right) - \left(p_{\mathrm{cow}_2}^{n+1} - p_{\mathrm{cow}_3}^{n+1} \right) - \gamma_{\mathrm{w}_{2,3}}^{n} \left(Z_2 - Z_3 \right) \right] + T_{\mathrm{w}_{4,3}}^{n+1} \left[\left(p_{\mathrm{o}_4}^{n+1} - p_{\mathrm{o}_3}^{n+1} \right) \right.$$

$$\left. - \left(p_{\mathrm{cow}_4}^{n+1} - p_{\mathrm{cow}_3}^{n+1} \right) - \gamma_{\mathrm{w}_{4,3}}^{n} \left(Z_4 - Z_3 \right) \right] + 0 + 0 = \frac{V_{\mathrm{b}_3}}{\alpha_{\mathrm{c}} \Delta t} \left[\left(\frac{\phi S_{\mathrm{w}}}{B_{\mathrm{w}}} \right)_3^{n+1} - \left(\frac{\phi S_{\mathrm{w}}}{B_{\mathrm{w}}} \right)_3^{n} \right]$$

$$\tag{11.44a}$$

对于该水平油藏，有 $Z_2 = Z_3 = Z_4$，因此该水组分方程可简化为：

$$T_{w_{2,3}}^{n+1}\left[\left(p_{o_2}^{n+1} - p_{o_3}^{n+1}\right) - \left(p_{cow_2}^{n+1} - p_{cow_3}^{n+1}\right)\right]$$

$$+ T_{w_{4,3}}^{n+1}\left[\left(p_{o_4}^{n+1} - p_{o_3}^{n+1}\right) - \left(p_{cow_4}^{n+1} - p_{cow_3}^{n+1}\right)\right]$$

$$= \frac{V_{b_3}}{\alpha_c \Delta t}\left[\left(\frac{\phi S_w}{B_w}\right)_3^{n+1} - \left(\frac{\phi S_w}{B_w}\right)_3^n\right] \tag{11.44b}$$

方程（11.43b）和方程（11.44b）为该一维油藏网格3的两个流动方程。

11.3.2 气水流动模型流动方程

气水流动模型由标准条件下的水和自由气这两部分组成。假设气体在水相中的溶解度可以忽略不计，那么，气相就包含了该体系中存在的所有气体。因此，方程（11.34a）和方程（11.34b）就可以表示网格 n 的气水流动方程。将这两个方程与 $S_w = 1 - S_g$ 和 $p_w = p_g - p_{cgw}(S_g)$ 进行联立，即可得到 $p_g - S_g$ 的表达式。

对于模型中的气体组分，有：

$$\sum_{l \in \psi_n} T_{g_{l,n}}^{n+1}\left[\left(p_{g_l}^{n+1} - p_{g_n}^{n+1}\right) - \gamma_{g_{l,n}}^n(Z_l - Z_n)\right] + \sum_{l \in \xi_n} q_{gsc_{l,n}}^{n+1} + q_{gsc_n}^{n+1}$$

$$= \frac{V_{b_n}}{\alpha_c \Delta t}\left[\left(\frac{\phi S_g}{B_g}\right)_n^{n+1} - \left(\frac{\phi S_g}{B_g}\right)_n^n\right] \tag{11.45}$$

其中，$q_{gsc_i}^{n+1} = q_{fgsc_i}^{n+1}$，$q_{gsc_{l,n}}^{n+1} = q_{fgsc_{l,n}}^{n+1}$。

对于模型中的水组分，有：

$$\sum_{l \in \psi_n} T_{w_{l,n}}^{n+1}\left[\left(p_{g_l}^{n+1} - p_{g_n}^{n+1}\right) - \left(p_{cgw_i}^{n+1} - p_{cgw_n}^{n+1}\right) - \gamma_{w_{l,n}}^n(Z_l - Z_n)\right] + \sum_{l \in \xi_n} q_{wsc_{l,n}}^{n+1} + q_{wsc_n}^{n+1}$$

$$= \frac{V_{b_n}}{\alpha_c \Delta t}\left\{\left[\frac{\phi(1 - S_g)}{B_w}\right]_n^{n+1} - \left[\frac{\phi(1 - S_g)}{B_w}\right]_n^n\right\} \tag{11.46}$$

例 11.5 如图 11.10 所示，用四个同等大小的网格块描述一个均匀、水平分布，且含有气水两相的一维气藏。初始气藏压力值及各相的饱和度均已知。气藏左、右两侧均为封闭边界，无流体穿过。该气藏在网格3中有一口生产井。试写出气藏内部网格2的流动方程。假设气水毛细管压力可忽略不计。

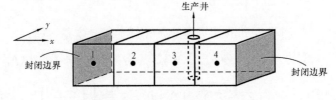

图 11.10 例 11.5 中的一维气藏

求解方法

对于网格 2，有 $n = 2$，$\psi_2 = \{1, 3\}$。网格 2 属于气藏内部的网格块，因此，$\xi_2 = \{\ \}$，$\sum_{l \in \xi_2} q_{\mathrm{gsc}_{l,2}}^{n+1} = 0$，$\sum_{l \in \xi_2} q_{\mathrm{wsc}_{l,2}}^{n+1} = 0$。网格 2 中没有井，因此 $q_{\mathrm{gsc}_2}^{n+1} = 0$，$q_{\mathrm{wsc}_2}^{n+1} = 0$。

将已知值代入式（11.45），并展开求和项，可得气组分流动方程，即：

$$T_{\mathrm{g}_{1,2}}^{n+1}\left[\left(p_{\mathrm{g}_1}^{n+1} - p_{\mathrm{g}_2}^{n+1}\right) - \gamma_{\mathrm{g}_{1,2}}^n (Z_1 - Z_2)\right]$$

$$+ T_{\mathrm{g}_{3,2}}^{n+1}\left[\left(p_{\mathrm{g}_3}^{n+1} - p_{\mathrm{g}_2}^{n+1}\right) - \gamma_{\mathrm{g}_{3,2}}^n (Z_3 - Z_2)\right] + 0 + 0$$

$$= \frac{V_{\mathrm{b}_2}}{\alpha_{\mathrm{c}} \Delta t}\left[\left(\frac{\phi S_{\mathrm{g}}}{B_{\mathrm{g}}}\right)_2^{n+1} - \left(\frac{\phi S_{\mathrm{g}}}{B_{\mathrm{g}}}\right)_2^n\right] \tag{11.47a}$$

通过观察可得，对于该水平气藏，有 $Z_1 = Z_2 = Z_3$，因此气组分流动方程可简化为：

$$T_{\mathrm{g}_{1,2}}^{n+1}\left(p_{\mathrm{g}_1}^{n+1} - p_{\mathrm{g}_2}^{n+1}\right) + T_{\mathrm{g}_{3,2}}^{n+1}\left(p_{\mathrm{g}_3}^{n+1} - p_{\mathrm{g}_2}^{n+1}\right) = \frac{V_{\mathrm{b}_2}}{\alpha_{\mathrm{c}} \Delta t}\left[\left(\frac{\phi S_{\mathrm{g}}}{B_{\mathrm{g}}}\right)_2^{n+1} - \left(\frac{\phi S_{\mathrm{g}}}{B_{\mathrm{g}}}\right)_2^n\right] \tag{11.47b}$$

将已知值代入式（11.46），并展开求和项，可得水组分流动方程，即：

$$T_{\mathrm{w}_{1,2}}^{n+1}\left[\left(p_{\mathrm{g}_1}^{n+1} - p_{\mathrm{g}_2}^{n+1}\right) - \left(p_{\mathrm{cgw}_1}^{n+1} - p_{\mathrm{cgw}_2}^{n+1}\right) - \gamma_{\mathrm{w}_{1,2}}^n (Z_1 - Z_2)\right]$$

$$+ T_{\mathrm{w}_{3,2}}^{n+1}\left[\left(p_{\mathrm{g}_3}^{n+1} - p_{\mathrm{g}_2}^{n+1}\right) - \left(p_{\mathrm{cgw}_3}^{n+1} - p_{\mathrm{cgw}_2}^{n+1}\right) - \gamma_{\mathrm{w}_{3,2}}^n (Z_3 - Z_2)\right] + 0 + 0$$

$$= \frac{V_{\mathrm{b}_2}}{\alpha_{\mathrm{c}} \Delta t}\left\{\left[\frac{\phi(1 - S_{\mathrm{g}})}{B_{\mathrm{w}}}\right]_2^{n+1} - \left[\frac{\phi(1 - S_{\mathrm{g}})}{B_{\mathrm{w}}}\right]_2^n\right\} \tag{11.48a}$$

对于该水平气藏，在假设气水毛细管压力忽略不计的情况下，有 $Z_1 = Z_2 = Z_3$，因此该水组分流动方程可简化为：

$$T_{\mathrm{w}_{1,2}}^{n+1}\left(p_{\mathrm{g}_1}^{n+1} - p_{\mathrm{g}_2}^{n+1}\right) + T_{\mathrm{w}_{3,2}}^{n+1}\left(p_{\mathrm{g}_3}^{n+1} - p_{\mathrm{g}_2}^{n+1}\right)$$

$$= \frac{V_{\mathrm{b}_2}}{\alpha_{\mathrm{c}} \Delta t}\left\{\left[\frac{\phi(1 - S_{\mathrm{g}})}{B_{\mathrm{w}}}\right]_2^{n+1} - \left[\frac{\phi(1 - S_{\mathrm{g}})}{B_{\mathrm{w}}}\right]_2^n\right\} \tag{11.48b}$$

方程（11.47b）和方程（11.48b）为该一维气藏网格 2 中的两个流动方程。

11.3.3　油气流动模型流动方程

油气流动模型由标准条件下的原油、气体和束缚水（不动水）这三部分组成，其中，气体又由自由气和溶解气体这两部分组成。将方程（11.34b）和方程（11.34d）相加，即可得到如下的气组分流动方程：

$$\sum_{l \in \psi_n}\left\{T_{\mathrm{g}_{l,n}}^{n+1}\left[\left(p_{\mathrm{g}_l}^{n+1} - p_{\mathrm{g}_n}^{n+1}\right) - \gamma_{\mathrm{g}_{l,n}}^n (Z_l - Z_n)\right] + (T_{\mathrm{o}} R_{\mathrm{s}})_{l,n}^{n+1}\left[\left(p_{\mathrm{o}_l}^{n+1} - p_{\mathrm{o}_n}^{n+1}\right) - \gamma_{\mathrm{o}_{l,n}}^n (Z_l - Z_n)\right]\right\}$$

$$+ \sum_{l \in \xi_n}\left[\left(q_{\mathrm{fgsc}_{l,n}}^{n+1} + (R_{\mathrm{s}} q_{\mathrm{osc}})_{l,n}^{n+1}\right] + \left[\left(q_{\mathrm{fgsc}_n}^{n+1} + (R_{\mathrm{s}} q_{\mathrm{osc}})_n^{n+1}\right]$$

$$= \frac{V_{b_n}}{\alpha_c \Delta t} \left\{ \left[\left(\frac{\phi S_g}{B_g} \right)_n^{n+1} - \left(\frac{\phi S_g}{B_g} \right)_n^{n} \right] + \left[\left(\frac{\phi R_s S_o}{B_o} \right)_n^{n+1} - \left(\frac{\phi R_s S_o}{B_o} \right)_n^{n} \right] \right\} \tag{11.49}$$

因此，方程（11.34c）和方程（11.49）可表示网格 n 的油气流动方程。

将这两个方程与 $S_o = (1 - S_{iw}) - S_g$ 和 $p_g = p_o + p_{cgo}(S_g)$ 进行联立，即可得到 p_o—S_g 的表达式。

对于模型中的油组分，有：

$$\sum_{l \in \psi_n} T_{o_{l,n}}^{n+1} \left[(p_{o_l}^{n+1} - p_{o_n}^{n+1}) - \gamma_{o_{l,n}}^{n} (Z_l - Z_n) \right] + \sum_{l \in \xi_n} q_{osc_{l,n}}^{n+1} + q_{osc_n}^{n+1}$$

$$= \frac{V_{b_n}}{\alpha_c \Delta t} \left\{ \left[\frac{\phi (1 - S_{iw} - S_g)}{B_o} \right]_n^{n+1} - \left[\frac{\phi (1 - S_{iw} - S_g)}{B_o} \right]_n^{n} \right\} \tag{11.50}$$

对于模型中的气组分，有：

$$\sum_{l \in \psi_n} \left\{ T_{g_{l,n}}^{n+1} \left[(p_{o_l}^{n+1} - p_{o_n}^{n+1}) + (p_{cgo_l}^{n+1} - p_{cgo_n}^{n+1}) - \gamma_{g_{l,n}}^{n} (Z_l - Z_n) \right] + (T_o R_s)_{l,n}^{n+1} \right.$$

$$\left. \left[(p_{o_l}^{n+1} - p_{o_n}^{n+1}) - \gamma_{o_{l,n}}^{n} (Z_l - Z_n) \right] \right\} + \sum_{l \in \xi_n} \left[q_{fgsc_{l,n}}^{n+1} + R_{s_{l,n}}^{n+1} q_{osc_{l,n}}^{n+1} \right] + \left[q_{fgsc_n}^{n+1} + R_{s_n}^{n+1} q_{osc_n}^{n+1} \right]$$

$$= \frac{V_{b_n}}{\alpha_c \Delta t} \left\{ \left(\frac{\phi S_g}{B_g} \right)_n^{n+1} - \left(\frac{\phi S_g}{B_g} \right)_n^{n} + \left[\frac{\phi R_s (1 - S_{iw} - S_g)}{B_o} \right]_n^{n+1} - \left[\frac{\phi R_s (1 - S_{iw} - S_g)}{B_o} \right]_n^{n} \right\}$$

$$\tag{11.51}$$

上述模型假设束缚水与岩石孔隙的压缩系数相同。如果假设束缚水不可压缩，那么，需将式（11.50）和式（11.51）中的 $\phi_{HC} = \phi(1 - S_{iw})$ 替换为 ϕ，将 $(1 - S_g)$ 替换为 $(1 - S_{iw} - S_g)$。

例 11.6 图 11.11 为一个均匀、水平分布，且含有油气两相的二维油气藏。初始油气藏压力值及各相的饱和度均已知。该油气藏具有封闭边界，无流体穿过。该油气藏在网格 1 中有一口注气井，在网格 16 中有一口生产井。试写出油气藏内部网格 10 的流动方程。假设油气毛细管压力可忽略不计。

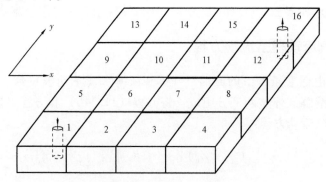

图 11.11　例 11.6 中的二维油气藏

求解方法

对于网格 10，有 $n = 10$，$\psi_{10} = \{6, 9, 11, 14\}$。网格 10 属于油气藏内部的网格块，因此，$\xi_{10} = \{\ \}$，$\sum_{l \in \xi_{10}} q_{osc_{l,10}}^{n+1} = 0$，$\sum_{l \in \xi_{10}} q_{fgsc_{l,10}}^{n+1} = 0$。网格 10 中没有井，因此 $q_{osc_{10}}^{n+1} = 0$，$q_{fgsc_{10}}^{n+1} = 0$。

将已知值带入方程（11.50），并展开求和项，可得油组分方程，即：

$$T_{o_{6,10}}^{n+1} \left[(p_{o_6}^{n+1} - p_{o_{10}}^{n+1}) - \gamma_{o_{6,10}}^n (Z_6 - Z_{10}) \right]$$
$$+ T_{o_{9,10}}^{n+1} \left[(p_{o_9}^{n+1} - p_{o_{10}}^{n+1}) - \gamma_{o_{9,10}}^n (Z_9 - Z_{10}) \right]$$
$$+ T_{o_{11,10}}^{n+1} \left[(p_{o_{11}}^{n+1} - p_{o_{10}}^{n+1}) - \gamma_{o_{11,10}}^n (Z_{11} - Z_{10}) \right]$$
$$+ T_{o_{14,10}}^{n+1} \left[(p_{o_{14}}^{n+1} - p_{o_{10}}^{n+1}) - \gamma_{o_{14,10}}^n (Z_{14} - Z_{10}) \right] + 0 + 0$$
$$= \frac{V_{b_{10}}}{\alpha_c \Delta t} \left\{ \left[\frac{\phi (1 - S_{iw} - S_g)}{B_o} \right]_{10}^{n+1} - \left[\frac{\phi (1 - S_{iw} - S_g)}{B_o} \right]_{10}^n \right\} \tag{11.52a}$$

对于该油藏，因其为水平油气藏，有 $Z_6 = Z_9 = Z_{10} = Z_{11} = Z_{14}$，因此油组分方程可简化为：

$$T_{o_{6,10}}^{n+1} (p_{o_6}^{n+1} - p_{o_{10}}^{n+1}) + T_{o_{9,10}}^{n+1} (p_{o_9}^{n+1} - p_{o_{10}}^{n+1})$$
$$+ T_{o_{11,10}}^{n+1} (p_{o_{11}}^{n+1} - p_{o_{10}}^{n+1}) + T_{o_{14,10}}^{n+1} (p_{o_{14}}^{n+1} - p_{o_{10}}^{n+1})$$
$$= \frac{V_{b_{10}}}{\alpha_c \Delta t} \left\{ \left[\frac{\phi (1 - S_{iw} - S_g)}{B_o} \right]_{10}^{n+1} - \left[\frac{\phi (1 - S_{iw} - S_g)}{B_o} \right]_{10}^n \right\} \tag{11.52b}$$

将已知值代入式（11.51），并展开求和项，可得气组分方程，即：

$$T_{g_{6,10}}^{n+1} \left[(p_{o_6}^{n+1} - p_{o_{10}}^{n+1}) + (p_{cgo_6}^{n+1} - p_{cgo_{10}}^{n+1}) - \gamma_{g_{6,10}}^n (Z_6 - Z_{10}) \right]$$
$$+ (T_o R_s)_{6,10}^{n+1} \left[(p_{o_6}^{n+1} - p_{o_{10}}^{n+1}) - \gamma_{o_{6,10}}^n (Z_6 - Z_{10}) \right]$$
$$+ T_{g_{9,10}}^{n+1} \left[(p_{o_9}^{n+1} - p_{o_{10}}^{n+1}) + (p_{cgo_9}^{n+1} - p_{cgo_{10}}^{n+1}) - \gamma_{g_{9,10}}^n (Z_9 - Z_{10}) \right]$$
$$+ (T_o R_s)_{9,10}^{n+1} \left[(p_{o_9}^{n+1} - p_{o_{10}}^{n+1}) - \gamma_{o_{9,10}}^n (Z_9 - Z_{10}) \right]$$
$$+ T_{g_{11,10}}^{n+1} \left[(p_{o_{11}}^{n+1} - p_{o_{10}}^{n+01}) + (p_{cgo_{11}}^{n+1} - p_{cgo_{10}}^{n+1}) - \gamma_{g_{11,10}}^n (Z_{11} - Z_{10}) \right]$$
$$+ (T_o R_s)_{11,10}^{n+1} \left[(p_{o_{11}}^{n+1} - p_{o_{10}}^{n+1}) - \gamma_{o_{11,10}}^n (Z_{11} - Z_{10}) \right]$$
$$+ T_{g_{14,10}}^{n+1} \left[(p_{o_{14}}^{n+1} - p_{o_{10}}^{n+1}) + (p_{cgo_{14}}^{n+1} - p_{cgo_{10}}^{n+1}) - \gamma_{g_{14,10}}^n (Z_{14} - Z_{10}) \right]$$
$$+ (T_o R_s)_{14,10}^{n+1} \left[(p_{o_{14}}^{n+1} - p_{o_{10}}^{n+1}) - \gamma_{o_{14,10}}^n (Z_{14} - Z_{10}) \right] + 0 + \left[0 + R_{s_{10}}^{n+1} \times 0 \right]$$
$$= \frac{V_{b_{10}}}{\alpha_c \Delta t} \left\{ \left(\frac{\phi S_g}{B_g} \right)_{10}^{n+1} - \left(\frac{\phi S_g}{B_g} \right)_{10}^n + \left[\frac{\phi R_s (1 - S_{iw} - S_g)}{B_o} \right]_{10}^{n+1} - \left[\frac{\phi R_s (1 - S_{iw} - S_g)}{B_o} \right]_{10}^n \right\}$$

$$\tag{11.53a}$$

通过观察可得，对于该水平油气藏，在假设油气毛细管压力忽略不计的情况下，有 $Z_6 = Z_9 = Z_{10} = Z_{11} = Z_{14}$，因此该气组分方程可简化为：

$$\left[T_{g_{6,10}}^{n+1} + (T_o R_s)_{6,10}^{n+1} \right] (p_{o_6}^{n+1} - p_{o_{10}}^{n+1}) + \left[T_{g_{9,10}}^{n+1} + (T_o R_s)_{9,10}^{n+1} \right] (p_{o_9}^{n+1} - p_{o_{10}}^{n+1})$$

$$+ \left[T_{g_{11,10}}^{n+1} + (T_o R_s)_{11,10}^{n+1} \right] (p_{o_{11}}^{n+1} - p_{o_{10}}^{n+1}) + \left[T_{g_{14,10}}^{n+1} + (T_o R_s)_{14,10}^{n+1} \right] (p_{o_{14}}^{n+1} - p_{o_{10}}^{n+1})$$

$$= \frac{V_{b_{10}}}{\alpha_c \Delta t} \left\{ \left(\frac{\phi S_g}{B_g} \right)_{10}^{n+1} - \left(\frac{\phi S_g}{B_g} \right)_{10}^{n} + \left[\frac{\phi R_s (1 - S_{iw} - S_g)}{B_o} \right]_{10}^{n+1} - \left[\frac{\phi R_s (1 - S_{iw} - S_g)}{B_o} \right]_{10}^{n} \right\}$$

$$\tag{11.53b}$$

式（11.52b）和式（11.53b）为该二维油气藏网格 10 区域中的两个流动方程。

11.3.4　黑油模型流动方程

黑油模型是指等温条件下的油—水—气流动模型，其油相主要是由油组分构成的。油相中还包括了溶解气体组分，而剩余的气体（自由气组分）形成了气相。油水互不相溶，且都不溶于气相。因此，黑油系统便由水组分、油组分和气组分（包括溶解气和自由气）构成。相应地，黑油模型可用方程（11.34a）、方程（11.34c）和方程（11.49）来描述。

对于模型中的油组分，有：

$$\sum_{l \in \psi_n} T_{o_{l,n}}^{n+1} \left[(p_{o_l}^{n+1} - p_{o_n}^{n+1}) - \gamma_{o_{l,n}}^{n} (Z_l - Z_n) \right] + \sum_{l \in \xi_n} q_{osc_{l,n}}^{n+1} + q_{osc_n}^{n+1}$$

$$= \frac{V_{b_n}}{\alpha_c \Delta t} \left[\left(\frac{\phi S_o}{B_o} \right)_n^{n+1} - \left(\frac{\phi S_o}{B_o} \right)_n^{n} \right]$$

对于模型中的气组分，有：

$$\sum_{l \in \psi_n} \left\{ T_{g_{l,n}}^{n+1} \left[(p_{g_l}^{n+1} - p_{g_n}^{n+1}) - \gamma_{g_{l,n}}^{n} (Z_l - Z_n) \right] \right.$$

$$\left. + (T_o R_s)_{l,n}^{n+1} \left[(p_{o_l}^{n+1} - p_{o_n}^{n+1}) - \gamma_{o_{l,n}}^{n} (Z_l - Z_n) \right] \right\}$$

$$+ \sum_{l \in \xi_n} \left[q_{fgsc_{l,n}}^{n+1} + (R_s q_{osc})_{l,n}^{n+1} \right] + \left[q_{fgsc_n}^{n+1} + (R_s q_{osc})_n^{n+1} \right]$$

$$= \frac{V_{b_n}}{\alpha_c \Delta t} \left\{ \left[\left(\frac{\phi S_g}{B_g} \right)_n^{n+1} - \left(\frac{\phi S_g}{B_g} \right)_n^{n} \right] + \left[\left(\frac{\phi R_s S_o}{B_o} \right)_n^{n+1} - \left(\frac{\phi R_s S_o}{B_o} \right)_n^{n} \right] \right\} \tag{11.49}$$

对于模型中的水组分，有：

$$\sum_{l \in \psi_n} T_{w_{l,n}}^{n+1} \left[(p_{w_l}^{n+1} - p_{w_n}^{n+1}) - \gamma_{w_{l,n}}^{n} (Z_l - Z_n) \right] + \sum_{l \in \xi_n} q_{wsc_{l,n}}^{n+1} + q_{wsc_n}^{n+1}$$

$$= \frac{V_{b_n}}{\alpha_c \Delta t} \left[\left(\frac{\phi S_w}{B_w} \right)_n^{n+1} - \left(\frac{\phi S_w}{B_w} \right)_n^{n} \right] \tag{11.34a}$$

将这三个方程与 $S_o = 1 - S_w - S_g$，$p_w = p_o - p_{cow}(S_w)$ 和 $p_g = p_o + p_{cgo}(S_g)$ 进行联立，即可得到 p_o—S_w—S_g 的表达式。

油组分的流动方程如下：

$$\sum_{l \in \psi_n} T_{o_{l,n}}^{n+1} \left[(p_{o_l}^{n+1} - p_{o_n}^{n+1}) - \gamma_{o_{l,n}}^{n} (Z_l - Z_n) \right] + \sum_{l \in \xi_n} q_{osc_{l,n}}^{n+1} + q_{osc_n}^{n+1}$$

$$= \frac{V_{b_n}}{\alpha_c \Delta t} \left\{ \left[\frac{\phi(1 - S_w - S_g)}{B_o} \right]_n^{n+1} - \left[\frac{\phi(1 - S_w - S_g)}{B_o} \right]_n^{n} \right\} \quad (11.54)$$

气组分的流动方程如下：

$$\sum_{l \in \psi_n} \left\{ T_{g_{l,n}}^{n+1} \left[(p_{o_l}^{n+1} - p_{o_n}^{n+1}) + (p_{cgo_l}^{n+1} - p_{cgo_n}^{n+1}) - \gamma_{g_{l,n}}^{n} (Z_l - Z_n) \right] \right.$$

$$\left. + (T_o R_s)_{l,n}^{n+1} \left[(p_{o_l}^{n+1} - p_{o_n}^{n+1}) - \gamma_{o_{l,n}}^{n} (Z_l - Z_n) \right] \right\}$$

$$+ \sum_{l \in \xi_n} \left[p_{fgsc_{l,n}}^{n+1} + R_{s_{l,n}}^{n+1} q_{osc_{l,n}}^{n+1} \right] + \left[q_{fgsc_n}^{n+1} + R_{s_n}^{n+1} q_{osc_n}^{n+1} \right]$$

$$= \frac{V_{b_n}}{\alpha_c \Delta t} \left\{ \left(\frac{\phi S_g}{B_g} \right)_n^{n+1} - \left(\frac{\phi S_g}{B_g} \right)_n^{n} + \left[\frac{\phi R_s (1 - S_w - S_g)}{B_o} \right]_n^{n+1} - \left[\frac{\phi R_s (1 - S_w - S_g)}{B_o} \right]_n^{n} \right\}$$

$$(11.55)$$

水组分的流动方程如下：

$$\sum_{l \in \psi_n} T_{w_{l,n}}^{n+1} \left[(p_{o_l}^{n+1} - p_{o_n}^{n+1}) - (p_{cow_l}^{n+1} - p_{cow_n}^{n+1}) - \gamma_{w_{l,n}}^{n} (Z_l - Z_n) \right] + \sum_{l \in \xi_n} q_{wsc_{l,n}}^{n+1} + q_{wsc_n}^{n+1}$$

$$= \frac{V_{b_n}}{\alpha_c \Delta t} \left[\left(\frac{\phi S_w}{B_w} \right)_n^{n+1} - \left(\frac{\phi S_w}{B_w} \right)_n^{n} \right] \quad (11.56)$$

值得一提的是，黑油模型中的三个流动方程［方程（11.54）、方程（11.55）和方程（11.56）］可以简化为之前提到的任一两相模型中的流动方程。这是通过舍弃缺失相的流动方程，并将剩余流动方程中缺失相的饱和度设为零来实现的。例如，将黑油模型中的气相流动方程［方程（11.55）］舍弃掉，并将方程（11.54）中的 S_g 设为 0，即可得到油水流动模型。同样地，通过舍弃黑油模型中的水相流动方程［方程（11.56）］，并且对于方程（11.54）和方程（11.55），令 $S_w = S_{iw}$，便可得到油气流动模型。

例 11.7　图 11.12 所示的是一个单井模拟问题。该油气藏水平，其中包含油、水、气三相。初始油气藏压力和各相的饱和度均为已知。油气藏顶部和侧面均为封闭边界，而底部为定压油水界面，生产井贯穿油藏，但仅射开顶层。试写出该油气藏内部网格 7 的流动方程。

求解方法

对于网格 7，有 $n = 7$，$\psi_7 = \{3, 6, 8, 11\}$。网格 7 属于油气藏内部的网格块，因此，$\xi_7 = \{\ \}$，$\sum_{l \in \xi_7} q_{osc_{l,7}}^{n+1} = 0$，$\sum_{l \in \xi_7} q_{wsc_{l,7}}^{n+1} = 0$，$\sum_{l \in \xi_7} q_{fgsc_{l,7}}^{n+1} = 0$。网格 7 中没有井，因此 $q_{osc_7}^{n+1} =$

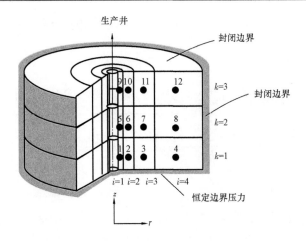

图 11.12　例 11.7 中的二维柱坐标油气藏

0, $q_{\mathrm{wsc}_7}^{n+1} = 0$, $q_{\mathrm{fgsc}_7}^{n+1} = 0$。此外可以观察到，对于该油气藏有 $Z_6 = Z_7 = Z_8$。

将已知值带入方程（11.54），并展开求和项，可得油组分方程，即：

$$T_{\mathrm{o}_{3,7}}^{n+1}\left[\left(p_{\mathrm{o}_3}^{n+1} - p_{\mathrm{o}_7}^{n+1}\right) - \gamma_{\mathrm{o}_{3,7}}^{n}\left(Z_3 - Z_7\right)\right] + T_{\mathrm{o}_{6,7}}^{n+1}\left(p_{\mathrm{o}_6}^{n+1} - p_{\mathrm{o}_7}^{n+1}\right) + T_{\mathrm{o}_{8,7}}^{n+1}\left(p_{\mathrm{o}_8}^{n+1} - p_{\mathrm{o}_7}^{n+1}\right)$$

$$+ T_{\mathrm{o}_{11,7}}^{n+1}\left[\left(p_{\mathrm{o}_{11}}^{n+1} - p_{\mathrm{o}_7}^{n+1}\right) - \gamma_{\mathrm{o}_{11,7}}^{n}\left(Z_{11} - Z_7\right)\right] + 0 + 0$$

$$= \frac{V_{\mathrm{b}_7}}{\alpha_{\mathrm{c}}\Delta t}\left\{\left[\frac{\phi\left(1 - S_{\mathrm{w}} - S_{\mathrm{g}}\right)}{B_{\mathrm{o}}}\right]_7^{n+1} - \left[\frac{\phi\left(1 - S_{\mathrm{w}} - S_{\mathrm{g}}\right)}{B_{\mathrm{o}}}\right]_7^{n}\right\}$$

（11.57）

将已知值代入式（11.55），并展开求和项，可得气组分方程，即：

$$T_{\mathrm{g}_{3,7}}^{n+1}\left[\left(p_{\mathrm{o}_3}^{n+1} - p_{\mathrm{o}_7}^{n+1}\right) + \left(p_{\mathrm{cgo}_3}^{n+1} - p_{\mathrm{cgo}_7}^{n+1}\right) - \gamma_{\mathrm{g}_{3,7}}^{n}\left(Z_3 - Z_7\right)\right]$$

$$+ \left(T_{\mathrm{o}}R_{\mathrm{s}}\right)_{3,7}^{n+1}\left[\left(p_{\mathrm{o}_3}^{n+1} - p_{\mathrm{o}_7}^{n+1}\right) - \gamma_{\mathrm{o}_{3,7}}^{n}\left(Z_3 - Z_7\right)\right]$$

$$+ T_{\mathrm{g}_{3,7}}^{n+1}\left[\left(p_{\mathrm{o}_6}^{n+1} - p_{\mathrm{o}_7}^{n+1}\right) + \left(p_{\mathrm{cgo}_6}^{n+1} - p_{\mathrm{cgo}_7}^{n+1}\right)\right] + \left(T_{\mathrm{o}}R_{\mathrm{s}}\right)_{6,7}^{n+1}\left[\left(p_{\mathrm{o}_6}^{n+1} - p_{\mathrm{o}_7}^{n+1}\right)\right]$$

$$+ T_{\mathrm{g}_{8,7}}^{n+1}\left[\left(p_{\mathrm{o}_8}^{n+1} - p_{\mathrm{o}_7}^{n+1}\right) + \left(p_{\mathrm{cgo}_8}^{n+1} - p_{\mathrm{cgo}_7}^{n+1}\right) + \left(T_{\mathrm{o}}R_{\mathrm{s}}\right)_{8,7}^{n+1}\left[\left(p_{\mathrm{o}_8}^{n+1} - p_{\mathrm{o}_7}^{n+1}\right)\right]\right]$$

$$+ T_{\mathrm{g}_{11,7}}^{n+1}\left[\left(p_{\mathrm{o}_{11}}^{n+1} - p_{\mathrm{o}_7}^{n+1}\right) + \left(p_{\mathrm{cgo}_{11}}^{n+1} - p_{\mathrm{cgo}_7}^{n+1}\right) - \gamma_{\mathrm{g}_{11,7}}^{n}\left(Z_{11} - Z_7\right)\right]$$

$$+ \left(T_{\mathrm{o}}R_{\mathrm{s}}\right)_{11,7}^{n+1}\left[\left(p_{\mathrm{o}_{11}}^{n+1} - p_{\mathrm{o}_7}^{n+1}\right) - \gamma_{\mathrm{o}_{11,7}}^{n}\left(Z_{11} - Z_7\right)\right] + 0 + \left[0 + R_{\mathrm{s}_7}^{n+1} \times 0\right]$$

$$= \frac{V_{\mathrm{b}_7}}{\alpha_{\mathrm{c}}\Delta t}\left\{\left(\frac{\phi S_{\mathrm{g}}}{B_{\mathrm{g}}}\right)_7^{n+1} - \left(\frac{\phi S_{\mathrm{g}}}{B_{\mathrm{g}}}\right)_7^{n} + \left[\frac{\phi R_{\mathrm{s}}\left(1 - S_{\mathrm{w}} - S_{\mathrm{g}}\right)}{B_{\mathrm{o}}}\right]_7^{n+1} - \left[\frac{\phi R_{\mathrm{s}}\left(1 - S_{\mathrm{w}} - S_{\mathrm{g}}\right)}{B_{\mathrm{o}}}\right]_7^{n}\right\}$$

（11.58）

将已知值代入式（11.56），并展开求和项，可得水组分方程，即：

$$T_{w_{3,7}}^{n+1} \left[\left(p_{o_3}^{n+1} - p_{o_7}^{n+1} \right) - \left(p_{cow_3}^{n+1} - p_{cow_7}^{n+1} \right) - \gamma_{w_{3,7}}^n (Z_3 - Z_7) \right]$$

$$+ T_{w_{6,7}}^{n+1} \left[\left(p_{o_6}^{n+1} - p_{o_7}^{n+1} \right) - \left(p_{cow_6}^{n+1} - p_{cow_7}^{n+1} \right) \right]$$

$$+ T_{w_{8,7}}^{n+1} \left[\left(p_{o_8}^{n+1} - p_{o_7}^{n+1} \right) - \left(p_{cow_8}^{n+1} - p_{cow_7}^{n+1} \right) \right] \tag{11.59}$$

$$+ T_{w_{11,7}}^n \left[\left(p_{o_{11}}^{n+1} - p_{o_7}^{n+1} \right) - \left(p_{cow_{11}}^{n+1} - p_{cow_7}^{n+1} \right) - \gamma_{w_{11,7}}^n (Z_{11} - Z_7) \right] + 0 + 0$$

$$= \frac{V_{b_7}}{\alpha_c \Delta t} \left[\left(\frac{\phi S_w}{B_w} \right)_7^{n+1} - \left(\frac{\phi S_w}{B_w} \right)_7^n \right]$$

方程（11.57）、方程（11.58）和方程（11.59）为该二维径向流油气藏网格 7 的三个流动方程。

11.4　多相流动方程的求解

整个油气藏的流动方程由其中各个网格的流动方程组成，油气藏体系中的未知量也为其中各个网格流动方程中的未知量。求解油气藏模型中的流动方程需要按以下几个步骤来进行：用常规方法展开流动方程中的累积项，并用网格中未知量在一个时间步长内的变化量进行表示；另外，使用边界条件（或对虚拟井的速率进行估计），将生产率和注入率包括在内，并在时间及空间上对非线性项进行线性化处理。在某种程度上，此处对于边界条件、生产（注入）率及线性化的处理方法与本书在第 4～6 章和第 8 章中介绍的对单相流动模型的处理方法相类似。本节将详细介绍累积项的展开方法，生产井、注入井、边界条件的处理方法，以及多相流动模型方程的求解方法。此外还重点说明了多相流动模型与单相模型在处理非线性项时的不同之处。

11.4.1　累积项的展开

对于油气藏中的每个网格块，其化简方程组的累积项可用式子中主要未知量在一个时间步长内的变化量进行展开和表示。油水模型方程（11.41）和方程（11.42）的右边、气水模型方程（11.45）和方程（11.46）的右边、油气模型方程（11.50）和方程（11.51）的右边，以及油水气三相模型方程（11.54）至方程（11.56）的右边均由累积项组成。并且，展开时必须要遵守质量守恒的原则。例如，考虑将方程（11.42）的右边 $\left(\text{即} \dfrac{V_{b_n}}{\alpha_c \Delta t} \right.$

$\left. \left[\left(\dfrac{\phi S_w}{B_w} \right)_n^{n+1} - \left(\dfrac{\phi S_w}{B_w} \right)_n^n \right] \right)$ 用 p_o 和 S_w 进行展开，加上并减去 $S_{w_n}^n \left(\dfrac{\phi}{B_w} \right)_n^{n+1}$ 这一项，再对各项进行因式分解，如下所示：

$$\frac{V_{b_n}}{\alpha_c \Delta t} \left[\left(\frac{\phi S_w}{B_w} \right)_n^{n+1} - \left(\frac{\phi S_w}{B_w} \right)_n^n \right]$$

$$= \frac{V_{b_n}}{\alpha_c \Delta t} \left[\left(\frac{\phi S_w}{B_w} \right)_n^{n+1} - S_{w_n}^n \left(\frac{\phi}{B_w} \right)_n^{n+1} + S_{w_n}^n \left(\frac{\phi}{B_w} \right)_n^{n+1} - \left(\frac{\phi S_w}{B_w} \right)_n^n \right] \quad (11.60)$$

$$= \frac{V_{b_n}}{\alpha_c \Delta t} \left\{ \left(\frac{\phi}{B_w} \right)_n^{n+1} (S_{w_n}^{n+1} - S_{w_n}^n) + S_{w_n}^n \left[\left(\frac{\phi}{B_w} \right)_n^{n+1} - \left(\frac{\phi}{B_w} \right)_n^n \right] \right\}$$

然后，加上并减去方程（11.60）右边位于中括号里的 $\phi_n^{n+1} \dfrac{1}{B_{w_n}^n}$ 这一项，再进行因式分解，如下所示：

$$\frac{V_{b_n}}{\alpha_c \Delta t} \left[\left(\frac{\phi S_w}{B_w} \right)_n^{n+1} - \left(\frac{\phi S_w}{B_w} \right)_n^n \right]$$

$$= \frac{V_{b_n}}{\alpha_c \Delta t} \left\{ \left(\frac{\phi}{B_w} \right)_n^{n+1} (S_{w_n}^{n+1} - S_{w_n}^n) + S_{w_n}^n \left[\left(\frac{\phi}{B_w} \right)_n^{n+1} - \phi_n^{n+1} \frac{1}{B_{w_n}^n} + \phi_n^{n+1} \frac{1}{B_{w_n}^n} - \left(\frac{\phi}{B_w} \right)_n^n \right] \right\}$$

$$= \frac{V_{b_n}}{\alpha_c \Delta t} \left\{ \left(\frac{\phi}{B_w} \right)_n^{n+1} (S_{w_n}^{n+1} - S_{w_n}^n) + S_{w_n}^n \left[\phi_n^{n+1} \left(\frac{1}{B_{w_n}^{n+1}} - \frac{1}{B_{w_n}^n} \right) + \frac{1}{B_{w_n}^n} (\phi_n^{n+1} - \phi_n^n) \right] \right\}$$

$$(11.61)$$

用单位时间步长内的压力差来表示相同时间步长内的 $\dfrac{1}{B_{w_n}}$ 和 ϕ_n 项之差，可得：

$$\frac{V_{b_n}}{\alpha_c \Delta t} \left[\left(\frac{\phi S_w}{B_w} \right)_n^{n+1} - \left(\frac{\phi S_w}{B_w} \right)_n^n \right]$$

$$= \frac{V_{b_n}}{\alpha_c \Delta t} \left\{ \left(\frac{\phi}{B_w} \right)_n^{n+1} (S_{w_n}^{n+1} - S_{w_n}^n) + S_{w_n}^n \left[\phi_n^{n+1} \left(\frac{1}{B_{w_n}} \right)' + \frac{1}{B_{w_n}^n} \phi_n' \right] (p_{o_n}^{n+1} - p_{o_n}^n) \right\} \quad (11.62)$$

其中，$\left(\dfrac{1}{B_{w_n}} \right)'$ 和 ϕ'_n 定义为弦斜率，其根据当前时间节点上一次迭代 $\overset{(\nu)}{n+1}$ 的计算值和前时间节点 n 计算值得到。计算公式如下：

$$\left(\frac{1}{B_{w_n}} \right)' = \left(\frac{1}{B_{w_n}^{\overset{(\nu)}{n+1}}} - \frac{1}{B_{w_n}^n} \right) \Big/ (p_{o_n}^{\overset{(\nu)}{n+1}} - p_{o_n}^n) \quad (11.63)$$

$$\phi'_n = (\phi_n^{\overset{(\nu)}{n+1}} - \phi_n^n) \Big/ (p_{o_n}^{\overset{(\nu)}{n+1}} - p_{o_n}^n) \quad (11.64)$$

方程（11.62）的右边以及方程（11.63）和方程（11.64）给出的弦斜率定义，统称为对式（11.62）左边所代表的累积项进行了一次常规展开。

其他的累积项也可通过类似的步骤进行展开，得到与式（11.62）相似的方程。Ertekin

等人（2001）通过对任意累积项进行常规展开的方法，推导出如下所示的通用方程：

$$\frac{V_b}{\alpha_c \Delta t}\big[(UVXY)^{n+1} - (UVXY)^n\big] = \frac{V_b}{\alpha_c \Delta t}\big[(VXY)^n(U^{n+1} - U^n)$$

$$+ U^{n+1}(XY)^n(V^{n+1} - V^n) + (UV)^{n+1}Y^n(X^{n+1} - X^n) + (UVX)^{n+1}(Y^{n+1} - Y^n)\big] \quad (11.65)$$

方程中，U 为最弱非线性函数，Y 为最强非线性函数，V 和 X 的非线性度分别沿 U 到 Y 的方向增加，通常有 $U \equiv \phi$、$V \equiv 1/B_p$、$X \equiv R_s$、$Y \equiv S_p$。如果 U、V、X 或者 Y 不存在的话，那么其值可设为 1。因为 ϕ、$1/B_p$ 和 R_s 是油相压力（主要未知量）的函数；并且 S_p 要么像 S_w 和 S_g 一样，是主要未知量，要么像 S_o 一样，是饱和度（主要未知量 S_w、S_g）的函数，所以，方程（11.65）可进一步演变为：

$$\frac{V_b}{\alpha_c \Delta t}\big[(UVXY)^{n+1} - (UVXY)^n\big] = \frac{V_b}{\alpha_c \Delta t}\Big\{(VXY)^n U'(p^{n+1} - p^n)$$

$$+ U^{n+1}(XY)^n V'(p^{n+1} - p^n) + (UV)^{n+1}Y^n X'(p^{n+1} - p^n)$$

$$+ (UVX)^{n+1}\big[(\partial Y/\partial S_w)(S_w^{n+1} - S_w^n) + (\partial Y/\partial S_g)(S_g^{n+1} - S_g^n)\big]\Big\} \quad (11.66)$$

或

$$\frac{V_b}{\alpha_c \Delta t}\big[(UVXY)^{n+1} - (UVXY)^n\big] = \frac{V_b}{\alpha_c \Delta t}\Big\{(VXY)^n U' + U^{n+1}(XY)^n V'$$

$$+ (UV)^{n+1}Y^n X'\big](p^{n+1} - p^n) + (UVX)^{n+1}(\partial Y/\partial S_w)(S_w^{n+1} - S_w^n)$$

$$+ (UVX)^{n+1}(\partial Y/\partial S_g)(S_g^{n+1} - S_g^n)\Big\} \quad (11.67)$$

其中

$$U' = (U^{(\nu)}_{n+1} - U^n)/(p^{(\nu)}_{n+1} - p^n) \quad (11.68a)$$

$$V' = (V^{(\nu)}_{n+1} - V^n)/(p^{(\nu)}_{n+1} - p^n) \quad (11.68b)$$

$$X' = (X^{(\nu)}_{n+1} - X^n)/(p^{(\nu)}_{n+1} - p^n) \quad (11.68c)$$

另外，当 $Y \equiv S_w$ 时，有 $\partial Y/\partial S_w = 1$，$\partial Y/\partial S_g = 0$；当 $Y \equiv S_g$ 时，有 $\partial Y/\partial S_w = 0$，$\partial Y/\partial S_g = 1$；当 $Y \equiv S_o$ 时，有 $\partial Y/\partial S_w = 1$，$\partial Y/\partial S_g = 1$。

接下来，通过方程（11.67）来得到方程（11.62）的展开式，此处有 $U \equiv \phi$、$V \equiv 1/B_w$、$X \equiv 1$、$Y \equiv S_w$，并注意 $p \equiv p_o$ 这一条件。将这些值代入方程（11.68），可得：

$$\phi' = (\phi^{(\nu)}_{n+1} - \phi^n)/(p^{(\nu)}_{o,n+1} - p^n_o) \quad (11.69)$$

$$\left(\frac{1}{B_w}\right)' = \left(\frac{1}{B^{(\nu)}_{w,n+1}} - \frac{1}{B^n_w}\right)\Big/ (p^{(\nu)}_{o,n+1} - p^n_o) \quad (11.70)$$

且

$$X' = 0 \tag{11.71}$$

此外：

$$\partial Y / \partial S_\mathrm{w} = \partial S_\mathrm{w} / \partial S_\mathrm{w} = 1 \tag{11.72a}$$

$$\partial Y / \partial S_\mathrm{g} = \partial S_\mathrm{w} / \partial S_\mathrm{g} = 0 \tag{11.72b}$$

将方程（11.69）、方程（11.70），以及 U、V、X、Y 的定义值带入方程（11.67），可得：

$$
\frac{V_\mathrm{b}}{\alpha_\mathrm{c} \Delta t} \left[\left(\phi \frac{1}{B_\mathrm{w}} S_\mathrm{w} \right)^{n+1} - \left(\phi \frac{1}{B_\mathrm{w}} S_\mathrm{w} \right)^{n} \right] = \frac{V_\mathrm{b}}{\alpha_\mathrm{c} \Delta t} \left\{ \left[\left(\phi \frac{1}{B_\mathrm{w}} S_\mathrm{w} \right)^{n} \phi' + \phi^{n+1} S_\mathrm{w}^{n} \left(\frac{1}{B_\mathrm{w}} \right)' \right. \right.
$$
$$
\left. + \left(\phi \frac{1}{B_\mathrm{w}} \right)^{n+1} S_\mathrm{w}^{n} X' \right] (p_\mathrm{o}^{n+1} - p_\mathrm{o}^{n}) + \left(\phi \frac{1}{B_\mathrm{w}} \right)^{n+1} (\partial Y / \partial S_\mathrm{w})(S_\mathrm{w}^{n+1} - S_\mathrm{w}^{n})
$$
$$
\left. + \left(\phi \frac{1}{B_\mathrm{w}} \right)^{n+1} (\partial Y / \partial S_\mathrm{g})(S_\mathrm{g}^{n+1} - S_\mathrm{g}^{n}) \right\} \tag{11.73}
$$

将方程（11.71）和方程（11.72）代入方程（11.73），可得：

$$
\frac{V_\mathrm{b}}{\alpha_\mathrm{c} \Delta t} \left[\left(\phi \frac{1}{B_\mathrm{w}} S_\mathrm{w} \right)^{n+1} - \left(\phi \frac{1}{B_\mathrm{w}} S_\mathrm{w} \right)^{n} \right] = \frac{V_\mathrm{b}}{\alpha_\mathrm{c} \Delta t} \left\{ \left[\left(\frac{1}{B_\mathrm{w}} S_\mathrm{w} \right)^{n} \phi' + \phi^{n+1} S_\mathrm{w}^{n} \left(\frac{1}{B_\mathrm{w}} \right)' \right. \right.
$$
$$
\left. + \left(\phi \frac{1}{B_\mathrm{w}} \right)^{n+1} S_\mathrm{w}^{n} \times 0 \right] (p_\mathrm{o}^{n+1} - p_\mathrm{o}^{n}) + \left(\phi \frac{1}{B_\mathrm{w}} \right)^{n+1} \times 1 \times (S_\mathrm{w}^{n+1} - S_\mathrm{w}^{n})
$$
$$
\left. + \left(\phi \frac{1}{B_\mathrm{w}} \right)^{n+1} \times 0 \times (S_\mathrm{g}^{n+1} - S_\mathrm{g}^{n}) \right\} \tag{11.74}
$$

经化简、因式分解，并对各函数添加区分网格编号的下脚标 n 之后可得方程（11.62），即：

$$
\frac{V_{\mathrm{b}_n}}{\alpha_\mathrm{c} \Delta t} \left[\left(\frac{\phi S_\mathrm{w}}{B_\mathrm{w}} \right)_n^{n+1} - \left(\frac{\phi S_\mathrm{w}}{B_\mathrm{w}} \right)_n^{n} \right]
$$
$$
= \frac{V_{\mathrm{b}_n}}{\alpha_\mathrm{c} \Delta t} \left\{ \left(\frac{\phi}{B_\mathrm{w}} \right)_n^{n+1} (S_{\mathrm{w}_n}^{n+1} - S_{\mathrm{w}_n}^{n}) + S_{\mathrm{w}_n}^{n} \left[\phi_n^{n+1} \left(\frac{1}{B_{\mathrm{w}_n}} \right) + \frac{1}{B_{\mathrm{w}_n}^{n}} \phi_n' \right] (p_{\mathrm{o}_n}^{n+1} - p_{\mathrm{o}_n}^{n}) \right\} \tag{11.62}
$$

11.4.2　井产量项

生产井和注入井需分别处理，因为注入过程通常只添加水和气体当中的一相，但生产过程会涉及井网格中存在的各相。

11.4.2.1　生产项

多相流中各流体的产量会以相对渗透率为基础，相互影响。换句话说，给定任意相的产量都可以计算其他相的产量。本节着重介绍对垂直井进行处理的方法，这里介绍的垂直井射开数个网格，如图 11.13 所示，并从多相油气藏中生产流体。

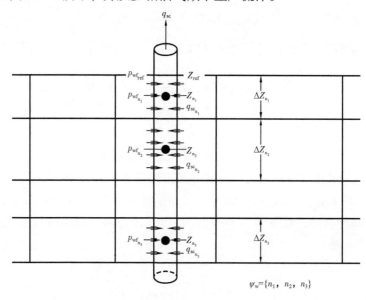

图 11.13　垂直生产井井筒内压力分布的截面图

如果假设参考深度处的井底流压是已知的，则可用方程（11.75）估计井网格 i 的压力：

$$p_{\mathrm{wf}_1} = p_{\mathrm{wf}_{\mathrm{ref}}} + \overline{\gamma}_{\mathrm{wb}} (Z_i - Z_{\mathrm{ref}}) \tag{11.75}$$

其中

$$\overline{\gamma}_{\mathrm{wb}} = \gamma_c \overline{\rho}_{\mathrm{wb}} g \tag{11.76}$$

此外，井筒中生产层的平均流体密度可估计为：

$$\overline{\rho}_{\mathrm{wb}} = \frac{\sum_{p \in \{\mathrm{o,w,fg}\}} \overline{\rho}_p \overline{B}_p q_{\mathrm{psc}}}{\sum_{p \in \{\mathrm{o,w,fg}\}} \overline{B}_p q_{\mathrm{psc}}} \tag{11.77a}$$

其中可用平均井底流压或 $p_{\mathrm{wf}_{\mathrm{ref}}}$ 得到 $\overline{B}_p$ 和 $\overline{\rho}_p$ 的估计值（$p = \mathrm{o}$，w，g）。

此处的重点是计算不同的生产条件下，井网格 i 中各相流体（$p = \mathrm{o}$，w，fg）的产量，其中井网格 i 为生产井所在生产网格的其中之一，即 $i \in \psi_{\mathrm{w}}$。

（1）关井。

$$q_{\mathrm{psc}_i} = 0 \tag{11.78}$$

其中 $p = \mathrm{o}$，w，fg。

（2）定产量井。对于井网格 i 中的 p 相（$p = \mathrm{o}$，w，fg），其产量的计算公式为：

$$q_{psc_i} = -G_{w_i} \left(\frac{K_{rp}}{B_p \mu_p} \right)_i (p_i - p_{wf_i}) \tag{11.79a}$$

将式（11.79a）与方程（11.75）联立，可得：

$$q_{psc_i} = -G_{w_i} \left(\frac{K_{rp}}{B_p \mu_p} \right)_i \left[p_i - p_{wf_{ref}} - \overline{\gamma}_{wb}(Z_i - Z_{ref}) \right] \tag{11.80a}$$

对于射开多网格的生产井，可通过式（11.81a），用井产量（q_{sp}）来估计$p_{wf_{ref}}$的值：

$$p_{wf_{ref}} = \frac{\sum\limits_{i \in \psi_w} \left\{ G_{w_i} \left[p_i - \overline{\gamma}_{wb}(Z_i - Z_{ref}) \right] \sum\limits_{p \in \eta_{prd}} M_{p_i} \right\} + q_{sp}}{\sum\limits_{i \in \psi_w} G_{w_i} \sum\limits_{p \in \eta_{prd}} M_{p_i}} \tag{11.81a}$$

其中，η_{prd}和M_p与表11.4中列出的给定井产量类型有关。使用方程（11.81a）时要求用隐式方法求出$p_{wf_{ref}}$和油气藏网格压力。而显式方法用方程（11.81a）计算原时间节点n时刻$p_{wf_{ref}}^n$的值，然后将其带入方程（11.80a），从而估计井网格i中各相（$p = o$, w, fg）的产量（q_{psc_i}）。对于单网格井，在$\psi_w = \{i\}$的条件下应用方程（11.81a），然后将$p_{wf_{ref}}$值代入方程（11.80a），可得：

$$p_{wf_{ref}} = \left[p_i - \overline{\gamma}_{wb}(Z_i - Z_{ref}) \right] + \frac{q_{sp}}{G_{w_i} \sum\limits_{p \in \eta_{prd}} M_{p_i}} \tag{11.81c}$$

$$q_{psc_i} = \left(\frac{K_{rp}}{B_p \mu_p} \right)_i \frac{q_{sp}}{\sum\limits_{p \in \eta_{prd}} M_{p_i}} \tag{11.81c}$$

其中$p = o$, w, fg。

表11.4 井产量及集合 η_{prd} 与流度 M_p 的定义

给定井产量 q_{sp}	规定相的集合 η_{prd}	各相的相对流度 M_p
q_{osp}	$\{o, w\}$	K_{rp}/μ_p
q_{Lsp}	$\{o, w\}$	K_{rp}/μ_p
q_{Tsp}	$\{o, w, g\}$	K_{rp}/μ_p
q_{ospsc}	$\{o, w\}$	$K_{rp}/(B_p \mu_p)$
q_{Lspsc}	$\{o, w\}$	$K_{rp}/(B_p \mu_p)$

（3）定压力梯度井。

对于定压力梯度的情况，井网格i中各相（$p = o$, w, fg）的产量可由式（11.82a）算出：

$$q_{psc_i} = -2\pi \beta_c r_w K_{H_i} h_i \left(\frac{K_{rp}}{B_p \mu_p} \right)_i \left. \frac{\partial p}{\partial r} \right|_{r_w} \tag{11.82a}$$

（4）定井底流压（FBHP）井。

如果井底流压 $p_{wf_{ref}}$ 的值已确定，那么，井网格 i 中各相（$p = o$，w，fg）的产量可通过方程（11.80a）计算：

$$q_{psc_i} = - G_{w_i} \left(\frac{K_{rp}}{B_p \mu_p} \right)_i \left[p_i - p_{wf_{ref}} - \overline{\gamma}_{wb} (Z_i - Z_{ref}) \right] \tag{11.80a}$$

例 11.8　考虑例 11.7 中提到的单井模拟问题。写出生产井定液量生产 q_{Lspsc} 条件下，网格 9 中油、水、气三相的产量方程。

求解方法

此处的重点是在 $q_{sp} = q_{Lspsc}$ 的条件下，求出井中网格 9 内各相的产量。对于单网格井，可利用方程（11.80c）进行求解。

$$q_{psc_i} = \left(\frac{K_{rp}}{B_p \mu_p} \right)_i \frac{q_{sp}}{\sum\limits_{p \in \eta_{prd}} M_{p_i}} \tag{11.80c}$$

式中 $p = o$，w，fg。根据表 11.4 可得，$q_{sp} = q_{Lspsc}$ 时，$\eta_{prd} = \{o, w\}$，$M_p = K_{rp}/B_p \mu_p$。因此，将这些值带入网格 9 对应的方程（11.80c）中（即 $i = 9$ 时的方程），可得：

$$q_{osc9} = \left(\frac{K_{ro}}{B_o \mu_o} \right)_9 \frac{q_{Lspsc}}{\left[\left(\frac{K_{ro}}{B_o \mu_o} \right)_9 + \left(\frac{K_{rw}}{B_w \mu_w} \right)_9 \right]} \tag{11.83a}$$

$$q_{wsc9} = \left(\frac{K_{rw}}{B_w \mu_w} \right)_9 \frac{q_{Lspsc}}{\left[\left(\frac{K_{ro}}{B_o \mu_o} \right)_9 + \left(\frac{K_{rw}}{B_w \mu_w} \right)_9 \right]} \tag{11.83b}$$

$$q_{fgsc9} = \left(\frac{K_{rg}}{B_g \mu_g} \right)_9 \frac{q_{Lspsc}}{\left[\left(\frac{K_{ro}}{B_o \mu_o} \right)_9 + \left(\frac{K_{rw}}{B_w \mu_w} \right)_9 \right]} \tag{11.83c}$$

这里应注意 $q_{gsc9} = q_{fgsc9} + R_{s9} q_{osc9}$。

11.4.2.2　注入项

注入井注入的流体只有一相（通常为水相或气相）。在油藏条件下，注入流体在井网格中的流度等于该网格中各相的流度之和（Abou–Kassem，1996），即：

$$M_{inj} = \sum_{p \in \eta_{nnj}} M_p \tag{11.84}$$

其中

$$\eta_{inj} = \{o, w, g\} \tag{11.85}$$

且 $M_p = (K_{rp}/\mu_p)$，$\beta_c K_H M_p$ 等于网格中 p 相在油藏条件下的流度。

本节着重介绍对射开多个网格的注入井（图 11.14）进行处理的方法，注入流体为水或气。假设参考深度的井底流压（$p_{wf_{ref}}$）是已知的，则可用方程（11.75）计算井网格 i 的压力。

$$p_{\mathrm{wf}_i} = p_{\mathrm{wf}_{\mathrm{ref}}} + \overline{\gamma}_{\mathrm{wb}}(Z_i - Z_{\mathrm{ref}}) \tag{11.75}$$

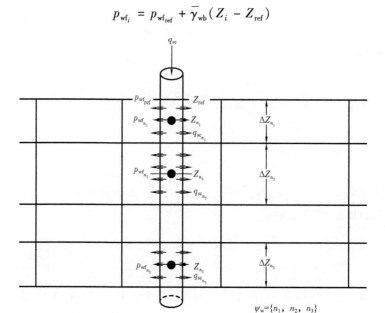

图 11.14　垂直注入井井筒内压力分布的截面图

其中

$$\overline{\gamma}_{\mathrm{wb}} = \gamma_c \overline{\rho}_{\mathrm{wb}} g \tag{11.76}$$

注入流体的平均密度为：

$$\overline{\rho}_{\mathrm{wb}} = \frac{\rho_{\mathrm{psc}}}{\overline{B}_p} \tag{11.77b}$$

平均井底流压或 $p_{\mathrm{wf}_{\mathrm{ref}}}$ 可用来估计注入相 p 的 $\overline{B}_p$ 值。此处的重点是估计在不同注入条件下，井网格 i 中注入相（通常是水相或气相）的注入量，其中网格 i 是注入井射开的多个网格其中之一，即 $i \in \psi_{\mathrm{w}}$。显然，其他相流体的注入量应设为零。

（1）关井。

$$q_{psc_i} = 0 \tag{11.78}$$

其中，$p = \mathrm{w}$，fg。

（2）定产量井。

当注入相 $p = \mathrm{w}$ 或 fg 时，其在网格 i 中的注入量可通过式（11.79b）算出：

$$q_{psc_i} = - G_{\mathrm{w}_i} \left(\frac{M_{\mathrm{inj}}}{B_p} \right)_i (p_i - p_{\mathrm{wf}_i}) \tag{11.79b}$$

将方程（11.79b）与方程（11.75）联立，可得：

$$q_{psc_i} = - G_{\mathrm{w}_i} \left(\frac{M_{\mathrm{inj}}}{B_p} \right)_i \left[(p_i - p_{\mathrm{wf}_{\mathrm{ref}}} - \overline{\gamma}_{\mathrm{wb}}(Z_i - Z_{\mathrm{ref}}) \right] \tag{11.80b}$$

对于单网格井，可用 $q_{psc_i} = q_{spsc}$ 和方程（11.80b）估计 $p_{wf_{ref}}$ 的值。而对于多网格井，可通过标准条件下的井产量（q_{spsc}），并按照式（11.81b）进行计算，从而估计出 $p_{wf_{ref}}$ 的值。

$$p_{wf_{ref}} = \frac{\sum\limits_{i \in \psi_w} \left\{ G_{w_i} \left(\dfrac{M_{inj}}{B_p} \right)_i \left[\left(p_i - \overline{\gamma}_{wb}(Z_i - Z_{ref}) \right) \right] \right\} + q_{spsc}}{\sum\limits_{l \in \psi_w} G_{w_i} \left(\dfrac{M_{inj}}{B_p} \right)_i} \tag{11.81b}$$

然后，对于 $p = w$ 或 fg 的注入流体，其在网格 i 中的注入量（q_{psc_i}）可通过方程（11.80b）来估计。使用方程（11.81b）时要求用隐式方法求出 $p_{wf_{ref}}$ 和油气藏网格压力的值。而显式方法用方程（11.81b）计算原时间节点 n 时刻 $p_{wf_{ref}}^n$ 的值，然后将其带入方程（11.80b），从而估计井网格 i 中各相（$p = w$ 或 fg）的注入量（q_{psc_i}）。

（3）定压力梯度井。

对于定压力梯度的情况，网格 i 中流体（$p = w$ 或 fg）的注入率可由式（11.82b）算出：

$$q_{psc_i} = -2\pi \beta_c r_w K_{H_i} h_i \left(\frac{M_{inj}}{B_p} \right)_i \frac{\partial p}{\partial r} \Big|_{r_w} \tag{11.82b}$$

（4）定井底流压井。

如果井底流压 $p_{wf_{ref}}$ 的值已确定，那么，井网格 i 中各相（$p = w$ 或 fg）的注入量可通过式（11.80b）进行估计：

$$q_{psc_i} = -G_{w_i} \left(\frac{M_{inj}}{B_p} \right)_i \left[p_i - p_{wf_{ref}} - \overline{\gamma}_{wb}(Z_i - Z_{ref}) \right] \tag{11.80b}$$

11.4.3　边界条件的处理

油藏的边界条件可分为以下四类：（1）封闭边界；（2）定流量边界；（3）定压力梯度边界；（4）定压边界。与第 4 章和第 5 章中关于单相流动的讨论一样，这里提到的前三种边界条件可简化为定压力梯度条件（纽曼边界条件），而第四种边界条件属于狄利克雷边界条件。x 方向上，对一维流动边界条件的处理方法与 4.4 节中对块中心网格的边界条件处理方法，以及 5.4 节中对点分布式网格的边界条件处理方法相类似。本节将提出虚拟井产量方程，这种方程用于解决离散化油藏中的多相流动问题，并且这里提到的离散化油藏仅能利用块中心网格进行处理。假设毛细管压力的影响可以忽略不计；油藏中 p 相流体的虚拟井产量（$q_{psc_{b,bB}}^{n+1}$）反映了 p 相流体在边界网格（bB）与油藏边界（b）或边界网格与紧邻油藏边界的外部网格之间的流动。在多相流动中，油藏边界有以下三种情况：（1）将具有一种流体的油藏分为两部分；（2）将油藏与水层或天然气顶分开；（3）将两个相邻油藏分隔开。如果与油藏相邻的部分为水层，则有两种可能：水体穿过油藏边界（油水界面）侵入油藏部分，或油藏流体离开油藏部分进入水层。同样地，如果与油藏相邻的部分为天然气顶，那么出现的两种可能为：气体穿过油藏边界（油气界面）侵入油藏部分，或油藏流体离开油藏部分进入天然气顶。

11.4.3.1　定压力梯度边界条件

对于油藏左侧（西侧）边界，在定压力梯度的条件下，有：

$$q_{psc_{b,bB}}^{n+1} \cong - \left[\beta_c \frac{K_l K_{rp} A_l}{\mu_p B_p} \right]_{bB}^{n+1} \left[\left. \frac{\partial p_p}{\partial l} \right|_b^{n+1} - (\gamma_p)_{bB}^n \left. \frac{\partial Z}{\partial l} \right|_b \right] \tag{11.86a}$$

式中，$p = o$，w，fg。

若油藏右（东）边界为定压力梯度边界，则：

$$q_{psc_{b,bB}}^{n+1} \cong \left[\beta_c \frac{K_l K_{rp} A_l}{\mu_p B_p} \right]_{bB}^{n+1} \left[\left. \frac{\partial p_p}{\partial l} \right|_b^{n+1} - (\gamma_p)_{bB}^n \left. \frac{\partial Z}{\partial l} \right|_b \right] \tag{11.86b}$$

式中，$p = o$，w，fg。

除了气相和自由气组分的流量不相同外，上述公式中的相物性参数和对应组分的物性参数均相等。在标准条件下，气组分的流量等于自由气的流量和溶解气的流量之和，其公式如下：

$$q_{gsc_{b,bB}}^{n+1} = q_{fgsc_{b,bB}}^{n+1} + R_{s_{bB}}^{n+1} q_{osc_{b,bB}}^{n+1} \tag{11.87}$$

方程（11.86）中的相流体压力梯度项可直接替换为给定的定压力梯度边界条件。方程（11.86）可表示同一油藏中的两相邻区块的边界上的流体交换量，也可表示油藏中流体经过油水界面（WOC）流入水层的流体的量。若表示油水界面（WOC）上的水侵量，则方程可写为如下形式。当油藏的左（西）边界为油水界面（WOC）时，有：

$$q_{wsc_{b,bB}}^{n+1} \cong - \left[\beta_c \frac{K_l A_l}{\mu_w B_w} \right]_{bB}^{n+1} (K_{rw})_{aq}^{n+1} \left[\left. \frac{\partial p}{\partial l} \right|_b^{n+1} - (\gamma_w)_{bB}^n \left. \frac{\partial Z}{\partial l} \right|_b \right] \tag{11.88a}$$

当油藏的右（东）边界为油水界面（WOC）时，有：

$$q_{wsc_{b,bB}}^{n+1} \cong \left[\beta_c \frac{K_l A_l}{\mu_w B_w} \right]_{bB}^{n+1} (K_{rw})_{aq}^{n+1} \left[\left. \frac{\partial p}{\partial l} \right|_b^{n+1} - (\gamma_w)_{bB}^n \left. \frac{\partial Z}{\partial l} \right|_b \right] \tag{11.88b}$$

同时

$$q_{osc_{b,bB}}^{n+1} = q_{fgsc_{b,bB}}^{n+1} = q_{gsc_{b,bB}}^{n+1} = 0 \tag{11.89}$$

方程（11.88）忽略了油水毛细管压力的影响。由于缺少水层的地质参数，水层中的岩石和流体参数可以用边界网格的参数来近似表示。因为水层中 $S_w = 1$，则有 $(K_{rw})_{aq}^{n+1} = 1$。

11.4.3.2　定流量边界条件

如果边界上水以定流量侵入油藏内，则有：

$$q_{wsc_{b,bB}}^{n+1} = q_{sp} / B_{w_{bB}} \tag{11.90}$$

同时，$q_{osc_{b,bB}}^{n+1} = q_{fgsc_{b,bB}}^{n+1} = q_{gsc_{b,bB}}^{n+1} = 0$。

如果油藏中两相邻区块的边界上发生定流量的流体交换，或油藏流体以定流量通过油水界面（WOC）流入水层中，此时有：

$$q_{psc_{b,bB}}^{n+1} = \frac{(T_p^{R})_{b,bB}^{n+1}}{B_p \sum_{l \in \{o,w,fg\}} (T_l^{R})_{b,bB}^{n+1}} q_{sp} = \frac{\left(\dfrac{K_{rp}}{\mu_p}\right)_{bB}^{n+1}}{B_p \sum_{l \in \{o,w,fg\}} \left(\dfrac{K_{rl}}{\mu_l}\right)_{bB}^{n+1}} q_{sp} \tag{11.91}$$

式中，$p = $ o，w，fg。

$$(T_p^{R})_{b,bB}^{n+1} = (T_p^{R})_{bB}^{n+1} = \left[\beta_c \frac{K_l K_{rp} A_l}{\mu_p (\Delta l/2)}\right]_{bB}^{n+1} \tag{11.92}$$

方程（11.91）忽略了重力和毛细管力。

11.4.3.3　封闭边界条件

封闭边界是由油藏边界无渗透性，或油藏边界的对称性产生的。在这种情况下：

$$q_{psc_{b,bB}}^{n+1} = 0 \tag{11.93}$$

式中，$p = $ o，w，fg。

11.4.3.4　定压力边界条件

当油藏边界外侧有注入井存在时，可随时为油藏边界补充压力，使油藏边界压力 p_b 保持恒定。如果油藏中两相邻区块的边界上发生 p 相流体交换，或 p 相流体以定流量通过油水界面（WOC）流入水层中，此时有：

$$q_{psc_{b,bB}}^{n+1} = \left[\beta_c \frac{K_l K_{rp} A_l}{\mu_p B_p (\Delta l/2)}\right]_{bB}^{n+1} \left[(p_b - p_{bB}^{n+1}) - (\gamma_p)_{bB}^{n}(Z_b - Z_{bB})\right] \tag{11.94}$$

式中，$p = $ o，w，fg。若表示油水界面（WOC）上的水侵量，则方程（11.94）可写为如下形式：

$$q_{wsc_{b,bB}}^{n+1} = \left[\beta_c \frac{K_l A_l}{\mu_w B_w (\Delta l/2)}\right]_{bB}^{n+1} (K_{rw})_{aq}^{n+1} \left[(p_b - p_{bB}^{n+1}) - (r_w)_{bB}^{n}(Z_b - Z_{bB})\right] \tag{11.95}$$

同时，$q_{osc_{b,bB}}^{n+1} = q_{fgsc_{b,bB}}^{n+1} = q_{gsc_{b,bB}}^{n+1} = 0$。同样地，由于缺少水层的地质参数，方程（11.95）中水层中的岩石和流体参数可以用边界网格的参数来近似表示。因为水层中 $S_w = 1$，则有 $(K_{rw})_{aq}^{n+1} = 1$。

当油藏边界 b 为油水界面（WOC）时，p 相流体通过油藏边界的流量取决于油藏边界 b 和边界网格 bB 之间的位置关系。当油藏边界 b 在边界网格 bB 的上游时（$\Delta\Phi_w > 0$），流体由水层流入边界网格中，可根据方程（11.95）计算虚拟井的水流量，且其他相流体流量为 $q_{osc_{b,bB}}^{n+1} = q_{fgsc_{b,bB}}^{n+1} = q_{gsc_{b,bB}}^{n+1} = 0$。当油藏边界 b 在边界网格 bB 的下游时（$\Delta\Phi_w < 0$），流体从边界网格流入水层中，可根据方程（11.94）各相流体流量，油藏边界 b 与边界网格 bB 之间的水相势差为 $\Delta\Phi_w = (p_b - p_{bB}) - \gamma_w(Z_b - Z_{bB})$。

例 11.9　考虑例 11.7 中提出的单井模拟问题。编写边界网格块 3 的流动方程。

求解方法

在这个问题中，油藏会受到水侵的影响。对于网格块 3，$n = 3$ 和 $\psi_3 = \{2, 4, 7\}$。网格块 3 是位于油藏下边界的边界块，因此，$\xi_3 = \{b_L\}$，$\sum_{l \in \xi_3} q_{\mathrm{osc}l,3}^{n+1} = 0$，$\sum_{l \in \xi_3} q_{\mathrm{fgsc}l,3}^{n+1} = 0$，以及 $\sum_{l \in \xi_3} q_{\mathrm{wsc}l,3}^{n+1} = q_{\mathrm{wsc}b_L,3}^{n+1}$，其中通过式（11.95）对 $q_{\mathrm{wsc}b_L,3}^{n+1}$ 进行估算：

$$q_{\mathrm{wsc}b_L,3}^{n+1} = \left[\beta_c \frac{K_z A_z}{\mu_w B_w (\Delta z/2)} \right]_3^{n+1} \times (K_{rw})_{\mathrm{aq}}^{n+1} \times \left[(p_{b_L} - p_{o_3}^{n+1}) - (r_w)_3^n (Z_{b_L} - Z_3) \right]$$

或者

$$q_{\mathrm{wsc}b_L,3}^{n+1} = \left[\beta_c \frac{K_z A_z}{\mu_w B_w (\Delta z/2)} \right]_3^{n+1} \left[(p_{\mathrm{woc}} - p_{o_3}^{n+1}) - (\gamma_w)_3^n \Delta Z_3/2 \right]$$

其中，$p_{b_L} = p_{\mathrm{wsc}}$，$(K_{rw})_{\mathrm{aq}}^{n+1} = 1$，以及 $(Z_{b_L} - Z_3) = \Delta z_3/2$。网格 3 没有井，因此，$q_{\mathrm{osc}_3}^{n+1} = 0$，$q_{\mathrm{wsc}_3}^{n+1} = 0$ 以及 $q_{\mathrm{fgsc}_3}^{n+1} = 0$。还注意到 $Z_2 = Z_3 = Z_4$。

通过将给定值代入式（11.54）并展开求和项，得到油组分方程式：

$$T_{o_{2,3}}^{n+1} \left[(p_{o_2}^{n+1} - p_{o_3}^{n+1}) - \gamma_{o_{2,3}}^n \times 0 \right] + T_{o_{4,3}}^{n+1} \left[(p_{o_4}^{n+1} - p_{o_3}^{n+1}) - \gamma_{o_{4,3}}^n \times 0 \right]$$

$$+ T_{o_{7,3}}^{n+1} \left[(p_{o_7}^{n+1} - p_{o_3}^{n+1}) - \gamma_{o_{7,3}}^n (Z_7 - Z_3) \right] + 0 + 0$$

$$= \frac{V_{b_3}}{\alpha_c \Delta t} \left\{ \left[\frac{\phi(1 - S_w - S_g)}{B_o} \right]_3^{n+1} - \left[\frac{\phi(1 - S_w - S_g)}{B_o} \right]_3^n \right\} \tag{11.96}$$

将给定值代入式（11.55）并展开求和项，得到气组分方程式：

$$T_{g_{2,3}}^{n+1} \left[(p_{o_2}^{n+1} - p_{o_3}^{n+1}) + (p_{\mathrm{cgo}_2}^{n+1} - p_{\mathrm{cgo}_3}^{n+1}) - \gamma_{g_{2,3}}^n \times 0 \right]$$

$$+ (T_o R_s)_{2,3}^{n+1} \left[(p_{o_2}^{n+1} - p_{o_3}^{n+1}) - \gamma_{o_{2,3}}^n \times 0 \right]$$

$$+ T_{g_{4,3}}^{n+1} \left[(p_{o_4}^{n+1} - p_{o_3}^{n+1}) + (p_{\mathrm{cgo}_4}^{n+1} - p_{\mathrm{cgo}_3}^{n+1}) - \gamma_{g_{4,3}}^n \times 0 \right]$$

$$+ (T_o R_s)_{4,3}^{n+1} \left[(p_{o_4}^{n+1} - p_{o_3}^{n+1}) - \gamma_{o_{4,3}}^n \times 0 \right]$$

$$+ T_{g_{7,3}}^{n+1} \left[(p_{o_7}^{n+1} - p_{o_3}^{n+1}) + (p_{\mathrm{cgo}_7}^{n+1} - p_{\mathrm{cgo}_3}^{n+1}) - \gamma_{g_{7,3}}^n (Z_7 - Z_3) \right]$$

$$+ (T_o R_s)_{7,3}^{n+1} \left[(p_{o_7}^{n+1} - p_{o_3}^{n+1}) - \gamma_{o_{7,3}}^n (Z_7 - Z_3) \right] + 0 + \left[0 + R_{s_7}^{n+1} \times 0 \right]$$

$$= \frac{V_{b_3}}{\alpha_c \Delta t} \left\{ \left(\frac{\phi S_g}{B_g} \right)_3^{n+1} - \left(\frac{\phi S_g}{B_g} \right)_3^n + \left[\frac{\phi R_s (1 - S_w - S_g)}{B_o} \right]_3^{n+1} - \left[\frac{\phi R_s (1 - S_w - S_g)}{B_o} \right]_3^n \right\}$$

$$\tag{11.97}$$

通过将给定值代入式（11.56）并展开求和项，得出水组分方程：

$$T_{w_{2,3}}^{n+1}\left[\left(p_{o_2}^{n+1}-p_{o_3}^{n+1}\right)-\left(p_{cow_2}^{n+1}-p_{cow_3}^{n+1}\right)-\gamma_{w_{2,3}}^{n}\times 0\right]$$

$$+T_{w_{4,3}}^{n+1}\left[\left(p_{o_4}^{n+1}-p_{o_3}^{n+1}\right)-\left(p_{cow_4}^{n+1}-p_{cow_3}^{n+1}\right)-\gamma_{w_{4,3}}^{n}\times 0\right]$$

$$+T_{w_{7,3}}^{n+1}\left[\left(p_{o_7}^{n+1}-p_{o_3}^{n+1}\right)-\left(p_{cow_7}^{n+1}-p_{cow_3}^{n+1}\right)-\gamma_{w_{7,3}}^{n}\left(Z_7-Z_3\right)\right]$$

$$+\left[\beta_c\frac{K_zA_z}{\mu_wB_w(\Delta z/2)}\right]_3^{n+1}\left[\left(p_{woc}-p_{o_3}^{n+1}\right)-\left(\gamma_w\right)_3^n\Delta z_3/2\right]+0 \tag{11.98}$$

$$=\frac{V_{b_3}}{\alpha_c\Delta t}\left[\left(\frac{\phi S_w}{B_w}\right)_3^{n+1}-\left(\frac{\phi S_w}{B_w}\right)_3^n\right]$$

11.4.4　非线性处理

多相流中相传导率的时间线性化方法类似于 8.4.1.2 节中针对单相流提出的方法（显式方法、简单迭代方法和全隐式方法）。还有其他时间线性化方法，如线性化隐式方法（Mac-Donald and Coats, 1970）和半隐式方法（Nolen and Berry, 1972）；但是，这些方法只处理由流体饱和度引起的非线性性。多相流中井产量的时间线性化方法类似于 8.4.2 节中针对单相流提出的方法（显式传导率法、传导率简单迭代法和全隐式法）。应该提到的是，多相流中井产量项（生产和注入）和虚拟井产量项的时间线性化与处理区块与其相邻区块之间的流动项所用的时间线性化相同（见 8.4.3 节）。

相传导率的空间线性化方法不同于单相流动的空间线性化方法。对于公式（11.35）定义的相传导率：

$$T_{p_{l,n}}=G_{l,n}\left(\frac{1}{\mu_p\beta_p}\right)_{l,n}K_{rp_{l,n}} \tag{11.35}$$

针对单相流提出的各种空间加权方法（8.4.1.1 节）适用于压力相关项 $\left(\dfrac{1}{\mu_p B_p}\right)_{l,n}$ 和 $\left(\dfrac{R_s}{\mu_o B_o}\right)_{l,n}$，但是，只有上游加权方法适用于饱和度相关项 $K_{rp_{l,n}}$。事实上，在应用到相对渗透率时，8.4.1.1 节中提出的函数平均值法和变量平均值法得出了错误的结果。上游加权法是压力和饱和度相关项的空间线性化最常用的方法。

11.4.5　求解方法

在本节中，将介绍隐式压力显式饱和度法（IMPES）和联立解（SS）方法，因为它们适用于多维油藏中的两相油—水流动模型。多维油藏网格 n 的流动方程（简化方程组）如 11.3.1 节中方程（11.41）和方程（11.42）所示。

油组分的流动方程为：

$$\sum_{l\in\psi_n}T_{o_{l,n}}^{n+1}\left[\left(p_{o_l}^{n+1}-p_{o_n}^{n+1}\right)-\gamma_{o_{l,n}}^n\left(Z_l-Z_n\right)\right]+\sum_{l\in\xi_n}q_{ocs_{l,n}}^{n+1}+q_{osc_n}^{n+1}$$

$$= \frac{V_{b_n}}{\alpha_c \Delta t}\left\{ \left[\frac{\phi(1-S_w)}{B_o}\right]_n^{n+1} - \left[\frac{\phi(1-S_w)}{B_o}\right]_n^n \right\} \tag{11.41}$$

水组分的流动方程为：

$$\sum_{l \in \psi_n} T_{w_{l,n}}^{n+1}\left[(p_{o_l}^{n+1} - p_{o_n}^{n+1}) - (p_{cow_l}^{n+1} - p_{cow_n}^{n+1}) - \gamma_{w_{l,n}}^n(Z_l - Z_n)\right] + \sum_{l \in \xi_n} q_{wsc_{l,n}}^{n+1} + q_{wsc_n}^{n+1}$$

$$= \frac{V_{b_n}}{\alpha_c \Delta t}\left[\left(\frac{\phi S_w}{B_w}\right)_n^{n+1} - \left(\frac{\phi S_w}{B_w}\right)_n^n\right] \tag{11.42}$$

该处利用了 p_o—S_w；因此，主要的未知量是 p_o 和 S_w，次要未知量为 p_w 和 S_o，其中 $p_w = p_o - p_{cow}(S_w)$ 以及 $S_o = 1 - S_w$。方程（11.41）和方程（11.42）的右侧展开式是：

$$\frac{V_{b_n}}{\alpha_c \Delta t}\left\{ \left[\frac{\phi(1-S_w)}{B_o}\right]_n^{n+1} - \left[\frac{\phi(1-S_w)}{B_o}\right]_n^n \right\}$$

$$= \frac{V_{b_n}}{\alpha_c \Delta t}\left\{ -\left(\frac{\phi}{B_o}\right)_n^{n+1}(S_{w_n}^{n+1} - S_{w_n}^n) + (1-S_{w_n}^n)\left[\phi_n^{n+1}\left(\frac{1}{B_{o_n}}\right) + \frac{1}{B_{o_n}^n}\phi'_n\right](p_{o_n}^{n+1} - p_{o_n}^n) \right\} \tag{11.99}$$

和

$$\frac{V_{b_n}}{\alpha_c \Delta t}\left[\left(\frac{\phi S_w}{B_w}\right)_n^{n+1} - \left(\frac{\phi S_w}{B_w}\right)_n^n\right]$$

$$= \frac{V_{b_n}}{\alpha_c \Delta t}\left\{\left(\frac{\phi}{B_w}\right)_n^{n+1}(S_{w_n}^{n+1} - S_{w_n}^n) + S_{w_n}^n\left[\phi_n^{n+1}\left(\frac{1}{B_{w_n}}\right)' + \frac{1}{B_{w_n}^n}\phi'_n\right](p_{o_n}^{n+1} - p_{o_n}^n) \right\} \tag{11.62}$$

方程（11.99）和方程（11.62）可以重写为：

$$\frac{V_{b_n}}{\alpha_c \Delta t}\left\{ \left[\frac{\phi(1-S_w)}{B_o}\right]_n^{n+1} - \left[\frac{\phi(1-S_w)}{B_o}\right]_n^n \right\}$$

$$= C_{op_n}(p_{o_n}^{n+1} - p_{o_n}^n) + C_{ow_n}(S_{w_n}^{n+1} - S_{w_n}^n) \tag{11.100}$$

和

$$\frac{V_{b_n}}{\alpha_c \Delta t}\left[\left(\frac{\phi S_w}{B_w}\right)_n^{n+1} - \left(\frac{\phi S_w}{B_w}\right)_n^n\right] = C_{wp_n}(p_{o_n}^{n+1} - p_{o_n}^n) + C_{ww_n}(S_{w_n}^{n+1} - S_{w_n}^n) \tag{11.101}$$

其中

$$C_{op_n} = \frac{V_{b_n}}{\alpha_c \Delta t}\left\{ (1-S_{w_n}^n)\left[\phi_n^{n+1}\left(\frac{1}{B_{o_n}}\right)' + \frac{1}{B_{o_n}^n}\phi'_n\right] \right\} \tag{11.102a}$$

$$C_{\mathrm{ow}_n} = \frac{V_{\mathrm{b}_n}}{\alpha_\mathrm{c} \Delta t}\left[- \left(\frac{\phi}{B_\mathrm{o}}\right)^{n+1}_n \right] \tag{11.102b}$$

$$C_{\mathrm{wp}_n} = \frac{V_{\mathrm{b}_n}}{\alpha_\mathrm{c} \Delta t}\left\{ S^n_{\mathrm{w}_n}\left[\phi^{n+1}_n \left(\frac{1}{B_{\mathrm{w}_n}}\right)' + \frac{1}{B^n_{\mathrm{w}_n}}\phi'_n \right] \right\} \tag{11.102c}$$

和

$$C_{\mathrm{ww}_n} = \frac{V_{\mathrm{b}_n}}{\alpha_\mathrm{c} \Delta t}\left(\frac{\phi}{B_\mathrm{w}}\right)^{n+1}_n \tag{11.102d}$$

通过将方程（11.100）和方程（11.101）代入方程（11.41）和方程（11.42），得到了适用于油—水模型简化流动方程组的一种形式的求解方法。

油组分方程式变为：

$$\sum_{l \in \psi_n} T^{n+1}_{\mathrm{o}_{l,n}}\left[(p^{n+1}_{\mathrm{o}_l} - p^{n+1}_{\mathrm{o}_n}) - \gamma^n_{\mathrm{o}_{l,n}}(Z_l - Z_n) \right] + \sum_{l \in \xi_n} q^{n+1}_{\mathrm{osc}_{l,n}} + q^{n+1}_{\mathrm{osc}_n}$$

$$= C_{\mathrm{op}_n}(p^{n+1}_{\mathrm{o}_n} - p^n_{\mathrm{o}_n}) + C_{\mathrm{ow}_n}(S^{n+1}_{\mathrm{w}_n} - S^n_{\mathrm{w}_n}) \tag{11.103}$$

水组分方程式变为：

$$\sum_{l \in \psi_n} T^{n+1}_{\mathrm{w}_{l,n}}\left[(p^{n+1}_{\mathrm{o}_l} - p^{n+1}_{\mathrm{o}_n}) - (p^{n+1}_{\mathrm{cow}_l} - p^{n+1}_{\mathrm{cow}_n}) - \gamma^n_{\mathrm{w}_{l,n}}(Z_l - Z_n) \right] + \sum_{l \in \xi_n} q^{n+1}_{\mathrm{wsc}_{l,n}}$$

$$+ q^{n+1}_{\mathrm{wsc}_n} = C_{\mathrm{wp}_n}(p^{n+1}_{\mathrm{o}_n} - p^n_{\mathrm{o}_n}) + C_{\mathrm{ww}_n}(S^{n+1}_{\mathrm{w}_n} - S^n_{\mathrm{w}_n}) \tag{11.104}$$

式（11.102）定义了系数 C_{op_n}、C_{ow_n} 和 C_{ww_n}，导数 $\left(\frac{1}{B_{\mathrm{o}_n}}\right)'$、$\left(\frac{1}{B_{\mathrm{w}_n}}\right)'$ 和 ϕ'_n 是弦斜率，定义如下：

$$\left(\frac{1}{B_{\mathrm{o}_n}}\right)' = \left(\frac{1}{B^{(\nu)}_{\mathrm{o}_{n+1}}} - \frac{1}{B^n_{\mathrm{o}_n}}\right)\Big/\left(p^{(\nu)}_{\mathrm{o}_{n+1}} - p^n_{\mathrm{o}_n}\right) \tag{11.105a}$$

$$\left(\frac{1}{B_{\mathrm{w}_n}}\right)' = \left(\frac{1}{B^{(\nu)}_{\mathrm{w}_{n+1}}} - \frac{1}{B^n_{\mathrm{w}_n}}\right)\Big/\left(p^{(\nu)}_{\mathrm{o}_{n+1}} - p^n_{\mathrm{o}_n}\right) \tag{11.105b}$$

和

$$\phi'_n = (\phi^{(\nu)}_{n+1} - \phi^n_n)/(p^{(\nu)}_{\mathrm{o}_{n+1}} - p^n_{\mathrm{o}_n}) \tag{11.105c}$$

方程（7.6）描述了油水流动模型中油水体积系数（FVF）的压力相关性，方程（7.11）描述了孔隙度的压力相关性。将方程（7.6）和方程（7.11）代入方程（11.105）得到：

$$\left(\frac{1}{B_{\mathrm{o}_n}}\right)' = \frac{c_\mathrm{o}}{B^\circ_\mathrm{o}} \tag{11.106a}$$

$$\left(\frac{1}{B_{\mathrm{w}_n}}\right)' = \frac{c_\mathrm{w}}{B^\circ_\mathrm{w}} \tag{11.106b}$$

和

$$\phi'_n = \phi^{\circ}_n c_{\phi} \tag{11.106c}$$

11.4.5.1 IMPES 法

隐式压力显示饱和度（IMPES）方法，顾名思义，得到一个隐式压力解和显式饱和度解。第一步，将传导率、毛细管压力、井产量项和虚拟井产量项中压力差的系数、流体重力写成显式格式。然后将油组分的流动方程［方程（11.103）］乘以 $B^{n+1}_{o_n}$，将水组分流动方程［方程（11.104）］乘以 $B^{n+1}_{w_n}$，两个方程式相加，消除方程右侧出现的饱和度项（$S^{n+1}_{w_n} - S^n_{w_n}$），组合得到网格 n 的压力方程。最后，写出所有网格（$n=1, 2, 3, \cdots, N$）的压力方程，求解时间节点 $n+1$ 时刻的网格压力（对应于 $n=1, 2, 3, \cdots, N$ 的 $p^{n+1}_{o_n}$）。第二步，显式求解时间节点 $n+1$ 时刻网格 n 的水组分流动方程［方程（11.104）］，以确定含水饱和度 $S^{n+1}_{w_n}$。然后更新毛细管压力［$n=1, 2, 3, \cdots, N, p^{n+1}_{\mathrm{cow}_n} = p^{n+1}_{\mathrm{cow}_n}\left(S^{n+1}_{w_n}\right)$］，作为新的 $p^n_{\mathrm{cow}_n}$ 代入下一节点的计算。

对于具有显式格式油井产量的封闭油藏（封闭边界），网格 n（$n=1, 2, 3, \cdots, N$）的压力方程为：

$$
\sum_{l \in \psi_n}(B^{n+1}_{o_n} T^n_{o_{l,n}} + B^{n+1}_{w_n} T^n_{w_{l,n}}) p^{n+1}_{o_l} - \left\{ \left[\sum_{l \in \psi_n}(B^{n+1}_{o_n} T^n_{o_{l,n}} + B^{n+1}_{w_n} T^n_{w_{l,n}}) \right] \right.
$$

$$
\left. + (B^{n+1}_{o_n} C_{op_n} + B^{n+1}_{w_n} C_{wp_n}) \right\} p^{n+1}_{o_n} = \sum_{l \in \psi_n} \left[(B^{n+1}_{o_n} T^n_{o_{l,n}} \gamma^n_{o_{l,n}} + B^{n+1}_{w_n} T^n_{w_{l,n}} \gamma^n_{w_{l,n}})(Z_l - Z_n) \right]
$$

$$
+ \sum_{l \in \psi_n}(B^{n+1}_{w_n} T^n_{w_{l,n}}(p^n_{\mathrm{cow}_l} - p^n_{\mathrm{cow}_n}) - (B^{n+1}_{o_n} C_{op_n} + B^{n+1}_{w_n} C_{wp_n}) p^n_{o_n}
$$

$$
- (B^{n+1}_{o_n} q^n_{\mathrm{osc}_n} + B^{n+1}_{w_n} q^n_{\mathrm{wsc}_n}) \tag{11.107}
$$

对于求解油相压力分布的方程（11.107），通常需要迭代 $B^{n+1}_{o_n}$、$B^{n+1}_{w_n}$、C'_{op_n} 和 C'_{wp_n} 以保持物质守恒。对于一维流动问题，方程（11.107）表示一个三对角矩阵式。在这种情况下，网格块 n 的方程中的未知数 $p^{n+1}_{o_{n-1}}, p^{n+1}_{o_n}$ 和 $p^{n+1}_{o_{n+1}}$ 的系数分别对应 9.2.1 节中介绍的 Thomas 算法中 w_n、c_n 和 e_n，方程的右侧对应 d_n。

将方程（11.104）中传导率和毛细管力写成显式格式，便可以计算封闭油藏中单个油藏网格的含水饱和度，计算过程如下：

$$
S^{n+1}_{w_n} = S^n_{w_n} + \frac{1}{C_{ww_n}} \left\{ \sum_{l \in \psi_n} T^n_{w_{l,n}} \left[(p^{n+1}_{o_l} - p^{n+1}_{o_n}) - (p^n_{\mathrm{cow}_l} - p^n_{\mathrm{cow}_n}) - \gamma^n_{w_{l,n}}(Z_l - Z_n) \right] \right.
$$

$$
\left. + q^n_{\mathrm{wsc}_n} - C_{wp_n}(p^{n+1}_{o_n} - p^n_{o_n}) \right\} \tag{11.108}
$$

可直接根据方程（11.108）求解网格 n 的显式含水饱和度，不需要与其他网格的方程联立。这个新的含水饱和度值用于更新网格 n 的毛细管压力，$p_{\mathrm{cow}_n}^{n+1} = p_{\mathrm{cow}_n}^{n+1}(S_{\mathrm{w}_n}^{n+1})$，更新后的值将作为 $p_{\mathrm{cow}_n}^n$ 用于下一时间步长的计算。

11.4.5.2　SS 法

顾名思义，联立求解（SS）方法同时求解水和油的流动方程中的未知项。虽然该方法非常适合于全隐式公式，但本小节使用显式传导率（$T_{\mathrm{o}_{l,n}}^n$ 和 $T_{\mathrm{w}_{l,n}}^n$）、显式井产量（$q_{\mathrm{osc}_n}^n$ 和 $q_{\mathrm{wsc}_n}^n$）和隐式毛细管压力演示了其在封闭油藏（封闭边界，$\sum_{l \in \xi_n} q_{\mathrm{osc}_n}^n = 0$ 和 $\sum_{l \in \xi_n} q_{\mathrm{wsc}_n}^n = 0$）中的应用。水相流动方程［方程（11.104）］中的毛细管压力项（$p_{\mathrm{cow}_l}^n - p_{\mathrm{cow}_n}^{n+1}$）用含水饱和度表示。此外，还对流体重力项作了显式处理。

因此，对于网格 n，油相流动方程变为：

$$\sum_{l \in \psi_{n}} T_{\mathrm{o}_{l,n}}^n \left[(p_{\mathrm{o}_l}^{n+1} - p_{\mathrm{o}_n}^{n+1}) - \gamma_{\mathrm{o}_{l,n}}^n (Z_l - Z_n) \right] + 0 + q_{\mathrm{osc}_n}^n$$

$$= C_{\mathrm{op}_n}(p_{\mathrm{o}_n}^{n+1} - p_{\mathrm{o}_n}^n) + C_{\mathrm{ow}_n}(S_{\mathrm{w}_n}^{n+1} - S_{\mathrm{w}_n}^n) \tag{11.109}$$

水相流动方程变成：

$$\sum_{l \in \psi_n} T_{\mathrm{w}_{l,n}}^n \left[(p_{\mathrm{o}_l}^{n+1} - p_{\mathrm{o}_n}^{n+1}) - \left[p_{\mathrm{cow}_l}^n + p_{\mathrm{cow}_l}^{\prime n}(S_{\mathrm{w}_l}^{n+1} - S_{\mathrm{w}_l}^n) - p_{\mathrm{cow}_n}^n - p_{\mathrm{cow}_n}^{\prime n}(S_{\mathrm{w}_n}^{n+1} - S_{\mathrm{w}_n}^n) \right] \right.$$

$$\left. - \gamma_{\mathrm{w}_{l,n}}^n (Z_l - Z_n) \right] + 0 + q_{\mathrm{wsc}_n}^n = C_{\mathrm{wp}_n}(p_{\mathrm{o}_n}^{n+1} - p_{\mathrm{o}_n}^n) + C_{\mathrm{ww}_n}(S_{\mathrm{w}_n}^{n+1} - S_{\mathrm{w}_n}^n) \tag{11.110}$$

方程（11.109）和方程（11.110）中的项重新排列如下。

对于油相流动方程：

$$\sum_{l \in \psi_n} \left[T_{\mathrm{o}_{l,n}}^n p_{\mathrm{o}_l}^{n+1} + (0) S_{\mathrm{w}_l}^{n+1} \right] - \left\{ \left[\left(\sum_{l \in \psi_n} T_{\mathrm{o}_{l,n}}^n \right) + C_{\mathrm{op}_n} \right] p_{\mathrm{o}_n}^{n+1} + C_{\mathrm{ow}_n} S_{\mathrm{w}_n}^{n+1} \right\}$$

$$= \sum_{l \in \psi_n} \left[T_{\mathrm{o}_{l,n}}^n \gamma_{\mathrm{o}_{l,n}}^n (Z_l - Z_n) \right] - q_{\mathrm{osc}_n}^n - C_{\mathrm{op}_n} p_{\mathrm{o}_n}^n - C_{\mathrm{ow}_n} S_{\mathrm{w}_n}^n \tag{11.111}$$

对于水相流动方程：

$$\sum_{l \in \psi_n} \left[T_{\mathrm{w}_{l,n}}^n p_{\mathrm{o}_l}^{n+1} - T_{\mathrm{w}_{l,n}}^n p_{\mathrm{cow}_l}^{\prime n} S_{\mathrm{w}_l}^{n+1} \right] - \left\{ \left[\left(\sum_{l \in \psi_n} T_{\mathrm{w}_{l,n}}^n \right) + C_{\mathrm{wp}_n} \right] p_{\mathrm{o}_n}^{n+1} \right.$$

$$\left. + \left[\left(\sum_{l \in \psi_n} T_{\mathrm{w}_{l,n}}^n p_{\mathrm{cow}_n}^{\prime n} \right) + C_{\mathrm{ww}_n} \right] S_{\mathrm{w}_n}^{n+1} \right\} \tag{11.112}$$

$$= \sum_{l \in \psi_n} T_{\mathrm{w}_{l,n}}^n \left[(p_{\mathrm{cow}_l}^n - p_{\mathrm{cow}_l}^{\prime n} S_{\mathrm{w}_l}^n) - (p_{\mathrm{cow}_n}^n - p_{\mathrm{cow}_n}^{\prime n} S_{\mathrm{w}_n}^n) + \gamma_{\mathrm{w}_{l,n}}^n (Z_l - Z_n) \right]$$

$$- q_{\mathrm{wsc}_n}^n - C_{\mathrm{wp}_n} p_{\mathrm{o}_n}^n - C_{\mathrm{ww}_n} S_{\mathrm{w}_n}^n$$

写出所有网格（$n = 1$，2，3，…，N）的方程（11.111）和方程（11.112），共 $2N$ 个方程，$2N$ 个未知数。对于一维流动问题，有 $2n_x$ 个方程形成双对角矩阵方程：

$$[\boldsymbol{A}] \vec{X} = \vec{b} \tag{11.113a}$$

或者

$$
\begin{bmatrix}
[c_1] & [e_1] & & & & & \\
[w_2] & [c_2] & [e_2] & & & & \\
& \cdots & \cdots & \cdots & & & \\
& & [w_i] & [c_i] & [e_i] & & \\
& & & \cdots & \cdots & \cdots & \\
& & & & [w_{n_x-1}] & [c_{n_x-1}] & [e_{n_x-1}] \\
& & & & & [w_{n_x}] & [c_{n_x}]
\end{bmatrix}
\begin{bmatrix}
\vec{X}_1 \\
\vec{X}_2 \\
\cdots \\
\vec{X}_i \\
\cdots \\
\vec{X}_{n_x-1} \\
\vec{X}_{n_x}
\end{bmatrix}
=
\begin{bmatrix}
\vec{b}_1 \\
\vec{b}_2 \\
\cdots \\
\vec{b}_i \\
\cdots \\
\vec{b}_{n_x-1} \\
\vec{b}_{n_x}
\end{bmatrix}
$$

(11. 113b)

其中

$$
[w_i] = \begin{bmatrix}
T^n_{ox_{i-\frac{1}{2}}} & 0 \\
T^n_{wx_{i-\frac{1}{2}}} - T^n_{wx_{i-\frac{1}{2}}} p'^n_{cow_{i-1}}
\end{bmatrix}
\tag{11.114}
$$

$$
[e_i] = \begin{bmatrix}
T^n_{ox_{i+\frac{1}{2}}} & 0 \\
T^n_{wx_{i+\frac{1}{2}}} - T^n_{wx_{i+\frac{1}{2}}} p^n_{cow_{i+1}}
\end{bmatrix}
\tag{11.115}
$$

$$
[c_i] = \begin{bmatrix}
-(T^n_{ox_{i-\frac{1}{2}}} + T^n_{ox_{i+\frac{1}{2}}} + C_{op_i}) & C_{ow_i} \\
-(T^n_{wx_{i-\frac{1}{2}}} + T^n_{wx_{i+\frac{1}{2}}} + C_{wp_i}) [(T^n_{wx_{i-\frac{1}{2}}} + T^n_{wx_{i+\frac{1}{2}}}) p^n_{cow_i} - C_{ww_i}]
\end{bmatrix}
\tag{11.116}
$$

$$
\vec{X}_i = \begin{bmatrix}
p^{n+1}_{o_i} \\
S^{n+1}_{w_i}
\end{bmatrix}
\tag{11.117}
$$

和

$$
\vec{b}_i = \begin{bmatrix}
T^n_{ox_{i-\frac{1}{2}}} \gamma^n_{o_{i-\frac{1}{2}}} (Z_{i-1} - Z_i) + T^n_{ox_{i+\frac{1}{2}}} \gamma^n_{o_{i+\frac{1}{2}}} (Z_{i+1} - Z_i) - q^n_{osc_i} - C_{op_i} p^n_{o_i} - C_{ow_i} S^n_{w_i} \\[2ex]
\left\{ T^n_{wx_{i-\frac{1}{2}}} \gamma^n_{w_{i-\frac{1}{2}}} (Z_{i-1} - Z_i) + T^n_{wx_{i+\frac{1}{2}}} \gamma^n_{w_{i+\frac{1}{2}}} (Z_{i+1} - Z_i) - q^n_{wsc_i} - C_{wp_i} p^n_{o_i} - C_{ww_i} S^n_{w_i} \right. \\[1ex]
+ T^n_{wx_{i-\frac{1}{2}}} [(p^n_{cow_{i-1}} - p^n_{cow_{i-1}}) - (p'^n_{cow_i} S^n_{w_{i-1}} - p'^n_{cow_i} S^n_{w_i})] \\[1ex]
\left. + T^n_{wx_{i+\frac{1}{2}}} [(p^n_{cow_{i+1}} - p^n_{cow_i}) - (p'^n_{cow_{i+1}} S^n_{w_{i+1}} - p'^n_{cow_i} S^n_{w_i})] \right\}
\end{bmatrix}
$$

$$\tag{11.118}$$

其中 $i = 1,\ 2,\ 3,\ \cdots,\ n_x$。

如 9.2.1 节所示，采用与 Thomas 算法相同的步骤，用矩阵数学运算代替标量数学运算，得到了一维流动问题的双对角矩阵方程的解决方案。因此，Thomas 求解双对角矩阵方程的算法就成为了一种新的算法。

（1）前向解法。

令

$$[\boldsymbol{u}_1] = [\boldsymbol{c}_1]^{-1}[\boldsymbol{e}_1] \tag{11.119}$$

和

$$\vec{g}_1 = [\boldsymbol{c}_1]^{-1} = \vec{d}_1 \tag{11.120}$$

对于 $i = 1,\ 2,\ 3,\ \cdots,\ n_x - 1$：

$$[\boldsymbol{u}_i] = [\boldsymbol{c}_i] - [\boldsymbol{w}_i][\boldsymbol{u}_{i-1}]]^{-1}[\boldsymbol{e}_i] \tag{11.121}$$

对于 $i = 1,\ 2,\ 3,\ \cdots,\ n_x$：

$$\vec{g}_i = [[\boldsymbol{c}_i] - [\boldsymbol{w}_i][\boldsymbol{u}_{i-1}]]^{-1}(\vec{d}_i - [\boldsymbol{w}_i]\vec{g}_{i-1}) \tag{11.122}$$

（2）后向解法。

令

$$\vec{X}_{n_x} = \vec{g}_{n_x} \tag{11.123}$$

对于 $i = n_x - 1, n_x - 2,\ \cdots,\ 3,\ 2,\ 1$：

$$\vec{X}_i = \vec{g}_i - [\boldsymbol{u}_i]\vec{X}_{i+1} \tag{11.124}$$

对于黑油模型，得到的方程组是三对角矩阵。可应用方程（11.119）到方程（11.124）中给出的算法求解，但需要注意的是，子矩阵为 3×3，子向量的维数为 3。

11.5　质量守恒检验

在多相流系统中，每个组分都需要进行增量和累积质量守恒检验。对于油相和水相（$p = \text{o},\ \text{w}$）而言，每个组分都包含在其相内，因此：

$$I_{\text{MB}_p} = \frac{\displaystyle\sum_{n=1}^{N} \frac{V_{\text{b}_n}}{\alpha_{\text{c}}\Delta t}\left[\left(\frac{\phi S_p}{B_p}\right)_n^{n+1} - \left(\frac{\phi S_p}{B_p}\right)_n^{n}\right]}{\displaystyle\sum_{n=1}^{N}\left(q_{psc_n}^{n+1} + \sum_{l \in \xi_n} q_{psc_{l,n}}^{n+1}\right)} \tag{11.125a}$$

和

$$C_{MB_p} = \frac{\sum_{n=1}^{N} \frac{V_{b_n}}{\alpha_c} \left[\left(\frac{\phi S_p}{B_p}\right)_n^{n+1} - \left(\frac{\phi S_p}{B_p}\right)_n^{0} \right]}{\sum_{m=1}^{n+1} \Delta t_m \sum_{n=1}^{N} \left(q_{pscn}^m + \sum_{l \in \xi_n} q_{psc_{l,n}}^m \right)} \tag{11.126a}$$

对于气组分，必须同时考虑自由气和溶解气组分，因此：

$$I_{MB_g} = \sum_{n=1}^{N} \frac{V_{b_n}}{\alpha_c \Delta t} \left\{ \left[\left(\frac{\phi S_g}{B_g}\right)_n^{n+1} - \left(\frac{\phi S_g}{B_g}\right)_n^{n} \right] + \left[\left(\frac{\phi R_s S_o}{B_o}\right)_n^{n+1} - \left(\frac{\phi R_s S_o}{B_o}\right)_n^{n} \right] \right\}$$

$$\sum_{n=1}^{N} \left\{ \left[q_{fgsc_n}^{n+1} + \sum_{l \in \xi_n} q_{fgsc_{l,n}}^{n+1} \right] + \left[R_{s_n}^{n+1} q_{osc_n}^{n+1} + \sum_{l \in \xi_n} R_{s_{l,n}}^{n+1} q_{osc_{l,n}}^{n+1} \right] \right\} \tag{11.125b}$$

和

$$C_{MB_g} = \frac{\sum_{n=1}^{N} \frac{V_{b_n}}{\alpha_c} \left\{ \left[\left(\frac{\phi S_g}{B_g}\right)_n^{n+1} - \left(\frac{\phi S_g}{B_g}\right)_n^{0} \right] + \left[\left(\frac{\phi R_s S_o}{B_o}\right)_n^{n+1} - \left(\frac{\phi R_s S_o}{B_o}\right)_n^{0} \right] \right\}}{\sum_{m=1}^{n+1} \Delta t_m \sum_{n=1}^{N} \left\{ \left[q_{fgsc_n}^m + \sum_{l \in \xi_n} q_{fgsc_{l,n}}^m \right] + \left[R_{s_n}^m q_{osc_n}^m + \sum_{l \in \xi_n} R_{s_{l,n}}^m q_{osc_{l,n}}^m \right] \right\}} \tag{11.126b}$$

11.6　压力场求解算法

多相流体流动问题的压力场和饱和度场是随时间变化的，因此压力解和饱和度解是非稳态的。首先，在初始时刻 $t_0 = 0$ 时，为油藏所有未知参数赋值。在初始条件下，油藏流体处于水动力平衡状态，这时只需知道油水界面（WOC）和油气界面（OGC）的压力，就可以根据静水压力和油水毛细管力、油气毛细管力和饱和度约束方程估算各个网格的初始压力和三相流体的饱和度分布。详细介绍可见参考文献（Ertekin et al., 2001）。然后，根据时间步长（Δt_1，Δt_2，Δt_3，Δt_4 等）逐步求解离散时间点（t_1，t_2，t_3，t_4 等）的不同相流体的压力和饱和度分布。具体步骤为：先根据初始时刻 t_0（上一时刻）的压力和饱和度场计算 $t_1 = t_0 + \Delta t_1$ 时刻（当前时刻）的压力场和饱和度场，再根据 t_1 时刻（上一时刻）的压力场和饱和度场计算 $t_2 = t_1 + \Delta t_2$ 时刻（当前时刻）的压力场和饱和度场，再根据 t_2 时刻的压力场计算 $t_3 = t_2 + \Delta t_3$ 时刻的压力场，重复上述过程直到时间达到设置的模拟时间。为了求得当前时刻的压力场，必须写出每个网格块（或网格点）中每个组分的流动差分方程，代入上一时刻的压力和饱和度值，联立线性方程组求解。对于黑油模型而言，每一时间节点的计算过程如下：

（1）计算所有两两相邻网格之间的传导率和 C_{op}，C_{ow}，C_{og}，C_{wp}，C_{ww}，C_{wg}，C_{gp}，C_{gw}，C_{gg} 系数，明确上一时刻和当前时刻前一次迭代时所有网格的压力和饱和度值，需要注意的是，传导率不是定值，而是在每次迭代开始时根据上游网格的参数计算；

（2）根据 11.4.2 节中介绍的方法，计算 $n+1$ 时刻每个井网格中的不同相流体的产量（或写出流量方程）；

（3）根据 11.4.3 节中介绍的方法，计算 $n+1$ 时刻每一口虚拟井的不同相流体的流量（或写出流量方程），即计算 $n+1$ 时刻由边界条件产生的流体交换量；

（4）对油藏中的每一个网格点（或网格块），确定其相邻网格集合 ψ_n 和网格所在油藏边界集合 ξ_n，展开流动方程中的求和项，并代入步骤（2）和步骤（3）中得到的井网格的相产量和虚拟井的相流量；

（5）参照 11.4.4 节，将流动方程中的各项线性化；

（6）对每个流动方程进行化简和排序，将未知项（$n+1$ 时刻）放在等式的左侧，将已知项放在等式的右侧；

（7）使用线性方程求解器求解方程组中的未知压力和饱和度（$n+1$ 时刻）；

（8）验证压力和饱和度解的收敛性，如果收敛，则直接进行步骤（9），如果不收敛，则需要更新步骤（1）中的网格间的传导率值和系数值，明确上一时刻和当前时刻前一次迭代时所有网格的压力和饱和度值，从步骤（2）重新开始求解；

（9）必要时，将步骤（7）中求得的压力和饱和度解代入步骤（2）和步骤（3）中的相流量方程，计算 $n+1$ 时刻不同相流体的井网格和虚拟井的产量；

（10）利用 11.5 节中给出的公式对所有组分（o，w，g）进行质量增量守恒和质量累积守恒检验。

11.7　小结

天然油气藏中可能同时存在油、气、水三相流体，这三相流体的饱和度之和为 1。各相流体之间存在着毛细管力。各相流体的相对渗透率、势梯度等参数会影响流动的性质。尽管气相和水相流体的体积系数和黏度与单相流动模拟时相同，但是油相流体的物性参数与溶解气油比（GOR）和当前压力位于泡点压力以上还是泡点压力以下有关。多相流体流动模拟需要写出系统中各组分流体的流动方程，然后求解方程中的未知项。本章研究对象为黑油油藏，它包含三个组分，分别为标准条件下的油、水和气。其流动模型包括各个组分的流动方程、饱和度约束方程和油水毛细管力方程、油气毛细管力方程。流动方程的组成决定了流动方程的化简方法，也同样决定了方程中的主要未知量和次要未知量。本章所介绍的黑油模型中，起决定性作用的方程为 $p_o - S_w - S_g$ 方程，它决定了方程中的主要未知量为 p_o、S_w、S_g，而次要未知量为 p_w、p_g 和 S_o。油—水、油—气和气—水两相流动模型，都可以看作是该黑油模型的变式。为了求解上述黑油模型，需要首先将累积项展开，表示成单个时间步长内主要未知量的差值；推导不同相流体的井产量方程；推导不同边界条件下，不同相流体的虚拟井产量方程。此外，还必须将流动方程中的所有项线性化，这一步可采用隐式压力显式饱和度法（IMPES）或联立求解法（SS）。线性化最终得到一组线性方程组。最后，选用任意一种线性求解法即可求得单个时间步长内的线性流动方程组的解。例如，可使用 Thomas 解法的拓展方法求解多相一维流动问题。

11.8 练习题

11.1 一维油藏如图 11.9 所示。油藏仅有油水两相流体。左、右两侧均为封闭边界。在网格 1 区域中有一口注水井，在网格 4 区域中有一口生产井。

（1）请写出该油藏的流动模型的四个组成部分。

（2）请写出油藏中任一网格的四个未知量的名称。

（3）请写出该油藏中任一网格 n 的流动方程。

（4）请写出油藏的饱和度约束方程和毛细管力方程。

（5）如果使用 $p_o - S_w$ 方程，请写出油藏中任一网格的主要未知量和次要未知量。

（6）请写出根据 $p_o - S_w$ 方程化简后的任一网格 n 的流动方程。

（7）请写出根据 $p_o - S_w$ 方程化简后的网格 1，2，3，4 的流动方程。

11.2 完成以下与练习 11.1 有关的问题。

（1）如果使用 $p_o - S_o$ 方程，请写出油藏中任一网格的主要未知量和次要未知量。

（2）请写出根据 $p_o - S_o$ 方程化简后的任一网格 n 的流动方程。

（3）请写出根据 $p_o - S_o$ 方程化简后的网格 1，2，3，4 的流动方程。

11.3 一维油藏如图 11.9 所示。油藏仅有油气两相流体。左、右两侧均为封闭边界。在网格 1 区域中有一口注水井，在网格 4 区域中有一口生产井。

（1）请写出该油藏的流动模型的四个组成部分。

（2）请写出该油藏中任一网格的四个未知量的名称。

（3）请写出该油藏中任一网格 n 的流动方程。

（4）请写出该油藏的饱和度约束方程和毛细管力方程。

（5）如果使用 $p_o - S_g$ 方程，请写出油藏中任一网格的主要未知量和次要未知量。

（6）请写出根据 $p_o - S_g$ 方程化简后的任一网格 n 的流动方程。

（7）请写出根据 $p_o - S_g$ 方程化简后的网格 1，2，3，4 的流动方程。

11.4 完成以下与练习 11.3 有关的问题。

（1）如果使用 $p_o - S_o$ 方程，请写出油藏中任一网格的主要未知量和次要未知量。

（2）请写出根据 $p_o - S_o$ 方程化简后的任一网格 n 的流动方程。

（3）请写出根据 $p_o - S_o$ 方程化简后的网格 1，2，3，4 的流动方程。

11.5 一维油藏如图 11.9 所示。油藏仅有气水两相流体。左、右两侧均为封闭边界。在网格 1 区域中有一口注水井，在网格 4 区域中有一口生产井。

（1）请写出该油藏的流动模型的四个组成部分。

（2）请写出该油藏中任一网格的四个未知量的名称。

（3）请写出该油藏中任一网格 n 的流动方程。

（4）请写出该油藏的饱和度约束方程和毛细管力方程。

（5）如果使用 $p_g - S_g$ 方程，请写出油藏中任一网格的主要未知量和次要未知量。

（6）请写出根据 $p_g - S_g$ 方程化简后的任一网格 n 的流动方程。

（7）请写出根据 $p_g - S_g$ 方程化简后的网格 1，2，3，4 的流动方程。

11.6　完成以下与练习 11.5 有关的问题。

（1）如果使用 $p_g - S_w$ 方程，请写出油藏中任一网格的主要未知量和次要未知量。

（2）请写出根据 $p_g - S_w$ 方程化简后的任一网格 n 的流动方程。

（3）请写出根据 $p_g - S_w$ 方程化简后的网格 1，2，3，4 的流动方程。

11.7　一维油藏如图 11.9 所示。油藏中有油气水三相流体。左、右两侧均为封闭边界。在网格 1 区域中有一口注水井，在网格 4 区域中有一口生产井。

（1）请写出该油藏的流动模型的六个组成部分。

（2）请写出该油藏中任一网格的六个未知量的名称。

（3）请写出该油藏中任一网格 n 的流动方程。

（4）请写出该油藏的饱和度约束方程和毛细管力方程。

（5）如果使用 $p_o - S_w - S_g$ 方程，请写出油藏中任一网格的主要未知量和次要未知量。

（6）请写出根据 $p_o - S_w - S_g$ 方程化简后的任一网格 n 的流动方程。

（7）请写出根据 $p_o - S_w - S_g$ 方程化简后的网格 1，2，3，4 的流动方程。

11.8　完成以下与练习 11.7 有关的问题。

（1）如果使用 $p_o - S_w - S_o$ 方程，请写出油藏中任一网格的主要未知量和次要未知量。

（2）请写出根据 $p_o - S_w - S_o$ 方程化简后的任一网格 n 的流动方程。

（3）请写出根据 $p_o - S_w - S_o$ 方程化简后的网格 1，2，3，4 的流动方程。

11.9　完成以下与练习 11.7 有关的问题。

（1）如果使用 $p_o - S_o - S_g$ 方程，请写出油藏中任一网格的主要未知量和次要未知量。

（2）请写出根据 $p_o - S_o - S_g$ 方程化简后的任一网格 n 的流动方程。

（3）请写出根据 $p_o - S_o - S_g$ 方程化简后的网格 1，2，3，4 的流动方程。

11.10　根据下列步骤推导一维油气流动模型的隐式压力显式饱和度（IMPES）方程：

（1）将上一时间节点 t^n 时，传导率、毛细管压力、相重力、相对渗透率和相物性参数值代入方程（11.50）和方程（11.51）中。

（2）将方程的累积项［方程（11.50）和方程（11.51）的右侧项］展开，写成 $(p_{o_i}^{n+1} - p_{o_i}^n)$ 和 $(S_{g_i}^{n+1} - S_{g_i}^n)$ 的形式。

（3）将第（2）步得到的方程代入第（1）步的方程中。

（4）将第（3）步得到的油相流动方程左右两边同乘 $(B_{o_i}^{n+1} - R_{s_i}^{n+1} B_{g_i}^{n+1})$，将第（3）步得到的气相流动方程左右两边同乘 $B_{g_i}^{n+1}$，两方程联立得到压力方程。

（5）根据第（3）步得到的油相流动方程求解每个油藏网格的 $S_{g_i}^{n+1}$。

11.11　如图 11.15 所示，一个一维油水两相油藏被划分成三个相等的网格。该油藏具有均质和各向同性的岩石特性，渗透率 $K = 270\text{mD}$，孔隙度 $\phi = 0.27$。初始油藏压力为 1000psia，初始含水饱和度为束缚水饱和度 $S_{wi} = 0.13$。网格尺寸 $\Delta x = 300\text{ft}$，$\Delta y = 350\text{ft}$，厚度 $h = 40\text{ft}$。

储层流体不可压缩，体积系数 $B_o = B_o^\circ = 1\text{bbl/bbl}$，$B_w = B_w^\circ = 1\text{bbl/bbl}$，黏度 $\mu_o = 3.0\text{mPa·s}$，$\mu_w = 1.0\text{mPa·s}$。油水相对渗透率数据和毛细管力数据见表 11.5。储层左边界

与强水层接触，保持1000psia的恒定压力，右边界为封闭边界。网格3中心有一口生产井，井直径7in，产量为100bbl/d。应用隐式压力显示饱和度方法（IMPES），求解开井生产100d和300d后，油藏的压力和饱和度分布，请按照时间顺序，逐步求解油藏压力场。

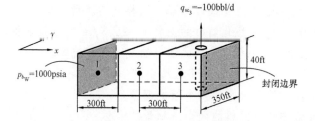

图11.15　练习11.11和练习11.12中的一维离散化油藏

表11.5　油水相对渗透率数据表

S_w	K_{rw}	K_{ro}	p_{cow}（psi）
0.130	0	1.0000	40.00
0.191	0.0051	0.9400	15.00
0.250	0.0102	0.8300	8.60
0.294	0.0168	0.7241	6.00
0.357	0.0275	0.6206	4.00
0.414	0.0424	0.5040	3.00
0.490	0.0665	0.3170	2.30
0.557	0.0910	0.2209	2.00
0.630	0.1148	0.1455	1.50
0.673	0.1259	0.0956	1.00
0.719	0.1381	0.0576	0.80
0.789	0.1636	0	0.15

11.12　一维油藏，其油藏参数与练习11.11相同，应用联立求解法（SS），求解开井生产100d和300d后，油藏的压力和饱和度分布，请按照时间顺序，逐步求解油藏压力场。

参 考 文 献

Abdelazim, R. , Rahman, S. S. , 2016. Estimation of permeability of naturally fractured reservoirs by pressure transient analysis: an innovative reservoir characterization and flow simulation. J. Pet. Sci. Eng. 145, 404 – 422.

Abdel Azim, R. , Doonechaly, N. G. , Rahman, S. S. , Tyson, S. , Regenauer – Lieb, K. , 2014. 3D Porothermo – elastic numerical model for analyzing pressure transient response to improve the characterization of naturally fractured geothermal reservoirs. Geotherm. Res. Coun. 38, 907 – 915.

Abou – Kassem, J. H. , 1981. Investigation of Grid Orientation in Two – Dimensional, Compositional, Three – Phase Steam Model (Ph. D. dissertation) . University of Calgary, Calgary, AB.

Abou – Kassem, J. H. , 1996. Practical considerations in developing numerical simulators for thermal recovery. J. Pet. Sci. Eng. 15, 281 – 290.

Abou – Kassem, J. H. , 2006. The engineering approach versus the mathematical approach in developing reservoir simulators. J. Nat. Sci. Sustain. Tech. 1 (1) , 35 – 67.

Abou – Kassem, J. H. , Aziz, K. , 1985. Analytical well models for reservoir simulation. Soc. Pet. Eng. J. 25 (4) , 573 – 579.

Abou – Kassem, J. H. , Ertekin, T. , 1992. An efficient algorithm for removal of inactive blocks in reservoir simulation. J. Can. Pet. Tech. 31 (2) , 25 – 31.

Abou – Kassem, J. H. , Farouq Ali, S. M. , 1987. A unified approach to the solution of reservoir simulation equations. SPE # 17072. In: Paper presented at the 1987 SPE Eastern Regional Meeting, Pittsburgh, Pennsylvania, 21 – 23 October.

Abou – Kassem, J. H. , Osman, M. E. , 2008. An engineering approach to the treatment of constant pressure boundary condition in block – centered grid in reservoir simulation. J. Pet. Sci. Tech. 26, 1187 – 1204.

Abou – Kassem, J. H. , Ertekin, T. , Lutchmansingh, P. M. , 1991. Three – dimensional modeling of oneeighth of confined five – and nine – spot patterns. J. Pet. Sci. Eng. 5, 137 – 149.

Abou – Kassem, J. H. , Osman, M. E. , Zaid, A. M. , 1996. Architecture of a multipurpose simulator. J. Pet. Sci. Eng. 16, 221 – 235.

Abou – Kassem, J. H. , Farouq Ali, S. M. , Islam, M. R. , 2006. Petroleum Reservoir Simulations: A Basic Approach. Gulf Publishing Company, Houston, TX, USA, 2006, 480 pp. ISBN: 0 – 9765113 – 6 – 3.

Abou – Kassem, J. H. , Osman, M. E. , Mustafiz, S. , Islam, M. R. , 2007. New simple equations for interblock geometric factors and bulk volumes in single – well simulation. J. Pet. Sci. Tech. 25, 615 – 630.

Aguilera, R. , 1976. Analysis of naturally fractured reservoirs from conventional well logs. J. Pet. Tech. 28 (7) , 764 – 772. Document ID: SPE – 5342 – PA. https: //doi. org/10. 2118/5342 – PA.

Aguilera, R. , Aguilera, M. S. , 2003. Improved models for petrophysical analysis of dual porosity reservoirs. Petrophysics 44 (1) , 21 – 35.

Aguilera, R. F. , Aguilera, R. , 2004. A triple porosity model for petrophysical analysis of naturally fractured reservoirs. Petrophysics 45 (2) , 157 – 166.

Appleyard, J. R. , Cheshire, I. M. , 1983. Nested factorization. SPE # 12264. In: Paper Presented at the 1983 SPE Reservoir Simulation Symposium, San Francisco, 15 – 18 November.

Aziz, K. , 1993. Reservoir simulation grids: opportunities and problems, SPE # 25233. In: Paper Presented at the 1993 SPE Symposium on Reservoir Simulation, New Orleans, LA, 28 February – 3 March.

Aziz, K. , Settari, A. , 1979. Petroleum Reservoir Simulation. Applied Science Publishers, London. Babu, D. K. ,

Odeh, A. S. , 1989. Productivity of a horizontal well. SPERE 4 (4), 417 – 420.

Barnum, R. S. , Brinkman, F. P. , Richardson, T. W. , Spillette, A. G. , 1995. Gas Condensate Reservoir Behaviour: Productivity and Recovery Reduction Due to Condensation, SPE – 30767.

Bartley, J. T. , Ruth, D. W. , 2002. A look at break – through and end – point data from repeated waterflood experiments in glass bead – packs and sand – packs, SCA 2002 – 17. In: International Symposium of Monterey, California, September 22 – 25, 2002, 12 pp.

Bear, J. , 1972. Dynamics of Flow in Porous Media. American Elsevier Publishing Co. , New York.

Bear, J. , 1988. Dynamics of Fluids in Porous Media. Dover Publications, New York.

Behie, A. , Vinsome, P. K. W. , 1982. Block iterative methods for fully implicit reservoir simulation. SPEJ 22 (5), 658 – 668.

Bentsen, R. G. , 1985. A new approach to instability theory in porous media. Soc. Petrol. Eng. J. 25, 765.

Bethel, F. T. , Calhoun, J. C. , 1953. Capillary desaturation in unconsolidated beads. Pet. Trans. AIME 198, 197 – 202.

Bourbiaux, B. , Granet, S. , Landereau, P. , Noetinger, B. , Sarda, S. , Sabathier, J. C. , 1999. Scaling up matrix – fracture transfers in dual – porosity models: theory and application. In: Proceedings of Paper SPE 56557 Presented at the SPE Annual Technical Conference and Exhibition, 3 – 6 October, Houston.

Bourdet, D. , 2002. Well Test Analysis: The Use of Advanced Interpretation Models. Handbook of Petroleum Exploration & Production, vol. 3. (HPEP) . Elsevier.

Breitenbach, E. A. , Thurnau, D. H. , van Poollen, H. K. , 1969. The fluid flow simulation equations. SPEJ 9 (2), 155 – 169.

Brons, F. , Marting, V. , 1961. The effect of restricted fluid entry on well productivity. J. Pet. Tech. 13 (02), 172 – 174.

Burland, J. B. , 1990. On the compressibility and shear strength of natural clays. Geotechnique 40, 329 – 378.

Chatzis, I. , Morrow, N. R. , Lim, H. T. , 1983. Magnitude and detailed structure of residual oil saturation. Soc. Pet. Eng. J. 23 (2), 311 – 326.

Choi, E. , Cheema, T. , Islam, M. , 1997. A new dual – porosity/dual – permeability model with nonDarcian flow through fractures. J. Pet. Sci. Eng. 17 (3), 331 – 344.

Chopra, S. , Castagna, J. P. , Portniaguine, O. , 2006. Seismic resolution and thin – bed reflectivity inversion. CSEG Recorder 31, 19 – 25.

Chopra, S. , Sharma, R. K. , Keay, J. , Marfurt, K. J. , 2012. Shale gas reservoir characterization workflows. In: SEG Las Vegas 2012 Annual Meeting. https: //blog. tgs. com/hubfs/Technical % 20Library/shale – gas – reservoir – characterization – workflows. pdf.

Chuoke, R. L. , van Meurs, P. , van der Poel, C. , 1959. The instability of slow, immiscible, viscous liquid – liquid displacements in permeable media. Trans. AIME 216, 188 – 194.

Coats, K. H. , 1978. A highly implicit steamflood model. SPEJ 18 (5), 369 – 383.

Coats, K. H. , George, W. D. , Marcum, B. E. , 1974. Three – dimensional simulation of steamflooding. SPEJ 14 (6), 573 – 592.

Coats, K. H. , Ramesh, A. B. , Winestock, A. G. , 1977. Numerical modeling of thermal reservoir behavior. In: Paper Presented at Canada – Venezuela Oil Sands Symposium, 27 May 27 – 4 June, Edmonton, Alberta.

Cortis, A. , Birkholzer, J. , 2008. Continuous time random walk analysis of solute transport in fractured porous media. Water Resour. Res. 44, W06414. https: //doi. org/10. 1029/2007WR006596.

Crovelli, R. A. , Schmoker, J. W. , 2001. Probabilistic Method for Estimating Future Growth of Oil and Gas Reserves. U. S. Geological Survey Bulletin 2172 – C.

Dranchuk, P. M. , Islam, M. R. , Bentsen, R. G. , 1986. A mathematical representation of the Carr, Kobayashi and burrows natural gas viscosity. J. Can. Pet. Tech. 25 (1) , 51 – 56.

Duguid, J. O. , Lee, P. C. Y. , 1977. Flow in fractured porous media. Water Resour. Res. 26, 351 – 356.

Dyman, T. S. , Schmoker, J. W. , 2003. Well production data and gas reservoir heterogeneity – reserve growth applications. In: Dyman, T. S. , Schmoker, J. W. , Verma, M. K. (Eds.), Geologic, Engineering, and Assessment Studies of Reserve Growth. U. S. Geological Survey, Bulletin 2172 – E.

Dyman, T. S. , Schmoker, J. W. , Quinn, J. C. , 1996. Reservoir Heterogeneity as Measured by Production Characteristics of Wells—Preliminary Observations. U. S. Geological Survey Open – File Report 96 – 059, 14 p.

Ehrenberg, S. N. , Nadeau, P. H. , Steen, Ø. , 2009. Petroleum reservoir porosity versus depth: influence of geological age. AAPG Bull. 93, 1263 – 1279.

Eisenack, K. , Ludeke, M. K. B. , Petschel – Held, G. , Scheffran, J. , Kropp, J. P. , 2007. Qualitative modeling techniques to assess patterns of global change. In: Kropp, J. P. , Scheffran, J. (Eds.), Advanced Methods for Decision Making and Risk Management in Sustainability Science. Nova Science Publishers, New York, pp. 83 – 127.

Ertekin, T. , Abou – Kassem, J. H. , King, G. R. , 2001. Basic Applied Reservoir Simulation. SPE Textbook Series, vol. 7. SPE, Richardson, TX.

Farouq Ali, S. M. , 1986. Elements of Reservoir Modeling and Selected Papers. Course Notes, Petroleum Engineering, Mineral Engineering Department, University of Alberta. Fatti, J. , Smith, G. , Vail, P. , Strauss, P. , Levitt, P. , 1994. Detection of gas in sandstone reservoirs using AVO analysis: a 3D seismic case history using the Geostack technique. Geophysics 59, 1362 – 1376. https: //doi. org/10. 1190/1. 1443695.

Fishman, N. S. , Turner, C. E. , Peterson, F. , Dyman, T. S. , Cook, T. , 2008. Geologic controls on the growth of petroleum reserves. In: U. S. Geological Survey Bulletin 2172 – I, 53 p.

Gale, J. F. W. , 2002. Specifying lengths of horizontal wells in fractured reservoirs. In: Society of Petroleum Engineers Reservoir Evaluation and Engineering, SPE Paper 78600, pp. 266 – 272.

Gilman, J. , 1986. An efficient finite – difference method for simulating phase segregation in the matrix blocks in double – porosity reservoirs. SPE Reserv. Eng. 1 (04) , 403 – 413.

Gong, B. , Karimi – Fard, M. , Durlofsky, L. J. , 2008. Upscaling discrete fracture characterizations to dual – porosity, dual – permeability models for efficient simulation of flow with strong gravitational effects. Soc. Pet. Eng. J. 13 (1) , 58.

Gupta, A. D. , 1990. Accurate resolution of physical dispersion in multidimensional numerical modeling of miscible and chemical displacement. SPERE 5 (4) , 581 – 588.

Gupta, A. , Avila, R. , Penuela, G. , 2001. An integrated approach to the determination of permeability tensors for naturally fractured reservoirs. J. Can. Pet. Tech. 40 (12) , 43 – 48.

Hamilton, D. S. , Holtz, M. H. , Ryles, P. , et al. , 1998. Approaches to identifying reservoir heterogeneity and reserve growth opportunities in a continental – scale bed – load fluvial system: Hutton Sandstone, Jackson Field, Australia. AAPG Bull. 82 (12) , 2192 – 2219.

Hariri, M. M. , Lisenbee, A. L. , Paterson, C. J. , 1995. Fracture control on the Tertiary Epithermal Mesothermal Gold – Silver Deposits, Northern Black Hills, South Dakota. Explor. Min. Geol. 4 (3) , 205 – 214.

Hoffman, J. D. , 1992. Numerical Methods for Engineers and Scientists. McGraw – Hill, New York. Islam, M. R. , 1992. Evolution in oscillatory and chaotic flows in mixed convection in porous media in non – Darcy regime. Chaos, Solitons Fractals 2 (1) , 51 – 71.

Islam, M. R. , 2014. Unconventional Gas Reservoirs. Elsevier, Netherlands, 624 pp.

Islam, M. R. , Mustafiz, S. , Mousavizadegan, S. H. , Abou – Kassem, J. H. , 2010. Advanced Reservoir Simulation. John Wiley & Sons, Inc. /Scrivener Publishing LLC, Hoboken, NJ/Salem, MA.

Islam, M. R. , Hossain, M. E. , Islam, A. O. , 2018. Hydrocarbons in Basement Formations. Scrivener Wiley, 624 pp.

Jadhunandan, P. P. , Morrow, N. R. , 1995. Effect of wettability on waterflood recovery for crude – oil/brine/rock systems. SPE Res. Eng. 10, 40 – 46.

Keast, P. , Mitchell, A. R. , 1966. On the instability of the Crank – Nicolson formula under derivative boundary conditions. Comput. J. 9 (1), 110 – 114.

Lake, L. W. , 1989. Enhanced Oil Recovery. Prentice Hall, Englewood Cliffs, NJ, USA.

Lake, L. W. , Srinivasan, S. , 2004. Statistical scale – up of reservoir properties: concepts and applications. J. Pet. Sci. Eng. 44 (1 – 2), 27 – 39.

Landereau, P. , Noetinger, B. , Quintard, M. , 2001. Quasi – steady two – equation models for diffusive transport in fractured porous media: large – scale properties for densely fractured systems. Adv. Water Resour. 24 (8), 863 – 876.

Lee, A. L. , Gonzalez, M. H. , Eakin, B. E. , 1966. The viscosity of natural gases. Trans. AIME 237, 997 – 1000.

Leverett, M. C. , Lewis, W. B. , 1941. Steady flow of gas/oil/water mixtures through unconsolidated sands. Trans. AIME 142, 107 – 116.

Liu, R. , Wang, D. , Zhang, X. , et al. , 2013. Comparison study on the performances of finite volume method and finite difference method. J. Appl. Math. 2013, 10 pp.

Lough, M. F. , Lee, S. H. , Kamath, J. , 1998. A new method to calculate the effective permeability of grid blocks used in the simulation of naturally fractured reservoirs. In: Proceedings of Paper Presented at the SPE Annual Technical Conference.

Lucia, 2007. Carbonate Reservoir Characterization: An Integrated Approach. Springer, 332 pp.

Lutchmansingh, P. M. , 1987. Development and Application of a Highly Implicit, Multidimensional Polymer Injection Simulator (Ph. D. dissertation). The Pennsylvania State University.

MacDonald, R. C. , Coats, K. H. , 1970. Methods for numerical simulation of water and gas coning. Trans. AIME 249, 425 – 436.

McCabe, P. J. , 1998. Energy Sources—cornucopia or empty barrel? Am. Assoc. Pet. Geol. Bull. 82, 2110 – 2134.

McDonald, A. E. , Trimble, R. H. , 1977. Efficient use of mass storage during elimination for sparse sets of simulation equations. SPEJ 17 (4), 300 – 316.

Mousavizadegan, H. , Mustafiz, S. , Islam, M. R. , 2007. Multiple solutions in natural phenomena. J. Nat. Sci. Sustain. Tech. 1 (2), 141 – 158.

Mustafiz, S. , Islam, M. R. , 2008. State – of – the – art of petroleum reservoir simulation. Pet. Sci. Tech. 26 (10 – 11), 1303 – 1329.

Mustafiz, S. , Belhaj, H. , Ma, F. , Satish, M. , Islam, M. R. , 2005a. Modeling horizontal well oil production using modified Brinkman's model. In: ASME International Mechanical Engineering Congress and Exposition (IMECE), Orlando, Florida, USA, November.

Mustafiz, S. , Biazar, J. , Islam, M. R. , 2005b. The Adomian solution of modified Brinkman model to describe porous media flow. In: Third International Conference on Energy Research & Development (ICERD – 3), Kuwait City, November, 2005.

Mustafiz, S. , Mousavizadegan, H. , Islam, M. R. , 2008a. Adomian decomposition of Buckley Leverett equation with capillary terms. Pet. Sci. Tech. 26 (15), 1796 – 1810.

Mustafiz, S. , Mousavizadegan, S. H. , Islam, M. R. , 2008b. The effects of linearization on solutions of reservoir engineering problems. Pet. Sci. Tech. 26 (10 – 11), 1224 – 1246.

Mustafiz, S. , Zaman, M. S. , Islam, M. R. , 2008. The effects of linearization in multi – phase flow simulation in petroleum reservoirs. J. Nat. Sci. Sustain. Tech. 2 (3), 379 – 398.

Noetinger, B. , Estebenet, T. , 2000. Up – scaling of double porosity fractured media using continuoustime random walks methods. Transp. Porous Media 39, 315 – 337.

Nolen, J. S. , Berry, D. W. , 1972. Tests of the stability and time – step sensitivity of semi – implicit reservoir simulation techniques. Trans. AIME 253, 253 – 266.

Odeh, A. S. , 1982. An overview of mathematical modeling of the behavior of hydrocarbon reservoirs. SIAM Rev. 24 (3), 263.

Odeh, A. S. , Babu, D. , 1990. Transient flow behavior of horizontal wells pressure drawdown and buildup analysis. SPE Form. Eval. 5 (01), 7 – 15.

Okiongbo, K. S. , 2011. Effective stress – porosity relationship above and within the oil window in the North Sea Basin. Res. J. Appl. Sci. Eng. Technol. 3 (1), 32 – 38.

Park, Y. , Sung, W. , Kim, S. , 2002. Development of a FEM reservoir model equipped with an effective permeability tensor and its application to naturally fractured reservoirs. Energy Sources 24 (6), 531 – 542.

Passey, Q. R. , Creaney, S. , Kulla, J. B. , Moretti, F. J. , Stroud, J. D. , 1990. A practical model for organic richness from porosity and resistivity logs. AAPG Bull. 74, 1777 – 1794.

Peaceman, D. W. , 1983. Interpretation of wellblock pressures in numerical reservoir simulation with nonsquare gridblocks and anisotropic permeability. SPEJ 23 (3), 531 – 534.

Peaceman, D. W. , 1987. Interpretation of Wellblock Presures in numerical reservoir simulation: Part 3 off – center and multiple Wells within a Wellblock. SPE – 16976. In: Paper Presented at the 1987 SPE Annual Technical Conference and Exhibition, Dallas, USA, September 27 – 30.

Peaceman, D. W. , Rachford Jr. , H. H. , 1955. The numerical solution of parabolic and elliptic equations. J. SIAM 3 (1), 28 – 41.

Pedrosa Jr. , O. A. , Aziz, K. , 1986. Use of hybrid grid in reservoir simulation. SPERE 1 (6), 611 – 621.

Peters, E. J. , Flock, D. L. , 1981. The onset of instability during two phase immiscible displacement in porous media. Soc. Petrol. Eng. J. 21, 249.

Price, H. S. , Coats, K. H. , 1974. Direct methods in reservoir simulation. SPEJ 14 (3), 295 – 308.

Pride, S. R. , Berryman, J. G. , 2003. Linear dynamics of double – porosity dual – permeability materials. I. Governing equations and acoustic attenuation. Phys. Rev. E. 68 (3), 036603.

Pruess, K. , 1985. A practical method for modeling fluid and heat flow in fractured porous media. Soc. Pet. Eng. J. 25 (01), 14 – 26.

Puryear, C. I. , Castagna, J. P. , 2008. Layer – thickness determination and stratigraphic interpretation using spectral inversion: theory and application. Geophysics 73 (2), R37 – R48. https: //doi. org/10. 1190/1. 2838274.

Rickman, R. , Mullen, M. , Petre, E. , Grieser, B. , Kundert, D. , 2008. A practical use of shale petrophysics for stimulation design optimization: all shale plays are not clones of the Barnett Shale. In: Annual Technical Conference and Exhibition, Society of Petroleum Engineers, SPE 11528.

Rogers, J. D. , Grigg, R. B. , 2000. A Literature Analysis of the WAG Injectivity Abnormalities in the CO_2 Process. Society of Petroleum Engineers. https: //doi. org/10. 2118/59329 – MS.

Root, D. H. , Attanasi, E. D. , 1993. A primer in field – growth estimation. In: Howell, D. G. (Ed.), The Future of Energy Gases: U. S. Geological Survey Professional Paper no. 1570, pp. 547 – 554.

Rose，W.，2000. Myths about later – day extensions of Darcy's law. J. Pet. Sci. Eng. 26 (1 – 4)，187 – 198.

Saad，N.，1989. Field Scale Simulation of Chemical Flooding（Ph. D. dissertation）. University of Texas，Austin，TX.

Saghir，M. Z.，Islam，M. R.，1999. Viscous fingering during miscible liquid – liquid displacement in porous media. Int. J. Fluid Mech. Res. 26 (4)，215 – 226.

Sarkar，S.，Toksoz，M. N.，Burns，D. R.，2004. Fluid Flow Modeling in Fractures. Massachusetts Institute of Technology，Earth Resources Laboratory，USA.

Scher，H.，Lax，M.，1973. Stochastic transport in a disordered solid. I. Theory. Phys. Rev. B 7，4491 – 4502.

Schmoker，J. W.，1996. A resource evaluation of the Bakken Formation（Upper Devonian and Lower Mississippian）continuous oil accumulation，Williston Basin，North Dakota and Montana. Mt. Geol. 33，1 – 10.

Settari，A.，Aziz，K.，1975. Treatment of nonlinear terms in the numerical solution of partial differential equations for multiphase flow in porous media. Int. J. Multiphase Flow 1，817 – 844.

Shanley，K. W.，Cluff，R. M.，Robinson，J. W.，2004. Factors controlling prolific gas production from low – permeability sandstone reservoirs：implications for resource assessment，prospect development，and risk analysis. AAPG Bull. 88 (8)，1083 – 1121.

Sheffield，M.，1969. Three phase flow including gravitational，viscous，and capillary forces. SPEJ 9 (3)，255 – 269.

Skempton，A. W.，1970. The consolidation of clays by gravitational compaction. Q. J. Geol. Soc. 125 (1 – 4)，373 – 411.

Spillette，A. G.，Hillestad，J. G.，Stone，H. L.，1973. A high – stability sequential solution approach to reservoir simulation. SPE # 4542. In：Paper presented at the 48th Annual Fall Meeting，Las Vegas，Nevada，30 September – 3 October.

Stell，J. R.，Brown，C. A.，1992. Comparison of production from horizontal and vertical wells in the Austin Chalk，Niobrara，and Bakken plays. In：Schmoker，J. W.，Coalson，E. B.，Brown，C. A.（Eds.），Geological Studies Relevant to Horizontal Drilling—Examples from Western North America. Rocky Mountain Association of Geologists，pp. 67 – 87.

Sudipata，S.，Toksoz，M. N.，Burns，D. R.，2004. Fluid Flow Modeling in Fractures. Massachusetts Institute of Technology，Earth Resources Laboratory，Report no. 2004 – 05.

Tang，I. C.，1969. A simple algorithm for solving linear equations of a certain type. Z. Angew. Math. Mech. 8 (49)，508.

Teimoori，A.，Chen，Z.，Rahman，S. S.，Tran，T.，2005. Effective permeability calculation using boundary element method in naturally fractured reservoirs. Pet. Sci. Technol. 23 (5 – 6)，693 – 709.

Thomas，G. W.，Thurnau，D. H.，1983. Reservoir simulation using an adaptive implicit method. SPEJ 23 (5)，759 – 768.

Vinsome，P. K. W.，1976. Orthomin，an iterative method for solving sparse banded sets of simultaneous linear equations. SPE # 5729. In：Paper Presented at the 1976 SPE Symposium on Numerical Simulation of Reservoir Performance，Los Angeles，19 – 20 February.

Warren，J.，Root，P. J.，1963. The behaviour of naturally fractured reservoirs. Soc. Pet. Eng. J. 3 (3)，245 – 255.

Woo，P. T.，Roberts，S. J.，Gustavson，S. G.，1973. Application of sparse matrix techniques in reservoir simulation. SPE # 4544. In：Paper Presented at the 48th Annual Fall Meeting，Las Vegas. 30 September – 3 October.

Yang，Y.，Aplin，A. C.，2004. Definition and practical application of mudstone porosity – effective stress relationships. Petrol. Geosci. 10，153 – 162.

附录 A　用户手册——单相模拟器

A. 1　简介

本手册提供了数据文件准备所需的信息和准备数据文件时使用的变量说明，另外本手册还给出了在 PC 上运行油藏模拟器的说明。该模拟器可对油藏中单相流体的流动进行建模。不可压缩流体、微可压缩流体和可压缩流体的模型描述（流动方程和边界条件），油井作业条件及模型代数方程的求解方法已在本书之前的章节和 Ertekin 等人（2001）的文献中做了详细介绍。本模拟器是用 FORTRAN 语言编写的，开发的目的是给本科阶段的油藏模拟课程中涉及的单相流动问题提供解决手段。该模拟器可通过使用块中心网格或点分布式网格，对柱坐标系中不规则矩形油藏和单井进行建模。笔者将模拟器的使用作为本书内容的一部分进行呈现，目的是为用户提供解题的中间结果和最终结果，这样用户可对任一问题的解进行检查，并且对解题过程中出现的任何错误都可以进行识别和纠正。教育工作者可以利用本模拟器编写新的题目，并对其求解。

A. 2　数据文件的准备

本模拟器所需的数据根据各组内数据的关联性可分为若干组。其中的某一组数据可能简单到仅需定义几个相关的变量，也可能复杂到需要定义井递归数据的各种变量。这几组数据根据其输入程序的格式可分为五个类别（A、B、C、D、E）。A 类和 B 类分别包括 17 组和 6 组数据，而 C 类、D 类和 E 类各包括一组数据。每个类别的数据可通过使用特定的格式过程来输入，例如 A 类数据使用格式过程 A，B 类数据使用格式过程 B。每组数据都带有一个由 "DATA" 字样组成的标识名称，名称后面跟着一个数字和一个字母，数字代表组别，字母代表数据类别和格式过程。例如，DATA 04B 代表属于 B 类的一组数据，该组数据使用格式过程 B，其变量定义在 A. 3 节 DATA 04B 的目录下。数据文件的准备（包括格式过程和变量描述）按照 Abou – Kassem 等人（1996）曾做过的黑油模拟工作进行。在网站 www. emertec. ca 的文件夹中包含了四个示例文件，这四个文件分别是为例 7. 1（ex7 – 1. txt）、例 7. 7（ex7 – 7. txt）、例 7. 12（ex7 – 12. txt）和例 5. 5（ex5 – 5. txt）中的问题而准备的。

每一个格式过程都有一个标题行（第 1 行），标题行包括标识名称以及要输入的数据组，然后是一个参数序列行（第 2 行），这一行列出用户要输入的参数顺序。与其他格式过程不同，格式过程 D 有一个额外参数序列行（第 3 行）。在接下来的每一个数据行中，用户输入的参数值都是有序排列的，并且输入的参数最好与参数序列行中显示的参数对齐，以便识别。格式过程 B 和格式过程 E 都要求输入单行数据，而格式过程 A、格式过程 C、格式过程 D 则要求输入多行数据，并且在最后一行，所有参数的值都要输入为零。不同类型的数据组和每个格式过程的具体说明都会在下面的章节中进行介绍。

A.2.1　格式过程 A

格式过程 A 适用于输入描述整个油藏中网格块性质分布情况的数据。这类数据包括 x、y、z 方向上的网格块大小和渗透率、深度、孔隙度，x、y、z 方向上孔隙度、深度、体积和传递率的修改量，边界条件，以及将网格块标记为活动或不活动的网格标识。

每一行数据（如第 3 行）代表对任一油藏区域的属性分配，该区域呈棱柱形，其中 I1 与 I2、J1 与 J2 以及 K1 与 K2 分别为该区域在 x、y、z 方向的下限和上限。后面每一行输入的数据（如第 4 行）都叠加在前面各行输入的数据之上，也就是说，一个属性的最终分布情况是各行所有数据指定的所有任意油藏区域叠加的结果。该选项可通过将参数序列行（第 2 行）开头的选项标识符设置为 1 的办法来激活。DATA 25A 虽然没有选项标识符，但其本身已表示假定值为 1。如果一个网格属性是在定义明确的（不一定是规则的）油藏区域中分布的，那么，上述输入数据的方法就显得很强大了。当属性均匀分布时，需要的就只有一行数据（其中有 I1 = J1 = K1 = 1，I2 = n_x，J2 = n_y，K2 = n_z）。然而，如果网格属性非常不均匀，导致其在每个网格中各不相同，并且油藏区域属性呈最小分布，那么这种方法就不再有效。在这种情况下，参数序列行（第 2 行）开头的选项标识符需设为 0，并且所有网格的数据依次输入，输入按类似于对网格沿行的顺序自然排列的方式（即 i、j、k 依次增加的方式）来进行。此时，活动网格和不活动网格都分配到了属性值，并且最后一行也不再需要对全部参数输入零值。

A.2.2　格式过程 B

格式过程 B 适用于输入包含整数和（或）实数变量组合的数据。这种类型的数据组包括：求解方法选择、网格排序方法、输入单位和输出单位，用于打印选项的整数控制和 x、y、z 方向的网格块数；流体密度，流体压缩率、孔隙度压缩率、孔隙度的参考压力，以及模拟时间。需要注意的是，这些参数的值应在第 3 行中输入。并且这些参数应与参数序列行（第 2 行）中显示的参数对齐排列，以便识别。

A.2.3　格式过程 C

格式过程 C 适用于输入天然气的 PVT 性质表格。参数序列行（第 2 行）将压力设为自变量，将天然气地层体积系数和天然气黏度设为因变量。特别需要注意的是，PVT 表中的压力范围必须涵盖油藏中压力预计发生变化的范围，并且表中输入压力值的间隔必须相等。每一行数据代表数据表中的一个条目，该条目对应于自变量的一个指定值。表中的数据是按照自变量（压力）值增加的顺序输入的。请注意，每行数据（如第 3 行）中输入的值应有序排列，并与参数序列行（第 2 行）中指定的参数对齐，以便识别。

A.2.4　格式过程 D

格式过程 D 适合输入井递归数据。如前文所述，格式过程 D 有两个参数序列行。第一个参数序列行（第 2 行）中的参数包括标志新用户请求的时间规格（SIMNEW）、待使用的超前时间步长（DELT）、改变作业条件的井数（NOW）、生产井的最小井底流压（PWFMIN）和注水井的最大井底流压（PWFMAX）。这一行数据可以重复，但之后每一行的时间规格必须大于上一行的时间规格。第二个参数序列行（第 3 行）中的参数包括井识别号（IDW）、井块坐标（IW、JW、KW）、井型和井的作业条件（IWOPC）、井块几何因子（GWI）、条件给定值（SPVALUE）、井半径（RADW）等用于单井的数据。如果 NOW > 0，则在 NOW 规格出现的行之后必须存在描述单井的 NOW 行。通过利用这种格式过程，可在任意关键时期内对任意数量的井进行引入、关闭、重开、重完等操作。

A.2.5　格式过程 E

格式过程 E 用于输入包含用户名称、计算机运行程序的标题等内容的一行信息，最多只能输入 80 个字母数字字符。

A.3　描述准备数据文件时用到的变量

数据文件中共有 26 组数据，每个数据组在其下面给出了变量及描述。下表列出了所有的 26 组数据，从 DATA 01E 开始，到 DATA 26D 结束。

DATA 01E	模拟运行程序的标题
TITLE	用户名称及模拟运行程序的标题（长度为一行，最多 80 个字母数字字符）

注意
为便于识别，在所有的四个输出文件中，用户名称和模拟运行程序的标题应在确认后立即出现。

DATA 02B	模拟时间数据
IPRDAT	用于打印和调试输入数据文件的选项 =0，不对输入数据文件进行打印和调试 =1，打印输入数据文件，激活信息，以调试数据文件
TMTOTAL	最大模拟时间，d［d］
TMSTOP	停止此次模拟运行的时间，d［d］
DATA 03B	单　　位
MUNITS	输入数据单位和输出数据单位的选项 =1，常用单位 =2，SPE 首选公制单位 =3，实验室单位

DATA 04B	用于打印所需输出的整数控制（1 表示打印，0 表示不打印）
BORD	网格排序
MLR	左右半宽
BASIC	模拟过程所用的基本中间结果
QBC	与边界条件有关的（中间）结果
EQS	网格方程和求解方法的详细内容
PITER	每次外部迭代的网格压力
ITRSOL	与线性方程求解方法有关的详细结果及迭代方法中每次内部迭代的网格压力

注意

模拟结果分别出现在四个文件中。油藏描述及与 PITER、QBC、油藏生产率和物料平衡检验有关的结果出现在文件MY – OUT1. LIS 中。与 BORD、MLR、BASIC、QBC、EQS、PITER 和 ITRSOL 有关的结果出现在文件 MY – OUT2. LIS 中。文件 MY – OUT3. LIS 中列出了油藏压力与时间的函数关系表格。油藏性能和油井性能的表格出现在文件 MY – OUT4. LIS 中。

DATA 05B	油藏离散化处理和方程求解方法
IGRDSYS	油藏离散化处理中所用的网格体系类型 =1，块中心网格 =2，点分布式（或节点式）网格
NX	x 方向（NY = 0 时也可为 r 方向）网格块（或网格点）的数量
NY	y 方向网格块（或网格点）的数量。对于单井模拟，设 NY = 0
NZ	z 方向网格块（或网格点）的数量
RW	用于单井模拟的井半径，ft [m]
RE	用于单井模拟的油藏外部半径，ft [m]
NONLNR	非线性项的线性化处理。用于数学方法（MA）或工程方法（EA）的选项会在下文当中列出 =1，传递法显式处理、乘积项（MA）（×） =2，传递法简单迭代、乘积项（MA）（×） =3，传递法显式处理、乘积项有压降系数（EA） =4，传递法简单迭代、乘积项有压降系数（EA） =5，牛顿迭代（MA 和 EA）
LEQSM	线性方程求解方法 =1，用于一维流动问题的 Thomas 算法 =2，用于一维流动问题的 Tang 算法，其中网格呈环状（×） =3，用于一维、二维及三维流动问题的 Jacobi 迭代法 =4，用于一维、二维及三维流动问题的 Gauss – Seidel 迭代法 =5，用于一维、二维及三维流动问题的 PSOR 迭代法 =6，用于二维及三维流动问题的 LSOR 迭代法 =7，用于三维流动问题的 BSOR 迭代法（×） =8，用于一维、二维及三维流动问题的 g 波段算法，并使用自然排序
TOLERSP	用户给定的两个连续外部迭代之间最大相对偏差的绝对值。推荐值为 0.001
DXTOLSP	用户给定的两个连续内部迭代之间最大相对偏差的绝对值。推荐值为 0.0001

注意

1. TOLERSP 和 DXTOLSP 这两项都代表收敛公差，其中可压缩流动问题使用 TOLERSP，线性方程迭代求解使用 DX-TOLSP。使用推荐的公差可获得模拟问题的正确解。

2. 如果规定了更严格的收敛公差，那么，程序将使用推荐的公差来节省迭代次数。使用更严格的公差不但不会改善压力解的准确度，反而会增加迭代次数。然而，放宽公差条件也会影响压力解的准确性，并且可能导致物料平衡误差的出现，这是不可接受的。

3. 此版本中带（×）的选项无法激活。

DATA 06A 至 DATA 21A	油藏描述和初始压力分布
I1，I2	单井模拟中，平行管道区域 x 方向或油藏区域 r 方向的下限和上限
J1，J2	平行管道区域 y 方向的下限和上限；对于单井模拟，设 J1 = J2 = 1
K1，K2	单井模拟中，平行管道区域或油藏区域 z 方向的下限和上限
IACTIVE	活动网格块和不活动网格块的网格指示器 =0，不活动的网格块或网格点 = −1，不活动的网格块或网格点，用来辨别恒压网格 =1，活动的网格块或网格点
DX	块中心网格在 x 方向上的大小（或点分布式网格在 x 方向上的间距），ft [m]
DY	块中心网格在 y 方向上的大小（或点分布式网格在 y 方向上的间距），ft [m]
DZ	块中心网格在 z 方向上的大小（或点分布式网格在 z 方向上的间距），ft [m]
KX	x 方向或 r 方向的网格渗透率，mD [μm²]
KY	NY >0 时，y 方向的网格渗透率，mD [μm²]
KZ	z 方向的网格渗透率，mD [μm²]
DEPTH	选定基准下块中心网格的高度（或点分布式网格的高度），ft [m]
PHI	网格孔隙度
P	网格压力，psia [kPa]
RATIO	属性修改量，无量纲 =0，属性未修改 >0，属性按此比值提升 <0，属性按此比值下降

注意

1. 油藏中的一部分网格块（或网格点）处于不活动状态，从而模拟指定网格块（或网格点）的压力。

2. DX、DY、DZ 可为所有网格块（或网格点）提供，与其活动与否无关。

3. 上面提到的比值（RATIO）是用户输入或模拟器内部计算的属性值发生的预期分数变化。此修改量可应用于网格孔隙度、网格高度、网格块体积和 x、y、z 方向的传导率。

4. 对于点分布式网格，通过将给定方向平行管道区域的上限设定为同一方向上限网格点的坐标减 1 的值，来定义该方向的网格点间距（i 方向为 DX，j 方向为 DY，k 方向为 DZ）。

DATA 22B	岩石数据和流体密度
CPHI	孔隙度压缩量，psi^{-1} $[kPa^{-1}]$
PREF	孔隙度报告处的参考压力，psia $[kPa]$
RHOSC	参考压力与油藏温度下的流体密度，lb/ft^3 $[kg/m^3]$
DATA 23B	油藏中流体的类型
LCOMP	流体指示器的类型 =1，不可压缩流体 =2，微可压缩流体 =3，可压缩流体（天然气）
IQUAD	气体性质表中的插值 =1，线性插值 =2，二次插值
DATA 24B	LCOMP = 1（不可压缩流体）时的流体性质
FVF	油藏温度下的地层体积系数，bbl/bbl
MU	流体黏度，$mPa \cdot s$ $[mPa \cdot s]$
DATA 24B	LCOMP = 2（微可压缩流体）时的流体性质
FVF0	参考压力和油藏温度下的地层体积系数，bbl/bbl
MU0	参考压力和油藏温度下的流体黏度，$mPa \cdot s$ $[mPa \cdot s]$
CO	流体压缩量，psi^{-1} $[kPa^{-1}]$
CMU	黏度与压力之间的相对变化率，psi^{-1} $[kPa^{-1}]$
PREF	FVF0 和 MU0 报告处的参考压力，psia $[kPa]$
MBCONST	传导项中液体地层体积系数和液体黏度的处理 =1，为常数，不受压力影响 =2，得到受压力影响的值
DATA 24C	LCOMP = 3（天然气）时的流体性质
PRES	压力，psia $[kPa]$
FVF	气体地层体积系数，bbl/bbl $[m^3/m^3]$
MU	气体黏度，$mPa \cdot s$ $[mPa \cdot s]$

注意
气体地层体积系数和气体黏度可以表格形式提供，输入压力时要按等间隔升序方式进行。

DATA25A	边界条件
I1，I2	单井模拟中，平行管道区域 x 方向或油藏区域 r 方向的下限和上限
J1，J2	平行管道区域 y 方向的下限和上限；对于单井模拟，设 J1 = J2 = 1
K1，K2	单井模拟中，平行管道区域或油藏区域 z 方向的下限和上限

DATA25A	边界条件
IFACE	受边界条件限制的网格边界 =1, z 轴负方向的网格边界 =2, y 轴负方向的网格边界 =3, x 轴负方向或径向负方向的网格边界 =5, x 轴正方向或径向正方向的网格边界 =6, y 轴正方向的网格边界 =7, z 轴正方向的网格边界
ITYPBC	边界条件的类型 =1, 油藏边界处的指定压力梯度, psi/ft [kPa/m] =2, 跨油藏边界的指定流速, bbl/d 或 ft³/d [m³/d] =3, 封闭边界 =4, 油藏边界处的指定压力, psia [kPa] =5, 油藏另一条边界上网格的指定压力, psia [kPa]
SPVALUE	边界条件的规定值
ZELBC	选定基准下块中心网格边界面中心的高度 (或点分布式网格边界节点的高度), ft [m]
RATIO	油藏边界与边界网格块 (或网格点) 之间的流动开放面积或几何因子的属性修改量, 无量纲 =0, 属性未修改 >0, 属性按此比值提升 <0, 属性按此比值下降

注意
1. 所有油藏边界都默认具有封闭边界的条件, 因此无需再规定封闭边界。
2. 当 ITYPBC = 5 时, ZELBC 是代表网格的 (节) 点所处的高度, 并且网格具有指定的压力。
3. DATA 25A 在参数序列行 (第 2 行) 的开始处没有选项标识符。
4. 对于使用点分布式网格的单井模拟, 必须对指定的井底流压进行模拟, 并将其作为指定的压力边界条件。

DATA 26D	井递归数据
NOW	作业条件将发生变化的油井数量 =0, 井作业不会发生变化 >0, 可得作业条件发生变化的油井数量
SIMNEW	表示用户新请求的时间规格, d [d]; 此处输入的油井数据将从之前的时间规格开始, 到现在的时间规格, 再到将来的时间规格一直保持活动的状态
DELT	待使用的时间步长, d [d]
PWFMIN	生产井允许的最小井底压力, psia [kPa]
PWFMAX	注入井允许的最大井底压力, psia [kPa]
IDW	油井识别号; 每个油井必须要有唯一的识别号 (IDW = 1, 2, 3, 4, …)
IW, JW, KW	井区位置的 (i, j, k) 坐标

DATA 26D	井递归数据
IWOPC	油井作业条件 生产井的 IWOPC = –1，井半径的指定压力梯度，psi/ft［kPa/m］ = –2，指定生产率，bbl/d 或 ft³/d［m³/d］ = –3，关闭井 = –4，指定井底压力，psia［kPa］ 注入井的 IWOPC =1，井半径的指定压力梯度，psi/ft［kPa/m］ =2，指定注入率，bbl/d 或 ft³/d［m³/d］ =3，关闭井 =4，指定井底压力，psia［kPa］
GWI	井区 i 的几何因子，bbl·mPa·s/（d·psi）［m³·mPa·s/（d·kPa）］
SPVALUE	作业条件的给定值
RADW	井半径，ft［m］

注意

1. NOW 行不限制重复次数，但其后每行的时间规格必须大于前一个时间规格。

2. NOW 行可用于在模拟过程中指定 DELT、PWFMIN 或 PUFMAX 的新值，且不限指定次数。

3. PWFMIN 和 PUFMAX 的指定值必须处于 PVT 表中指定的压力范围内，微可压缩流体和可压缩流体的实际模拟需要指定这两个参数。但如果设置 PWFMIN ≤ –10⁶ 和 PWFMAX ≥ 10^6，这两个参数的功能就会失效。

4. 此数据组的结尾组为一行零条目。

5. 每个 IWD 行输入的规格对应一口油井。如果 NOW > 0，此行必须重复，重复次数与 NOW 值相等。

6. 注入井的 IWOPC 和规定速率均为正值，生产井的 IWOPC 和规定速率均为负值。

7. 对于使用点分布式网格的单井模拟，必须对指定的井底流压进行模拟，并将其作为指定的压力边界条件。

8. 此处指定的 RADW 值是用来处理 IWOPC = 1 或 – 1 的选项。

A.4　模拟器运行说明

使用本模拟器的用户可以得到一个类似于 A.6 节中提到的参考数据文件（如 REF – DATA. TXT）。用户应首先将该文件复制到个人数据文件中（如 MY – DATA. TXT），然后按照 A.2 节的说明，观察 A.3 节中给出的变量定义，从而修改个人数据文件，使其能描述所研究的油藏模型。点击编译版本（SinglePhaseSim. exe）即可运行模拟器，此时计算机要求用户给出一个输入文件和四个输出文件（包括文件类型）的名字，陈述如下：

```
ENTER NAMES OF INPUT AND OUTPUT FILES
'DATA.TXT' 'OUT1.LIS' 'OUT2.LIS' 'OUT3.LIS' 'OUT4.LIS'
```

用户输入这五个文件的名字，并且每个名字都要用单引号括起来，名字之间用空格或逗号隔开，如下所示。输入完毕后按"回车"键。

'MY-DATA.TXT','MY-OUT1.LIS','MY-OUT2.LIS','MY-OUT3.LIS','MY-OUT4.LIS'

之后，计算机继续执行程序，直至完成。

四个输出文件中的每一个文件都包含具体信息。'MY－OUT1.LIS'包含了输入数据文件的调试信息（如果要求的话）和输入数据的摘要、网格压力、生产和注入数据（包括速率和累计和）、跨油藏边界的流体速率以及所有时间步长的物料平衡检验情况。'MY－OUT2.LIS'包含中间结果、所有网格块的方程，以及线性方程求解器在每个时间步长中每次迭代过程的具体细节。'MY－OUT3.LIS'以表格形式简要地列出了各时间节点的网格压力。'MY－OUT4.LIS'以表格形式简要地列出了油藏性能和单井性能。

A.5　编译版本的限制条件

这里提供的编译版本"SinglePhaseSim"仅作示范及学生训练之用。因此，关键变量的取值仅限于如下的范围：

1. x 方向或 r 方向的网格块（或网格点）数量 ≤ 20；
2. y 方向的网格块（或网格点）数量 ≤ 20；
3. z 方向的网格块（或网格点）数量 ≤ 10；
4. PVT 表格的条目数量 ≤ 30；
5. 井的数量 = 1 个/网格；
6. 油井改变作业条件的次数不受限制；
7. 时间步长个数的最大值 = 1000（谨慎起见）；

A.6　数据文件准备示例

以下是为基准测试问题而准备的数据文件：

```
'*DATA 01E* Title of Simulation Run'
'TITLE'
J.H. Abou-Kassem. Input data file for Example 7.1 in Chap. 7.
'*DATA 02B* Simulation Time Data'
'IPRDAT TMTOTAL TMSTOP'
    1      360     10
'*DATA 03B* Units'
'MUNITS'
    1
```

```
'*DATA 04B* Control Integers for Printing Desired Output'
'BORD  MLR  BASIC  QBC  EQS  PITER  ITRSOL'
   1    1     1     1    1     1       1
'*DATA 05B* Reservoir  Discretization  and  Method  of  Solving
Equations'
'IGRDSYS  NX NY NZ  RW    RE    NONLNR  LEQSM  TOLERSP  DXTOLSP'
    1      4  1  1 0.25 526.604   4       8      0.0      0.0
'*DATA 06A* RESERVOIR REGION WITH ACTIVE OR INACTIVE BLOCK
IACTIVE'
1,'I1 I2    J1 J2   K1 K2     IACTIVE'
   1  4     1  1    1  1        1
   0  0     0  0    0  0        0
'*DATA 07A* RESERVOIR REGION HAVING BLOCK SIZE DX IN THE
X-DIRECTION'
1,'I1 I2    J1 J2   K1 K2     DX (FT)'
   1  4     1  1    1  1       300
   0  0     0  0    0  0        0.0
'*DATA 08A* RESERVOIR REGION HAVING BLOCK SIZE DY IN THE
Y-DIRECTION'
0,'I1 I2    J1 J2   K1 K2     DY (FT)'
350 350 350 350
'*DATA 09A* RESERVOIR REGION HAVING BLOCK SIZE DZ IN THE
Z-DIRECTION'
0,'I1 I2    J1 J2   K1 K2     DZ (FT)'
4*40
'*DATA 10A* RESERVOIR REGION HAVING PERMEABILITY KX IN THE
X-DIRECTION'
1,'I1 I2    J1 J2   K1 K2     KX (MD)'
   1  4     1  1    1  1       270
   0  0     0  0    0  0        0.0
'*DATA 11A* RESERVOIR REGION HAVING PERMEABILITY KY IN THE
Y-DIRECTION'
1,'I1 I2    J1 J2   K1 K2     KY (MD)'
   1  4     1  1    1  1       0
   0  0     0  0    0  0        0.0
'*DATA 12A* RESERVOIR REGION HAVING PERMEABILITY KZ IN THE
Z-DIRECTION'
```

```
 1,'I1 I2    J1 J2    K1 K2    KZ (MD)'
    1  4     1  1     1  1        0
    0  0     0  0     0  0       0.0
 '*DATA 13A* RESERVOIR REGION HAVING ELEVATION Z'
 1,'I1 I2    J1 J2    K1 K2    DEPTH (FT)'
    1  4     1  1     1  1       0.0
    0  0     0  0     0  0       0.0
 '*DATA 14A* RESERVOIR REGION HAVING POROSITY PHI'
 1,'I1 I2    J1 J2    K1 K2    PHI (FRACTION)'
    1  4     1  1     1  1       0.27
    0  0     0  0     0  0       0.0
 '*DATA 15A* RESERVOIR REGION HAVING INITIAL PRESSURE P'
1,'I1 I2    J1 J2    K1 K2    P (PSIA)'
    1  4     1  1     1  1        0
    0  0     0  0     0  0       0.0
'*DATA 16A* RESERVOIR REGION WITH BLOCK POROSITY MODIFICATION
RATIO'
1,'I1 I2    J1 J2    K1 K2    RATIO'
    0  0     0  0     0  0       0.0
'*DATA 17A* RESERVOIR REGION WITH BLOCK ELEVATION MODIFICATION
RATIO'
1,'I1 I2    J1 J2    K1 K2    RATIO'
    1  4     1  1     1  1       0.0
    0  0     0  0     0  0       0.0
'*DATA 18A* RESERVOIR REGION WITH BLOCK VOLUME MODIFICATION
RATIO'
1,'I1 I2    J1 J2    K1 K2    RATIO'
    1  4     1  1     1  1       0.0
    0  0     0  0     0  0       0.0
'*DATA 19A* RESERVOIR REGION WITH X-TRANSMISSIBILITY MODIFICATION
RATIO'
1,'I1 I2    J1 J2    K1 K2    RATIO'
    1  4     1  1     1  1       0.0
    0  0     0  0     0  0       0.0
'*DATA 20A* RESERVOIR REGION WITH Y-TRANSMISSIBILITY MODIFICATION
RATIO'
```

```
1,'I1 I2    J1 J2    K1 K2    RATIO'
   1  4      1  1      1  1      0.0
   0  0      0  0      0  0      0.0
'*DATA 21A* RESERVOIR REGION WITH Z-TRANSMISSIBILITY MODIFICATION
RATIO'
1,'I1 I2    J1 J2    K1 K2    RATIO'
   1  4      1  1      1  1      0.0
   0  0      0  0      0  0      0.0
'*DATA 22B* Rock and Fluid Density'
'CPHI      PREF      RHOSC'
 0.0       14.7      50.0
'*DATA 23B* Type of Fluid in the Reservoir'
'LCOMP IQUAD'
    1       1
'*DATA 24B* FOR LCOMP= 1 AND 2 OR *DATA 24C* FOR LCOMP= 3 ENTER
FLUID PROP'
'LCOMP=1:FVF,MU;LCOMP=2:FVFO,MUO,CO,CMU,PREF,MBCONST;LCOMP=3:
PRES,FVF,MU TABLE'
1.0 0.5
'*DATA 25A* Boundary Conditions'
'I1 I2  J1 J2  K1 K2  IFACE  ITYPEBC  SPVALUE  ZELBC  RATIO'
   1  1   1  1   1  1    3       4       4000     20    0.0
   4  4   1  1   1  1    5       3         0      20    0.0
   0  0   0  0   0  0    0       0         0.     0.0   0.0
'*DATA 26D* Well Recursive Data'
'NOW    SIMNEW    DELT    PWFMIN    PWFMAX'
'IDW   IW   JW   KW   IWOPC    GWI       SPVALUE   RADW'
   1        10.0         10.0 -10000000.0  100000000.0
   1    4    1    1    -2       11.0845     -600    0.25
   0         0.0          0.0         0.0          0.0
```

附录 B　符号表

a_n	未知项 $x_{n+n_x n_y}$ 的系数，方程（9.46f）
A	Tang 算法参数，方程（9.28）
$[A]$	系数矩阵
A_x	垂直于 x 方向上的横截面积，ft^2 $[\text{m}^2]$
$A_x\big|_x$	x 位置垂直于 x 方向上的横截面积，ft^2 $[\text{m}^2]$
$A_x\big|_{x+\Delta x}$	$x+\Delta x$ 位置垂直于 x 方向上的横截面积，ft^2 $[\text{m}^2]$
$A_x\big|_{x\mp\frac{1}{2}}$	网格边界 $x_{i\mp\frac{1}{2}}$ 处垂直于 x 方向上的横截面积，ft^2 $[\text{m}^2]$
b	油藏边界
b_E	油藏东边界
b_L	油藏下边界
b_N	油藏北边界
b_S	油藏南边界
b_U	油藏上边界
b_W	油藏西边界
b_n	未知项 $x_{n+n_x n_y}$ 的系数，方程（9.46a）
B_T	Tang 算法参数，方程（9.29）
B	流体体积系数，bbl/bbl $[\text{m}^3/\text{m}^3]$
$\bar{B}$	井筒流体平均体积系数，bbl/bbl $[\text{m}^3/\text{m}^3]$
B_g	气相体积系数，bbl/bbl $[\text{m}^3/\text{m}^3]$
B_i	网格 i 中的流体体积系数，bbl/bbl $[\text{m}^3/\text{m}^3]$
B_o	油相体积系数，bbl/bbl $[\text{m}^3/\text{m}^3]$
B_ob	泡点压力下油相体积系数，bbl/bbl $[\text{m}^3/\text{m}^3]$
B_{pi}	网格 i 中 p 相流体的体积系数，bbl/bbl $[\text{m}^3/\text{m}^3]$
B_w	水相体积系数，bbl/bbl $[\text{m}^3/\text{m}^3]$
B°	参考压力 p° 和地层温度下的流体体积系数，bbl/bbl $[\text{m}^3/\text{m}^3]$
c	流体压缩系数，psi^{-1} $[\text{kPa}^{-1}]$
c_i	Thomas 算法中网格 i 的未知系数
c_n	未知项 x_n 的系数，方程（9.46g）
c_N	Thomas 或 Tang 算法中未知项 x_N 的系数
c_o	油相压缩系数，psi^{-1} $[\text{kPa}^{-1}]$

c_ϕ	孔隙压缩系数，psi^{-1} $[kPa^{-1}]$
c_μ	黏度的压力相关系数，psi^{-1} $[kPa^{-1}]$
C	Tang 算法参数，方程（9.30）
C_{MB}	质量累积守恒检验，无量纲
C_{op}	油相流动方程累积项展开式中压力差系数
C_{ow}	油相流动方程累积项展开式中水相饱和度差系数
C_{wp}	水相流动方程累积项展开式中压力差系数
C_{ww}	水相流动方程累积项展开式中水相饱和度差系数
$\boldsymbol{d}$	已知向量
D	参数，由 Tang 算法中方程（9.31）定义
d_i	Thomas 算法中网格 i 方程右侧已知项
d_{max}	两次迭代之间最大差值的绝对值
d_n	网格 n 等式右侧项，方程（9.46h）
e_i	Thomas 算法中网格 $i+1$ 的未知系数
e_n	未知项的系数，方程（9.46d）
e_N	Tang 算法中未知项的系数
$f(x)$	任意函数
f_p	传导率方程中的压力相关项
$f_{Pi\mp\frac{1}{2}}^{n+1}$	非线性项，方程（8.17）
$F(t)$	被积分函数在时间 t 处的值
F_i	井网格 i 的面积与理想井的流动面积的比值，无量纲
F^m	被积分函数在时间 t^m 处的值
$F(t^m)$	被积分函数在时间 t^m 处的值
F^n	被积分函数在时间 t^n 处的值
$F(t^n)$	被积分函数在时间 t^n 处的值
F^{n+1}	被积分函数在时间 t^{n+1} 处的值
$F(t^{n+1})$	被积分函数在时间 t^{n+1} 处的值
$F^{n+\frac{1}{2}}$	被积分函数在时间 $t^{n+\frac{1}{2}}$ 处的值
$F(t^{n+\frac{1}{2}})$	被积分函数在时间 $t^{n+\frac{1}{2}}$ 处的值
g	重力加速度，ft/s^2 $[m/s^2]$
g_i	Thomas 算法中产生的临时向量 $\boldsymbol{g}$ 中的元素 i
G	形状因子
G_w	井筒形状因子，$lb \cdot mPa \cdot s/(d \cdot psi)$ $[m^3 \cdot mPa \cdot s/(d \cdot kPa)]$
G_{wi}	井网格 i 的形状因子，方程（6.32），$lb \cdot mPa \cdot s/(d \cdot psi)$ $[m^3 \cdot mPa \cdot s/(d \cdot kPa)]$
G_{wi}^*	井网格 i 的理想形状因子，方程（6.32），$lb \cdot mPa \cdot s/(d \cdot psi)$ $[m^3 \cdot mPa \cdot s/(d \cdot kPa)]$
$G_{x_i\mp\frac{1}{2}}$	x 方向上网格 i 和 $i\mp1$ 之间的形状因子，方程（8.4）

$G_{x_{1,2}}$	x 方向上网格 1 和网格 2 之间的形状因子
$G_{y2,6}$	y 方向上网格 2 和网格 6 之间的形状因子
$G_{r_{i \mp \frac{1}{2},j,k}}$	柱坐标系中，r 方向上网格 (i,j,k) 和网格 $(i \mp 1,j,k)$ 之间的形状因子，见表 4.2，表 4.3，表 5.2 和表 5.3
$G_{x_{i \mp \frac{1}{2},j,k}}$	直角坐标系中，x 方向上网格 (i,j,k) 和网格 $(i \mp 1,j,k)$ 之间的形状因子，见表 4.1 和表 5.1
$G_{y_{i,j \mp \frac{1}{2},k}}$	直角坐标系中，y 方向上网格 (i,j,k) 和网格 $(i,j \mp 1,k)$ 之间的形状因子，见表 4.1 和表 5.1
$G_{z_{i,j,k \mp \frac{1}{2}}}$	直角坐标系中，z 方向上网格 (i,j,k) 和网格 $(i,j,k \mp 1)$ 之间的形状因子，见表 4.1 和表 5.1
$G_{z_{i,j,k \mp \frac{1}{2}}}$	柱坐标系中，z 方向上网格 (i,j,k) 和网格 $(i,j,k \mp 1)$ 之间的形状因子，表 4.2，表 4.3，表 5.2 和表 5.3
$G_{\theta_{i,j,k \mp \frac{1}{2}}}$	柱坐标系中，θ 方向上网格 (i,j,k) 和网格 $(i,j \mp 1,k)$ 之间的形状因子，表 4.2，表 4.3，表 5.2 和表 5.3
h	厚度，ft $[m]$
h_i	井网格 i 的厚度，ft $[m]$
h_l	井网格 l 的厚度，ft $[m]$
I_{MB}	质量增量守恒检验，无量纲
K_H	水平渗透率，mD $[\mu m^2]$
K_{H_i}	井网格 i 的水平渗透率，mD $[\mu m^2]$
K_r	径向流中 r 方向的渗透率，mD $[\mu m^2]$
K_{rg}	气相相对渗透率，无量纲
K_{ro}	油相相对渗透率，无量纲
K_{rocw}	束缚水饱和度下的油相相对渗透率，无量纲
K_{rog}	气—油—束缚水系统中的油相渗透率，无量纲
K_{row}	油—水系统中的油相渗透率，无量纲
K_{rp}	p 相相对渗透率，无量纲
$K_{rp} \mid_{x_{i \mp \frac{1}{2}}}$	x 方向上点 i 和 $i \mp 1$ 之间的 p 相相对渗透率，无量纲
K_{rw}	水相相对渗透率，无量纲
K_V	垂直渗透率，mD $[\mu m^2]$
K_x	x 方向渗透率，mD $[\mu m^2]$
$K_x \mid_{i \mp \frac{1}{2}}$	x 方向上点 i 和 $i \mp 1$ 之间的渗透率，无量纲
K_y	y 方向渗透率，mD $[\mu m^2]$
K_z	z 方向渗透率，mD $[\mu m^2]$
K_θ	θ 方向渗透率，mD $[\mu m^2]$
ln	自然对数
L	油藏在 x 轴的长度，ft $[m]$
$[L]$	下三角矩阵
L_x	油藏在 x 轴的长度，ft $[m]$

m_a	单元体 i 在一段时间内存储或排除的流体质量，lb［kg］
m_{a_i}	网格 i 中的累积质量，lb［kg］
m_{ca_i}	网格 i 中组分 c 的累积质量，lb［kg］
m_{ci}	从油藏中其他位置流入油藏的组分 c 的质量，lb［kg］
$m_{ci}\mid_{x_{i-\frac{1}{2}}}$	经网格边界 $x_{i-\frac{1}{2}}$ 进入网格 i 的组分 c 的质量，lb［kg］
$m_{ci}\mid_{x_{i+\frac{1}{2}}}$	经网格边界 $x_{i+\frac{1}{2}}$ 流出网格 i 的组分 c 的质量，lb［kg］
m_{cs_i}	通过井流入（流出）网格 i 的组分 c 的质量，lb［kg］
$m_{cv_i}^n$	t^n 时刻网格 i 中每单位体积岩石所含组分 c 的质量，lb/ft³［kg/m³］
$m_{cv_i}^{n+1}$	t^{n+1} 时刻网格 i 中每单位体积岩石所含组分 c 的质量，lb/ft³［kg/m³］
$\dot{m}_{cx}$	x 分数的组分 c 的质量通量，lb/（d·ft²）［kg/（d·m²）］
m_{fgv}	单位体积油藏岩石中所含自由气的质量，lb/ft³［kg/m³］
$\dot{m}_{fgx}$	x 分数的自由气的质量通量，lb/（d·ft²）［kg/（d·m²）］
m_i	从相邻单元体流入单元体 i 的流体质量，lb［kg］
$m_i\mid_x$	从控制体积的边界 x 处流入的流体质量，lb［kg］
$m_i\mid_r$	从控制体积的边界 r 处流入的流体质量，lb［kg］
$m_i\mid_{x_{i-\frac{1}{2}}}$	经网格边界 $x_{i-\frac{1}{2}}$ 进入网格 i 的流体质量，lb［kg］
$m_i\mid_\theta$	从控制体积的边界 θ 处流入的流体质量，lb［kg］
m_o	从单元体 i 中流出，进入其他单元体的流体质量，lb［kg］
$m_o\mid_{r+\Delta r}$	从控制体积的边界 $r+\Delta r$ 处流出的流体质量，lb［kg］
m_{ov}	单位体积油藏岩石中所含原油的质量，lb/ft³［kg/m³］
$\dot{m}_{ox}$	x 分数的油组分的质量通量，lb/（d·ft²）［kg/（d·m²）］
$m_o\mid_{x+\Delta x}$	从控制体积的边界 $x+\Delta x$ 处流出的流体质量，lb［kg］
$m_o\mid_{x_{i+\frac{1}{2}}}$	经网格边界 $x_{i+\frac{1}{2}}$ 流出网格 i 的流体质量，lb［kg］
$m_o\mid_{\theta+\Delta\theta}$	从控制体积的边界 $\theta+\Delta\theta$ 处流出的流体质量，lb［kg］
m_s	通过井流入（流出）油藏的流体质量，lb［kg］
m_{sgv}	单位体积油藏岩石中所含溶解气的质量，lb/ft³［kg/m³］
$\dot{m}_{sgx}$	x 分数的溶解气的质量通量，lb/（d·ft²）［kg/（d·m²）］
m_{s_i}	通过井流入（流出）网格 i 的流体质量，lb［kg］
m_v	单位体积油藏岩石中所含流体的质量，lb/ft³［kg/m³］
$m_{v_i}^n$	t^n 时刻网格 i 中每单位体积岩石所含流体质量，lb/ft³［kg/m³］
$m_{v_i}^{n+1}$	t^{n+1} 时刻网格 i 中每单位体积岩石所含流体的质量，lb/ft³［kg/m³］
m_{wv}	单位体积油藏岩石中所含水的质量，lb/ft³［kg/m³］
$\dot{m}_{wx}$	x 分数的水的质量通量，lb/（d·ft²）［kg/（d·m²）］
$\dot{m}_x$	x 分数的质量通量，lb/（d·ft²）［kg/（d·m²）］
$\dot{m}_x\mid_x$	流过控制体积的边界 x 处的 x 分数的质量通量，lb/（d·ft²）［kg/（d·m²）］
$\dot{m}_x\mid_{x+\Delta x}$	流过控制体积的边界 $x+\Delta x$ 处的 x 分数的质量通量，lb/（d·ft²）［kg/（d·m²）］

$\dot{m}_x\big|_{x_{i\mp\frac{1}{2}}}$	流过网格边界 $x_{i\mp\frac{1}{2}}$ 的 x 分数的质量通量，lb/（d·ft²）［kg/（d·m²）］
M	气体分子量，lb/mol［kg/kmol］
M_{p_i}	井网格 i 中 p 相流体的流度，见表 11.4
n_n	未知项 x_{n+n_x} 的系数，方程（9.46e）
n_r	r 方向油藏网格块（网格点）个数
n_{vps}	对称平面数
n_x	x 方向油藏网格块（网格点）个数
n_y	y 方向油藏网格块（网格点）个数
n_z	z 方向油藏网格块（网格点）个数
n_θ	θ 方向油藏网格块（网格点）个数
N	油藏中网格总数
p	压力，psia［kPa］
p°	参考压力，psia［kPa］
$\bar{p}$	平均压力，方程（8.21），psia［kPa］
p_b	泡点压力，psia［kPa］
p_g	气相压力，psia［kPa］
p_i	网格块（网格点）或井网格 i 的压力，psia［kPa］
p_i^m	t^m 时刻网格块（网格点）i 的压力，psia［kPa］
$p_{i\mp1}^m$	t^m 时刻网格块（网格点）$i\mp1$ 的压力，psia［kPa］
$p_{i,j,k}^m$	t^m 时刻网格块（网格点）(i,j,k) 的压力，psia［kPa］
$p_{i\mp1,j,k}^m$	t^m 时刻网格块（网格点）$(i\mp1,j,k)$ 的压力，psia［kPa］
$p_{i,j\mp1,k}^m$	t^m 时刻网格块（网格点）$(i,j\mp1,k)$ 的压力，psia［kPa］
$p_{i,j,k\mp1}^m$	t^m 时刻网格块（网格点）$(i,j,k\mp1)$ 的压力，psia［kPa］
p_i^n	t^n 时刻网格块（网格点）i 的压力，psia［kPa］
p_i^{n+1}	t^{n+1} 时刻网格块（网格点）i 的压力，psia［kPa］
$p_i^{n+1^{(\nu+1)}}$	t^{n+1} 时刻第 $\nu+1$ 次迭代网格块（网格点）i 的压力，psia［kPa］
$\delta p_i^{n+1^{(\nu+1)}}$	t^{n+1} 时刻第 $\nu+1$ 次迭代网格块（网格点）i 的压力差，psi［kpa］
p_{i-1}	网格块（网格点）$i-1$ 的压力，psia［kPa］
p_{i+1}	网格块（网格点）$i+1$ 的压力，psia［kPa］
p_{i+1}^n	t^n 时刻网格块（网格点）$i+1$ 的压力，psia［kPa］
p_{i+1}^{n+1}	t^{n+1} 时刻网格块（网格点）$i+1$ 的压力，psia［kPa］
$p_{i\mp1}^{n+1}$	t^{n+1} 时刻网格块（网格点）$i\mp1$ 的压力，psia［kPa］
$p_{i,j,k}$	网格块（网格点）或井网格 (i,j,k) 的压力，psia［kPa］
p_l	相邻网格块（网格点）l 的压力，psia［kPa］
p_n	网格块（网格点）或井网格 n 的压力，psia［kPa］
p_n^0	网格块（网格点）n 的初始压力，psia［kPa］

p_n^n	t^n 时刻网格块（网格点）或井网格 n 的压力，psia［kPa］
$p_i^{n+1(\nu)}$	t^{n+1} 时刻第 ν 次迭代网格块（网格点）i 的压力，psia［kPa］
p_n^{n+1}	t^{n+1} 时刻网格块（网格点）或井网格 n 的压力，psia［kPa］
$p_n^{(\nu)}$	第 ν 次迭代网格块（网格点）n 的压力，psia［kPa］
$p_n^{(\nu+1)}$	第 $\nu+1$ 次迭代网格块（网格点）n 的压力，psia［kPa］
p_{p_i}	网格块（网格点）i 中 p 相流体的压力，psia［kPa］
$p_{p_{i\mp1}}$	网格块（网格点）$i\mp1$ 中 p 相流体的压力，psia［kPa］
p_o	油相压力，psia［kPa］
p_{ref}	参考压力，psia［kPa］
p_{sc}	标准压力，psia［kPa］
p_w	水相压力，psia［kPa］
p_{wf}	井底流压，psia［kPa］
$p_{wf_{est}}$	根据参考深度估算的井底流压，psia［kPa］
p_{wf_i}	井网格 i 中井底流压，psia［kPa］
$p_{wf_{ref}}$	参考深度处的井底流压，psia［kPa］
$p_{wf_{sp}}$	参考深度处设定的井底流压，psia［kPa］
p_{cgo}	油—气毛细管力，psia［kPa］
p_{cgw}	水—气毛细管力，psia［kPa］
p_{cow}	油—水毛细管力，psia［kPa］
q	地层条件下的井产量，bbl/d［m^3/d］
q_{cm_i}	通过井流入网格 i 的组分 c 的质量流量，lb/d［kg/d］
q_{fg}	地层条件下的自由气产量，bbl/d［m^3/d］
q_{fgm}	自由气的质量产量，lb/d［kg/d］
q_{fgsc}	标准条件下的自由气产量，ft^3/d［m^3/d］
q_m	通过井流入控制体积的质量流量，lb/d［kg/d］
q_{m_i}	通过井流入网格 i 的质量流量，lb/d［kg/d］
q_o	地层条件下的产油量，bbl/d［m^3/d］
q_{om}	质量产油量，lb/d［kg/d］
q_{osc}	标准条件下的产油量，bbl/d［m^3/d］
q_{sc}	标准条件下的井产量，bbl/d 或 ft^3／［m^3/d］
q_{sc_i}	井网格 i 的产量（标准条件），bbl/d 或 ft^3/d［m^3/d］
$q_{sc_i}^m$	t^m 时刻井网格 i 的产量（标准条件），bbl/d 或 ft^3/d［m^3/d］
$q_{sc_n}^m$	t^m 时刻井网格 n 的产量（标准条件），bbl/d 或 ft^3/d［m^3/d］
$q_{sc_{i,j,k}}^m$	t^m 时刻井网格 (i,j,k) 的产量（标准条件），bbl/d 或 ft^3/d［m^3/d］
$q_{sc_i}^{n+1}$	t^{n+1} 时刻井网格 i 的产量（标准条件），bbl/d 或 ft^3/d［m^3/d］
$q_{sc_i}^{n+1(\nu)}$	t^{n+1} 时刻第 ν 次迭代时，井网格 i 的产量（标准条件），bbl/d 或 ft^3/d［m^3/d］

$q_{sc_{l,(i,j,k)}}^{m}$	t^m 时刻油藏边界 l 与网格 (i,j,k) 之间的体积流量（标准条件），bbl/d 或 ft^3/d [m^3/d]
$q_{sc_{l,n}}$	油藏边界 l 与网格 n 之间体积流量（标准条件），bbl/d 或 ft^3/d [m^3/d]
q_{sc_n}	t^m 时刻油藏边界 l 与网格 n 之间的体积流量（标准条件），bbl/d 或 ft^3/d [m^3/d]
$q_{sc_{i\mp\frac{1}{2}}}$	网格块（网格点）i 与网格块（网格点）$i\mp 1$ 之间的体积流量（标准条件），bbl/d 或 ft^3/d [m^3/d]
$q_{sc_{b,bB}}$	通过油藏边界流入边界网格块 bB 的体积流量（标准条件），bbl/d 或 ft^3/d [m^3/d]
$q_{sc_{b,bP}}$	通过油藏边界流入边界网格点 bP 的体积流量（标准条件），bbl/d 或 ft^3/d [m^3/d]
$q_{sc_{b_W,1}}$	通过油藏西边界流入边界网格块（网格点）1 的体积流量（标准条件），bbl/d 或 ft^3/d [m^3/d]
$q_{sc_{b_E,n_x}}$	通过油藏东边界流入边界网格块（网格点）n_x 的体积流量（标准条件），bbl/d 或 ft^3/d [m^3/d]
q_{smg}	溶解气的质量产量，lb/d [kg/d]
q_{spsc}	设定井产量（标准条件），bbl/d 或 ft^3/d [m^3/d]
q_{wm}	质量产水量，lb/d [kg/d]
q_{wsc}	标准条件下的产油量，bbl/d [m^3/d]
q_x	地层条件下沿 x 轴的体积流量 bbl/d [m^3/d]
r	柱坐标系中，r 方向的距离，ft [m]
r_e	径向流的达西定律中油藏外边界半径，ft [m]
r_{eq}	等效井筒半径，ft [m]
r_{eq_n}	网格 n 中理想井的等效流动半径，ft [m]
$r_{i\mp 1}$	点 $i\mp 1$ 的 r 坐标，ft [m]
$r_{i\mp\frac{1}{2}}^{L}$	传导率计算中用到的半径，方程（4.82b）和方程（4.83b），或方程（5.75b）和方程（5.76b），ft [m]
$r_{i\mp\frac{1}{2}}^{2}$	单元体体积计算中用到的半径的平方，方程（4.84b）和方程（4.85b），或方程（5.77b）和方程（5.78b），ft^2 [m^2]
r_n	网格 n 的残差，方程（9.61）
r_w	井筒半径，ft [m]
Δr_i	网格 (i,j,k) 在 r 方向的尺寸，ft [m]
R_s	溶解汽油比，ft^3/bbl [m^3/m^3]
s	表皮系数，无量纲
S	流体饱和度
S_g	气相饱和度
S_{iw}	束缚水饱和度
s_n	未知项 x_{n-n_x} 的系数，方程（9.46b）
S_o	油相饱和度
S_w	水相饱和度
t	时间，d

T	地层温度，°R［K］
Δt	时间步长，d
t^m	时间函数 F 的积分的等效时间点，方程（2.30），d
Δt^m	第 m 个时间步长，d
t^n	前一个时间节点，d
Δt_n	前一个时间步长，d
t^{n+1}	当前或下一个时间节点，d
Δt_{n+1}	当前（或下一个）时间步长，d
$T_{b,bB}^m$	t^m 时刻油藏边界与边界网格块之间的传导率
$T_{b,bP}^m$	t^m 时刻油藏边界与边界网格点之间的传导率
$T_{b,bP*}^m$	t^m 时刻油藏边界与相邻油藏内部网格点之间的传导率
T_{gx}	x 方向的气相传导率，ft³/（d·psi）［m³/（d·kPa）］
$T_{l,(i,j,k)}^m$	t^m 时刻油藏网格块（网格点）l 和 (i,j,k) 之间的传导率
$T_{l,n}^m$	t^m 时刻油藏网格块（网格点）l 和 n 之间的传导率
T_{ox}	x 方向的油相传导率，ft³/（d·psi）［m³/（d·kPa）］
$T_{r_{i\mp\frac{1}{2},j,k}}$	r 方向上，点 (i,j,k) 和 $(i\mp1,j,k)$ 之间的传导率，bbl/（d·psi）或 ft³/（d·psi）［m³/（d·kPa）］
$T_{r\mp\frac{1}{2},j,k}^m$	t^m 时刻，r 方向上，点 (i,j,k) 和 $(i\mp1,j,k)$ 之间的传导率，bbl/（d·psi）或 ft³/（d·psi）［m³/（d·kPa）］
T_{sc}	标准温度，°R［K］
T_{wx}	x 方向的水相传导率，bbl/（d·psi）［m³/（d·kPa）］
$T_{x_{i\mp\frac{1}{2}}}$	x 方向上，点 i 和 $i\mp1$ 之间的传导率，bbl/（d·psi）或 ft³/（d·psi）［m³/（d·kPa）］
$T_{x_{i\mp\frac{1}{2}}}^{n+1}$	t^{n+1} 时刻，x 方向上，点 i 和 $i\mp1$ 之间的传导率，bbl/（d·psi）或 ft³/（d·psi）［m³/（d·kPa）］
$T_{x_{i\mp\frac{1}{2}}}^{n+1^{(\nu)}}$	t^{n+1} 时刻，第 ν 次迭代时，x 方向上，点 i 和 $i\mp1$ 之间的传导率，bbl/（d·psi）或 ft³/（d·psi）［m³/（d·kPa）］
$T_{x_{i\mp\frac{1}{2},j,k}}$	x 方向上，点 (i,j,k) 和 $(i\mp1,j,k)$ 之间的传导率，bbl/（d·psi）或 ft³/（d·psi）［m³/（d·kPa）］
$T_{x_{i\mp\frac{1}{2},j,k}}^m$	t^m 时刻，x 方向上，点 (i,j,k) 和 $(i\mp1,j,k)$ 之间的传导率，bbl/（d·psi）或 ft³/（d·psi）［m³/（d·kPa）］
$T_{y_{i,j\mp\frac{1}{2},k}}$	y 方向上，点 (i,j,k) 和 $(i,j\mp1,k)$ 之间的传导率，bbl/（d·psi）或 ft³/（d·psi）［m³/（d·kPa）］
$T_{y_{i,j\mp\frac{1}{2},k}}^m$	t^m 时刻，y 方向上，点 (i,j,k) 和 $(i,j\mp1,k)$ 之间的传导率，lb/（d·psi）或 ft³/（d·psi）［m³/（d·kPa）］
$T_{z_{i,j,k\mp\frac{1}{2}}}$	z 方向上，点 (i,j,k) 和 $(i,j,k\mp1)$ 之间的传导率，bbl/（d·psi）或 ft³/（d·psi）［m³/（d·kPa）］

$T^m_{z_{i,j,k\mp\frac{1}{2}}}$	t^m 时刻，z 方向上，点 (i,j,k) 和 $(i,j,k\mp1)$ 之间的传导率，lb/ (d·psi) 或 ft^3/(d·psi) [m^3/ (d·kPa)]
$T_{\theta_{i,j\mp\frac{1}{2},k}}$	θ 方向上，点 (i,j,k) 和 $(i,j\mp1,k)$ 之间的传导率，bbl/ (d·psi) 或 ft^3/ (d·psi) [m^3/(d·kPa)]
$T^m_{\theta_{i,j\mp\frac{1}{2},k}}$	t^m 时刻，θ 方向上，点 (i,j,k) 和 $(i,j\mp1,k)$ 之间的传导率，lb/ (d·psi) 或 ft^3/(d·psi) [m^3/ (d·kPa)]
$[U]$	上三角矩阵
u_{gx}	地层条件下气相组分 x 的体积流速，lb/ (d·ft^2) [m^3/ (d·m^2)]
u_i	Thomas 算法中产生的临时向量 g 中的元素 i
u_{ox}	地层条件下油相组分 x 的体积流速，lb/ (d·ft^2) [m^3/ (d·m^2)]
$u_{px}\|_{x_{i\mp\frac{1}{2}}}$	地层条件下 p 相组分 x 在点 i 和 $i\mp1$ 之间的体积流速，bbl/ (d·ft^2) [m^3/ (d·m^2)]
u_{wx}	地层条件下水相组分 x 的体积流速，bbl/ (d·ft^2) [m^3/ (d·m^2)]
u_x	地层条件下组分 x 的体积流速，lb/ (d·ft^2) [m^3/ (d·m^2)]
V_b	体积，ft^3 [m^3]
V_{b_i}	网格 i 的体积，ft^3 [m^3]
$V_{b_{i,j,k}}$	网格 (i,j,k) 的体积，ft^3 [m^3]
V_{b_n}	网格 n 的体积，ft^3 [m^3]
$w_{ci}\|_{x_{i-\frac{1}{2}}}$	组分 c 通过网格边界流入网格 i 的质量流量，lb/d [kg/d]
$w_{ci}\|_{x_{i+\frac{1}{2}}}$	组分 c 通过网格边界流出网格 i 的质量流量，lb/d [kg/d]
w_{cx}	x 分数的组分 c 的质量流量，lb/d [kg/d]
w_i	Thomas 算法中网格 $i-1$ 的未知系数
w_n	未知项 x_{n-1} 的系数，方程 (9.46c)
w_N	Thomas 或 Tang 算法中未知项 x_{N-1} 的系数
w_x	x 分数的质量流量，lb/d [kg/d]
$w_x\|_x$	在 x 处流入控制体积边界的 x 分数的质量流量，lb/d [kg/d]
$w_x\|_{x+\Delta x}$	在 $x+\Delta x$ 处流出控制体积边界的 x 分数的质量流量，lb/d [kg/d]
$w_x\|_{i\mp\frac{1}{2}}$	通过网格边界 $x_{i\mp\frac{1}{2}}$ 流入（或流出）网格 i 的 x 分数的质量流量，lb/ (d·ft^2) [kg/ (d·m^2)]
x	直角坐标系中 x 方向的距离，ft [m]
Δx	网格或控制体积在 x 轴的长度，ft [m]
x	未知向量（见第 9 章）
x_i	点 i 的 x 坐标，ft [m]
x_i	Thomas 算法中网格 i 的未知项
Δx_i	网格 i 在 x 轴的长度，ft [m]
δx_{i-}	网格块（网格点）i 与 i 减小方向的网格边界在 x 轴的距离，ft [m]
δx_{i+}	网格块（网格点）i 与 i 增加方向的网格边界在 x 轴的距离，ft [m]

$x_{i\mp1}$	点 $i\mp1$ 的 x 坐标，ft [m]
$x_{i\mp1}$	Thomas 算法中网格 $i\mp1$ 的未知项（第 9 章）
$\Delta x_{i\mp1}$	网格 $i\mp1$ 在 x 轴的长度，ft [m]
$x_{i\mp\frac{1}{2}}$	网格边界点 $i\mp\frac{1}{2}$ 的 x 坐标，ft [m]
$\Delta x_{i\mp\frac{1}{2}}$	点 i 与 $i\mp1$ 在 x 轴的距离，ft [m]
x_n	网格 n 的未知项（第 9 章）
$x_n^{(\nu)}$	第 ν 次迭代网格 n 的未知项（第 9 章）
$x_n^{(\nu+1)}$	第 $\nu+1$ 次迭代网格 n 的未知项（第 9 章）
x_{n_x}	网格块（网格点）n_x 的 x 坐标，ft [m]
y	直角坐标系中 y 方向的距离，ft [m]
Δy	网格或控制体积在 y 轴的长度，ft [m]
Δy_j	网格 j 在 y 轴的长度，ft [m]
z	气体的压缩因子，无量纲
z	直角坐标系中 z 方向的距离，ft [m]
Δz	网格或控制体积在 z 轴的长度，ft [m]
Δz_k	网格 k 在 z 轴的长度，ft [m]
$\Delta z_{i,j,k}$	网格 (i,j,k) 在 z 轴的长度，ft [m]
Z	基准面以下的高度，ft [m]
Z_b	基准面以下油藏边界中心的高度，ft [m]
Z_{bB}	基准面以下边界网格块 bB 中心的高度，ft [m]
Z_{bP}	基准面以下边界网格点 bP 中心的高度，ft [m]
Z_i	网格块（网格点）或井网格 i 的高度，ft [m]
$Z_{i\mp1}$	网格块（网格点）$i\mp1$ 的高度，ft [m]
$Z_{i,j,k}$	网格块（网格点）(i,j,k) 的高度，ft [m]
Z_l	网格块（网格点）l 的高度，ft [m]
Z_n	网格块（网格点）n 的高度，ft [m]
Z_{ref}	参照网格块（网格点）或井网格的高度，ft [m]
$\dfrac{\partial p}{\partial x}$	x 方向的压力梯度，psi/ft [kPa/m]
$\left.\dfrac{\partial p}{\partial x}\right\|_b$	油藏边界处 x 方向的压力梯度，psi/ft [kPa/m]
$\left(\dfrac{\partial p}{\partial x}\right)_{i\mp\frac{1}{2}}$	网格边界 $x_{i\mp\frac{1}{2}}$ 处 x 方向的压力梯度，psi/ft [kPa/m]
$\left.\dfrac{\partial p}{\partial r}\right\|_{r_w}$	井底 r_w 处 r 方向的压力梯度，psi/ft [kPa/m]

$\dfrac{\partial \varPhi}{\partial x}$	x 方向的势梯度，psi/ft［kPa/m］
$\dfrac{\partial Z}{\partial x}$	x 方向的深度梯度，无量纲
$\dfrac{\partial Z}{\partial x}\bigg|_{\mathrm{b}}$	油藏边界在 x 方向的深度梯度，无量纲
α_{c}	体积转换系数，数值见表 2.1
α_{lg}	对数间距常数，方程（4.86）或方程（5.79），无量纲
β_{c}	传导率转换系数，数值见表 2.1
β_i	Tang 算法中产生的临时向量 $\boldsymbol{\beta}$ 中的元素 i
γ	流体重力，psi/ft［kPa/m］
γ_i	Tang 算法中产生的临时向量 $\boldsymbol{\gamma}$ 中的元素 i
γ_{c}	流体重力转换系数，数值见表 2.1
γ_{g}	地层条件下气相的重力，psi/ft［kPa/m］
$\gamma_{i\mp\frac{1}{2}}$	x 轴上，点 i 和 $i\mp1$ 之间的流体重力，psi/ft［kPa/m］
$\gamma^m_{i\mp\frac{1}{2},j,k}$	t^m 时刻，x 轴上，点 (i,j,k) 和相邻点 $(i\mp1,j,k)$ 之间的流体重力，psi/ft［kPa/m］
$\gamma^m_{i,j\mp\frac{1}{2},k}$	t^m 时刻，y 轴上，点 (i,j,k) 和相邻点 $(i,j\mp1,k)$ 之间的流体重力，psi/ft［kPa/m］
$\gamma^m_{i,j,k\mp\frac{1}{2}}$	t^m 时刻，z 轴上，点 (i,j,k) 和相邻点 $(i,j,k\mp1)$ 之间的流体重力，psi/ft［kPa/m］
$\gamma^m_{l,(i,j,k)}$	t^m 时刻，点 (i,j,k) 和相邻点 l 之间的流体重力，psi/ft［kPa/m］
$\gamma^m_{l,n}$	t^m 时刻，点 n 和相邻点 l 之间的流体重力，psi/ft［kPa/m］
$\gamma_{l,(i,j,k)}$	点 (i,j,k) 和相邻点 l 之间的流体重力，psi/ft［kPa/m］
$\gamma_{l,n}$	点 n 和相邻点 l 之间的流体重力，psi/ft［kPa/m］
γ_{o}	地层条件下油相的重力，psi/ft［kPa/m］
$\gamma_{p_{i\mp\frac{1}{2}}}$	x 轴上，点 i 和 $i\mp1$ 之间的 p 相流体的重力，psi/ft［kPa/m］
$\gamma_{pl,n}$	点 l 和 n 之间的 p 相流体的重力，psi/ft［kPa/m］
γ_{w}	地层条件下水相的重力，psi/ft［kPa/m］
$\overline{\gamma}_{\mathrm{wb}}$	井筒内的平均流体重力，psi/ft［kPa/m］
ε	收敛误差
η_{inj}	确定注入流体的流度时，流体的集合＝{o，w，g}
η_{prd}	确定产出流体的流度时，流体的集合，见表 10.4
θ	θ 方向的角度，rad
$\Delta\theta_j$	网格 (i,j,k) 的 θ 坐标，rad
$\Delta\theta_{j\mp\frac{1}{2}}$	点 (i,j,k) 和点 $(i,j\mp1,k)$ 在 θ 方向的角度差，rad
ϕ	孔隙度
$\phi_{i,j,k}$	网格点（网格块）(i,j,k) 的孔隙度
ϕ_n	网格点（网格块）n 的孔隙度

ϕ°	参考压力 p° 下的孔隙度
Φ	势，psia［kPa］
Φ_g	气相的势，psia［kPa］
Φ_i	网格块（网格点）i 的势，psia［kPa］
Φ_i^m	t^m 时刻网格块（网格点）i 的势，psia［kPa］
Φ_i^n	t^n 时刻网格块（网格点）i 的势，psia［kPa］
Φ_i^{n+1}	t^{n+1} 时刻网格块（网格点）i 的势，psia［kPa］
$\Phi_{i\mp1}$	网格块（网格点）$i\mp1$ 的势，psia［kPa］
$\Phi_{i\mp1}^m$	t^m 时刻网格块（网格点）$i\mp1$ 的势，psia［kPa］
$\Phi_{i\mp1}^n$	t^n 时刻网格块（网格点）$i\mp1$ 的势，psia［kPa］
$\Phi_{i\mp1}^{n+1}$	t^{n+1} 时刻网格块（网格点）$i\mp1$ 的势，psia［kPa］
$\Phi_{i,j,k}^m$	t^m 时刻网格块（网格点）(i,j,k) 的势，psia［kPa］
Φ_l^m	t^m 时刻网格块（网格点）l 的势，psia［kPa］
Φ_o	油相的势，psia［kPa］
Φ_{p_i}	网格块（网格点）i 中 p 相流体的势，psia［kPa］
Φ_{ref}	参考深度下的势，psia［kPa］
Φ_w	水相的势，psia［kPa］
μ	流体黏度，mPa·s［mPa·s］
μ_i	网格块（网格点）i 中流体的黏度，mPa·s［mPa·s］
μ°	参考压力 p° 下的流体黏度，mPa·s［mPa·s］
μ_g	气相黏度，mPa·s［mPa·s］
$\mu_p\big|_{x_{i\mp\frac{1}{2}}}$	x 轴方向上点 i 和 $i\mp1$ 间的 p 相流体黏度，mPa·s［mPa·s］
μ_o	油相黏度，mPa·s［mPa·s］
μ_{ob}	泡点压力下油相黏度，mPa·s［mPa·s］
μ_w	水相黏度，mPa·s［mPa·s］
$\mu\big|_{x_{i\mp\frac{1}{2}}}$	x 轴方向上点 i 和 $i\mp1$ 间的流体黏度，mPa·s［mPa·s］
ψ	一个包含网格块（网格点）的集合
ψ_b	位于同一油藏边界 b 的网格块（网格点）的集合
$\psi_{i,j,k}$	网格块（网格点）(i,j,k) 的相邻网格块（网格点）的集合
ψ_n	网格块（网格点）n 的相邻网格块（网格点）的集合
ψ_{r_n}	网格块（网格点）n 在 r 方向上的相邻网格块（网格点）的集合
ψ_{x_n}	网格块（网格点）n 在 x 方向上的相邻网格块（网格点）的集合
ψ_{y_n}	网格块（网格点）n 在 y 方向上的相邻网格块（网格点）的集合
ψ_{z_n}	网格块（网格点）n 在 z 方向上的相邻网格块（网格点）的集合
ψ_{θ_n}	网格块（网格点）n 在 θ 方向上的相邻网格块（网格点）的集合
ψ_w	一口井穿过的所有井网格的集合

续表

ρ	地层条件下的流体密度，lb/ft^3 [kg/m^3]
ρ°	地层温度和参考压力 p° 下的流体密度，lb/ft^3 [kg/m^3]
ρ_g	地层条件下的气相流体密度，lb/ft^3 [kg/m^3]
ρ_{GS}	高斯—赛德尔光谱半径
ρ_{gsc}	标准条件下的气相流体密度，lb/ft^3 [kg/m^3]
ρ_o	地层条件下的油相流体密度，lb/ft^3 [kg/m^3]
ρ_{osc}	标准条件下的油相流体密度，lb/ft^3 [kg/m^3]
ρ_{sc}	标准条件下的流体密度，lb/ft^3 [kg/m^3]
ρ_w	地层条件下的水相流体密度，lb/ft^3 [kg/m^3]
ρ_{wsc}	标准条件下的水相流体密度，lb/ft^3 [kg/m^3]
$\bar{\rho}_{wb}$	井筒中的平均流体密度，lb/ft^3 [kg/m^3]
$\displaystyle\sum_{l\in\psi}$	对集合 ψ 中的所有元素求和
$\displaystyle\sum_{l\in\psi_{i,j,k}}$	对集合 $\psi_{i,j,k}$ 中的所有元素求和
$\displaystyle\sum_{l\in\psi_n}$	对集合 ψ_n 中的所有元素求和
$\displaystyle\sum_{i\in\psi_w}$	对集合 ψ_w 中的所有元素求和
$\displaystyle\sum_{l\in\psi_w}$	对集合 ψ_w 中的所有元素求和
$\displaystyle\sum_{l\in\xi_n}$	对集合 ξ_n 中的所有元素求和
ξ_j	Tang 算法中产生的临时向量 ξ 中的元素 j
$\xi_{i,j,k}$	网格块（网格点）(i,j,k) 所在油藏边界的集合
ξ_n	网格块（网格点）n 所在油藏边界的集合
ω	过松弛参数
ω_{opt}	最佳过松弛参数
$\{\}$	空集
$\cup$	并集运算

下标

1，2	在网格点 1 和网格点 2 之间
b	单元；边界；泡点
bB	边界网格块
bB^{**}	油藏边界相邻的油藏外部网格块

bP	边界网格点
bP^*	油藏边界相邻的油藏内部网格点
bP^{**}	油藏边界相邻的油藏外部网格点
c	组分 c，$c = $o，w，fg，sg；转换；毛细管
ca	组分 c 的累积
ci	组分 c 的流入
cm	组分 c 的质量
co	组分 c 的流出
cv	单位体积的组分 c
E	东
est	估计值
fg	自由气
g	气相
i	网格块 i；网格点 i；x 或 r 方向的点 i
$i \mp 1$	网格块 i 的相邻网格块；网格点 i 的相邻网格点；x 或 r 方向的点 i 的相邻点
$i \mp \dfrac{1}{2}$	i 和 $i \mp 1$ 之间
$i, i \mp \dfrac{1}{2}$	x 方向的网格（或点）i 与网格边界 $i \mp \dfrac{1}{2}$ 之间
(i, j, k)	网格块 (i, j, k)；网格点 (i, j, k)；$x-y-z$ 或 $r-\theta-z$ 空间的点 (i, j, k)
iw	束缚水
j	网格块 j；网格点 j；y 或 θ 方向的点 j
$j \mp 1$	网格块 j 的相邻网格块；网格点 j 的相邻网格点；y 或 θ 方向的点 j 的相邻点
$j \mp \dfrac{1}{2}$	j 和 $j \mp 1$ 之间
$j, j \mp \dfrac{1}{2}$	y 方向的网格（或点）j 与网格边界 $j \mp \dfrac{1}{2}$ 之间
k	网格块 k；网格点 k；z 方向的点 k
$k \mp 1$	网格块 k 的相邻网格块；网格点 k 的相邻网格点；z 方向的点 k 的相邻点
$k \mp \dfrac{1}{2}$	k 和 $k \mp 1$ 之间
$k, k \mp \dfrac{1}{2}$	z 方向的网格（或点）k 与网格边界 $k \mp \dfrac{1}{2}$ 之间
l	相邻网格块；相邻网格点；相邻点
L	下
lg	对数的
l, n	网格块（网格点）l 和 n 之间
m	质量
n	书写流动方程时的任意网格块（网格点）

N	北
n_x	平行六面体油藏在 x 方向的最后一个网格块（网格点）
n_y	平行六面体油藏在 y 方向的最后一个网格块（网格点）
n_z	平行六面体油藏在 z 方向的最后一个网格块（网格点）
o	油相；油组分
opt	最优解
p	p 相，其中 $p = $ o，w，g
r	r 方向
ref	参考值
$r_{i\mp\frac{1}{2}}$	r 方向的 i 和 $i \mp 1$ 之间
s	解
S	南
sc	标准条件
sg	溶解气
sp	指定值
U	上
v	单位体积油藏岩石
w	水相；水组分
W	西
wb	井筒
wf	井底
x	x 方向
$x_{i\mp\frac{1}{2}}$	x 方向的 i 和 $i \mp 1$ 之间
y	y 方向
$y_{i\mp\frac{1}{2}}$	y 方向的 j 和 $j \mp 1$ 之间
z	z 方向
$z_{i\mp\frac{1}{2}}$	y 方向的 k 和 $k \mp 1$ 之间
θ	θ 方向
$\theta_{j\mp\frac{1}{2}}$	θ 方向的 j 和 $j \mp 1$ 之间

上标

m	时间节点 m
n	时间节点 n（上一时间节点）
$n+1$	时间节点 $n+1$（当前时间节点；下一时间节点）
$\overset{(\nu)}{n+1}$	时间节点 $n+1$ 时第 ν 次迭代
$\overset{(\nu+1)}{n+1}$	时间节点 $n+1$ 时第 $\nu+1$ 次迭代

(ν)	第 ν 次迭代
$(\nu+1)$	第 $\nu+1$ 次迭代
*	SOR 加速之前的中间值
。	参考值
—	平均值
'	对压力求导
→	向量

附录 C　术语表

A

累积项（Accumulation terms）流动方程中位于等号右边的项。在流动方程中，等号左边是由一个流动项和一个井项（源/汇）组成的，两者之和等于右边的累积项。例如，对于水，有图 G.1 中的流动方程。

水相：

$$\Delta T_w \Delta \Psi_w + q_{w,\,i,\,j,\,k} = \frac{V_{i,\,j,\,k}}{\Delta t}\,\Delta_t\,(\Phi\,\frac{S_w}{B_w})$$

流动项 + 源汇项　＝　累积相

图 G.1　累积项

交替方向隐式法（Alternating – direction implicit procedure，ADIP）最初于 1966 年应用在石油工程方面（Coats and Tarhune，1966），此方法可以求解在隐式与显式之间交替转换的控制方程。

各向异性渗透率（Anisotropic permeability）因为天然材料都不是均匀的，所以在同一物体内，垂直面和水平面之间的渗透率差别很大。这种在不同平面或不同方向上渗透率的变化叫做各向异性渗透率。

非现象性（Aphenomenal）指未遵循逻辑思路，以及首要条件错误或不合逻辑的情况。由此进行的过程和得到的结论从本质上就是错误的，没有实际意义。

区域离散化（Areal discretization）对任何模型都要沿空间进行划分，从而找到能够用于其体积单元的解。对于直角坐标系，这相当于在一个特定的网格中设定 Δx 和 Δy 的大小。这个过程就叫作区域离散化。

B

向后差分（Backward difference）在有限差分流动方程中，如果在新的时间节点 t^{n+1} 记录下剩余项，那么累积项在时间上是向后差分的。

黑油模型（Black – oil model）在模拟过程中，将油、气、水视为离散相，不允许各相组成部分的互换。

块中心网格（Block – centered grid）将某一网格的性质集中到该网格块的中心（图 G.2）。

网格块识别（Block identification）将网格块进行编号，从而为每个网格块赋予相应的性质。为网格块编号的方法有很多，其中一些方法与其他方法相比更具优势。

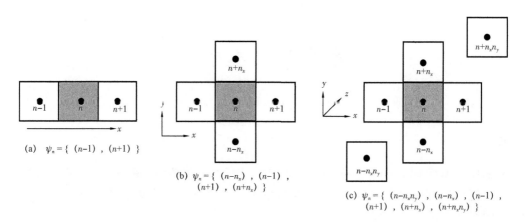

图 G.2　块中心网格

边界条件（Boundary conditions）因为自然界是连续的，但油藏模型不是，所以每个模型必须要对边界网格赋予特定的值，而这些值不一定就是网格的原始值。这些属性是由模型的使用者根据其对原型的期望或知识进行分配的。

逐次块超松弛迭代法（Block successive over relaxation，BSOR）该方法是用于求解线性代数方程组的一种迭代方法，其中需对网格块的整体性质进行假设或估计。另见逐次超松弛迭代法（SOR）。

C

毛细管压力（Capillary pressure）毛细管压力（p_c）是指两种不互溶流体在界面处形成的压力差。这种压力差是由于两种流体间的不连续性而产生的。毛细管压力的大小与表面张力、界面张力、吼道半径、尺寸分布以及流体性质有关。

直角坐标网格（Cartesian grid）直角坐标系中对模型进行离散化处理的方式。

中心差分（Central difference）在有限差分流动方程中，如果在时间节点为 $t^{n+\frac{1}{2}}$（即位于旧的时间节点 t^n 和新的时间节点 t^{n+1} 中间的那个时间点）时记录剩余项，则累积项称为时间上的中心差分。

可压缩流体（Compressible fluid）自然界中的每个物体都可压缩，只是由于压力产生的压缩量各不相同。在石油工程中，由于具有不随压力变化的恒定密度，流体（比如水）往往具有不可压缩性。对于其他的流体，若其压缩系数小且恒定，则这种流体具有微可压缩性。传统意义上讲，微可压缩流体的压缩系数 c 小且恒定，范围通常在 $10^{-5} \sim 10^{-6}$ psi^{-1} 之间。例如，脱气原油、水、高于泡点压力的油都是微可压缩流体。

质量守恒（Conservation of mass）质量和能量既不会创造，也不会消灭，只会从一种相转变为另一种相。在建模过程中，质量守恒指的是向系统或网格输入的总质量必须等于剩余的质量加上（或减去）网格中保留（或从网格中抽去）的质量。

本构方程（Constitutive equation）是指具有边界条件和初始条件，并且方程的个数等于未知数个数的控制方程。大多数油藏模拟器所使用的控制方程为达西定律。

克兰克—尼科尔森方法（Crank – Nicolson formulation）是指具有时间形式和空间形式的中心差分方法。

D

达西定律（Darcy's law）达西定律建立起穿过多孔体的压降与流速之间的关系，并以多孔介质的渗透率作为比例常数。达西定律是油藏工程中最常用到的流动方程。达西定律最初是根据水流通过砂滤池的规律推导出来的，但现在，该定律的应用范围已扩大到多相流通过多维空间的情况。

E

体积单元（Elementary volume）油藏模拟模型中与单元块或单元网格有关的体积，又称控制体积。

工程方法（Engineering approach）工程方法消除了控制方程中的偏微分表达形式，从而直接使用代数形式的控制方程。因此，工程方法简化了油藏建模过程，且不影响计算的精度和速度。

状态方程（Equation of state）状态方程构建了流体密度、压力、温度之间的函数关系。状态方程的种类有很多，这些方程都是通过经验得到的，但只有少数具有实用性。状态方程的应用之所以复杂，是因为每个油藏的流体性质和成分各不相同，因而在状态方程中会用到不同的系数。

显式方法（Explicit formulation）指的是用显式函数来描述控制方程的方法，其中每块网格的压力都可直接计算。显式方法求解速度最慢、状态最不稳定，在油藏模拟中没有使用价值。

F

虚拟井（Fictitious well）虚拟井是工程方法中用来表示边界条件的一种特殊手段。该手段用一个封闭边界加上一个具有流速的虚拟井来代替边界条件，反映了油藏外部网格点与油藏边界本身（或边界网格点）之间的流体传递。

井底流压（Flowing bottom – hole pressure，FBHP）生产过程中在井内生产层深度（或其附近）测量到的压力。

地层体积系数（Formation volume factor，FVF）地层体积系数是油藏条件下流体体积与标准状况下流体体积之间的比值。比值的大小取决于流体的种类和油藏条件（包括压力与温度）。例如，大多数油品的地层体积系数大于 1.0，水的地层体积系数接近于 1.0，而气体的地层体积系数只有零点几。这意味着，气体在标准压力及温度条件下所占的空间更大。正因如此，天然气具有高度可压缩性。

向前差分（Forward difference）在有限差分流动方程中，如果在旧的时间节点 t^n 记录下剩余项，那么累积项在时间上是向前差分的。

G

天然气盖层（Gas cap） 当油藏中的压力低于泡点压力时，逸出的天然气就会封闭在盖层里，这种气体在盖层内部聚集成的岩层叫作天然气盖层。

油气界面（Gas/oil contact，GOC） 是指油层内的顶部气层与下部油层之间的边界。之所以形成油气界面，是因为石油和天然气无法相互混溶。

H

非均质性（Heterogeneous） 虽然达西定律和其他所有与质能传输有关的控制方程都是在均质性的假设下使用的，但实际上，自然界归根结底还是异质的。在油藏模拟中，人们是通过空间中渗透率的剧烈变化才认识到了异质性的存在。另外，各向异性也可使多孔介质具有异质性。

历史拟合（History matching） 历史拟合过程涉及对储层中岩石（流体）进行调整，从而拟合出真实生产数据和油藏压力。即使是最好的模型，其拥有的数据也只是有限的，而其余的数据必须通过假设或插值的方法得到，所以人们普遍使用历史拟合的方法。然而在预测未来情况的方面，历史拟合方法并不能确保准确性，因为即便将其他不同的性质综合在一起，也有可能产生相同的结果，也就是说，尽管历史拟合的过程令人满意，但油藏中真实的性质仍然无从了解。

I

隐式方法（Implicit formulation） 在隐式方法中，代数方程可以用压力值和饱和度值来表示，方程左右两边都表示未来的时间节点。隐式方法在本质上是非线性的，在求解控制方程组及本构关系之前，必须要做线性化处理。隐式方法具有无条件稳定性。

隐式压力显式饱和度方法（Implicit pressure and explicit saturation，IMPES） 在隐式压力显式饱和度方法中，压力项是隐式的，而饱和项是显式的。使用这种方法求解方程会更加容易。但是，除了参数范围很小和（或）时间步长很小的情况之外，这种方法并不是稳定的。

不可压缩流体（Incompressible fluid） 不可压缩流体的密度可认为是恒定的，或不随压力和约束温度变化。就所有实际目的而言，只有水和油在某些条件下可以认为是不可压缩流体。

流入动态关系（Inflow performance relationship，IPR） 流入动态关系表示了流体流量与井底流压之间的函数关系。流入动态关系曲线的形状由油藏质量决定。该曲线可用于确定应在何阶段进行压力维护等可以提高油藏生产能力的操作。通常情况下，油管性能与生产率之间的关系曲线和流入动态关系曲线的交点表示最佳作业条件（图 G.3）。

初始条件（Initial conditions） 是指油藏模拟开始时，每个网格块的所有压力值和饱和度值。初始条件是启动模拟程序的必要条件。

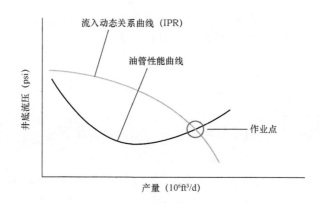

图 G.3　流入动态曲线及最佳作业条件

L

逐次线超松弛迭代法〔Line successive overrelaxation（LSOR）method〕参见逐次块超松弛迭代法（BSOR）。逐次线超松弛迭代法对每条线上的方程进行近似和积分。

线性化（Linearization）由于所有的代数方程在每种处理方法中都是非线性的，而不是显式的（实际上与求解油藏模拟方程时缺乏稳定性无关），因此，在求解代数方程之前，必须将其转化为线性方程。这个处理过程就叫作线性化。由于油藏中存在油井和边界条件，线性化过程就显得非常必要。

M

质量累积项（Mass accumulation term）见累积项。

质量平衡（Mass balance）质量平衡是科学上的一种方法，用来验证给定解是否真实。质量平衡过程要将每个网格中累积的总质量叠加在一起，并观察是否在整体上构成质量平衡。如果未构成质量平衡，则须在给定时间步长下重新开始迭代过程。

数学方法（Mathematical approach）一种传统方法，即先列出偏微分方程，然后用泰勒级数近似进行离散，最后得出代数方程，并用数值求解器求解的方法。

流度（Mobility）一种表达形式，与黏度相比，流度增加了对渗透率的表达。一般来说，流度表示特定流体通过多孔介质的难易程度。

多网格井（Multiblock wells）是指在油藏模拟器中穿过一个以上网格的井。

多相流动（Multiphase flow）指存在一个以上流动相的情况。最常见的是油、水、气三相流动的情况。水是油藏中本身具有的相，而天然气和油则根据工作压力的不同，保持两相相互分离的状态。

N

牛顿迭代法（Newton's iteration）一种线性化方法，其中所用的斜率需接近非线性方程的解。

封闭边界（No‒flow boundaries）一种对边界不发生流动的假设，等同于完美密封的状态。封闭边界尽管在自然界中根本不存在，但是对某些类型的油藏来说是一种很好的近似方法。

P

渗透率（Permeability）渗透率是指岩石传递流体的能力。渗透率一般假定为常数，是岩石的严格属性。渗透率的维度是二维的（L^2）。

逐次点超松弛迭代法［Point successive overrelaxation（PSOR）method］是一种逐次超松弛迭代方法，其中对每一个点进行迭代。见逐次超松弛迭代法（SOR）。

孔隙体积（Pore volume）总体积与孔隙度的乘积，代表了多孔介质孔隙空间的大小。

孔隙度（Porosity）多孔介质中，孔隙体积与总体积的比值。

R

表征单元体积（Representative elemental volume，REV）表征单元体积是样本属性对样本尺寸大小不敏感时的最小样本体积。

油藏表征（Reservoir characterization）是指对油藏模型中考虑的每个网格块中相关的岩石和流体特性以及油藏条件进行详细的分配。油藏表征的传统做法是在油藏模拟多次运行后再开始进行的，其目的是对油藏数据进行微调，从而使建模数据与油藏的真实历史数据相匹配。

剩余油饱和度（Residual oil saturation）是指用注水的办法根本无法驱油时油的饱和度。剩余油饱和度的大小由油水界面张力和油藏性质决定。

S

井底压力（Sandface pressure）井底压力与地层和井筒之间的物理界面有关。该处位于生产管中多孔介质流动和无阻流动之间不连续的部分，并且达西定律不再适用。该点的压力称为井底压力。

稳定性（Stability）在一个稳定过程中，误差会随着交互次数的增加而逐渐减少。稳定性的大小可通过独特解出现时产生的后果来衡量。

稳态（Steady state）指所有参数对时间都不敏感时的情况。

逐次超松弛迭代法（Successive over relaxation（SOR）method）是一种用来求解线性代数方程组的迭代方法。其迭代方法是从赋予一个假设值开始，然后用一个系数去乘新的值，从而加速收敛的过程。

T

传导率（Transmissibility）传导率是地层岩石性质与流体性质结合的产物。传导率表示的是两点之间的压力每下降 1psi 时的流速。传导率将岩石性质（K）、流体性质（β、μ）和网格块尺寸（Δx、Δy、Δz 或 Δr、$\Delta \theta$、Δz）结合在了一起。对于多相流动，传导率使用的是各相的有效渗透率及对应相的黏度和地层体积系数。

U

非稳态（Unsteady state）指流动参数随时间持续变化的情况。自然体系本质上是动态变化的，因此，自然体系是处在非稳态当中的。

W

油水界面（Water/oil contact，WOC）指的是含水层中油相与水体之间的分界线。与油气界面类似，油水界面是由于油和水不能混溶而产生的。在多孔介质中，油水界面不是均匀的，并且与岩石特征和流体特征有关。